Vom Chaos zur Endophysik

© 2016 Boer Verlag
Unveränderter Nachdruck der Auflage © 1994
Gesamtherstellung: Boer Verlagsservice, Grafrath
ISBN 978-3-924963-59-0

Vom Chaos zur Endophysik

Wissenschaftler im Gespräch

Herausgegeben von
Florian Rötzer

BOER

INHALT

FLORIAN RÖTZER

Ästhetik der Wissenschaft?

1. *Von der ungetrübten Mode des Neuen*

Wir alle werden derzeit überflutet von neuen, oft wenig verstandenen und zur Mode stilisierten Begriffen, die aus dem auf permanente Innovation ausgelegten Wissenschaftssystem zu uns herüberschwappen und in dem altbekannten Gestus der Avantgarden diese und jene Revolution in der Wissenschaft, aber auch unseres Weltbildes zu versprechen scheinen. Die Chaosforschung, ein vager Oberbegriff für viele alternative Konzepte zur herkömmlichen Wissenschaftsausrichtung, stelle, so wird gelegentlich gesagt, nach der Relativitätstheorie und der Quantenmechanik die dritte große Revolution dieses Jahrhunderts im Bereich der Naturwissenschaft dar. Besonders attraktiv scheint zu sein, was allerdings auch einen Anlaß zur Sorge bieten könnte, wenn sich chaotisch verhaltende Systeme technisch beherrschen lassen[1], daß sich das Konzept des Chaos »auf das Universum als fühlbares und sichtbares Objekt unserer sinnlichen Wahrnehmung und auf Gegenstände auf der Ebene des Humanen selbst (bezieht). Tägliche Erfahrung und reale Anschauung der Welt werden so zu legitimen Themen wissenschaftler Erkenntnis.«[2] Für viele scheint der Konsens zu bestehen, daß die rationalistische, von Bacon, Galilei und Descartes begründete Rationalität uns in die Irre geführt habe, zumindest aber, daß sie einseitig, abstrakt und reduktionistisch sei. Man sucht nach Alternativen, und besonders alles, was Ganzheitlichkeit – geradezu ein Zauberwort für vermeintliche Lösungen – verspricht, steht hoch im Kurs. Für die Wissen-

---

1 »Within the past few years we and our collagues have demonstrated that chaos is manageable, exploitable and even invaluable. Chaos has already been applied to increase the power of lasers, synchronize the output of electronic circuits, control oscillations in chemical reactions, stabilize the erratic beat of unhealthy animal hearts and encode electronic messages for secure communications ... As we continue to investigate the nonlinearity inherent in natural and physical systems, we my learn not just to live with chaos, not just to understand it, but to master it.« William L. Ditto/Louis M.Pecora, Mastering Chaos, in: Scientific American, August 1993
2 James Gleick, Chaos – die Ordnung des Universums, München 1988, S. 15

schaftler, die die Chaostheorie erfanden, stellt, so wird resümiert, ein »neues Verstehen der Begriffe von Ganzheit, Chaos und Veränderung das Herz der Revolution« dar[1].

Wissenschaftler nehmen denn auch, dank der größeren Nähe zum Leben, vermehrt die Position von heilsverkündenden Propheten ein, die kraft ihrer vermeintlichen Kompetenz in Sachen Wirklichkeit über dies und jenes, die letzten Wahrheiten und das, was ansteht, predigen. Sie haben mittlerweile die Philosophen und auch die Künstler als Weltbildmacher abgelöst, die sich, zurückgedrängt in die hinteren Reihen, desto eifriger bemühen, das ihnen Vorgesagte in ihre Arbeit – etwa unter dem klingenden Titel »Mensch und Kultur im Spannungsfeld von Ordnung und Chaos«[2] – umzusetzen, selbst wenn manche Wissenschaftler, so sie denn als Weltbildverfertiger tätig sein wollen, ebenso eifrig darum bemüht sind, sich in die Tradition der Religion, Philosophie oder Kunst einzuklinken oder sich wieder als Gelehrter zu zeigen. Wissenschaftler zeichnen sich gerne dadurch aus, daß sie es gut meinen und für das Schöne sind. Das Böse wird reduziert auf die reduktionistische Wissenschaft. So endet das Buch von Briggs/Peat damit, daß die Welt im Zeichen des Chaos verklärt wird: »Mc Clintock«, eine Genetikerin, die die Autoren wegen des Bekenntnisses rühmen, daß alles im Grunde eins sei, »war offenbar in den turbulenten Spiegel eingedrungen, in ein Universum, das weiter, komplexer, fließender, weniger sicher und in gewissem Sinne furchteinflößender ist als das von der reduktionistischen Wissenschaft gemalte. In einem anderen Sinne aber scheint sie zu wissen, daß das turbulente Universum nichts von alledem ist; es ist ein freundlicher Ort, weil wir alle darin zusammenleben.«[3] Immer mehr wird überdies, trotz oder wegen der ansteigenden Erkenntnisse, gefunden, was man noch nicht erklären kann. Über das, was man nicht weiß, wird nicht mehr geschwiegen, sondern es ist der verführerische Anlaß, in Geschwätzigkeit auszubrechen und sich im Möglichen herumzutreiben, das sich schließlich nicht ausschließen läßt[4]. Heute muß alles miteinander vernetzt sein, jeder

---

1 John Briggs/F. David Peat, Die Entdeckung des Chaos, München 1990, S. 17
2 Rainer-M. E. Jacobi, Die Chancen der Krise – Mensch und Kultur im Spannungsfeld von Ordnung und Chaos, in: Selbstorganisation. Jahrbuch für Komplexität in den Natur-, Sozial- und Geisteswissenschaften, Bd. 2, Berlin 1991
3 John Briggs/F. David Peat, a. a. O., S. 314f.
4 Wie das funktioniert, zeigt sehr schön das Gespräch zwischen einem Religionsphilosophen und zwei jungen Wissenschaftlern: Jean Guitton/Grichka und Igor Bogdanov, Gott und die Wissenschaft, München 1992. Frank J. Tripler, ein Physiker, will gar die Theologie zu einem Zweig der Physik machen und die Existenz Gottes sowie die Auferstehung der Toten beweisen (ders., Die Physik der Unsterblichkeit, München 1994).

kleine Eingriff in natürlich komplexe Systeme – ein weiteres Schlagwort – kann zu unerwarteten Folgen führen, und am besten soll man alles sich selbst von unten nach oben organisieren lassen: Chaos, weil kreativ, ist gut, dirigistische Ordnung schlecht. So fügt sich die gegenwärtige Chaos-Leidenschaft samt der Nähe zum Konkreten und zugleich zum Ganzheitlichen wunderbar ein in das offenbar wieder alternativlos gewordene liberalistische Wirtschaftsmodell und vor allem in die ansteigende Orientierungslosigkeit, die seltsamerweise durch die stetig wachsenden Informationen und die Möglichkeiten des Machen-Könnens anschwillt. Freilich, hinter der »bunten« Chaos-Mode, dem Kult des Instabilen, beginnt bereits eine neue Leidenschaft für Ordnung sich heranzubilden, die Komplexitätsreduktion gedanklich und in der Tat brutal exerziert.

2. Die Wissenschaft und die Bilder

Unlängst wurde die Chaosforschung als Modewelle im »Spiegel« einer heftigen Kritik unterzogen, wobei der Autor der Serie gleichzeitig versuchte, deren Methoden und erkenntnistheoretische Grundlagen als obsolet darzustellen. Wichtigster Punkt war ihm dabei, daß die Chaosforschung nur mit numerischen Modellen und Simulationen zu tun habe, daß daher, so der Appell an die Ontologie, ihre Ergebnisse nicht von der »Natur der Sache«, sondern lediglich von der des Rechners Zeugnis ablege. Man bleibe im Umgang mit Großrechnern häufig nicht bloß im »Zahlennebel« stecken[1], schlimmer noch für den an traditionelle Aufklärung Fixierten aber sei die Verführungskraft der bunten Bilder, die mit dem Computer produziert werden und auf die nicht nur die durch visuelle Jahrmarktseffekte täuschbaren Laien hereinfallen, sondern auch reihenweise die Wissenschaftler selber. Verdächtig also ist dem streitbaren

---

1 Das allerdings entspricht nur einem naiven Glauben an eine Abbildungstheorie. Jeder Wissenschaftler ist sich klar darüber, daß er nur mathematische Modelle von Phänomenen erzeugen kann: »Wenn wir mittels eines Experiments eine ›Frage‹ an die Natur richten, stellen wir der Natur in Wirklichkeit eine Rechenaufgabe. Wir stellen nämlich an unseren Meßinstrumenten bestimmte Zahlenwerte als Anfangs- oder Randbedingungen unseres Experiments ein und lesen das Ergebnis unseres Experiments wiederum als Zahlenwerte an unseren Meßinstrumenten ab. Im Verlauf des Experiments wird also ein bestimmter Zahleninput in einen Zahlenoutput umgewandelt. Formal gesehen verhält sich im Experiment die Natur wie eine riesige Rechenmaschine, deren Rechengesetze (Algorithmen) wir zu ergründen suchen.« [Bernd-Olaf Küppers (Hrsg.) in seiner Einleitung zu *Ordnung aus dem Chaos*, München 1991, S. 29f.] Die Natur wird also verstanden wie ein Computer, auf dessen Hardware, den Elementarteilchen etwa, Gesetze als Software laufen.

Aufklärer, daß Wissenschaft mit Simulationen und Bildern argumentiert, daß ihre Begriffe auf eine interessierte Öffentlichkeit stoßen, von vielen Künstlern und auch Geisteswissenschaftlern flugs, heruntergekommen zu Metaphern, in ihre Arbeit eingebaut werden und letztlich, daß Wissenschaft irgendetwas mit Ästhetik zu tun haben könne, was offenbar mit ihrem Anspruch auf Wahrheit kollidiere.

Ohne Zweifel verdankt sich die Popularität der Chaosforschung den vielen bunten Computerbildern, mit denen die Öffentlichkeit überschwemmt wurde, also ihrer Anschaulichkeit[1]. Jeder Besitzer eines PC kann selber Fraktale erzeugen und so ihre Welten durchforschen. Die Chaosforschung wurde durch den Computer nicht nur ermöglicht, sondern auch zu einer experimentellen Wissenschaft im virtuellen Raum der Simulation. Sie verdankt viel den Mustern und graphischen Darstellungen, die durch Berechnungen auf der Oberfläche der Bildschirme erzeugt werden können. »Für einen Mathematiker ist es Selbstquälerei, ohne Bilder zu arbeiten. Wie sonst könnte man die Beziehung zwischen der einen Bewegung und einer anderen erkennen. Wie sonst könnte man überhaupt Intuition entwickeln.«[2] Aber die Bilder werden von vielen eben nicht nur als nützlich, sondern auch als schön bezeichnet. »Die Wissenschaftler sind«, so etwa John Briggs, »durch die Erforschung des Chaos unverkennbar für die ästhetische Erfahrung der Kunst sensibilisiert worden.«[3] Auch Bernd-Olaf Küppers hebt hervor, daß in den Naturwissenschaften »die ästhetischen Aspekte von Naturerscheinungen zunehmend an Bedeutung« gewinnen, seit sie sich der Untersuchung komplexer Phänomene zugewendet haben: So führen »Computersimulationen und Visualisierungen, die auf der Basis wissenschaftlicher Konzepte, wie das der Chaosphysik, durchgeführt wurden, zu Strukturen von hohem ästhetischen Wert.«[4]

1992 wurden, das sei nur als Symptom für das sich verändernde Bewußtsein angeführt, zwei Visualisierungen von Wissenschaftlern mit dem Prix Ars Electronica ausgezeichnet. Andrew Witkin und Michael Kass erhielten den Preis für Computergrafik. Ihre »RD Texture Buttons« sind eine Collage aus Mustern, wie sie in Simulationen von chemischen Reaktions-Diffusions-Prozessen entstehen. Mit ihnen lassen sich natürliche Muster generieren. Charlie

---

1 Wolfgang Coy, Dem Wahren, Schönen, Guten. Die künstlerische Botschaft der Mathematik, in: Kursbuch 98, November 1989
2 Peter H. Richter, zitiert in: James Gleick, a. a. O., S. 60
3 John Briggs, Chaos. Neue Expeditionen in fraktale Welten, München 1993, S. 32
4 zit. aus einem Manuskript von Bernd-Olaf Küppers, Die ästhetischen Dimensionen natürlicher Komplexität.

Gunn, ein Mathematiker, und Delle Maxwell, eine Künstlerin, erhielten für das Video »Not Knot« einen Preis für Computeranimation. Dabei handelt es sich um die Visualisierung von dreidimensionalen Topologien, wie sie von William Thurston entwickelt wurden. Anhand von Knoten wird hier versucht, auch dem mathematisch Unkundigen eine Vorstellung vom nicht-euklidischen hyperbolischen Raum zu geben. Der Zuschauer »fliegt« mittels der virtuellen Kamera durch Räume, die für ihn unvorstellbar sind und die er jetzt gewissermaßen als innerer Bewohner kennenlernt, selbst wenn er die dahinterstehende Mathematik nicht versteht. Der computergenerierte Film tritt übrigens mit dem Anspruch an, ein »Video Proof« für die Verbindung zwischen Topologie und Geometrie zu sein[1].

Die hier veröffentlichten Gespräche wurden jedenfalls lange vor der Spiegel-Serie geführt und wollten unter anderem gerade verstehen lernen, was mit der »harten« und formalistischen Wissenschaft geschieht, die mit Computersimulationen und Bildern, also in Bereichen arbeitet, die der ästhetischen Wahrnehmung zugänglich sind. Wenn das extrem abstrakte, formalistische Denken der Wissenschaft sich dank der Visualisierungsmöglichkeiten des Computers wieder mit der Anschaulichkeit verbindet, wenn wissenschaftliche Modelle in Bereiche vorstoßen, die ihnen bislang verwehrt waren und die in der Neuzeit entweder als zufällige oder qualitative Phänomene nur der sinnlichen Erfahrung bzw. einem vagen Denken zugeordnet wurden, dann scheinen sich tradierte Ausdifferenzierungen aufzulösen. Gleichzeitig untersucht die Hirnforschung die Mechanismen der Wahrnehmung und der Kognition, während Computersysteme entwickelt werden, die sensorische Eindrücke verarbeiten können. Noch gibt es keine Künstliche Intelligenz, die ihre Erfahrung nach Maßgabe von ästhetischen Kriterien organisiert, und eine solche Maschine wäre vermutlich auch unsinnig, doch könnte es ja sein, daß ein wirklich intelligentes System, um sich in der komplexen Wirklichkeit orientieren zu können, ebenfalls nach ästhetischen Kriterien seine Erfahrungen selektieren müßte. Sie sind Ausdruck von grundlegenden »intuitiven« oder affektiven Bewertungsmechanismen, die das Verhalten steuern[2]. Das kann man schon daran erkennen, daß viele Wissenschaftler etwa neue Formeln oder Beweise nach der Art ihrer »Schönheit« beurteilen.

---

1 Prix Ars Electronica '92, Linz 1992. Vgl. auch John Horgan, Der Tod des Beweises, in: Spektrum der Wissenschaften 12, 1993
2 vgl. den von Florian Rötzer herausgegebenen Band *Große Gefühle* in: Kunstforum International, Bd. 126 März/April 1994 sowie John R. Searle, Die Wiederentdeckung des Geistes, München 1993

3. Brückenschlag zwischen Natur- und Geisteswissenschaften?

Trotz aller Behauptungen ist allerdings der Graben zwischen den Geistes- und Naturwissenschaftlern noch immer tief, auch wenn es von beiden Seiten vermehrt Bemühungen gibt, diesen ohne Reduktion auf der einen oder anderen Seite zu überbrücken. Das mag auch daher rühren, daß möglicherweise der digitale Code eine Universalsprache anbietet, in den die unterschiedlichsten Signale bzw. Zeichen eingegeben sowie wieder ausgegeben werden können. Mit dem Computer wurde Vieles quantifizierbar, was zuvor unmöglich erschien, wodurch die Idee einer übergreifenden, aber auf der Mathematik und der Informationstheorie basierenden Strukturwissenschaft entstehen konnte[1]. Jetzt lassen sich, wovon die Chaosforschung Zeugnis ablegt, nicht nur allgemeine Gesetzmäßigkeiten finden, sondern auch Strukturen durch Simulation nachvollziehen, deren Ergebnis kontingente, singuläre und geschichtliche Phänomene sind. Daneben hat sich mit der Gehirnwissenschaft, deren Erkenntnisse in den letzten Jahrzehnten enorm zugenommen haben, deren Objekt in herausragender Weise komplex ist und die geradezu ein Modell für transdisziplinäres Forschen darstellt, eine Disziplin herausgebildet, von der sich sagen ließe, sie sei nach der Physik und der Biologie die neue Leitwissenschaft[2]. Schließlich liegt der Ausrichtung der Gehirntheorie zugrunde, daß alle Leistungen des mentalen und emotionalen Systems irgendwie auf der materiellen und meßbaren Grundlage von neuronalen oder chemischen Prozessen stattfinden und durch sie bedingt sind. Indizien für das Zusammenführen von bislang getrennten Bereichen sind beispielsweise schon zusammengesetzte Begriffe wie Neuropsychologie, Neurophilosophie oder gar Neuroästhetik. All diese Umschichtungen laufen nicht mehr auf den herkömmlichen Reduktionismus zu, sondern auf die Akzeptanz des erkenntnistheoretischen Zirkels, der bei jeder wissenschaftlichen Erklärung auftritt, die aufs Ganze geht.

Die Wissenschaften transformieren allmählich das herkömmliche Bild eines statischen Universums in das eines sich selbst organisierenden und so geschichtlichen, das auch den menschlichen Beobachter umgreift, der ein spätes Ergebnis des Urknalls und dessen Gehirn mit seinen Milliarden von Neuronen

---

1 Bernd-Olaf Küppers, Der Ursprung der biologischen Information, München 1986
2 Ernst Pöppel, Auf der Suche nach neuer Orientierung – Hirnforschung als Leitwissenschaft?, in: G. Kaiser/D. Matejovski/ J. Fedrowitz (Hrsg.), Kultur und Technik im 21. Jahrhundert, Frankfurt a. M. 1993

eines der komplexesten Systeme der Natur ist. Erkenntnisse werden von Gehirnen geschaffen, die etwa auf der Biochemie, dann auf der Chemie und schließlich auf der Physik beruhen. Physik aber ist ohne Logik und Mathematik nicht möglich, die wiederum Erzeugnisse des menschlichen Gehirns sind – ebenso wie Bilder, Musik, Architektur oder Technik.

Heute geht es darum, irgendwie die Kognitionswissenschaften und die Physik, den Beobachter und das Beobachtete, den Geist und die Materie zusammenzubinden und dabei die Falle eines zu engen Reduktionismus zu vermeiden. Die biologischen Wissenschaften nehmen hierbei eine zentrale Stellung ein: »Physikbücher mögen kompliziert sein, aber Physikbücher sind – wie Autos und Computer – das Produkt eines biologischen Objekts, des menschlichen Gehirns. Die in einem Physikbuch beschriebenen Objekte und Erscheinungen sind einfacher als eine einzige Zelle im Körper des Physikbuchautors. Und der Autor besteht aus Billionen solcher Zellen, die sich oft voneinander unterscheiden und die alle mit Hilfe einer hochqualifizierten Architektur und Präzisions-Ingenieur-Technik zu einer Arbeitsmaschine zusammengebaut sind, dazu fähig, ein Buch zu schreiben.«[1]

4. *Ästhetik als Brücke?*

Auch wenn in den Gesprächen gelegentlich nur am Rande Kunst und ästhetische Fragen erörtert werden, so war ein Anlaß, mich auf diese fremde Welt einzulassen, daß viele Wissenschaftler offenbar selber eine Nähe zur Kunst zum Ausdruck bringen[2] oder die wissenschaftliche Theoriebildung in Analogie zu künstlerischen Welterzeugungen setzen, noch mehr aber, daß vor allem die Neurowissenschaften immer mehr in die Strukturen der Wahrnehmung eindringen, also die elementare Ebene der Ästhetik erkunden[3]. »Bis vor kurzem«, so die Neurobiologin Nancy Livingston, »konnten nur wenige Aspekte der Wahrnehmungspsychologie und Ästhetik mit der Art und Weise der Informationsverarbeitung im Gehirn in Verbindung gebracht werden. Heute ändert sich die Situation, und die Erforschung des Sehens befindet sich in einer

---

1 Richard Dawkins, Der blinde Uhrmacher, München 1990, S. 15
2 Das wird von der anderen Seite durchaus nicht immer begrüßt, weil damit ästhetische Ideale wieder Einzug halten, die kunsthistorisch schon lange beiseitegestellt wurden. Vgl. Horst Bredekamp, Mimesis, grundlos, in: Kunstforum Bd. 114, 1991
3 I. Rentschler/B. Herzberger/D. Epstein (Hrsg.), Beauty and the Brain, Basel/Boston/Berlin 1988

aufregenden Phase ihrer Geschichte. Kunst, Psychologie und Neurobiologie beginnen, neueste Forschungsergebnisse auszutauschen und dürften sich in der Zukunft zu sich wechselseitig bereichernden Disziplinen entwickeln.«[1]

Was meinen Wissenschaftler aber, wenn sie von Ästhetik oder gar von einer Verwandtschaft zwischen Kunst und Wissenschaft sprechen? Ist für sie geläufig, was manche Philosophen lauthals verkünden, daß die Stunde der Objektivität geschlagen habe und daß im Zeitalter der proklamierten Pluralität nun die Ästhetik die primäre Rolle im klassischen dreidimensionalen Universum des Wahren, Guten und Schönen übernehme? Das hieße, daß ethische und epistemische Fragestellungen beispielsweise als Derivate von ästhetischen Grundannahmen oder Wertschätzungen zu begreifen wären[2].

Bekanntlich sind viele Wissenschaftler der Überzeugung, wenn es um den sogenannten Entstehungs- oder Entdeckungskontext von wissenschaftlichen Theorien geht, daß hierbei ästhetische Entscheidungen und Einsichten eine große Rolle spielen, mit denen noch nicht begründete Modelle schlagartig durch die Inspiration vor Augen treten und wegen ihrer Attraktivität weiter verfolgt werden. »Ich habe den Eindruck«, so etwa der Mathematiker und Physiker Roger Penrose, »daß die starke Überzeugung von der Gültigkeit einer blitzartigen Inspiration sehr eng an ihre ästhetischen Eigenschaften gebunden ist. Eine schöne Idee ist mit viel höherer Wahrscheinlichkeit korrekt als eine häßliche.«[3] Wahrheit ist mit Schönheit für Penrose zumindest immer dort verwoben, wo es um die Selektion und Akzeptanz, also um die Bewertung von neuen Ideen geht. »Fortschritte in der Physik«, so auch Steven Weinberg, werden »oft von Urteilen geleitet, die man nur als ästhetische bezeichnen kann.«[4] Besonders Physiker sehen in der Schönheit einer Theorie den Hinweis auf die Einheit der Welt: »Als Physiker können wir oft hören, wie von ›Schönheit‹ oder ›Eleganz‹ bestimmter Gedanken und Theorien in einem solchen Maße gesprochen wird, daß wir diesen Schönheitssinn zum Leitfaden oder sogar zu einer Vorbedingung für die Formulierung von richtigen mathematischen Theorien über die Natur machen – so, wie es Dirac einmal ausgeführt hat. Auf die Frage, was er meine, wenn er von der Schönheit einer mathematischen Theorie der Physik spreche, antwortete Dirac, daß man es dem Frager

---

1 Nancy Livingston, Kunst, Schein und Wahrnehmung, in: Gehirn und Kognition, Heidelberg 1990, S. 163
2 Paul Feyerabend, Wissenschaft als Kunst, Frankfurt a. M.; Richard Rorty, Kontingenz, Frankfurt a. M.
3 Roger Penrose, Computerdenken, Heidelberg 1991, S. 410
4 Steven Weinberg, Der Traum von der Einheit des Universums, München 1993, S. 25

nicht zu erklären brauche, wenn er ein Mathematiker sei; einem Nicht-Mathe-
matiker jedoch könne man es unmöglich klarmachen.«[1] Irgendwie »unattrak-
tive« Ideen werden eher zurückgewiesen, wobei von Wissenschaftlern immer
wieder hervorgehoben wird, wie entscheidend für die Inspiration visuelle
Ideen und nicht-verbale Begriffe sind, die einen Zusammenhang plötzlich und
als ganzes in das Bewußtsein heben. Darüber ist schon viel geschrieben worden,
so daß man diese Phänomenologie von kreativen Prozessen, durch die man
vornehmlich eine Ähnlichkeit zwischen Wissenschaft und Kunst begründet
hat, hier nicht noch einmal wiederholen muß. Erkenntnisse der Chaostheorie
werden zudem meist entgegen ihrer wissenschaftlichen Basis recht metaphorisch verwendet, um eigentlich altbekannte Strukturen von kreativen Prozessen bei Menschen zu beschreiben. Ein besonders schönes, weil nichtssagendes
Beispiel habe ich bei Briggs/Peat gefunden: »Die geistige Anstrengung des
Schöpfers kann man sich als ein Umkreisen des Problems oder der kreativen
Aufgabe vorstellen, als Bifurkation zu neuen Bezugsebenen, als Rückkehr in
die alte Ebene, als Verzweigung in weitere Ebenen und Ebenen in Ebenen.
Diese geistige Anstrengung ruft eine weit vom Gleichgewicht entfernte Strö-
mung hervor, die die Grenzzykel des gewohnten Denkens destabilisiert. Sie
führt auch zu Rückkopplungen zwischen verschiedenen Bezugsebenen und
beginnt, spontane Selbstorganisation zu erzeugen.«[2]

Natürlich ist auch das System Wissenschaft ebenso wie das der Kunst darauf
angelegt, fortwährend Neues zu entdecken oder zu entwickeln. Viele der neu
entstandenen Forschungsrichtungen lassen sich als noch heterogene Disziplinen einer sich formierenden Wissenschaft vom Neuen verstehen. Sie untersuchen Mechanismen, die Neues haben entstehen lassen, simulieren derartige
Mechanismen oder wollen sie technisch in den Griff bekommen. Auch mit
dieser Ausrichtung, die nicht nur nach den Entstehungsbedingungen von
Theorien oder Erkenntnissen im Sinne menschlicher Kreativität fragt, sondern
nach natürlichen oder technischen Mechanismen zur Erzeugung des Neuen
Ausschau hält, scheinen Kunst und Wissenschaft zu konvergieren. Besonders
die Hirnforschung, aber etwa auch die Neuroinformatik sind hier neben der
Untersuchung von komplexen, nicht-linearen Systemen und einer von der
Physik bis auf die Schaffung von Computerprogrammen sich erweiternden
Theorie evolutionärer Prozesse zu nennen.

---

1 John D. Barrow, Theorien für Alles, Heidelberg 1992, S. 33
2 John Briggs/F. David Peat, Die Entdeckung des Chaos, a. a. O., S. 297

Mein persönliches Motiv, mit Wissenschaftlern zu sprechen, aber war, neben diesem Kontext, schlicht Neugierde, nämlich herauszubekommen, was Wissenschaftler von überwiegend jungen, teilweise auch wie bei der Chaostheorie populären Forschungsgebieten denken, worauf sie ihre Theorien begründen und wie sie diese eventuell auf eine Sphäre beziehen, die ihnen eigentlich fremd ist, auch wenn es – das Leonardo-Syndrom oder überhaupt die vielbeschworene Renaissance – immer wieder Annäherungen zwischen Kunst und Wissenschaft gegeben hat. Besonders an der Wende vom 19. ins 20. Jahrhundert haben Künstler nach neuen Weisen der Darstellung durch die Rezeption wissenschaftlicher Erkenntnisse gesucht, zumindest aber aus diesen heraus begründen wollen, warum man in der Kunst neue Wege gehen müsse. Obwohl es interessant wäre, eine Geschichte der Verflechtungen zwischen Wissenschaften und Künsten zu schreiben, so würde dies die Möglichkeiten eines solchen Bandes schlicht überfordern. So habe ich mich hier nicht nur auf punktuelle Perspektiven von neuen wissenschaftlichen Theorien beschränkt, sondern auch die andere Seite, also wie Künstler versuchen, deren Einsichten aufzunehmen und eventuell in ihre Werke umzusetzen, beiseitegelassen. Die Form des Gespräches wurde gewählt, weil dadurch auch dem Laien, ein solcher ist der Fragende ja selber, eher ein Einblick in komplizierte Sachverhalte gewährt werden kann, sich auch mehr Themen im Vorbeigehen streifen lassen, als dies bei monografischen Texten möglich ist. Viele Fragen sind darauf ausgerichtet, ein Verständnis der Grundlagen herauszuarbeiten, damit deutlich wird, was möglicherweise wirklich neu an den vielen neuen Theorien und Ansätzen ist, deren Begriffe längst über den Wissenschaftsbereich hinaus gedrungen sind. Ein wenig geht es also auch darum, den Irrgarten von Begriffen, mit denen wir derzeit überschwemmt werden und die wie neue Attraktoren auf zeitgeistige Strömungen wirken, zu klären: Chaostheorie, Katastrophentheorie, fraktale Geometrie, Synergetik, Theorie von nicht-linearen komplexen Systemen, Selbstorganisation, Emergenz, Endophysik, neuronale Netze, Konstruktivismus sind nur einige der Stichwörter, die immer wiederkehren. Interessant dabei wohl ist, wie aus den verschiedenen Perspektiven von Disziplinen die Aussagekraft und der Ansatz der mit diesen Begriffen verbundenen Theorien gesehen wird. Es empfiehlt sich also, quer zu lesen.

Da viele der neuen Theorieansätze überdies in Abhängigkeit zur Computertechnik und deren Möglichkeit etwa zur Visualisierung von abstrakten Datenmengen stehen, scheint schon das von Künstlern und Wissenschaftlern gemeinsam benutzte Medium der Prozessierung und Darstellung eine Kongruenz beider Weisen der Welterzeugung nahezulegen. Der Physiker Heinz

Pagels sieht im Computer sogar das »primäre Forschungsinstrument der Wissenschaften«. Wenn Wissenschaftler heute vielfach vor Bildschirmen sitzen und nicht nur Zahlenkolonnen ausrechnen, sondern diese visualisieren, weil sich offenbar komplexe Systeme als Muster besser erfassen lassen, geraten sie unweigerlich in eine Reflexion ästhetischer Dimensionen[1]. Die wissenschaftliche Haltung des Purismus gegenüber dem Bild hat besonders durch die Visualisierung von Fraktalen als der Geometrie des Chaos Sprünge bekommen, auch wenn noch umstritten ist, welchen Erkenntniswert die Bilder haben. Gleichwohl lassen sich offenbar unbekannte Strukturen am schnellsten durch Visualisierung von Algorithmen als Muster erkennen.

Auf der anderen Seite erobern über kognitionswissenschaftliche Erkenntnisse und ihrer Anwendung in der Künstlichen Intelligenz und der Robotik Techniken die sensorische Welt der Wahrnehmung. Die phänomenale Welt mit all ihren Details wird wichtig, wenn wir KI-Systeme und Roboter so bauen wollen, daß sie sich in ihr zu orientieren vermögen. Noch stehen dabei ästhetische Dimensionen ganz am Rande, aber Künstler könnten Lösungen entwickkelt haben, die auch für technische Anwendungen wichtig sein könnten, zumal künstlerische Werke Aufschlüsse darüber geben, in welchen Welten oder Atmosphären wir uns ansiedeln wollen oder wie diese uns stimulieren.

Ein weiteres Motiv aber war, daß die Philosophie, wie sie meist betrieben wird, in meinen Augen ziemlich abgewirtschaftet ist, wenn sie nicht Erkenntnisse oder natürlich auch Einseitigkeiten bzw. Sackgassen der Wissenschaften mehr als nur metaphorisch zur Kenntnis nimmt. Deswegen sind diese Gespräche auch als Folge der Gespräche mit Philosophen (Denken, das an der Zeit ist, Frankfurt a. M. 1987; Französische Philosophen im Gespräch, München 1986) sowie mit Künstlern (Kunst machen? [zusammen mit S. Rogenhofer], München 1990, Leipzig 1993) zu verstehen. Man kann heute nicht mehr einen Rückruf der Ästhetik inszenieren und damit auch eine Wahrnehmungslehre meinen, ohne sich intensiv mit dem Stand der Neurowissenschaften, der Kognitionswissenschaften allgemein oder deren Umsetzung in Künstliche Intelligenz zu beschäftigen. Natürlich gibt es in dieser empirischen Erkenntnistheorie grundlegende Forschungsausrichtungen, die in der Philosophie schon immer kontrovers diskutiert wurden, aber sie bewegen sich doch auf einem anderen Niveau als noch zu Zeiten Kants oder Husserls. Interessante Philosophie muß heute wieder aus Erkenntnissen der Wissenschaften heraus

---

1 vgl. Konrad Lorenz, Gestaltwahrnehmung als Quelle wissenschaftlicher Erkenntnis, in: ders., Über tierisches und menschliches Verhalten. Gesammelte Abhandlungen II, München 1965

betrieben werden. Die Einigelung der Philosophie in ihre eigene Tradition läßt sie nur ins akademische Abseits rutschen, zumal die großen Philosophen der Vergangenheit stets auf der wissenschaftlichen Höhe ihrer Zeit waren oder sich wenigstens darum bemüht haben.

5. *Die Kunst und das Schöne der Wissenschaft*

Warum aber sollten Erkenntnisse und Meinungen von Wissenschaftlern überhaupt Künstler und Menschen, die mit Kunst zu tun haben, interessieren? Kunst hat sich ja von der Orientierung an Schönheit oder an davon abgeleitete ästhetische Kategorien vielfach abgewendet, jedenfalls sind sie oft an eher sekundäre Stelle gerückt. Das sind jetzt eher Effekte, die von den Massenmedien ausgespielt oder von der Werbung angezapft, manchmal von der Kunst ironisiert werden. Selbst wenn der Kitsch von Künstlern aufgegriffen wird, dann nicht als ästhetische Form, sondern als Zitat oder als Referenz innerhalb einer kunstimmanenten Reflexion. Auch wenn man sagen kann, daß das avantgardistische Programm der Befreiung etwa des Bildes von der Repräsentation gegenständlicher Welt, der Loslösung der Farbe von ihrem Darstellungswert und der Darstellung überhaupt bis hin zu einem ästhetischen Negativismus gescheitert ist, so läßt sich doch Kunst nicht mehr allein aus einem Konzept der Schönheit und damit der Wahrheit heraus begreifen. So sah George Mathieu beispielsweise die Aufgabe darin, sich auch aus den in der Abstraktion noch enthaltenen Schönheitskriterien der Form zu befreien, also vom »Kanon der Schönheit, von den Harmonie- und Kompositionsgesetzen, vom Goldenen Schnitt usw. Das ist der Beginn der letzten Phase. Man könnte sie als Schritt vom Abstrakten zum Möglichen bezeichnen.«

Was ästhetisch gefällt oder irritiert, scheint heute gegenüber eher konzeptuellen Überlegungen hinsichtlich der Problematisierung von Kunst, d. h. ihrer Selbstreferentialität als System, sekundär geworden zu sein, wobei man auch sagen könnte: die Kunst hat die Konkurrenz mit solchen Wahrnehmungsangeboten einer ästhetisierten Gesellschaft eingestellt und beschäftigt sich sowie die Angehörigen ihrer Nische überwiegend mit sich selber. Am erfolgreichsten ist ihr das noch im Bereich der sogenannten bildenden Kunst gelungen. In der Musik oder in der Sprache fällt dies schon schwerer, weil die Bereitschaft, sich über längere Zeit hinweg mit Reflexionen oder Dekonstruktionen von Erwartungen auseinanderzusetzen, hier schon beträchtlich sinkt oder, ganz banal, der Druck, irgendwie unterhalten zu werden, größer ist als bei Werken, die man mit einem flüchtigen Blick leicht überfliegen bzw. zu sich in Distanz halten kann. Andererseits experimentieren konzeptuelle Kunstformen mit dem Rest, den sie an Wahrnehmungsangeboten mit sich führen müssen, oft ästhetisch recht konventionell, während etwa Videofilme oder experimentelle Musik uns an Grenzen zu stoßen scheinen, wo wir rein von der Möglichkeit der Wahrnehmungsverarbeitung schon »gestreßt« werden.

Verstehen wir avantgardistische Kunst einmal als Attacke auf unsere intellektuelle und sensorische Verarbeitung von Phänomenen, so könnten nicht nur kulturelle Kontexte, sondern auch biologische Bedingungen Grenzen der Rezeption mit sich bringen. Prinzipiell können wir viel machen, aber wenn es irgendwie zu uns gelangen und uns darüber hinaus auch noch ansprechen soll, dann muß dies auf eine uns angemessene Weise dargestellt werden. Sonst kommunizieren Maschinen mit Maschinen unter Ausschluß des Menschen. Ob es beispielsweise biologische Randbedingungen für die ästhetische Rezeption gibt, die nicht überschritten werden können, ob es hinter allen Variationen von Stilen, Welterzeugungen und Darstellungweisen möglicherweise universale ästhetische Prinzipien gibt, die sich verletzen, aber nicht außer kraft setzen lassen, wären etwa Fragen an die Neurowissenschaften.

Man könnte sich vorstellen, daß es ähnlich wie beim genetischen Code einen Set an Elementen gibt, die durch Kombination qua Selektion und Mutation die vielgestaltige Welt der künstlerischen Darstellungsformen oder der möglichen Muster im Dialog mit ihrer gleichfalls historisch veränderten Umwelt erzeugen. Doch ähnlich wie die (langsame) biologische Evolution unvorhersehbar voranschreitet, ist auch nicht absehbar, wie man in der heißen kulturellen Evolution mit ihren schnell veränderbaren Speichersystemen ästhetische Universalien entdecken sollte, die mehr wären, als ganz allgemeine und selbst dem geschichtlichen Prozeß unterworfene Randbedingungen der künstlerischen Produktion und Rezeption. Nimmt man hinzu, daß offenbar auch in einem noch nicht bekanntem Ausmaß selbst die Architektur unseres Gehirns bis hin zu den peripheren Verdrahtungen unserer sensorischen Systeme relativ plastisch sind, d. h. eine Anpassung auch auf ganz elementarer Ebene an die »prägende« Umwelt stattfinden kann, so ist eine solche Frage vielleicht schon von vorneherein ebenso unsinnig, wie sich dies bei der Kantischen »transzendentalen Ästhetik« gezeigt hatte, die von einem wissenschaftlichen Weltbild die Natur und die Grenzen unseres Erkenntnisapparates ableiten wollte.

6. *Einige Bemerkungen zur Ästhetik und zur Kunst*

Die Wissenschaften sind seit je, wenn sie Ästhetisches als zugehörig zu ihren Theorie- und Modellbildungen thematisieren, eher auf das Erfassen der Strukturen von Schönheit denn auf die Kunst ausgerichtet. Was etwa Mathieu mit seiner informellen Malerei zu negieren intendierte, scheint die ästhetische Basis der Wissenschaften zu sein, die gelegentlich auch von Künstlern aufgegriffen wurde, wenn sie geometrische oder algorithmische Ordnungen in Werke umsetzen oder diese aus bestimmten Wahrnehmungsgesetzen konstruieren.

Im Unterschied zu ästhetischen Phänomenen sind Kunstwerke immer seltsame Objekte, die bereits in einem bestimmten Kontext mit bestimmten Erwartungen rezipiert werden. Das ist auch so, wenn Mathematiker einen Beweis oder eine Lösung als schön empfinden, weil dazu nicht die Anschauung genügt, sondern der Empfindung ein Wissen vorausläuft, wie so etwas aussehen kann. So einfach und bedeutungslos sie auch als Objekte sein mögen, so sind sie, das eben hat moderne Kunst gewissermaßen bewiesen, stets aufgeladene komplexe Gebilde, die sich auf allen Ebenen, von der physikalischen bis hin zur psychologischen, soziologischen und semantischen, analysieren lassen. Zwar spielt vermutlich zur Auslösung ästhetischer Empfindungen oder zur Akzeptanz von etwas als Kunstwerk irgendwie alles zusammen, wenn auch sensorische Muster auf einer bestimmten Schicht primär sein mögen, doch genügt ganz offensichtlich nicht eine Beschreibung von wahrnehmbaren Mustern an einem Objekt, wenn man mehr erklären will als lediglich die Möglichkeit, daß etwas als schön, angenehm, häßlich, ekelhaft etc. empfunden wird. Schon zu dieser Empfindung muß, abgesehen von etwaigen sehr allgemeinen Randbedingungen, der Kontext oder der Rahmen mitthematisiert werden, innerhalb dessen etwas als so oder so empfunden wird, was eine erneute Steigerung der Komplexität mit sich bringt. Und ähnlich, wie sich Bewußtsein oder Sprache vermutlich nicht auf der Ebene eines einzelnen Gehirns hinreichend erklären lassen, scheitert eine objektive Ästhetik, die sich am Werk und dessen Strukturen orientiert, an der Kunst, die man selber als einen kontextabhängigen und geschichtlich-kulturell geprägten Rahmen verstehen muß, der sich durch die Interaktion und Kommunikation von Menschen herausbildet. Selbst wenn man, wie dies beispielsweise Max Bense in der Nachfolge von Birkhoff in seiner numerischen Informationsästhetik versucht hatte[1], eine »objektive Beschreibung« von »ästhetischen Zuständen« intendiert, die »pri-

---

1 vgl. Max Bense, Einführung in die informationsästhetische Ästhetik, Reinbek 1969

mär gänzlich am Objekt interessiert« ist und den Bezug auf das wahrnehmen-
de, herstellende, urteilende etc. Subjekt ausklammert, so lassen sich ästhetische
Eigenschaften von Gegenständen bzw. Ereignissen doch nur im Hinblick auf
menschliche Beobachter von anderen unterscheiden. Ästhetische Erfahrung
kann durch einen typisierten Empfänger von Information im Unterschied zu
anderen Erfahrungsformen bestimmt werden, der, nach Birkhoff, drei Phasen
durchläuft: den Versuch, das Objekt zu erfassen (Dimension der Komplexität),
das sich einstellende »Gefühl der Entzückung«, das diese Bemühung belohnt
(Dimension des ästhetischen Maßes), und schließlich die Wahrnehmung, daß
das Objekt eine »gewisse, mehr oder weniger verborgene Harmonie, Symmetrie oder Ordnung verkörpert« (Dimension der Ordnung). Künstlerische Objekte sind nach Bense »Träger ästhetischer Zustände«, die eine nur schwach
determinierte Ordnung des jeweiligen »Repertoires materialer Elemente« präsentieren. Abgeleitet von der Informationstheorie Shannons blieben diese
Versuche aber auf einfache geometrische Formen sowie auf das recht allgemeine Postulat beschränkt, daß ästhetisches »Vergnügen«, verstanden als Mustererkennung, irgendwie zwischen absoluter Neuheit (Originalität, Komplexität)
und Ordnung (Determiniertheit, Redundanz) entsteht.

Gleichwohl kommen auch hier eben jene Probleme auf, denen sich Bense
als Vertreter einer exakten, d. h. wissenschaftlichen Ästhetik entziehen wollte,
denn es muß definiert werden, wo man zwischen möglichen Beobachtern und
innerhalb ihrer kognitiven Struktur Grenzen zieht, also ob man auf eine
universale Ästhetik abzielt, für die der Mensch nur der Vertreter einer biologischen Spezies ist, ob man sie auf Menschen mit ihrer Wahrnehmungsnische,
auf solche einer bestimmten Zeit, einer Nation, einer Klasse etc. beschränkt.
Letztlich muß eine objektive Ästhetik folgende Form annehmen können:
Immer dann, wenn ein Bündel von Informationen so und so strukturiert ist,
muß es von den jeweilig selektierten Beobachtern als ästhetischer Zustand
empfunden werden, was auch impliziert, daß eine solche Ästhetik generativ ist,
daß also neue ästhetische Muster aus den Struktureigenschaften von analysier-
ten ästhetischen Zuständen erzeugt werden können. Das ist in gewisser Weise
natürlich der Fall, nur daß sich aus einem gegebenen Repertoire keine wirklich
neuen Formen oder Elemente ableiten lassen, die nicht durch Variation oder
Permutation zustandekommen[1].

---

1 vgl. Abraham Moles, Kunst und Computer, Köln 1973. Vgl. zum Thema Informationsästhetik
auch F. Rötzer, Informatik und Ästhetik, in: P. Schefe/H. Hastedt/Y. Dittrich/G. Keil (Hrsg.),
Informatik und Philosophie, Mannheim u. a. 1993

Ähnlich wie bei den philosophischen Versuchen, das Wesen des Kunstwerks analytisch, phänomenal oder metaphysisch festzulegen[1], scheitern solche Ansätze einer wissenschaftlichen Ästhetik wohl durchweg an den unvorhersehbaren Sprüngen innerhalb der Evolution von ästhetischen Zuständen und Kunstbegriffen, zumindest aber bleiben sie höchst partiell in dem, was sie aus der komplexen Struktur eines ästhetischen Phänomens und seines Kontextes herausfiltern, oder aber sie können nur sehr allgemein Fundamentalbedingungen ästhetischer Muster analysieren, die häufig dann, wenn ihr Neuheitswert abgenützt ist, verändert werden und so sich der Schematisierung entziehen. Vor allem dann, wenn neue Kunstformen entwickelt oder Kunstrahmen wie beim Ready-made verschoben werden, wo also das ästhetische Phänomen sekundär gegenüber selbstreferentiellen Operationen im System Kunst wird, scheinen solche Ansätze bodenlos zu werden. Obwohl wir vergangene Kunstformen immer noch ästhetisch rezipieren können, so würde solch eine exakte Ästhetik auch voraussetzen müssen, daß beispielsweise unser Gehirn mit seinen Sinnesorganen im wesentlichen über die Geschichte hinweg identisch bleibt. Vermutlich kann man sich das aber ähnlich wie in der biologischen und oft auch der technischen Evolution vorstellen, weil in aller Regel – und auch wenn es gewünscht wird wie seit der Neuzeit – Neues nicht auf einer tabula rasa entsteht, sondern Konstruktionen auf Konstruktionen aufbauen und so auch Altes immer mitschleppen. Während aber vermutlich die Menschen vor 100 Jahren noch unfähig gewesen wären, unsere Kunstformen als Kunst akzeptieren oder etwa die schnellen Videoclips überhaupt nur visuell nachvollziehen zu können, ist es uns im Kontext einer durch Transportmittel und Medien beschleunigten Umwelt, von der unsere Gehirne geprägt werden, deswegen durchaus möglich, auch vorangehende Rahmen der Darstellung nachzuvollziehen. Schließlich werden auch in den neuen Medien Bildkonstruktionen weitergeführt, die in den alten Techniken, z. B. der malerischen Konstruktion der Perspektive, entwickelt wurden. Gleichwohl kann man annehmen, daß stillgestellte Bilder von uns heute anders wahrgenommen und dann auch anders produziert werden, als in Zeiten, in denen es noch keine bewegten technischen Bilder gab. Die Frage freilich bleibt, auf welcher Ebene des Gehirns sich solche Veränderungen einschreiben, ob sie nur Oberflächenphänomene sind oder bis in grundlegende Strukturen etwa unseres visuellen Systems reichen.

---

1 vgl. Arthur Danto, Die Verklärung des Gewöhnlichen, Frankfurt a. M. 1984; Karlheinz Lüdeking, Analytische Philosophie der Kunst, Frankfurt a. M. 1988; F. Rötzer, Schwierigkeiten mit der Kunst, in: H. M. Bachmayer/D. Kamper/F. Rötzer, Nach der Destruktion des ästhetischen Scheins. Van Gogh – Malewitsch – Duchamp, München 1992

7. Überlegungen zu einer neurobiologisch fundierten Ästhetik

Detlef Linke etwa macht darauf aufmerksam, daß die Betrachtung von Bildern auf kleinen Bildschirmen durchaus zu einer tiefgreifenden Veränderung des visuellen Systems und der daraus entspringenden Orientierungsleistungen führen könnte, wenn man sich dem Medium nur lange und kontinuierlich genug aussetzt. Das Starren auf den Bildschirm eines Computers oder eines Fernsehers geschieht denn auch hinreichend lange, wenn sich Menschen täglich mehrere Stunden allein vor dem Fernseher aufhalten und man die Arbeit oder das Spielen an Computerbildschirmen gar nicht mit hinzuzählt. »Die bevorzugte Umschaltung der in den Außenrändern des Sehfeldes ihren Ursprung nehmenden Fasern in das Stammhirn ist evolutionär von großer Bedeutung ... Die Sehfeldränder ziehen Aufmerksamkeit im Falle von plötzlicher Bewegung auf sich. ... Beim Fernsehen ist das anders geworden ... Die plötzlich in das Sehfeld tretende Erregung ist nicht verschwunden, aber sie entspringt in der Mitte.« Auch Horst Prehn und Wolf Singer betonen in den Gesprächen, daß die langfristige Aussetzung an ein Medium ebenso wie das Aufwachsen in einer bestimmten Umwelt nachhaltigen Einfluß auf die Weise haben kann, wie wir die Welt wahrnehmen können[1]. Mit solchen transformierbaren Randbedingungen der Wahrnehmung, die weit vor jeder semantischen Ebene sich befinden, könnte die Kunst spielen oder in ihr gefangen sein.

Offenbar scheint die zeitliche Verarbeitung von Signalen für das Gehirn biologisch determiniert zu sein[2]. Menschen haben für ihr bewußtes Erleben ein nach unten und nach oben beschränktes Zeitfenster, das strukturiert, was gleichzeitig und ungleichzeitig ist, was zusammenhängt oder als separiertes Ereignis interpretiert wird. Möglicherweise spielen solche Zeitfenster, wie Singer hervorhebt, eine grundsätzliche Funktion für die Synchronisierung von Hirnprozessen[3]. Ernst Pöppel etwa folgert aus Experimenten, daß »die Integration aufeinanderfolgender Ereignisse zu Wahrnehmungsgestalten eine zeitliche Grenze hat, die bei nur wenigen Sekunden liegt.«[4] Untersuchungen im Bereich der Musik, der Poesie und des Films haben gezeigt, daß Menschen natürlicherweise solche Wahrnehmungsgestalten innerhalb zeitlicher Einhei-

---

1 vgl. auch Derrick de Kerckhove, Brainframes, Baarn 1991
2 Ernst Pöppel, Grenzen des Bewußtseins, Stuttgart 1985
3 A. Engel/P. König/W. Singer, Bildung repräsentationaler Zustände im Gehirn, in: Spektrum der Wissenschaft 9, 1993
4 Ernst Pöppel, Unmusikalische Grenzüberschreitungen?, in: Carl R. Pfaltz (Hrsg.), Musik in der Zeit, 1991, S. 115

ten von etwa drei Sekunden legen, was dann naheliegt, wenn das Drei-Sekunden-Intervall die Länge des menschlichen Bewußtseins ist, also ein fundamentaler Integrationsmechanismus für die Zusammenfassung von zeitlichen Ereignissen zu einer Gestalt. So macht ein menschlicher Sprecher ungefähr alle drei Sekunden eine Pause von einigen Millisekunden, um in dieser Zeit syntaktische und lexikalische Entscheidungen für die nächsten drei Sekunden zu treffen, während der Zuhörer ohne Pause drei Sekunden lang einem Sprecher zuhört und dann unterbricht, um das zu integrieren und mit Bedeutung zu versehen, was er gehört hat.[1] Verzeilen von Gedichten dauern, wenn sie gesprochen werden, gleichfalls etwa drei Sekunden, egal aus welcher Zeit sie stammen oder in welcher Sprache sie geschrieben wurden. Im Gespräch weist Pöppel darauf hin, daß auch im Film die Einhaltung der Drei-Sekunden-Segmentierung beobachtet werden kann. Aus solchen Beobachtungen könnten sich biologische Randbedingungen für künstlerische Produktionen angeben lassen, die eingehalten werden müssen, um etwas für Menschen wahrnehmbar und nachvollziehbar werden zu lassen. Turner und Pöppel gehen sogar so weit, aus der Überschreitung der biologischen Randbedingungen durch moderne Kunst eine Kritik an dieser abzuleiten: »Der modernistische Angriff auf das Schöne in der Kunst wäre ein Angriff auf unsere eigene Natur«.[2] Andererseits könnten biologisch adäquate rhythmische Stimuli, sei es in Form von musikalischen Tempi, von Filmschnitten oder Gedichten, die Gehirnrhythmen verstärken oder jedenfalls unterstützen und derart das Gefühl von Schönheit bewirken, weil sich das Gehirn in Übereinstimmung zur Welt sieht.

Wenn akustische Ereignisse zwischen 30 Tausendstelsekunden und 3 Sekunden es ermöglichen, daß sie einerseits identifiziert und andererseits in ihrer Folge als Tempo und Melodie wahrgenommen werden können, dann ließe sich sagen, daß eine Überschreitung dieses zeitlichen Rahmens den ästhetischen Rahmen zerstört, weil solche Werke sich nicht mehr sensorisch angemessen verarbeiten lassen. »Ich behaupte«, so Pöppel, »daß von menschlichen Musikern ein Abweichen von der grundlegenden Tempokontrolle, wie sie vom Gehirn vorgegeben wird, nicht möglich ist. Musik, bei der die Dauer aufeinanderfolgender Töne zufällig variiert, wobei die Dauer kurz sein muß verglichen mit dem Integrationsintervall von etwa drei Sekunden, kann von einem Musiker nicht realisiert werden, da eine zeitliche Grundfunktion des Gehirns

---

1 Frederick Turner/Ernst Pöppel, Metered Poetry, the Brain, and Time, in: Beauty and the Brain, a. a. O., S. 80
2 ebd., S. 85

außer Kraft gesetzt werden müßte.«[1] Obwohl Pöppel gelegentlich dazu neigt, daraus ein biologisches Argument gegen Tendenzen moderner Kunst, aber auch von Medien abzuleiten, führt er selbst aus, daß durch die Ausbildung anderer, nicht mehr nur sensorischer Rahmen, also etwa durch das Wissen um die Konstruktion eines Musikstücks wie der tonalen Flächen von Luigi Nono, andere Bezugssysteme für die ästhetische Bewertung geschaffen werden können. Auch sie sind freilich noch irgendwie biologisch fundiert, aber doch wesentlich komplexer als die normalen Randbedingungen der Wahrnehmung und wissenschaftlich noch nicht faßbar.

Auf jeden Fall läßt sich in den Bereichen des bewegten Bildes, der Musik und in unserer technischen Umwelt neben der Steigerung der Informationsmenge auch eine Temposteigerung beobachten. Musikvideos, Computerspiele, das Interieur von Diskotheken, aber auch Videos und Computerarbeiten von Künstlern scheinen manchmal an der Grenze des Verarbeitbaren zu operieren, wenn wir wegen der Geschwindigkeit der angebotenen Reize in unserem Bewußtsein keine Gestalten mehr zusammenbinden können, die Bilder vor allem an uns vorbeirauschen.

Eine interessante Frage aber ist in diesem Zusammenhang, ob unsere Gehirne sich nicht doch durch dauerhaftes Aussetzen an schnelle Umwelten an wesentlich höhere Geschwindigkeiten anpassen können. Jede Wahrnehmung ist eine Art Filter, die das sensorisch Rezipierbare verdünnt. Zeichen oder Symbole sind solche Integrationsmechanismen, die durch Abstraktion eine schnellere Prozessierung ermöglichen. Durch den Gang auf eine »höhere« Ebene der Verarbeitung könnten dann auch schneller dargebotene Reizfolgen verarbeitet werden, die dann allerdings auch anders interpretiert würden. Vermutlich stellt dies in der Tat einen Ablösungsprozeß von primären biologischen Fundamenten dar. Interessant daran ist, daß nach Untersuchungen von Grete Wehmeyer die sogenannte klassische Musik ab Mitte des letzten Jahrhunderts mit dem Aufkommen der Virtuosen wesentlich schneller gespielt wurde als möglicherweise von den Komponisten vorgesehen: »Bach zügig, Mozart äußerst frisch, Beethoven geduckt dahinsausend, Chopin und Liszt rasant – so muß klassische Musik sein, so entspricht sie unserem Lebensgefühl, so klingt sie von Schallplatten, aus dem Radio, im Konzertsaal und im Opernhaus. Schnell muß Musik gespielt werden, so wie Autos und Züge schnell fahren müssen, damit wir nicht nervös werden. Dis Musiker üben viele Stunden am Tag und verzichten auf mancherlei, um hohe und höchste Tempi spielen zu

---

1 Ernst Pöppel, Unmusikalische Grenzüberschreitungen?, a. a. O., S. 121

können.«[1] Aber bereits früher wurden schon vielfach Temposteigerungen diagnostiziert. In der Allgmeinen Musikalischen Zeitung vom Juli 1813 steht beispielsweise: »Bekanntlich verstanden die Musiker aus der ersten Hälfte des vorigen Jahrhunderts unter Allegro nur ungefähr, was wir jetzt Andante nennen.« Interessant ist, daß diese Entwicklung von Wehmeyer nicht nur im gesellschaftlichen Kontext, sondern auch in dem von neuen Medien und Techniken gestellt wird. Musik wurde erst seit dem 11. Jahrhundert aufgeschrieben, die Notierung der Tempi wurde dann Schritt für Schritt genauer, kulminierend im Metronom von Johann Nepomuk Maelzel von 1814. Mit der Notierung der Musik und der Angabe des exakten zeitlichen Takts war freilich die Bedingung gegeben, das Spielen aus den ursprünglichen Bezugssystemen herauszukatapultieren, zu denen vornehmlich der Tanz, also rhythmische Bewegungen des menschlichen Körpers, oder der Pulsschlag gehören. Dieser Prozeß ist vergleichbar dem etwa gleichzeitig erfolgenden Übergang von der Lektüre, bei der man das Gelesene laut liest, zu jener, die still und ohne Bewegungen des Kehlkopfes sowie der Lippen erfolgt. Das steigerte nicht nur die Geschwindigkeit der Lektüre, sondern veränderte wohl auch die Schreibweise, also etwa das Abstandnehmen von metrischen Formen.

8. *»Die Bedeutung des Schönen in der exakten Naturwissenschaft«*

Wissenschaftler drängen immer mehr mehr darauf, vielleicht weil die Orientierung an Objektivität und universelle Gesetzmäßigkeit bodenlos wurde, daß Wissenschaft ästhetisch konstituiert sei, weil ihr Gegenstandsbereich, die Natur, dies sei: »Nach Meinung der meisten Menschen ist die Physik sicherlich eine exakte Wissenschaft, deren Aufgabe eher in präzisen Voraussagen als in ästhetischen Betrachtungen liegt. In Wirklichkeit ist die Ästhetik in der heutigen Zeit jedoch längst zu einer treibenden Kraft geworden. Die Physiker haben eine wirklich wunderbare Entdeckung gemacht: Die Natur ist auf ihrer fundamentalen Ebene nach ästhetischen Prinzipien konstruiert.«[2] Werner Heisenberg hat die grundlegende, im Kern platonistische Orientierung in einem Vortrag über »Die Bedeutung des Schönen in der exakten Naturwissenschaft« exemplarisch ausgeführt. Bescheiden die Arbeitsteilung und die Ausdifferen-

---

1 Grete Wehmeyer, prestißißimo, Reinbek bei Hamburg 1993, S. 7
2 Anthony Zee, Magische Symmetrie. Die Ästhetik in der modernen Physik, Frankfurt a. M. 1987, S. 15f.

zierung der Geltungssphären anerkennend, betonte er, daß ein Naturwissenschaftler es kaum wagen dürfe, zum Thema Kunst Meinungen zu äußern: »Aber«, so fuhr er fort, »vielleicht darf er das Problem des Schönen aufgreifen. Denn das Epitheton ›schön‹ wird zwar zur Charakterisierung der Künste verwendet, aber der Bereich des Schönen reicht ja über ihr Wirkungsfeld weit hinaus. Er umfaßt sicher auch andere Gebiete des geistigen Lebens; und die Schönheit der Natur spiegelt sich auch in der Schönheit der Naturwissenschaft.«[1] Schönheit muß also zunächst einmal von der Kunstsphäre getrennt und als Eigenschaft von Phänomenen beliebiger Art bestimmt werden. Und wenn es sich zeigen läßt, daß der Gegenstand der Erkenntnis schön sei, so müsse in einer Form der Mimesis auch die entsprechende Wissenschaft schön sein, die ihn zu beschreiben sucht. Schön aber sind nicht primär die Phänomene auf der Oberfläche, sondern die sie regierenden Formprinzipien, sofern sie sich mathematisch erfassen lassen. Warum aber könnte Mathematik eine schöne Wissenschaft oder eine Wissenschaft des Schönen sein? Weil man, so Heisenberg, dadurch nicht nur die phänomenale Welt verstehen kann, sondern vor allem, weil die mathematischen Generierungsregeln einfacher sind, sie das Komplexe reduzieren oder komprimieren.

Wie schon in der Informationsästhetik ist die Entdeckung von Ordnung in der Vielfalt oder der Komplexität schön, worauf auch Bernd-Olaf Küppers verweist, wenn er sagt, daß die »Wahrnehmung des Schönen in der Natur Ausdruck eines impliziten Wissens« sei, das uns »zur Komplexitätsreduktion befähigt.« Ästhetische Erfahrung wäre in diesem Sinne eine Art der Erkenntnis, die dann, in explizites Wissen und in ein Forschungsdesign umgesetzt, durch Experimente bestätigt und formalisiert werden könnte[2]. Die Einsicht in den Zusammenhang oder die Erkenntnis von Ordnung in der bunten Welt der Erscheinungen vermittelt den Eindruck des Schönen, der unmittelbar mit Erkenntnis verwoben ist. Ein Bild wäre demnach nicht auf der rein sensorischen Oberfläche schön, sondern erst dann, wenn das es strukturierende Muster oder die ihm immanente Ordnung erkannt wird. Auch wenn man nicht-mathematische Schönheit als Balance zwischen Ordnung und Chaos oder zwischen Erkenntnis und nicht vollständig Nachvollziehbarem oder

---

1 Werner Heisenberg, Die Bedeutung des Schönen in der exakten Naturwissenschaft, in: Lust am Denken, München 1981, S. 67
2 Das ist auch die Meinung Carl Friedrich von Weizsäckers, wenn er sagt, daß Kunst Wahrnehmung von Gestalt durch Schaffung von Gestalt und die Wahrnehmung des Schönen die der Gestalt als Gestalt sei, wobei die Wahrnehmung Wirklichkeit vermittle (Carl Friedrich von Weizsäcker, Zeit und Wissen, München 1992, S. 409ff.)

Sich-Entziehendem ansetzt, wie dies beispielsweise Friedrich Cramer inten-
diert, so steht auch hier Erkenntnis im Vordergrund, also daß die »schönen
Formen« beispielsweise aus einfachen Iterationsgleichungen hervorgehen.
Vorausgesetzt wird dabei die Schönheit der visualisierten Fraktale.[1]

Erstaunt spricht man davon, welche Vielgestaltigkeit aus oft ganz einfachen,
nur immer wieder rückgekoppelten Rechnungen entstehen können. Auch hier
scheint das Gegenteil der Komprimierung, also die Generierung von Vielfalt
aus dem Einfachen den Kern der diagnostizierten Schönheit auszumachen,
natürlich neben der Eigenschaft von Fraktalen, ähnliche Gebilde wie die der
Natur hervorzubringen. Der euklidischen Geometrie, die von der Abstraktion
gegenüber der phänomenalen Welt zeugt und die etwa Bernhard Korte bevorzugt, hat Mandelbrot die aus dem Computer geborene »organische« Geometrie der Fraktale gegenübergestellt.[2] In ihr eben könne man die Formen wiederfinden, die es in der Natur und in den schönen Künsten gibt. Wie Mandelbrot[3] versteht auch Peitgen die fraktale Geometrie gleichzeitig als Kritik an der
abstrakten Kunst und Architektur der Moderne, die sich auf eine skalenbe-
schränkte euklidische Geometrie beschränkt. Der Kampf gegen den Bourba-
kismus, der die Mathematik von Bildern reinigen und so auch die Geometrie
und die Anschauung aus ihr verbannen wollte, stehe in Übereinstimmung »mit
den Apologeten der spürbar ad absurdum geführten Moderne in Kunst und
Architektur.«[4] Aber trotz solcher Differenzen oder ästhetischer Vorlieben, die
letztlich darauf beruhen, daß eine Geometrie durch eine andere ersetzt wird,
die mächtiger zu sein scheint, weil sie der erfahrbaren phänomenalen Welt
ähnlicher ist, orientieren sich Wissenschaftler offenbar daran, Schönheit im
Verhältnis von Einfachheit und Komplexität zu sehen: »Gemeinsam ist Chaos
und Fraktalen der Versuch einer mathematischen Auflösung von Komplexität.«[5] Mandelbrot, der besonders immer die »Schönheit der Fraktalen« herausgestellt hat, führt deren Schönheit auf die ihnen eigene extreme Form der

1 Friedrich Cramer/Wolfgang Kaempfer, Die Natur der Schönheit, Frankfurt 1992, S. 157ff.
2 Benoît B. Mandelbrot, Die Schönheit der Fraktalen, in: David Galloway (Hrsg.), artware, Düsseldorf u. a. 1987
3 vgl. Benoît Mandelbrot, Die fraktale Geometrie der Natur, Basel 1987
4 H.-O. Peitgen/H. Jürgens/D. Saupe, Bausteine des Chaos, Fraktale, Berlin u. a. 1992, S. XIV
5 H.-O. Peitgen/H. Jürgens/D. Saupe, Bausteine des Chaos, a. a. O., S. XI. »Einfachheit, Harmonie und Schönheit haben«, so etwa der Physiker Henning Getz, »eine gemeinsame Wurzel,
und das ist Symmetrie – technisch gefaßt als Existenz einer Umformung oder Transformation,
die das Gebilde unverändert läßt.« Während Symmetrie definiert werden kann, wird Einfachheit
»als eine Bewertung in der Nähe von Schönheit ohne Definition« in Anspruch genommen
(Henning Getz, Symmetrie – Bauplan der Natur, München 1987, S. 15 und 13).

Symmetrie oder der Selbstähnlichkeit zurück: »Alle meine Illustrationen sind weder Fotos noch Gemälde. Es sind geometrische Objekte, geschaffen und präsentiert mit Hilfe des Computers. Wenn sie trotzdem als Kunstformen anzusehen sind, so weil sie einen großen, intuitiven Charakter haben. Vergrößert man sie beispielsweise immer stärker, ändern sich zwar die sichtbaren Details, aber die allgemeine Struktur bleibt bestehen. Im Wechselspiel zwischen dem Lokalen und dem Globalen ist weder das eine noch das andere in meinen Bildern vorherrschend. Im Gegenteil: Wir haben es hier mit einer perfekten Harmonie oder Proportionalität, mit einer Balance zwischen oder einer Konkordanz unter den Teilen und dem Ganzen zu tun.«[1]

Diese Symmetrie und Selbstähnlichkeit bei gleichzeitiger Vielfalt etwa der von Mandelbrot angesprochenen visuellen Details entspricht auch dem Bild des Kosmos, dessen Teile miteinander und mit dem Ganzen übereinstimmen, was Heisenberg als die heute angemessene Definition der Schönheit bezeichnet, weswegen für ihn die Mathematik das »Urbild der Schönheit der Welt« ist. Weil die Vielfalt der Welt aus einfachen Strukturgesetzen hervorgeht, ist sie schön, und schön ist die Erkenntnis dieses Zusammenhangs, weil sie die Ordnung rekonstruieren kann, wobei der Schwerpunkt weder auf der Welt noch auf der Einfachheit, sondern auf dem Abstraktions- bzw. Generierungsprozeß und der Einsicht bzw. Simulier- oder Reproduzierbarkeit von diesem beruht.

Mit Bernd-Olaf Küppers läßt sich vermuten, daß diese Mimesis von Theorie oder Mathematik an den Gegenstand im Zeichen der Schönheit in der Ähnlichkeit zwischen der Produktion von Welt, also dem äußerst unwahrscheinlichen Auftauchen von Ordnung, durch Gott und dem Menschen als Erzeuger von Theorien und Simulationen begründet sein könnte, sofern die Ordnung der Welt nicht als Ergebnis eines Zufalls, sondern als das eines Konstrukteurs erscheint, der alles aufeinander abgestimmt eingerichtet hat: »Die Ordnung des Lebendigen sowie die Zweckmäßigkeit und Schönheit der einzelnen Lebensformen sind so vollkommen, daß sie jahrhundertelang dem Menschen als sichtbarstes Zeichen einer planenden und ordnenden Schöpferkraft erschienen.«[2] Die Schönheit des Kosmos erfordert gewissermaßen den Zuschauer, den Theoretiker, der sie betrachtet und ihre Wohlgeformtheit erst durch sein Entzücken wirklich macht. Andererseits erwächst dann der Eindruck von Schönheit aus einer Übereinstimmung von Subjekt und Objekt, also daraus,

---

1 Benoît B. Mandelbrot, a. a. O., S. 72
2 Bernd-Olaf Küppers, Ordnung aus dem Chaos, a. a. O., S. 11

daß der Mensch als zweiter Gott nach den »gleichen Bildungsgesetzen« seine Produkte von der Mathematik bis hin zur Kunst erzeugt wie der erste Gott die Prozesse und Formen der Natur. So rekurrieren viele Wissenschaftler auf das Modell einer Korrespondenz, die im Erzeugungsvorgang vorliegt und solche Wirkungen hervorruft, die Menschen als ästhetisch, als schön, empfinden. »Die eigentümliche Anmut, ihre gelegentliche Wildheit, die Fülle von Assoziationen, die sich beim Betrachten der computererzeugten Bilder einstellt, sind vielleicht kein Zufall. Möglicherweise ist all dies Ausdruck ihres erahnten, aber nicht verstandenen Einklangs mit Bauprinzipien der Natur, denen auch unser Gehirn seine Struktur verdankt.«[1]

Eine naturwissenschaftliche Ästhetik, wie sie Friedrich Cramer vorschwebt, muß dann darauf zusteuern, beispielsweise im Goldenen Schnitt eine Urformel des Ästhetischen sowohl in der Kunst als auch in der Natur zu finden, selbst wenn betont wird, daß der Entstehungsprozeß von Mustern zu unberechenbaren, einmaligen und irreversiblen Ergebnissen führt, die auf der Schwelle zwischen Chaos und Ordnung stehen.

9. *Die Seele zählt*

Noch bis zu Kopernikus ging man davon aus, daß der Kosmos, also die von Gott, dem aus dem Nichts schaffenden Künstler, erzeugte Ordnung und Gestalt der Welt schön sei bzw. sein müsse, würde man nur die dahinterliegenden Erzeugungsgesetze und Ordnungsstrukturen begreifen. Verstand die Antike die natürliche Welt als eine unvollkommene Verwirklichung der idealen geometrischen Ideen und Formen, so wurde im Neuplatonismus der Renaissance die Mathematik immer mehr mit den Gesetzen der wirklichen Welt identifiziert. Auch hieran schließen viele Äußerungen von Wissenschaftlern an, die etwa in den Fraktalen jene neue Geometrie sehen, mit der sich nicht nur die natürlichen Formen annähernd imitieren lassen, sondern die auch nachzuweisen versuchen, daß die natürlichen Wachstumsprozesse sich in Form von fraktalen Gleichungen darstellen lassen[2]. Schlüssig sind Fraktale anscheinend nur im Vergleich mit bestimmten Dimensionen natürlicher Gebilde, aber diese sind bei höherer Auflösung nur in engen Grenzen selbstähnlich, während

---

1 Heinz-Otto Peitgen, Schönheit im Chaos, in: Programm-Magazin des »steirischen herbstes '89«, Graz 1989, S. 22

2 vgl. Peter H. Richter/Hans-Joachim Scholz, Der Goldene Schnitt in der Natur. Harmonische Proportionen und die Evolution, in: Bernd-Olaf Küppers, Ordnung aus dem Chaos, a. a. O.

Fraktale dies in jeder Größenordnung sind. Selbst wenn Fraktale ähnliche visuelle Muster erzeugen, so heißt dies noch nicht, daß man damit auch physikalisch die Mechanismen erklären kann. Die vielbeschworene Schönheit der Fraktale ist vielleicht ebenso platonistisch wie die Harmonie, die in früheren Zeiten aus der euklidischen Geometrie abgeleitet wurde.

»Die Geometrie ist«, so schrieb Kepler in seinen »Fünf Bücher von der Weltharmonik«,»vor der Erschaffung der Dinge, gleich ewig wie der Geist Gottes; ist Gott selbst und hat ihm die Urbilder für die Erschaffung der Welt geliefert.«[1] Der Platonismus der Renaissance suchte nicht nur die Geometrie als die »Buchstaben« des Weltenbuches zu etablieren, philosophisch ging es auch darum, wie aus der Einheit die Vielfalt des Kosmos Schritt für Schritt, vom Punkt über die Linie zur Fläche etc. und von der Eins über die Zweiheit zur Dreiheit etc., also als Figur und als Zahl systematisch ableitbar bzw. generierbar sind. Die in vielen Variationen artikulierte Formel: »Verschiedenartig ist im Verschiedenen dieselbe Figur eingedrückt«[2] ist ein Programm zur Konstruktion: trotz aller Komplexion und Brechung scheint das Eine in Allem durch und ist sich selbst ähnlich, wie auch die Zahlen auseinander hervorgehen. In einem solchen Kosmos kann es keinen Symmetriebruch geben, weswegen sich auf jeder Ebene Mikrokosmos und Makrokosmos ineinander spiegeln, weil sie aus einem Prinzip generiert werden. Ist die Einheit implizierte Ordnung, so die Welt lediglich die explizierte. Das Problem einer solchen in sich harmonischen Ordnung ist natürlich die Existenz des Bösen, ebenso wie das der von ihr abgeleiteten Schönheit das des Häßlichen. Harmonie, Symmetrie und Proportion sind im Gegensatz zum Unangemessenen, Formlosen, Chaotischem oder Zerrissenem die Maßstäbe des Schönen, wie bereits Heraklit es formulierte: »Das Widerstreitende zusammentretend und aus dem Sichabsondernden die schönste Harmonie.«

Es geht also bei der an der Mathematik orientierten Schönheit um die richtige Mischung von Teilen zu einer vollkommenen Harmonie des Ganzen, die nur einmal tiefer und einmal höher angesetzt wird. In der Zahl, dem Ausdruck der meßbaren Relation, scheint die Form oder Gestalt auf, durch die das unbegrenzte Sein begrenzt und geordnet wird.

Einfache Zahlenverhältnisse ordnen in der Tat nicht nur den Rhythmus von Gedichten, die Töne in der Musik, die Farben in der Malerei, die Proportionen in der Skulptur oder Architektur, sie liegen nach den Pythagoreern auch der

---

1 Johannes Keplers Kosmische Harmonie, Leipzig 1925, S. 135
2 Giordano Bruno, Über die Monas, die Zahl und die Figur, Hamburg 1991, S. 9

gesamten Welt zugrunde: »Alles gleicht der Zahl«. Die Welt, und alle Phänomene in ihr, sind gemäß mathematischer Harmonie aufgebaut, so wie gleich-
geformte Saiten, deren Längen sich wie ganze Zahlen (1 : 2; 2 : 3; 3 : 4 etc.)
verhalten, harmonisch zusammenklingen. Und weil die Harmonien, die dem
Ohr wohlgefällig sind, auch das Auge, die anderen Sinne und den Verstand
erfreuen, läßt sich Schönes – unabhängig vom Stoff – aus immer denselben
Proportionen konstruieren. Die Welt ist aus einer Selbstentfaltung der Zahl,
ausgehend vom Unbegrenzten und vom Ursamen der Form, der 1, hervorgegangen. In gewissem Sinne wäre dann die Wahrnehmung der Schönheit, wie
später Leibniz bemerken wird, so zu verstehen, daß die Seele zählt, auch wenn
dies nicht bewußt geschieht. Aus den ersten vier natürlichen Zahlen ergibt sich
nicht nur die Zahl 10, wenn man sie addiert, die Zahlenreihe 1 : 2 : 3 : 4 ergibt
auch die Intervalle von Oktave, Quinte und Quarte sowie die Oktave plus
Quinte (1 : 2 : 3) und zwei Oktaven (1 : 2 : 4), die das griechische Tonsystem
bilden. Schreibt man überdies die Reihe der ersten vier Zahlen als Punkte
untereinander, so bilden sie ein gleichseitiges Dreieck. Diese symmetrische
Figur nannte man Tetraktys, die deswegen so bedeutsam wurde, weil man
glaubte, daß man ihre Konstruktionsform mit der Entstehung der Welt vergleichen könne. Die schöne Harmonie der Welt und seiner Erzeugung ausgehend
von Zahlen und geometrischen Formen durch den Demiurgen hat Platon im
Timaios dann in seiner Weise entfaltet. Auch hier steht die Verknüpfung durch
ein »gegenseitiges Verhältnis« im Zentrum, wobei das »schönste aller Bänder
das ist, welches das Verbundene und sich sich selbst soviel wie möglich zu
einem macht.« Das Ganze wird erzeugt durch ein übereinstimmendes Verhältnis der Teile, die selber wieder als Einheit durch harmonische Proportionen
verknüpft sind und so Mikrokosmos und Makrokosmos ineinander spiegeln.

Ich will aber hier nicht näher auf die verschiedenen Proportionen und
Konstruktionsanleitungen von schönen Formen eingehen, die in der Renaissance sowohl in der Wissenschaft wie in der Kunst wieder aufgegriffen wurden,
nachdem lange Zeit die aristotelische Ablehnung der Mathematik für die
Beschreibung und Erklärung der Natur vorgeherrscht hatte. In der Renaissance galt die Mathematik dann aber nicht mehr als Idee, deren unvollkommenes
Abbild die Welt ist, sondern die Welt wurde in ihrer eigentlichen Struktur mit
der Mathematik identifiziert.

Die Mathematisierung der Erkenntnis und des Erkannten zieht Konsequenzen nach sich, die erst in der Renaissance wirklich gezogen worden sind. Die
zahlenmäßige Ordnung ist beispielsweise nicht als hierarchische Ordnung von
qualitativ unterschiedenen Seinsebenen konstruierbar, sondern sie wird durch

das Gleichgewicht zwischen gleichartigen Kräften bewirkt und erhalten. So wird die Struktur des natürlichen Kosmos in Analogie etwa zur Organisation des sozialen Kosmos gesetzt, wobei es einleuchtet, daß durch das Bild einer vollkommenen Ordnung jede Handlung dadurch bestimmt ist, das Schöne zu erreichen, d. h. als Nachahmung aufgefaßt werden muß. Die Zahl als Grundprinzip des Schönen läßt bereits die Qualitäten des Singulären hinter einer homogenen Ordnung verschwinden, die durch essentielle Gleichartigkeit gekennzeichnet ist und lediglich Variationen zuläßt. Und solange die Stabilität oder das geschlossene System, also der Kreis oder die Kugel, die Wiederholung, die Symmetrie oder die Regelmäßigkeit, als Ideal vorherrscht, kann Dynamik nur eine Verletzung der Ordnung sein, die wiederhergestellt werden muß. Der Zufall, der plötzliche Umschlag von Ordnung ins Chaos, sprunghafte Entwicklungen oder instabile Ordnungen konnten in dieses Weltbild nicht wirklich integriert werden.

Bekannt ist, daß die geometrischen Figuren der Vollkommenheit, für die Bewegung etwa der Kreis, lange Zeit verhinderten, die Planetenbahnen richtig als Ellipsen zu beschreiben, die noch für Galilei lediglich deformierte Kreise sein konnten. Noch weitergehender läßt sich sagen, daß die in Zahlenverhältnissen begriffene Ordnung und Erzeugung von Ordnung die Komplexität der Phänomene vereinfacht, denn wenn Zahlen Erzeugungsregeln von Ordnung sind, dann läßt sich einerseits das Komplexe aus dem Einfachen generieren und somit auch verstehen, andererseits ist das Einfache das Ur- oder Vorbild des Komplexen. Schönheit geht ebenso wie Wahrheit aus dem Grundprinzip oder dem Einen hervor, von dem aus das Viele entfaltet oder in das das Viele wieder eingefaltet werden kann. Schon aus diesen knappen Bemerkungen heraus wird einleuchtend, daß die philosophische und schließlich wissenschaftliche Orientierung am Schönen als der vollkommenen Ordnung die Phänomene in ihrer Präsenz für die sinnliche Wahrnehmung sowie in ihrer semantischen Bedeutung unterläuft und letztlich auf die Maßverhältnisse der Form verkürzen muß. Wenn alles, was ist, durch Zahl, Maß und Gewicht geregelt ist, wenn das Buch der Natur als Ausdruck der göttlichen Schöpfung in mathematischer Sprache, deren Buchstaben geometrische Formen sind, geschrieben ist, dann trennt sich die Welt, wie bereits für Platon, in primär Seiendes und sekundär Seiendes, d.h. den Erscheinungen auf, wobei letzteres eben die sogenannten Qualitäten sind, die sich bis vor kurzem nicht quantitativ beschreiben und erzeugen ließen.

Die sozusagen vorchaotische Mathematisierung der Erkenntnis muß davon absehen, wie Phänomene in einer individuellen oder auch menschlichen Perspektive erscheinen und vor allem bewertet werden, also wie etwas aussieht, schmeckt, riecht oder klingt. Die objektive Welt enthält weder Perspektiven noch eine offene Zukunft, sondern lediglich allgemeine Strukturen und Konstruktionsregeln. Darin war der Konflikt zwischen der wissenschaftlichen Ästhetik, die wesentlich reduktiv ist und alles auf einfache Strukturen zurückführt, und einer Ästhetik der sinnlichen Wahrnehmung angelegt, was Baumgarten im 18.Jahrhundert dazu führte, seine Ästhetik zu schreiben und damit die Disziplin der Ästhetik zu begründen.

Nun hat es den Anschein, daß die Dichotomie zwischen dem Allgemeinen und dem Singulären über neue Quantifizierungsmethoden ebenso eingeebnet wird wie die zwischen dem Unbelebten und Belebten. Man kann nicht nur aus Zahlen Bilder machen oder Algorithmen schreiben, um natürliche Formen oder Wachstums- bzw. Evolutionsdynamiken annähernd zu simulieren, die Forschungen der Neurowissenschaften zeigen auch, daß alle Wahrnehmungen, Empfindungen und Erfahrungen vom Gehirn quantitativ prozessiert und bewertet werden. Da aber Hirne keinen programmierten linearen Computern gleichen, sondern höchst komplexe und massiv parallel verarbeitende neuronale Netze sind, aber auch eine Vielzahl von verschiedenen Zelltypen aufweisen, wobei etwa die Funktion der Gliazellen noch gar nicht bekannt ist und über die elektrische Informationsprozessierung hinaus auch eine Vielzahl von chemischen Stoffen[1] beteiligt ist, steht natürlich eine neurowissenschaftliche Ästhetik noch in weiter Ferne. Sie wird überdies, abgesehen von grundsätzlichen Randbedingungen unseres Wahrnehmungssystems, durch die man gezielte Effekte aufgrund von sensorisch dargebotenen Objekten oder Ereignissen bewirken kann, wohl keine verallgemeinerbaren Theorien ästhetischer Bewertung erreichen können, wenn schon die Gehirne ebenso individuell sind wie die Persönlichkeiten. Das Gehirn hat keine genetisch im Detail fest programmierte Verdrahtung, schon seine materielle Struktur scheint sich erst im Dialog mit der Umwelt auszubilden und ist dadurch individuiert. Die Verdrahtung und die Veränderung der Architektur scheinen überdies Gesetzen zu folgen, die man darwinistisch durch Zufall und Selektion beschreiben kann, wodurch sich Neuronenpopulationen spezialisieren oder auch verändern[2].

Auch wenn die hochkomplexen biologischen neuronalen Netze vermutlich niemals eine direkte und gezielte Stimulation derart zulassen, daß man bestimmte Wahrnehmungen etwa durch Elektrostimulation, durch Biochips oder

---

1 Gerhard Roth, Das konstruktive Gehirn, in: S. J. Schmidt (Hrsg.), Kognition und Gesellschaft, Frankfurt a. M. 1992; Jean-Didier Vincent, Biologie des Begehrens, Reinbek bei Hamburg 1992
2 Gerald M. Edelman, Unser Gehirn – ein dynamisches System, München 1993; William H. Calvin, Die Symphonie des Denkens, München 1993

durch chemische Beeinflussung hervorrufen kann, so eröffnen sich jedenfalls neue Erfahrungsräume über solche direkten, aber noch immer holzhammerartigen Stimulationen des Gehirns, mit denen dessen Simulations- oder Konstruktionspotentiale angesprochen werden können. Auf jeden Fall können mit wachsenden Erkenntnissen der Neurobiologie und der Künstlichen Intelligenz Effekte detaillierter, d. h. auf bestimmte Zentren abgestimmt werden: die Menschen können also besser manipuliert werden, und die Experten für ästhetische Stimulation werden immer mehr Techniken zur Verfügung haben, bestimmte Mechanismen anzusprechen und nicht mehr nur auf ihre eigene Intuition angewiesen sein.

Noch verfertigen die Künstler freilich mit Materialien und sensorischen Reizen ihre Werke, noch setzen sie Simulationen in allen möglichen Medien ein, um indirekt, so drastisch Horst Prehn im Gespräch, eine Mikrochirurgie des Gehirns zu betreiben. Schließlich verändert jede Wahrnehmung auch materiell unser neuronales und hormonales System. Die Kognitions- und Neurowissenschaften erobern nicht nur im Sinne der Erkenntnis den Bereich des Ästhetischen, sondern sie werden nach und nach auch Mittel und Techniken zur Verfügung stellen, ästhetische Erlebnisse ohne den Umweg über Objekte oder Bildschirme auszulösen. Gleichwohl müssen aber auch diese gestaltet werden, so daß Künstler oder andere ästhetische Experten der Stimulation weiterhin ihre Bedeutung haben werden und die neuen Mittel für ihre Zwecke einsetzen können. Neue Bereiche sind neben der sensorischen, chemischen oder elektrischen Stimulation etwa die Gestaltung von virtuellen Welten, der Möglichkeiten von Telepräsenz und Telemotorik, also einer Teleästhetik, von künstlichen Lebewesen und natürlich auch der Einsatz der Gentechnik. Heute haben wir den Zustand erreicht, daß die Welt ein riesiges, wenn auch unkontrollierbares Labor geworden ist, in dem neben künstlichen Umwelten auch Lebenswelten und ökologische Systeme entworfen werden können, in dem eben auch neue Modelle des Menschen einschließlich seiner sensorischen, affektorischen und motorischen Systeme auf dem Spiel stehen. Und auch wenn sich ethische Tabus der Manipulation durchsetzen sollten, die den Möglichkeitsbereich der Technik einschränken, so hat jede Anwendung oder Nicht-Anwendung von wissenschaftlichen Einsichten und technischen Innovationen einen notwendig ästhetischen Charakter. In der Auswahl an alternativen Gestaltungsweisen setzen sich neben strategischen und ökonomischen Zwecken eben auch ästhetische Präferenzen durch.

Die Welt, nicht nur Bereiche in ihr, wird immer mehr zum Kunstwerk, zu einer artifiziellen Wirklichkeit, zu einer Bühne, was natürlich keineswegs heißen muß, daß sie dadurch schöner, interessanter oder gesünder wird, schließlich hat sich auch Kunst von der Umklammerung des Schönen befreit. Die Ansicht, daß Künstler im Gegensatz zu Wissenschaftler und Technikern mit der Konstruktion von Scheinwelten nichts anrichten können und also harmlos wären, ist nach Einsichten der Neurobiologie nicht richtig, wenn es denn stimmt, daß jede Umwelt, der wir uns aussetzen, uns stimuliert und auch verändert. Beruhigendermaßen sagt uns die Chaosforschung jedoch, daß wir letztlich oft genug und vor allem nicht langfristig wissen können, was wir machen, wenn wir Prozesse auslösen – aber das kann genausogut, entgegen der derzeitigen Feier der Kreativität im Zeichen der neuen Wissenschaft, Anlaß zum Schrecken sein.

FRIEDRICH CRAMER

Die Schönheit und Kunst aus der Perspektive der Chaostheorie

Die sogenannte Chaostheorie scheint ein Oberbegriff zu sein, unter den man vieles subsumieren kann. Verkündet wird, daß mit der Chaosforschung eine Revolution geschehen sei, daß also nun ganz andere Dimensionen von Naturprozessen als bisher aufgeschlossen werden können. Hat denn die Chaosforschung bereits den Stand einer Theorie erreicht, und was ist deren Grundeinsicht?

Die Chaostheorie ist eine neue Theorie, die einen Paradigmenwechsel in der Wissenschaft eingeleitet hat, weil man durch sie gezwungen wird, vom streng linearen und kausalen Weltbild abzugehen. Es gab viele Phänomene in den Wissenschaften, die man bisher nicht in das physikalische Weltbild einordnen konnte und die man deswegen beiseite gelassen hatte. Mit der offenbar sehr erweiterungsfähigen Chaostheorie kann man jetzt einen Teil dieser Phänomene einordnen. Immer dann, wenn wir eine Theorie finden, die viele Erscheinungen zusammenfassen kann, gibt es einen Fortschritt in der Wissenschaft. Freilich wird in vielem über das Ziel hinausgeschossen; wenn man vom Verkehrschaos oder von einem chaotischen Menschen spricht, dann wird das Wort abgenutzt. Aber in seiner strengen Form als deterministisches Chaos, also als Chaos, das aus deterministischen Ausgangsbedingungen entsteht, ist es eine Theorie, die viel zu erklären und vor allem die Offenheit der Welt zu verstehen gestattet.

Was ist denn genauer ein deterministisches Chaos? Und ist die Chaostheorie eigentlich in der Lage, die Phänomene der klassischen Physik, die man bislang als unter unabänderlichen Gesetzen stehend betrachtet hatte, vielleicht als Inseln der Stabilität in einer dynamischen Welt einzubegreifen? Ist sie also umfassender?

Die klassische Physik, wie sie von Galilei begründet und von Newton weiter verfestigt worden ist, stellt einen Ausschnitt dar, kann aber nicht alle Phänomene der Welt erklären. Die Wissenschaft versucht beispielsweise auch das Leben zu erklären. Hier hat sich gezeigt, daß man mit den herkömmlichen physikalischen Erklärungen nicht weiterkommt. Die Gesetze bedürfen dazu einer Erweiterung, was nicht heißt, daß die bisherige Physik aufgehoben würde. Die Situation ist vielleicht ähnlich wie in der Quantenmechanik: Durch die Heisenbergsche Unschärferelation sind die strenge Kausalität und Determiniertheit bei den kleinsten Teilchen um 1930 aufgehoben. Damals hat man gesagt, daß das, was bei den Bausteinen von Atomen passiert, für die Makrowelt irrelevant sei, weil es 10^{30} Atome gibt, so daß sich alle solche Unschärfen herausmitteln und das für uns keine Rolle spielt. Die Theorie des deterministischen Chaos ergänzt die Einsicht der Quantenmechanik, indem sie die Makrowelt einbezieht. Auch wenn die mikroskopische Unschärferelation nicht in unsere Welt hineinwirkt, so ist doch in der Makrowelt eine analoge Unschärfe vorhanden, weil eine Grundannahme der Newtonschen Mechanik nicht stimmt: Es gibt nämlich den Punkt, das unendlich Kleine, nicht. Ein wesentliches Merkmal der Newtonschen Mechanik ist die Differential- und Integralrechnung, die idealiter annimmt, daß etwas gegen Null geht und man deswegen Kurven oder Bahnen berechnen kann. Das geht aber nicht ganz genau. Auch in der makroskopischen Welt muß man sich immer für einen Standort entscheiden, der unter Umständen haarscharf neben dem Punkt liegt. Aber in einer dynamischen Theorie der Welt kann eben dies der Ausgangspunkt für viele Entwicklungen sein, die letzten Endes zu einer Störung oder zu einem Zusammenbruch eines Systems führen, wenn dies hoch rückgekoppelt ist.

Im Kontext der Quantenmechanik wurde gesagt, daß hier der Beobachter bzw. die Entscheidung, was man mißt, eine große Rolle spielt. Wird denn in der Chaostheorie auch die Möglichkeit einer objektiven Beobachtung beschränkt, so daß der Beobachter notwendig als Teil der Welt diese in der Beobachtung verzerrt? Wenn wir beispielsweise alle Randbedingungen eines Systems erkennen könnten, wäre dann das Chaos aufgehoben, und bliebe der Determinismus zurück?

Die Chaostheorie ist ja schon älter. Bis vor kurzem war sie lediglich eine abstrakte mathematische Theorie. Vor hundert Jahren wurde sie von Henri Poincaré mathematisch formuliert, der sich, ausgehend von einer Preisfrage der Schwedischen Akademie, wie stabil unser Planetensystem sei, über das sogenannte Drei-Körper-Problem Gedanken gemacht hat. Läßt sich das Verhalten von drei Planeten oder von drei sich gegenseitig beeinflussenden Körpern berechnen? Dieses Problem ist mit der Newtonschen Mechanik nicht berechenbar, da sich die Wechselwirkung dieser drei Körper in jedem Augenblick verschiebt, so daß man im Sinne des Laplaceschen Dämons niemals einen genauen Ausgangspunkt hat. Der Grund dafür besteht nicht darin, daß man den Ausgangspunkt nicht berechnen kann, sondern daß es ihn nicht gibt und nie geben wird, auch wenn man noch so genau messen könnte. Es gibt auch andere Systeme, aus denen Chaos entsteht, beispielsweise überall dort, wo Turbulenz auftritt, d. h. beim Wetter, bei Strömungen, also bei allen nicht-linearen Systemen. In allen hoch rückgekoppelten Systemen muß notwendig früher oder später ein solcher Sprung in der Trajektorie auftreten, auch wenn man den Zeitpunkt nicht vorher bestimmen kann. Ein gutes Beispiel dafür ist der Stammbaum des Lebendigen. Jeder Stammbaum hat Verzweigungen, und alle Systeme, die verzweigt sind, sind grundsätzlich nicht deterministisch, denn an einem Verzweigungspunkt kann es in verschiedene Richtungen gehen, wobei die Entscheidung zunächst unbestimmt ist. Nach ein paar Verzweigungen ist das System nicht mehr berechenbar und verhält sich chaotisch.

Die Chaostheorie scheint ihren großen Aufschwung durch den Computer erhalten zu haben. Computer können die Prozessierung von Daten auch als Muster visualisieren, also aus der abstrakten Mathematik herausheben. Welche Bedeutung hat denn der Computer in der Entwicklung der Chaostheorie, und welchen Einfluß hat diese Möglichkeit der Visualisierung?

Zunächst muß man einmal sagen, daß Poincaré noch keinen Computer hatte. Das Konzept als solches gab es also schon vorher. Vor hundert Jahren hat man allerdings noch nicht gewußt, wie allgemein das Chaos ist. Durch den Computer hat man bemerkt, wie allgemein verbreitet chaotische Systeme sind. Dabei hilft natürlich das Visualisieren, weil der Mensch ein optisches Tier ist und es ihm hilft, wenn er etwas sieht. Obwohl Poincaré das Chaos theoretisch vorausgesagt hat, wäre wohl niemand auf die Idee gekommen, dieselbe Rechenoperation der Iteration eine Million mal durchzuspielen.

Mit der Frage nach der Bedeutung von Visualisierung wollte ich auch wissen, ob sozusagen das Ästhetisch-Werden der Mathematik eine wesentliche Dimension der Chaosforschung ist. Hat die Chaosforschung also implizit etwas mit dem Ästhetischen zu tun?

Chaotische Übergänge sind Brüche in den Trajektorien und der einzig mögliche Mechanismus, aus dem Neues entstehen kann. In der Newtonschen Physik und in einer reversibel aufgefaßten Natur kann nichts Neues entstehen. Die Chaosforschung vermag die Entstehung von Neuem zu erklären, auch wenn dabei die Unbestimmtheit bleibt, daß man nicht sagen kann, ob dies oder jenes entstehen wird. Das Ästhetische oder das Schöne ist auch die Entstehung von etwas Neuem. Es ist ein Prozeß, in dem plötzlich etwas Unerwartetes vor Augen steht. Dieses Aha-Erlebnis gehört zur Kunst oder zum Ästhetischen dazu. Wenn man dies rational erfassen will, dann braucht man dazu die Chaostheorie. Das Schöne ist gewissermaßen eine Gratwanderung zwischen Chaos und Ordnung, zwischen Ungeformtem und Erstarrtem. Es ist weder das eine noch das andere. Das Ästhetische ist in der Sprache der Chaostheorie fraktal. Fraktale Muster, z. B. das Apfelmännchen, haben großen ästhetischen Reiz.

Würden Sie dann sagen, daß immer dann, wenn etwas Neues entsteht, man auch schon vom Ästhetischen oder Schönen sprechen kann? Das erscheint mir zu allgemein. Die Verbindung von Neuheit und Schönheit ist überdies auch nicht selbstverständlich, da man bis ins Mittelalter von einem Kosmos ausging, den man als geordnet, stabil und schön empfand, so daß die Kombination von Schönheit und Neuheit vielleicht nur eine mögliche, chaostheoretisch begründete Perspektive ist.

Natürlich kann man nicht sagen, daß alles Neue auch schön sei, aber man kann umgekehrt sagen, daß nur das schön sei, was in einem Prozeß neu entstanden ist. Ein Abklatsch oder eine Wiederholung hat niemals eine ästhetische Qualität. Schön ist etwas nur dann, wenn der Prozeß, der zu ihm geführt hat, sichtbar ist oder aufscheint. Warum ist beispielsweise der Fudschijama schön? Wir empfinden ihn deswegen als schön, weil er in reiner Form seinen Entstehungsprozeß preisgibt. Wenn man die gekurvte Flanke des Fudschijama analysiert, dann ist dies eine mathematisch reine Abkühlungs- oder Abklingkurve der Lava. Der normale Betrachter weiß dies natürlich nicht, er hat auch in keinem Modellexperiment Lava erstarren sehen, aber jeder Mensch hat von Kindheit an, also sozusagen apriorisch, viel über Formenbildung gelernt. Jedes Kind, das im Sandkasten oder mit Matsch gespielt hat, hat bereits im vorbewußten Alter gelernt, welche Formen entstehen, wenn man beispielsweise den Sand aus den Fingern rinnen läßt, oder welche Wellenzüge es gibt, wenn man einen Stein ins Wasser wirft. All diese Vorprägungen der Formerkennung in unserem Sensorium sind auf Prozessuales abgestellt. Wenn wir den Fudschijama sehen, dann wird aus dem Reservoir unserer Mustererkennungsspeicher im Gehirn diese Erfahrung abgegriffen, und wir wissen, daß dies ein toller Prozeß gewesen ist, den wir jetzt als Form sehen.

Wahrscheinlich hatte aber die ästhetische Orientierung der Antike und des Mittelalters an stabilen Systemen auch etwas mit der an dieses Weltbild angelehnten Physik zu tun, die eben bis in die jüngste Vergangenheit hinein Stabilität und Reproduzierbarkeit privilegierte. Entspricht vielleicht das wissenschaftliche Weltbild selbst immer einem ästhetischen Paradigma, das auch das jeweils Gute und Wahre bestimmt?

Nehmen Sie aber beispielsweise die Pyramiden oder einen griechischen Tempel. In praktisch allen diesen klassisch schönen Bauwerken und auch in der griechischen Plastik findet man den Goldenen Schnitt, der vermutlich unbewußt angewendet wurde. Der Goldene Schnitt ist ein Ausdruck des Wachstumsgesetzes, das als Kurve die Fibonacci-Reihe bildet. Sie ist die Grenze zwischen Ordnung und Chaos, also der fruchtbare Bereich, wobei der Goldene Schnitt gewissermaßen die eingefrorene Chaos-Ordnungs-Grenze ist. Ohne daß uns das bewußt wäre, was die Mathematiker auch erst in den letzten zehn Jahren so analysiert haben, erkennen wir diese Chaos-Ordnungs-Grenze aus vorbewußter Erfahrung.

Wenn es so wäre, daß natürliche Wachstumsprozesse sich oft als Muster niederschlagen, die dem Goldenen Schnitt entsprechen, dann wäre die Empfindung von Schönheit eine Art von Resonanz zwischen Naturphänomenen, erfahrener Natur und vielleicht biologischen Randbedingungen unseres Wahrnehmungssystems. Auf welcher Ebene würden Sie denn aus der Perspektive der Chaostheorie das Ästhetische ansiedeln? Auf der Ebene der Wahrnehmung, des Lernens, der Biologie, der Physik?

Das ist eben merkwürdigerweise ziemlich verallgemeinerbar. Zunächst muß man die Grundannahme akzeptieren, daß die Welt von Anfang an prozessual ist. Das fällt heute kaum jemanden mit dem Wissen vom Urknall oder von der Darwinschen Theorie mehr schwer. Daß das Prozessuale bis ins Kleinste und Einzelne hineinwirkt, hat man vielleicht noch nicht so genau realisiert. Alle Ruhepunkte, aller Stillstand (etwa im Schlaf, in einer perfekten Struktur, in einem vollendeten technischen Gerät oder einem Kunstwerk) sind nur scheinbar. Die Dynamik ist vorübergehend nach innen verlegt und wird zu gegebener Zeit wieder hervorbrechen. Auch unser Wahrnehmungssystem ist prozessual strukturiert. Wahrnehmen kann man nur durch Bewegen, durch Abtasten mit den wandernden Augen, durch Tasten im weitesten Sinne. Wir erinnern nicht Fakten, sondern Prozesse. Deswegen sehen wir auch den schönen Prozeß in einem unbewegten Gegenstand. Das Ästhetische ist also weder allein ein rein

Wahrgenommenes noch ein hohes Ideal, eine angelernte akademische Schönheitsregel, die von Kunsttraditionen übernommen wird, oder eine physikalisch-biologisch analysierbare Proportionalität, sondern es integriert all dies und bringt daraus etwas qualitativ anderes, Neues hervor.

Sie sagen ja, daß sich dynamische Prozesse in den Proportionen des Goldenen Schnitts als Muster oder Form niederschlagen. Der Goldene Schnitt ist eine allgemeine Formel, die bis ins Unendliche hinein prozessiert werden kann. Würden Sie denn sagen, daß der Goldene Schnitt allen evolutionären Entwicklungen auch auf der Ebene der Physik zugrunde liegt, so daß er sowohl im Kosmos wie in menschlichen Wahrnehmungs- und Handlungsformen zu finden ist?

Ja. Sofern die Natur, was wohl der Fall ist, eine Tendenz zur Selbstorganisation besitzt, vollzieht sich diese Selbstorganisation nach den Regeln der Chaos-Ordnungs-Grenze und bringt sowohl physisch wie psychisch Schönes hervor.

Läßt sich denn der Goldene Schnitt auch im Bereich der mikroskopischen Teilchen oder der chemischen Moleküle nachweisen?

Das geht noch tiefer, denn die Proportion ist eine objektive zahlentheoretische Gegebenheit. Das Verhältnis des Goldenen Schnitts ist die irrationalste aller irrationalen Zahlen. Die Mathematiker haben eine Hierarchie der Irrationalität bei den Zahlen aufgestellt. Da gibt es Kettenbrüche wie 1 : 3, die nicht aufgehen oder wo Perioden auftreten. Eine Zahl ist um so näher am Chaos, je weniger gut man sie durch eine Näherungslösung darstellen kann. Man kann zeigen, daß das Verhältnis des Goldenen Schnitts diejenige Zahl ist, die von allen möglichen irrationalen Zahlen am wenigsten durch eine Näherungslösung darstellbar ist.

Das heißt, daß sie sich auch der Berechenbarkeit entzieht. Oder hat das damit nichts zu tun?

Für viele praktische Zwecke ist die Berechenbarkeit unerheblich. Ein Iterationsprozeß wird im allgemeinen dann ins Chaos führen, wenn in dieser Wiederholung eine irrationale Zahl vorhanden ist. Es gibt im übrigen viel mehr irrationale als rationale Zahlen. In solchen Iterationsprozessen, in denen eine irrationale Zahl enthalten ist, die sich nur durch eine Näherungslösung und nicht exakt darstellen läßt, hat man eine zahlentheoretische Unschärfe, die irgendwann zu einem chaotischen Übergang führt. Dieser Übergang ist praktisch bei sehr vielen Iterationen notwendig, weil in allem Geschehen irrationale

Zahlen drinstecken. Es gibt im Grunde zwei Zahlen, die das strukturelle Geschehen bestimmen. Das ist einmal die irrationale Zahl *pi*, die seit dem Altertum bekannt ist und gewissermaßen die Quadratur des Zirkels beschreibt. Die andere Zahl ist die sogenannte Feigenbaumzahl *delta*, die den Zeitpunkt einer Bifurkation beschreibt. Wenn ein System zu wackeln beginnt, dann findet eine Verzweigung statt, und dann noch eine, bis es schließlich ins Chaos übergeht. Die Zahl *pi* ist für den reversiblen Zeitmodus die zuständige Größe, während die Zahl *delta* für die irreversible Zeit zuständig ist.

Wenn man von Ihrem Ansatz ausgeht, dann müßte man, wenn man das Ästhetische betrachten will, alle Phänomene und Kunstwerke untersuchen, ob hier diese beiden Größen maßgeblich sind. Wenn man diese gefunden hat oder nicht, was weiß man dann eigentlich?

Natürlich lassen sich Kunstwerke nicht so analysieren, wie man es von der wissenschaftlichen Methode gewohnt ist. Wenn man sich beispielsweise die Periode von Kandinskys Bildern ansieht, die man im Münchener Lenbachhaus sehen kann, dann hat Kandinsky am Anfang schulmäßig-ordentlich, ein bißchen jugendstilartig gemalt. Innerhalb eines Jahres hat er dann begonnen, abstrakt, aber noch mit gegenständlichen Anspielungen zu malen, wodurch er sich von vielen Form- und Farbbindungen befreit hat. In dieser Zeit hat er ein Farbspektrum entwickelt, das in seiner Zeit revolutionär war, und Kunstwerke von ganz großem Rang geschaffen. Ein paar Jahre später entstand dann die völlig abstrakte Malerei mit den Kringeln und Kreisen, wo meines Erachtens die Grenze zum Chaos schon zu weit überschritten wurde. Der Eindruck des Schönen geht weder von den früheren noch von den späteren Bildern aus, sondern das Schöne geht gerade aus den Bildern dieser chaotischen Übergangszeit hervor.

Können Sie denn an diesem Beispiel erläutern, inwiefern man hier auch von Selbstorganisation sprechen kann? Würde das sich auf den Künstler beziehen, der in einen Kreationsprozeß eintritt, den man als chaotisch charakterisieren könnte, oder findet das in der Folge der Bilder statt?

Der Prozeß findet im Künstler, im Maler, statt, der den ihn fast zerreißenden Prozeß auf die Leinwand setzen kann. Der Betrachter sieht dann diesen Prozeß, obwohl das Bild schon Jahrzehnte fertig ist. Das Bild steht zwar still, aber der Prozeß scheint aus ihm heraus. Das ist das, was wir schön finden.

Viele der Künstler, die etwas Neues produziert hatten, stießen zunächst einmal auf Ablehnung. Obwohl die Wahrnehmung für Sie prozessual ist, scheint in ihr doch eine konservative Tendenz stark ausgeprägt zu sein. Man favorisiert die Stabilität und nicht die Dynamik, während Sie doch sagen müßten, wenn ich Sie recht verstanden habe, daß es eine unmittelbare Resonanz zwischen kreativen chaotischen Prozessen und den menschlichen Wahrnehmungserwartungen gibt. Woher kommt denn eigentlich die Erhaltungstendenz?

Wir müssen uns ja erhalten, wir wollen ja nicht untergehen. Ich kann da nur Rilke zitieren, der sagt: "Das Schöne ist nur des Schrecklichen Anfang, den wir noch gerade ertragen, und wir lieben es so, weil es gelassen verschmäht, uns zu zerstören." Das Schöne ist irgendwo schrecklich. Wenn es das nicht wäre, würde es sich um Kitsch handeln. Im Prozessualen gibt es zwei Zeitkomponenten: die systemerhaltende, strukturierende, zyklische und reversible Zeit sowie die Neues hervorbringende, systemverändernde irreversible Zeit. Beide wirken im künstlerischen Prozeß zusammen.

Warum mögen die Menschen den Kitsch oft mehr als die schöne Kunst?

Weil sie Angst haben, ihre Struktur zu verlieren, und letzten Endes, weil sie Angst vor dem Tode haben. Große Kunst zu schaffen, hat etwas mit dem Sterben zu tun. Es gibt in vielen Kulturen das Projekt, den Tod zu verdrängen. Das durchaus verständliche Projekt Unsterblichkeit hat ein durchaus unkreatives Moment. Alle Kunst, alles ästhetisch Vollkommene, ist insofern nicht vollkommen, weil es den Keim des Todes in sich trägt.

Also auch des Destruktiven?

Ja.

Wenn man das einmal so akzeptiert, so kam zu Beginn unseres Jahrhunderts eine Kunstströmung auf, beginnend etwa bei Dada oder bei Duchamp mit seinen Ready-mades, wo man sich bewußt gegen die von Ihnen behauptete Kreativitätsspirale in der Kunst zur Wehr setzte, wo man auch Abstand davon nahm, überhaupt etwas Ästhetisches zu setzen. Duchamp wollte zumindest zufällig etwas finden und es unter dem Zeichen einer ästhetischen Indifferenz ins Museum stellen. Die Kunst der Gegenwart zehrt noch in weiten Bereichen von dieser Geste. Inwiefern findet denn in dieser Geste ein chaotischer Prozeß statt? Im Angriff auf die herkömmliche Kunstwahrnehmung oder das gewohnte Kunstverständnis?

Vieles davon hat mit Protest zu tun. Es ist besser, Protestkunst zu machen, die dann im Grunde keine ästhetische Qualität haben will, als Kitsch für Kunst zu erklären. Insofern ist das eine positive Entwicklung, aber es kann natürlich Zeitalter geben, die nicht in der Lage sind, Kunst oder Ästhetisches zu schaffen.

Kitsch wird ja zur Kunst erklärt. Befinden wir uns in einem Zeitalter, das keine Kunst hervorbringen kann, obgleich in eben diesem Zeitalter die Chaosforschung ihren Durchbruch erfahren hat und überall viel von Kreativität und schöpferischen Prozessen die Rede ist? Wäre so vielleicht gar die Chaostheorie ein Ausdruck des Mangels an Kreativität, während die Kunst sich gerade zurückhält, eine solche Kreativität auszuspielen?

Das könnte durchaus sein, was vermutlich mit unserer Gesellschaftsstruktur zusammenhängt. Auch die Gesellschaft muß in der Lage sein, Neues zu schaffen, neue Ideen oder neue Formen. Seit etwa 1900 scheint sich das alles zu nivellieren. Der Markt beherrscht uns. Wenn es nur eine einzige Herrschaft gibt, nämlich den Markt, und sogar die Politik demgegenüber vernachlässigt werden kann, dann könnte auch die Kunst auf der Strecke bleiben.

Ist der kapitalistische Markt nicht gerade ein Paradigma für ein chaotisches System?

Der Markt ist aber das Paradigma für ein zyklisches, sich selbst erhaltendes System mit einer reversiblen Zeit.

Aber der Umlauf muß sich immer steigern, weswegen ständig Innovationen hervorgebracht werden müssen.

Dennoch müssen die Kreisläufe, etwa des Geldes, funktionieren. Es dürfen nirgendwo Brüche auftreten. Das Gegenparadigma zum Markt wäre das Potlatsch. Wenn das kapitalistische System dazu in der Lage wäre, alle fünfzig Jahre ein Potlatsch zu veranstalten, dann könnte es vielleicht wieder Kreativität entfalten.

Der Markt basiert ebenso wie die Evolution auf Konkurrenz. Schon auf der molekularen Ebene können sich bestimmte Systeme eher durchsetzen als andere. Der Kapitalismus als System scheint mir nicht recht kreisläufig zu sein, zumal gerade er eine größere Dynamik entfaltet hat als alle anderen Gesellschaftsformationen zuvor.

Ich gebe zu, daß der Kapitalismus diejenige Gesellschaftsform ist, bei der am meisten Kreativität geweckt wird. Warum sich diese aber so wenig auf Kunst bezieht, kann ich dann eigentlich auch nicht sagen. Vielleicht verlangen wir auch zuviel. Kunst hat sich auch in früheren Jahrhunderten recht eingeschränkt vollzogen. Ein einfacher Bauer hat sich darum nicht gekümmert, das war eine Sache von kirchlichen Institutionen oder von Fürstenhöfen. Insofern ist in unserer Massengesellschaft das Ästhetische oder die Kunst so verdünnt, daß man sie nicht recht wahrnimmt.

Andererseits müßten Sie doch sagen, daß auf lange Sicht kreative Prozesse gar nicht blockiert werden können, wenn sie zur Grundschicht unseres Kosmos gehören. Sie behaupten doch letzten Endes, daß Ästhetisches nicht nur unseren Zugang zur Welt bestimmt, sondern auch den Lauf der Welt, wodurch das Ästhetische wieder so allgemein wird, daß es seine Differenz zu anderen Prozessen oder Gegebenheitsweisen verliert.

Das kann gut sein. Tatsächlich ist zumindest in Mitteleuropa unsere Umwelt in einem Maße ästhetisch geworden, daß es schwerfällt, wirklich Neues an Kunst zu schaffen. Auch das Ästhetische gehört jetzt zum Massenkonsum, es wird uns von den Designern verordnet. Unsere Welt ist – jedenfalls in Mitteleuropa – wohl tatsächlich schöner oder eleganter geworden. Das könnte die Kunst abdrängen.

Ich sprach jetzt Ihre theoretische Perspektive an, die erst einmal alle innovativen Prozesse, sei es der Wissenschaften, der Technologien, der Gesellschaftsformationen, der individuellen Entwicklung oder der Künste, als ästhetisch begreifen muß, wodurch einfach eine Inflationierung des Begriffs entsteht. Wo verläuft die Grenze zwischen dem Ästhetischen und dem Nicht-Ästhetischen?

Die Mathematiker und theoretischen Physiker haben seit jeher die Lösung einer theoretischen Aufgabe daran gemessen, ob sie ästhetisch befriedigend ist. Das Ästhetische und das Mathematische gehen hier irgendwie parallel. Ästhetisch würde ich dasjenige nennen, das uns nicht nur befriedigt, sondern das uns auch erschüttert oder ergreift.

Das wäre aber ein recht subjektives Kennzeichen. Sie wollen aber doch sagen, daß es eine objektive, mathematisch erfaßbare Struktur des Ästhetischen gibt.

Die objektive Struktur, wie man sie etwa im Goldenen Schnitt findet, ist aber natürlich nur ein Aufschein einer tief darunterliegenden Prozessualität der Welt, in der das Schöpferische der Natur des Kunstwerks sich immer wieder zeigt und an die Oberfläche treibt. Das Schöpferische in uns begegnet dann diesem Prozeß des Schöpfens. Das ist die ästhetische Empfindung.

Wenn Schönheit an der Grenze zwischen Chaos und Ordnung liegt, dann ist dies offenbar nur ein kleiner Ausschnitt des Möglichen. Gibt es denn nicht mathematische Kennzeichen, um solche Phänomene des sistierten Übergangs zu erkennen?

Es liegt im Wesen der Chaostheorie, daß man den Übergang zwischen Chaos und Ordnung nicht exakt definieren kann. Die Ränder eines solchen Systems haben fraktale Struktur. Insofern ist auch die Definition des Schönen vergeblich, weil man bei einer fraktalen Struktur niemals an eine Grenze kommt. Es handelt sich vielmehr um eine Zone des Schönen.

Moderne Kunst hat sich vom Schönheitsbegriff abgenabelt, sie hat sich dem Häßlichen, dem Schockhaften, dem Ekelhaften oder dem Alltäglichen mit der Folge zugewandt, daß vielleicht das Ästhetische für die Kunst gar nicht mehr so bedeutsam ist. Würden Sie denn sagen, daß Kunst notwendig und auch gegen den Willen der Künstler ästhetischen Regeln gehorchen muß? Oder muß man nicht anerkennen, daß Kunst nicht identisch mit Schönheit oder überhaupt mit Ästhetischem ist?

Auch das Häßliche kann die Qualität von Kunst haben, insofern es uns in ähnlicher Weise bewegt wie das Schöne.

Sie haben bislang das Ästhetische nur immer als das Schöne thematisiert.

Ästhetik ist die Wissenschaft vom Schönen. Natürlich ist der Begriff des Schönen seit mindestens hundert Jahren verbraucht. Ich will ihn aber in seine Rechte wieder einsetzen, denn es gibt eigentlich kein anderes Wort dafür und das Ästhetische ist nur ein Kunstwort. Ich würde schon sagen, daß etwas, sofern es Kunst ist, auch die Qualität der Schönheit besitzt.

Zumindest aktuell ist doch noch gar nicht ausgemacht, was überhaupt den Anspruch von Kunst erwerben kann. Viel von dem, was zu einer bestimmten Zeit als Kunst hoch gehandelt wurde, ist später vergessen oder langweilig. Der Kunstbegriff kann für eine Definition des Schönen keine Orientierung sein, weil er selber etwas ist, das sich fortwährend verändert.

Sie haben recht. Was als Kunst gilt, ist sehr zeitgebunden.

Sie steuern aber doch auf einen normativen Begriff von Ästhetik zu.

Was uns ästhetisch anspricht, ist nicht zeitgebunden, würde ich behaupten. Die Höhlenmalereien der Steinzeit sprechen uns genauso an wie ein Picasso der blauen Periode. Insofern ist das ein objektives Merkmal. An Kunstwerken, die durch die ganze Geschichte des Menschen hindurch bestehen, lassen sich deshalb auch objektive Kriterien ablesen.

Das betrifft aber nur die Wahrnehmungsebene des Menschen, von der man dann voraussetzen muß, daß sie sich nicht verändert. Nehmen wir beispielsweise ein weißes herausgerissenes Blatt aus irgendeinem Kalender, auf dem in Handschrift oder gedruckt steht: Das ist kein Bild. Wäre das für Sie ein Kunstwerk?

Nein, das wäre eine Herausforderung beispielsweise gegenüber Kitsch oder Manierismus. Als solche kann es unter Umständen in die Nähe eines Kunstwerks kommen. Ein solches Werk, das in seiner Zeit als Protest sehr wichtig gewesen sein kann, wird in ein oder zwei Jahrzehnten diese Gültigkeit nicht mehr haben.

Sie sprachen davon, daß ein Kunstwerk sich auch durch Neuheit charakterisieren läßt. Bislang haben wir von Neuheit als einem Prozeß des Entstehens gesprochen, so daß etwa von jedem Kunstwerk das Universum der existierenden Kunstwerke ein klein wenig überschritten wird. Wie scheint denn Neuheit in einem Kunstwerk auf, das wir schon kennen? Wie wird das Chaos denn fixiert, wobei es dennoch seine Spannung bewahren kann, ohne vielleicht je »abgesehen« werden zu können?

Das nenne ich den »Augenblick des Künstlers«. Darüber hat sich kein Geringerer als Lessing in seinem berühmten »Laokoon« Gedanken gemacht, wo er fragt, welchen Augenblick in einer bewegten Szene der Künstler darstellen soll. Es ist ein Teil des künstlerischen Prozesses, diesen Augenblick »fruchtbar« zu wählen, wie Lessing sagt, so daß der Augenblick des Künstlers, in dem er das, was er gesehen hat, festhält, für den Betrachter nacherlebbar ist. Bei einem guten Kunstwerk ist das auch der Fall. Das ist die Erschütterung durch das Kunstwerk.

Hat dies denn etwas mit der Unabgeschlossenheit oder Instabilität zu tun, die chaotische Systeme auszeichnet?

Von der Chaostheorie aus würde man sagen, daß es nicht präzis definiert werden kann, weil es sich an der fraktalen Grenze befindet. Insofern ist es immer offen. In seinem Schaffens- und sogar schon in seinem Wahrnehmungsprozeß hat der Künstler diese Offenheit erkannt und angesprochen, indem er die Vorläufigkeit alles Gegenständlichen wiedergibt. Deswegen steckt im Kunstwerk auch immer ein Moment der Gefährdung oder der Vergänglichkeit.

Kann man sich denn vorstellen, wenn man eine griffige Chaostheorie mit Prinzipien des Schönen hat, daß diese dann als Methode der Kreation von Künstlern oder von Wissenschaftlern für die Produktion umgesetzt werden könnte?

Insofern nicht, als das Chaotische einen Unbestimmtheitsgrad einschließt. Deswegen läßt sich daraus zum Glück keine Formel ableiten: Das Ästhetische, die Kunst, die Welt ist und bleibt ein offenes System.

HERMANN HAKEN

Kunstwerke rufen Instabilitäten hervor

Im Augenblick wird in den Wissenschaften eine ganze Reihe von Begriffen diskutiert, die einen Paradigmenwechsel suggerieren, aber doch anscheinend recht ähnliche Phänomene zu beschreiben suchen. Man spricht von der Theorie dissipativer Strukturen, von der Chaostheorie, von der Theorie nicht-linearer dynamischer Systeme, von der Autopoiese oder von der Katastrophentheorie. Sie haben den Begriff der Synergetik geprägt. Beschreibt die Synergetik eigentlich die gleichen Phänomene mit ähnlichen Mitteln wie die anderen Theorien, und würden Sie sie als einen übergeordneten Ansatz verstehen, der die anderen Theorien einbegreifen könnte?

Zwischen den von Ihnen genannten Ansätzen besteht eine enge Beziehung. Ich hatte die Synergetik gegen Ende der sechziger Jahre als eine neue Disziplin eingeführt, die sich mit der Selbstorganisation befaßt, also mit der Frage, wie Strukturen spontan entstehen können. Zum Verständnis der Selbstorganisation gibt es verschiedene Ansätze, die aus verschiedenen Richtungen stammen. Sie haben den Begriff der dissipativen Strukturen erwähnt, der von Prigogine eingeführt wurde. Er sah eine Erklärungsmöglichkeit in der Thermodynamik, die er entsprechend verallgemeinern wollte. Dieser Ansatz aber hat, das ist meine offene Meinung, nicht zum Erfolg geführt, weil die Thermodynamik an sehr strenge Vorbedingungen geknüpft ist. Das thermische Gleichgewicht ist gerade in den sich selbst organisierenden Systemen nicht gegeben. Wir hatten hier insofern mehr Glück, weil wir von der Lasertheorie herkamen und ein ganz konkretes Modell besaßen, das einfach genug war, um es in allen Details behandeln zu können. Deshalb konnten wir an diesem Testfall alle Konzepte und mathematischen Methoden entwickeln und überprüfen. Es gibt noch andere Ansätze zur Selbstorganisation, wie beispielsweise den von Heinz von Foerster, der von der Kybernetik herkam, aber dann mehr auf die Erklärung von Verhaltensmustern, also mehr auf die Ebene der Psychologie, abzielte. Zum Kreis um Heinz von Foerster gehört auch Maturana, der das Konzept der

Autopoiese schuf. Hier geht es vornehmlich darum, wie sich biologische Systeme, z. B. eine Zelle, erhalten. Im Gegensatz hierzu untersucht die Synergetik vorwiegend die Änderungen von Systemen, d. h. das Aufleben neuer Strukturen durch Selbstorganisation. Auch bei der Katastrophentheorie stehen Systemänderungen im Vordergrund. Allerdings sind die Voraussetzungen dieser Theorie sehr eng, und sie läßt die wichtige Rolle der Schwankungen außer acht, so daß sie nur in wenigen Fällen angewendet werden konnte. Ein wichtiges Konzept ist weiterhin das der Chaostheorie. Hierbei muß man aber zwischen mikroskopischem und makroskopischem (oder deterministischem) Chaos unterscheiden. Zunächst sind viele Systeme normalerweise in einem ungeordneten Zustand. Beispielsweise fliegen in Gasen die vielen Moleküle wild durcheinander und befinden sich so in einem mikroskopisch chaotischen Zustand. Auch das Licht einer gewöhnlichen Lampe besteht aus mikroskopisch chaotischen Wellen. Dann entsteht die Frage, wie es kommt, daß sich spontan aus diesen ungeordneten mikroskopischen Zuständen, z. B. beim Laserlicht, geordnete Zustände entwickeln. Bei unserem Standardbeispiel Laser haben wir zunächst einmal überraschenderweise festgestellt, daß wir dazu den wichtigen Begriff des Ordnungsparameters benötigen, der das makroskopische Verhalten darstellt. Beim Laser entsteht eine wunderbar geordnete, gleichmäßige Lichtwelle, die den einzelnen Elektronen, die das Licht aussenden, die Ordnung aufzwingt. Es kam dann zu der Einsicht, daß es in manchen Systemen mehrere Ordnungsparameter geben kann, aber daß diese selbst wieder ein unregelmäßiges Verhalten zeigen können, eben das deterministische Chaos. An ihm sind also nur wenige Freiheitsgrade, also die Ordnungsparameter, beteiligt.

In der Chaostheorie spricht man doch hier von Attraktoren? Sind Ordnungsparameter und Attraktoren äquivalente Begriffe?

Es sind miteinander zusammenhängende Begriffe. Wenn wir komplexe Systeme betrachten, dann werden diese durch sehr viele verschiedene Größen, Variablen oder Parameter beschrieben. In der Synergetik zeigt man, daß das Verhalten eines solchen komplexen Systems dann doch wieder auf das Verhalten von wenigen Größen zurückgeführt werden kann, die wir als Ordnungsparameter bezeichnen. Ein System läßt sich also durch wenige Variablen oder wenige Freiheitsgrade beschreiben. Das ist die eine Beschreibungsweise. Andererseits kann man auch sagen, daß ein ungeordnetes System durch einen abstrakten Raum mit hohen Dimensionen beschrieben werden muß, um all die einzelnen Freiheitsgrade, z. B. der Molekülbewegung, wiederzugeben. Wenn aber ein System in einen geordneten Zustand übergeht, dann wird die hohe Dimension auf eine sehr kleine Dimension von Freiheitsgraden reduziert. Das läßt sich dann durch die niederdimensionalen Attraktoren, auf denen sich die Ordnungsparamter bewegen, mathematisch beschreiben. Es sind also zwei miteinander eng verbundene Beschreibungen, die aber nicht identisch sind.

Zentral für die Synergetik ist der Begriff der Selbstorganisation, der davon abhängt, wie man Systeme voneinander und von ihrer Umwelt abgrenzt. Wenn man ein offensichtlich kompaktes System wie einen einzelnen Menschen vor sich hat, dann scheint das ja ohne Probleme zu sein, aber auf der molekularen, atomaren oder subatomaren Ebene ist das doch wesentlich schwieriger, weil ja alles miteinander zusammenhängt.

In der Synergetik ist dabei die Frage der Längen- und Zeitskalen wichtig. Die Ordnungsparameter ändern sich auf viel langsameren Zeitskalen als die Teilsysteme, deren Verhalten von Ordnungsparametern bestimmt wird. Ein Beispiel dafür ist die Sprache eines Volkes, die sich über den Zeitraum eines Menschenlebens nur langsam verändert. Wenn ein Baby geboren wird, dann wird es in die Sprache hineingezwungen, indem es sie lernt und sie dann weiterträgt. In diesem Sinne ist die Sprache das Langlebige und der Ordnungsparameter, und das Baby ist das kurzlebige Teilsystem, das vom Ordnungsparameter, wie wir vielleicht etwas überspitzt sagen, versklavt wird. So kann man in vielen Bereichen diese Unterscheidung zwischen kurz- und langlebig treffen. Nehmen Sie Ihren eigenen Körper, dann wissen Sie, daß innerhalb weniger Jahre und manchmal weniger Monate Ihre Zellen vollständig ausgetauscht werden. Materiell sind Sie gar nicht mehr der gleiche, aber de facto sind Sie es doch. In diesem Sinne ist Ihr Ich oder Ihr Körper der Ordnungsparameter, während die Teile kurzlebig sind, aber gemäß den Gesetzen der Ordnungsparameter neu gebildet werden und sich dem Ganzen unterordnen.

Müßte man aber nicht realistischerweise von einer komplizierten Hierarchie von ineinander verschachtelten Systeme ausgehen? Ist es nicht auch eine Frage der Entscheidung, wo man den Schnitt anlegt? Für den Menschen gibt es beispielsweise die gesellschaftliche oder soziale Ebene, die psychische, die biologische, die chemische und die physikalische Ebene, die alle irgendwie wechselwirken, so daß man Systeme aus verschiedenen Perspektiven definieren kann.

Richtig. Es gibt eine hierarchische Ordnung. Die eine Ordnung ist durch die Zeitkonstanten gegeben, die andere durch die Wechselwirkungsenergien oder durch Funktionen. In Ihrem Körper herrschen viel größere Zusammenhangskräfte als zwischen ihm und der Umgebung. So gibt es verschiedene Kriterien, um Systeme von ihrer Umgebung abzugrenzen. Aber man muß sich darüber im klaren sein, daß die Umgebung sehr stark in das einzelne Teil hineinwirkt und daß umgekehrt das einzelne Teil auch auf seine Umgebung zurückwirkt.

Die Synergetik hat einen universalen Anspruch. Sie sucht von der Physik bis hin zur Gesellschaft kollektive Verhaltensweisen von Systemelementen über den Nachweis von Ordnungsparametern zu erklären oder zu beschreiben. Wäre dann die Synergetik einerseits eine Universalwissenschaft, und wären andererseits die stabilen Ordnungszustände für sie nur Ausnahmen in einer Welt, die von sich selbst organisierenden dynamischen Systemen geprägt ist?

Bei der Frage nach dem Allgemeinanspruch der Synergetik muß man sehr vorsichtig sein, weil es sich in der Geschichte immer wieder herausgestellt hat, daß Theorien immer nur einen bestimmten Gültigkeitsbereich haben und von anderen Theorien mit einem größeren Gültigkeitsbereich abgelöst werden. Eine der Voraussetzungen in der Synergetik ist, daß wir uns mit Selbstorganisationsproblemen befassen, wo also spontan Strukturumwandlungen auftreten oder neue Strukturen entstehen und wo die Zeitskalengesetze gelten. Es gibt bestimmt Systeme, bei denen diese Voraussetzungen nicht erfüllt sind. Es gibt auch Systeme, wie dieses Gebäude oder ein Auto, wo diese Selbstorganisationsvorgänge gar nicht oder höchstens im negativen Sinne stattfinden, daß eine Struktur zusammenbricht oder instabil wird. Es gibt also zwei ganz getrennte Bereiche. Erstens den der statischen Systeme, wozu auch die Thermodynamik gehört, und zweitens den jener Systeme, bei denen die Selbstorganisationsprozesse auftreten. Man muß noch hinzufügen, daß die Synergetik sehr allgemeine Prinzipien aufstellt oder allgemeine Gesetze findet. Wenn ich sage, daß sich verschiedene Systeme wie der Laser oder eine Flüssigkeit ähnlich verhalten, dann sagt dies nichts über die mikroskopischen Prozesse aus, die dort stattfinden. Die Synergetik macht also bei weitem nicht den Anspruch der Einzelwissenschaften streitig, und sie kann sie auch gar nicht ersetzen. Sie kann nur über die Disziplinen hinweg allgemeine Gesetzmäßigkeiten aufdecken und auf diese Weise Analogien herstellen oder Prinzipien aufzeigen. Die Synergetik kann beispielsweise in der Krebsforschung nicht die chemische Forschung ersetzen. Wenn man solche Ansprüche erheben würde, wäre das fatal.

Seit der Neuzeit galt die Physik als Basiswissenschaft, auf der alle anderen Wissenschaften aufbauen. Noch heute glauben ja manche Physiker, daß man eine Weltformel finden könnte. Dieser Gedanke setzt eine Kontinuität in der

Hierarchie der Wissenschaften und der Phänomene, die sie beschreiben, voraus. Nun scheint die Synergetik ja mit ihren allgemeinen Prinzipien auch eine solche Kontinuität von der Physik bis zur Biologie nahezulegen, aber andererseits durch den Nachweis der Emergenz auch überall Brüche zu markieren.

Die Synergetik zeigt sehr deutlich, wie es bei komplexen Systemen immer wieder zur Emergenz von neuen Eigenschaften kommt, die man auf der unteren oder vorangehenden Ebene gar nicht erfassen kann. Wenn man ein einzelnes Atom betrachtet, so hat es bestimmte Eigenschaften, aber diese Eigenschaften übertragen sich beispielsweise nicht auf das Verhalten eines Gases. In einem Gas gibt es etwa eine Schallwelle, die durch das Zusammenwirken vieler Atome oder Moleküle zustande kommt. Auf der Ebene eines einzelnen Atoms kann man von einer Schallwelle gar nicht sprechen. Genauso entstehen neue Qualitäten, wenn man von der Physik zur Chemie oder erst recht von der Physik zur Biologie übergeht. Jedesmal wenn man zu einem neuen Gebiet übergeht, gibt es ganz spezifische Qualitäten, die auf der unteren Ebene nicht vorhanden sind und dort auch nicht beschrieben werden können.

Dann könnten also beispielsweise Phänomene im biologischen Bereich oder biologische Phänomene im psychischen Bereich physikalisch nicht hinreichend erklärt werden?

Richtig. Ich kann nicht psychische Phänomene auf physikalische zurückführen. Ich kann zwar Verbindungen herstellen, einen Parallelismus aufdecken, also daß sich bestimmte Gehirnerkrankungen, die sich psychisch äußern, auch auf der molekularen Ebene präsentieren, aber das erklärt weder die psychische Erkrankung noch die Psyche.

In der Neurowissenschaft werden solche Zusammenhänge zwischen neuronalen Prozessen und Wahrnehmungsleistungen oder anderen psychischen Phänomenen hergestellt. Auch hier gibt es den reduktionistischen und den holistischen Ansatz, also die Erklärung von unten nach oben und die von oben nach unten. In Ihrem neuen Buch über Wahrnehmung aus synergetischer Perspektive versuchen Sie, eine mittlere Position einzunehmen, die beide Ansätze zusammenführt. Können Sie die Idee dahinter erklären?

Es gibt ganz verschiedene philosophische Betrachtungsweisen. In der Synergetik stellen wir fest, daß das Verhalten von Ordnungsparametern und Teilen sich gegenseitig bedingt. Die Teile schaffen sich ihren Ordnungsparameter, aber dieser wirkt dann wieder auf die Teile zurück und bestimmt deren

Verhalten, so daß sich gar nicht sagen läßt, was eigentlich das Primäre ist. Wir sprechen hier von einer zirkularen Kausalität. Genauso stelle ich mir die Funktionsweise des Gehirns vor. Einerseits produzieren die Neuronen durch ihr Zusammenwirken unsere Gedanken, Wahrnehmungen oder Gefühle, aber diese wirken dann wieder im Sinne von Ordnungsparametern auf die einzelnen Neuronen zurück. Der Gegensatz zwischen Materie und Geist stellt sich für uns also auf dieser Ebene nicht.

Wir haben doch den Eindruck, daß wir auch bewußt kausal etwa auf unseren Körper einwirken können, so daß sich unsere Hand bewegt, aber wir haben nicht den Eindruck, daß dies aus der kollektiven Aktion von Neuronen oder Gehirnzentren heraus geschieht. Wir glauben intuitiv in einem bestimmten Bereich unseres Verhaltens an ein zentrales Steuerungszentrum, das es aber im Konzept der zirkulären Wechselwirkung nicht geben dürfte. Wie lassen sich denn mit den synergetischen Prinzipien solche gerichteten Handlungen oder Entscheidungen verstehen, um nicht gleich vom freien Willen zu sprechen?

Ich glaube, daß in unserem Gehirn schon ein Entscheidungsrepertoire im Sinne von bestimmten Verhaltensmustern angelegt ist und daß wir durch äußere Situationen dazu geführt werden, diese Verhaltensmuster aufzurufen. Aber auch hier läßt sich sagen, daß das keine rein materielle Ursache sein kann. Ich bekomme zwar Signale von außen, aber die müssen mit den gespeicherten Verhaltensmustern in Verbindung gebracht werden. Mit gespeichert meine ich nicht nur materiell, denn es sind bestimmte Netzwerkverbindungen. Wenn diese lokal aufgerufen werden, dann gelingt es im Sinne der Synergetik dem Netzwerk, den jeweiligen Ordnungsparameter zu bestimmen und damit das gesamte Netzwerk in ein bestimmtes Verhalten hineinzubringen.

Auch in der KI hat sich in den letzten Jahren durchgesetzt, daß man vom Modell des linear abarbeitenden Computers zur massiven Parallelverarbeitung über-gegangen ist, wenn es beispielsweise um Mustererkennung oder andere Lern-prozesse geht. Eine solche Computerarchitektur nennt man auch ein neuronales Netz, weil sie die biologische Architektur des Gehirns in bescheidenem Umfang imitiert. Wenn man aber eine parallel verarbeitende Architektur baut, die sicher noch komplexer als bislang realisiert werden kann, dann müßte man doch auch davon ausgehen, daß im Sinne der Selbstorganisation der Computer oder Roboter erst im Dialog mit der von ihm rezipierbaren Umwelt lernt. Ist das eigentlich ein Modell, um unsere Intelligenz zu verstehen, oder lassen sich dadurch höchstens allgemeine Regeln feststellen, wie Weltbilder überhaupt in den jeweiligen Nischen konstruiert werden, die aber doch sehr abhängig davon bleiben, in welchem Kontext und unter welchen Vorbedingungen dies geschieht?

Es gibt zwei Arten von Lernen: das überwachte und das nicht-überwachte Lernen. Beim nicht-überwachten Lernen ist es einfach die Häufigkeit, die den Computer dazu bringt, bestimmte Muster zu klassifizieren und wieder zu erkennen, d. h., das ist eine rein statistische Angelegenheit. Im Bereich der Biologie ist hingegen der Kontext ganz entscheidend. Beim Sprachenlernen ist das ganz offensichtlich. Wenn man eine Sprache nicht in der Schule, sondern in dem fremden Land lernt, dann weiß man sofort, daß mit einem Wort eine Handlung oder ein Sinneseindruck verknüpft ist. Die Computer sind noch weit entfernt davon, ein solches kontextbezogenes Lernen durchzuführen. Hier ist die Biologie den Computern noch weit überlegen, weil die Frage des Überlebens hereinkommt und das ein Prozeß ist, der sich über Jahrmillionen abspielt. Beim überwachten Lernen hingegen wird dem Computer vorgeschrieben, was er lernen darf oder wie er etwas lernen muß. Das aber ist offenbar nicht das, was in der Biologie passiert. In der Schule geschieht das Lernen zwar überwacht, aber wenn kleine Kinder etwas lernen, dann geschieht das fast immer unüberwacht.

Zwischen Philosophen und KI-Experten gibt es immer den Streit, ob intelligentes Verhalten abhängig ist von der Hardware, also dem Gehirn, oder ob die Leistungen auch unabhängig davon realisiert werden können. Wo steht denn die Synergetik in dieser Auseinandersetzung?

In der Synergetik zeigen wir, daß die verschiedensten Systeme die gleichen Leistungen hervorbringen können. Das läßt sich bis ins Detail verfolgen, so daß die sogenannten geistigen Leistungen substratunabhängig erzeugt werden können.

Das ist dann also eher eine Frage der Komplexität und der Verschaltung?

Ja. Wenn diese Leistungen vollbracht werden sollen, dann muß das Substrat entsprechend komplex sein. Unsere Behauptung ist eben, daß es keine Rolle spielt, ob das Nervenzellen oder andere Gebilde sind. Es kann nur sein, daß es der Natur mit den Nervenzellen gelungen ist, das Ganze in einer besonders geschickten Weise zu miniaturisieren. Daraus folgt interessanterweise, daß der Geist als etwas von der Materie Losgelöstes gesehen werden kann, aber nur in dem Sinne, daß er sich in verschiedenen Materien realisieren kann.

Wir haben viel von Selbstorganisation gesprochen. Wenn wir jetzt einmal beim Gehirn bleiben, was sind denn die wesentlichen Eigenschaften eines solchen selbstorganisierenden Systems? Was muß vorhanden sein, damit Selbstorganisation entstehen kann?

Es gibt einige notwendige Bedingungen, die aber keineswegs hinreichend sind. Es muß ein offenes System sein, dem ständig Information oder Energie zugeführt wird, und es muß ein nicht-lineares System sein. Das System muß über diese Grundvoraussetzungen hinaus Fluktuationen zulassen können, die die Spontaneität hereintragen. Mit der Umgebung muß es in einem gewissen Wechselwirkungszusammenhang stehen, damit die Energie- und Materieflüsse hinein erfolgen, aber das darf nicht zu stark sein, damit es gewissermaßen noch sein Eigenleben führen kann. Das sind natürlich nur sehr allgemeine Voraussetzungen. Was über diese hinausgeht, hängt sehr stark vom System ab und von den Leistungen, die es vollbringen soll. Wenn wir über Intelligenz sprechen, so habe ich den Eindruck, daß dieses Wort nicht das geschickteste ist, weil es ein ganzes Spektrum von Intelligenzleistungen gibt, die darauf zugeschnitten sind, was das System mit der Umgebung anfangen will oder soll.

Am visuellen System, dem wohl am besten untersuchten des Gehirns, hat man zeigen können, daß die Neuronen sich über Oszillationen zu koordinieren scheinen, daß sie sich also über einen gemeinsamen Rhythmus als Ordnungsparameter einschwingen. Solche Schwingungen lassen sich auch durch das EEG ableiten. Wenn man einmal im Detail wüßte, welche Verhaltensweisen bestimmten kollektiven Rhythmen in bestimmten Neuronennetzen entsprechen, könnte man sich dann auch vorstellen, daß man diese Neuronennetze etwa durch elektrische Stimulationen von außen so beeinflussen kann, daß sie bestimmte Leistungen erzielen?

Vor Jahrzehnten hat es bereits Experimente von Neurologen gegeben, die bestimmte Gehirnareale gereizt haben, wobei die Menschen dann etwa ein Fingerspitzenkribbeln oder ein bestimmtes Wohlbefinden gefühlt haben. Man kann also durchaus materiell ins Gehirn eingreifen, um bestimmte sensorische Reize wachzurufen, aber das wird heute aus ethischen Gründen nicht mehr gemacht. Allerdings ist es für mich fraglich, ob man durch materielle Eingriffe in das Gehirn spezielle Ordnungsparmter erzeugen kann, da dies ganz spezielle Reizmuster für ganze Neuronenverbände voraussetzt.

Es gibt die sogenannten Mind Machines, die über optisch-akustische Reize in bestimmten Rhythmen das Gehirn zu beeinflussen suchen. Man könnte sich ja auch vorstellen, daß man über Feedback die vom EEG ableitbaren Wellen beeinflussen kann.

Es gibt Versuche von ernstzunehmenden Neurologen, bei denen eine Versuchsperson das EEG auf einem Bildschirm beobachten, darauf reagieren und so in einem bestimmten Rahmen offenbar ihr EEG ändern kann. Wieweit eine solche Selbstbeeinflusung aber verallgemeinerbar ist, weiß ich nicht. Es könnte ja Menschen geben, die das besser können als andere. Meditationsübungen können beispielsweise auch die Alpha-Wellen beeinflussen. Man braucht auch nur die Augen aufzumachen, dann brechen sie bereits zusammen. Insofern muß man unterscheiden, ob es sich dabei um tiefliegende Vorgänge oder lediglich um Oberflächeneffekte handelt. Darüber ist nicht noch nicht sehr viel bekannt.

Man kann davon ausgehen, daß Kunst eine Dimension menschlicher Tätigkeit ist, durch die der Objekte hergestellt werden, die im Gehirn bestimmte Zustände auslösen sollen. Ließe sich denn von der Theorie der Selbstorganisation sagen, daß es bestimmte Zustände des Gehirns gibt, die ihm besonders angenehm oder wünschenswert erscheinen, die sich also etwa mit dem Begriff des Schönen decken würden? Könnte es so etwas wie eine neuronale Ästhetik geben? Wenn man beispielsweise bestimmte Objekte oder Ereignisse herstellt, dann könnten diese vielleicht den selbstorganisierenden Prozessen entsprechen, weil das System auf einem Punkt der Instabilität verweilt oder dazu angeregt wird, bestimmte Ordnungen oder Muster zu erstellen.

Ich glaube schon, daß Bilder oder Musikstücke bestimmte Assoziationen hervorrufen. Aufgrund bestimmter Merkmale, die gar nicht zahlreich sein müssen, werden dadurch bestimmte Empfindungs- oder Verhaltensmuster aufgerufen. Die Kunst wirkt direkt auf dieses Assoziationsvermögen ein. Das muß aber nicht gleich identisch sein mit schön oder nicht-schön, angenehm oder unangenehm, denn man kann ja auch durch die Kunst leicht unangenehme Assoziationen haben. Da entsteht natürlich die Frage, wie man Schönheit begreifen kann. Hier sind wir einmal auf einen Weg geraten, der aber nicht sehr weit geführt hat. Wir haben Gesichter von verschiedenen Menschen gemittelt, um Gesichtsausdrücke zu definieren, und stellten dann fest, daß die gemittelten Gesichter schöner waren als die einzelnen Gesichter. Wenn man dann aber weiterdenkt und sich fragt, warum etwa eine Rose schön ist, dann ist eine Rose bestimmt keine Mittlung zwischen verschiedenen Blumen, so daß man mit dem Schönheitsbegriff schon wieder völlig ins Schwanken gerät. Ich kann mir momentan nicht vorstellen, wie ich naturwissenschaftlich oder synergetisch den Begriff oder die Empfindung »schön« fassen könnte. Verschiedene Leute empfinden das ja auch verschieden.

Schönheit könnte ja ein Ordnungsparameter oder ein Attraktor sein, der natürlich geschichtlich und kontextuell geprägt ist und sich daher auch verändern kann. Die Synergetik kann beschreiben, welche Verhaltensalternativen bei bestimmten Systemen durch eine bestimmte Zufuhr von Energie oder Materie möglich sind. Das aber heißt doch eigentlich, daß man Wahrscheinlichkeiten beschreibt, wie sich Systeme verändern könnten, wenn man bestimmte Parameter beeinflußt, aber daß man ihr tatsächliches Verhalten nicht vorhersagen kann. Wenn man ein solches komplexes System wie das Gehirn ansieht, das sich offensichtlich selber direkt und indirekt beeinflussen kann, ließe sich dann sagen, daß es von sich aus immer wieder dahin tendiert, in einen Zustand der Instabilität zu kommen, der es offen für Einflüsse von außen und von innen macht?

Daß die Synergetik nur Wahrscheinlichkeitsaussagen macht, hängt davon ab, wie genau wir die Systeme kennen. In der Physik kennen wir die Gesetze recht gut, weswegen sich auch Voraussagen treffen lassen, welche Zustände im Prinzip auftreten können, und wir können auch die Wahrscheinlichkeit angeben, wie sie dann realisiert werden. Wenn die Systeme komplexer werden, dann können wir einen Teil der Möglichkeiten aufzeigen, aber manche können uns durchaus entgehen. Wir glauben – um zu Ihrem zweiten Punkt zu kommen –, daß Systeme tatsächlich immer wieder durch Instabilitätspunkte laufen. Das braucht die Natur oder die Menschheit, um qualitative Änderungen hervorzubringen. Die Entwicklung zu immer komplexeren Systemen besteht aus immer wieder neu auftretenden Sprüngen im Verhalten oder in der Struktur. Dort, wo solche Sprünge auftreten, wo also das System instabil ist, gelten die Gesetzmäßigkeiten, die von der Synergetik herausgestellt werden.

Sie vermuten, daß das Gehirn im Ruhezustand sich in einem Zustand der Instabilität befindet, weil es dadurch schneller und flexibler reagieren kann. Lassen sich denn, wenn man wieder auf Kunstwerke oder andere Objekte schaut, solche Instabilitätszustände von außen erzeugen?

Ich glaube schon, daß Eindrücke von Kunstwerken solche Instabilitäten hervorrufen können, beispielsweise einen Erregungszustand, durch den wieder neue Assoziationen geknüpft werden können. Vor 20 Jahren war ich einmal im Krankenhaus, und an der Wand des Zimmers hing ein Bild von Mack. Da war nur ein roter Punkt, der mich wahnsinnig aufgeregt hat. Aus diesem Grund habe ich den Eindruck, daß auch im normalen Leben ein künstlerischer Eindruck uns instabilisieren und uns so in die Lage bringen kann, wieder ganz neue Konzeptionen, neue Sinneseindrücke oder Erlebniszustände zu entwickeln.

Es gibt die Vermutung, daß »gute« Kunstwerke den Betrachter nicht festlegen, daß sie keine Ordnung fixieren, die schnell langweilig oder kitschig wird, sondern daß sie offen für ganz verschiedene Zugänge oder Interpretationen sind. Warum könnte denn das Gehirn eine solche Uneindeutigkeit als angenehm oder faszinierend empfinden?

Das ist ein bißchen wie beim Rorschachtest. Wir interpretieren hier in einen zunächst sinnlosen Fleck etwas hinein. Wenn man so will, findet das Gehirn hierbei in der Umgebung eine gewisse Resonanz oder Bestätigung. Vielleicht ist es eine Art Erfolgserlebnis, daß unbewußte Regungen plötzlich bewußt werden, was man als angenehm empfindet. Vielleicht löst das einen Spannungszustand auf, der durch die Unbestimmtheit evoziert wird.

Das würde aber heißen, daß das Gehirn bei Mustern, die instabil oder sinnlos sind, einen Sinn oder eine Ordnung hineinträgt. Es konstruiert also Ordnung auch da, wo keine ist.

Genauso sehe ich es.

Würde man denn von der Synergetik aus sagen können, daß es bestimmte ideale Ordnungszustände gibt, die innerhalb oder zwischen Gehirnen für Kreativität sorgen?

Was als ideal empfunden werden könnte, wäre ein Konsensus, also beispielsweise, daß in einer Gesellschaft alle Leute einer gleichen Meinung anhängen. Das wäre aber gleichzeitig auch langweilig. Das Neue entsteht aus Konfliktsituationen heraus. Man muß den Konsensus durchbrechen oder stören, um die Möglichkeit zu eröffnen, neue Meinungen zu entwickeln und zu äußern, wobei durch diesen Meinungswettbewerb etwas ganz Neues entstehen kann. Das ist vielleicht das, was manche Leute unter dem schöpferischen Chaos verstehen. Man muß ein System an einen Instabilitätspunkt hinführen, denn dann treten starke Schwankungen oder kritische Fluktuationen auf, die die Vorbedingungen für die Entstehung einer neuen Ordnung sind.

Aber das, was sich aus solchen Instabilitäten entwickelt, die man vielleicht auch gesellschaftlich herbeiführen kann, ist nicht vorhersehbar?

Ja, nach der Synergetik, die vor der Chaostheorie entstanden ist, ist die Voraussagbarkeit nicht gegeben. Man kann nur die Möglichkeiten aufzeigen, aber was passiert, hängt von Zufälligkeiten ab. Es gibt eine Theorie der Revolutionen, die sagt, daß das System zunächst destabilisiert werden muß, aber wohin es dann läuft, wird von einer kleinen Gruppe entschlossener Leute bestimmt.

Die dann im Sinne der Avantgarde die Rolle eines Ordners spielen?

Ja, die dann sozusagen die Keimzelle des Ordners bilden. Wir haben hier auch das Wechselspiel zwischen Zufall und Notwendigkeit. Die Änderung wird notwendig, aber was dann passiert, hängt von Zufällen ab, es sei denn, auch der Zufall wird gesteuert.

Wenn ich es richtig verstehe, dann geht der synergetische Ansatz davon aus, daß Erkennen und Wahrnehmen nicht primär auf der Ebene der Symbole vor sich gehen, sondern auf der von Musterbildungen, die durch kollektive Verhaltensweisen von Neuronen entstehen. Wenn man sich Bilder anschaut, die alle, seien sie abstrakt oder nicht, Ordnungen oder Muster enthalten, wo würde dann für Sie die Ebene des Symbolischen beginnen? Und wo wirkt zumindest ästhetisch die Kunst: eher auf der Ebene der Muster oder auf der der Symbole?

Für mich sind die Muster das Primäre. Ein Symbol wäre der Spezialfall eines Musters, dem eine ganz bestimmte Bedeutung zugewiesen wird. Die Symbolverarbeitung, die man auch in der KI so propagiert, erscheint mir zu eingeengt und speziell. Bei den Mustern kann ich an einen Erzeugungsprozeß denken. Wie auf dem Wasser eine Welle entsteht, ist ein bestimmter Erzeugungsprozeß. Beim Symbol hingegen ist das fest vorgegeben. Ein Symbol ist etwas Starres, ein Muster ist etwas Werdendes und Vergängliches. Deswegen glaube ich, daß unser Gehirn mit diesen werdenden und vergänglichen Mustern und nicht mit starr vorgegebenen Symbolen arbeitet.

Wie erklärt man es sich dann, daß man sich doch meist an der symbolischen Ebene festklammert?

Um miteinander kommunizieren zu können, brauchen wir Stereotype oder Symbole.

Könnte man sich denn vorstellen, eine synergetische Theorie der Kunst oder des Ästhetischen aufzustellen? Man könnte beispielsweise sagen, die Kunst sei ein autonomer Bereich, der sich selber organisiert und bestimmte Gesetze hat, dadurch in eine bestimmte Dynamik hineingerät und so sich entwickelt.

Die Kunst kann man aus der Perspektive der Synergetik auf verschiedenen Ebenen betrachten. In der Kunst gibt es Richtungen und Konkurrenzen zwischen ihnen. Das sind die Ordnungsparameter. Die einzelnen Künstler werden von diesen Kunstrichtungen in Beschlag genommen und unterstützen sie. Dann treten Instabilitäten auf, etwa indem das Publikum ermüdet oder eine neue Idee hereinkommt. Die allgemeinen Gesetzmäßigkeiten der Synergetik lassen sich ohne weiteres in der Kunst wiederfinden. Die nächste Frage würde die Wechselwirkung zwischen Kunstwerk und Betrachter betreffen. Da kommen wir wieder auf das Gebiet der Gehirntheorien, denn hier handelt es sich um das Aufrufen, die Konkurrenz und das Verschwinden von Mustern, die durch äußere Eindrücke in unserem Gehirn evoziert werden.

Unsere Wahrnehmung scheint auch den Mechanismus zu besitzen, daß sie durch häufig auftretende Reize ermüdet und so gewissermaßen nach Neuem, nach Differenzen sucht. Das scheint ja besonders in der Kunst und auch in der Mode zu dominieren.

Hieran läßt sich sehr gut der Unterschied zwischen Computern und dem menschlichen Gehirn feststellen. Der Computer lernt in dem nicht-überwachten Verfahren nach Häufigkeiten. Das wären seine stabilen Zustände. Dem hat die Natur etwas entgegengesetzt, nämlich die Ermüdung der Aufmerksamkeit. Wir haben das im Rahmen der Synergetik an einem Modell von Kippfiguren untersucht. Wir haben dabei festgestellt, daß wir die Phänomene sehr gut darstellen, wenn wir annehmen, daß ein Aufmerksamkeitsparameter ermüdet oder gesättigt wird. In diesem Sinne läßt sich das Ganze so deuten, daß die Natur von sich heraus Instabilitäten einbaut. Wenn ich die Aufmerksamkeitsparameter ändere, dann sind das im Sinne der Synergetik die Kontrollparameter. Bei bestimmten Werten von diesen wissen wir, daß das System instabil wird. Die Natur hat ganz offensichtlich Instabilitäten in unser Gehirn eingebaut, damit wir uns, wenn man so will, nicht zu sehr auf unseren Lorbeeren ausruhen oder die Dinge zu wichtig nehmen, die alltäglich geworden sind.

Sie sagen, daß die Natur Instabilitäten einbaut, um in einem gewissen Rahmen vielleicht gefährliche Fixierungen zu vermeiden. Das klingt nach einer Art von Teleologie, obgleich Sie ja andererseits sagen, daß die Folgen unvorhersehbar und vom Zufall bestimmt sind. Es scheint ja eine Tendenz hin zur Ausbildung von immer komplexeren biologischen Systemen zu geben. Kann man hier von einer Teleologie sprechen, und welche Rolle spielt dabei die Möglichkeit der Instabilität?

Die Frage nach der Gerichtetheit der Entwicklung ist sehr schwierig. Als Physiker kann man feststellen, daß aufgrund von Gesetzmäßigkeiten Instabilitäten auftreten, aber diese Instabilitäten müssen auch quantitativ realisiert werden. Hier sind Gesetzmäßigkeiten, die einen staunen lassen, daß die Natur es fertiggebracht hat, die Instabilitäten relativ leicht realisierbar zu machen. Warum das so ist, weiß ich nicht, wir können dies nur feststellen.

Das ist praktisch der evolutionäre Produktionsmechanismus.

Ja, sicher. Aber warum treten diese Instabilitäten auf? Manchmal sind sie erwünscht. In der Plasmaphysik sind sie höchst unerwünscht. Das hängt ganz von den Absichten ab, die man als Mensch hineinträgt. Der Natur müssen wir nach wie vor unterstellen, daß sie absichtslos arbeitet. Hier muß ich eine kleine Anmerkung zum Darwinismus machen, weil hier die Konkurrenz, also der Selektionsmechanismus, zu stark betont wird. Wenn man den Selektionsmechanismus betrachtet, dann dürfte es heute kein Bakterium mehr geben, weil sich die komplexen Systeme gegenüber den weniger komplexen aufgrund der Selektion hätten durchsetzen müssen. Die Biologie und die biologische Evolution setzen sehr stark auf Koexistenzen, Symbiosen und Kooperationen. Eine neue Entwicklung der Evolutionsbiologie wird wahrscheinlich darin bestehen, daß man mehr die Wirkzusammenhänge aufdeckt und zeigt, daß nicht alles nur Konkurrenz ist. Das betrifft auch die Koevolution in den biologischen Organismen, durch die die Gliedmaßen genau auf das Gehirn und umgekehrt abgestimmt werden. Das Geheimnis der Evolution besteht darin, daß immer wieder Instabilitäten möglich sind, die dann, soweit dies energetisch oder materiell realisierbar ist, in die Tat umgesetzt werden.

Wir alle kennen das Bedürfnis, nicht nur in künstliche Wirklichkeiten einzutreten, um die gegebene Welt gewissermaßen ästhetisch zu verbessern, sei dies in der Form von Kunst, von Disneyworlds oder von virtueller Realität; wir kennen auch den Drang, gelegentlich in Rauschzustände einzutreten, was man durch Drogen, durch Achterbahnen, in Diskotheken oder irgendwelchen extremen Situationen realisiert. Warum begehren Gehirne gelegentlich solche Ausnahmezustände, die sich ja auch auf der chemischen Ebene abspielen?

Die einfachste Antwort wäre, daß dies aus der menschlichen Neugierde heraus geschieht. Man möchte immer wieder neue Gebiete, die noch nicht erforscht sind, explorieren. Dazu gehört auch das eigene Empfindungsvermögen.

Könnte es nicht sein, daß dadurch auch versucht wird, Instabilitätspunkte etwa durch Schwindel auf der Ebene des Körpers, aber auch auf der der Semantik zu erreichen?

Man bringt bei all diesen Experimenten das Gehirn in neue Zustände hinein, wobei die Destabilisierung bestimmte Schwellenwerte haben muß. Das bedingt die Größe der Reize, die man anwenden muß.

Wir gingen davon aus, daß durch die Evozierung von Instabilitäten etwas Neues entstehen kann. Der radikale Konstruktivismus etwa geht davon aus, daß wir Welt eigentlich nicht wahrnehmen, sondern daß wir sie erzeugen. Wir nehmen keine Muster wahr, sondern wir bilden sie gemäß unseren Randbedingungen und unserer Selbstbezüglichkeit aufgrund bestimmter Irritationen. Ist denn eine solche Sicht von der Synergetik tragfähig, und wie würde sich dann Wissenschaft selbst begreifen müssen?

Durch die Synergetik kommt man diesen konstruktivistischen Anschauungen schon nahe. Wenn man an den synergetischen Computer denkt, dann sieht man, daß dieser zunächst aufgrund erlernter Merkmale doch Bilder rekonstruieren kann. Ich würde den Konstruktivismus nur insofern einschränken, als ich sage, daß die Biologie in ihrer Entwicklung ein enormes Überlebenstraining durchgestanden hat. Im Sinne der Überlebensstrategie muß man seine Umgebung möglichst gut erkennen, was bedeutet, daß wir uns der »Wahrheit« relativ gut angenähert haben. Es herrscht zwar der Konstruktivismus, aber die Evolution hat dafür gesorgt, daß er sehr gut die Wirklichkeit rekonstruiert. Was die Synergetik angeht, ist es verblüffend, daß wir in den verschiedensten Wissensgebieten immer wieder die gleichen Gesetzmäßigkeiten erkennen. Da muß man natürlich hinterfragen, ob dies die Eigenschaft der Systeme oder die unseres Gehirns ist, daß es diese Gesetzmäßigkeiten als eingeprägte erkennt und andere übersieht, die vielleicht viel wichtiger sind. Das ist eine fundamentale Frage, die bei jeder Theorie auftritt, also inwieweit unser Gehirn vorgeprägt und dadurch in der Lage ist, etwas auszusagen, und inwieweit es eingeschränkt ist, nur bestimmte Aussagen machen zu können. Das Interessante der Synergetik ist, daß sie auch eine Theorie über sich selbst ist, weil sie zeigt, wie Wissenschaften entstehen, in Konkurrenz miteinander treten usw. Da die Synergetik selbst eine Wissenschaft ist, betrachtet sie auch ihr eigenes Entstehen.

Nun kann man zwar die Wissenschaft – oder auch die Kunst – als selbstreferentielles System betrachten, wie das etwa Niklas Luhmann versucht, das Differenzen setzt und sich an diesen weiter aufbaut. Dadurch würde aber doch die

Art des Inputs oder der Irritationen vernachlässigt werden, die offenbar bei offenen Systemen entscheidend auf die Selbstorganisation einwirken.

Ich glaube auch, daß diese Störungen ganz essentiell sind, weil sie entscheidend dazu beitragen, welche Denkmuster sich ausprägen können. Im Gegensatz zu den Sozialwissenschaften haben die Naturwissenschaften den strengen Lehrmeister der Natur. Wir müssen uns nach den Naturgesetzen und nach den Experimenten richten. In den Sozialwissenschaften gibt es vieles, was man mit Experimenten gar nicht entscheiden kann. Den Begriff der Selbstreferentialität sollte man nicht auf alles anwenden. Es gibt in bestimmten Disziplinen sicher Züge, die selbstreferentiell sind, aber in den Naturwissenschaften muß man sich an den Experimenten orientieren.

BERND-OLAF KÜPPERS

Ist die Biologie eine Geisteswissenschaft?

Heute scheinen sich die herkömmlichen universitären Disziplinen zu entgrenzen und immer mehr ineinanderzugreifen. Biophysikalische Chemie vereint so beispielsweise schon drei Disziplinen. Was untersucht man denn in der biophysikalischen Chemie? Und würden Sie denn auch sagen, daß die Grenzen zwischen den Disziplinen angesichts der heutigen Fragestellungen immer mehr verschwinden?

In der Tat ist es in den letzten Jahren in den Wissenschaften zu einer erheblichen Entgrenzung und Überlagerung der Disziplinen gekommen. Dies ist eine Beobachtung, die zumindest auf den Bereich der Natur- wissenschaften zutrifft. Aber auch die Geisteswissenschaften scheinen von dieser Entwicklung erfaßt zu werden. Der Trend zur interdisziplinären und transdisziplinären Forschung wurde nicht zuletzt dadurch ausgelöst, daß sich die Wissenschaften, allen voran die Physik, in verstärktem Maße mit den Phänomenen der Komplexität befaßt haben. Nun zählen zu den komplexen Phänomenen insbesondere die Lebenserscheinungen. Daher kommt auch der modernen Biologie, die in Form der biophysikalischen Chemie bereits alle drei naturwissenschaftlichen Grunddisziplinen vereint, in der Annäherung zwischen den Wissenschaften eine Schlüsselrolle zu. Drei große Themenkomplexe stehen dabei im Zentrum der biologischen Grundlagenforschung: die Lebensentstehung, die Mechanismen der Struktur- und Gestaltbildung und die Funktionsweise des Gehirns.

In der Hirnforschung müssen eigentlich alle Disziplinen von der Psychologie bis hin zur Physik integriert werden. Diskutiert wurde ja lange, ob denn etwa der Ansatz der Physik überhaupt in das Phänomen des Lebens hineinreichen könne, ob also zwischen Physik und Biologie eine unüberschreitbare Kluft bestehe. Nun scheint es aber heute so zu sein, daß der Unterschied zwischen belebter und unbelebter Natur eher im Sinne einer Kontinuität ansteigender Komplexität angesehen wird.

Nach allem, was wir bisher wissen, scheint der Übergang von der unbelebten zur belebten Materie tatsächlich in dem von Ihnen angesprochenen Sinn fließend zu sein. Dieser Sachverhalt versetzt uns ja überhaupt erst in die Lage, mit physikalischen oder chemischen Methoden das Problem der Lebensentstehung oder das der Funktionsweise des Gehirns in Angriff zu nehmen und auf physikalische bzw. chemische Fragen zu reduzieren. Man darf aber im Hinblick auf den häufig kritisierten Reduktionismus in der Biologie nicht vergessen, daß die Physik und die Biologie keine starren, festumrissenen Disziplinen sind, sondern daß diese sich wechselseitig befruchten und dadurch auch verändern. Wenn man also die kritische Frage stellt, ob der lebende Organismus nichts anderes sei als eine komplexe physikalische Struktur, dann hängt die Antwort ganz wesentlich davon ab, welches Bild von der Physik denn dieser Frage zugrunde liegt. Hier kommt nun ein Aspekt ins Spiel, der über seine engere Bedeutung für die Physik hinaus ganz allgemein für das Problem der Einheit der Wissenschaften von großer Relevanz zu sein scheint. Wie sich nämlich gezeigt hat, gibt es neben den Natur- und Geisteswissenschaften offenbar noch eine weitere Grundform der Wissenschaften, die im Grenzbereich der beiden herkömmlichen Wissenschaftsströmungen liegt. Man könnte diesen neuen Typus von Wissenschaft als Strukturwissenschaft bezeichnen, da man hier Strukturen "in abstracto" untersucht, ohne zunächst danach zu fragen, wo diese Strukturen konkret vorkommen, ob man sie beispielsweise in physikalischen, in biologischen oder in sozialen Systemen wiederfindet. Der Prototyp einer solchen Strukturwissenschaft ist die Mathematik, die bekanntlich weder den Natur- noch den Geisteswissenschaften zuzurechnen ist. Andere strukturwissenschaftliche Disziplinen sind die Informationstheorie, die Kybernetik und die Spieltheorie, um nur einige Beispiele zu nennen. Ich behaupte nun, daß in dem Maße, wie sich die Physik der Analyse komplexer Phänomene zuwendet, der Anteil der Strukturwissenschaften in der Physik zunimmt und der herkömmliche, ausschließlich auf die materiellen Eigenschaften der Natur fixierte Erklärungsansatz der Physik mehr und mehr in den Hintergrund tritt. Diese Entwicklung läuft sozusagen auf eine Entmaterialisierung der Naturwissenschaften hinaus.

Sie haben bereits die zwei Begriffe Strukturwissenschaft und Komplexität ins Spiel gebracht. Heute erleben wir fast eine Inflation von Begriffen, die neue Erkenntnismodelle anzeigen sollen: von der Chaos-theorie über Synergetik bis zur Theorie offener Systeme, also Theorien über Emergenz, nicht-lineare Prozesse und Selbstorganisation. Irgendwie scheint das alles zusammenzugehören, nur hat sich dafür noch kein einheitlicher Name durchgesetzt. Wäre es denn möglich, unter dem Titel der Strukturwissenschaft die neuen Phänomenbereiche zu vereinen und so eine übergreifende Theorie zu etablieren?

Eine solche vereinheitlichte Theorie ist das Fernziel, an dem ich im Augenblick intensiv arbeite. Ob dieser Versuch gelingen kann, sei dahingestellt. Ich habe aber das starke Gefühl, daß es die Strukturwissenschaften sind, in denen sich die Einheit der Wissenschaften manifestiert, und ich denke, daß die moderne Biologie zum Modellfall für die Annäherung von Natur- und Geisteswissenschaften werden wird. Ich möchte sogar so weit gehen, die Behauptung zu wagen, daß die moderne Biologie schon jetzt die wesentlichen Züge einer Geisteswissenschaft besitzt. So fließen in die theoretischen Konzepte der modernen Biologie unter anderem Begriffe wie "Leben", "Geist", "Ordnung", "Organisation" und "Information" ein, das heißt Begriffe, die traditionsgemäß wohl eher zum Repertoire der Geisteswissenschaften gehören. Nicht zuletzt hat die Biologie mit der Darwinschen Evolutionslehre ihren konzeptionellen Schwer- punkt auf die einzigartigen, historisch gewachsenen Strukturen gelegt, also auf jene Strukturen, die für die Geisteswissenschaften seit jeher von genuinem Interesse sind. Es ist daher kein Wunder, daß die moderne Biologie von den Geisteswissenschaften häufig dahingehend befragt wird, ob sich ihre theoretischen Konzepte, wie die der Selbstorganisation, der Synergetik oder der Autopoiese, auf den Bereich der Sozial-, Wirtschafts-, oder Literaturwissenschaften übertragen lassen. Kurzum: Wenn wir die alles umfassende Frage stellen, inwieweit sich vermöge der Strukturwissenschaften die Natur- und Geisteswissenschaften wechselseitig annähern können, dann scheint mir die augenblickliche Grundlagendiskussion in der Biologie hierfür den Schlüssel zu liefern.

Was ist denn das Charakteristikum einer Strukturwissenschaft?

Für die Strukturwissenschaften ist es kennzeichnend, daß sie in der schon erwähnten Art und Weise von den spezifischen Gegebenheiten und Eigenschaften der Erscheinungen abstrahieren und somit geradezu zwangsläufig zu einer Entgrenzung der Disziplinen beitragen. Ein anderes wesentliches Merkmal der Strukturwissenschaften scheint ihr innerer Zusammenhang zu sein; denn nur für den Fall, daß die Strukturwissenschaften selbst unter der Form der Einheit stehen, können sie die von mir vermutete Einheit aller Wissenschaften vermitteln. Auch wenn wir in dieser Hinsicht das System der Strukturwissenschaften heute noch nicht vollständig durchschauen, so scheint doch alles auf eine solche Einheit der Wissenschaften hinzudeuten.

Sie haben vorhin von der wechselseitigen Befruchtung gesprochen. In der Physik hat man beispielsweise Begriffe der Biologie übernommen, wenn man von der Evolution physikalischer Systeme spricht. Ist diese Übertragung tatsächlich gerechtfertigt? Ist die unbelebte Natur von den Elementarteilchen bis hin zu chemischen Makromolekülen als den präbiotischen Bedingungen also selbst in eine Geschichte eingetragen?

Es gehört bekanntlich zu den charakteristischen Merkmalen der traditionellen Physik, daß diese die geschichtlichen, d. h. die einzigartigen und nicht wiederholbaren Phänomene aus ihrem Anwendungsbereich ausblendet und sich statt dessen ausschließlich mit den allgemeinen und reproduzierbaren Phänomenen beschäftigt. Wenn die Physik nunmehr herangezogen wird, um die biologische Evolution zu erklären, dann bedeutet dies zugleich, daß damit der Versuch einer physikalischen Begründung der Naturgeschichte unternommen wird. Dabei stößt man allerdings auf die philosophisch äußerst brisante Frage, ob denn das Einzig- artige und historisch Gewordene überhaupt mittels universeller Gesetze beschrieben werden kann oder ob zwischen Individuellem und Allgemeinem ein unüberbrückbarer Gegensatz besteht. Ich selbst habe in diesem Zusammenhang einen Lösungsansatz entwickelt, den man als Theorie der Randbedingungen bezeichnen könnte und der mir für die Problemstellung außerordentlich fruchtbar zu sein scheint. Ich will versuchen, das Wesentliche dieses Ansatzes kurz zu erläutern: Als die Physiker angefangen haben, sich mit komplexen Phänomenen zu befassen ...

Was bedeutet eigentlich der Begriff der Komplexität genauer?

Diese Frage ist nicht so einfach zu beantworten. Da gibt es zunächst einmal das, was wir die strukturelle Komplexität nennen, also jene Komplexität der Wirklichkeit, wie sie uns im unermeßlichen Reichtum ihrer materiellen Strukturen entgegentritt. Darüber hinaus kennen wir aber auch noch die sogenannte funktionale Komplexität, wie sie insbesondere für das Lebendige charakteristisch ist. Der lebende Organismus ist ein hochkomplexes materielles Wirkungsgefüge, dessen Dynamik vollständig informationsgesteuert ist. Als sich die Physiker gefragt haben, ob und inwieweit sich solche Systeme physikalisch erklären lassen, hörte man von prominenten Physikern immer wieder die Meinung, daß man bei der Erforschung des Lebendigen vermutlich auf neue physikalische Grundgesetze stoßen würde. Viele hervorragende Physiker, wie beispielsweise Max Delbrück, haben die Physik zugunsten der Biologie aufgegeben, weil sie hofften, im Bereich der belebten Natur neue physikalische Grundgesetze zu finden. Bislang hat sich diese Erwartung jedoch nicht erfüllt. Bei allen Prozessen der belebten Natur, die bisher untersucht worden sind, ist kein wirklich neues physikalisches Grundgesetz gefunden worden. Dies läßt den Schluß zu, daß das Lebendige denselben Naturprinzipien genügt, wie sie uns von der traditionellen Physik her bekannt sind.

Wenn man einmal annimmt, daß der Kosmos eine Geschichte hat, sich also durch Prozesse der Selbstorganisation entwickelt hat, dann müßten doch auch die Naturprinzipien oder Naturgesetze historisch sein. Gibt es denn gleichwohl Prinzipien, die man als universell und ewig gültig ansehen kann?

Es ist viel darüber spekuliert worden, ob die Naturgesetze möglicherweise selbst von der Zeit abhängen. So wäre es ja durchaus denkbar, daß die Naturkonstanten, wie zum Beispiel die Gravitationskonstante, gar keine echten Konstanten sind, sondern sich über größere Zeiträume hinweg ändern. Derartige Hypothesen sind aber auf der Grundlage unseres heutigen Wissens wohl kaum entscheidbar. Man muß aber auch gar nicht in höchst spekulativer Weise die Geschichte des Kosmos mit der Veränderlichkeit von Naturgesetzen in Verbindung bringen. Vielmehr kann man die geschichtliche Dimension des Naturgeschehens auch auf die Dynamik von Randbedingungen zurückführen. Was ich damit meine, wird allerdings erst verständlich, wenn man sich die Struktur physikalischer Erklärungen etwas genauer ansieht. In der Physik beschreibt man die Naturgesetze üblicherweise mit Hilfe sogenannter Differentialgleichungen, die erst dann zu eindeutigen Lösungen führen, wenn man auch den Bedingungskomplex, das heißt die Anfangsbedingungen, angibt, unter denen die Lösungen aufgesucht werden. Die Anfangsbedingungen sind eigentlich Auswahlbedingungen, durch die die Vielzahl möglicher Prozesse auf die im System faktisch ablaufenden Prozesse eingeengt wird. Bei einem System, dessen Dynamik in sich zurückgekoppelt ist, werden jedoch die Anfangsbedingungen durch die Entwicklung des Systems selbst immer wieder modifiziert. Daher haben die Anfangsbedingungen hier den Charakter von permanenten Randbedingungen, die die Entwicklung des Systems kanalisieren. Die Anfangs- bzw. Randbedingungen, die für die Prozesse der Selbstorganisation eine so herausragende Rolle spielen, lieferten im Rahmen der traditionellen Physik bloß die Prämissen zu den Gesetzesaussagen und waren als solche nicht weiter hinterfragbar. In dem Augenblick jedoch, in dem man sich für die Naturgeschichte interessiert, werden die Anfangs- bzw. Randbedingungen selbst erklärungsbedürftig, spiegelt sich doch in deren zeitlicher Entwicklung die gesamte Komplexität und Historizität des natürlichen Geschehens wider. Dies ist die Quintessenz dessen, was ich unter der Theorie der Randbedingungen verstehe.

Eine elementare Aussage der Chaostheorie geht dahin, daß kleine Ursachen mitunter große Auswirkungen haben können, daß kleinste Veränderungen auf der Mikroebene zu ganz neuen Phänomenen auf der Makroebene führen können. Viele sprechen in diesem Zusammenhang von der Kreativität der Natur. Wenn man heute eine Darstellung über neuere naturwissenschaftliche Einsichten liest, so stößt man immer auf eine fast inflationäre Verwendung der Worte kreativ oder schöpferisch oder auf die Behauptung, die Natur verfahre wie ein Künstler. Ist denn diese Analogie zutreffend, denn die natürlichen Mechanismen der Innovation oder Mutation sind doch blind?

Ich möchte Ihnen zunächst einmal den Ball zurückspielen und fragen: Was ist überhaupt Kreativität? Man kann doch wohl auf Ihre Frage nur für den Fall eine vernünftige Antwort geben, daß man über eine universelle Theorie der Kreativität verfügt. Eine solche Theorie gibt es aber noch nicht. Dennoch möchte ich einmal versuchen, für den Begriff der Kreativität eine halbwegs brauchbare Definition zu geben. Beispielsweise könnte man ein System, etwa eine informationserzeugende Maschine, als kreativ bezeichnen, wenn die Komplexität des Systems selbsttätig zunimmt, d. h., wenn von dem System wenigstens ein Bit Information mehr erzeugt wird, als in dem System als "input" bereits enthalten ist. Mittels einfacher logischer Überlegungen läßt sich dann zeigen, daß es keine Maschine geben kann, die in diesem Sinn als kreativ zu bezeichnen wäre. Schwieriger zu beantworten ist dagegen die Frage, ob ganz allgemein die Evolution als informationserzeugender Prozeß kreativ ist. Nun gibt es aber Information immer nur relativ in bezug auf eine andere Information, weil jede Form von Information kontextabhängig ist. Die Evolutionstheoretiker verlegen diesen Referenzrahmen in die Umwelt, die in der selektiven Wechselwirkung mit dem genetischen Material eines Lebewesens die eigentliche Quelle der Informationserzeugung ist. Nur wenn man von einer solchen präexistenten, externen Quelle der Information ausgeht, läßt sich das Phänomen der biologischen Informationsentstehung nach den Mechanismen Darwinscher Evolution, das heißt als Ergebnis von Mutation und Selektion, verstehen. Die Frage, wie denn nun dieser informationstragende Kontext entstanden ist, führt aber zwangsläufig in einen unendlichen Regreß und läßt zugleich die Frage nach der Kreativität der Evolution in grundsätzlicher Weise offen. Dies bedeutet, daß die Biologie vom Konzept der Information als einer absoluten Größe ebenso Abschied nehmen muß, wie die Physik die Vorstellung vom absoluten Raum und der absoluten Zeit aufgeben mußte.

Ließe sich denn spekulativ davon sprechen, daß es eine Tendenz der Natur gibt, immer komplexere Systeme zu schaffen? Trifft dies wenigstens auf die biologische Evolution zu, so daß sich ein Zusammenhang zwischen Optimierung, Kreativität und Komplexität ergibt?

Sie sprechen hier eines der großen, noch ungelösten Probleme der Biologie an. Was treibt die Evolution dazu, immer komplexere Systeme hervorzubringen? Diese Frage kann natürlich zu vielerlei Spekulationen verleiten. Zunächst einmal könnte es sein, daß komplexe Systeme der Evolution einen größeren Möglichkeitsspielraum eröffnen. Komplexe Systeme lassen im Hinblick auf ihre Evolution mehr Variationen und somit auch bessere und vielleicht schnellere Optimierungsrouten zu. Dies mag in der Evolution zu einem Selektionsdruck geführt haben, der die Zunahme von Komplexität begünstigt. Auf der anderen Seite ist es aber auch denkbar, daß die Erzeugung von Komplexität bereits die Existenz von Komplexität voraussetzt, und zwar in ähnlicher Weise, wie ich es bereits für das Problem der Informationserzeugung dargelegt habe. Unter Umständen wird im Verlauf der Evolution eine bereits vorhandene Komplexität immer nur transformiert, wobei uns solche Transformationsprozesse, da sie sich in einem Raum mit gigantischen Dimensionen abspielen, als einzigartig und kreativ erscheinen. Aber ich gebe zu, daß dies eine sehr gewagte Spekulation ist.

Sie sprachen zuvor davon, daß heute die Randbedingungen von komplexen Systemen mehr beachtet werden. Wie bestimmt man denn ein System und dessen Randbedingungen? Lassen sich die Grenzen zwischen System und Umwelt empirisch ziehen, oder ist die Bestimmung dessen, was ein System ist, abhängig von bestimmten Wahrnehmungsleistungen oder Erwartungen des Menschen, so daß in die Definition immer subjektive Aspekte einfließen?

Die Grenzen eines Systems werden durch denjenigen festgelegt und definiert, der sich für das betreffende System interessiert. In diesem Sinn sind die Interessen des Wissenschaftlers konstitutiv für das, was er als System bezeichnet. Darin besteht nun einmal das Wesen der Abstraktion in der Wissenschaft.

Wenn man beispielsweise von sich selbst organisierenden Systemen spricht, dann geht in diese Kennzeichnung mit ein, daß etwas Objektives vorliegt, was in sich selbst durch Rückkopplung eine gewisse Abgeschlossenheit oder Autonomie besitzt. Wie aber begrenzt man etwa einen Menschen als System? Ist das Individuum eine biologische Entität, das aber gleichzeitig nur ein Element der Gesellschaft, also eines größeren Systems ist?

Das Abgrenzungsproblem und die Frage nach der Autonomie des Individuums führen in eine lange philosophische Diskussion hinein. Ich will statt dessen versuchen, die Tragweite des Problems anhand der allgemeinen Frage "Was ist Leben?" zu umreißen. Die Biophysiker definieren ein lebendes System in der Regel durch drei Merkmale, nämlich Stoffwechsel, Selbstreproduktivität und Mutabilität. Das sind zwar für die Definition des Lebendigen drei notwendige, aber keineswegs schon hinreichende Kriterien. Denn auch ein Berg Schulden hat die unaufhaltsame Konsequenz, sich selbst zu vermehren. Auch ein Auto besitzt einen Stoffwechsel, d. h. Energieumsatz. Kurzum: Wenn der Übergang vom Unbelebten zum Belebten fließend ist, dann ist es schon aus logischen Gründen unmöglich, eine komplette Liste von Kriterien anzugeben, mit denen sich das Belebte vom Unbelebten abgrenzen läßt. Eine zirkelfreie Definition des Lebendigen muß folglich immer unvollständig sein. Dies führt allerdings zu einer paradoxen Situation. Wenn die Biophysiker behaupten, sie könnten das Leben vollständig physikalisch erklären, dann setzt dies voraus, daß es zwischen der belebten und der unbelebten Materie keine scharfe Grenze gibt. Ist aber der Übergang vom Unbelebten zum Belebten fließend, so bedeutet das zugleich, daß jede Definition des Lebendigen, mit der Physiker arbeitet, zwangsläufig unvollständig ist. Hierin zeigt sich einmal mehr, daß man Physik nur betreiben kann, wenn man an der Wirklichkeit Abstraktionen vornimmt. Zugleich zeigt sich hier aber auch der subjektive Charakter des Ausgrenzens, von dem wir in einem anderen Zusammenhang schon einmal gesprochen haben. Denn es unterliegt offenbar einer gewissen Willkür, von welchem Komplexitätsgrad an wir der Materie die Attribute des Lebendigen beimessen.

Wenn man von der Chaostheorie ausgeht, also daß es komplexe Systeme gibt, die manchmal in andere und unvorhersehbare Zustände übergehen können, ließe sich dann noch sagen, daß die Evolution von physikalischen Systemen bis hin zum Menschen eine notwendige Entwicklung ist, oder hätte nicht durch andere Randbedingungen bzw. Zufälle auch eine ganz andere biologische Evolution sich entwickeln können?

Das eine schließt das andere nicht aus. Die Tatsache, daß unter bestimmten Voraussetzungen die Evolution des Lebendigen mit naturgesetzlicher Notwendigkeit erfolgt, sagt noch nichts über den historischen Verlauf der Evolution aus. Dieser hängt in der Tat von gewissen Zufällen und den spezifischen Umständen ab, unter denen die Evolution stattfindet. Deshalb könnte eine biologische Evolution, selbst wenn sie noch einmal von exakt denselben Bedingungen ihren Ausgang nähme, durchaus zu verschiedenen Lebensformen führen.

Man versucht ja nicht nur, die präbiotische Situation zu simulieren, sondern auch künstliches Leben etwa in Form der zellulären Automaten zu schaffen. Ließen sich damit zumindest auf dem Computer nicht auch andere Evolutionslinien simulieren, wenn man die entsprechenden Programme sehr lange laufen läßt?

Ihre Arbeitshypothese setzt aber voraus, daß sich solche Computer selbst organisieren und sich nach denselben Prinzipien und Mechanismen entwickeln können wie die lebenden Systeme. Um einen Computer entsprechend zu programmieren, müßten wir demnach bereits unendlich viel Information zur Hand haben und in die Organisationsstruktur eines solchen Computers hineinstecken. Aber ich wiederhole noch einmal: Information in einem absoluten Sinn gibt es nicht. Daher ist auch kein Computer denkbar, der ohne Vorgabe einer inneren Programmstruktur selbsttätig etwas Sinnvolles erzeugt.

Der Computer hat zu großen Veränderungen in den Erkenntnisprozessen geführt. Beispielsweise konnte man früher nicht-lineare Prozesse von komplexen Systemen überhaupt nicht berechnen, weil dies viel zu lange gedauert hätte. Mit dem Computer kann man aber nicht nur viele Daten durchrechnen, sondern man kann sie auch visualisieren, was für Menschen wichtig zu sein scheint, um über Muster etwa relevante Strukturen erkennen zu können. Hat diese Visualisierung von mathematischen Gleichungen auf dem Computer denn wirklich neue Erkenntnisdimensionen hervorgebracht? Welche Bedeutung hat Visualisierung überhaupt für den wissenschaftlichen Erkenntnisprozeß?

Zweifelsohne nimmt der Computer eine immer bedeutendere Rolle in den Wissenschaften ein. Das hängt mit dem schon erwähnten Umstand zusammen, daß die Wissenschaften immer mehr den Charakter von Strukturwissenschaften annehmen, für die wiederum der Computer das wichtigste methodische Instrument ist. Entsprechend kann man beobachten, daß das klassische Experiment in zunehmendem Maße durch die Computersimulation ersetzt wird. Ein ganz neuer Forschungszweig, nämlich die Chaosforschung, ist unter anderem dadurch entstanden, daß man in der Meteorologie bei Computersimulationen Anomalitäten entdeckt hat, die schließlich zur Entwicklung neuer Vorstellungen über das Wesen der Berechenbarkeit geführt haben. Die andere Frage, inwieweit Visualisierungen beim Erkenntnisgewinn eine Rolle spielen, ist in ihrer Allgemeinheit nur schwer zu beantworten. Ich kann aber aufgrund meiner eigenen Erfahrung sagen, daß bildliche Vorstellungen für Problemlösungen in der theoretischen Physik oder der theoretischen Biologie eine große Rolle spielen können. Denn oftmals liefert erst die bildliche Umsetzung eines Problems das regulative Prinzip für einen abstrakten Gedankengang. Ob das Sichtbarmachen von mathematischen Strukturen auf dem Computerbildschirm der Wissenschaft schließlich auch gänzlich neue Dimensionen des Erkenntnisgewinns erschlossen hat, vermag ich nicht zu sagen. Die Meinungen gehen in diesem Punkt wohl auseinander.

Warum wird dann soviel visualisiert? Nehmen wir beispielsweise die fraktalen Gleichungen.

Solche Visualisierungen sind natürlich häufig auch etwas für das Publikum. Denn wissenschaftliche Erkenntnisse sind, ob man dies nun wahrhaben will oder nicht, ebenso zum Publikumsmagneten und damit zu einer Ware geworden, wie dies für künstlerische oder literarische Produkte auch der Fall ist. Von der Mathematik der Fraktalen geht da offensichtlich eine besondere Attraktivität aus. Ein anderer Gesichtspunkt scheint mir in diesem Zusammenhang aber wichtiger zu sein. Wissenschaftliche Entdeckungen sind ja nur möglich, wenn überhaupt erst einmal das Interesse eines jungen begabten Menschen für die Wissenschaft und deren Probleme geweckt wird. Mit Visualisierungen kann man das vielleicht am ehesten erreichen. Wenn schon in der Schule junge Menschen die Erfahrung machen, daß die Mathematik nicht unbedingt eine abstrakte und langweilige Wissenschaft sein muß, sondern auch einen experimentellen Charakter mit spielerisch-ästhetischen Reizen besitzt, so hat dies einen pädagogischen Wert, den man nicht hoch genug einschätzen kann. Selbstverständlich spielen die ästhetischen Gesichtspunkte von Visualisierungen aber auch in der täglichen Arbeit des Wissenschaftlers eine Rolle.

Wo und in welcher Hinsicht würden Sie denn die ästhetischen Gesichtspunkte ansetzen?

Jeder, der mit den Naturwissenschaften schon einmal in eine engere Berührung gekommen ist, weiß, daß ein Mathematiker sich höchst befriedigt zeigen kann von der ästhetischen Form einer mathematischen Struktur oder der Eleganz und Einfachheit eines Beweisverfahrens. Ganz allgemein kann man die Beobachtung machen, daß Wissenschaftler, die über viel Intuition und Kreativität verfügen, sehr oft ästhetische Argumente ins Feld führen, wenn sie einen bestimmten Lösungsweg einschlagen oder der Meinung sind, daß an der vermeintlichen Lösung eines Problems etwas nicht stimmt.

Es fällt auf, daß Wissenschaftler, wenn sie von Ästhetik sprechen, immer Schön-heit meinen. Wenn man die Mathematik nimmt, dann scheint schön zu sein, wenn etwas auf elementare Formen reduziert werden kann, wenn komplexe Strukturen möglichst kompakt gemacht werden können, was man denn auch mit Eleganz bezeichnet. Seit Pythagoras und Platon gelten so die einfachen Formen der Geometrie als schön. Ist denn für die Wissenschaften allein die Ästhetik des Einfachen und Elementaren verallgemeinerbar?

Die Form ästhetischer Begründung, welche auf das Problem der Komplexitäts-reduktion Bezug nimmt, ist außerordentlich interessant. Ich selbst habe hierzu vor einiger Zeit einen Ansatz entwickelt, der sich auf den Aspekt des Natur-schönen bezieht. Und zwar zeigt die genauere Analyse, daß das Naturschöne, sofern es sich überhaupt in geeigneter Weise objektivieren läßt, vielfältige Wurzeln haben kann. Dies ist nicht zuletzt darauf zurückzuführen, daß dem Naturschönen ganz unterschiedliche Formen von materieller Komplexität zugrunde liegen, die sich nicht ohne weiteres vereinheitlichen lassen. So scheint das Naturschöne in Verbindung mit der strukturellen Komplexität auf den Formgehalt und das Naturschöne in Verbindung mit der funktionalen Kom-plexität auf den Sinngehalt natürlicher Objekte und Wirkungsgefüge zurück-zuweisen. Neuere naturwissenschaftliche Erkenntnisse über das Wesen der natürlichen Komplexität geben zu der Vermutung Anlaß, daß die Wahrneh-mung des Schönen in der Natur Ausdruck eines impliziten Wissens ist, das uns zur Wahrnehmung des Gesetzmäßigen im Komplexen und damit zur Komple-xitätsreduktion befähigt. Aber mit dieser Deutung allein kann man den Begriff des Ästhetischen natürlich bei weitem nicht ausschöpfen.

Reduktion von Komplexem etwa auf einen Algorithmus heißt doch auch, daß es aus dieser komprimierten Formel wieder rekonstruiert werden kann. Wirk-lich komplex aber wäre wohl erst das, was sich nicht komprimieren läßt?

Ja, das ist eine mathematische Definition von Komplexität, die sich als sehr fruchtbar erwiesen hat. Eine Menge von Daten, mit denen sich ein Materiesy-stem beschreiben läßt, bezeichnet man genau dann als komplex, wenn die Datenmenge nicht wesentlich komprimierbar ist. Das gilt auch in einem infor-mationstheoretischen Sinn. Wenn man ein Computerprogramm, das 1000 Bits umfaßt, auf einen einfachen Algorithmus von 10 Bits reduzieren kann, dann hat es sich offenbar um ein Programm von geringer Komplexität gehandelt. Das ursprüngliche Programm war dann nicht wirklich komplex, sondern eben nur kompliziert.

Wenn man einmal davon ausgeht, daß es selbstorganisierende Systeme auf allen Ebenen des Universums gibt und daß kleine Manipulationen der Randbedingungen mitunter zu großen Veränderungen führen können, könnte man sich dann vorstellen, daß man gezielt Systeme wie eine Gesellschaft durch kleine Impulse in eine bestimmte Dynamik versetzen kann, oder lassen sich lediglich etwaige Attraktoren auf dem Computer simulieren, ohne letztlich gezielt einen Eingriff vornehmen zu können? Ist unser Leben, einmal ganz allgemein von der Chaosforschung her gesehen, also immer riskant und im Prinzip nicht planbar?

Darf ich diese sehr allgemeine Frage auf ein noch abstrakteres Niveau heben, um sie dadurch vielleicht transparenter zu machen? Wenn Sie beispielsweise wissen wollen, ob sich die komplexen gesellschaftlichen Bedingungen unserer Existenz mit dem Konzept der Chaosforschung berechnen lassen, so fragen Sie doch letztlich, ob sich hinter der Theorie des Chaos eine Theorie historischer Prozesse verbirgt. Oder anders gefragt: Kann man den Bereich einzigartiger und nicht wiederholbarer Phänomene überhaupt mit allgemeinen Gesetzmäßigkeiten erfassen? Hier stellen wir nun im Rahmen der Chaosforschung etwas sehr Bemerkenswertes fest. Das Einzigartige und historisch Besondere muß nicht unbedingt im Gegensatz zum Universellen und Reproduzierbaren stehen. Im Gegenteil, allgemeine Gesetze können geradezu die Quelle für Individualität und Einzigartigkeit sein. Demnach kann es Prozesse geben, die, obgleich sie von universellen Gesetzen gesteuert werden, ebenso einzigartig verlaufen wie die menschliche Geschichte. Aber selbst wenn wir diese Gesetze im einzelnen kennen würden, ließe sich, im Gegensatz zu den herkömmlichen Naturgesetzen, so gut wie nichts mit ihnen vorausberechnen. Diese merkwürdige Symbiose von Gesetzmäßigem und Einzigartigem, von Allgemeinem und Individuellem bezeichnet man in der Physik als deterministisches Chaos.

Ist dadurch die Umsetzung der Chaosphysik in eine Technik eigentlich unmöglich?

Was heißt hier Technik? Meinen Sie eine Chaosverhinderungstechnik? Oder meinen Sie etwa eine Technik, die Chaos produziert? Es ist natürlich nicht vorauszusehen, wie sich die Chaosforschung weiter entwickeln wird. Zum jetzigen Zeitpunkt können wir allerdings sagen, daß chaotische Systeme im Sinne der traditionellen Physik nicht berechenbar sind. Es lassen sich für solche Systeme zwar kurzfristige, nicht aber langfristige Voraussagen machen. Das hängt damit zusammen, daß sich mit der Chaostheorie auch der Gesetzesbegriff grundlegend gewandelt hat. Nach unserem traditionellen Verständnis ist der Gesetzesbegriff unauflösbar mit dem Phänomen der Wiederholbarkeit und der Berechenbarkeit verknüpft. Dies setzt wiederum eine bestimmte Form der Kausalität voraus, derzufolge ähnliche Ursachen auch immer ähnliche Wirkungen haben. In Systemen, deren Dynamik chaotisch ist, treffen wir jedoch ein anderes Kausalverhalten an. Nunmehr gilt das Prinzip, daß ähnliche Ursachen sehr verschiedene Wirkungen haben können. Man müßte die Anfangszustände eines chaotischen Systems beliebig genau kennen, um die Entwicklung des Systems langfristig voraussagen zu können. Das ist aber offensichtlich nicht möglich, weshalb ein chaotisches System nicht berechenbar und damit auch nicht planbar und steuerbar ist. Unter einem pragmatischen Gesichtspunkt, vor allen Dingen hinsichtlich möglicher technischer Anwendungen, ist das vielleicht eine sehr betrübliche Einsicht. Erkenntnistheoretisch ist sie dafür aber um so spannender.

Gibt es aber nicht auch immer Schichten in allen Bereichen, wo doch Aussagen über das allgemeine Verhalten möglich sind, weil wir sonst in einer völlig unberechenbaren Welt leben würden?

Die Antwort auf diese Frage hängt davon ab, wie weit oder wie eng man den Begriff der wissenschaftlichen Erklärung fassen will. Wenn man sich nicht unbedingt für den Detailverlauf eines chaotischen Systems interessiert, sondern lediglich wissen will, bei welchen Systemparametern eine reguläre Dynamik in eine chaotische Dynamik umschlägt, wie die kurzfristige Entwicklung eines solchen Systems aussieht, wo dessen Stabilitätsbereiche liegen, dann kann man auch im Rahmen der Chaosphysik gewisse Vorhersagen machen. Die Wetterprognosen sind hierfür illustrative Beispiele.

Die Unterscheidung zwischen dem Universellen und dem Singulären, Sie sagten dies bereits, markierte beispielsweise auch die Unterscheidung zwischen Wissenschaft und Kunst. Die Kunst stellt das Individuelle dar und die Wissenschaft das Allgemeine. Noch bis ins letzte Jahrhundert glaubte man, daß der Geist des Menschen eine Geschichte freisetzt, während die Natur durch einen ewigen Kreislauf ausgezeichnet sei. Diese Dichotomien scheinen sich heute aufzulösen. Geht mit der Hinwendung der Wissenschaften zur Geschichte und

*zum Konkreten denn auch eine zum Ästhetischen einher, wenn man beispiels-
weise sagt, daß die Wissenschaften heute die Schönheit der Natur entdecken
würden? Dabei werden gerne im Rückblick auf die Renaissance die Propor-
tionslehren angeführt, insbesondere der Goldene Schnitt und die Fibonacci-Reihe, die man nun auch in der Natur entdeckt hat. Das aber hieße ja, Kunst wieder
als Nachahmung von Natur zu begreifen, was wohl nicht mehr zeitgemäß ist.*

Das Naturschöne wird nicht ohne Grund mit den Fibonacci-Zahlen und den
Proportionen des Goldenen Schnitts in Verbindung gebracht. Denn diese
mathematischen Algorithmen liefern ein prägnantes Maß für den Formgehalt
lebender Strukturen. Man findet die Fibonacci-Zahlen in Verbindung mit den
Proportionen des Goldenen Schnitts bei nahezu allen spiraligen Anordnungen
in der belebten Natur: bei Schneckengehäusen, bei der Verteilung der Blätter
an einem Zweig, der Anordnung der Blütenblätter in einer Sonnenblume usw.
Dies ist übrigens schon seit dem 13. Jahrhundert bekannt, als der Mathematiker
Leonardo Fibonacci erstmals die nach ihm benannten Zahlenfolgen aus natürlichen Vermehrungsprozessen abstrahieren konnte. Später haben dann die
Künstler der Renaissance in ihren Werken nahezu überall die Proportionen des
Goldenen Schnitts angelegt. Diese galten zur damaligen Zeit als Inbegriff von
Harmonie und Schönheit, weshalb man sie auch als Göttliche Proportionen
bezeichnete. Heute läßt sich das Auftreten solcher Maßrelationen in der belebten Natur sogar bis auf die molekulargenetische Ebene zurückführen und dort
mittels biochemischer Modellvorstellungen verifizieren. Dabei hat sich gezeigt, daß die Proportionen des Goldenen Schnitts überall dort vorkommen,
wo Wachstum und Formerhaltung aufs engste miteinander gekoppelt sind.

*Man könnte etwa vermuten, daß bestimmte Proportionen von uns deshalb als
schön empfunden werden, weil die Wachstumsprozesse von Pflanzen irgendwie
Hirnprozessen analog sein könnten.*

Aber diese These würde zu einer Naturalisierung der Ästhetik führen, die ich
in dieser dogmatischen Form nicht für vertretbar halte.

*Man sagt von wissenschaftlicher Seite auch immer, daß für ästhetische Empfin-
dungen Symmetriebrüche notwendig seien, weil wir starre Ordnungen nicht als
ästhetisch, sondern nur als langweilig empfinden würden. Gäbe es denn dafür
eine biologische Begründung?*

Ich kann hierfür zwar keine biologische, vielleicht aber eine informationstheoretische Begründung geben. Ästhetische Empfindungen können wohl nur von

einem Objekt ausgelöst werden, das für den Betrachter im weitesten Sinn eine Information verschlüsselt. Andernfalls würde ein solches Objekt den Betrachter wohl erst gar nicht ansprechen. Offenbar kann ein informationstragendes Objekt aber weder total geordnet noch total ungeordnet sein. Ich will dies anhand eines Beispiels erläutern: Wenn man einen Text schreibt, indem man einfach nur Buchstaben bunt zusammenwürfelt, so wird auf diese Weise natürlich keine sinnvolle Information entstehen. Wenn man umgekehrt alle Buchstaben in eine starre Ordnung wie ABABABAB...usw. zwängt, so kann sich hierbei ebensowenig eine sinntragende Struktur ergeben. Tatsächlich setzt die Erzeugung von Information immer voraus, daß die strukturelle Ordnung der codierenden Symbole nicht perfekt ist. Diese sehr elementare Einsicht mag Ihre Frage in gewisser Weise beantworten.

Wäre es denn ein Kriterium für ästhetische Erfahrung, daß, analog zu komplexen Phänomenen, etwas nicht ganz verstanden werden kann?

Nein, das würde ich so nicht sagen. Man muß wohl in diesem Zusammenhang zwischen einem impliziten und einem expliziten Wissen unterscheiden. Ich glaube, daß die ästhetische Erfahrung eine Form des impliziten Wissens darstellt, die uns zur Aufdeckung des Gesetzmäßigen im Komplexen befähigt. Nach dieser These, die zumindest für den Bereich des Naturschönen eine gewisse Plausibilität beanspruchen kann, wäre das implizite Wissen und damit auch die ästhetische Erfahrung geradezu eine Vorform des Verstehens.

BERNHARD KORTE

Die einzige Motivation, Mathematik zu betreiben, ist Ästhetik

Können Sie erklären, was diskrete Mathematik ist und was man in ihr macht?

Im Deutschen haben wir für zwei verschiedene Bedeutungen von »diskret« nur ein Wort, weswegen die diskrete Mathematik häufig falsch verstanden wird. Das Wort kommt vom mittellateinischen discernere und hat im Englischen zwei verschiedene sprachliche Ausprägungen, nämlich »discrete«, was ich meine, und »discreet« im Unterschied zu indiscreet (indiskret). Gemeint also ist die Mathematik der diskreten, d. h. unterscheidbaren, genau definierten Zustände. In der klassischen Mathematik beschreibt die Differential- und Integralrechnung, also der von Leibniz und Newton erfundene Calculus, im wesentlichen Grenzübergänge oder Ableitungen. Die Erfindung des Calculus war notwendig, um insbesondere Phänomene in der Physik wie z. B. Geschwindigkeit und Beschleunigung mathematisch exakt beschreiben zu können. Wenn man auf den Tachometer sieht, dann ist die Anzeige der Kilometer pro Stunde eine Momentaufnahme. Nur durch die Trägheit des Tachometers wackelt der Zeiger nicht. Wenn man die Zeit gegen Null gehen läßt, erhält man die typische Aussage über die aktuelle Geschwindigkeit. Das ist typisch für die klassische Mathematik, wenn sie in der Physik oder in gewissen Technikbereichen angewendet wird. Die diskrete Mathematik hat hingegen kombinatorische Sachverhalte zum Gegenstand. Sie ist relativ neu und wurde in der zweiten Hälfte des vorigen Jahrhunderts im wesentlichen in Ungarn entwickelt. Ganz oberflächlich könnte man sagen, das sei so etwas wie die Logelei von Zweistein, also das, was gelegentlich in den Puzzleecken von Zeitungen steht. Daraus hat sich inzwischen eine reputierliche mathematische Disziplin entwickelt, weil sehr viele Anwendungen in der Mathematik diskret sind. Ein Computer beispielsweise kennt nur wohldefinierte diskrete Zustände, nicht aber eine Zahl wie pi, die Zahl zur Kreisberechnung, die beliebig viele Stellen hat und durch einen Grenzprozeß entsteht. Selbst wenn Sie ein kompliziertes mathematisches

Objekt wie eine Differentialgleichung auf einem Computer lösen wollen, dann geschieht das durch Diskretisierungen, durch Gittermethoden oder ähnliches. Mit der Anwendung und der Leistungsfähigkeit des Computers hat die diskrete Mathematik sehr an Bedeutung gewonnen. Sie hat dadurch auch ein großes Anwendungspotential in vielen Produktionsbereichen. Ob man Stahl in optimal gepackten Rollen verschneidet, ein Fließband optimiert oder einen Produktionsroboter steuert, so sind das die nun schon klassischen Anwendungsbereiche diskreter Mathematik. Zur Erklärung hier ein Beispiel aus dem alltäglichen Leben: Wenn Sie zu Hause sechs Ehepaare an einem Tisch anordnen wollen, so daß weder die Ehepartner noch Befeindete zusammensitzen sollen, so machen Sie das auf einem kleinen Zettelchen, weil das nur zwölf Leute sind. Die wenigen zulässigen Lösungen kann man sich hier noch aufmalen. Wenn Sie das aber bei mehr als einer Million Transistoren machen sollen, die auf einem Chip optimal angeordnet werden müssen, dann kann man dies nicht mehr vollständig enumerieren, d. h. alle Möglichkeiten ausrechnen und schließlich die beste auswählen. Hier setzt die diskrete Mathematik als Strukturlehre ein. Sie hat das Ziel, die Strukturen dieser kombinatorischen Vielfalt zu entdecken und aufgrund dieser Strukturen dann effiziente Algorithmen zu entwicklen.

Sie sprachen davon, daß man bei einer immensen Zahl von Einheiten, die man kombinieren will, einen Algorithmus finden muß, durch den sich die Struktur der Verbindungen errechnen und darstellen läßt. Wenn man dies nicht mehr per Hand enumerieren kann, dann benötigt man bereits den Computer dafür. Ist das richtig?

Nein, im Grunde geht es zunächst einmal um das mathematische Erkennen einer Struktur. Das kann man nun nicht so machen, daß man mit einem Computer beliebig herumsucht. Ein leistungsfähiger Computer ist zwar heute milliarden- oder sogar billionenfach schneller als ein Mensch. Aber bei sehr großen und komplexen kombinatorischen Strukturen wie z. B. bei einem Chip reicht auch diese immense Schnelligkeit nicht aus, um nur durch stupides Suchen Strukturen zu finden oder optimale Anordnungen zu kreieren. Das muß ich besonders betonen, weil Laien häufig meinen, diskrete Mathematik sei so ein Herumsuchen mit sehr schnellen Computern. Man muß zuerst klären, was für eine Struktur vorliegt und wie sich diese algorithmisch angehen läßt, ohne in die exponentielle Vielfalt aller Kombinationen zu geraten. Nehmen Sie an, Sie haben nur 30 Städte in der Bundesrepublik und Sie wollen eine Rundreise mit einem minimalen Weg machen. Um alle möglichen Rundreisen auszuprobieren, bräuchte selbst der schnellste Computer 10^{20} Jahre. Das ist eine Zahl mit 20 Stellen! Oder es müßten eine Milliarde Supercomputer 100 Milliarden Jahre rechnen. Andererseits können Sie sich jede dieser möglichen Rundreisen als einen 0-1-Vektor vorstellen, nämlich 1, wenn die Stadt A in der Reihenfolge nach Stadt B besucht wird, und 0, wenn nicht. Diese 0-1-Vektoren mit 30 x 30 = 900 Komponenten können Sie sich als Ecken eines 900-dimensionalen Würfels vorstellen. Die konvexe Hülle dieser 0-1-Vektoren, die wir polyedrische Struktur nennen, wird untersucht und daraus werden dann Algorithmen entwickelt, die auf die tatsächliche Struktur angewendet werden. Wenn Sie also diese Rundreise durch die Städte planen, dann werden mit dem Computer nicht alle Rundreisen ausprobiert, sondern er exploriert eine andere mathematische Struktur. Das Ergebnis ist dann in der Tat, das kann man beweisen, eine optimale Tour durch alle Städte. Bei 30 Städten geht das in wenigen Minuten auf einem Computer.

Was ist denn genauer die Aufgabe der diskreten Mathematik bei der Chip-Produktion? Gehen Sie aus von gewissen Funktionsanforderungen, die Sie dann auf einem Chip in optimaler Weise strukturieren sollen?

Das ist richtig. Die Funktionalität, also das, was ein Chip machen soll, legt im wesentlichen der Ingenieur fest. Das soll ein Prozessor, der rechnet, oder irgendein ASIC (Application Specific Integrated Circuit) für einen Herzschrittmacher oder ein automatisches Bremssystem sein. Allerdings kann mittlerweile auch der Mathematiker manchmal dem Ingenieur Ratschläge für die Funktionalität geben, weil er aus den Berechnungen gelernt hat. Sie müssen sich das so vorstellen: Was wir bekommen, ist ein großer Sack mit Legosteinen. Jeder dieser Legosteine, dieser Bücher, wie wir sagen, hat eine unterschiedliche Funktion. Ein kleines dünnes Buch hat beispielsweise die Funktion eines Inverters, d. h. aus 0 eine 1 zu machen, ein etwas größeres hat vielleicht die Funktion, zu addieren. So gibt es etwa 40 verschiedene Legosteintypen, aber davon erhält man dann einige Hunderttausende, die relativ kompliziert miteinander verknüpft sind. Legostein 1 ist etwa verknüpft mit Legostein 27, 356 und 486. Das nennt man ein Netz. Auch hier hat man einige Hunderttausend von Netzen. Nun besteht die Aufgabe darin, auf dem 1 Quadratzentimeter großen Stück Silizium, das wir Chip nennen, diese Legosteine so zu plazieren, daß sie alle Platz finden und daß sie möglichst dicht aneinanderliegen. Über diesen Legosteinen liegt ein Gitter an Verdrahtungsmöglichkeiten, die bei der Chip-Produktion im wesentlichen auffotografiert und dann abgeätzt werden. In diesem rechtwinkeligen Gitter müssen, weil es sich um elektrische Verbindungen handelt, disjunkte Wege so gefunden werden, wie wenn man mit einem

Auto durch Manhattan fahren wollte und jeden Straßenzug nur einmal benutzen darf. Man muß eine kantendisjunkte Einbettung all dieser Netze finden, so daß die Wege möglichst kurz sind, das Ganze möglichst kompakt und natürlich auch verdrahtbar ist. Das ist im wesentlichen die Aufgabe.

Das Chip-Design muß in eine visualisierte Darstellung münden, also in eine Grafik, die abfotografiert und dann dreidimensional in einen Chip eingeätzt wird, dessen Strukturen erst durch Vergrößerung für das menschliche Auge erkennbar sind. Sie stellen in Ihrer Ausstellung das mathematische Modell der realisierten Chip-Architektur gegenüber, obwohl diese lediglich eine Konsequenz des Modells ist. Worin würden Sie denn, da die Ausstellung von der Verbindung von Mathematik und Ästhetik zeugen soll, das ästhetische Moment innerhalb des mathematischen Modells sehen? Liegt das etwa an der Einfärbung des Modells oder überhaupt an der Komplexität dieser Netze?

Zunächst noch ein paar Worte zum ersten Punkt. Wenn ein Computer rechnet, hat er keine Bilder, d. h., das Ergebnis der Computerberechnungen und die umfangreichen Datenstrukturen, die dem Produktionsingenieur für seine Belichtungsmaschinen gegeben werden, um Chips herzustellen, sind bildlos. Da aber das Bild aus den berechneten Daten auf den Chip auffotografiert werden muß, liegt es nahe, daß man sich auch als Mathematiker schon vorher einmal dieses Bild ansieht, um sehen zu können, wie dieser Chip aussehen wird. Dann ist es für einen Mathematiker, gerade weil man ihm gelegentlich Weltfremdheit nachsagt, faszinierend, daß sein mathematisches Modell nachher in der Realität, d. h. auf dem Silizium, wenn man es mikroskopisch vergrößert sieht, exakt wiederzufinden ist.

Ist das Bild denn nur notwendig für die Produktion des realen Chips? Oder ist es auch für den Mathematiker notwendig, um sich eine Vorstellung zu machen, wie solch eine Struktur aussieht, weil er sonst doch nur Algorithmen hat?

Es wäre eigentlich nicht notwendig, wenn er davon überzeugt ist, daß er das Realproblem mathematisch voll erfaßt und wenn er die Algorithmen effizient für das Problem eingesetzt hat. Dann könnte er die Augen schließen, die Daten direkt in die Produktionsmaschine fahren lassen und sich erst nachträglich den produzierten Chip unter dem Mikroskop ansehen. Ich gebe allerdings zu, daß man gewisse Informationen bekommt, wenn man sich vorher das Bild ansieht. Man sieht so, daß der Algorithmus dies oder jenes doch etwas anders hätte machen können, oder man fragt sich, warum er das gerade so gemacht hat. Man lernt auch in dieser visualisierten Dimension, mathematisch zu denken. Der

Mensch ist halt doch ein »Augentier«. Viele mathematischen Deduktionen und Sätze haben einen geometrischen Ursprung. Die Geometrie, d. h. die Vorstellung, ist für den Mathematiker etwas Primäres, was leider in der Mathematikentwicklung dieses Jahrhunderts stark zurückgedrängt wurde. Da gab es Bourbaki, ein Pseudonym für eine französische Mathematikergruppe. Hier hat man versucht, die Mathematik rein quantoriell darzustellen, und die geometrische Verankerung, die meines Erachtens für die Mathematik sehr wesentlich ist, vergessen. Der Mathematiker ist im allgemeinen sehr stolz auf die Stringenz, Korrektheit und Eleganz seiner Mathematik. Die einzige Motivation, Mathematik zu betreiben, ist Ästhetik. Manche sagen, sie bestünde in ihrer Schwierigkeit, aber dies ist wohl nur eine andere Beschreibung für die inhärente Ästhetik. Der Mathematiker ist stolz darauf, daß er so schrecklich korrekt ist, während alle anderen seiner Meinung nach doch ein wenig schlampern. Das ist aber nur bedingt richtig. Wissenschaftslogisch unterscheidet man zwischen dem Entstehungs- und dem Begründungszusammenhang einer Erkenntnis. Im Entstehungszusammenhang ist die Mathematik unsauber. Da hat sie ähnliche Muster wie die Kunst oder die Musik. Wenn ich eine mathematische Idee habe, die noch nicht vollständig durchgeführt ist, dann sind da einige Sprünge und Unsauberkeiten enthalten. Nur wenn wir dann das Ergebnis haben, sind wir bereit, das in aller Kürze, Stringenz und brutaler Eleganz und vielleicht auch Unverständlichkeit darzustellen, aber in der Kreativitätsphase ist das doch ein wenig anders.

Die Eleganz, die Sie so betonen, hat ja etwas mit Ästhetik zu tun. Sie wird sichtbar auch am Design. Man kann sich das Design eines Chips, wie Sie sagten, ansehen und sagen, ob die erzeugte Ordnung funktional gut geworden ist.

Die visuelle Ästhetik kann eine Rolle spielen. Ich könnte einen Laien nehmen, ihm zehn Entwürfe zeigen und ihn auffordern, mir die seiner Meinung nach ästhetisch schönsten zu nennen, wobei ich unterstelle, daß sein Ästhetikbegriff und meiner irgendwie ähnlich sind. Er würde dann auf jene zeigen, die funktionell und strukturell nicht gerade zu den schlechtesten Entwürfen zählen.

Die ästhetische Dimension impliziert also für Sie eine funktionalistische Dimension. Etwas ist schön, weil es gut ist, d. h., weil es funktioniert.

Und vice versa. Das ist ja auch häufig, wenn man z. B. an das Bauhaus denkt, eine Motivation gewesen. Aus der Funktionalität versuchte man die Ästhetik zu holen. Oder man glaubte umgekehrt, daß etwas eine besondere Funktionalität habe, weil es ästhetisch ist. Diese beiden Begriffe sollten sehr eng miteinander korreliert sein. Das ist natürlich keineswegs Allgemeingut. Es gibt viele häßlichen Sachen, die entworfen und hergestellt werden, wo man sich fragt, warum aus der Funktionalität nicht auch ein ästhetisch befriedigenderes Ergebnis herauszuholen wäre. Das Industriedesign ist noch ein weites Feld, um diese Korrelation weiter voranzutreiben. Es gibt noch zu viel Häßlichkeiten.

Die Chips haben eine sehr komplexe Struktur. Sie werden nicht aus ästhetischen, sondern aus Gründen der Darstellung eingefärbt, um die verschiedenen Bausteine und Verknüpfungen unterscheiden zu können. Ist nun die komplexe Struktur oder deren Einbettung in Farbe der Grund, warum auch das Chip-Design in Ihren Augen ästhetisch wirkt?

Warum kann ein Vogel, eine komplizierte chemische Struktur, ein Bienenwabenmuster, ein Gewebeschnitt schön sein? Sehr komplexe Strukturen, wenn sie Strukturprinzipien – deterministisch oder stochastisch – haben, empfinden wir als ästhetische. Das trifft dann wohl auch auf Chips zu, die wohl komplexesten Strukturen, die der Mensch bisher ersonnen und gebaut hat.

Die Ordnung in der Chip-Architektur ist ja ganz extrem. Sie sprachen vorher von den kantendisjunkten Verbindungen, die geradezu jedes Chaos ausschließen. Insofern wäre das ästhetisch Schöne solcher Formen in ihrer Reinheit doch nur ein spezieller Teil des ästhetisch wahrnehmbaren Universums, wenn man nicht sagt, daß Ästhetisches in seiner Tiefenschicht notwendig auf bestimmte und mathematisch rekonstruierbare Strukturen verweise. Die klassische Ästhetik mit ihrer Lehre von den schönen Proportionen, Symmetrien oder Harmonien war denn ja auch immer schon von der Mathematik inspiriert. Seit dem letzten Jahrhundert zumindest hat moderne Kunst den Aufstand gegen das Schöne in diesem Sinne geprobt und etwa im Surrealismus oder im Informel versucht, aus der Entregelung, also gewissermaßen aus der Evozierung von chaotischen kreativen Prozessen heraus Kunstwerke zu erzeugen, deren Ordnung nicht dem Gebot der meist aus der Geometrie stammenden Schönheitskonzeptionen entspricht. Überdies wären solche malerischen Richtungen wie der Expressionismus, der Surrealismus oder das Informel auch als Reaktionen auf den Konstruktivismus oder umgekehrt zu verstehen. Sie zeigen in der Ausstellung lediglich die Analogien zwischen konstruktivistischer Kunst und Chip-Design, aber diese Chips ermöglichen dann doch im Computer auch, Formen oder Prozesse zu generieren, die zumindest auf der Oberfläche nichts mehr mit der geometrischen Grundlage zu tun haben. Die Konstruktivisten hingegen wollten die Formen und Farben auf Elementares zurückführen. Der

Chip ist, allgemein gesagt, zwar das Ergebnis einer solchen Reduktion, aber diese Reduktion erlaubt wieder eine weit über die Darstellung von einfachen geometrischen Figuren hinausgehende Konkretion. So gesehen wäre der Konstruktivismus kein Ende, sondern ein Anfang. Warum haben Sie sich also auf die Analogie zwischen Konstruktivismus und Chip-Design beschränkt?

Sie haben chaotische Prozesse als Mittel künstlerischer Produktion angeführt. Dazu nur eine kurze Seitenbemerkung: In moderneren Bereichen der Mathematik gibt es auch Ansätze, Chaosstrukturen mathematisch zu erklären, so daß man auch da den Versuch mit befriedigenden Ergebnissen macht, im Chaos eine Struktur und daher letztlich auch eine inhärente ästhetische Ordnung zu finden. Nun zu Ihrer Frage nach der Beschränkung. Ein Chip kann ja vieles machen. Es ist sicher eines der Steuerungsmittel sui generis für eine zukünftige, technisch notwendige Beherrschung komplexer Lebensformen. Dennoch ist die Grundstruktur extrem simpel. Sie können mit zwei verschiedenen Booleschen Grundverknüpfungen im wesentlichen alles darstellen. Sämtliche komplexe Strukturen sind nur eine millionenfache Anhäufung dieser Grundverknüpfungen. Hier würde ich die Analogie zwischen den Rechtfertigungsstrategien der Konstruktivisten und den Strukturen auf einem Chip noch etwas weiterspinnen. Auch die Konstruktivisten hatten im Gegenspiel zu den damaligen Kunstströmungen und letztlich dem Jugendstil die Idee, die künstlerische Aussage auf ganz wenige Grundformen, verbunden mit ganz wenigen Farbeffekten, zu reduzieren. Ich zitiere in diesem Zusammenhang gerne Richard Paul Lohse, der einmal sagte, daß aus seinen Farbkompositionen eigentlich strukturelle Logik spricht. Ein Chip ist eine Zusammenballung von vielen Booleschen Verknüpfungen, so daß sich umgekehrt sagen ließe, hier werde strukturelle Logik in Farbkompositionen umgesetzt. Vielleicht waren die Konstruktivisten ihrer Zeit voraus. Die Reduktion von höchster Komplexität auf wenige und sehr einfache Grundmuster ist heute in vielen Bereichen von Wissenschaft, Technik und täglichem Leben angezeigt. Ich schulde Ihnen aber noch eine Antwort auf den Aufstand der Kunst gegen das klassisch Schöne. Sie ist für mich, der ich nicht Künstler bin, natürlich schwer. Kunst, gleich welcher Stilrichtung, wird immer dann Bestand haben, wenn sie nicht trivial ist. Der Gegensatz zu »trivial« ist für den Mathematiker aber »kompliziert« oder »komplex«, womit wir dann wieder beim Thema sind: Reduktion bzw. Offenlegung von Komplexität auf einfache und daher vielleicht ästhetische Grundmuster. Das gilt im Grunde für jede Stilrichtung. Das ist ein gewagter und daher vielleicht nicht widerspruchsfreier Erklärungsversuch.

Wenn nun die komplexe Struktur eines Chip maschinell und mathematisch hergestellt werden kann, sind dann nicht trotzdem die konstruktivistische Ästhetik und Kunst eigentlich überholt? Ist Ihre Ausstellung nicht indirekt der Beleg dafür, daß die konstruktivistische Kunst mit ihrem Anspruch eine Kunstform der Vergangenheit geworden ist, weil sie heute durch – nennen wir es einmal – Computerkunst, auch wenn sie keinen Kunstanspruch erhebt, viel besser, exakter und komplexer ausgeführt werden kann? Sie hat dann nur noch die Bedeutung eines Vorläufers.

Nun versuchen Sie es andersherum. Sie fordern mich wieder zu einer Antwort heraus, die nicht mehr ganz in mein Metier fällt. Für mich hat die konstruktivistische Kunst immer noch eine Aussage. Ich habe mich oft gefragt, ob ich es leid werden könnte, jeden Tag einen Albers, der nur aus farblich abgestuften drei, vier oder fünf Quadraten besteht, anzusehen. Ich habe nun einen Albers seit 20 Jahren an der Wand hängen und bin seiner nicht überdrüssig geworden. Das mag vielleicht etwas mit der einfachen Seele eines Mathematikers zu tun haben. Diese sehr reduzierten und elementaren, dadurch aber auch nicht verfälschbaren Aussagen der Konstruktivisten sprechen mich noch immer besonders an. Wenn Sie beispielsweise ein sehr komplexes Kunstwerk wie die Mona Lisa sehen, die an jeder Straßenecke auf einem Repro gezeigt wird, dann werden Sie vielleicht nicht mehr das große Erlebnis haben, wenn Sie dem Bild dann tatsächlich im Louvre gegenüberstehen. Sie ist oft persifliert und karikiert worden, es gibt sie auf jedem T-Shirt ...

Aber dasselbe Phänomen gibt es doch auch in der konstruktivistischen Kunst, wenn sie auf die Gestaltung von Gebrauchsgegenständen oder Bauwerken angewendet wird.

Aber einen Albers kann man nicht karikieren oder persiflieren, weil er so elementar ist. Man kann nichts wegnehmen ...

Man kann so ein Bild aber doch auch unendlich variieren, vielleicht auch solche Muster mit dem Computer erzeugen.

Das sind aber doch dann immer wieder dieselben vorgegebenen genuinen Grundstrukturen. Wenn Sie mit einem Laien über einen Konstruktivisten sprechen, dann sagt er, daß er das auch könne. Wenn er das dann aber macht, sieht das schaurig aus. Auch hier können Sie gewichten, was ein gutes Bild von Albers oder von Mondrian ist, wie Sie das auch bei einem Picasso machen können. Warum läßt sich das machen? Ich weiß nicht, ob man wirklich so einen

Automatismus ansetzen kann, mit dem sich 100 gute Mondrians erzeugen lassen, ohne auf ein vorgegebenes geniales Grundmuster zurückzugreifen. Zwar können Computer beliebige Variationen, nicht Karikaturen erzeugen, aber die Idee des Grundmusters muß dabei vorliegen.

Bleiben wir noch ein wenig beim Thema der Variation. Wenn man davon ausgeht, daß es so etwas wie ästhetische Elemente oder eine elementare Ästhetik gibt, also z. B. ein paar Grundformen wie Gerade, Dreieck, Quadrat oder Kreis und ein beschränktes Repertoire an Farben, dann ließe sich doch prinzipiell ein Computerprogramm entwerfen, das vielleicht mit Hilfe der diskreten Mathematik alle Kombinationen durchspielt. Die könnte man dann als Bilder ausdrucken, sie sich nach optimalen ästhetischen Kriterien anschauen und so die »guten« von den »schlechten« trennen. Der konstruktivistische Künstler wäre dann keiner mehr, der etwas hervorbringt, sondern nur noch eine selektive Instanz. In der modernen Kunst wird eine solche Zurücknahme der Autorschaft ja seit Marcel Duchamps Ready-mades praktiziert, die ja auch in den Konstruktivismus so eingeht, daß er darauf angelegt war, die subjektiven Momente aus der Kunstproduktion herauszuhalten.

Da will ich nicht notwendigerweise widersprechen, denn sonst müßte ich transzendentale Argumente bringen, also daß der große Mensch, geführt durch die Intuition, die ihm Gott gegeben hat, immer noch stärker ist als der Computer, auch bei einfachen Strukturen. Ich sehe keine Chance, beispielsweise einen Rubens mit dem Computer zu generieren. Es wurden allerdings viele Versuche gemacht, konstruktivistische Grundtypen einem Computerprogramm einzugeben. Die Ergebnisse sind von der Ästhetik her durchaus befriedigend. Dann könnte man die Ergebnisse, wie Sie sagten, selektieren. Aber ein wenig Widerspruch dazu habe ich doch. Ich argumentiere jetzt emotional: Zu einem Künstler aus Fleisch und Blut, mit seinem Charakter und seiner Persönlichkeitsstruktur, auch wenn er »nur« konstruktivistisch arbeitet, habe ich eine größere Affinität als zu einem Blechkasten, an dem ein paar Knöpfe dran sind und aus dem irgendwann ein buntes Bild herauskommt. Vielleicht ist das die einzige Rückzugslinie, wenn man mit solchen Fragen konfrontiert wird.

In einem Vortrag hatten Sie die Faszination zum Ausdruck gebracht, die Sie angesichts hochkomplexer Strukturen und Maschinen wie eben des Computers empfinden, die von den Menschen nicht mehr vorstellbar und nachvollziehbar sind. In gewisser Weise ist Ihre Ausstellung aber auch motiviert davon, daß zumindest die Architektur der komplexen Mikrochips durch Vergrößerung

wieder dem menschlichen Auge zugänglich gemacht werden kann. Die Faszi-
nation am Unvorstellbaren, obzwar es gerade von Menschen gemacht wurde,
scheint ja auch Nähen zu einer Ästhetik des Erhabenen zu besitzen, die sich von
theologischen Implikationen nie ganz lösen können wird, auch wenn bereits
Kant vom mathematisch Erhabenen sprach. Was ist für Sie der Reiz, die
Entwicklung von komplexen Gebilden voranzutreiben, die das menschliche
Wahrnehmungs- und Vorstellungsvermögen überschreiten?

Zunächst ist das natürlich die wissenschaftliche Neugier. Als Wissenschaftler
weiß man zwar, daß es eine Grenze gibt, die vielleicht ein wenig verschiebbar
ist. Möglichst nahe an diese Erreichbarkeits- oder Komplexitätsgrenze des
wissenschaftlich Erklärbaren zu kommen, ist sicher die Motivation für fast jede
wissenschaftliche Arbeit, wobei man aber wissen sollte, daß dahinter ein großes
Nirwana anfängt. Zumindest lehrt das die Arbeit in diesen Grenzbereichen,
die demütig und bescheiden macht. In der Chemie hat beispielsweise Wöhler
1828 zum ersten Mal eine organische Substanz, den Harnstoff, synthetisiert.
Bis dahin glaubte man, daß man alle anorganischen Stoffe, also solche aus der
unbelebten Natur, sowohl analysieren als auch synthetisieren kann. Als neu-
gieriger Mensch kann man zwar organische Stoffe zerlegen, aber zur Synthese
gehört etwas Göttliches, das man »Lebenskraft« nannte. Als Wöhler nun zum
ersten Mal eine solche organische Substanz synthetisiert hatte, hieß es, morgen
ist der Homunculus aus der Retorte da, weil dazu nur noch ein paar zusätzliche
Schritte notwendig seien. Seitdem sind fast 200 Jahre ins Land gegangen. Der
moderne Chemiker oder Gentechnologe ist – trotz aller Erfolge – weit davon
entfernt, diesen Anspruch zu sehen, geschweige denn aufrechtzuerhalten. Er
ist eigentlich bezüglich der Komplexitätsstrukturen sehr demütig geworden.
Ich gebe Ihnen ein weiteres Beispiel, das die Komplexität des als möglich
Erdachten und die reale Welt gegenüberstellt. Das Schachspiel ist ein deterministisches Spiel. Es gibt nur eine endliche Anzahl von gültigen Konfigurationen
auf dem Schachbrett. Wir können sie sehr genau abschätzen. Es sind 10^{120}, also
eine extrem große Zahl. Nun könnte man versuchen, einen optimal schachspielenden Computer zu bauen. Es gibt heute bereits Computer, die das Schachspiel schon recht ordentlich beherrschen. Sie können ein paar Züge voraussehen, sie haben Strategien und Bewertungen, so daß auch einmal ein recht gut
schachspielender Mensch gegen sie verlieren kann. Wenn man aber einen
Computer bauen will, der immer gewinnt, der im Höchstfall nur dann Remis
spielt, wenn sein Gegner auch die optimale Strategie spielt, dann müßte dieser
Computer allerdings alle Schachspielkonfigurationen irgendwie kennen, d. h.

sich materiell merken. Wir nehmen nur an, daß zur Speicherung jeder Konfiguration nur ein einziges Elementarteilchen benötigt wird, was technisch zwar nicht möglich ist, aber als Denkmodell für eine untere Schranke dienen soll. Nun weiß man aber durch relativ genaue Abschätzungen aus Physik und Astronomie, daß der Kosmos nur 10^{80} Elementarteilchen hat. Allein zur Speicherung aller Schachspielkonfigurationen reicht mithin der Kosmos bei weitem nicht aus, woraus man schließen kann, daß es niemals einen optimal schachspielenden Automaten geben kann. Ein schwacher Trost? Sie haben als Mensch immer die Chance, gegen einen Automaten zu gewinnen, weil Denkprozesse abstrakter Art sind und nicht durch ein Suchen über materiell gespeicherte Strukturen ablaufen. Ich glaube also, daß es Komplexitätsstrukturen gibt, die wir nicht erklären und verstehen können, und daß es Komplexitätsmaße gibt, die durch mögliche Denkprozesse definiert werden und die jede Begrenzung der uns zur Verfügung stehenden Materie überschreiten.

Die Ästhetik der komplexen Strukturen, wie sie von Ihnen anhand des Chip-Designs präsentiert und behauptet wird, ist elegant und elementar, weil sie aus einfachen Elementen aufgebaut wird. Die komplexen Gebilde sind nur Anhäufungen der Elemente. Man könnte also auch von einer elementaren Ästhetik sprechen, weil sie auf einfachste Elemente und ihre Kombinationen rekurriert. Chips aber sind andererseits Bestandteile von Computern, mit denen man nicht nur analysieren, sondern auch synthetisieren oder Strukturen der realen Welt simulieren kann, auch wenn dies nicht auf derselben Komplexitätsebene geschieht. Insofern sind die künstliche Intelligenz, das künstliche Leben und schließlich der künstliche Mensch als Endziel eine Vorstellung, die in der computerunterstützten Wissenschaft wohl immer präsent bleiben wird. Dabei aber tritt doch eine Ästhetik anderer Ordnung in Kraft. Die elementare Ästhetik, d. h. die der Analyse und der Reduktion, geht über in eine der Anwendung oder der Produktion, die zwar auf ersterer basiert, aber, ähnlich dem Verhältnis vom Geno- und Phänotypus, sich von ihr unterscheidet. Synthese heißt ja, daß sich aus der Abstraktion, aus der Reduzierung der phänomenalen Welt in Grundformen des künstlerischen Konstruktivismus diese wieder simulieren läßt, was man mit dem Computer ja auch machen kann. Er ist ja nicht auf die euklidischen Formen beschränkt, die das Universum der konstruktivistischen Kunst darstellen. Gibt es für Sie also eine ästhetische Grundstruktur, gewissermaßen eine Genkonfiguration, auf die alles zurückgeführt und aus der alles wieder synthetisiert werden kann, was auch hieße, daß etwa die informelle oder auch die realistische Kunst nicht das Gegenteil, sondern ein Teil der elementaren konstruktivistischen Ästhetik wäre? Setzt man also diese elementare Ästhetik in Konstruktion unserer Lebenswelt um, egal, ob es sich dabei um Gegenstände, Häuser oder Lebewesen handelt, bliebe dann die von Ihnen erhobene Eleganzforderung erhalten, oder müßten dann andere ästhetische Kriterien ins Spiel kommen? Da es offenbar eine mathematisch erfaßbare und daher irgendwie auch technisch manipulierbare Grundstruktur des Lebens zu geben scheint, müssen wir uns jedenfalls überlegen, wie wir unsere Welt, uns eingeschlossen, erzeugen wollen. Gibt es, um vielleicht noch konzentrierter zu fragen, einen Algorithmus für die Erzeugung von schönen Welten?

Ihre Frage ist extrem weit gespannt, deswegen bin ich in der Beantwortung etwas unsicher. Nochmals, ich glaube nicht an den Homunculus aus der Retorte, also an das wissenschaftlich Machbare jenseits der uns auferlegten und nur geringfügig verschiebbaren Komplexitätsgrenzen. Vielleicht glaube ich als Wissenschaftler auch nicht an die einfache Weltformel, die alles und wirklich alles auf einfache Zusammenhänge zurückführt und somit die schöne Welt erzeugt. Hier werfe ich als Wissenschaftler das Handtuch. Neben der Tatsache, daß ich Mathematik mache, bin ich auch Mensch. Da habe ich es häufig mit Kategorien und Phänomenen zu tun, bei denen ich es mir oft bewußt untersage, den wissenschaftlichen Erklärungsapparat anzusetzen. Vielleicht gibt es zwischen Himmel und Erde eine Menge Sachen, wo wir mit unserer Fortschrittsideologie nicht weiterkommen, weil sie ganz andere Erklärungsmuster verlangen, die auch gar nicht ästhetisch sein müssen. In der Kunst gibt es ja auch eine Auflehnung gegenüber einem universellen, einfach durchgängigen Erklärungsprinzip. Wilhelm Busch sagte einmal: »Gewißheit gibt allein die Mathematik, aber sie streift nur den Oberrock der Dinge.« Es gibt wahrscheinlich vieles, wo die recht einfachen Strukturen, die uns die Mathematik bietet, zur Erklärung nicht ausreichen.

Ich muß noch einmal nachhaken. Es gibt, so behauptet die Ausstellung, Strukturen, die ästhetisch sind, weil sie das Komplexe aus einfachen Elementen und ihren Kombinationen erzeugen. Auf dem Computer kann man nun, dank dieser möglicherweise ästhetisch strukturierten Chips, alles mögliche machen. Mit den Fraktalen lassen sich beispielsweise aus abstrakten Formeln visuelle Formen generieren, die zumindest biomorph wirken, so daß ja die Überzeugung vertreten werden kann, man habe damit erwiesen, daß die Natur mathematisch sei, was im übrigen die europäische Geschichte seit den Griechen durchzogen hat. Aber die Mathematik ist einerseits ein Instrument zur Analyse und zur Erklärung und andererseits eines, das sich anwenden läßt, um irgendetwas zu produzieren. Wir könnten also, was ja bereits gemacht wird, einfache virtuelle Lebewesen im Computer entwerfen, sie mit bestimmten Verhaltens- und Lernprogrammen ausstatten und sie in einem »Computertop« aussetzen. Dann könnte man schauen, was dabei herauskommt. Der Funktionalismus, der beim Chip-Design vorherrscht, ist ja auf Anwendung ausgerichtet, die Ästhetik ist nur einem Objekt eigen, das dann zu irgendetwas eingesetzt wird. So hat auch der Konstruktivismus nicht nur Bilder gemacht, sondern auch Architekturen, in denen sich die Menschen dann bewegen müssen, wobei die Ästhetik des Visuellen gleichzeitig auch zu einer wird, die Lebensweisen kanalisiert. Dasselbe ließe sich auch für die Mathematik sagen. Es werden Strukturen entwickelt, die dann in Form von Techniken und Maschinen, von Architekturen und vielleicht auch von gentechnisch klonierten Lebewesen objektiviert werden, mit denen wir zu leben haben. Dann geht es nicht mehr nur um Bilder, seien es solche der konstruktivistischen Kunst oder von Chips, die wir betrachten können, sondern darum, daß wir in ihnen und mit ihnen leben müssen. Das Problem der funktionalistischen oder konstruktivistischen Architektur war doch auch, daß es sich in ihr nicht gut leben läßt, weswegen dann der Aufstand der Postmoderne erfolgte. Es mag ganz schön sein, solche elementaren und einfach aufgebauten Bilder an der Wand zu haben, aber in solchen Strukturen zu leben, scheint doch ein Schritt auf eine andere Ebene zu sein. Das war der Grund, nach der Unterscheidung oder der Kontinuität zwischen einer elementaren Ästhetik und gewissermaßen einer Ästhetik der Welterzeugungen zu fragen.

Ich will zunächst auf Ihre Frage nach dem Computer als künstlichem Biotop eingehen, weil ich da doch nicht ganz so fortschrittsgläubig bin, wie Sie das unterstellen oder wie Sie das selbst darstellen. Dazu greife ich das Stichwort Künstliche Intelligenz auf. In diesem Bereich der Neuroinformatik werden doch in letzter Zeit viele Sprechblasen fabriziert, weil man durch viele vorschnelle Assoziationen meint, daß man die Struktur des menschlichen Zentralnervensystems nachbilden könne, indem man einen sogenannten Neurocomputer baut. Was da gemacht wird, ist häufig Scharlatanerie. Das ursprüngliche Hopfield-Modell eines neuronalen Networks wurde aus der Physik entliehen. Dort war es als Interaktionsmodell von Spin-Gläsern sehr brauchbar. Aber warum sollen Neuronen in derselben Art interagieren? Zu behaupten, unser Gehirn funktioniere auch so, ist absolut unbewiesen. Jeder Neurologe wird zugeben, daß er die Grundstruktur des Gehirns nicht kennt, obgleich es wunderschöne neue Erkenntnisse gerade über Membranstrukturen und über den Informationsaustausch über Ionenkanäle gibt, für die es kürzlich den Nobelpreis gab. Insofern wäre ich mit solchen Äußerungen, schnell einen Computerbiotop zu bauen, in dem vieles generiert werden kann, sehr vorsichtig. Für den Künstler ist es zwar legitim, auch diese spekulative Seite zu haben, von der wissenschaftlichen Seite aber würde ich stärker bremsen. Ich muß gestehen, für mich stellt sich die Frage, wie Sie mir sie gestellt haben, in dieser Dimension nicht. Im Gegenteil, ich klopfe vielmehr diese Frage danach ab, ob nicht doch einzelne Schritte zu vorschnell gemacht wurden und ob dabei nicht doch einige Zehnerpotenzen (der Komplexität) verschluckt worden sind. Ich glaube, daß zwischen den Bereichen, die wir bisher wissenschaftlich oder die wir überhaupt wissenschaftlich erklären können, und anderen Facetten des Lebens ein Qualitätssprung existiert. An diese Sprungstelle können wir uns asymptotisch heranwagen, aber wir können sie nicht einfach überspringen. Bei vielen vorschnellen Erklärungsversuchen wird dieser Komplexitäts- und Qualitätssprung verschwiegen. Unterstreichen würde ich allerdings einen anderen Aspekt, den Sie angesprochen haben: Das Leben in sehr einfachen Strukturen, auch wenn sie ästhetischen Kriterien genügen, kann langweilig, ja sogar gräßlich sein. Das steht aber nicht in Widerspruch zu meinen früheren Bemerkungen. Wissenschaft, aber auch Kunst, ist vielleicht nur eine sehr kleine Dimension unseres Lebens, das daneben ungemein facettenreich sein kann. Daher sind auch Gegenrichtungen in Kunst und Architektur durchaus verständlich, die versuchen, gewisse Einseitigkeiten und Eindimensionalitäten auszubalancieren. Die starke Reduzierung, die z. B. im Konstruktivismus stattgefunden hat, ist sicherlich auch problematisch. Ich habe z. B. Schwierigkeiten mit der Philosophie der Bauhäusler, so sehr ich auch ihre künstlerischen Objekte mag. Der kahlgeschorene Kopf von Itten war ja Ausdruck dieser Weltanschauung. Ich meine auch, daß die verschiedenen Künste ein unterschiedlich starkes Mitwirken des Intellekts erfordern. In der bildenden Kunst bin ich am ehesten bereit, den Intellekt wesentlich zurückzustellen und nur die Sinne, also hier das Auge, anzusprechen. Ich habe immer meinen Kunsterzieher an der Schule gehaßt, der von mir eine Bildinterpretation verlangte, in dem er die Ewigkeit der Diagonale von links oben nach rechts unten interpretiert wissen wollte. Bei der Musik ist es schon etwas anderes; hier will man den Intellekt nicht vollständig ausschalten, denn man will auch verstehen. Wenn ich nur eine Würfelung von Tonfolgen habe, fühle ich mich doch etwas verhohnepipelt. Wenn ich als drittes Beispiel die Kunst des Wortes nehme, so ist die zufällige Aneinanderreihung von 26 Buchstaben kein Gedicht, weil ich hier per definitionem eine intellektuelle Erwartung habe. Ich erwarte eine Erklärung. Ich will das Gedicht auch verstehen, nicht nur ästhetisch rezitieren. Insofern kann ich auch verstehen, daß man mit einer Philosophie, die auf den einfachen Strukturen einer reduzierten Ästhetik des Konstruktivismus beruht, Schwierigkeiten hat, denn auch ich kann eine solche Philosophie nicht nachvollziehen. Das Leben ist doch wesentlich komplexer, bunter, vielgestaltiger und auch schöner. Das ist kein Widerspruch, denn hier verstehe ich »schön« nicht nur in der ästhetischen Dimension, sondern in den vielen zusätzlichen Dimensionen des Lebens.

Würden Sie denn sagen, um ein gewisses Resümee zu ziehen, daß Mathematik oder Wissenschaft überhaupt eine wesentlich ästhetische Dimension besitzt?

Ja, das würde ich sagen.

Ist sie vielleicht sogar in Analogie zu den schönen Künsten als schöne Wissenschaft zu bezeichnen?

Ich würde mich da Novalis anschließen, der sagte, die Mathematik sei das einzige, was schön und göttlich ist. Manche Leute sagen, man mache Mathematik, weil sie schwer und eine intellektuelle Herausforderung sei, aber das ist eigentlich nur eine Umschreibung des Sachverhalts. Ich glaube, die ästhetische Befriedigung, das, was der Mathematiker schön nennt, auch zu finden, ist die einzige Motivation, Mathematik zu betreiben. Ob sie sich dann so schnell visualisieren läßt wie bei den Chip-Entwürfen oder auch nur in der wirklichen Schönheit eines mathematischen Satzes existiert, ist dann nicht wesentlich. Sie glauben gar nicht, wieviel Ehrgeiz und Schweiß ein Mathematiker hineinlegt, eine gefundene Deduktion auch seinem Schönheitsritual gemäß zu formen. Allerdings bedeutet Schönheit in der Mathematik gleichzeitig sprachliche Armut. Weil Schönheit Stringenz bedeutet, müssen Sie mit einer Minimalsprache zur Erklärung auskommen. Die Vielfalt, von der die Poesie und die Übersetzungskunst leben, wird dabei ausgeschlossen. Insofern haben Sie, wenn Sie nicht nur Mathematiker sind, sondern auch andere menschliche Dimensionen akzeptieren, Schwierigkeiten, diese Armut zu kaschieren und zu kompensieren. Der Mathematiker muß sich reduzieren. Er kann nicht die sprachliche Differenzierung eines großen Poeten haben. Das sind unterschiedliche Welten. Daher möchte ich auch betonen, daß es nicht nur ein Erklärungsschema für die Welt gibt. Trotzdem hat der Mathematiker, so behaupte ich, in seinem wohldefinierten Bereich als einzige Motivation für sein Arbeiten ästhetische Kriterien. Er will nicht nur die Welt erkennen, er will ihre Schönheit erkennen. Das fing, wie Sie schon sagten, bereits bei den alten Griechen an.

HEINZ-OTTO PEITGEN

Mit den Fraktalen kehren die Bilder in der Mathematik zurück

Die Chaostheorie hat in den letzten Jahren eine große Popularität erlangt. Man spricht auch davon, daß sie zu einem neuen Weltbild führt. Kann man denn eigentlich schon von einer Chaostheorie sprechen? Hat sie einen definierten Anwendungs- und Erklärungsbereich, oder gibt es noch verschiedene Ansätze, die zwar unter dem allgemeinen Titel der Chaostheorie laufen, die man aber korrekterweise auseinanderhalten sollte?

Von einer Chaostheorie zu sprechen, suggeriert, daß es eine neue Kerntheorie gibt, aus der sich vielleicht viele Anwendungen in der Mathematik und in den Naturwissenschaften ergeben. Wenn man Chaostheorie so versteht, so ist das zu eng. Wenn man aber Chaostheorie so versteht, daß hier gewissermaßen ein Sammelsurium von Ideen aus der Mathematik und den Naturwissenschaften zusammengekommen ist, die alle gewisse gemeinsame Eigenschaften haben, dann wäre das ungefähr richtig und ich könnte damit ganz gut leben. Aber die Geschichte der Chaostheorie wäre falsch verstanden, wenn man sie mit den großen theoretischen Entwürfen am Beginn dieses Jahrhunderts wie der Relativitätstheorie gleichsetzen würde.

Im Unterschied zur Relativitätstheorie ist die Chaostheorie ein Ansatz, mit dem man offenbar weite Bereiche der natürlichen und vielleicht auch der gesellschaftlichen Realität beschreiben kann. Sie tritt ja als allgemeine Beschreibung von komplexen Systemen auf. Was zeichnet denn ein komplexes System aus, und welche Bedingungen müssen gegeben sein, um ein solches System als chaotisches zu betrachten? Gibt es also komplexe Systeme, die nicht chaotisch sind?

Es gibt Komplexität in ganz vielen Verkleidungen und in ganz vielen Variationen. Komplexität ist beispielsweise dann gegeben, wenn sehr viele Agenten in Wechselwirkung stehen. Nehmen Sie das Geschehen an der Börse. Der Kurs einer Aktie ergibt sich aus der Interaktion von sehr, sehr vielen ökonomischen Faktoren. Das ist natürlich ein komplexes System. Oder denken Sie an eine Nahrungskette in einem ökologischen System. Der große Fisch frißt den mittelgroßen Fisch, und der mittelgroße Fisch frißt den kleinen Fisch, und der ganz kleine Fisch frißt Plankton. Dabei spielen auch die Meeresströmung, die Temperatur, die Schadstoffbelastung und vieles andere noch eine Rolle. Das ist auch ein komplexes System. Die Frage dabei ist, daß manchmal ein System für den Beobachter, für den Naturwissenschaftler, den Soziologen oder den Ökonomen, sehr komplex erscheint, schon weil allein so viele Agenten miteinander in Wechselwirkung sind, obwohl aber nicht alle diese Agenten und Wechselwirkungen tatsächlich für die beobachteten Phänomene wesentlich sein müssen. Es könnte also sein, daß die Komplexität dessen, was ich beobachte, nicht das Resultat eines sehr komplexen Netzwerks von Agenten ist, sondern das der Wechselwirkung von sehr wenigen. Das herauszufinden, ist eine große Frage. Das herauszufinden, ist nicht nur wissenschaftlich spannend, sondern auch ganz wesentlich, denn in den Fällen, wo wie in einem ökologischen System die Wechselwirkung der einzelnen Teile unübersehbar groß ist, ist die Chance der Modellierung und dann die Möglichkeit der Prognose praktisch nicht mehr gegeben. Wenn sich aber ein solches komplexes System durch wenige zentrale Wechselwirkungen modellieren ließe, dann gäbe es die Chance, etwas über das Verhalten des Systems, vielleicht auch im Hinblick auf eine Prognose zu sagen. Deswegen ist die Grundfrage, wie sich ein komplexes System auf die Wechselwirkungen von wenigen, aber wesentlichen Partnern reduzieren läßt. Das wird nicht immer möglich sein, aber wie es scheint, gibt es in vielen Fällen in der Natur doch diese Möglichkeit. Und das ist eine der großartigen Lehren der Chaostheorie, die nicht nur darauf hingewiesen hat, daß dies möglich ist, sondern auch Methoden an die Hand gegeben hat, wie man so etwas messen kann. Wenn man, um einen ganz praktischen Fall zu nennen, eine Zeitreihe mißt, also eine Beobachtung macht und immer wieder über die Zeit eine Messung durchführt, so läßt sich daraus beurteilen, ob hinter diesen Messungen etwas steckt, wo tatsächlich viele Wechselwirkungen beachtet werden müssen, oder ob hier nur wenige zentrale ausschlaggebend sind. Welche von den vielen Wechselwirkungen dann die zentralen sind, die den Effekt machen, ist dann wieder eine andere Sache. Das ist etwas, was im Augenblick in der Chaostheorie bearbeitet wird.

Man verwechselt wahrscheinlich als Laie oft den Begriff des Chaos, wie man ihn in der Umgangssprache gebraucht, mit dem, was in der Chaostheorie beschrieben wird. Sie sprachen ja davon, daß man komplexe Systeme auf wenige Wechselwirkungen von Teilen dieses Systems reduzieren kann, die eine gewisse Ordnung darstellen. Ein System hingegen, das ganz zufällig sich verhalten würde, wäre zwar möglicherweise komplex, aber nicht im Sinne der Chaostheorie chaotisch?

Die Lehren, die wir im Augenblick aus der Chaostheorie ziehen, laufen darauf hinaus, daß wir Begriffe wie den der Komplexität oder der Prognostizierbarkeit ganz neu überdenken müssen. Prognostizierbarkeit betrifft die Möglichkeit, durch Naturgesetze oder mathematische Modelle vorherzusagen, wie eine Entwicklung stattfinden wird. Ich nenne nur die Klimamodelle als Beispiel. Die Begriffe verändern sich durch den Einfluß der Chaostheorie. Um die Jahrhundertwende war es etwa in den Naturwissenschaften mehr oder minder akzeptiert, daß der Begriff der Prognostizierbarkeit eigentlich gleichwertig sei mit dem Begriff des Determinismus, also daß ein System, das sich deterministisch entfaltet, auch prognostizierbar sein muß. Das hat die Chaostheorie völlig durcheinandergeschüttelt und dafür gesorgt, daß diese beiden Begriffe wieder getrennt worden sind. Es gibt deterministische Gesetze, die die Möglichkeit der Prognose nach wie vor beinhalten, aber es gibt auch deterministische Systeme, und das scheint für überraschend viele Systeme der Fall zu sein, in denen die Prognose zumindest langfristig nicht möglich ist. Die Chaostheorie hat also eine Schärfung und Differenzierung der Begriffe geleistet. Dasselbe gilt für den Begriff der Komplexität. Bislang wurde Komplexität an der Beobachtung des Systems festgemacht und diese Beobachtung komplexer Phänomene mit einer Komplexität in der Ursache gleichgesetzt, also daß viele Agenten miteinander in Wechselwirkung stehen. Die Chaostheorie hat gezeigt, daß dies nicht so sein muß. Es gibt Komplexität, die ganz einfache Ursachen hat, und es gibt natürlich auch Komplexität, die ein sehr kompliziertes Netzwerk von zusammenspielenden Agenten zur Ursache hat. Die Chaostheorie hat nach dieser Ausdifferenzierung auch Methoden und Beurteilungskriterien geliefert, mit denen man messen und prüfen kann, wie komplex die Ursache eines komplexen Systems ist.

Die Vorhersagbarkeit des Verhaltens eines Systems hängt also damit zusammen, inwieweit es berechenbar ist. Der Computer hat für das Sich-Durchsetzen der Chaostheorie eine wichtige Rolle gespielt, weil man mit ihm in kurzer Zeit riesige Zahlenkolonnen durchrechnen kann, aber gleichzeitig wurde deutlich, daß der Computer immer nur endliche Zahlenwerte berechnen kann und daß die Genauigkeit von Ergebnissen auch davon abhängt, welche Ausgangsdaten man einspeist. Wenn man nun einmal davon ausgeht, es gäbe einen Supercomputer, der in endlicher Zeit sehr, sehr viele, ganz exakt gemessene Randbedingungen eines Systems berechnen kann, wäre dann die Chaostheorie erledigt, oder gibt es prinzipielle Grenzen der Berechenbarkeit, die kein Computer jemals überschreiten können wird, so daß komplexe Systeme für uns immer unprognostizierbar bleiben werden?

Postulieren wir einmal, es gäbe einen Computer, der absolut fehlerfrei arbeitet. Die meisten wird überraschen, daß es so etwas nicht gibt, weil man glaubt, Computer, wie sie heute gebaut werden, würden fehlerfrei arbeiten. Wenn ich von Fehlerfreiheit spreche, dann meine ich nicht Fehler, die dadurch entstehen können, daß irgendetwas kaputtgeht, daß irgendwann einmal ein Bit im Speicher aufgrund irgendwelcher elektrischer, elektrostatischer oder kosmischer Einflüsse falsch steht. Mit fehlerfrei meine ich etwas, was zum Konzept des Computers gehört: Kann ich Zahlen wie ¼ im Rechner darstellen und mit diesen Zahlen exakt rechnen? Man weiß natürlich, daß es Zahlen gibt, mit denen man das kann, und daß es Zahlen gibt, mit denen man das nicht kann. Wenn man versucht, ⅓ als Dezimalzahl zu schreiben, dann braucht man dazu unendlich viele Ziffern. Und wann immer man abbricht, hat man einen winzigen Fehler gemacht. Hätte man also einen Computer, der von diesen Fehlern frei wäre, dann könnte man deterministische Gesetzmäßigkeit im Rechner abbilden und könnte aufgrund dieser Gesetzmäßigkeit absolut zuverlässig prognostizieren, wie sich das Gesetz im Laufe der Zeit entfaltet. Bei der Eingabe einer Anfangsbedingung könnte man sich also absolut sicher sein, daß nach einer bestimmten Zeit ein Ergebnis ermittelt wird, das entsprechend dem deterministischen Gesetz absolut richtig wäre. Die Frage ist, ob mir das etwas hilft, wenn das System chaotisch ist. Hier ist die Antwort, obwohl der Rechner keinen Fehler gemacht hat, nein, denn ich müßte dann auch die im Rechner benutzte Anfangsbedingung mit der Realität in Übereinstimmung bringen. Denken wir einmal an das System des Wetters. Nehmen wir an, wir hätten ein Modell, mit dem man das Wetter absolut sicher und richtig beschreiben könnte. Tatsächlich gibt es Gesetzmäßigkeiten, nach denen sich das Wetter entfaltet. Um aber mit diesen Gesetzmäßigkeiten in dem absolut fehlerfreien Rechner arbeiten zu können, müßte man dem Rechner etwa sagen, wie heute und in diesem Moment die Temperatur, die Windgeschwindigkeit, die Luftfeuchtigkeit usw. ist. Bei diesen Messungen muß man Zahlenwerte ermitteln. Selbst wenn ich diese ganz genau in den Rechner eingeben kann, so werden sie immer winzige Fehler in sich bergen. Es macht z. B. keinen Sinn, die Temperatur in dem Raum, in dem wir uns jetzt befinden, genauer als vielleicht auf eine Stelle hinter dem Komma zu messen. Wenn wir sagen, die Raumtemperatur ist 18,3 Grad Celsius, dann haben wir alles gemacht, was wir machen können. Es hat keinen Sinn zu sagen, die Raumtemperatur ist 18,3785137 usw. Grad mit unendlich vielen Ziffern. Aber in dem Augenblick, in dem ich sage, sie hat 18,3 Grad, weiß ich nicht, ob es 18,33 oder 18,37 Grad war. So habe ich einen winzigen Fehler gemacht, der sich meßtechnisch auch gar nicht vermeiden läßt und der als Fehler in den Rechner geht. Der Effekt von Chaos bedeutet nun, daß trotz genauester Rechnung und trotz Gültigkeit des Gesetzes sich dieser winzige Fehler im Laufe der Zeit so stark aufbläht, daß schon bald das Ergebnis zwar rechnerisch richtig ist, aber für die Prognose völlig unbrauchbar. Mit dem absolut fehlerfreien Rechner kann man also dem Chaos doch kein Schnippchen schlagen.

Man könnte sagen, daß das an der Meßtechnik, an der Unmöglichkeit liegt, die notwendigen Daten exakt zu beobachten. Es könnte aber doch sein, daß Systeme wie das Wetter ganz deterministisch sind, daß wir nur nicht dazu imstande sind, diesen Determinismus zu berechnen. Würden Sie denn sagen, daß solche Systeme jenseits der Meß- und Rechenschwierigkeiten ontologisch chaotisch sind, oder läßt sich darüber keine Aussage machen?

Man kann letztlich keine Aussage machen, woher im Einzelfall das Chaos ursächlich kommt. Wenn ich von einem solchen natürlichen System spreche, dann spreche ich auch davon, daß ich bestimmte Phänomene gar nicht berücksichtige. Beim Wetter werde ich nicht berücksichtigen, daß ich jetzt diese Bewegung mit der Hand mache. Wenn Sie an die Entfaltung einer biologischen Population denken, dann versucht man, bestimmte Einflüsse, die ganz offensichtlich, wie winzige Verschiebungen in den Jahreszeiten, auch eine Rolle spielen, in der Modellierung zu unterdrücken. Man kann aber nie ausschließen, daß das Unterdrücken eines winzigen Einflusses doch eine wichtige Rolle in der Entwicklung gespielt hätte. Was Sie jetzt angesprochen haben, ist die sehr viel schwierigere Frage, wie dieses deterministische mathematische Modell als Handschuh auf das natürliche Phänomen paßt. Ist das nahtlos, oder ist dazwischen noch Luft? Die Lücke, die da bestehen bleibt, wird man in den Fällen, wo man deterministisches Chaos hat, nicht schließen können.

Ein Problem ist ja schon, wie man Systeme voneinander unterscheidet, weil man nie weiß, welche Faktoren wechselwirken. Darin liegt vielleicht auch schon eine anfängliche Unschärfe. Sie haben in Ihrem neuesten Buch einen Satz von

Lichtenberg zitiert: »Die Realität ist vielleicht das reinste Chaos.« Das hört sich wie eine ontologische Aussage an. Nach dem, was Sie eben sagten, würden Sie diese aber wohl so nicht unterschreiben, sondern sagen, daß wir dies nicht wissen können.

In einem ganz strengen Sinn können wir das nicht beantworten. Was Lichtenberg gemeint hat, wissen wir nicht. Ich habe dieses Zitat verwendet, weil es mir sehr gut zu diesem sehr eigenartigen Phänomen zu passen schien, das bis in die letzten Jahre unser allgemeines Gefühl war, nämlich daß naturwissenschaftliche Erkenntnis letztlich darauf hinausliefe, immer mehr den Zufall zurückzudrängen und immer mehr deterministische Gesetze zu entdecken. Diese Entwicklung scheint jetzt plötzlich umzuschlagen. Die Naturwissenschaftler entdecken jetzt überall deterministisches Chaos und bestätigen so in gewisser Weise wieder die Gültigkeit des Zufalls. Das sollte mit diesem Zitat untermalt werden. Es könnte aber auch tatsächlich so sein, daß Lichtenberg in diese Richtung gedacht hat, denn in seinen Sudelbüchern gibt es ganz merkwürdige Brocken von Einsichten, in denen er in wesentlichen Teilen die Metaphern der Chaostheorie vorausgesehen hat. Er spricht auf seine Art beispielsweise vom Schmetterlingseffekt. Sie kennen sicher die schöne Metapher von Ed Lorenz, einem der großen Väter der Chaostheorie, der einmal sagte, daß im Extremfall der Flügelschlag eines Schmetterlings in Brasilien einen Wirbelsturm in Boston auslösen kann. Lichtenberg hat ein ähnliches Phänomen beschrieben. Er hat den Flügelschlag eines Schmetterlings mit dem Funken in Zusammenhang gebracht, der ein Feuer auslösen kann. Es gibt bei Lichtenberg viele Spuren, die zeigen, daß er ganz intuitiv verstanden hat, daß es in der Natur das Moment des Chaos, des deterministischen Zufalls, gibt.

Wir sprachen vorhin von der Meßgenauigkeit. Nun scheint – ähnlich wie in der Relativitätstheorie oder der Quantentheorie – die Operation des Beobachters eine Rolle in der Chaostheorie zu spielen. Die Beobachtung geht in die Ergebnisse ein. Wäre die Chaostheorie hinsichtlich der Beobachterrelativität nicht eine Ergänzung oder Fortschreibung der großen physikalischen Theorien zu Beginn dieses Jahrhunderts?

Es gibt zwar eine Analogie, aber die Heisenbergsche Unschärferelation, die Unmöglichkeit also, Ort und Impuls gleichzeitig genau zu messen, oder die Effekte der Quantenmechanik haben mit dem deterministischem Chaos eigentlich nichts zu tun. Beim deterministischen Chaos geht man von einem streng gültigen, zweifelsfreien, überhaupt nicht vom Zufall infizierten Gesetz aus, wobei die Entwicklung, die dieses Gesetz beschreibt, so komplex ist, daß kleinste Veränderungen oder Störungen in den Anfangsbedingungen oder in der Rechnung zu einem praktisch beliebigen Ergebnis führen. Von der Unschärferelation könnte man dazu sagen, daß die Tatsache, niemals gleichzeitig genau den Ort und den Impuls eines Teilchens messen zu können, bedeutet, daß es auch auf der mikroskopischen Ebene etwas Nicht-Determiniertes, also kleine Unschärfen, gibt und daß sich deshalb makroskopisch immer große Unterschiede entfalten können. So könnte man den Zusammenhang herstellen zwischen einer subatomaren und einer makroskopischen Welt des Zufalls.

Aus der Perspektive der Chaostheorie entdeckt man immer mehr Systeme, die ein solches Verhalten zeigen. Während die Naturwissenschaften früher davon ausgingen, daß die Welt von unten bis oben im Grunde ein deterministisches System ist, so scheint sich diese Perspektive jetzt umzukehren. Wie erklärt man denn nun aus der Perspektive der Chaostheorie die Existenz von stabilen Systemen, die es in bestimmten Grenzen gibt? Wie kommt Stabilität über längere Zeit hinweg zustande?

Das ist eine schwierige Frage, denn Stabilität und deterministisches Chaos müssen nicht im Widerspruch zueinander stehen. Am chaotischen Attraktor kann man dies sehen. Die zeitliche Entfaltung von Prozessen kann – ganz grob gesehen – in zwei Weisen verlaufen. Einmal so, daß dem System ständig Energie mit der Folge entzogen wird, daß es nach langer Zeit zur Ruhe kommt. Denken Sie an ein Pendel, das Sie angestoßen haben und das irgendwann aufgrund von Energieverlust durch die Reibung zur Ruhe kommt. Das hat etwas mit Stabilität zu tun. Dann gibt es die astronomischen Systeme, die Planetenbahnen, bei denen die Reibung kaum eine Rolle spielt und die scheinbar niemals zur Ruhe kommen. Das sind tatsächlich Systeme, denen nur sehr wenig Energie entzogen wird. Die wollen wir einmal beiseite lassen. Bleiben wir also bei denjenigen, denen Energie entzogen wird, bei denen man intuitiv sagen würde, daß sie zu einer Ruhelage hinlaufen müssen. Diese Vorstellung hat die Naturwissenschaften über die Jahrhunderte hinweg so bestimmt, daß diese Ruhelage, in die das System nach langer Zeit läuft, immer ganz einfach ist. Es bleibt entweder stehen, oder es kommt eine endgültige Bahn heraus, vielleicht eine Kreisbahn oder eine Ellipse. Das nennt man in der Mathematik einen Limes-Zyklus. Die Chaostheorie hat gezeigt, daß das nicht so sein muß, daß Systeme in eine Ruhelage hineinlaufen können, die selbst wieder sehr komplex ist und alle Merkmale einer zufälligen Bahn in sich trägt. Solche Objekte nennen die Mathematiker, wenn man sie visualisiert, chaotische Attraktoren. Sie haben die

Eigenschaft, stabil zu sein. Ganz gleich, wo das System losgelassen wird, läuft es immer in diesen Attraktor. Wenn man das System in diesen Endzustand, der eine äußerst komplexe Bewegung ist, hineinversetzt, dann durchläuft es immerfort diesen Endzustand. Stabilität heißt, daß das System, wenn ich es störe, wieder in denselben Endzustand zurückkehrt. Stabilität und Chaos müssen sich also nicht widersprechen. Diese Begriffe schließen sich also nicht aus, sondern sie können zusammengehen. Und auch das ist eine große Überraschung gewesen, daß sehr komplexe Entwicklungen in dem Sinne stabil sein können, daß das System trotz Störungen immer wieder in denselben chaotischen Verlauf kommen kann.

Wenn man davon ausgeht, daß Systeme sich unvorhersehbar verändern können, könnte man dann überhaupt versuchen, etwa ein ökologisches Gleichgewichtssystem auf unserer Erde einzurichten? Wäre es denn denkbar, daß hier entweder ein solcher Attraktor existiert oder daß man durch bestimmte Eingriffe einen solchen herstellen kann?

Die Experten sprechen längst vom sogenannten Klima-Attraktor. Das Klima als zeitlicher Prozeß befindet sich in einer möglicherweise stabilen Entwicklung, die viele Merkmale von Zufälligkeit, eben von Chaos, hat. Wenn diese Vorstellung richtig ist, wofür eine ganze Menge spricht, dann bedeutet das, wenn wir an Klima denken, daß wir dann nicht erwarten sollten, daß es leicht feststellbare, überprüfbare und dann möglicherweise auch anstrebbare Konstanten hat. Wenn das Klima eher durch einen chaotischen Attraktor charakterisiert ist, dann können die vielen Fluktuationen, also z.B. die vielen warmen Winter der letzten Jahre, durchaus etwas mit den Folgen der Umweltbelastung zu tun haben, aber es könnten genausogut Fluktuationen in diesem scheinbar chaotischen Prozeß sein, dem das Klima aus sich heraus unterworfen ist. Wenn das so wäre, dann bedeutet das, daß die Beurteilung der klimatischen Entwicklung und der Folgen der Umweltbelastung auf das Klima um Größenordnungen schwieriger geworden ist. Die Vorstellung, daß man z.B. aus der CO_2-Belastung hochrechnen kann, was an Klimaeffekt herauskommt, beruht darauf, daß es ein relativ im Gleichgewicht sich befindendes Klima gibt, also einen Prozeß, der eigentlich in Ruhe ist und eine durchschnittliche Jahrestemperatur hat, der durch die Umweltbelastung gestört wird. Wenn das Klima aber nicht in diesem einfachen Gleichgewicht ist, sondern im komplexen Gleichgewicht eines chaotischen Attraktors, dann hat es alle möglichen, mitunter auch sehr komplexen Fluktuationen, die, auf kleine Zeitskalen übertragen, eben bedeuten können, daß sehr warme Winter oder sehr kalte Sommer herauskommen können. Das wäre dann nicht notwendig ein Hinweis auf Klimaveränderung durch Umweltbelastung. Wenn man das sagt, kommt man aber gleich in die Gefahr, als jemand verurteilt zu werden, der denen, die für die Umweltbelastung verantwortlich sind, in die Hand spielt. Was ich eben gesagt habe, könnte ja so ausgelegt werden, daß man offenbar überhaupt nichts tun kann. Das ist aber eine sehr leichtfertige Interpretation, denn ich finde, wenn sich das Klima wirklich so verhält, daß man dann mit den Umweltbelastungen noch sehr viel vorsichtiger umgehen muß, weil sie in das Klima in einer so subtilen Weise eingreifen können, daß wir nie eine Chance haben, das wirklich zu verstehen und die Folgen abschätzen zu können. Wenn die Klimahypothese im Zusammenhang mit der Chaostheorie stimmt, dann könnten die klimatischen Effekte durch die Umweltbelastung noch sehr viel dramatischer sein. Das kann dann nicht zu der Meinung führen, daß man eigentlich doch alles machen darf.

Sie sind vor allem über die Visualisierungen von fraktalen Gleichungen bekannt geworden. Mit Ihren Kollegen von Ihrem Institut haben Sie ein neues Buch geschrieben mit dem Titel »Bausteine des Chaos« und dem Untertitel »Fraktale«. Wie hängt denn die Geometrie der Fraktale mit der Chaostheorie zusammen?

Das könnte man in einem Satz sagen: Die fraktale Geometrie ist die Geometrie des Chaos. Chaos hat immer Komplexität, die sich in der Zeit äußert, die sich in der Zeitreihe des beobachteten Phänomens niederschlägt. Die Messung dieser Zeitreihe kann ich auch dazu benutzen, ein Bild zu machen, indem ich mir vorstelle, daß die Zeitreihe eine Bewegung ist, die ich durch ein kleines Glühlämpchen darstelle, das sich in einem Raum bewegt. Dadurch zeichnet es eine Spur auf einem Film. Wenn Chaos im Hintergrund abläuft, erwarte ich eine Spur, die sehr komplex ist. Das so gezeichnete Bild wäre ein typisches Fraktal. Es würde summarisch die Entwicklung des Systems festhalten, aber es würde nicht mehr die Information enthalten, was von einem Zeitpunkt zum nächsten passiert ist, weil es nur ein zweidimensionales Abbild der Bewegung ist. Trotzdem kann man aus den Mustern eines solchen Bildes Rückschlüsse auf Ordnung im Chaos ziehen, denn man sieht, daß Bilder von chaotischen Systemen nicht in der Weise zufällig sind, daß sie gänzlich ungeordnet wären. Sie sind zufällig im Sinne der zeitlichen Beobachtung, aber sie zeigen immer Ordnungsstrukturen, die man ganz oberflächlich so beschreiben kann, daß sich bestimmte geometrische Aspekte immer wieder im Großen, im Mittleren, im Kleinen und im ganz Kleinen wiederholen. Diese Aspekte von Wiederholung nennt man in der fraktalen Geometrie Selbstähnlichkeit. Die Wiederholung des

Ganzen im Kleinen in einem solchen Bild ist ein Ordnungsaspekt der chaotischen Bewegung, die nicht völlig frei ist, obwohl sie so für den äußeren Beobachter wirkt. Sie hinterläßt eine Spur, in der eine Regelmäßigkeit steckt. So kann man über die fraktale Geometrie und deren Ordnungsmuster die Ordnung im Chaos entdecken.

Wenn man einmal ein solches Bild nimmt, beispielsweise eines dieser bekannten Apfelmännchen, was sieht man dann? Sieht man einen gewissen Zeitausschnitt aus einem dynamischen Prozeß, sieht man eine Systemeigenschaft?

Die Apfelmännchen sind als Beispiele der fraktalen Geometrie sehr bekannt geworden. Viele, darunter auch Wissenschaftler, denken, daß diese Bilder eigentlich nur schöne Bilder sind, die mit einem völlig nichtssagenden mathematischen Verfahren berechnet wurden und über ihre manchmal fragwürdige Schönheit hinaus keine weitere Bedeutung haben. Diese Einschätzung ist völlig falsch. Die Apfelmännchen oder die Mandelbrot-Menge, wie sie wissenschaftlich heißt, sind ein Objekt aus der Mathematik, aus der tiefsten und ernsthaftesten Grundlagenforschung. Ich will jetzt versuchen zu erklären, womit die Mandelbrot-Menge etwas zu tun hat. Wir haben darüber gesprochen, daß man aus einem chaotischen Prozeß Bilder machen kann. Diese chaotischen Prozesse hängen natürlich von äußeren Parametern ab. Z.B. hängt ein hydrodynamisches Experiment von der Temperatur ab. Wenn man die Temperatur sehr hoch einstellt, passiert etwas anderes, als wenn ich die Temperatur sehr niedrig halte. In der Regel hängen solche Phänomene nicht nur von einem Parameter, sondern von vielen ab. Je nachdem, wie man den Parameter einstellt, erhält man immer wieder neue Spielarten des chaotischen Prozesses; insbesondere erhalte ich manchmal das Ergebnis, daß der Prozeß gar nicht mehr chaotisch ist, daß er völlig deterministisch und prognostizierbar ist. Das System kann sich, wenn man außen an den Einstellknöpfen dreht, einmal chaotisch und einmal deterministisch verhalten, also eine Dichotomie haben. Die Mandelbrot-Menge befaßt sich mit einem mathematischen Phänomen, das sehr viel mit Chaos zu tun hat und eine Dichotomie aufweist. Das Schöne ist, daß dieses Phänomen durch zwei Parameter beeinflußt werden kann. Wenn ich diese Parameter als Zahlen wie Koordinaten auf einem Papier interpretiere, dann habe ich für jeden Punkt auf dem Papier zwei Koordinaten, wozu, im Sinne der Dichotomie, das eine oder das andere Verhalten gehört, also z. B. chaotisch oder nicht-chaotisch. Wenn immer das System, das der Mandelbrot-Menge zugrunde liegt, nicht-chaotisch ist, markiere ich diesen Punkt von zwei Koordinaten schwarz, und wenn immer das System an diesem Punkt chaotisch ist, markiere ich ihn weiß.

Auf diese Weise entsteht ein Bild in einer Karte, die mir sagt, was passiert, wenn ich die Paramter so oder so einstelle. Dieses Schwarz-weiß-Bild ist die berühmte Mandelbrot-Menge. Sie ist so etwas wie die Beschreibung einer Dichotomie wie z.B. bei verschiedenen Phasenzuständen. Deswegen ist sie kein spielerisches Objekt, sondern sie hat einen tiefen Sinn. Und ihre Komplexität, die man erfährt, wenn man z.B. am Rand der Mandelbrot-Menge Bilder macht und dann diese unglaublich bizarren Formen sieht, ist Ausdruck davon, wie kompliziert sich diese Dichotomie ändert, wenn ich an den äußeren Paramtern spiele. Sie ändert sich in einer so ungeheuer komplexen Weise, daß diese Änderung am besten durch ein Fraktal, durch ein geometrisches Objekt, beschrieben wird, das Struktur auf jeder Größe hat, das also bei jeder Vergrößerung immer wieder neue Details zeigt. Das ist ungefähr die Beschreibung der Mandelbrot-Menge. Man könnte sagen, daß das bei diesem einen mathematischen Phänomen ja ganz interessant sein könnte, aber was soll's. Die Verrücktheit, die inzwischen Schlagzeilen innerhalb der Mathematik gemacht hat, besteht darin, daß die Mandelbrot-Menge nicht nur für dieses eine, vielleicht sehr esoterische mathematische Phänomen Gültigkeit hat, sondern daß sie Merkmale von Universalität aufweist. Die eigenartige Weise, wie sich die Dichotomie darstellt, wenn man die Parameter verändert, ist universell gültig in einem Riesenbereich von dynamischen Phänomenen, in denen es solche Dichotomien gibt: Zufall–Nichtzufall, Determinismus–Chaos, flüssig–fest.

Die Frage bleibt aber trotzdem bestehen, ob die Visualisierung überhaupt notwendig ist. Darauf richtet sich wohl auch die Kritik an den schönen Bildchen der Fraktale. Ist die Visualisierung von mathematischen Gesetzmäßigkeiten wirklich ein Erkenntnisgewinn?

Sie haben Bildchen gesagt, das würde ich niemals sagen. Ich spreche immer von Bildern. Ich nehme Ihnen das nicht übel. Das ist gängiger Sprachgebrauch, das kommt aus den Wissenschaften, das hat sehr tiefe philosophische Gründe. Es gab insbesondere in diesem Jahrhundert in der Mathematik und auch darüber hinaus eine Unterschätzung des Bildes. Das liegt daran, daß wir in der Mathematik ein Jahrhundert der Algebraisierung hinter uns haben, in dem das Verlassen auf das, was man im Augenschein vor sich hat, immer weiter zurückgedrängt und im Grunde als wissenschaftlich sehr zweifelhafte Methode betrachtet worden ist. Die Mandelbrot-Menge zeigt, daß es in der Mathematik Phänomene gibt, die von größter Bedeutung und ohne die Visualisierung überhaupt nicht zugänglich sind oder uns überhaupt bekannt wären. Was die Mandelbrot-Menge ausdrückt, wäre ohne die Visualisierung nicht in unserem

Bewußtsein. Erst durch sie ist die Existenz dieses Objekts entdeckt worden, und damit sind auch all die mathematischen Fragen, die dann zum Teil auch wieder ohne jede Visualisierung behandelt werden können, in die Mathematik hineingekommen. Die Mandelbrot-Menge ist ein Zeugnis dafür, wie Mathematik durch Visualisierung von neuen Fragen befruchtet wird und wie dann im Zusammenspiel mit traditioneller mathematischer Arbeit wieder neue Fragen entstehen. Das ist ein Prozeß, der mit dem Verhältnis von theoretischen und experimentellen Naturwissenschaften vergleichbar ist, wo die Experimentatoren sehr genau – mit einer großen Kunstfertigkeit und viel Geduld – Zusammenhänge heraus- präparieren und dann die Theoretiker die Ergebnisse partiell aufnehmen und daraus versuchen, theoretisches Material zu machen. Genau das ist mit der Mandelbrot-Menge passiert. Ich will das durch ein Zitat von einem der Mathematiker unterstreichen, der für die theoretische Bearbeitung der Mandelbrot-Menge einer der beiden wichtigsten war. John Hubbard hat sehr schön gesagt, daß in seiner mathematischen Arbeit die Computerexperimente und die Visualisierung überall dicht waren. Das ist ein bißchen ein mathematischer Jargon. Die rationalen Zahlen liegen dicht in den reellen Zahlen, d.h., in der Nachbarschaft jeder denkbaren Zahl liegt immer eine rationale Zahl, also ein Bruch. In dem Sinne wollte Hubbard sagen, daß bei allen mathematischen Arbeiten über die Mandelbrot-Menge Visualisierungen und Experimente immer ganz eng und untrennbar verbunden waren. Deshalb ist in die Mathematik das, was wir sehen, was wir ganzheitlich erfassen, wiedergekehrt, denn die Komplexität von Strukturen können wir oft besser durch unseren visuellen Sinn beurteilen, wenn Worte oder Sequenzen von Zahlen nicht ausreichen. Das wieder in die Mathematik aufzunehmen, war etwas Neues, was viel Gutes, aber auch große Kontroversen ausgelöst hat. Diejenigen, die mit großem Stolz und Gefühlen von Erfolg über Jahrzehnte dafür gesorgt haben, daß die Bilder aus der Mathematik verschwunden sind, sehen darin natürlich eine Gefahr für die Reinheit der Mathematik.

Was Sie sagten, scheint in gewisser Weise auch eine Wiederkehr platonistischer Gedanken zu sein – allerdings mit einer anderen Geometrie als der euklidischen. Wenn Sie davon sprechen, daß die Bilder wieder entdeckt wurden, heißt das denn auch, daß damit gleichzeitig wiederentdeckt wird, was die Philosophen, Künstler und Wissenschaftler der Antike und der Renaissance als eine Mathematik der Schönheit, also der schönen, weil harmonischen Formen und Proportionen, thematisiert hatten?

Wenn Sie Mathematiker fragen, warum sie eigentlich Mathematik machen, wodurch eigentlich mathematische Qualität gegeben ist, wie Mathematiker beurteilen, das zu machen und das sein zu lassen, dann werden Sie bei den reinen Mathematikern immer wieder hören, daß es so etwas wie eine mathematische Ästhetik gibt, die große Bedeutung in den Fragen hat, die ich angeschnitten habe. Es war aber zuletzt unmöglich, über diese innermathematische Ästhetik mit Nicht-Mathematikern überzeugend zu sprechen. In den letzten Jahrzehnten war es eigentlich völlig verlorengegangen, die innermathematische Ästhetik anderen mitzuteilen. Mit diesen Bildern kann man etwas von dieser Ästhetik zeigen, denn sie geht fast immer Hand in Hand mit einer intellektuellen Ästhetik der damit verbundenen mathematischen Probleme. Ich könnte Ihnen Bilder zeigen, die mathematische Substanz haben, die in Verbindung mit korrekten, innerhalb der Mathematik höchst ästhetischen Arbeiten stehen, und ich könnte Ihnen Bilder zeigen, die einfach aus dem Antrieb heraus entstanden sind, mit diesen mathematischen Formeln nun noch weitere Bilder zu machen. Ich könnte Ihnen diese Bilder in großer Zahl geben und Sie bitten, die Bilder nach ästhetischen Gesichtspunkten zu sortieren. Sie würden wahrscheinlich eine überraschende Korrelation zwischen denjenigen Bildern finden, die eine ganz unbedingte Ästhetik haben, und den mathematischen Hintergründen, die ihrerseits eine ganz starke Ästhetik haben. Diese könnten Sie von jenen Bildern unterscheiden, die im Spiel entstanden und mathematisch leer sind. Hier gibt es also einen geheimnisvollen Gleichklang zwischen mathematisch-intellektueller Verwickeltheit, Ästhetik, Balance, Ausgeglichenheit und Proportioniertheit und dem, was sich in den entsprechenden Bildern äußert. Einer der Gründe, warum ich so früh und so intensiv in diese Bildergeschichte hineingekommen bin, hat mit diesem Gefühl zu tun gehabt, daß das nicht nur schöne Bilder sind, sondern daß hinter ihnen eine ebenso schöne mathematische Welt steckt. Das hat sich auch vielen Leuten durch unsere Publikationen mitgeteilt. Deshalb bin ich sehr traurig über manche bittere Reaktion mitunter auch aus Mathematikerkreisen, die diese Komponente völlig unterschätzt, weil man glaubt, daß Bilder völlig ungeeignet dafür seien, das darzustellen, was in der Mathematik wirklich passiert. Dem könnte ich ja noch zustimmen, dennoch läßt sich auch für Laien über diese Bilder etwas vermitteln.

Haben Sie denn eine intuitive Ahnung, was denn nun die Eigenschaften dieser mathematischen Schönheit sind, weswegen Mathematiker vielleicht bestimmte Lösungen bevorzugen? Gibt es dafür Kriterien?

Es gibt solche Kriterien, denn wir müssen ja sehr oft mathematische Arbeiten beurteilen. Wenn jemand eine mathematische Arbeit publizieren will, dann schickt er sie an eine mathematische Zeitschrift, und dann müssen irgendwelche Mathematker, z. B. ich, diese Arbeit lesen und sagen, diese Arbeit verdient, veröffentlicht zu werden, weil sie neue, interessante Mathematik enthält. Das muß ich dann im Verhältnis zu den eben besprochenen Fragen nach der mathematischen Qualität machen. Ich bedaure, daß die Mathematik als wissenschaftliche Gemeinschaft doch nach meinem Geschmack ein bißchen wenig über diese Kriterien diskutiert. Man verläßt sich immer darauf, daß ein sogenannter guter Mathematiker auch in der Lage ist, ein fundiertes Urteil abzugeben. Das mag sehr oft der Fall sein, aber ich würde doch gerne hinterfragen wollen, was denn die Kriterien dafür sind. Ich würde gerne eine Diskussion zwischen Mathematikern über ihre Wissenschaft sehen, die sich nicht nur in der Darstellung der Ergebnisse erschöpft, sondern auch über die Fundamente, die Perspektiven, die Notwendigkeit der Anwendung, die Bedürfnisse der Lehre und der Darstellung spricht. Dabei müßte auch die Frage diskutiert werden, was eigentlich mathematische Ästhetik oder mathematische Qualität bedeutet. Hier gibt es einen großen Mangel, weil das so gut wie nicht stattfindet. Ich mache diesen Mangel für die völlig desolate Ausbildungssituation der Mathematik an der Schule verantwortlich, die dadurch gekennzeichnet ist, daß die große Mehrzahl der jungen Menschen von der Mathematik ein Bild mitnimmt, das sehr grau, mit Konflikten und Ängsten behaftet ist. Das bleibt bei den meisten dann ein ganzes Leben haften und verstellt berufliche Möglichkeiten eines naturwissenschaftlichen oder technischen Studiums, aber überhaupt Möglichkeiten, über komplexe Zusammenhänge in allen möglichen Bereichen ein bißchen anders nachzudenken. Ich will hier gar nicht die Mathematik als diejenige Wissenschaft darstellen, die überall das Richtige wäre, aber sie bietet eben doch oft klärende Alternativen an, die sonst nicht zur Geltung kommen. Diese Chance wird durch die desolate Lage in der Schule immer stärker verbaut. Das aber hat viel mit dem Unvermögen der Mathematiker zu tun, über ihre eigene Wissenschaft so zu sprechen, zu diskutieren und zu streiten, daß es für »Außermathematische« Sinn macht zuzuhören.

Wenn wir einmal bei den Bildern von Fraktalen bleiben, so mögen diese vielleicht die Mathematiker schön finden, setzt man sie hingegen in den Kontext der Kunst, so werden sie dort oft als kitschig oder als nicht sehr interessant empfunden. Haben die Mathematiker eine sehr spezifische Ästhetik, die von anderen nicht geteilt wird, hängt sie vom Vorwissen über mathematische Zusammenhänge ab? Und wäre denn von Ihnen aus das Konzept mathematischer Schönheit übertragbar auf die Kunst?

Ich kann das Urteil vieler Künstler, unter anderem auch vieler befreundeter Künstler, über diese Bilder, die aus der Mathematik kommen, sehr gut nachempfinden. Meist kommt ja dabei heraus, daß sie kitschig sind. Ich würde selber Probleme damit haben, die meisten Bilder, die aus der Mathematik kommen, im Zusammenhang mit Kunst zu sehen. Viele Leute meinen ja schon, Sie hätten ein Kunstwerk gemacht, wenn sie ein Bild mittels des Computers mit irgendwelchen Konfigurationen zusammengebaut haben. Das ist sicher ein großes Mißverständnis Ich habe allerdings wenig Ahnung davon, wie man ein Kunstwerk von einem Nicht-Kunstwerk unterscheiden könnte, aber ich habe doch das Gefühl, daß viele Leute allzu schnellschlüssig denken, wenn sie etwas gemacht haben, das man ein Bild nennen könnte und das ein paar Leuten gefällt, daß das dann auch schon Kunst sei. In den Bildern, die aus der Mathematik kommen, liegt aber doch etwas, das für die Kunst von Interesse, vielleicht sogar von Bedeutung sein könnte. Das hat wieder mit der Frage zu tun, womit sich die Bilder beschäftigen. Wir haben besprochen, wie Chaos und Fraktale in Verbindung stehen, und ich denke doch, daß viele Künstler, die im Bereich der Malerei oder verwandter Gebiete tätig sind, sich für Fragen der Komplexität, der Darstellung von Komplexität, Ordnung in Komplexität usw. interessieren. Dabei können sie von der Mathematik inspiriert werden, sie können durch diese Bilder Einsichten von der Art gewinnen, daß in ihnen, auch wenn sie kitschig sind, etwas Geheimnisvolles, eine geometrische Botschaft steckt, die einem so nicht bewußt war. Das könnte jemand anregen, das Thema Komplexität unter Einfluß dieser Bilder dann ganz eigen und künstlerisch hochwertig darzustellen. Das ist auch in den vergangenen Jahren passiert, und das ist ungefähr die Rolle dieser Bilder in der Kunst. Deswegen fühle ich mich in keiner Weise verletzt, wenn Künstler sagen, daß das, was wir in Ausstellungen gezeigt haben, keine Kunst sei, solange dieser kleine anregende Umweg doch noch möglich bleibt.

In der Biologie, in der Hirnforschung und sogar in den Sozialwissenschaften wird gegenwärtig viel von sich selbst organisierenden Systemen gesprochen, die natürlich irgendwie selbstähnlich sein müssen, sofern sie sich einigermaßen stabil halten wollen. Läßt sich denn von der Chaostheorie eine Brücke zur Theorie von sich selbst organisierenden Systemen schlagen? Sind das besondere Klassen von komplexen, dynamischen Systemen?

Es gibt schon Verbindungen, aber es ist wahrscheinlich nicht besonders sinnvoll, die Behauptung aufzustellen, daß das eine ein Teil des anderen ist. Das Ganze ist ein großes Netzwerk, das am besten mit dem Schlagwort »nicht-lineare Phänomene« beschrieben wäre. Zu diesen gehört der Aspekt des Chaos; dazu gehört der Aspekt der Muster oder Bilder, also die Fraktale; dazu gehört der Aspekt, daß in nicht-linearen Phänomenen die Selbstorganisation von Mustern besprochen werden kann. Es gibt also ein Netzwerk von Phänomenen, die zueinander in einer sehr innigen Verbindung stehen, aber es wäre viel zu kurz gegriffen, wenn man etwa die Chaostheorie, die Fraktale oder die Selbstorganisation in den Mittelpunkt stellen würde.

Gibt es denn schon Einsichten darüber, daß unser Erkenntnisvermögen chaotischen Regeln folgt? Ist unser Denken vielleicht in gewisser Weise fraktal? Hätte man mit mathematischen Modellen, die aus der Chaostheorie kommen, auch in der KI größere Chancen, über die Expertensysteme hinauszukommen?

Wenn das möglich wäre, würde ich mich riesig freuen. Ich gehöre nicht zu denen, die jetzt zynisch über die Expertensysteme herfallen wollen, aber ich finde doch, daß ihnen ein Verständnis dafür mangelt, wofür sie eigentlich gemacht sind. Expertensysteme verdichten und fördern den Erkenntnisprozeß oft nicht, sondern sie sind eher eine Ad-hoc-Methode, zu einer bestimmten Frage Wissen anzubieten. Es gibt Versuche, das Problem des tieferen Verständnisses mit der Chaostheorie, den Fraktalen und der Selbstorganisation zu verbinden, die alle sehr erfolgversprechend sind, aber nicht von diesem durchschlagenden praktischem Erfolg wie die Expertensysteme, weil sie eben an der Frage des Verständnisses und nicht an der des sofort vermittelbaren, käuflichen Nutzens festgemacht sind. Wenn Sie die sehr populären neuronalen Netze nehmen, dann ist der Kern von diesen die Idee der nicht-linearen Phänomene, die aus der Theorie der Hydrodynamik übernommen wurde.

Ist es denkbar, einen chaotischen Computer oder einen solchen zu bauen, der auf fraktaler Basis läuft? Die chaotischen Systeme werden ja berechnet, simuliert und visualisiert auf linear prozessierenden Computern, und auch die neuronalen Netze sind nur eine Verschaltung von solchen linear prozessierenden Rechnern. Wäre es denn denkbar, die Architektur selber anders zu gestalten?

Das bringt mich auf die Grundfrage, ob das, was wir in unserem Gehirn machen, wirklich maschinell ist? Ist das mit den Architekturen und den Arbeitsweisen eines Computers vergleichbar, oder ist das etwas ganz anderes? Wenn es vergleichbar wäre, was völlig unklar ist, obwohl manche so tun, als wäre das Gehirn ein großer Computer, dann wäre es in der Tat denkbar, daß Architekturen von Rechnern in die Richtung von chaotischen Attraktoren gebaut werden könnten. Es gibt eine Vielzahl von Messungen, Beobachtungen und auch erste theoretische Ansätze über Gehirnaktivitäten, die, soweit sie meßbar sind, etwas mit chaotischen Attraktoren zu haben. Wenn also Gehirnaktivität und chaotische Attraktoren etwas Wesentliches miteinander zu tun haben, dann wäre es vorstellbar, daß dies auf die Architektur von Rechnern zurückwirken könnte. Aber das ist ein Bereich von großer Spekulation und von vielen weißen Flecken auf einer sehr, sehr großen Landkarte.

WOLFGANG COY

Das Wichtige der Technik ist die Art, wie man damit umgehen kann

Die Informatik als Disziplin gibt es noch nicht so lange. Was sind denn die Grundlagen der Informatik? Ist sie wirklich eine abgrenzbare Disziplin, oder ist sie auch eine Geburt des Institutionalisierungsdranges, wo man einen Namen für eine eigentlich transdisziplinäre Wissenschaft gesucht hat?

Es ist ein grundlegendes Problem der Informatik, daß sie noch nicht weiß, ob sie eine Wissenschaft ist. An den Universitäten gibt es das Fach Informatik seit etwa 30 Jahren, aber die Definition, was sie ist, ist nach wie vor umstritten. In der amerikanischen Universitätslandschaft hieß das ursprünglich »computer science«. Sie war also ganz auf das Gerät fixiert. Das hat sich geändert. Heute sprechen viele amerikanische Kollegen von »science of computing«, also sowohl von Berechenbarkeit im mathematischen Sinn wie von Bearbeitbarkeit im technischen Sinn. Der in Deutschland verwendete Begriff »Informatik« ist dem Französischen entlehnt und soll andeuten, daß die neue Disziplin etwas mit Information und Technik zu tun habe. Daß sie mit Technik zu tun hat, ist unbestritten, ob sie aber etwas mit Information zu tun hat, ist eine der Fragen, um die gelegentlich gestritten wird –, allerdings eher selten, weil sich Informatikwissenschaftler in der Regel wenig für Grundlagenfragen interessieren.

Die Informatik baut also nicht auf der Informationstheorie von Shannon auf?

Überhaupt nicht. Damit hat sie nur ganz am Rande zu tun, also da, wo sie sich mit Leitungen oder Übertragungen auf Leitungen beschäftigt. Shannons Theorie heißt im amerikanischen Original überdies »Theory of Communication«. Das klingt vielleicht noch verrückter, da es sich eigentlich um eine Theorie der Leitungsstörungen handelt, die ja weder Kommunikation noch Information definieren. Informatik bezieht sich auf drei verschiedene Wissenschaftsbereiche. Einerseits ist sie eine Technik: Hier hat sie auch ihre großen Triumphe und Niederlagen. Andererseits reicht sie wissenschaftlich in mathematische, logische und philosophische Fundierungen des Formalen hinein. Damit kann Informatik generelle Methoden für die Wissenschaften bereitstellen, aber sie erbt damit auch spezifische Probleme. Und schließlich werden Spezifika ihrer Anwendungen zu Teilen der Informatik. Dort entstehen dann sofort Kontakte mit allen anderen Wissenschaften und der Praxis.

Was wären denn die generellen Methoden für die Wissenschaften, die von der Informatik kommen?

Die wichtigen Fortschritte der Informatik liegen in der Nutzung des allgemeinen Berechenbarkeitsmodells, das aus der mathematischen Logik kommt. Technische Stichworte sind hier die Turing-Maschine oder die rekursiven Funktionen. Dabei handelt es sich um die Formalisierung des Berechenbarkeitsbegriffs, der die Basis bildet, auf der Computer arbeiten können und arbeiten. Programmiersprachen sind in gewisser Weise ein Abbild dieser Formalisierungen des Berechenbarkeitsbegriffs. Dabei hat die Informatik im Rahmen dieser Theorie der Berechenbarkeit, insbesondere durch ihre Untersuchungen der Komplexität, eigenständige Leistungen erbracht; dort wird die Frage untersucht, wie aufwendig eine berechnete Lösung ist, wie lange es dauert oder wie teuer es wird, wenn ich etwas berechne. Darüber hinaus wurden in der Informatik viele Mechanismen und Methoden des Berechnens entwickelt: Hardware- und Softwareentwurf, bis hin zur schwierigen Frage, wie man Programme so gestalten kann, daß Menschen vernünftig mit ihnen arbeiten können. Mit solchen Ansätzen reicht die Informatik weit in die Gesellschaftswissenschaften hinein. Die Frage der Arbeitsgestaltung, die Frage der Nutzbarkeit der Geräte bis hin zu ökonomischen Überlegungen sind Probleme, die in der Informatik nur in Kooperation mit anderen Wissenschaften gelöst werden können.

Über die Grenzen der Berechenbarkeit wird gegenwärtig sehr viel auch in populärwissenschaftlichen Büchern geschrieben. Dabei wird von der Turing-Maschine ausgegangen. Sind die hier festgestellten Grenzen der Berechenbarkeit tatsächlich gültig für jeden beliebigen Computer, egal, welcher Bauart er ist?

Ich sehe im Augenblick keinen Weg, über die absolut gesetzte Grenze der Berechenbarkeit, wie sie durch Alan Turings mathematisches Maschinenmodell vor 50 Jahren beschrieben wurde, hinauszukommen. Neuronale Netzmodelle sind keine Erweiterung des bisherigen Berechenbarkeitsbegriffs, nur eine Verlagerung der Methoden, wie man berechnet. Die praktischen, die maschinellen Grenzen der Berechenbarkeit liegen allerdings vor den Grenzen der Turing-Maschine. Das ist dann die Frage der Komplexität: Wieviel Aufwand kann ich treiben? Wie lange kann ich warten, bis ein Ergebnis fertig ist? Welche konkreten Maschinen habe ich zur Verfügung? Das sind praktische Grenzen, die nahezu unvergleichlich niedriger liegen als die absoluten Grenzen der Theorie der Turing-Berechenbarkeit. So läßt sich der heutige Erkenntnisstand beschreiben, der allerdings breit akzeptiert wird. Natürlich muß man andererseits zugeben, daß jede Grenze, die historisch aus der mathematischen Forschung gewachsen ist, auch wenn sie im Augenblick stabil ist, trotzdem eine historisch beschränkte Grenze bleibt. Die Physik ist als Leitwissenschaft ein Beispiel dafür, wie ein Paradigmenwechsel tatsächlich ein neues, tieferes Verständnis von Phänomenen erreichen kann. Dies erlegt uns auch bei der Beurteilung der Turing-Maschine als allgemeines Berechenbarkeitsmodell eine gewisse Zurückhaltung auf. Doch das ist derzeit keine aktuelle Frage. Die Radikalität der Grenze zum Unberechenbaren, wenn wir sie nun einmal als real ansehen, hat Folgen für die anderen Wissenschaften. Wo gerechnet wird, wo mit den Mitteln des Rechnens modelliert wird, gibt es demnach eine absolute Grenze des algorithmisch Machbaren. Praktisch führt dies direkt zur Frage, was wir mit Computerprogrammen machen können, denn jedes Computerprogramm ist ein Algorithmus.

Was ist eigentlich genau ein Algorithmus?

Ein Algorithmus ist eine endliche Vorschrift zum Ausführen einer Berechnung; jeder Algorithmus ist ein Programm zum Berechnen einer berechenbaren Funktion – und jedes Computerprogramm ist ein Algorithmus. Daraus ergeben sich ein paar Folgerungen: Es muß ein endliches Alphabet zur Beschreibung des Algorithmus und der modellierten Aufgabe geben; es muß klar definierte Schritte geben, wie gerechnet wird. So wird eine Berechnung als Syntax beschrieben. Die spannende Frage aber ist, was das Programm bedeutet, also, was die Semantik und die Pragmatik eines Programms ist. Beides ist durch den Begriff des Algorithmus allein nicht gegeben. Der Algorithmenbegriff der formalen Logik ist bewußt als syntaktischer Begriff gewählt worden, um damit leichter mathematisch umgehen zu können. Die Informatik geht dagegen mit den semantischen und pragmatischen Gehalten um, und damit rutschen wir in Bereiche, deren Abgrenzungen nicht mehr klar umrissen sind. Die Nutzung des Computers als Arbeitsmittel ist etwas anderes als die Formulierung von Programmen, als Algorithmen. Hier gibt es eine Diskrepanz, die anders beschrieben werden muß als durch die Theorie der Berechenbarkeit. Informatik ist nicht bloß angewandte Berechenbarkeitstheorie, sie ist vor allem Modellierung der Realität – mit formalen, informationstechnischen Mitteln.

Was meinen Sie mit der semantischen Ebene eines Algorithmus?

Wenn Sie ein Textverarbeitungsprogramm betrachten, dann ist das auf der untersten Ebene ein programmierter Algorithmus. Aber was dieses Programm in Ihrer Arbeitsumgebung leistet, was Sie damit machen, ob Sie damit gut oder schlecht umgehen können, ist keine algorithmische Frage. Hier stellen sich Fragen der Pragmatik und der Semantik. Was bedeutet ein Textverarbeitungsprogramm? Es gibt keine brauchbare Theorie der Textverarbeitungsprogramme, aber es gibt Programme, die so etwas algorithmisch realisieren. Genau hier sieht man, daß Informatik nicht nur Logik oder klar definierte Technik ist, sondern sie muß sich schon bei einfachsten Anwendungen über Logik und Technik hinaus Fragen der gesellschaftlichen Verwendung stellen.

Ist hier auch bereits der Übergang zur Künstlichen Intelligenz angelegt, wo diese Fragen dann auch im Sinne des Programms sich aufdrängen?

Es ist interessant, daß der Begriff der Intelligenz eine so große Rolle in der öffentlichen Diskussion der Informatik spielt. Ich habe mich oft gefragt, warum Leute so schnell glauben, daß etwas intelligent sei, was als Maschine aufgebaut ist. Solche Vorstellungen gibt es bereits bei Alan Turing und bei Konrad Zuse. Es liegt offensichtlich in der Sache selber, daß solche Fragen gestellt werden. Natürlich ist Rechnen eine intelligente Tätigkeit, und Computer rechnen nun mal schneller und meist auch präziser als Menschen. Geschichtlich leuchtet die Übertragung auf den Begriff der Intelligenz dabei schon ein, weil Rechnen als eine der intelligentesten Leistungen des Menschen gilt, weil man in der Neuzeit, etwa bei Leibniz, immer wieder Denken idealtypisch mit Rechnen gleichsetzte. Intelligenz ist aber ein viel umfassenderes Phänomen, das unter anderem auch die Fähigkeit zum zweckgerichteten und vor allem sinnvollen Handeln umfaßt – und das liegt jenseits unserer Computertechnik.

Was heute etwa mit Expertenprogrammen installiert werden kann, war Kennzeichen des rationalen Menschen gegenüber dem Tier. Heute scheint sich jedoch das, was man als human bezeichnet, über die Möglichkeit der Künstlichen Intelligenz, rationale Leistungen zu automatisieren, allerdings zu verschieben.

Beim Rechnen ist ein Punktsieg des Computers offensichtlich. Die Forschung zur Künstlichen Intelligenz hat sich in den letzten Jahrzehnten auf die nicht-

rechnenden Fähigkeiten des Menschen gestürzt, d. h. insbesondere auf kognitive Fähigkeiten, die uns oft sehr leicht vorkommen. Wir können schnell etwas
hören, sehen, lesen oder verstehen, aber es ist äußerst schwierig, solche Fähigkeiten mit dem Rechner algorithmisch, also rechnend, nachzubilden. Menschen scheinen deswegen intelligenter als die Maschine zu sein, weil sie diese
kognitiven Fähigkeiten beherrschen. Derzeitige Bemühungen der KI gehen
allerdings schon wieder einen Schritt weiter, wenn jetzt versucht wird, die
Frage der Intelligenz als soziales Phänomen anzuerkennen. Damit wird Intelligenz nicht mehr allein im Individuum angesiedelt, sondern in der Wechselwirkung mit anderen Individuen und mit seiner Umgebung gesehen.

In meiner Arbeit als Informatiker bleibt mir diese Suche nach einer Künstlichen
Intelligenz trotzdem fremd, weil sich mir die maschinelle Seite der Informatik
ganz anders darstellt. Für mich sind Rechner vor allem Arbeitsmittel, die dazu
dienen, daß ich entweder meine eigene Arbeit besser machen oder daß ich
besser mit anderen zusammenarbeiten kann. Damit ist mir diese Projektion des
Rechners als autonomes Subjekt nicht annehmbar. Sie geht wohl auf diesen
Wunsch zurück, Dinge zu animieren, der schon immer in der menschlichen
Kultur zu finden ist. Das ist ein sehr alter Wunsch, der sich in nun in dieser
neuen Technik niedergeschlagen hat. KI-Forscher sind in dieser Kontinuität
animistische Traditionalisten: Sie versuchen, die Seele im Rechner zu erkennen.
Und weil Seele nicht mehr ganz so modern ist, ist es die Intelligenz, die gesucht
wird. Dem möchte ich eine Sicht gegenüberstellen, die Informatik als eine
Technik sieht, welche hochkomplexe Arbeitsmittel zur Verfügung stellt. Wenn
man es erst einmal so sieht, dann werden Rechner zu Medien der Arbeit
zwischen Menschen oder zu Werkzeugen. Und damit verschwindet die Frage
nach der Künstlichen Intelligenz ganz einfach.

Für viele, die noch nicht mit dem Computer vertraut sind, ist es erstaunlich, daß
man mit ihm, also letztlich durch Rechenvorgänge, von denen man glaubte,
daß sie die höchste Abstraktionsleistung darstellten, wieder Bilder erzeugen
kann. Vilem Flusser etwa sah in einer solchen Wendung von der Abstraktion
zur Projektion einen bedeutsamen Bruch. Manche glauben denn auch, daß wir
deswegen jetzt an der Schwelle des Übergangs von der Schrift- zu einer
Bildkultur stehen. Ist es denn nun eigentlich wirklich erstaunlich, aus Rechen-
vorgängen Bilder erzeugen oder Bilder digitalisieren zu können?

Faszinierend ist, daß der Rechner über die Digitalisierung von Signalen hinaus
zum allgemeinen Medium überhaupt wird. Wir können die dargestellten Artefakte jedes einzelnen Mediums, also Töne, Bilder, Schrift oder Film, nahezu

verlustfrei in digitale Speicherung abbilden. Das setzt voraus, daß wir in gewisser Weise eine Körnung aller sinnlichen Artefakte vornehmen können, die uns eine hinreichend genaue Abbildung und Wahrnehmung des medial Dargestellten erlaubt. Diese Körnigkeit bestimmt die unterste Ebene des Kodierens und setzt voraus, daß wir etwas überhaupt kodieren, d. h. in Signalwerte umsetzen können. Signalwerte lassen sich in Ziffern umsetzen, und damit kann eine numerische Kodierung aller möglichen Signalwerte vorgenommen werden, die die Basis ist, auf der Rechner mit diesen Zahlen umgehen können. Wir haben also in den medialen Artefakten Signale, die in Zahlen umkodiert werden, und weil der Rechner Zahlen verarbeiten kann, kann er im Prinzip alle medialen Artefakte verarbeiten. Daraus erkennt man, daß es nicht darum geht, daß die Kunst berechenbar wird oder daß alles in Bildern verschwindet, sondern daß wir mit einer gewissen Zufälligkeit eine Umkodierungsmethode gefunden haben, die sich den Zahlbegriff zunutze macht. Dies ist übrigens nicht erst mit der Computertechnik eingetreten, denn die Schrift ist immer schon in Zahlen kodierbar, und selbst die elektronischen oder optischen Medien wie die Telegrafie, ja sogar Film oder Fernsehen, tun dies bereits. Auch hier geht es bis zur Korngröße des Films oder der Rasterzeile hinunter, wo wir eine Form der 0/1-Kodierung haben. Die Schwärzung eines Filmkorns stellt damit auch einen Kode dar. Derartige Kodes sollten jedoch richtig verstanden werden. Wenn jemand sagt, daß sich die Welt jetzt als 0 und 1 oder ja und nein darstellt, dann trifft dies nicht den entscheidenden Punkt. Entscheidend ist vielmehr, daß wir über die Zahlkodierung, also über die Digitalisierung, jedes Medium in jedes andere syntaktisch umformen können und jede dieser Kodierungen mit Algorithmen, also Computerprogrammen, bearbeiten können. Die Beschreibung eines digital gespeicherten Films als Nullen und Einsen ist über diese Umkodierbarkeit hinaus ohne wesentliche Bedeutung.

Die Digitalisierbarkeit jeden Mediums ist aber doch etwas ganz Neues. Früher gab es verschiedene analoge Medien, die sich ineinander nicht übersetzen ließen. Deswegen konnte man auch verschiedene Sphären streng unterscheiden, so wie man auch die fünf Sinne unterschieden hat. Jetzt man also einen digitalen Kode, in den man alles abbilden kann. So ähnlich stellt man sich ja auch die Funktionsweise unseres Gehirns vor, in das alles eingespeist, dann verrechnet und schließlich wieder ausgegeben wird. Sie trennen nun sehr stark die Kodierung von dem, was kodiert wird. Verändern sich aber nicht doch durch die Art der Kodierung auch die Inhalte, zumal wenn sie plötzlich auch ineinander übersetzbar werden?

Um nicht mißverstanden zu werden: Es ist von enormer Bedeutung für die Kultur, für den Umgang der Menschen miteinander und für ihre Wahrnehmung, wenn jedes Medium in jedes andere umgesetzt werden kann und damit die Sinne ineinander umsetzbar werden. Ich meine aber, daß es nicht entscheidend ist, ob dabei mit Nullen und Einsen oder mit Buchstaben oder anderen formalen Symbolen gerechnet wird. Wir erleben gegenwärtig einen Bruch, wie er mit der Einführung der Buchstabenschrift und spätestens mit der des Buchdrucks und des Textes erfolgte. Beim Buchdruck wird alle Erfahrung in schriftliche, visuelle Form gewandelt. Die Sprache wird zur Schrift – Ton wird zu Bild. Erst über die Schrift werden Nationalsprachen als standardisierte Sprache möglich. Das ist ein extremer Eingriff in die Existenz der Menschen. Wir erleben heute wieder einen solchen Schritt. Jedes Medium, so scheint es, läßt sich in digitaler Form speichern und bearbeiten. Das ist so ähnlich, aber viel weitreichender als bei der Schrift, weil jetzt auch Bilder, Filme, Töne etc. integriert werden können. Mit dem Druck wurden zwar auch Bilder reproduziert, und die grafische Ausgestaltung des Textes ist letzlich erst mit dem Buchdruck allgemein üblich geworden, aber das Buch kann die neueren optischen und elektronischen Medien wie Film oder Funk nicht integrieren. Der Computer hingegen kann alle Medien integrieren. Diese technisch-kulturellen Brüche sind wichtig. Die Trägertechnik dieses neuerlichen Bruchs, die Computertechnik, scheint demgegenüber relativ uninteressant zu sein. Wir erleben nicht eigentlich einen digitalen Bruch, sondern einen Medienbruch, der bedeutet, daß die Medien, die in den letzten 150 Jahren entstanden sind, also die elektronischen Medien von Telegrafie bis Fernsehen und die optischen Medien wie Fotografie und Film, in Frage gestellt und über die Umformbarkeit in ein allgemeines, alles integrierendes Medium neu definiert werden. Mit dieser Umformbarkeit wird letzlich die Existenz der neueren elektrischen und optischen Medien in Frage gestellt. Ob dasselbe mit dem Buch oder den anderen Schriftmedien passiert, die sich durch die Computertechnik ja auch umformen lassen, bezweifle ich allerdings, denn diese Medien sind kulturell viel etablierter. Deshalb scheint es voreilig, vom Ende der Schrift und des Buches zu sprechen – auch wenn dies rein technisch denkbar ist. Aber vom Ende des Films, des Kinos oder des Rundfunks zu sprechen, hat einen nachvollziehbaren Sinn. Das Ende der Schallplatte haben wir ja gerade erlebt. Durch die CD, also mittels einer Digitaltechnik, ist die Schallplatte wirklich verschwunden.

Wobei sie für manche ja im Augenblick wiederkehrt, weil die Digitalisierung offenbar doch nicht alle Wünsche erfüllt. Ist das nur Nostalgie?

Naja, es gibt auch noch Hifi-Fans, die auf Röhrenverstärker schwören. Das mag als Kunsthandwerk, letztlich als technisches Kuriosum, weiter existieren. Fest steht aber: Die Existenz eines 100 Jahre alten Mediums wurde beendet. Die Schallplatte ist verschwunden, nicht hingegen die Idee, Ton in Studios mit geeigneter Technik aufzunehmen. Aber solche Änderungen haben ästhetische Folgen. Nicht nur die technische, sondern auch die künstlerische Produktion muß anders werden. Die erste CD, die außerhalb einer initialen Klassik-Schwärmerei zur Kenntnis genommen wurde, war, glaube ich, »Bop 'til you drop« von Ry Cooder. Dort hat dieser Gitarrist wirklich versucht, Rockmusik anders zu spielen – CD-gerecht sozusagen. Und nebenbei: nicht besonders aufregend. Seitdem gibt es viele CD-Effekte, die mit der Schallplattentechnik nicht mehr recht einzufangen sind. Aber wie immer gibt es bei aussterbenden Techniken eine Luxurierung in der Endphase. So konstruierte man nach 1940 großartige Dampflokomotiven. Sie waren wunderschön und technisch perfektioniert, aber für die weitere technische Entwicklung ohne jede Bedeutung. Dies werden wir in den Medien genauso erleben. Es mag noch ein wunderschönes Revival des Kinofilms geben, aber tatsächlich ist die Existenz des Films in der Kinoform ebenso wie herkömmlicher Rundfunk und herkömmliches Fernsehen radikal in Frage gestellt. Mit dem digitalen Audio Broadcast und dem digitalen Satellitenrundfunk rutschen die UKW-Sender in ihrer Bedeutung in ähnlicher Weise ab, wie dies bei der Mittelwelle geschehen ist. Dadurch ändert sich die Art, Radio zu produzieren und zu hören. Wir werden bald überall 16 Digitalkanäle zur Verfügung haben – über Kabel und über Sender. UKW wird so ganz schnell zur Sache für Spezialisten.

Sie behaupten, daß das Digitale der neuen Medien, in deren Zentrum der Computer als Universalmaschine steht, nicht wesentlich sei, aber Sie sagten zuvor auch, daß etwa im Übergang vom Handschriftlichen zum gedruckten Text eine Standardisierung der Schrift und auch der Sprache eingetreten sei. Sie sagen zwar, wenn ich es recht verstehe, daß die Digitalisierung an sich keine Standardisierung mit sich bringt, gleichwohl scheint sie bei den Computersprachen und den darauf aufbauenden Programmen eine immer wichtigere Rolle zu spielen. Neue Programme sollten mit ihren Vorläufern kompatibel sein. Ist die Standardisierung sowohl im Bereich der Hardware wie in dem der Software nicht auch eine gewisse Gefahr? Standardisierung heißt ja auch, daß Bestimmtes nicht machbar ist.

Ich will meine Behauptung noch einmal präzisieren. Die Digitalisierung ist natürlich wegen ihrer Effekte wichtig. Dadurch entsteht etwa die Möglichkeit, nahezu perfekte Kopien herzustellen, und wir gewinnen die Möglichkeit extrem schneller Übertragung ohne Qualitätsverlust. Wir haben auch die Möglichkeit, nahezu beliebige Aufnahme- und Wiedergabequalitäten zu erzeugen. Daß dies durch eine Digitaltechnik geschieht, ist aber eigentlich sekundär. Entscheidend ist allerdings, daß diese Effekte andere als bei den Analogtechniken sind. Selbstverständlich verändern solche medialen Prozesse Sichten, aber sie normieren nicht nur, sie legen auch neue Sichten frei. Standards engen dabei Sichten ein, aber sie legen auch die Basis für neue Möglichkeiten – sofern sie greifen und etwas taugen. Eine kulturelle Verlust-/Gewinnrechnung, die Sie ja in gewisser Weise ansprechen, zeigt also bezüglich der Standardisierung kein eindeutiges Resultat. Sie scheint mir allerdings angesichts der Gewalt der realen technisch-ökonomischen Prozesse auch nicht sonderlich nützlich: Sie wird vermutlich nichts Entscheidendes ändern.

Nach Ihrer Sicht könnten sich also Geisteswissenschaftler oder Kulturtheoretiker durchaus noch auf der phänomenalen Ebene über die Veränderungen über die Digitaltechnik verständigen, ohne deswegen gleich Computerwissenschaftler oder Informatiker werden oder so etwas wie eine Philosophie auf der Basis von 0 und 1 ausbilden zu müssen?

Das ist genau der Punkt. Die Geisteswissenschaftler müssen in ihrer Wächterfunktion, die manche gerne wahrnehmen möchten, auf die wirklichen Effekte schauen und nicht auf scheinbare Triebkräfte, die sie sowieso nur schwer interpretieren können. Soweit ich sehe, hat sich allerdings auch kaum ein Geisteswissenschaftler darum gekümmert, wie beispielsweise UKW wirklich funktioniert. Bei der Computertechnik tut man jetzt plötzlich so, als sei das eine zentrale Frage. Das Wichtige der Technik ist jedoch die Art, wie man damit umgehen kann, der technische Kern bleibt, wie gesagt, demgegenüber sekundär. Natürlich wird diese Umwälzung wegen der technischen Effekte zu enormen Veränderungen der Wahrnehmung, der Weise, wie Menschen miteinander umgehen, führen – ebenso wird die Produktion solcher Artefakte verändert, die der Wahrnehmung dienen. Insofern meine ich schon, daß wir uns in einer zentralen Phase der Umwälzung befinden, die hinreichend Material zur geisteswissenschaftlichen Reflexion anbietet. Es schadet sicher nicht, die technische Basis zu kennen, aber es ist auch nicht die Voraussetzung kritischer Reflexion – solange die Existenz der Technik nicht einfach ausgeblendet wird.

Wissenschaften und Techniken scheinen sich in einer Art Drift zu entwickeln, die man nicht wirklich steuern kann. Besonders Kriege scheinen immer einen

Wissens- und Technologieschub mit sich zu bringen. Im Zuge dieser wissen-schaftlichen und technischen Evolution läßt sich bemerken, daß es immer auch darum ging, nicht nur in die äußere Wirklichkeit einzugreifen, sondern auch neue illusionäre Spektakel erzeugen zu können, was vermutlich Hand in Hand geht. Das geschah oft auch in paradoxer Form. Wenn Platon, Vorbild der geometrischen Neuzeit, eine Höhle wirklichkeitsferner Illusion imaginierte, um darauf hinzuweisen, daß wir hinaus, in die Wahrheit, in das Seiendseiende kommen sollten, hat er gleichzeitig ein Vorbild für das Kino und vielleicht auch für Virtuelle Realität geschaffen, das wir nun Zug um Zug einzuholen scheinen. Gibt es für Sie einen hintergründigen Zusammenhang der wissenschaftlich-technischen Evolution mit der Perfektionierung der Illusionstechnologien?

Da ist sicher eine enge Wechselwirkung, aber die Technikentwicklung verläuft nicht eindimensional. Sie hat immer Alternativen, aus denen gewählt wird, die sich aber auch nicht ganz rein realisieren lassen. Meist werden Alternativen unbewußt ausgewählt. Technik reagiert dabei auf die gesellschaftlichen Anfor-derungen und Leitbilder – was man dann als eindimensional empfinden kann. Im Informatikbereich sind dies oft militärische Leitbilder. So gibt es eine enge Verflechtung zwischen den vordergründigen Zwecken der Computertechnik und den nicht-intendierten Nebenwirkungen oder Sekundärwirkungen. Der PC als Schreibmaschinenersatz ist so ein Offspring des Mikroprozessors. Auch der Laserdrucker ist ein in seiner enormen Wirkung unerwartetes Erfolgspro-dukt, ebenso die Faxgeräte. Computergrafik und digitales Video sind konse-quente, aber nicht ursprünglich intendierte Ergebnisse der PC-Revolution. Die Ausgangslage kultureller und gesellschaftlicher Wahl ist dabei allemal eine künstliche. Mit der Schrift, also mit der standardisierten Sprache und der schriftlichen Kultur, haben wir bereits eine künstliche Umwelt geschaffen. Die technisch-schriftliche Kultur ist eine künstliche Welt. Wir schaffen also immer neue Ebenen des Artifiziellen und regen uns darüber auf, daß die neuste Variante künstlicher als die vorherige ist. Platon hat gejammert, indem er den Verlust des Erinnerns durch die Einführung der Schrift beklagt, und selbst Hegel hat dies noch getan. In der »Geschichte der Philosophie« sagt Hegel, daß die Griechen ihre Demokratie über die Rede geformt hätten; der französische Konvent möchte aber jetzt die Demokratie über das Schriftliche formen, und das gehe nicht. Kino und Foto wurden als Verlust der Aura des Kunstwerks bejammert, mit dem Rechner verschwindet das mediale Original – und Fäl-schungen werden vom Original ununterscheidbar. Trotz aller beklagten Ver-luste besteht aber auch immer eine spielerische Freude an der Täuschung, der

Illusion, die dann immer in der nächsten Stufe als perfekte gedacht wird. So geschieht dies jetzt auch bei der Diskussion über Virtual Reality. Aber man muß sich nur erinnern. Als in einem der ersten Filme die Einfahrt eines Zuges in einen Kopfbahnhof gezeigt wurde, war die Illusion so perfekt, daß einige Zuschauer erschreckt aus dem Vorführsaal rannten. Technisch perfekt erscheint uns immer nur die neueste Illusionstechnik. Unsere Sinne lernen schnell, mit dem Betrug umzugehen.

Heute verkünden Kassandras, daß man das Schriftliche und die Rede gegenüber den Medienbildern retten müsse.

Wir verteidigen halt die Illusion von gestern gegen die Illusionen von morgen. Doch diese Frage nach der künftigen Rolle der Schrift beschäftigt mich stark, aber eben ohne mich deswegen zum Retter der verlorenen Schätze aufschwingen zu wollen. Als Techniker muß ich einfach feststellen, daß ständig neue Ebenen des Künstlichen über die alten gelegt werden. Die Universalisierung der Medien durch die Digitaltechnik wird neue künstliche Welten bis hin zu den Phantasiespielen der Virtuellen Realität erzeugen. Ich glaube jedoch, daß viele dieser Prozesse nichts prinzipiell Neues bringen, sondern daß dies bloß die Dynamik technischer Entwicklung zeigt, womit die Menschen bislang mit Brüchen und Schwierigkeiten, aber eben auch mit Gewinn klargekommen sind. Die Globalisierung der Erde ist ja nicht nur ein Verlust der Idylle, sondern auch Gewinn an Selbstbewußtsein der Menschheit.
Ich versuche also erst einmal, Prozesse zu beobachten und Zusammenhänge zu erkennen, ohne sie gleich zu interpretieren. Natürlich bleiben trotzdem genügend Eingriffsnotwendigkeiten, wenn es sich um völlig unsinnige oder gefährliche Entwicklungen handelt. Die geistige Tradition aber, vor jeder technischen Neuerung zu warnen, weil sie ja unvorhersehbare Folgen haben könnte, ist mir fremd. Es mag ja fatal erscheinen, aber Neuerungen kommen, wenn hinreichend starke Kräfte sie erzwingen, ob die Warner dies wollen oder nicht. Oder sie kommen, wiederum den Warnern zum Trotz, obwohl bangend erwartet, machmal nicht. Viele technische Ansätze setzen sich ja gar nicht durch, nur wird dies gerade wegen des mangelnden Erfolges kaum wahrgenommen. Wir haben schöne Beispiele dafür erlebt, wie die Post im Einvernehmen mit der Industrie einen Versuch nach dem anderen gestartet hat, um irgendwelche Techniken durchzusetzen. Erfolgreiche Innovationen sind eigentlich eher selten. Fax oder Computer sind solche Innovationen, andere sind gescheitert. Die, die wirklich kommen, müssen analysiert werden.

Sie sprachen von der Universalisierung der Medien durch die Digitaltechnik. Der Computer wird selbst als universelle Maschine verstanden, weil man je nach Software eine andere Maschine erzeugen kann. Was meint man denn damit, wenn man von Computer als Universalmaschine spricht?

Die Computertechnik ist zumindest sehr vielseitig. Sie kann verschiedene mediale Formen recht komplex wandeln, weil sie die notwendigen Umrechnungen vornehmen kann. Die Idee Turings bei seiner Vorstellung des Berechenbarkeitsbegriffs war, daß dieser universell sei, so daß alle anderen Berechenbarkeitsbegriffe äquivalent zu dem seinem sind. Das hat sich halten lassen, aber universal heißt an dieser Stelle nicht, daß prinzipiell alles, was es gibt, dem unterworfen wäre. Insbesondere ist der sogenannte Universalrechner universell nur in dem Sinne, daß er beliebige Programme in den für ihn zulässigen Sprachen ausführen kann. Universal heißt also, daß der Computer in seinen Grenzen von Zeit und Raum alles ausführen kann, was programmiert ist, aber er kann nicht jede irgendwie vorstellbare Funktion übernehmen, weil gar nicht alles programmierbar ist. In diesem Sinne definierte »universelle Programme« dienen der theoretischen Beschreibung oder Simulation von Computern. Jedes konkrete Programm ist dagegen zweckgebunden. Ich schreibe auf meinem PC, weil ich ihn als Schreibmaschine benutze, aber nicht, weil ich eine Universalmaschine vor mir habe, deren Ausprägung jetzt »Schreiben« ist.

In der Computertechnologie scheint es einen Trend zu geben, der zusammengeht mit der Universalisierung der Medien, nämlich daß man versucht, das Interface mit der Maschine immer mehr so zu gestalten, wie wir als leibliche Wesen mit den Dingen unserer Umwelt und auch den »alten« Maschinen umgehen. Man muß nicht mehr nur mit der Tastatur oder der Maus arbeiten, sondern man kann auch mit seinen Handbewegungen oder seinem Blick Befehle geben oder vielleicht bald in natürlicher Sprache mit dem Computer kommunizieren. Wir werden vermutlich, wenn man etwa an sogenannte intelligente Häuser denkt, immer mehr in einer computergesteuerten Umwelt leben. Cyberspace ist nur ein Beispiel für so eine von Trackingsystemen gesteuerten Umwelt. Wohin wird denn diese Entwicklung gehen?

Die Computertechnik ist einerseits eine Materialisierung des Berechenbarkeitsbegriffs, andererseits ist sie eine Automatisierungstechnik, die eher der Uhrmacherkunst oder der Werkzeugmaschinenproduktion verbunden ist. In diesem Automatisierungsaspekt gibt es viele Möglichkeiten, Sensorik und Aktorik aufzugreifen. Wir können tatsächlich weit über die Tastatur hinaus mit diesen Maschinen umgehen. Es ist noch gar nicht ausgelotet, was man hier alles machen könnte. Dieser allgemeine Zug des Automatisierens von kleinen Einheiten, die ganz abgekapselt auftreten, ist für diese Technik wesentlich und wird oft unterschätzt. Hier kommen also viele Dinge auf uns zu. Die Fernbedienung beim Fernsehen beispielsweise ist gar nicht mehr wegdenkbar. Wahrscheinlich werden die Computerspiele die Einfallsschneise für eine Vielzahl weiterer Ein-/Ausgabe-Verbindungen der Rechnertechnik sein – ein Generationenvertrag der Industrie.

Multimedia oder Hypermedia sind heute gängige Vorstellungen von künftigen Entwicklungen, die mit der Universalisierung der Medien zusammenhängen. Man kann also, am leichtesten wohl in der Form von traditionellen Lexika oder Bilderbüchern, mit verschiedenen Medien, mit Wort, Bild, Schrift, Ton, Informationen so anordnen, daß man sie auf bestimmten Pfaden interaktiv durchwandern kann. Das wird mittlerweile auch von Künstlern ausprobiert. Geht man nicht mit einer festen Absicht an so ein System heran, so erkundet man es spielerisch. Der Umgang mit dem Computer als einer Art des Spielzeugs scheint überhaupt sehr wichtig zu sein, wenn man sieht, wie schnell die Computerspiele sich durchgesetzt haben. Ist der spielerische Umgang mit dem Computer nur etwas, was er auch anbietet, oder geht das vielleicht tiefer?

Jede mediale Form läßt sich als computertechnische digitalisierte Variante darstellen, und gerade dadurch wird sie austauschbar und verbindbar. Das wird bei Hypermedia oder Multimedia ausgelotet. Aber schon die illustrierten Bücher verbinden interessante Texte mit interessanten Bildern, sie sind also eine multimediale Form. Beim Computer sind die speicher- und reproduzierbaren Medien wie Ton, Musik, Bildfolgen, Animation oder Film zeitabhängig, dynamisch veränderbar durch die Nutzer. Dies eröffnet neue Möglichkeiten des Medienmixes. Wesentlich daran ist wohl, wie an jeder technischen Innovation, daß in irgendeiner Form eine Faszination stattfinden muß, die tödlich wie in der militärischen Entwicklung, ökonomisch wie in der Industrie oder eben spielerisch als Konsumartikel sein kann. Dann greift sie in ihrer unmittelbaren Faszination den Einzelnen an. Das gilt für das Fernsehen, für das Auto und auch für den Computer. Computerspiele sind eben ein Motiv, sich dieser Technik zuzuwenden, und deshalb eine Einfallsschneise zur Verbreiterung der Akzeptanz. Davon gibt es dann auch die wissenschaftlichen Varianten wie Visualisierung und Simulation, wo durchaus ernsthafte Zwecke verfolgt werden mögen, die aber doch auch in Formen ablaufen, die den Spielformen zumindest nahe sind. Auch nicht ganz zufällig gibt es in der Informatik eine gewisse technische Tradition, sich mit Spielen auseinanderzusetzen. Aus der Spielprogrammierung kommen sogar Impulse für die Informatik.

Auch die Mathematik war in gewisser Weise immer mit dem Spiel als formalem oder regelhaftem Akt verbunden. Manche Mathematiker verstehen in guter Tradition die Mathematik als ästhetische Arbeit, also als Wissenschaft und als Kunst. Mathematiker und wohl alle Wissenschaftler sind in irgendeiner Form auch Bastler, die nach strengen Regeln imaginäre Welten erzeugen. Ein wohl unvermeidlicher, oft produktiver Sinnüberschuß triggert die spielerischen Kräfte in den Wissenschaftlern. Als Wissenschaftler müssen wir in einer gewissen Distanz zu unseren Theorien bleiben, damit wir abstrakt arbeiten können. Genau diese notwendige Distanz verführt dazu, mehr Sinn als unbedingt notwendig in die entsprechende Theorie zu legen. Dieser Überschuß kann sich dann sehr schnell in spielerischen Formen oder in Spielereien äußern. Auch die technische Entwicklung ist davon nicht frei. Computertechnik verführt zudem, weil man hier sehr schnell zwischen Spiel und Arbeit hin- und herspringen kann.

Wenn ich Sie richtig verstanden habe, so sagen Sie, daß die Computertechnologie das Ergebnis einer kontinuierlichen Entwicklung ist und deswegen auch nicht als gewaltiger Bruch dargestellt werden sollte, es sei denn, in seinen Effekten, die aber doch wieder mit der Technik zusammenhängen. In der Technikanthropologie wurde früher diskutiert, ob Werkzeuge oder Maschinen als Verlängerungen des Menschen zu verstehen seien, die in gewisser Weise bereits angelegte natürliche Potentiale erweitern, oder ob man sie in einer Evolution einschreiben soll, die den Menschen verändert und ihm ganz neue Möglichkeiten erschließt. Wenn Sie immer die Veränderungen in bezug auf die Effekte herausstellen, verstehen Sie diese dann auch nur als Erweiterungen oder als wirkliche Veränderungen, als eine Art der Mutation durch Artefakte?

Die Möglichkeit, mit dieser Technik sehr disparate Bereiche ineinander umwandeln zu können, scheint mir schon ein Bruch zu sein. Die extrem geringe Zweckbindung bei gleichzeitig hoher Komplexität der Computertechnik hat eine Abstraktionsstufe in der Technik erreichen lassen, die zuvor nicht vorhanden war. Der Computer kann als mediale Verlängerung der Sinne dienen; er ist, McLuhan folgend, eine Prothese der Sinne. Aber wie bei jeder technischen Entwicklung haben wir auch die Möglichkeit einer Ablösung von der individuellen Verwendung – der Entfremdung, wenn man das so bezeichnen will. Die Maschinisierung im großen kann man nicht mehr als Verlängerung der Fähigkeiten des Menschen verstehen, sondern da entsteht etwas Eigenes: Maschinenkomplexe wie die Energieversorgung oder große Produktionseinrichtungen, die selbständig sind, während die Menschen eher zu deren Anhängsel werden. Das ist eigentlich der Übergang vom Werkzeug zur Maschine. Die Computertechnik ermöglicht beides, und da ist eines auszuwählen. Wir haben Beispiele des Computereinsatzes, wo man sagen muß, daß die Menschen zu Handlangern dieser Technik degradiert werden; wir haben aber auch gerade im PC-Bereich Anwendungen, von denen man sagen kann, daß der Computer als Arbeitsgerät »wie ein Werkzeug« eingesetzt werden kann. Allerdings mag ich Theorien, die von einer Evolution der Technik, der Maschinen oder einer Evolution des Menschen durch Maschinen sprechen, nicht nachvollziehen. Da scheint mir wie bei der Künstlichen Intelligenz ein spielerischer Überschuß zu sein, der die Leute befällt, die so etwas sehen wollen, eine überzogene Interpretation. Warum interpretieren Techniker ihre Weiterentwicklungen als Evolution von Maschinen? Vielleicht zeigt sich da ein psychisches Problem: Gebärneid ist ein sehr schönes Wort dafür.

Es gab einen Versuch, der sich auch mit dem Begriff der Information geschmückt hat, nämlich die Informationsästhetik. Sie wurde von Birkhoff entwickelt und dann etwa von Moles und Bense aufgegriffen. Man hört davon heute nichts mehr. Ist denn die Informationästhetik in ihrem Ansatz, also objektiv ästhetische Zustände messen und mathematisch faßbar machen zu wollen, in Bausch und Bogen so gescheitert, daß es wohl kein Revival mehr in einer verbesserten Form geben wird?

Die Informationsästhetik ist gescheitert. Das war ein spätes Zucken des Platonismus. Man hat versucht, etwas zu formalisieren, was nicht formalisierbar ist. Gleichzeitig steht Benses Wort, er möchte wenigstens eines mit der Objektivierung der ästhetischen Maße erreichen, nämlich daß das Geschwätz der Kunstkritik verschwinde. Das ist ein verständlicher Wunsch, aber es ist eben nur ein Wunsch. Ich glaube nicht, daß es objektiv feststellbare, höherwertige ästhetische Strukturen gibt, und ich habe professionelle Gründe dafür. Informatiker müssen ja unter anderem das Interface Maschine/Mensch gestalten. Hier kommen sicher ästhetische Orientierungen herein, auch wenn diese mit Kunst nicht viel zu tun haben, sondern bloß damit, wie wir als biologische Wesen mit unserem Sensorium Informationen besser aufnehmen, kontrollieren, übersehen und daraufhin handeln können. Für solch eine Gestaltung wird die Mathematik wohl wenig Vorlagen bieten. Deswegen ist die Informatik vielleicht auch am deutlichsten unter allen Techniken in der schwierigen Lage, einerseits eine mathematisch-physikalische Fundierung zu haben und andererseits ständig unter dem Druck zu stehen, konkrete Systeme für reale Verwendungen bauen zu müssen – wozu diese mathematisch-physikalischen Fundierungen jedoch nicht genug beitragen. Damit wird Informatik auch eine Gesellschaftswissenschaft und muß sich geisteswissenschaftlichen Fragen öffnen. Die Gestaltung von Arbeitsprozessen, die Informatiker nun einmal machen, erfordert ein Verständnis dessen, was da geschieht. Deswegen kann man Informatik nicht nur als Technik im engen Sinne verstehen. Auch andere Technikwissenschaften wie etwa die Architektur kämpfen mit solchen Probleme, aber in der Informatik wird dies essentiell.

In der Renaissance, darauf wird oft verwiesen, gab es einen Schub, in dem Künstler gleichzeitig technisch und wissenschaftlich innovativ waren. Manche meinen, daß mit der Ankunft des Computers eine neue Renaissance stattfinden müsse, eben weil er universalistisch angelegt sei. Künstler, Techniker und Wissenschaftler müßten also zusammenarbeiten und auch die Abschottungen ihrer Disziplinen durchbrechen. Ist das denn auch Ihre Perspektive für die Informatik?

Ich habe es nie für schädlich gehalten, wenn man etwas über andere Gebiete weiß, auch wenn man letztlich ein Laie bleibt. Die Computertechnik eröffnet viele Möglichkeiten, die erreichte, sehr hochgradige Arbeitsteilung ein Stück zurückzunehmen. Das ist einer ihrer positiven Aspekte. In unmittelbaren Arbeitssituationen ist gut beobachtbar, daß solche Möglichkeiten existieren. In der kulturellen Produktion werden sie auch erkennbar. Ich kenne Filmemacher, die jetzt ihre Filme selber schneiden, weil das mit der Digitaltechnik viel einfacher ist als bisher. Ich sehe, wie Künstler sich, neugierig, wie sie nun einmal sind, mit Computern beschäftigen, und ich sehe umgekehrt Informatiker, die sich mehr und mehr mit geisteswissenschaftlichen und kulturellen Themen beschäftigen, weil ihre technische Basis sie dahin drängt.

Wenn Sie sagen, daß die technische Basis sie dahin drängt, heißt das vielleicht nicht ganz banal, daß man einfach neue Anwendungsbereiche sucht?

Hier gibt es schon ein Drängen von der Industrie etwa in den Multimedia-Bereich, aber es gibt eben auch die Neugier, den Spieltrieb oder auch die Ratlosigkeit der Informatiker, die sehen, daß man etwas anders machen muß und kann. Ganz objektiv gerät man, wenn man Visualisierung oder Simulation betreiben will, in das Problem, daß man gestalten muß. Wenn man Geräte baut, die von anderen genutzt werden sollen, dann muß man über die Technik hinaus eine Gestaltung der Geräte im Kontext des Arbeitsprozesses vornehmen. Das beginnt mit der Hardware-Ergonomie und geht über die Software-Ergonomie zur Gestaltung von Arbeitsorganisation und von Arbeitsplätzen, aber letztlich muß man auch Verständlichkeit in ästhetischer Form vermitteln. Von hier aus ist es dann nur noch ein kleiner Schritt vom Gebrauchsdesign der Geräte zu einer künstlerischen Gestaltung, und das heißt erst einmal, sich anzuschauen, wie Künstler damit umgehen. Hier wird eine neue fruchtbare Wechselwirkung möglich, was auch die Möglichkeit einer erneuten Renaissance eröffnet. Ich habe wegen seiner Vielseitigkeit Alberti immer höher geschätzt als da Vinci.

WOLF SINGER

Wahrnehmen ist das Verifizieren
von vorausgeträumten Hypothesen

Im Augenblick steht die Erforschung des Gehirns im Zentrum der Aufmerk-
samkeit. Man spricht vom letzten dunklen Kontinent, der noch entdeckt werden
müßte. Das menschliche Gehirn ist wohl eines der komplexesten natürlichen
Systeme. Besteht denn eigentlich berechtigte Hoffnung, daß wir eines Tages
hinreichenden Einblick in das Gehirn haben werden, um die wichtigen Funk-
tionen zu erklären?

Das ist schwer zu sagen. In den letzten zwei Jahrzehnten wurden sicher
beeindruckende Fortschritte bei dem Versuch erzielt, Hirnfunktionen reduktionistisch zu erklären, d. h. Verhaltensleistungen mit Abläufen im Zentralner-
vensystem zu korrelieren und letztere bis hinunter zu molekularen Prozessen
zu verfolgen. Neu ist in der Geschichte der Neurowissenschaften die Möglichkeit, fast lückenlos Analyseketten zwischen Hirnleistungen und zugrundeliegenden molekularen Prozessen herzustellen.

Sie sprachen gerade von reduktionistischer Erklärung. Ist denn in den Neuro-
wissenschaften akzeptiert, daß man grundsätzlich alle psychischen Phänomene
auf ihre biochemischen Grundlagen zurückführen und dadurch ohne Zuhilfen-
ahme anderer Instanzen erklären kann? Ist der Mensch aus der Perspektive der
Neurowissenschaft also eine neuronale Maschine?

Ich denke schon, daß die Neurowissenschaftler darin übereinstimmen, daß
allen psychischen Phänomenen und Verhaltensleistungen neuronale Prozesse
zugrunde liegen, ohne die es jene nicht geben würde. Es trifft sicher auch zu,
daß man von dem Moment an, wo sich neuronale Vorgänge direkt auf elektro-
physiologischer oder anatomischer Ebene untersuchen lassen, lückenlos nach
unten bis zur molekularen und auch atomaren Ebene arbeiten kann, weil sich
alle Zugänge innerhalb naturwissenschaftlicher Beschreibungssysteme erschließen. Innerhalb dieser Beschreibungssysteme sind Übergänge von einem

Beschreibungssystem zum nächsten lückenlos möglich. Man kann vom anatomischen auf das biochemische Beschreibungssystem übergehen, ohne dabei grundsätzliche Probleme zu vorzufinden. Das ist natürlich bei Beschreibungssystemen für Hirnleistungen wie der Psychologie, der Philosophie, der Erkenntnistheorie oder vielleicht auch der Soziologie anders. Sie beschreiben und analysieren Hirnleistungen, ohne auf das materielle Substrat Bezug zu nehmen. Bei diesem Übergang treten in der Tat Schwierigkeiten auf. Zwischen den geistes- und naturwissenschaftlichen Beschreibungssystemen lassen sich noch keine direkten Brücken schlagen. Zwischen ihnen ist kein lückenloser Übergang konstruierbar. Man begnügt sich hier mit Korrelationen. Man stellt fest, daß ein Verhaltensphänomen, das im Beschreibungssystem der Psychologie dargestellt wurde, auf einer neuronalen Funktion in einer bestimmten Region des Gehirns beruht, untersucht dann die Funktionsabläufe in dieser Region und akkumuliert Evidenzen, die diese Korrelation von verschiedenen Seiten erhärten sollen. Ein besonders aussagekräftiger Ansatz besteht darin, die neuronalen Prozesse zu beeinflussen und dadurch die entsprechende psychische Leistung zu verändern.

Man kann also noch nicht sagen, wenn bestimmte Neuronen aktiv sind oder wenn bestimmte chemische Substanzen ausgeschüttet werden und ein Mensch z. B. gleichzeitig ein bestimmtes Wort ausspricht, daß dann dieses Wort genau diese Neuronenaktivität ist?

So wie Sie dies jetzt dargestellt haben, würde das bedeuten, daß man sagt: Das Aussprechen dieses Wortes ist identisch mit einem bestimmten Vorgang im Gehirn. Das wird wahrscheinlich auch nie möglich sein. Man wird im besten Fall durch die Analyse neuronaler Vorgänge in der Lage sein zu sagen, ob er dieses Wort gesagt hat, auch wenn man es nicht gehört hat. Das heißt dann aber nicht, daß dieses Wort, das einen sozialen Bezug hat, also erst im Diskurs zwischen Gehirnen seine Bedeutung gewinnt, mit dem Prozeß identisch wäre, der in einem Gehirn abläuft. Das Wort ist ein Kommunikationsvehikel, das bestimmte Konnotationen trägt, die ihm durch den Zuhörer verliehen werden. Die Beschreibung von fast allen psychischen Phänomenen ist erst dadurch möglich, daß sich Gehirne gegenseitig abbilden, ein Gehirn über das andere urteilt oder einen Gesichtsausdruck interpretiert. Dadurch entsteht eine zusätzliche Dimension des intercerebralen Diskurses, die man kulturell oder historisch nennen kann und die dem reduktionistischen Ansatz der Neurowissenschaft, die die Prozesse in einem einzelnen Gehirn untersucht, nicht so zugänglich sein wird, daß man von Identität sprechen kann. Phänomene in dieser Dimension können nicht mit Prozessen innerhalb einzelner Gehirne identisch sein. Entsprechend werden sich Brückentheorien immer auf korrelative Ansätze beschränken müssen.

Sie sprachen zuvor von dem Bruch, der zwischen den Beschreibungssystemen der Neurowissenschaft und der Psychologie besteht. Das Gehirn wird meist als sich selbst organisierendes System verstanden. In der Physik oder der Chemie kennt man solche komplexen und dynamischen Systeme, bei denen unter bestimmten Bedingungen ein neues Verhalten emergieren kann. Wäre denn die Theorie solcher chaotischen Systeme ein Ansatz, um einen Brückenschlag zu realisieren?

Ich glaube nicht, denn auch chaotische Systeme unterliegen den Naturgesetzen. Die Definition von Chaos ist auf der Basis physikalischer Beschreibungen entstanden. Zudem ist es unwahrscheinlich, daß sich die Hirnprozesse tatsächlich als chaotisch darstellen lassen. Gemeinhin versteht man unter Chaos einen Prozeß in einem nicht-linearen System, der Naturgesetzen strikt unterworfen ist und der sich lediglich dadurch auszeichnet, daß aufgrund kleiner Veränderungen in den Anfangsbedingungen sehr große und nicht in weite Zukunft hinein berechenbare Bewegungen entstehen können, obgleich alle Zustandsänderungen determiniert sind. Das Gehirn ist als offenes System einer Analyse hinsichtlich seiner chaotischen oder nicht-chaotischen Eigenschaften gar nicht zugänglich. Deterministisches Chaos kann man nur in einem geschlossenen System definieren, was das Gehirn mit aller Wahrscheinlichkeit nicht ist. Das Gehirn befindet sich in fortwährender Interaktion mit seiner Umwelt und verändert sich ständig, indem es lernt. Man kann hingegen sicher sagen, daß es sich beim Gehirn um ein hochkomplexes, nicht-lineares System handelt, das Eigenschaften aufweist, die in manchen Bereichen denen von chaotischen Systemen ähnlich sind, insbesondere, was die Möglichkeit zur Mustergenerierung und was die Nicht-Voraussagbarkeit von Trajektorien über große Zeiträume hinweg anlangt.

Sie sagten, daß man das Gehirn als offenes System beschreiben müßte. Aus der Ecke der sogenannten Biologie der Erkenntnis heraus wurde hingegen behauptet, daß das Gehirn wegen seiner Selbstreferentialität wesentlich als geschlossenes System verstanden werden muß. An diese Hypothese haben sich dann auch die Konstruktivisten angehängt, die betonen, daß das Gehirn keinen direkten Zugang zur Außenwelt hat, sondern daß es diese simuliert. Sind solche Theorien der Geschlossenheit in der Hirnforschung bereits überholt?

In ihrer Radikalität sind sie von der Hirnforschung nie akzeptiert worden. Die Neurobiologen wissen seit langem, daß die Hirnentwicklung zum Zeitpunkt der Geburt nicht abgeschlossen ist und daß sich ganz wesentliche strukturelle Veränderungen bis hinein in die Pubertät unter dem Einfluß von Erfahrung vollziehen. Die Spezifität der Hirnfunktionen beruht ausschließlich auf der Architektur der Verbindungen zwischen Nervenzellen. Das Programm residiert praktisch in dieser Architektur der Verbindungen und in deren Gewichtung, die in Grundzügen genetisch vorgegeben wird. Sie speichert gewissermaßen die während der phylogenetischen Entwicklung gewonnene Erfahrung über das Sosein der Welt. Mit diesem Vorwissen kommt das Gehirn auf die Welt. Bei höheren Wirbeltieren, insbesondere bei den Säugetieren, setzt sich die Strukturentwicklung jedoch extrauterin noch über viele Jahre fort. Nervenverbindungen werden nach funktionellen Kriterien stabilisiert oder vernichtet. Aus den insgesamt angelegten Verbindungen werden nur 30 oder 40 Prozent erhalten bleiben. Das sind diejenigen, die funktionell validiert wurden, d. h., daß sie Funktionen vermitteln, die sich im Kontext des Verhaltens und der vorgefundenen Umwelt als zweckmäßig erwiesen haben. Das betrifft alle Systeme im Gehirn, nicht nur die motorischen. Dort ist ein solcher »Lernvorgang« unmittelbar einsichtig, da wir alle wissen, wie schwierig es ist, gehen oder fahrradfahren zu lernen. Das Erlernen dieser motorischen Fertigkeiten schlägt sich in Änderungen der Gehirnarchitektur nieder. Aber auch das Wahrnehmen und das Sprechen müssen gelernt werden. Alle diese Lernprozesse erfolgen auf der Basis von Strukturänderungen im Gehirn. Vom nur teilweise vorgefertigten Gehirn wird also eine Vielzahl von Fragen an die Welt gestellt, deren Beantwortung zu Strukturänderungen führt. Es wird in großem Umfang Information aus der Umgebung aufgenommen, um die Gehirnarchitekturen zu optimieren. Deshalb scheint es mir unsinnig zu sein, das Gehirn als geschlossenes System anzusehen, das von vornherein nur unverrückbare Arbeitshypothesen mitbringt und danach die Erfahrung ordnet. Wie immer, wenn sich Streitigkeiten zwischen Schulen entwickeln, liegt die Wahrheit in der Mitte. Natürlich bringt das Gehirn sehr viel Vorinformation mit, interpretiert ausgehend von diesem genetisch verankertem Vorwissen und stellt präzise Fragen, aber die Überformung der ursprünglichen Architektur hängt von der Verfügbarkeit der Welt und von deren Struktur ab. Wenn man deshalb von einem selbstreferentiellen oder sich selbst organisierenden Prozeß spricht, muß man das soziokulturelle Umfeld mit einbeziehen, in dem sich die Gehirne entwickeln. Dann allerdings ist das System selbstreferentiell, aber es hat dann heutzutage eine nahezu globale Dimension.

Die Hypothese von der Geschlossenheit leitet man auch ab vom Prinzip der undifferenzierten Codierung (Heinz von Foerster) der sensorischen Informationen in den neuronalen Bahnen. Daher steht zwar das Gehirn in Kontakt mit der äußeren Welt, übersetzt aber alles in seine digitale Sprache und erzeugt daraus erst jene Wahrnehmungsleistungen, die uns bewußt sind.

Das grenzt an eine Trivialität. Das Gehirn kann natürlich nur die Signale aus der Umwelt aufnehmen, für die es Sinnessysteme hat. Seit wir in der Lage sind, Teleskope und Mikroskope zu bauen, können wir deswegen sehr viel mehr Phänomene beobachten, als sie unseren Primärerfahrungen zugänglich sind. Aber selbst bei Zuhilfenahme solcher Instrumente nehmen wir Welt nur durch die Filter von Sinnessystemen wahr, und das Sosein dieser Systeme ist durch die phylogenetische Entwicklung determiniert. Auf der Basis dieser sehr eingeschränkten Wahrnehmungsleistungen entstehen Modelle von der Welt, die keineswegs mit ihr identisch sind, die aber erweitert werden können durch wissenschaftliches und experimentelles Vorgehen. Das Spektrum der wahrnehmbaren Modalitäten kann überdies eben durch technische Hilfsmittel erweitert werden, aber wir sind letztlich auf die Kenntnisnahme dessen angewiesen, was durch unsere Sinnessysteme vermittelt wird.

Die Frage dabei ist wohl, ob die Sinnessysteme abbilden oder simulieren.

Das Gehirn interpretiert. Es wäre sicher falsch, Wahrnehmung als einen passiven Abbildungsprozeß zu verstehen. Wir wissen, daß der Wahrnehmungsvorgang ein aktiver Prozeß ist, wobei die Interpretationsregeln in der Architektur des Gehirns verankert sind. Die Art, wie wir Welt sehen, ist determiniert durch die Struktur unserer Gehirne, die vermutlich auch anders hätte ausfallen können. Wir hätten vielleicht nie nach kausalen Wechselwirkungen in der Umwelt oder nach dem Fluß der Zeit gesucht, wenn unsere Gehirne anders wären. Bei der Gewinnung von Erkenntnis bewegen wir uns in einem System, das immer nur auf der Basis von Informationen die Welt beschreiben kann, die durch unsere Sinnesorgane vermittelt sind. Wir sind gefangen im Regelwerk unseres Gehirns, das Relationen zwischen Ereignissen herstellt. Erkennen beruht immer darauf, daß man Bezüge zwischen Phänomenen erzeugt, die zunächst isoliert und ungeordnet sind. Daß wir das gerade so tun, wie wir dies tun, hängt mit der Architektur des Gehirns zusammen, die ist, wie sie ist. Und daß sie so ist, hat Gründe, die man zum Teil verstehen kann, wenn man darwinistischen Überlegungen folgt. So läßt sich z. B. der Mechanismus angehen, der bewirkt, daß wir gleichzeitig auftretende Ereignisse versuchen, miteinander in Verbindung zu bringen. Aber es können auch andere Ordnungsprinzipien existieren, die wir bislang noch nicht erfaßt haben.

Dann gäbe es aber doch wieder eine Art der Geschlossenheit, die sich insbesondere auf die Hirnforschung auswirken würde, also wenn Hirne sich selber untersuchen und gefangen sind in Ordnungsbildungen, mit denen sie fast apriorisch sich selbst zu erklären suchen. Gibt es denn, wenn man dies einmal akzeptiert, auch Überlegungen in der Hirnforschung, wie man eventuell solche blinden Flecke entdecken und ausschalten kann?

Es gilt nicht nur für die Hirnforschung, sondern für die Wissenschaften im allgemeinen, daß wir gefangen sind in den Beschreibungssystemen, in denen wir unsere Theorien und Modelle abbilden. Das war immer schon so, und das wird auch in alle Zukunft so sein. Nachdem wir physikalische Wechselwirkungen in der unbelebten Umwelt und die Prozesse im Gehirn mit den gleichen Verfahren untersuchen, unterliegen die Neurowissenschaften genau den gleichen erkenntnistheoretischen Einschränkungen wie die anderen Wissenschaftsdisziplinen. Wir beschreiben im Rahmen von Beschreibungssystemen, wir modifizieren sie, wenn wir auf Inkonsistenzen stoßen, aber wir können nicht für uns in Anspruch nehmen, daß wir damit Wahrheit im philosophischen Sinne zutage befördern. Wenn das so wäre, müßte es Zweige in der Wissenschaft geben, die abgeschlossen sind. Wir stellen hingegen aber fest, daß wir immer wieder Paradigmenwechsel durchmachen, unsere Beschreibungssysteme modifizieren und oft auch sehen, daß uns unsere Primärerfahrung getäuscht hat. Aber auch die Evidenz dieser Täuschungen erlangen wir natürlich wieder mit Hilfe von Geräten, die wir entwickelt und unseren Sinnessystemen angepaßt haben, um Zugang zu Phänomenen zu bekommen. Wir sind in diesem zirkulären Prozeß gefangen und werden uns auch durch »Fortschritt« nicht aus diesem befreien können.

Die Hirnforschung ist auch deshalb so interessant, weil in ihr alle Wissenschaften zusammenlaufen. Man könnte vermuten, daß aus der Hirnforschung neue Erkenntnisse zu gewinnen wären, wie wir Theorien erzeugen und welche Einschränkungen dabei Gehirne haben, um dadurch anderen Wissenschaften Anstöße zu geben. Die Erkenntnis des Zirkels wäre ja eine solche Einsicht.

Wir sind hinsichtlich der Erkenntnisfähigkeit absoluter Wahrheiten eingeschlossen. Ich halte es für wenig wahrscheinlich, daß Erkenntnisse über unser »Erkenntniswerkzeug« daran Grundsätzliches ändern können. Dennoch wird vermehrtes Wissen über Hirnfunktionen zu Paradigmenwechsel führen, zur

Beantwortung von erkenntnistheoretischen Teilfragen. Natürlich wird das wachsende Verständnis von Hirnprozessen auch auf anderer Ebene Wissenschaften befruchten können. Wir lernen gegenwärtig, wie kognitive Systeme im Gehirn organisiert sind, wie kognitive Prozesse und Wahrnehmungsvorgänge ablaufen, und wir können dieses Wissen nutzen, um technische Geräte nachzubauen, die nach ähnlichen Organisationsprinzipien konzipiert sind und etwa Mustererkennung wesentlich besser leisten können als konventionelle Rechensysteme. Letztere müssen solche Probleme algorithmisch lösen, was sich als außerordentlich schwierig erweist. Wir werden sicher in der Lage sein, eine ganze Reihe von Servicefunktionen, wenn ich sie einmal so nennen darf, die in unseren Gehirnen ablaufen, um die Welt zu ordnen, in technischen Systemen zu implementieren.

Der normale wissenschaftliche Weg der Erklärung ist ja, komplexe Systeme in ihre Elemente zu zerlegen und dann zu versuchen, aus diesen und ihren Wechselwirkungen wieder das Verhalten des komplexen Systems zu rekonstruieren. Sie haben in Ihren jüngsten Arbeiten berichtet, daß im visuellen System die Nervenzellen rhythmisch synchron feuern, die auf denselben Gegenstand reagieren. Lassen sich solche Synchronizitätsphänomene mit den Vorstellungen der Synergetik vergleichen, wo angenommen wird, daß in komplexen Systemen durch wechselseitige Beeinflussung der Teile »Ordner« entstehen, die das chaotische Stimmengewirr, womit gelegentlich die Aktivität der Nervenzellen verglichen wird, »versklaven« und so eine Struktur zeitweise herausgehoben wird?

Ich muß ein bißchen ausholen, um dieses Problem schärfer zu fassen. Ein großes Problem der Hirnforschung ist die Frage der Integration der vielen im Gehirn parallel ablaufenden Prozesse. Bis vor nicht allzu langer Zeit dachte man noch, daß es irgendwo im Gehirn einen Ort geben müsse, an dem alle Informationen zusammenlaufen und an dem ein interpretierendes Agens residiert, einem Homunculus ähnlich, der sich der alles anschaut.

Also so etwas wie die zentrale Recheneinheit im Computer?

Ja, so etwas. Auf der Spitze einer informationsverarbeitenden Pyramide vermutete man ein Agens, das über alles Bescheid weiß, alles zusammenfaßt, interpretiert und dann gewisse Inhalte ins Bewußtsein, was immer dieses auch sein möge, transportiert. Wenn man Hirne untersucht, stellt man fest, daß es dieses integrierende Zentrum nicht gibt, daß z. B. visuelle Signale auf eine Vielzahl von Hirnrindenarealen verteilt werden, die sich alle mit Teilaspekten des Bildes auf der Netzhaut beschäftigen – mit Farbe, Bewegung, Form,

Orientierung, Entfernung etc. -, aber man nirgendwo einen Ort findet, wo all diese Informationsfragmente wieder zusammengeführt werden könnten. Es entstehen also Bindungsprobleme, die es zu lösen gilt. Das Problem etwa, welche Merkmale mit welchen anderen Merkmalen verbunden werden müssen, um eine Figur zu ergeben. Das Problem hat man auch, wenn man in einer komplexen Szene wie in diesem Raum umherblickt. Dann muß man, bevor man ein bestimmtes Objekt identifizieren kann, sich erst darüber klarwerden, welche Elemente eigentlich zu diesem Objekt gehören. Ich muß Sie beispielsweise vom Stuhl abtrennen, um Sie als Individuum erkennen zu können. Man muß also Bindungen zwischen Merkmalen herstellen und erkennen, daß sie eine Einheit konstituieren. Dieses Bindungsproblem stellt sich auf allen Ebenen der neuronalen Verarbeitung. Der klassische Ansatz zur Lösung des Bindungsproblems, der immer noch von vielen vertreten wird, geht davon aus, daß es doch einzelne Neuronen gibt, wenn schon der Homunculus nicht existiert, auf welche die Signale von merkmalsselektiven Neuronen konvergieren und die nur dann ansprechen, wenn das Objekt mit der entsprechenden Merkmalskombination vorhanden ist.

Die sogenannten Großmutterzellen also, die man mit platonischen Ideen vergleichen könnte?

Ja, aber diese Kodierungsstrategie läßt sich nur für die Repräsentation ganz weniger Muster realisieren, etwa für solche, die eine sehr schnelle Verhaltensreaktion erfordern und die wenig Vieldeutigkeit enthalten. Für die Repräsentation beliebiger Objekte oder Inhalte ist sie aber nicht tauglich, denn es sind im Gehirn nicht genügend Neuronen vorhanden, um alle möglichen unterscheidbaren Muster darzustellen. Zudem müßte eine riesige Zahl von Nervenzellen für neue, noch zu erzeugende Objekte reserviert werden. Aufgrund seiner geringen Flexibilität und der daraus resultierenden kombinatorischen Explosion benötigter Schaltelemente erscheint diese Kodierungsstrategie für die Repräsentation allgemeiner Muster ungeeignet. Deshalb hat man überlegt, ob nicht genau so, wie ein bestimmtes Merkmal konstituierend für viele verschiedene Objekte sein kann, auch eine Nervenzelle, die eines dieser Merkmale repräsentiert, für die Repräsentation ganz verschiedener Objekte genutzt werden kann, indem man viele Nervenzellen zu einem Ensemble zusammenspannt. Das Ensemble, nicht die einzelne Zelle, würde dann das Objekt repräsentieren. So könnte dann eine Nervenzelle zu verschiedenen Zeitpunkten an verschiedenen Ensembles teilnehmen. Auf diese Weise erhält man eine viel größere Flexibilität und spart Nervenzellen ein. Aber dann muß man die

Antworten einzelner Nervenzellen so markieren, daß sie in ihrer Gesamtheit als zusammengehörig erkannt werden können. Der klassische Vorschlag ist, daß man einfach all die Nervenzellen, die sich mit einem bestimmten Objekt befassen, dadurch kennzeichnet, daß man sie stärker aktiv macht als alle anderen. Bald hat sich herausgestellt, daß diese Codierungsweise scheitert, wenn man mehrere Objekte gleichzeitig repräsentieren will, weil dann zu viele Neurone gleichzeitig verstärkt aktiv sind und man wieder nicht weiß, welche welches Objekt codieren. Deshalb der Vorschlag, den von der Malsburg wahrscheinlich als erster klar formuliert hat, daß die Markierung der Zugehörigkeit im Zeitbereich vorzunehmen ist. Die Entladungen von Neuronen, die sich an der Codierung eines umschriebenen Objekts beteiligen, würden demnach dadurch ausgezeichnet, daß sie zeitlich synchron sind. Die Einzelantworten sollten also eine zeitliche Struktur besitzen. Die strenge Synchronisation dieser Aktivitäten im Millisekundenbereich könnte, so die Hypothese, benutzt werden, um die Neuronen auszuzeichnen, die ad hoc zusammengehören. Der Code ist daher relational, die Information über das Vorhandensein eines bestimmten Musters oder Objekts liegt in der Konstellation der jeweils synchron aktiven Neuronen.

Wie kommt dann eigentlich eine Kontinuität des Wahrnehmenden und des Wahrgenommenen zustande? Man hat doch den Eindruck, daß man als identische Person etwa einen Raum als ganzen einigermaßen überblickt, auch wenn man mit seinen Augenbewegungen nur dieses und dann jenes herauspickt. Wie werden denn diese momentanen Flashs wiederum in der Zeit gebündelt?

Es muß Integrationsmechanismen geben, die auf verschiedenen Zeitskalen arbeiten. Auf einer sehr hochauflösenden Zeitskala, also im Millisekundenbereich, muß es Segmentierungs- und Bindungsprozesse geben, welche die visuelle Welt in einzelne, voneinander getrennte Objekte ordnen. Dazu werden die üblichen Gestaltkriterien benutzt, wie Kontinuität, Entfernung, Farbe oder kohärente Bewegung. Wenn diese Segmentierung erfolgt ist, dann müssen bei der Repräsentation von komplexeren Szenen die einzelnen Objekte einander zugeordnet und aufeinander bezogen werden. Das muß auf einer langsameren Zeitskala erfolgen und Speicherprozesse miteinbeziehen. Auch hier treten wieder Bindungsprobleme auf, denn die Objekte müssen mit den richtigen Partnern in Zusammenhang gebracht werden, damit klar wird, daß das Glas auf dem Tisch steht und nicht irgendwo in der Luft hängt. Ich vermute, daß dies auf der Basis zunehmend gröber gerasterter Zeitskalen erfolgt, wahrscheinlich auch wieder über die Synchronisierung von Aktivitäten. Erst auf einer Verarbeitungsstufe, wo alle Vieldeutigkeiten und Bindungsprobleme beseitigt sind und nur noch der aktuelle Wahrnehmungsinhalt repräsentiert wird, kann auf den zeitlichen Code verzichtet werden. Ob auf diesen höheren Verarbeitungsstufen noch weiter periodisch moduliert werden muß, um dann in der Motorik entsprechende Muster wachzurufen, oder ob dies auch durch zeitlich unstrukturiertes An-Sein bewirkt werden kann, ist nicht bekannt.

Eine Frage etwas nebenbei: Im Augenblick werden die sogenannten Mind Machines entwickelt und auch schon mit großen Versprechungen verkauft, mit denen man versucht, die Impulse von Hirnfeldern direkt elektronisch zu stimulieren und durch Feedback in gewissem Ausmaß steuern zu können. Ist es denn auch denkbar, solche Maschinen zu entwickeln, mit denen man ganz gezielt bestimmte Hirnareale stimulieren könnte, um komplexe Wahrnehmungen, vielleicht im Sinne eines Mind-Cinema, zu erzeugen?

Letzteres halte ich für wenig wahrscheinlich, aber was die »Mind Machines« anbelangt, so ist das Verfahren ja nichts Neues. Seit der Mensch angefangen hat, zu singen und Musik zu machen, nutzt er die Möglichkeit, durch das Erzeugen von Rhythmen auf dynamische Hirnprozesse einzuwirken. Das Gehör wurde ursprünglich dazu benutzt, Freunde und Feinde zu erkennen und soziale Signale zu empfangen, aber man kann das Gehör genauso wie die anderen Sinnesorgane auch dazu benutzen, um durch strukturierte Reize ganz bestimmte Zustände im Gehirn auszulösen. Komponisten und Lyriker nutzen diese Möglichkeit. Jeder kennt auch die Effekte, die monotoner Rhythmus oder stroboskopisches Licht auslösen; man weiß sogar, daß letzteres in bestimmten Frequenzen epileptogen ist, also zu Krampfanfällen führen kann. Bei jeder Reizung werden über die Sinnessysteme elektrische Impulse in Nervenzellen erzeugt, die dann in der gehirneigenen Sprache weiter verwendet werden. Ich sehe nicht, was an den Mind Machines besonders neu sein soll.

Neu wäre, daß die Tendenz dahin geht, keine äußeren Objekte oder Rhythmen mehr zu schaffen, sondern direkt auf die Hirnprozesse einzuwirken. Der Umweg über Artefakte oder »Kunstwerke« wäre dann nicht mehr notwendig.

Abgesehen von der Tatsache, daß es schwierig sein dürfte, durch solche globalen Techniken subtil geordnete Zustände im Gehirn zu erzeugen, sehe ich nicht, daß die Musik einen größeren Umweg macht als diese hypothetisch direkten Verfahren. Es werden Tonfolgen und Rhythmen erzeugt, die man nicht in Bilder oder in rationale Sprache übersetzen kann und die über das Ohr direkt in Erregungszustände von Nervenzellen umgesetzt werden. Bei den Mind

Machines werden die Sinnesorgane auch gar nicht umgangen. Man geht den ganz konventionellen Weg, indem man Blitzlichter und Minimal music einsetzt. Was anderes wäre es, wenn man durch das Anbringen von Elektroden direkt im Gehirn bestimmte Rhythmen erzeugte. Wenn man bestimmte Gehirnzentren elektrisch mit den richtigen zeitlichen Parametern reizt, dann kann dies zur Betäubung von Schmerzen oder zu Wohlbefinden, aber auch zu Schmerz oder Angst führen. Ähnliches aber läßt sich auch durch Reizung der Sinnesorgane bewirken, die ja nichts anderes tun, als Sinnesreize in elektrische Aktivität umzusetzen, die zeitlich und räumlich strukturiert ist.

Aus dieser Perspektive ließe sich Kunst als das Herstellen von Objekten oder Ereignissen verstehen, mit denen sich das Gehirn selbst stimuliert, um in bestimmte Zustände zu gelangen.

Sicher, Kunst ist eine Sprache, die die Möglichkeit nutzt, über die vorhandenen Sinnessysteme Zustände im Gehirn zu beeinflussen. Das ist bei der Musik am einsichtigsten, aber das gilt genauso für die darstellenden Künste. Ganz offensichtlich gibt es dabei auch interindividuelle Konsistenzkriterien, weil sich sonst die Kunstprodukte in bestimmten Epochen nicht so ähnlich wären. Ob es ästhetische Universalien gibt, läßt sich vermutlich gegenwärtig noch nicht angeben.

Wenn Gehirne sich permanent verändern und neuen Bedingungen anpassen, könnten solche Universalien doch nur höchst allgemein sein.

Ja, unsere Gehirne entwickeln sich nach der Geburt noch sehr stark weiter und bilden ihre kognitiven Strukturen unter dem Einfluß der Umwelt aus, so daß ein Gehirn, das von Geburt an mit abendländischer Musik konfrontiert ist, andere kognitive Kriterien für Musik entwickeln wird als ein Gehirn, das mit asiatischer Musik aufwächst. Dennoch läßt sich am Beispiel der verschiedenen Weltsprachen zeigen, daß diesen trotz aller Unterschiede eine gemeinsame Tiefenstruktur zugrunde liegt.

Paul Feyerabend hat einmal eine Analogie zwischen Wissenschafts- und Kunststilen gezogen, weil wir uns ästhetisch und kognitiv immer in den Welten bewegen, die wir erzeugen und in denen wir uns durch Traditionen vorgeprägt vorfinden. Weil uns Objektivität in der Erkenntnis nicht zugänglich ist, wären Wissenschaften ähnliche Welterzeuger wie die Bilder der Künste.

Ja, das sehe ich auch so. Der kreative Prozeß in der Wissenschaft ist derselbe wie in der Kunst. Der Erkenntnisprozeß in der Wissenschaft fängt mit dem

Generieren von Hypothesen an, die zunächst intuitiv erfaßt werden, wobei sehr oft ästhetische Konsistenzkriterien zugrunde gelegt werden, die oft gar nicht rationalisierbar sind. Man sucht offenbar nach ganz ähnlichen Kriterien wie der Künstler: nach Stimmigkeit oder Geschlossenheit. Sehr vieles in der Wissenschaft wird von der Ästhetik dominiert. Eine wissenschaftliche Theorie wird dann vom Kreis der Eingeweihten als gültig angesehen, wenn sie erstens widerspruchsfrei mit vorhandener Evidenz ist, und zweitens, wenn sie schön ist. Sie muß einfach sein und befriedigen. Ganz ähnlich geht der Künstler vor; nur der Stoff, mit dem er umgeht, ist ein anderer. Auch der Künstler bildet Welt ab, wie er sie interpretiert, also innerhalb eines Beschreibungssystems, er schafft neue Wirklichkeiten, neue Interpretationen, was der Wissenschaftler auch tut, wenn er ein Modell des Erfahrbaren erzeugt. Natürlich ist der Vorwurf und das Handwerk anders, aber die zugrundeliegenden Prozesse scheinen mir bei Wissenschaft und Kunst sehr ähnlich zu sein.

Wir haben viel von Wahrnehmung und Informationsverarbeitung gesprochen. Dazu gehört auch die Möglichkeit, daß wir unsere Wahrnehmung durch Aufmerksamkeit_steuern können, um so bestimmte Ausschnitte der erfahrbaren Welt herauszuheben. Wie erklärt man denn neurowissenschaftlich diese Möglichkeit, durch Aufmerksamkeit Wahrnehmung zu steuern? Und wodurch wird die Aufmerksamkeit erregt? Offenbar schleift sich unsere Wahrnehmung ab und braucht immer den Reiz des Neuen.

Darüber ist noch nicht allzuviel bekannt. Man weiß, daß die Aufmersamkeitssysteme distributiv organisiert sind. Zu ihnen gehören die relativ unspezifisch organisierten Strukturen, die etwa den Schlaf- und Wachrhythmus regulieren, die das Hirn aufwecken, wenn es plötzlich laut wird. Aber es gibt auch innerhalb der einzelnen kognitiven Systeme Vorgänge, die dazu dienen, aus der Fülle der Reize, die ständig auf uns einströmen, nur die herauszupicken, die einer weiteren Verarbeitung zugeführt werden sollen. Diesen Prozeß der selektiven Aufmerksamkeit kann man sehr gut untersuchen und stellt dabei fest, daß bestimmte Reize sozusagen die Aufmerksamkeit auf sich ziehen. Wenn ein neuer Reiz im Gesichtsfeld auftaucht, führt das zu stärkeren Reaktionen, weil die Neuronen, die sich mit Vorhandenem beschäftigen, sich bereits adaptiert haben. Neuronale Antworten auf neue Reize ragen sozusagen wie Gipfel aus dem Wolkenmeer adaptiver Antworten und fallen dadurch auf. Das sind dann auch die Antworten, die mit größerer Wahrscheinlichkeit weitergeleitet werden und somit per se schon Aufmerksamkeit auf sich ziehen. Dann gibt es aber auch den Prozeß, der von oben nach unten abläuft, der wahrscheinlich über

Erwartungswerte gesteuert wird und der wie ein Suchprozeß wirken kann. Dabei werden ganz bestimmte Neuronengruppen in der Peripherie gefördert, die jetzt gerade gebrauchte Inhalte vermitteln. Die verschiedenen Sinnesorgane befinden sich in ständiger Konkurrenz untereinander. Man kann nicht alle gleichzeitig verarbeiten. Wenn sich dann auf höheren Verarbeitungsstufen ein Zustand eingeschwungen hat, der einigermaßen konsistent ist und zu seiner Vervollständigung z. B. noch zusätzlicher verbaler Informationen bedürfte, dann kann das System durch einen »Top-down«-Prozeß, einen vom Zentrum nach der Peripherie gerichteten Prozeß, das akustische System besonders erregbar machen, vor allem die Sprachregionen und, wenn man sich in England befindet, sogar die Sprachregionen, in denen die englische Sprache niedergelegt ist, um eventuell vorhandene Informationen begünstigt durchzulassen. So stellt man sich das Regulieren selektiver Aufmerksamkeit vor. Wenn man einer Versuchsperson durch einen Vorreiz ankündigt, in welchem Bereich des Gesichtsfeldes in Kürze ein Reiz auftauchen wird, dann sind dort die Schwellen für die Reizweiterleitung deutlich niedriger. Das kann man messen. Dieser Prozeß kann aber überspielt werden, wenn man plötzlich woanders etwas aufscheinen läßt, was sehr hell ist und sich sehr schnell bewegt. Dann wird dieser neue Reiz über den intern generierten Suchprozeß gewinnen und die Aufmerksamkeit auf diese Reize gelenkt.

Gibt es denn neurowissenschaftlich darauf Hinweise, wie unser Gehirn Wahrnehmungen von Objekten und solche von Bildern unterscheidet?

Dafür gibt es, glaube ich, keine geschlossenen Theorien. Das System hat natürlich Zugang zu allen Informationen, und wenn es vor Bildern steht, sieht es, daß es sich um ein zweidimensionales Gebilde handelt, wenn es sich nicht um ein perfekt konstruiertes perspektivisches Bild handelt, welches das visuelle System täuscht. Wenn ich auf einer Fläche einen Stuhl sehe, dann kann ich durch eine leichte Verschiebung meines Kopfes feststellen, ob die bei dreidimensionalen Gegenständen zu erwartenden Parallaxenbewegungen eintreten. Tun sie das nicht, dann weiß ich, daß es sich um ein Bild handelt.

Wenn man den Cyberspace oder die Virtuelle Realität weiter perfektioniert, wo man sich in einer dreidimensionalen Szene wie in einer Umwelt bewegen kann und der Vergleich von Bild und Umwelt nicht mehr möglich ist, weil man einen sogenannten Datenhelm aufhat, dann wäre doch für das visuelle System eine Differenzierung nicht mehr möglich?

Man kann das System natürlich täuschen. Ich habe selber in Flugsimulatoren gesessen. Wenn man sich dort längere Zeit aufhält und handeln muß, man nicht reflektieren kann, daß man sich in einer vorgespiegelten Welt befindet, dann wird die Illusion zur erlebten Wirklichkeit. Das erfordert allerdings, daß keine Widersprüche eintreten, daß innerhalb der Sinnessysteme ein konsistentes Bild entsteht. Wenn die Scheinwelt aber der »Wirklichkeit« entspricht, dann gibt es für das System keine Möglichkeit, sich vor dieser Täuschung zu retten.

Tritt denn die Simulationskrankheit dann auf, wenn solche Widersprüche zwischen verschiedenen Sinneskanälen bestehen?

Ja, die Seekrankheit ist dafür ein Beispiel. Wenn man Sie beispielsweise in einen Zylinder setzt, dessen Innenwände mit vertikalen Streifen bemalt sind und der sich langsam um Sie herum bewegt, dann wird Ihr Gehirn ziemlich bald davon ausgehen, daß Sie sich selbst rotierend bewegen und nicht die Umwelt. Der Grund ist, daß es sehr viel wahrscheinlicher ist, daß Sie sich bewegen, als daß sich alles gleichförmig um sie herum bewegt. Von diesem Moment an interpretiert das Nervensystem alle weiteren Eindrücke auf der Basis dieser Arbeitshypothese. Wenn Sie jetzt den Kopf neigen, dann antizipiert Ihr System eine Signalfolge aus Ihrem Gleichgewichtsorgan, die bei Eigenrotation zu erwarten wäre. Es kommt aber etwas ganz anderes. Das führt dann sehr schnell zu Übelkeit. Dasselbe geschieht bei der Simulatorkrankheit und in der Schwerelosigkeit, wo es zu Widersprüchen zwischen den vermittelten Sinnessignalen und dem daraus synthetisierten Konzept kommt. Warum das zur Übelkeit führt, weiß man nicht. Vielleicht ist es ein guter Schutzmechanismus, dann nichts mehr zu tun und sich gewissermaßen totzustellen. Ein verwandtes, unaufgelöstes und hoch interessantes Phänomen ist, wie das Gehirn überhaupt weiß, daß die Bilder, die es sich von der Welt macht, tatsächlich als Folge von äußeren Aktivitäten entstehen und nicht ausschließlich selbst generiert sind, wie das bei Halluzinationen und Träumen ja der Fall ist. Beides illustriert übrigens, wie aktiv, synthetisierend und interpretierend das System vorgeht. Wahrnehmen ist, so könnte man sagen, das Verifizieren von vorausgeträumten Hypothesen. Die Sinnessysteme sind nur ganz lose in die verarbeitenden Strukturen eingekoppelt, bedingen dort Symmetriebrechungen und modulieren Aktivitätszustände, aber das System ist von sich aus ständig aktiv und auf der Suche nach Kohärenz. Wenn man zu lange dem System von außen keine stimmigen Signale gibt, wie man das bei sensorischer Deprivation beobachten kann, dann beginnt man zu halluzinieren, weil das System dann von sich aus irgendwelche Interpretationen in der festen Annahme liefert, daß irgendetwas da sein muß. Der Übergang von der Wahrnehmung zum Traum ist fließend, wie man aus den vielen Wahrnehmungstäuschungen weiß.

Das Gehirn halluziniert sich also seine Umwelt, wenn es keine Außenreize erhält. Gibt es, um dem entgegenzuwirken, auch ein Bedürfnis, solche eindeutigen äußeren Reize zu erhalten, die diesen Mechanismus unterbrechen und sozusagen wieder in die Realität führen?

Da gibt es ein während der Phylogenese erworbenes Organisationsprinzip, das bewirkt, daß das Gehirn in aller Regel das, was draußen passiert, ernst nimmt. Letztlich ist das Nervensystem ja dafür entwickelt worden, den Organismus, der es trägt, solange heil über alle Widrigkeiten zu bringen, bis er sich dann endlich fortgepflanzt hat. Die Fähigkeit des Gehirns, prädiktive Modelle von noch ausstehenden Ereignissen zu bilden, um sich schneller anpassen zu können, ist relativ rezent. Aber wenn es einmal ein System gibt, das auf der Basis von Erfahrung solche prädiktiven Modelle entwickeln kann, was die Speicherung von Erfahrungsinhalten voraussetzt, dann muß es kombinatorisch spielen können. Was als Repräsentation internalisiert wurde, muß in verschiedene Bezüge gestellt werden, um prüfen zu können, was alles passieren könnte. Damit sich das Gehirn die Mühe macht, dieses kombinatorische Spiel zu spielen, muß es belohnt, also von internen Bewertungszentren als angenehm dargestellt werden. Das ist auch offensichtlich so. Wir sehen das bei Kindern, die nichts anderes tun, als mit den zum Teil angeborenen und zum Teil erworbenen Repräsentationen Planspiele durchzuführen. Zusätzlich muß es ein internes Bewertungssystem geben, von dem wir noch wenig wissen, welches die jeweils gefundenen Konstellationen bewertet und die passenden von den unpassenden trennt. Das ist auch das, was ein Wissenschaftler macht, wenn er Theorien bildet, und was ein Künstler macht, wenn er etwas herstellt. Irgendwann weiß er, daß es jetzt paßt. Was der Künstler und der Wissenschaftler machen, ist nichts anderes, als der Neugierde und dem Verlangen nach dem kombinatorischen Spiel nachzugeben und, losgelöst vom utilitaristischen Alltagsgeschäft des Lebens, dieses kombinatorische Spiel weiter zu spielen. Dadurch entstehen Modelle der Welt. Dieses Spiel ist offenbar so tief in der Architektur des Gehirns verankert, daß es gespielt werden muß, wenn das System überhaupt sinnvoll zum Lösen von Alltagsproblemen eingesetzt werden soll. Manche spielen das sehr gut, manche weniger, aber alle spielen. Insofern ist jeder, der wahrnimmt, in einem gewissen Sinne ein Künstler, weil er Modelle von der Welt erzeugt, interpretiert und selber seine Stimmigkeitskriterien generiert.

Vermutlich gibt es bestimmte biologische Randbedingungen, innerhalb deren nur etwas erkannt werden kann. Wenn man das Beispiel des bewegten Bildes nimmt, dann kann man sehen, daß hier die Geschwindigkeit immer weiter forciert wird, die Szenen immer schneller wechseln, wir aber trotzdem in der Lage sind, uns diesem Beschleunigungsprozeß anzupassen, was Menschen vielleicht vor 100 Jahren noch nicht gelungen wäre. Ein gutes Beispiel sind die Musikvideos. Können sich denn die Verpackungsgeschwindigkeiten, mit denen die Gehirne Informationen bündeln, verändern, oder gibt es hier eine Schallgrenze? Das Sich-Aussetzen dieser offenbar in gewissem Rahmen plastischen Grenze muß von den Menschen wohl auch als lustvoll empfunden werden.

Es ist schwer zu sagen, wo die Grenze liegt. Aber es gibt sicher eine, weil die Verabeitungsgeschwindigkeit im Gehirn durch physikalische Randbedingungen begrenzt ist. Ob wir diese Grenze mit den Videoclips erreicht haben, weiß ich nicht. Was mich allerdings persönlich anbetrifft, ist die Grenze erreicht. Ich kann dem nicht folgen, mich verwirrt das, und es bereitet mir auch kein Lustgefühl. Wir wissen aus der Klinik, von Drogenproblemen und von der Lust an der Gefahr, daß das Anfluten von Reizen für das Gehirn zumindest vorübergehend mit Lust verbunden ist. Sicher kann man insgesamt lernen, schneller zu werden und Reaktionszeiten zu verringern. Das Hirn hat ja auch trainiert werden können, differenzierte Sprachen oder die Mathematik zu lernen, aber ich glaube, wir müssen diesen Anpassungsprozeß mit großer Aufmerksamkeit verfolgen. Wenn wir beispielsweise unsere Kinder trainieren, die Aufmerksamkeitsspanne auf so kurze Segmente zu reduzieren, wie sie jetzt in Videoclips gefordert werden, und man ihnen wie beim Fernsehen die Möglichkeit nimmt, ihre selektive Aufmerksamkeit von innen heraus zu lenken und über beliebig lange Zeitläufte auf Objekte zu konzentrieren, die verarbeitet werden wollen, dann überfordern wir möglicherweise die Mechanismen, die die selektive Aufmerksamkeit steuern, und lassen sie dadurch verkümmern. Aufmerksamkeitsspannen über lange Zeit aufrechtzuhalten, ist zwar anstrengend, aber notwendig, um zum Beispiel komplexe gesprochene Sprache zu verstehen. Hier muß man auch oft die Klammer aufmachen und dann sehr lange offenlassen, bevor man sie wieder schließen kann. Wenn man diese Fähigkeit nicht trainiert, indem man zu kurze semantische Blöcke anbietet, die in sich geschlossen sind, und wenn man nicht selbst auswählen kann, wohin man blickt, was beim Fernsehen in extremer Weise der Fall ist, weil der Kameramann den Blick lenkt, dann geht möglicherweise eine Funktion verloren, die zur Durchdringung komplexerer Zusammenhänge sehr wichtig ist.

ERNST PÖPPEL

Wenn die Maschine läuft, ist sie nicht mehr zu reparieren

Sie sind Professor für Medizinische Psychologie, einer Disziplin also, die schon in ihrem Namen offenbar Natur- und Geisteswissenschaften in bezug auf den Menschen integrieren will. Was aber sind denn nun die spezifischen Untersuchungsbereiche einer Medizinischen Psychologie?

Im Sinne der Lehrverpflichtung ist es meine Aufgabe, Medizinstudenten Inhalte der Psychologie beizubringen, also was es im Bereich der Psychologie an Theorien gibt, die für die Medizin wichtig sind. Im Bereich der Forschung ist es mein Gebiet, herauszubekommen, was eigentlich in unseren Köpfen bei subjektiven Prozessen wie der Wahrnehmung oder dem Schmerzempfinden vor sich geht. Als Physiologe und Psychologe untersuche ich dies mit experimentalpsychologischen Verfahren, aber eben auch mit Hilfe von Anatomie, Physiologie und Patienten sowie mit mathematischen Modellen, über die wir versuchen, das Psychische nachzubilden. Das hier ist ein interdisziplinäres Institut, an dem Mediziner, Psychologen, Biologen, Mathematiker, Linguisten, Physiker und sogar Philosophen arbeiten. Ich versuche, das Wissen aus den verschiedenen Gebieten zu benutzen, um mehr über das Subjektive zu erfahren. Wenn man auf diesem Gebiet arbeitet, dann sollte man sich auch überlegen, welche Bedeutung das, was wir in unserem Gehirn verarbeiten, für andere kulturelle Bereiche hat. Es ist auffallend, daß viele in diesem Bereich auch immer Interesse an Kunst haben. So haben wir uns bereits seit Jahren gefragt, ob durch die Randbedingungen der Informationsverarbeitung im Gehirn auch Bedingungen für den künstlerischen Prozeß gegeben sind. Man kann zeigen, daß in der Malerei, vor allem aber in den Zeitkünsten wie der Dichtung oder der Musik, vom Gehirn aus Randbedingungen gegeben werden, die ästhetische Prinzipien definieren.

Mit »ästhetisch« meinen Sie jetzt nicht einfach nur eine empirische Sinneslehre, sondern ihre Anwendung auf den Bereich der Kunst?

Ich meine das bewertend. Man macht sich wahrscheinlich meist falsche Vorstellungen von der Informationsverarbeitung. Das ist eine Tradition, die von den abstrakten Wissenschaften und besonders von der Philosophie und der Psychologie bestimmt ist. Man hat hier eine Weise des Kategorisierungszwangs augebildet, durch die man verschiedene Bereiche der Kognition definiert und ihnen dann Wirklichkeit zuspricht. In der Psychologie meint man so, es gebe einen Bereich der Gefühle, einen des Gedächtnisses oder einen der Wahrnehmung, als seien dies alles unabhängige Bereiche. Das ist der Grundfehler in der ganzen Psychologie gewesen. Für uns sind diese Worte operationale Begriffe, bei denen man erst nach den konstitutiven Prozessen im Gehirn suchen muß, die man dann aus kommunikativen Gründen etwa als Gedächtnis oder Bewußtsein bezeichnet. Man kann insbesondere nachweisen, wenn man ein bißchen hirnforschungsorientiert ist, daß jeder Wahrnehmungsakt schon immer emotional bewertend und eingebettet in die Vorgeschichte der Erfahrung, also in das Gedächtnis, ist. Jeder Wahrnehmungsakt ist überdies ein virtueller Handlungsakt. Man kann durch moderne bildgebende Verfahren auch nachweisen, daß nichts in unseren Köpfen geschieht, bei dem nicht immer viele verschiedene Hirnbereiche beteiligt sind. Im Hinblick auf die Ästhetik ist es wichtig zu wissen, daß wir, immer wenn wir etwas als Kunst rezipieren, dies sehen und es zugleich automatisch bewerten, weil unser Gehirn so gebaut ist. Die von der Kulturgeschichte geprägten Ästhetiken lassen sich nicht als unabhängig von der Weise unserer Erfahrung denken.

Man geht ja heute in der Gehirntheorie und in der biologisch fundierten Kognitionstheorie davon aus, daß das Gehirn nicht analog dem Computer als informationsverarbeitendes System zu verstehen sei. Es werden zwar Daten rezipiert, die in den unspezifischen neuronalen Code übersetzt werden, aber für das selbstreferentielle System des Gehirns seien diese Wahrnehmungsdaten lediglich Irritationen. Nun sagen Sie ja, daß das Gehirn Informationen bewertet, es also einerseits die Informationen und andererseits den Bewertungsmechanismus gibt. Wie sieht dies denn beim visuellen Sinn aus? Was wird rezipiert, welche selektiven Mechanismen gibt es dort, und wo setzt die Bewertung ein? Oder ist jede Wahrnehmung bereits von einer Bewertung bestimmt, die dann gewissermaßen vor unseren Augen sitzt?

Es handelt sich nicht um eine getrennte Verarbeitungsweise. Das menschliche Gehirn ist zunächst einmal nicht, wie dies von manchen aus der Neuroinformatik propagiert wird, mit dem Computer zu vergleichen, bei dem Bewertungsinstanzen keine Rolle spielen. Beim Computer ist die Informationsverarbeitung völlig unabhängig von der Bedeutung, die eine Information für den jeweiligen Organismus hat. Deswegen ist es geradezu absurd zu glauben, daß die konnektionistischen Modelle in irgendeiner Weise das widerspiegeln, was in unseren Köpfen sich abspielt.

Was fehlt bei solchen Computermodellen, die in Analogie zu den neuronalen Netzen aufgebaut sind?

Es fehlt eben die Bewertung. Information wird nicht erst bezüglich der Bedeutung für den Organismus bewertet, nachdem sie aufgenommen wurde, sondern bevor etwas überhaupt bewußt werden kann, ist es bereits durch einen Bewertungsprozeß hindurchgegangen. Wegen der massiven Parallelität des Gehirns ist die aufgenommene Information sofort überall. Die Netzhautinformation geht nicht nur durch eine Einbahnstraße in einen Bereich, in dem Objekte analysiert werden, sie geht parallel auch in andere Strukturen hinein. Jedes Neuron ist in seiner Informationsverarbeitung maximal vier Instanzen von einem anderen Neuron entfernt, also auch von emotionaler Bewertung. Nur abstrakte Information gibt es nicht, sie ist immer in den Erwartungskontext eingebettet. Das ist jetzt Psychologie. Was wir in unseren Köpfen haben, ist nicht immer etwas Neues, denn es tritt nur auf der Basis eines Bezugssystemes auf, in das ein Sachverhalt eingebettet ist. Nur wenn ein Sachverhalt für den Organismus in einem bestimmten Augenblick eine Bedeutung besitzt, hat er überhaupt die Chance, auf die Ebene des Bewußtseins gehoben zu werden. Um diese Schwelle zu erreichen, muß dieser neuronale Bewertungsprozeß stattgefunden haben, der automatisch präbewußt, also konstitutiv für das Bewußtsein ist. Wenn das so ist, dann ist jeder Wahrnehmungsakt bewertend, wodurch jede Ästhetik aus der Perspektive der Biologie die Kultivierung eines selbstverständlichen Vorganges der Wahrnehmung ist.

Wenn unser Gehirn gemäß den Bedürfnissen unseres Organismus bereits ästhetisch die Welt bewertet und sie so auch nur sehen kann, dann müßten Sie auch sagen, daß selbst die Wissenschaften, die dies untersuchen, nur diesseits dieser Bewertung arbeiten können. Dann wäre deren Ideal der Objektivität nur eine Folge dieser primären ästhetischen Orientierung.

Ja, das ist so für alle Gebiete. Nur die Künste sind gleichsam Trajektorien, die sich aus der primären menschlichen Erfahrung entwickelt haben, die sie kultivieren. Bei der gesprochenen Sprache kann man das sehr schön sehen. Gesprochene Sprache ist zeitlich segmentiert. Die Struktur des Gedichtes bildet auf einer gar nicht so weit entfernten Ebene das ab, was wir dauernd machen. Wenn wir beispielsweise musikalische Themen so konstruieren, daß sie in die von Natur aus vorgegebenen Zeitsegmente nicht mehr hineinpassen, dann ist das Erleben oder das ästhetische Empfinden anders. Wir sind beeinflußt oder abhängig von diesen biologischen Randbedingungen. Nun könnte man sagen, der Mensch sei so anpassungsfähig, daß er jederzeit etwas neu erfinden kann. Das ist wahrscheinlich nicht so. Was in den Künsten im Hinblick auf eine Wertschätzung produziert wird, muß irgendwo noch erahnen lassen, wo die biologischen Bedingungen sind. Natürlich muß hier dauernd ein Symmetriebruch auftreten, aber wenn etwas ganz aus diesen Grenzen herausfällt, hat es wahrscheinlich keine Zukunft. Wenn man sich dies von der künstlerischen Seite ansieht, dann muß man sich klarmachen, daß etwa die Musik von Luigi Nono oder ein pointillistisches Bild als ein Spiel, um Farben zu kombinieren, deswegen nicht funktioniert, weil die biologischen Bedingungen nicht mehr erfüllt sind. Dasselbe gilt, wenn wie bei der monochromen Malerei nur ein Aspekt herausgegriffen und kultiviert wird.

Aus der Sicht einer biologischen Wahrnehmungstheorie, die davon ausgeht, daß alle kognitiven Bereiche immer zusammenwirken, würden ästhetische Vereinseitigungen wie die monochrome Malerei also einem falschen Verständnis der Wahrnehmung aufsitzen, wenn etwa behauptet wird, man könne die Farbe rein und ohne jede Bedeutung darstellen und rezipieren. Mir aber ist noch nicht klar, wie man die Bedeutungsstiftung neurologisch oder biochemisch erklären kann?

Man muß sich zuerst fragen, wie so ein Automat wie das Gehirn funktioniert. Das Bestreben eines Organismus ist es immer, ein inneres Milieu beispielsweise über Nahrungsaufnahme aufrechtzuerhalten. So sind die lebenden Automaten gebaut. Üblicherweise gibt es immer irgendwelche Abweichungen von diesem langweiligen Milieu, die als Emotionen empfunden werden. Zuneigung oder Aggression sind extreme Abweichungen von diesem stabilen inneren Milieu. Wenn irgendwo ein Bedürfnis auftritt, dann meldet sich irgendeine Stelle im Gehirn, was bedeutet, daß ein solcher Automat in seinem Verhalten bezogen ist auf die Bedürfnisbefriedigung. Die subjektive Repräsentation solcher neuronaler Meldungen nennt man das Gefühl. Informationen werden immer suchend hinsichtlich der Bewertung aufgenommen, ob sie der Bedürfnisbefriedigung dient oder nicht. Das ist bei einer Ratte so, und es kann nicht ausgeschlossen werden, daß es auch beim Menschen so ist. So weit entfernt sind wir davon nicht. Wir haben natürlich eine weitere Fähigkeit, indem wir davon abstrahieren und so darüber nachdenken können, aber der primäre Antrieb und die Struktur unserer Erfahrung sind identisch mit den Lebewesen, die eine geringere Kognition entwickelt haben. In der Organisation des Verhaltens sind die Emotionen nicht zehn Millisekunden da und dann wieder verschwunden. Weil die Bedürfnisspannung da ist, gibt es eine längerfristige neuronale Meldung, so daß eine Kontinuität der Erfahrung und der Bewertung gegeben ist, solange solche Abweichungen bestehen. Deswegen können wir uns die Informationsverarbeitung nicht unabhängig von diesen Bewertungsinstanzen denken. Sehr viel weiß man darüber aus der Psychiatrie. Beim Depressiven funktioniert beispielsweise dieser Bewertungsmechanismus nicht mehr richtig. Depressionen sind mit einer Reduktion des Antriebs verbunden, so daß die emotionale Aktivation nicht mehr gegeben ist. Der schwer Depressive kann weder Lust noch Schmerz empfinden, ihm ist alles gleichgültig geworden. Über solche neuralen Meldungen reguliert sich das System.

Gefühle motivieren also Organismen dazu, beispielsweise bestimmte Objekte zu suchen, vielleicht auch bestimmte Phänomene in der Welt zu entdecken. Der Organismus sucht damit einen Zustand zu erreichen, in dem die Differenz, die das Gefühl anzeigt, verschwindet.

Das ist das Ziel, ja.

Ließe sich denn auch aus dieser Perspektive sagen, was einige Biologen wie Maturana und Philosophen des radikalen Konstruktivismus behaupten, daß Organismen ihre Welt rein aus internen Regeln konstruieren? Unsere Welt ist uns nur innerhalb der Grenzen zugänglich, die von unseren Sinnesorganen, von Verarbeitungsweisen unseres Gehirns und dessen Bewertungen gezogen werden. Wir können die Welt da draußen nicht sehen, wir können lediglich feststellen, daß unsere Bilder oder Verhaltensweisen funktionieren bzw. scheitern, ohne deswegen Rückschlüsse auf die Welt selbst machen zu können.

Mein Buch »Die Grenzen des Bewußtseins« suchte ja klarzumachen, daß wir die Welt konstruieren. Aber aus meiner Sicht stellt sich das anders als für radikale Konstruktivisten wie Watzlawick, von Glasersfeld oder von Foerster dar. Die Konstruktion erfolgt gemäß einer biologischen Fundierung. Wir kommen mit einem vorprogrammierten Gehirn auf die Welt, in dem die Bau- und Funktionsprinzipien definiert sind. So verarbeiten verschiedene Bereiche des Gehirns verschiedene Informationen. Die Interaktion dieser Bereiche ist notwendig, damit sich überhaupt etwas Einheitliches konstituieren kann. Es gibt bestimmte zeitliche Verarbeitungsmechanismen, wodurch Systemzustände definiert werden, innerhalb deren dann solche Interaktionen möglich sind. Es gibt einen zeitlichen Integrationsprozeß von ein paar Sekunden, der zur Produktion von temporalen Gestalten notwendig ist. Das sind einige der vorhandenen formalen Prinzipien. Es kann nur etwas abgebildet werden, wenn es dafür ein angeborenes Programm gibt. Wir können beispielsweise nicht Radioaktivität empfinden. Damit ist uns natürlich unglaublich viel verschlossen, weil wir keine primäre Erfahrung von anderen Phänomenen haben. Wir können sie nur indirekt empfinden, indem wir beispielsweise die Physik erfinden. Auch was innerhalb der uns gegebenen Bereiche erfahren wird, ist nicht frei. Es gibt den biographischen Lernprozeß, den man Prägung nennt, der dem Zweck dient, daß das angeborene neuronale Programm durch frühkindliche Erfahrungen bestätigt wird. Das bezieht sich auf das ganze Repertoire von Wahrnehmungen, Empfindungen und Bewertungen, die wir ja nicht trennen wollen. Die neuronalen Verbindungen, die nicht bestätigt werden, verstummen, degenerieren oder sind nicht mehr verfügbar. In diesem Sinne ist die Welt dann eine Konstruktion aufgrund einer bestimmten frühkindlichen Erfahrung, in der die Bewertungen und überhaupt das, was wichtig ist, etabliert wird. Dann macht es auch keinen Sinn mehr, zwischen Anlage und Umwelt zu unterscheiden, weil das neuronal stabilisiert wird. Daraus wird unser individuelles Weltbild, das nur möglich ist innerhalb der Grenzen unserer Programme. Wir haben, wenn wir auf die Welt kommen, sehr viel mehr synaptische Kontakte zwischen Nervenzellen, als wir überhaupt später benötigen. Was davon nützlich wird, wird durch Bestätigung herausgestanzt. Das ist eine Art von selbstreferentiellem Prozeß, wie ihn Maturana als Autopoiese beschreibt. Aber das ist nicht beliebig, sondern spielt auf dem Klavier der angeborenen Möglichkeiten. Wenn die Maschine läuft, ist sie nicht mehr zu reparieren. Das kennt man beispielsweise bei der menschlichen Einstellung des Vertrauens oder Mißtrauens. Menschen sind entweder das eine oder das andere. Das kann man nicht therapieren, man ist es einfach. Diese Lebensdimension, das haben die Psychoanalytiker gut herausgearbeitet, entsteht durch Prägungslernen im ersten Lebensjahr, wo sich die emotionale Stabilität in der Welt etabliert oder nicht. Das gilt auch für die Sprache, also beispielsweise, welche Phoneme sich produzieren lassen. In allen Sprachen der Welt gibt es maximal ungefähr 100 Phoneme, während es ungefähr 5000 Sprachen gibt. Die einzelnen Sprachumgebungen, in denen wir aufwachsen, werden in der Kindheit etabliert, so daß man nach der Pubertät nicht mehr lernen kann, eine neue Sprache akzentfrei zu sprechen, weil dann eben das neuronale Programm festgestanzt ist. Die Konstruktion der Welt findet also innerhalb vorgegebener Randbedingungen statt. Wenn man das philosophisch etwas überhöhen will, so hat man, wenn man in einem Kulturkreis aufgewachsen ist, eine gemeinsame Welt, die aus Riech-, Seh- und Schmeckerfahrungen besteht. Mit anderen Kulturwelten ist die gemeinsame Teilmenge offenkundig sehr viel geringer. Man kann das nicht reparieren, man kann sich nur die Gründe klarmachen, warum das so ist.

Wenn dann so Natur und Kultur ineinandergreifen, macht es dann einen Sinn, wie beispielsweise Kant eine elementare Ästhetik anzunehmen, die für alle Menschen diesseits jeder Erfahrung und kultureller Einbindung, also transzendental, gültig ist, auch wenn man bestimmte Randbedingungen feststellen kann? Sie behaupten z. B., daß das neuronale Bedürfnis allgemein sei, die Welt, auch wenn sie dies nicht ist, eindeutig und gewiß zu machen.

Ja, auf dieser Ebene schon. Daß wir eine Figur-Hintergrund-Aufteilung oder daß wir eine zeitliche Strukturierung vornehmen, entspricht genau dem Programm, das wir haben. Das Vorhaben der Neurobiologie ist ja eben, die Konstanten herauszuarbeiten, die uns menschheitsübergreifend bestimmen. Mit Sicherheit bewiesen ist die zeitliche Segmentierung, also daß unser Gehirn einen Integrationsprozeß von ein paar Sekunden voraussetzt, damit wir überhaupt miteinander reden können. Das spielt etwa in der Musik, in der Theater- und Sprachkunst eine ganz große Rolle. In der No-Tradition Japans wird die zeitliche Struktur etwa dafür verwendet, um überhaupt Szenen zu produzieren. Sie ist exakt dieselbe wie bei unserer klassischen Musik oder bei der Musik der Beatles. Das sind allerdings nur grundlegende Randbedingungen, gleichsam ein grundlegender Atem oder eine formale Struktur. Was dagegen inhaltlich abgebildet wird, ist etwas anderes. Inhaltliche Künste benötigen einen Rahmen oder eine Form, die zum großen Teil vorgegeben wird. Man kann das an der Farbe zeigen. Farben werden ja im Gehirn konstruiert und sind keine passiven Abbildungen dessen, was auf der Retina abgebildet ist. Die Farberfahrungen sind praktisch bei allen Menschen identisch. Allerdings gibt es kleine Randbedingungen durch die kulturellen Umwelten, daß man etwa Farben ein bißchen anders benennt. Die Japaner schieben die Farbe Rot mehr in den Orangebereich hinein als wir, wenn ich mich recht erinnere.

Ich will noch einmal zu Ihrer These über die Insistenz des Gehirns auf Eindeutigkeit zurückkommen. Das hieße ja, daß etwaige »objektiv« vorhandene Ambivalenzen eliminiert werden, indem beispielsweise das Sehfeld in Figur und Hintergrund aufgeteilt wird, um etwas identifizieren zu können.

Es ist ein empirisches Faktum, daß wir nur einen Sachverhalt in einem gegebenen Augenblick im Kopf haben, den wir nur alle paar Sekunden abwechseln können. Angelegt ist alle mentale Erfahrung in lebenden Organismen daraufhin, Bewegungen im Raum vorzubereiten. Entscheidungen werden getroffen im Hinblick auf jeweils Neues, weil wir nicht wie ein Baum herumstehen. Das ist überhaupt nichts Einfaches. Die ganzen Bewertungen müssen ja bezogen werden auf das neue motorische Programm, wohin ich mich wenden soll. Wir sind aus einem Guß. Wir sind nicht wie eine Amöbe zerfleddert, sondern wohlstrukturiert und eine räumliche Einheit. Das könnte auch anders sein. Wir könnten auch räumlich verteilt sein, so wie es in manchen Science-fiction-Romanen vorgestellt wird. Weil wir aber eine räumliche Einheit sind, muß unser Organismus für die neue Bewegungstrajektorie die gesamte Information benutzen, die ihm in einem bestimmten Augenblick zur Verfügung steht. Dafür kann die Newtonsche Zeit nicht benutzt werden. Ich habe dafür einen neuen Zeitbegriff entwickelt. Vom Organismus werden atemporale Zonen definiert, in denen die verfügbare Gesamtinformation bezüglich einer Handlung bewertet wird. Wenn dem so ist, dann können wir uns immer nur in einer Richtung bewegen, d. h., es muß eine eindeutige Entscheidung getroffen werden. Dieser eine Richterspruch fällt aufgrund vielfältiger Information, also des gleichzeitigen Schmeckens, Sehens, Hörens usw. Das muß auf die Erfahrung der frühkindlichen Geschichte oder auf die der letzten zehn Minuten bezogen werden. Weil diese Einheit gefordert wird, haben wir dieses Problem der Eindeutigkeit. Das ist eine ökonomische Konsequenz unserer Konstruktion. Deswegen wird alles, was aufgrund von physikalischen Bedingungen nicht eindeutig ist, überhört. Wir hören immer unsere eigenen Hypothesen hinein. Das ist so ähnlich wie beim Rorschachtest. In das Unstrukturierte wird dort das, was in unseren Köpfen vor sich geht, hineingeneriert.

Wie sehen Sie denn aus Ihrer Perspektive neue Technologien wie beispielsweise die Virtuelle Realität? Man begibt sich in einen Taucheranzug, der audiovisuelle und taktile Informationen liefert und dem Computer über Sensoren die Position von Augen-, Kopf- und Körperbewegungen mitteilt, so daß die wahrgenommem Szene je nach den Bewegungen des Beobachters wie die wirkliche Welt sich verändert. Damit ist man zwar einerseits im computergenerierten Bild wie in der Welt, aber gleichzeitig befindet man sich mit seinem wirklichen Körper in der wirklichen Welt. Bricht damit die geforderte Eindeutigkeit nicht zusammen? Ist vielleicht nicht schon mit dem Film, vielleicht auch schon mit dem Panorama oder anderen Gesamtinszenierungen, ein Riß aufgetaucht, durch den das nach Eindeutigkeit verlangende Gehirn verrückt werden könn-

te? Warum aber gibt es trotzdem das Verlangen, sich dieser Schizophrenie auszusetzen, sie zu genießen?

Daran kann man ja auch verrückt werden. Was man von außen aufnimmt, ist immer eindeutig. Aber ich kann mich natürlich in Situationen begeben, in denen ich nicht mehr aktiv bin, wenn ich in der virtuellen Welt lebe, was ja durchaus ökonomisch ist. Das wird ja auch immer mehr kommen. Neu ist das allerdings nicht. Wenn man sich überlegt, welches die Lebensformen oder Künste sind, die uns total absorbieren, dann sind das genau drei. Das ist das Essen, bei dem alles gereizt ist, um das integrative Wohlbefinden auszulösen. Das ist die Liebe, und das ist die Kirche. In der Kirche hat man es immer so gemacht, daß das Gehörte, das Gesehene, das Gerochene und das Gemeinschaftsgefühl uns überschwemmen, wobei wir dem auch passiv ausgeliefert sind. Die Virtuellen Realitäten werden mit Sicherheit und gegen die Autonomie des Menschen ein Renner werden. Wir werden uns dem hingeben, weil es wenig Anstrengung kostet. Wenn der Schalter einmal in die Richtung der Aufgabe von Autonomie gelegt worden ist, dann wird man unter Aufgabe der Verantwortung ganz im Sinne dessen, wie wir gebaut sind, viele Bedürfnisse befriedigen können, indem man sich in die virtuelle Welt involviert.

Lassen sich denn aus der neurobiologischen Perspektive Randbedingungen angeben, ab wann etwa durch das Eintauchen in eine Virtuelle Realität auch »Krankheiten« entstehen? Kann sich unser Körper oder unser Gehirn allen Simulationen anpassen? Ist es egal, ob wir uns in einer natürlichen oder in einer simulierten Welt befinden, wenn sie nur nach den Mechanismen unseres Gehirns aufgebaut ist?

Natürlich müssen die Randbedingungen unserer Erfahrungswelt simuliert werden. Was unseren Informationsbedingungen gegenwärtig nicht genügt, ist etwa der schnelle Schnitt bei manchen Aufreißern beim Fernsehen oder in der Reklame, wo alle 500 Millisekunden etwas Neues geschieht. Das wird sich nicht durchsetzen, weil das unserer Welterfahrung nicht entspricht. Man muß sich schon immer dem anpassen, was wir natürlicherweise schon immer im Zeit- oder im Raumbereich machen.

Nun wird ja auch immer gesagt, daß unser Gehirn auf Neuigkeiten ausgerichtet ist. Die schnellen Schnitte irritieren in diesem Sinne unser Wahrnehmungssystem und unser Bewußtsein, um es wachzuhalten.

Das ist abstoßend. Die Sensationssuche und dieses Schnelle haben keine Chance, weil man dann einfach wegschaut, weil es unerträglich ist. Hier ist die Grenze überschritten. Man führt sich natürlich gerne an die Grenze und will den Symmetriebruch haben. Wir wollen den Rahmen unserer Informationsverarbeitung nicht starr benutzen. Es geht um den Symmetriebruch, der Spannung erzeugt, also darum, daß etwas im Zeitbereich überdehnt oder zu kurz gemacht wird, aber dies muß immer in Bezug zu unseren biologischen Randbedingungen stehen. Auch wenn wir sehr viel mehr unterscheiden können, haben wir beispielsweise nur etwa ein Dutzend Farben. Wenn man das vestibuläre System als Gleichgewichtsorgan überfordert, dann geht die Sache schief. Man kann mit der Achterbahn fahren, man hat den Reiz, aber wenn man die Grenze überschreitet, wird man seekrank und hat das Gefühl, als müßte man sterben.

Der Film wurde schon seit Beginn als Überfall auf die Sinne erlebt und auch gewünscht. Darauf haben sich auch die Schocktheorien des Surrealismus noch einmal bezogen, die wohl unter dem Eindruck der beschleunigten Bewegung durch Fahrzeuge wie die Eisenbahn und ihre Unfälle entstanden sind. Bildschirm und Windschutzscheibe sind ja nicht sehr verschieden in der Art der Wirklichkeitspräsentation. Man könnte dabei auch von einer Ästhetik des Attentats sprechen, die zu einer Umwelt wurde und gleichzeitig einer Dynamik zu unterliegen scheint, immer schneller zu werden, weil man sich doch adaptieren kann. Sie sagen, das führt letztlich zu einem Zusammenbruch, aber darin liegt doch auch die Dimension eines Rausches oder eines Schwindels, der vielleicht von unserem Gehirn irgendwie als angenehm empfunden wird, weil wir diese sonst ja nicht aufsuchen würden?

Bei der Arbeit über die zeitlichen Randbedingungen habe ich mich auch gefragt, ob es im Film ebenfalls wie in der Musik eine solche Drei-Sekunden-Segmentierung gibt. Aus der Hirnforschung wissen wir, daß das Gehirn im Bereich zwischen zwei und vier Sekunden automatisch Information zusammenpackt. Das ist sozusagen die Grundfrequenz, in die hinein die Inhalte gebaut werden. Die Kontinuität des Erlebens kommt üblicherweise durch Hystereseeffekte dessen zustande, was jeweils abgebildet wird. Der Inhalt des einen Pakets ist von dem des vorhergehenden abhängig. Durch solche semantischen Vernetzungen entsteht das Gefühl von Kontinuität, während in Wirklichkeit die Verarbeitung diskontinuierlich ist. Mir sind dann zwei Transkriptionen von Filmen in die Hände gefallen. Wenn man da hineinschaut, so beträgt in den meisten Fällen die Einstellungsdauer drei Sekunden, die auch nicht unterschritten wird. Man kann natürlich das, was in einem solchen Zeitsegment abgebildet wird, sich rapide verändern lassen. Das ist dann wie bei einem Schizophrenen, der die semantischen Verbindungen nicht mehr leisten kann. Das nennt man dann eine logische oder formale Denkstörung. Wenn man das simuliert, läßt sich vielleicht auch ein gewisses Vergnügen daran bereiten. Die Beschleunigung ist dann, daß immer etwas inhaltlich Neues auftaucht, durch das wir gefordert und teilweise überfordert werden. Diese Zeitsegmente aber können wir nicht überschreiten, weil sonst nichts mehr wahrgenommen werden kann und sich die Leute abkehren.

Es geht doch das Gerücht um, man könne etwa Bilder ganz kurz aufblitzen lassen, so daß sie zwar von den Sinnen aufgenommen werden können und uns so beeinflussen sollen, ohne aber das Bewußtsein zu erreichen. Können sich denn Menschen dadurch manipulieren lassen?

Nein. Man hat geglaubt, daß man solche Bilder unbewußt einschleichen lassen kann, wenn man sie nur etwa 50 Millisekunden zeigt. Aber dieser Flash bleibt meist schon aus Gründen der Informationsverarbeitung in der Netzhaut hängen. Trotzdem wird diese Frage dauernd gestellt, und ich muß dauernd irgendwelche Kommentare dazu geben. Das kann deswegen nicht funktionieren, weil jede Wahrnehmung in die Kontinuität der Erfahrung eingebettet sein muß.

Alles, was man macht, sei es Kunst oder irgendeine Gestaltung von Umwelt, ist also eingebettet in die biologischen Randbedingungen. Man verstärkt dadurch vermutlich bestimmte Wahrnehmungsmechanismen, wobei man dann Kunst als Ausdruck der Selbstreferentialität des Gehirns betrachten müßte, weil man das bestätigt, was das Gehirn in der Welt sucht.

Die Künste sind Trajektorien, die sich aus den primären Erfahrungen ergeben haben. Es gibt keine Kunst, die nicht bezogen ist auf Primärerfahrung. Über den bewertenden Sehakt definiert sich eine Kunstrichtung. Was dann jeweils die Inhalte dieser Kunstrichtung sind, definiert die Kulturgeschichte, wobei es eben bestimmte Randbedingungen gibt, die beachtet werden müssen. Wie Linien verarbeitet oder komplexe Gestalten konstruiert werden, ist auch für den Maler oder Zeichner bindend und nicht beliebig. In der Neurophysiologie ist es ein hochinteressantes Problem, wie Linien eigentlich konstruiert werden, denn es sind ja eigentlich nur Punkterfahrungen. Die Kulturgeschichte bewertet jedenfalls bestimmte Aspekte von Primärerfahrungen. So kann man in der Malerei etwa nur die Farbigkeit bewerten, woraus sich dann die Farbkunst entwickelt. Man nimmt also aus der möglichen Gesamterfahrung etwas heraus und verdeutlicht es. In den fünfziger Jahren etwa haben Boulez oder Stockhausen in der Musik einen bestimmten Aspekt herausgenommen, der zu weit weg von der Primärerfahrung ist, so daß er nicht mehr rezipiert, sondern nur noch verstanden werden kann, wenn man die Strukturprinzipien kennt. Das ist eine andere Art von ästhetischer Erfahrung. Erst wenn man das auf der Ebene der biologischen Randbedingungen anschaut, dann wird der Unterschied zwischen Stockhausen und Strawinski klar. Man kann sich auch einmal überlegen, für welche Primärerfahrung es keine Künste gibt. Vielleicht für den Geschmack.

Da wäre ja die Kochkunst zuständig.

Aber es ist unter diesem Gesichtspunkt interessant, wie dies in der Kulturgeschichte bewertet wird. In anderen Kulturkreisen wie etwa in Japan ist das Essen ganz anders bewertet als bei uns. Bei der Dichtkunst übrigens wird ganz deutlich, warum die Verse segmentiert sind. Das hat mit dem Gedächtnis zu tun. In vorschriftlichen Zeiten wurden Informationen tradiert, indem man sie so organisierte, daß sie leicht zu memorieren waren. In den Epen und Gedichten spiegelt sich die Weise unserer Informationsverarbeitung direkt wider.

Man hat Kunst ja oft als Erfahrungsweise charakterisiert, die man ontologisch als Schein oder Illusion bezeichnete. Wenn man sie allerdings unter der Perspektive der neuronalen Mechanismen betrachtet, dann wären dies aber eher Strukturen, die diese bestätigen und vielleicht nur ganz am Rande etwas mit Schein oder Illusion zu tun haben. Es ist kein Ausstieg aus der Wirklichkeit, sondern der Versuch, die Wirklichkeit auf die Grundstrukturen der Wahrnehmung zu verdichten.

Ja, man etabliert damit die eigene Wahrnehmung. Man testet sie aus, indem man ein wenig über die Grenzen hinausgeht und prüft, wie lange das eigentlich noch als Wirklichkeit erfahren werden kann.

Sie sprachen davon, daß Menschen mit der Musik wie etwa der von Stockhausen wegen ihrer biologischen Bedingungen nicht zurechtkommen und man deswegen gewissermaßen ein anderes Sensorium dafür entwickeln müßte. Natürlich lassen sich solche Kunstformen auch als Angriff auf jene ästhetischen Mechanismen verstehen, mit denen wir uns in unserer gewöhnlichen Umwelt orientieren. Könnte man sich vorstellen, daß unser Gehirn so plastisch wäre, manche dieser Schmerzerfahrungen wieder ästhetisch, nicht nur intellektuell zu besetzen?

Nein. Nehmen wir einmal Luigi Nono, der tonale Flächen baut, die nichts mehr mit Bewegung zu tun haben. Das ist keine Richtung gegen die biologischen Grundlagen, weil kaum ein Künstler weiß, daß hier biologische Rand-bedingungen versteckt sind. Das wird heute erst explizit gemacht. Solche Künstler wenden sich gegen die Tradition, gegen das, was die Leute gerne mögen, wobei unterstellt wird, das sei eine langweilige Tradition, die aufgebro-chen werden müsse, und daß wir das Neue brauchen. Solche Künstler argu-mentieren, daß sie das Neue machen und daß die Leute das schon irgendwann akzeptieren werden, wenn sie sich daran gewöhnt haben. Das aber ist sicher nur in dem Maße möglich, in dem neue Künste noch gewisse biologische Randbedingungen erkennen lassen. Vermutlich wird das häufig überschritten. Der Ethologe Eibl-Eibesfeldt hat sehr klar gesagt, daß es historisch erwiesen sei, daß nur solche Kunstentwicklungen langfristig erfolgreich waren, die irgendwie erkennen ließen, mit den Menschen zu tun zu haben, wo also so eine Art anthropologisches Zentrum gewahrt bleibt. Wenn man nur den theoreti-schen Aspekt nimmt oder vom Menschen nicht mehr produzierbare Musik spielt, was man ja machen kann, dann können wir uns daran nicht adaptieren. Wenn man das macht, dann werden uns unsere ästhetischen Prinzipien vor Augen geführt. Und wenn wir dies bewerten wollen, müssen wir neue ästhe-tische Prinzipien entwickeln, wobei in dieser Explikation die Biologie eine große Rolle spielt.

So könnte man ja sagen, daß bestimmte moderne Kunstentwicklungen und die Neurowissenschaften gemeinsam testen, was biologisch für uns verträglich ist.

Ganz genau. Für mich ist es faszinierend, mich mit modernen Künsten ausein-anderzusetzen und auch zu sehen, inwieweit sich Künstler damit beschäftigen. Ich bekomme auch viele Briefe von Komponisten und Malern, die meinen, wir müßten mehr berücksichtigen, wie wir die Welt erfahren, und uns von kunst-philosophischen oder kulturhistorischen Theoretikern ablösen, die immer nur die Prinzipien definieren. Die Künstler sind der biologischen Perspektive gegenüber sehr aufgeschlossen, während die Geisteswissenschaftler damit nichts zu tun haben wollen.

INGO RENTSCHLER

Geschmack und Erkenntnis

Wenn wir von unserer visuellen Wahrnehmung ausgehen, so haben wir den Eindruck, daß wir ein aus Farben, Formen und Bewegungen integriertes Bild sehen. Die Neurowissenschaften betonen gewissermaßen kontraintuitiv, daß die visuellen Daten in getrennten Hirnarealen verarbeitet werden, die nicht alle in ein zentrales Zentrum zusammenlaufen. Wie entsteht denn aus der Sicht der Neurowissenschaft oder der Psychobiologie aus einer solchen Parallelverarbeitung der Eindruck eines ganzen Bildes?

Die Ergebnisse der Hirnforschung aus den beiden letzten Jahrzehnten weisen in der Tat ganz deutlich darauf hin, daß beim Sehvorgang die visuelle Information, die zunächst durch die Reizung der Rezeptoroberfläche im Auge zustande kommt, verteilt verarbeitet wird. Es gibt schon in der Netzhaut verschiedene Zelltypen, die spezifisch auf zeitlich schnelle und auf zeitlich langsamere Vorgänge sowie auf Aspekte feiner und grober Bilddetails ansprechen. Es gibt auch eine relativ unabhängige Verarbeitung von hellen und dunklen Bildkomponenten. Entsprechende Aufspaltungen gibt es im Bereich der Lichtwellenlängen. Das ist der Ursprung des Phänomens der Farbe, obwohl diese Aufspaltung noch keineswegs die Empfindung Farbe ermöglicht. Dazu muß noch einiges an neuronaler Verarbeitung passieren. In den letzten zehn Jahren hat sich aber auch gezeigt, daß es trotz dieser Aufspaltung in Systeme relativ unabhängiger Kanäle Wechselwirkungen zwischen diesen gibt, die wir noch nicht gut verstehen. Was die Information über Konturen angeht, so können wir aber annehmen, daß sie weitgehend unabhängig zur primären Sehrinde weitergeleitet wird. Von dort aus geht es dann in eine Vielfalt interner visueller Areale, von denen wir von Jahr zu Jahr mehr entdecken. Heute kennen wir deutlich mehr – an die 20 – solcher Repräsentationen in der Hirnrinde, und dazu kommen noch weitere in tieferen Hirnstrukturen. Jetzt könnte man tatsächlich vermuten, daß aus der kollektiven Anregung verschiedener Subsysteme ein

»Informationsextrakt« durch Projektion auf zentrale neuronale Strukturen oder Zellpopulationen gewonnen wird. Dieser Gedanke ist auch deshalb naheliegend, weil es ja der biologische Sinn der Wahrnehmung ist, daß wir zum Handeln kommen können. Und die Zahl der Nervenfasern, die wir zur motorischen Aktivierung benötigen, ist sehr viel geringer als die jener Fasern, die in den verschiedenen visuellen Arealen vorhanden ist.

Aber gibt es denn Hinweise darauf, daß diese Informationen gewissermaßen in einem Bild oder auf einem neuronalen »Monitor« zusammenlaufen?

Aus den Erkenntnissen der Neuroanatomie und der Neurophysiologie ist deutlich geworden, daß es einen solchen inneren Bildschirm, auf dem das konsistente und kohärente Bild der äußeren Umwelt zu sehen wäre, nicht gibt. Wenn man das akzeptiert, dann bleibt eigentlich nur noch der Schluß, daß unser ganzheitliches Weltbild in dem kollektiven Anregungsmuster der verschiedenen visuellen Verarbeitungszentren enthalten sein muß.

Wie würde man denn neurobiologisch diesen Synthesevorgang erklären?

Dazu gibt es in allerjüngster Zeit einen Lösungsvorschlag, den im wesentlichen der Mathematiker David Mumford an der Harvard-Universität formuliert hat. Dabei hat er sich auf frühere Ideen und Konzepte des Neurophysiologen Wolf Singer gestützt. Die bisherige Meinung über die multiple visuelle Darstellung auf der Hirnrinde ist, daß jedes dieser funktionell spezialisierten Areale ein Prozessor im Sinne einer CPU in einem Rechner sei. Jeder dieser Prozessoren erledigt seine Aufgabe, also z. B. die Ermittlung von Aspekten der Farbe, der Form, von Konturorientierung, aber auch von Bewegung. Wenn einer von ihnen seine Aufgabe erfüllt hat, dann schickt er das Ergebnis per Datenlinie zu einer anderen Instanz. Anatomisch müßte dies dann so realisiert sein, daß man eine relativ hohe Rechenkapazität innerhalb jeder Recheneinheit und relativ wenige Output-Linien hat, die dann die verschiedenen Zentren oder Knotenrechner miteinander verbinden. In der anatomischen Wirklichkeit ist das aber anders, da die Anzahl der Faserverbindungen zwischen den Arealen ebenso groß wie die der intrinsischen Verbindungen ist. Aus dieser Beobachtung, die er mit vielen quantitativen Details untermauert hat, zieht Mumford den Schluß, daß die Daten, die von der Rezeptoroberfläche kommen, im seitlichen Kniehöcker auf eine Art »Tafel« geschrieben werden. Von dort werden die primären Daten nach bestimmten Kriterien, die er explizit definiert, zu einem Areal weitergeleitet, das funktional gesehen höher liegt. Anhand der dort eintreffenden Daten wird eine Hypothese formuliert, die wieder nach unten, an die Tafel, gemeldet werden muß. Hier wird dann geprüft, inwieweit diese Hypothese mit den sensorischen Daten kompatibel ist. Dabei bleibt in der Regel wieder ein Rest übrig, der nach »oben« gemeldet wird. Dieses Spiel geht solange weiter, bis der Rest abgearbeitet ist. Daraus kann geschlossen werden, daß die eigentliche Verarbeitungsaktivität in der rückgekoppelten und kommunikativen Verbindung zwischen beiden Arealen liegt. Wenn das so ist, dann ergibt sich hier eine ganze Reihe interessanter Konsequenzen. Singer hat beispielsweise schon vor gut 20 Jahren gefragt, warum es ebenso viele kortifugale Projektionen zum seitlichen Kniehöcker wie Datenleitungen vom Kniehöcker zur Sehrinde gibt. Wenn das Konzept Mumfords richtig ist, dann findet dieser Sachverhalt eine Erklärung.

Ich würde dieses Modell gerne in Beziehung zu einer Vorstellung der klassischen philosophischen Erkenntnistheorien setzen. Man differenzierte das Erkenntnisvermögen in drei wesentliche Zentren: Sinnlichkeit, Imagination und Verstand. Das von Ihnen vorgestellte Modell ist davon gar nicht so weit entfernt. Die Sinne liefern etwa visuelle Daten, die in der Imagination, verbunden mit dem Gedächtnis, weiter verarbeitet werden. Die dort erzeugten Bilder werden dann wieder mit den Daten verglichen. Gibt es denn in dem Modell Mumfords gewissermaßen zwei Bilder, die von den Sinnen und der Imagination projiziert und dann miteinander abgeglichen werden?

So kann man das sehen. Einen ersten Hinweis darauf habe ich aus einem Buch des japanischen Physikers Satoshi Watanabe bekommen, der noch mit Heisenberg zusammengearbeitet hat. Watanabe ist im Kontext einer Kritik der formalen Mustererkennungsstrategien zu der Überzeugung gekommen, daß diese stets den Vergleich einkommender Signale mit Prototypen implizieren. Dann könnte man diese Prototypen als Ideen im platonischen Sinne verstehen, auch wenn wir heute nicht mehr annehmen wollen, daß diese Ideen apriorisch und unveränderlich vorhanden sind. Sie werden eher durch Evolution und Lernen gebildet und modifiziert.

Es gäbe also immer ein erstes Muster, das der primären Daten, das mit einem zweiten Muster, erzeugt von einem höheren Zentrum, vielleicht von der Imagination, verglichen wird. Werden denn wirklich bereits in den unteren sensorischen Zentren Muster gebildet? Und wie sollte man diese Muster verstehen – eher im Sinne der (abbildenden) Mustererkennung oder der (konstruktiven) Mustererzeugung? Warum müssen eigentlich diese primären Muster noch mit Mustern verglichen werden, die die Imagination projiziert?

Damit sprechen Sie ein Thema an, das uns aktuell in der Forschung beschäftigt. Wir haben uns lange mit einer Betrachtung recht wohl gefühlt, die man vielleicht so formulieren kann: Wir sprechen in der Sehforschung von einer »frühen« visuellen Verarbeitung. Dabei benutzt man Modellvorstellungen, die eigentlich aus der technischen Systemtheorie kommen. Man spricht von Filtern, die Bestimmtes durchlassen und anderes nicht. Das ist das gleiche Konzept wie das der frühen Radiotechnik, in der man mit Hilfe von Kristalldetektoren bestimmte Wellenbereiche erfassen konnte. Auch das waren im technischen Sinne Filter. Nachdem wir davon abgerückt sind, das Auge mit einer Kamera zu vergleichen, haben wir uns auch in der Sinnesphysiologie in Richtung einer Systemtheorie bewegt und waren stolz darauf zu verstehen, daß der Wahrnehmungsprozeß auf der Funktion fest vorgegebener Filter beruht. Das wird am deutlichsten an den gängigen Modellen für das Farbensehen, welche auf der Annahme beruhen, die eng für Wellenlängen abgestimmten Eigenschaften der verschiedenen Farbkanäle brächten die Farbempfindung hervor. Die Einteilung der Wissenschaften ergab sich dann so, daß man in der Sinnesphysiologie die frühe visuelle Verarbeitung untersucht, bei der eine »festverdrahtete« Empfindlichkeitsverteilung vorausgesetzt werden konnte. Die Probleme des Bildverstehens, zu denen kontextabhängige Lernvorgänge gehören, waren dagegen an die Psychologie delegiert. Inzwischen haben wir aber durch Verhaltensexperimente mit menschlichen Beobachtern erfahren, daß das Sehsystem außerordentlich plastisch, d. h. lernfähig ist, wenn es darum geht, daß wir die Klassifizierung auch sehr elementarer Bildmuster erlernen. Durch überwachtes Lernen, also durch ein Training mit Feedback, kann man das Sehsystem sehr stark in eine bestimmte Richtung treiben oder es durch bestimmte visuelle »Diäten« funktionell deformieren. Dadurch stellt sich die Frage, wieweit das System überhaupt festverdrahtet ist und wo die Plastizität anfängt. Für definitive Antworten gibt es zum Wahrnehmungslernen beim Menschen noch immer zu wenige Studien. Je mehr es aber untersucht wird, desto fraglicher wird es, ob wir überhaupt von festverdrahteten Empfindlichkeiten bei der sensorischen Informationsverarbeitung sprechen können.

Das ist natürlich eine interessante Perspektive, weil Menschen ja mehr und mehr ihre Umwelt konstruieren, sie diese also auch visuell verändern. Damit würden sie, sofern es denn in großem Maße plastisch ist, auch ihr visuelles System beeinflussen, indem neue Rahmen der Interpretation von Daten und vielleicht auch neue Empfindlichkeiten erzeugt werden. Das wäre natürlich vornehmlich der Fall bei heranwachsenden Kindern, die in bestimmten Umwelten aufwach-

sen. Wenn die Kinder heute schon jeden Tag vor dem Fernseher sitzen, könnte man sich vorstellen, daß dies nicht nur zu Veränderungen auf der psychologischen, sondern eben auch auf der neurobiologischen Ebene führt. Verändern also bestimmte Umwelten direkt auch unser Gehirn?

Ich frage mich umgekehrt, was »nur« psychologische Veränderungen sein sollen. Mir ist völlig uneinsichtig, wie sich in der menschlichen Psyche etwas verändern könnte, ohne daß das zugrundeliegende Instrumentarium des Gehirns sich verändert. Denken Sie einmal an die Tätigkeit eines Radiologen. Jeder Patient hat irgendwann einmal ein Röntgenbild gesehen, auf dem er im wesentlichen nichts sieht. Man kann heute mit Verhaltensexperimenten ziemlich gut nachweisen, daß ein Radiologe drei bis fünf Jahre benötigt, um auch nur einigermaßen auf die Höhe der erforderlichen Leistungs- fähigkeit zu kommen. Daß sich in diesem Lernprozeß Veränderungen der internen Verknüpfungen in seinem Gehirn vollziehen, scheint mir fraglos der Fall zu sein.

Wenn sich aber schon ziemlich weit vorne über das Lernen von neuen Wahrnehmungsweisen anhand von neuen Bildern die Verdrahtung im Gehirn auf ziemlich dauerhafte Weise verändern könnte, so daß man etwas anders sieht oder in einem Chaos plötzlich Ordnung registriert, dann könnte es doch auch sein, daß man auch weitere Phänomene anders sieht. Finden also nur ganz punktuelle Veränderungen statt, oder würden sich Veränderungen irgendwie auch auf die gesamte visuelle Wahrnehmung auswirken?

Darauf muß man zwei Antworten geben. Ich glaube zunächst tatsächlich, daß das Wahrnehmungsvermögen durch eine Ausbildung intensiver Art verändert wird. Wenn man sich beispielsweise für einen Autotyp interessiert, beginnt man überall, diesen Typ zu sehen, der einem zuvor vielleicht kaum aufgefallen ist. Solche Beispiele lassen sich beliebig vermehren. Wenn ein erfahrener, künstlerisch kreativer Fotograf bestimmte Formen der menschlichen Erscheinung im Portrait erfaßt, dann kann ich mir nicht recht erklären, wie er seine Motive und Modelle finden könnte, wenn er nicht seine Wahrnehmung in einer ganz bestimmten Richtung geschärft hätte. Auf der anderen Seite halte ich den Glauben für ziemlich naiv, daß beispielsweise El Greco, wie der englische Kunstgeschichtler Trevor Roper annahm, die langen, schmalen Gesichter aufgrund astigmatischer Defekte seines optischen Abbildungsapparates gemalt haben soll. Hätte er solche Defekte tatsächlich gehabt, dann hätte sich sein Nervensystem so angepaßt, daß es diese Verzeichnung kompensiert hätte. Der Psychologe Ivo Kohler konnte z. B. mit Prismen, die das Bild auf der Netzhaut umkehren, nach einigen Wochen perfekt alle motorischen Leistungen, wie z. B. das Radfahren, wieder perfekt vollbringen. Das spricht dafür, daß das System in hohem Maße in der Lage ist, plastisch auf Veränderungen zu reagieren. Wenn wir aber in der Wahrnehmungspsychologie versuchen, das Gehirn zu überlisten und ihm in verschiedenen Zusammenhängen auf die Schliche zu kommen, dann ist es für uns gelegentlich sehr ärgerlich, daß es niemals nur eine Masche hat, nach der es verfährt. Es ist vielmehr funktionell außerordentlich vielfältig und plastisch und paßt seine jeweiligen Strategien optimal an die gegebene Aufgabe an. So haben wir Experimente durchgeführt, bei denen die Fähigkeit, Gesichter zu erkennen, durch experimentelle Tricks ausgeschaltet worden ist. Unsere Versuchspersonen konnten dennoch dann eine Serie von Portraits perfekt dadurch unterscheiden, daß sie sich an den bloßen Grauwerten im Augenbereich orientiert haben. Das hat eigentlich mit Gesichtserkennnung nichts zu tun, aber es ist unter den gegebenen Umständen eine alternative und sehr geschickte Strategie. Die Tatsache, daß das Gehirn eine Vielzahl von Modi zur Verfügung hat, läßt daher vermuten, daß auch ein hochgradig trainierter Radiologe bei anderen Mustern so ähnlich vorgeht wie jeder andere Beobachter auch. Die Frage, die Sie gestellt haben, ist also empirisch außerordentlich schwierig zu entscheiden.

Aufgrund der Beschleunigung durch die motorisierten Transportmittel müssen wir vermutlich viel schneller als frühere Generationen visuelle Daten verarbeiten. Wenn wir im ICE, in einem Auto oder in einem Flugzeug sitzen oder diese Maschinen lenken, ist dies wohl erheblich anders, als wenn wir auf einem Pferd sitzen. Auch über die Bildmedien werden wir beschleunigten Bildsequenzen ausgesetzt, durch die wir gleichfalls irgendwie navigieren müssen und die wir vielleicht gar nicht mehr wie früher verarbeiten können. Ergibt sich aus einer Dauerbeanspruchung durch Bildsequenzen in hoher Geschwindigkeit, wie wir sie in der »natürlichen« Umwelt nicht finden, nicht doch ein anderer Rahmen, der dann auch wieder auf die Wahrnehmung von stillgestellten oder langsameren Bildern zurückwirkt?

Das Gehirn ist im Sinne seines biologischen Überlebens darauf ausgerichtet, neuartige und auffallende Informationen zu erfassen. Wenn man in einer Umwelt mit rapiden Bildsequenzen lebt und man ein statisches Bild sieht, dann ist das natürlich das Auffallende. Es könnte so eine ganz besondere Wirkung erzielen. Das berührt sehr deutlich das Thema der Kunst. Ich glaube mit Malewitsch und anderen, daß es überhaupt keinen Sinn macht, irgendeine Art von Bilddarstellung oder von Informationsübertragung a priori als künstle-

risch gehaltvoll einzustufen, weil stets das Neuartige oder das Erschließen
neuer Sichtweisen für den künstlerischen Akt bestimmend ist. Ich muß hier
noch einmal zu David Mumford und der Frage zurückkehren, wo das Adaptive
und das Verändernde in die visuelle Verarbeitung hereinkommt und wo es
Festverdrahtetes, Prototypen oder Masken gibt. Mumford hat im Rahmen
seines Konzepts der Informationsverarbeitung durch Feedback-Schleifen im
zwischenkortikalen Bereich noch folgenden Gedanken geäußert: Wenn zunächst sensorische Daten auf der Tafel stehen und wenn diese Daten dann
Hypothesen verursachen, die wiederum zum Vergleich herabgeschickt werden, dann könnte ein solches System noch weitere Möglichkeiten bieten.
Stellen Sie sich vor, Sie haben als Philosoph ein schwieriges Problem vor sich.
Wenn Sie das Problem bearbeiten, werden Sie wohl nicht gleichzeitig intensiv
fernsehen. Sie werden sich vielmehr, wie man sagt, in das Problem versenken,
was heißen könnte, daß jetzt die Tafel nicht mehr mit den sensorischen Krik-
kelkrakelzeichen beschrieben wird, sondern daß Sie mit Hilfe anderer Areale
Hypothesen auf die Tafel schreiben. Die einzelne Hypothese, etwa bezüglich
der visuellen Information, ist ja nicht ausreichend, d. h. überlebensfördernd,
sie muß auch in Einklang mit somatosensorischen und vestibulären Signalen
gebracht werden. Es muß also ein hochkomplexes System abgestimmt werden.
Wenn man nun den Schwerpunkt der Aktion mehr nach »innen« verlegt, dann
könnten die zunächst peripheren sensorischen Tafeln so etwas wie Skizzen-
blätter werden, auf denen Prozesse versuchsweise dargestellt werden. Auf eine
solche Weise könnte man im Denkprozeß tatsächlich Hypothesen evaluieren.
Wenn man an Techniken der Meditation denkt, wo man versucht, durch
Konzentration auf bestimmte, in aller Regel sehr einfache Themen kreativ zu
werden, dann wäre ein Szenario vorstellbar, wo die Imagination sich des
physiologischen Apparats bedient oder sich auf ihm entwickelt. Ich hätte keine
Schwierigkeiten, das, was als Meditation, Imagination oder als Prüfung verschiedener Bilddarstellungen beschrieben wird, mit diesem Konzept in Zusammenhang zu bringen.

*Dieser Prozeß von »innen« nach »außen« entspräche eher einer Musterbildung
oder Musterprojektion. Ist die Imagination, wenn wir dies einmal so nennen,
dann als ein aktives Zentrum zu verstehen? Wie ruft sie die Bilder ab? Holt sie
diese lediglich aus dem Gedächtnis, reproduziert sie also nur gespeicherte
Bilder? Wie erzeugt die Imagination ihre Hypothesen?*

Soweit mir das bekannt ist, gibt es darauf keine schlüssige Antwort. Die
anatomischen Eigenschaften solcher Repräsentationen oder Verarbeitungs-

areale sind relativ gut bekannt. Aber schon die einfache Frage, wie es bei zwei ähnlichen Bildmustern, beispielsweise bei zwei Teppichböden, zu einer quantitativen Bewertung des Unterschieds der internen Repräsentation kommt, ist derzeit noch ganz die Sache spekulativer Modellbildung. Wir sind also noch nicht einmal in der Lage, einen solchen Prozeß der Bewertung von Information intern zu erfassen.

Glauben Sie denn, daß wir mit den als neuronale Netze bezeichneten Computerarchitekturen solche Bewertungen anhand von Berechnungen einmal im Detail verstehen können?

Wenn man solche Strukturen selbst auf dem Rechner erzeugt, kennt man die Spielregeln, nach denen einzelne Knoten ihre Empfindlichkeiten verändern, nach denen einzelne Knoten die Erregung oder die Signale, die von verschiedenen Linien ankommen, integrieren. Bei einem neuronalen Netz gibt es immer Dateneingangslinien. Auf der anderen Seite gibt es den Output, dessen Zahl der Datenlinien in aller Regel kleiner ist als die Zahl der Eingangslinien. Das neuronale Netz setzt eine Abbildungsvorschrift von den Eingangs- auf die Ausgangslinien um. Damit man diesen Prozeß definieren kann, muß man diese beiden Größen vorgeben. Ich habe vorhin gesagt, daß das Gehirn enorm adaptiv ist. Das heißt in diesem Zusammenhang, daß es für eine Aufgabe die einfachste Strategie finden kann, die gerade noch zum Erfolg führt. Wir wissen also nicht, wie hoch bei einer gegeben Problemstellung die Zahl der Eingangslinien und, bezüglich des Verhaltens des Gehirns, die der Ausgangslinien sein muß. Das ist also ein Problem, das sich mit dem Formalismus neuronaler Netze selbst nicht lösen läßt. Auch kein Psychologe kann eine verläßliche Antwort darauf geben, wieviele Merkmale oder Dateneingangslinien ein System benötigt, um ein Gesicht erkennen zu können. Solange aber dieses Problem nicht gelöst ist, liegt eine Antwort auf die Frage nach den neuronalen Mechanismen einer Informationsverarbeitung noch in weiter Ferne.

Damit scheint mir auch die Informationsästhetik, wie sie von Birkhoff, Bense und Moles entwickelt wurde, schon in ihren Grundzügen unmöglich zu sein.

Die Informationsästhetik beruht bekanntlich auf der Shannonschen Informationstheorie, die formal voraussetzt, daß man Zustände oder Bildelemente definieren kann, deren statistische Häufigkeit über bestimmte Sequenzen von Bildern abzählbar ist. Der Ansatz von Bense und Moles hat den Begriff der Redundanz in die Mitte der Aufmerksamkeit gerückt, und mit diesem ist der Prozeß der Musterbildung eng verknüpft. Wenn man ein statistisch völlig ungebundenes Ereignis hat, dann sieht man lediglich Schneegestöber wie am nicht korrekt eingestellten Fernseher. Jedes Muster hat mit Wiederholung von Bildelementen zu tun. Aber damit ist man auch schon am Ende der Leistungsfähigkeit der Informationsästhetik angelangt. Die Informationsästhetiker haben sich denn auch genau auf solche Beispiele beschränkt, in denen, zumeist durch eine geometrische Konstruktion der Bilder bedingt, sich sinnvoll definierbare Bildelemente sozusagen von selber ergeben haben. Aber was sind beispielsweise die Bildelemente einer Darstellung der Mona Lisa? Was sind die Bildelemente irgendeines Fotos von natürlichen Phänomenen? Der Variationsbereich bildlicher Elemente ist so immens, daß das Gehirn von vornherein darauf angewiesen ist, sie innerhalb bestimmter Grenzen und abhängig von Kontexten zu interpretieren. Die Informationsästhetik kommt eben da an ihr jähes Ende, wo man einsehen muß, daß es keine universell gültige symbolische Bildbeschreibungssprache gibt. Das ist im Bereich der Sprache anders, wo man einen begrenzten Vorrat an elementaren lautlichen Ereignissen, die Phoneme, hat. Deswegen haben die vom Informationsbegriff ausgehenden Untersuchungen auch in der Sprache etwas weiter geführt als im Bildbereich. Eine interessante, wenn auch für mich unklare Frage ist es, wie sich das in der Musik verhält. Die Musik ist einerseits komplexer als die Sprache, zumindest wenn man die psychoakustischen Elementarzeichen betrachtet, deren sich der Komponist oder der Interpretierende bedient, andererseits ist sie weniger komplex als die bildliche Information. Vielleicht gibt es deshalb in der Musik noch eher eine Aussicht, mit einem sinnvoll definierten Satz symbolischer Elemente etwas mit informationstheoretischen Mitteln auszusagen.

Sie haben schon öfter davon gesprochen, daß Wahrnehmung abhängig vom Kontext ist. Wie stellt man sich denn die kontextabhängige Interpretation in der Gehirn-architektur vor? Wenn man beispielsweise das Urinoir Duchamps in einem Museum sieht, so erscheint es ganz anders, als wenn man es in einem Klo sieht. Ist die visuelle Verarbeitung denn dabei nachweislich anders?

Das kann man bisher nicht nachweisen. Spekulationen oder Hypothesen, die man in einem solchen Zusammenhang entwickelt, orientieren sich an experimentalpsychologischen Befunden. Sie haben vorhin danach gefragt, was die zugrundeliegende interne Struktur der Repräsentation sein könnte, die Prototypen oder Musterlösungen erzeugt. Wir können annehmen, daß diese Prototypen nicht so sind, wie man früher glaubte, also daß für ganz bestimmte Ereignisse eine Zelle zuständig sei, deren Aktivierung eben sagt, daß genau dieses Ereignis eingetreten ist. Gegenwärtig geht man zwar wieder ein bißchen in diese Richtung zurück, aber mit einem wesentlichen Unterschied. Ein System, das so angelegt wäre, daß ein ganz bestimmtes Ereignis durch eine Nervenzelle repräsentiert wird, hätte das enorme Problem, daß angesichts der sehr vielen denkbaren Ereignisse auch entsprechend viele spezialisierte Zellen vorhanden sein müßten. Wenn man aber das Konzept so modifizieren würde, daß eine Art von Ereignis durch seinen durchschnittlichen Wert repräsentiert wird und zugleich bekannt ist, mit welchen Wahrscheinlichkeiten Abweichungen vorkommen, dann wäre dies viel ökonomischer und sinnvoller. Man kann sich dann fragen, wie ein Gehirn dazu kommt, solche Kenntnisse zu haben. Es ist denkbar, daß unterschiedliche Gehirne beispielsweise verschieden große Streuungsmaße zur Verfügung haben. Unsere durchschnittliche visuelle Erfahrung als Resultat der Exposition an bestimmte Eigenschaften der Umgebung könnte zu einer statistischen Gesamtheit von Bildern führen. Die Variabilität der möglichen Bilder ist, wenn man die richtige Form der Beschreibung verwendet, gar nicht so riesengroß, obwohl wir beliebig viele Bilder während einer längeren Zeit sehen können. Jemand, der einen guten Teil seines Tages vor dem Fernseher verbringt, würde niemals einzelne Bilder abspeichern, was informationstheoretisch und biologisch irrsinnig wäre. Er speichert vermutlich nur ein durchschnittliches Bild und hat überdies durch die Erfahrung gelernt, welche Spielarten hier möglich sind. Und nur wenn irgendwie Grund zur Annahme besteht, daß ein augenblicklich gesehenes Bild deutlich aus der üblichen Variabilität herausfällt, dann wird dieser Zuschauer erst aufmerken.

Das geht aber von einem passiven Zuschauer aus. Normalerweise versuchen die Zuschauer ja auch, aktiv solche Abweichungen zu erzeugen, indem sie durch die Programme zappen oder andere Umwelten aufsuchen.

Das wäre ein Thema der Psychologie. Man müßte untersuchen, worauf die Aufmerksamkeit gerichtet ist. Sie könnte etwa einen recht ähnlichen Sektor von verschiedenen Bildern in verschiedenen Programmen herausschneiden. Wenn man statistisch zufällig von einem Programm zum anderen springt, dann werden die einzelnen Inhalte austauschbar.

Der sogenannte radikale Konstruktivismus glaubt, daß die Wahrnehmung eine organismusspezifische Konstruktion sei, die kaum und zumindest nicht im Sinne der Repräsentation mit der Außenwelt verbunden ist. Die Tafel, von der Sie zuvor gesprochen haben, würde daher viel stärker von innen beschrieben werden, und nur das würde einen Eingang in sie finden, wofür Prototypen oder Muster vorhanden sind. Ist das auch die Position der Neurobiologie?

Von Wahrnehmungspsychologen und Neurobiologen wird grundsätzlich akzeptiert, daß Sehen wie jede andere sensorische Informationsaufnahme zuerst dazu da ist, im Gehirn ein Modell der Welt zu erstellen, mit dem es sich erfolgreich orientieren kann. Im Konstruktivismus wird diese Auffassung so weit zugespitzt, daß sich die Existenz der Welt in diesem Konstrukt erschöpft. Diese Betrachtungsweise beruht fast ausschließlich auf Kenntnissen von der Verarbeitung sensorischer Botschaften durch kognitive Bewertung und Strukturierung. Aber von großer Wichtigkeit ist auch der Bereich der Emotion. Von den Affekten ist im Konstruktivismus nur sehr wenig die Rede. In der psychologischen Emotionstheorie gibt es aber die experimentelle gestützte Hypothese, daß affektive Erregung in gleicher Weise in die Konstruktion des Weltbildes wie die sensorische Stimulation miteinbezogen wird. Wenn wir einen Tiger erblicken, dann rennen wir weg. Das Wegrennen führt zu einer starken Aktivierung im Bereich des autonomen Nervensystems, die nicht per se Angst ist, sondern wir interpretieren diese Aktivierung kontextbezogen als Angst, weil wir wegen des Tigers weggerannt sind. Das ist eigentlich eine radikale Umkehrung dessen, was man sonst denkt. Das hieße, daß wir keinen Grund dafür haben, die Konstruktion unseres Weltmodells auf sensorische und auf rational begründbare Inhalte zu beschränken. Wenn man den affektiven Bereich miteinbezieht, dann ist man nicht so weit vom Postulat Heideggers entfernt, das Ek-sistieren in Betracht zu ziehen. Der Impetus der Ek-sistenz durchbricht das Gebäude der nur inwendig vorhandenen Welt und bringt den Menschen zu sich und zur Welt. Eine affektiv geerdete Form des Konstruktivismus scheint mir deswegen ein wichtiges Thema zu sein, das man nicht vergessen sollte, wenn man mit hirnphysiologischen und neurobiologischen Überlegungen über Kunst sprechen will. Man darf wohl nicht, wie dies Kant so radikal gemacht hat, den Geschmack und das Geschmacksurteil vom Bereich der Erkenntnis trennen. Das kann man heute psychologisch und neurobiologisch nicht mehr aufrechterhalten.

Eine ganz andere Frage. Die phonetisch kodierten Schriften werden von links nach rechts und von oben nach unten gelesen. Manche vermuten, daß diese dem visuellen System aufgezwungene Leserichtung hirnphysiologische Auswirkungen haben könnte, was dann auch auf die Rahmen unserer Interpretation und damit auch auf unser Denken durchschlägt. Gibt es denn Untersuchungen darüber, daß die Leserichtung nicht willkürlich verändert werden könnte?

Es gibt das auch in der Kunstgeschichte berühmt gewordene Beispiel von Heinrich Wölfflin. Er ließ Bilder von Rembrandt daraufhin untersuchen, ob die optimale Wirkung beim Betrachter bei Rechts-Links-Vertauschung sich ändert. Dabei hat sich gezeigt, daß der wichtige Inhalt eher auf der linken Seite des Bildes liegt. Es ist also keineswegs egal, ob man die Bilder seitenverkehrt oder richtig zeigt, und der Maler hatte seinen Grund, den Akzent des Bildes auf die linke Seite zu setzen. Später hat man dies mit der Fragestellung der Lateralisierung der beiden Großhirnhemisphären in Verbindung gebracht. Hier gibt es eine Bevorzugung zeitlicher und sprachlicher Ereignisse beim rechtshändigen Menschen im linken Hirn und im rechten Hirn für räumliche Strukturen. Bei entsprechenden Untersuchungen wurde tatsächlich gefunden, daß die Lage wichtiger Bildelemente kulturabhängig ist und mit der Leserichtung variiert. Bei unserer europäischen Leserichtung von links nach rechts scheint also die Bevorzugung des linken Bildteiles gegeben zu sein.

Aber diese Umkehrung hat keine weitergehenden Konsequenzen, oder können aus solchen Bevorzugungen weitere kulturelle Eigenschaften abgeleitet werden? Es gibt beispielsweise die These, daß durch die Bevorzugung der Richtung von links nach rechts Muster eher analytisch aufgelöst würden, wodurch sich die perspektivische Organisierung des Bildraumes und überhaupt die Etablierung der Wissenschaften durchsetzen konnten.

Das ist eine schwierige Frage, weil sich damit auch die berühmte Frage nach der Priorität von Henne und Ei stellt. Kommt die Ausprägung der Schrift in eine Richtung daher, daß unsere Gehirne von vorneherein anders ausgebildet sind wie die der Menschen in Asien? Oder ist die Schrift das Primäre, und die Hirnstruktur richtet sich danach? Auf diese Frage weiß ich keine eigentliche Antwort. Angesichts der Polarität der Hirnstruktur ist es zumindest nicht ganz überraschend, daß sich in verschiedenen Kulturbereichen die eine und die andere Möglichkeit ausgebildet hat. Wenn man ein Instrument auf zwei Weisen spielen kann, dann werden vielleicht einfach beide Möglichkeiten ausgebildet.

So könnte man sich wahrscheinlich auch die Entwicklung der Künste vorstellen.

Ja, genau das ist meine Ansicht auch zu den bildnerischen Darstellungen in der Malerei. Wenn man akzeptiert, daß der malerische Stil etwas mit den verschiedenen Arten der internen Repräsentation von Bildinformationen zu tun hat, dann wird damit zunächst die Frage nach einem richtigen Stil hinfällig. Wichtig ist, daß es für den Menschen die Möglichkeit gibt, die eine oder andere Betrachtungsweise, die auch eine physiologische Grundlage haben kann, auszuwählen und damit den Reichtum seiner Erfahrungsweisen zu vergrößern.

Der Maler hebt also eine Weise der Bildverarbeitung stärker heraus und unterdrückt andere?

Ja. Auch die Mode findet ihren Sinn darin, während bestimmter Übergangszeiten Dinge neu oder auch wieder zu entdecken. Wenn die Naturwissenschaften heute den Anspruch aufgeben, das objektiv Wahre zu enthüllen und zu erkennen, und akzeptieren, daß sie bestimmte Paradigmen auswählen und dann bestimmte Modelle oder Sichtweisen ausloten, um schließlich zu anderen Paradigmen überzuwechseln, dann ist das ein entsprechender Vorgang.

Gibt es gegenwärtig ein herrschendes Paradigma der Neurowissenschaften?

Mir zumindest ist es nicht möglich, ein einziges Paradigma zu benennen, das alles beherrscht. Wenn man aber die Geschichte der Neurowissenschaften betrachtet, dann wird eine Entwicklungslinie deutlich. Im ersten Viertel dieses Jahrhunderts spielte bekanntlich die Forschung in Deutschland für die Neurologie eine große Rolle. Ein wichtiger und trauriger Faktor war, daß durch den Krieg und die in ihm entstandenen Verletzungen ein reiches Krankengut und Studienmaterial vorhanden waren. Damals waren gute Neurologen auch gute Anatomen, d. h., sie haben die Gehirne selbst geschnitten. Das ist heute durch die Teilung der disziplinären Aufgabestellungen und die Weiterentwicklung der entsprechenden komplexen Techniken so gut wie nicht mehr möglich.

Man hat sich also auf die Lokalität von bestimmten Hirnleistungen und Defizienzen konzentriert?

Ja, wobei aber die Anatomie an sich über die Funktionen gar nichts aussagt, sondern die Gegebenheit morphologischer Zusammenhänge untersucht. Danach kommt zuerst die Physiologie, welche die eigentliche Wissenschaft von der Funktion ist. In den Anfängen der Neurologie, in der Forscher sowohl Kliniker wie Anatomen waren, wurde der Blick auf den Systemcharakter der Hirnfunktion sehr stark ausgeprägt. Eine weitere Entwicklung, die sich mit der klinischen verschränkt hatte, war die eher phänomenologisch vorgehende Gestaltpsychologie mit ihrem euklidischen Postulat, daß das Ganze mehr als die Summe der Teile sei. Dann aber kam der Fortschritt der technischen Systemtheorie, gipfelnd in der Woge der Kybernetik. Sie brachte interessante Ergebnisse, hielt aber an der Vorstellung des mit festen Filterstrukturen arbeitenden Mechanismus fest. Auf der anderen Seite entwickelte sich die Molekularbiologie. Von der Anatomie ging es also noch einige Etagen weiter hinunter in die chemischen Zusammenhänge. Das ist eine Entwicklung, die wir seit zehn

Jahren immer mehr bedauert haben, weil durch sie der Blick auf den System-charakter sehr stark verlorenging. Es wurden aufregende Dinge entdeckt, aber der Blick darauf, was das ganze System biologisch, verhaltensmäßig oder menschlich leistet, ging damit ein gutes Stück verloren. Wenn heute die Frage-stellung »Mensch und Natur« mit großer Priorität verhandelt wird, so taucht unter dem Menetekel der Naturzerstörung auch die Forderung wieder auf, die systemische Verknüpfung nicht zu vergessen. Über die neuronalen Netze wurde auch für die technische Mustererkennung deutlich, daß man die Kon-zepte, die Prototypen oder die Schemata der Wahrnehmung durch Lernen und Erfahrung erwirbt. Durch das zunächst primär technisch motivierte Interesse an neuronalen Netzen wächst jetzt auch in der Neurobiologie das Interesse an der globalen Systemfunktion. Wenn man heute bei Forschungsplanungsgre-mien darauf hinweist, daß man unbedingt eine enge Verschränkung von Mi-kroforschung und Theoriebildung im Hinblick auf Systemwirkungen braucht, dann findet man keinen nennenswerten Widerspruch mehr. Vor zehn Jahren hätte man noch gesagt, daß das doch alles molekularbiologisch erklärbar sei. Für die achtziger Jahre stellt also wohl doch die allmähliche Renaissance der Systembetrachtung das bestimmende Paradigma dar.

Wir hatten zu Beginn darüber gesprochen, daß man im letzten Jahrhundert das Auge mit der Kamera verglichen hatte. Worin würde man heute eine Ver-gleichsmöglichkeit sehen?

Unser Forschungsminister hat gerade der Öffentlichkeit ein Projekt angekün-digt, wodurch er den Computer mit Augen versehen möchte. Dabei geht es um »computational« oder »robot vision«, was durch Bedürfnisse der industriellen Fertigung getragen wird. In der Vergangenheit sind dagegen die weitaus mei-sten Gelder aus der militärischen Richtung gekommen. Nun merkt man, wenn man im Bereich des Maschinensehens solche Automaten so konstruiert, wie wir uns vorstellen, daß das Sehen funktioniert, daß das dann in der Regel gründlich schiefgeht. Man beginnt sich deshalb daran zu erinnern, daß Augen primär entwickelt worden sind, um agierenden Organismen eine Kontrolle in ihrer Umgebung zu ermöglichen. Die Notwendigkeit, die visuelle Wahrneh-mung im Hinblick auf ein komplexeres Systemverhalten zu untersuchen, zeigt somit die Richtung der künftigen Entwicklung. Für das zeitgemäße Konzept des visuellen Wahrnehmungsorgans spielen also die Funktionen der Steuerung und Kontrolle des Handelns und der Motorik die entscheidende Rolle.

GERHARD ROTH

Die Welt, in der wir leben, ist konstruiert

In den letzten Jahren ist vor allem über die Theorien von Maturana und Varela die Biologie der Kognition zu einem neuen erkenntnistheoretischen Ansatz geworden. Hier wird besonders betont, daß unser Gehirn ein autopoietisches System sei, das von seiner Umwelt abgeschlossen ist, d. h. nur durch Perturbationen dazu angeregt wird, bestimmte Erkenntnisleistungen zu vollziehen, die so durch Selbstreferentialität charakterisiert sind. Ist denn diese Theorie aus der Perspektive der Hirnforschung haltbar, und worin liegen ihre Evidenzen?

Der Begriff der Abgeschlossenheit, wie er von Maturana und Varela entwickelt wurde, hat zu vielen Mißverständnissen geführt. Man muß viel Arbeit darauf verwenden, um ihn zu klären. Erst einmal ist dieser Begriff kontra-intuitiv. Das Problem besteht darin, daß sich ein Tier oder Mensch mit seinen Sinnesorganen an der Umwelt orientieren muß. Das Gehirn ist das Organ, das diese Sinnesinformation verarbeitet und schließlich ein Verhalten erzeugt, mit dem das Tier oder der Mensch in seiner Umwelt überleben kann. Wie könnten also Lebewesen überhaupt erfolgreich in einer Umwelt leben, wenn das Gehirn davon abgeschlossen ist? Diese Frage haben Maturana und Varela in ihrer Theorie nicht hinreichend beantwortet. Diese Lücke wird auch von den Konstruktivisten nicht wirklich geschlossen. Es ist beispielsweise die Aufgabe der kognitiven Hirnforschung, herauszustellen, in welchem Sinne das Gehirn abgeschlossen bzw. nicht abgeschlossen ist.

Sie würden also auch nicht der konstruktivistischen These ohne weiteres zustimmen, daß wir unsere Realität konstruieren, sie also nur ein Bild ist, das nicht in Kontakt zu dem steht, was außen ist?

Die Antwort darauf ist kompliziert. Es gibt eine Abgeschlossenheit des Gehirns in dem Sinne, daß alles, was wir erleben und was wir empfinden, das Ergebnis der Aktivität unseres Gehirns ist, d. h., das, was für uns »draußen«

und was »drinnen« ist, wird vom Gehirn hervorgebracht. Insofern gibt es nichts, was von »draußen« hereinkommt. Das ist ein trivialer Bestandteil des Begriffs der Abgeschlossenheit. Nicht trivial hingegen ist die Frage, wie diese konstruierte Welt im Gehirn entstehen und der Organismus gleichzeitig sich an der Umwelt orientieren kann. Wie also läßt sich dieses Paradoxon auflösen? Die Lösung besteht darin, daß sich das Gehirn natürlich mit Hilfe der Sinnesorgane an der Umwelt orientiert, indem es Signale aus ihr aufnimmt. Was das Gehirn aber aufgrund der Signale tut, ist in keiner Weise von der Umwelt determiniert. Das Gehirn von Mensch und Tier muß die Signale, die von außen kommen und also solche bedeutungsfrei sind, immer interpretieren. Darin besteht der einzig sinnvolle Inhalt von »Abgeschlossenheit«.

Man ist einige Zeit davon ausgegangen, das Gehirn als informationsverarbeitendes System analog dem sequentiell und hierarchisch aufgebauten von-Neumann-Computer zu verstehen. Gegenwärtig schiebt sich eher das Modell der sogenannten neuronalen parallelverarbeitenden Netze als Vorbild in den Vordergrund, die leistungsfähiger seien. Ist denn das, was im Computer nach dem Vorbild des Gehirns installiert werden kann, wirklich vergleichbar mit dem, was in ihm stattfindet?

Vorerst überhaupt nicht. Der Schritt vom sequentiell zum parallel verarbeitenden Computer ist ein rein technischer Aspekt. Man hat gesehen, daß viele technische kognitive Aufgaben wie Bilderkennungsleistungen nicht nacheinander abgearbeitet werden können, weil das zuviel Zeit kostet. Mit dem eigentlichen Problem des Gehirns hat das aber gar nichts zu tun, das darin besteht, herauszufinden, welche Umweltsignale für es selbst bedeutungsvoll sind. Ob das sequentiell oder parallel verarbeitet wird, spielt für das Problem des Gehirns als einer semantischen Maschine oder eines semantischen Systems keine entscheidende Rolle.

Bislang können offenbar Computersimulationen von intelligenten Leistungen diesen Bereich der Semantik nicht erreichen. Wäre es eine Konsequenz Ihrer Ausführungen, daß dies auch gar nicht erreichbar sein wird?

Computer, die man baut, sollen ja etwas tun, was uns nützt. Das kann einfach oder kompliziert sein, aber die Bedeutung dessen, was sie tun, wird von uns vorgegeben. Wir wollen, vorerst zumindest, keine Computer, die etwas tun, was sie selber wollen.

Aber das wäre denkbar?

Nehmen wir einmal an, wir könnten Computer konstruieren, die so gebaut sind wie wir, daß sie also nach internen Regeln dem, was sie erleben, Bedeutungen zuweisen. Dann würden sie unter Umständen Dinge tun, die wir nicht wollen oder die für uns irrelevant sind. Deshalb ist es für uns nicht interessant, semantische Computer zu bauen. Das Gehirn hingegen muß ein Verhalten erzeugen, das für es selbst und den Organismus, in dem es sitzt, und nicht für einen Beobachter bedeutungsvoll ist. Das Gehirn konstruiert sich zusammen mit dem Organismus selbst und damit auch seine Regeln, nach denen es bedeutungsvoll wahrnimmt und handelt. Solange wir solche Computer nicht wollen, ergibt sich auch das Problem der Bedeutungserzeugung in Computern nicht. Es mag sehr schwer sein, solche Computer zu bauen, aber ausgeschlossen ist es nicht, wenn wir herausfinden würden, wie natürliche kognitive Systeme Signalen bestimmte Bedeutungen zuweisen.

Müßte dann aber nicht auch die Verbindung von Gehirn und Körper entscheidend werden, weil der Körper ja nicht nur unsere Position in und unsere Interaktion mit der Welt bestimmt, sondern auch unsere Bedürfnisse und Wünsche hervorruft? Müßte man also die KI, wenn sie die Dimension der Semantik erreichen sollte, in einen Roboter implementieren?

Man kann das Gehirn nicht verstehen, wenn man nicht versteht, in welchem sensomotorischen Umfeld es existiert. Wir wissen von Menschen und von vielen Tieren, daß sie keine kognitive Welt aufbauen, wenn sie nicht in der Welt aktiv sind. Von Säuglingen und Kleinkindern wissen wir, daß sie die Welt aktiv erfahren und begreifen müssen, damit sich überhaupt das, was wir als Wahrnehmungs-, Vorstellungs- oder Gedankenwelt erleben, entwickeln kann. Ein Ergebnis der Untersuchungen des Verhältnisses zwischen Gehirnforschung und Künstlicher Intelligenz ist, daß man Computer als sich sensomotorisch verhaltende Systeme bauen muß, wenn sie wirklich intelligent sein sollen. Sie müssen handgreifliche Erfahrung mit der Welt machen können, um eine interne kognitive Welt zu entwickeln. Ob man das, wie gesagt, will und ob man das auch technisch realisieren kann, ist eine ganz andere Frage.

Die Analogie Computer und Gehirn wird auch davon unterstützt, daß die neuronale Sprache, dem digitalen Code vergleichbar, unspezifisch ist. Sie übersetzt alle Signale in einen Ja-Nein-Code, übermittelt nur Intensitäten, aber nicht die Qualitäten der von den einzelnen Sensoren aufgenommenen Reize. Offenbar ist lediglich die Lokalität, wo Reize aufgenommen und im Gehirn verarbeitet werden, nicht aber ihre Qualität dafür entscheidend, wie sie inter-

pretiert werden. Ist es denn wirklich zutreffend, daß einzig die Lokalität darüber entscheidet, was wir als visuellen, auditiven oder taktilen Eindruck empfinden, also ähnlich wie man beim Computer durch entsprechende periphere Geräte jede Bitfolge in einen beliebigen Output verwandeln kann?

Es gibt grundsätzlich das Prinzip der Unbestimmtheit oder Neutralität des neuronalen Codes, d. h., die Aktivität von Nervenzellen hat primär nichts mit dem zu tun, was wir subjektiv empfinden, wenn Nervenzellen tätig sind. Wenn eine Nervenzelle aktiv ist, so kann das im Kontext des Sehens, des Hörens, des Riechens, im Kontext der Farbe, der Form oder Bewegung sein, aber man kann dies an ihrer Aktivität nicht ablesen. Nun gibt es natürlich verschiedene Arten der Codierung, auf denen das, was wir letztlich wahrnehmen, beruht. Was Nervenzellen »können«, ist, daß sie aktiv oder nicht aktiv sind, daß sie gehemmt oder erregt sind und daß sie ganz verschiedene Stufen der Erregung einnehmen. Mit diesen verschiedenen Erregungsstufen können nur quantitative Unterschiede ausgedrückt werden, z. B. Grade der Helligkeit einer Farbe, der Lautstärke eines Tones oder der Geschwindigkeit eines Reizes. Alles Qualitative wird nach anderen Prinzipien codiert. Wir wissen, daß die Modalität, also die elementarste Unterscheidung von Sehen, Hören, Fühlen, Schmecken usw., nach dem Ortsprinzip geschieht, d. h., die Modalität wird bestimmt davon, wo im Gehirn eine Erregung stattfindet. Dabei ist es völlig irrelevant, woher die Erregung »in Wirklichkeit« kommt. Ob ich eine Hirnregion wie den Hinterhauptskortex künstlich stimuliere oder ob die Erregung vom Auge stammt, es entsteht ein Seheindruck. Der neuronale Code ist hier ein räumlicher Code. Diese räumliche Codierung gilt auch für die sogenannten primären und sekundären Qualitäten, z. B., daß ein visueller Eindruck als Farbe wahrgenommen wird. Dann gibt es natürlich noch sehr viele kompliziertere Codes, die etwas über die Neuheit, die Vertrautheit oder die Sinnhaftigkeit von Reizen aussagen. Dies beruht auf Vergleichen von Vergleichen von Vergleichen zwischen neuronalen Erregungen. Die Erregung von Nervenzellen wird immer mit der Erregung von anderen Nervenzellen verglichen. Bedeutung im Gehirn entsteht also immer relational. Daraus konstruiert sich das Gehirn, d. h., daraus konstruieren sich die Teile des Gehirns gegenseitig die Welt zusammen. Es gibt bestimmte räumliche und zeitliche Prinzipien, nach denen das Gehirn offenbar strikt vorgeht. Wenn also etwas zu einer bestimmten Zeit am Ort A geschieht, dann ist es beispielsweise Sehen. Wenn das am Ort A passiert und irgend etwas am Ort B, dann ist es beispielsweise vertraut oder unvertraut, bedeutungshaft oder nicht bedeutungshaft.

Es kommen also Reize von unseren Sinnesorganen an, die in die neuronale
Sprache übersetzt und dann gewissermaßen zu bestimmten Phänomenen des
Sehens oder Hörens komputiert werden. Wäre denn dann die Metapher zutref-
fend, daß unsere Wahrnehmungswelt auf einen mentalen Bildschirm projiziert
wird? Wir sehen nicht nach draußen, sondern auf einen Bildschirm, auf den das
Außen simuliert wird.

Nein, diese Metapher wäre nicht richtig, weil wir dann jemanden bräuchten,
der sich diesen Bildschirm anschaut. Das ist übrigens eines der zentralen
Probleme der Hirn- und Kognitionsforschung. Man stellt fest, daß die verschiedenen Codierungen, die ich eben beschrieben habe, an vielen Orten im
Gehirn gleichzeitig passieren. Es gibt kein oberstes Wahrnehmungszentrum,
es gibt niemanden, der sich das noch einmal anguckt, was im Gehirn passiert,
und der dann sagt, was das bedeutet, daß ich beispielsweise einen bunten
Gegenstand sehe. Wie das Prinzip der Organisation geschieht, ist nach wie vor
ungelöst. Man vermutet zwar, daß bestimmte Mechanismen die einzelnen
Erregungen zu einem Gesamtbild zusammenfügen. Das System, das diesen
Gesamteindruck produziert, ist offenbar unser Gedächtnis. Vielleicht liegt hier
die Lösung des scheinbaren Paradoxons, daß es keine höchste Wahrnehmungs-
instanz in unserem Gehirn gibt. Obwohl wir eine Welt erfahren, ist sie in vielen
Teilen des ganzen Gehirns repräsentiert. Wir müssen davon ausgehen, daß
unser Gedächtnis dieses integrative System ist, das uns unsere Welt schafft.
Dabei ist das Gedächtnis selbst über das ganze Gehirn verteilt. Dazu muß man
sich die Normalsituation der Wahrnehmung vorstellen. Auf der Tagung über
Psychophysik, von der ich gerade komme, wurde gesagt, daß eines der wesent-
lichsten Probleme für die Wahrnehmung die Tatsache ist, daß die Sinnesorgane
sehr viel mehr Informationen aufnehmen, als das Gehirn verarbeiten kann. Der
erste und wichtigste Schritt ist dabei, alles, was bekannt, also redundant ist, zu
eliminieren. Das Gehirn sucht das heraus, was abweicht, was nicht zu erwarten
war, was sich nicht aus dem Kontext ergibt. Das ist eine extrem effiziente Weise
der Komplexitätsreduktion, wobei das Gedächtnis ständig entscheiden muß:
bekannt – unbekannt, neu – alt, interessant – uninteressant. Das Gedächtnis
bindet unsere Wahrnehmung zu einem gestalthaften Ganzen zusammen. Alle
Systeme stehen sozusagen im Dienste des Gedächtnisses, das der jeweilige
Erfahrungszustand ist, der von früheren Erfahrungszuständen abhängt. Das
Gehirn fängt bereits vor der Geburt an, Erfahrung zu akkumulieren, und jede
Erfahrung gestaltet wiederum jede neu anliegende Wahrnehmungssituation.
Das Resultat wird bewertet und im Gedächtnis niedergelegt.

Wenn durch das Gedächtnis, wie Sie sagen, nur Informationen registriert werden, die neu und nicht erwartet sind, dann könnte man sich doch, einmal ganz naiv gefragt, gar nicht in seiner Umwelt orientieren, die ja durch Erwartungen konstituiert wird? Wir erwarten doch, daß der nächste Schritt, den wir auf diesem Boden tun, uns nicht in einen leeren Raum fallen läßt. Wir sehen doch, wenn auch vielleicht nicht aufmerksam oder bewußt, meist uns ganz vertraute Gegenstände oder Räume, weil wir uns sonst nicht routiniert und ohne »anzustoßen« bewegen könnten. Zudem ängstigt uns doch auch oft etwas Neues, wenn es noch dazu unerwartet ist. Ist also die Elimination des Vertrauten wirklich eine Grundeigenschaft des Gedächtnisses, das dieses ja speichern muß, um es mit einer Erfahrung vergleichen zu können?

Überlegen wir uns noch einmal die Situation, vor die unser Wahrnehmungssystem in jeder zehntel Sekunde gestellt ist. Wenn wir alles erleben würden, was unsere Sinnesorgane primär wahrnehmen, dann kämen wir nie zum Handeln. Wir müssen aber handeln, indem wir auf wichtige Dinge reagieren und unwichtige ignorieren. Die einfachste Möglichkeit, dieses Problem zu lösen, besteht darin, daß das Gedächtnis von sich aus all das produziert, was es erwarten kann. Wir erleben subjektiv viel in unserer visuellen Umwelt, außerordentlich viel, was aus unserem Gedächtnis kommt und was wir aktuell gar nicht wahrgenommen haben. In das zentrale Wahrnehmungssystem dringt immer nur das hinein, was nicht sowieso zu erwarten ist. Durch eine solche konstruktive Wahrnehmung kann man auf kürzeste Weise reagieren. Ein System, das immer nur die Unterschiede zu dem früher Wahrgenommenen registriert, wobei »früher« eine zehntel Sekunde heißt, ist außerordentlich ökonomisch, weil es auf die Unterschiede ankommt. Alles andere wird vom Gedächtnis zentral erzeugt und »hinzugedichtet«. Deshalb leben wir in einer hochgradig konstruierten Welt. Das ist auch der Überlebenswert der Konstruktivität des Gehirns, weil man so in außerordentlich kurzer Zeit außerordentlich komplexes Verhalten erzeugen kann, ohne daß man gleichzeitig unendlich viele Daten aus der Umwelt abfragen müßte. Wäre unser Gehirn nicht so konstruktiv, dann könnten wir niemals in der komplexen natürlichen und sozialen Umwelt überleben.

Ist das alles vielleicht ein Grund dafür, daß beispielsweise unsere Augen in ständiger Bewegung sich befinden, womit sie gewissermaßen selber sich neue Informationen erzeugen? Und was geschieht, wenn das stimmen sollte, angesichts von schnell bewegten Bildern wie einem Film, der, anders wie etwa bei einem gemalten Bild, auf dem man aktiv den Blick herumschweifen lassen kann, den Blick erstarren läßt? Versetzt das einen in eine Trance bis hin zum

Einschlafen? Andererseits scheinen aber Versuche in einer sensuell isolierten Situation zwar die Simulation der im Gehirn gespeicherten Bilder zu belegen, die dadurch evoziert werden, aber gleichzeitig auch, daß unsere Wahrnehmungsorgane von außen stimuliert werden müssen, um nicht verrückt oder apathisch zu werden.

Unsere Augenbewegungen sind Ausdruck des aktiven Suchens unseres Gehirns nach Neuem und Wichtigem. Daher sind sie meist, wenn auch nicht notwendig, mit der Steuerung unserer Aufmerksamkeit verbunden. Inwieweit sogenannte willkürliche Augenbewegungen beim Betrachten von Filmen und Fernsehbildern verändert sind, weiß ich nicht. Richtig ist, daß wir die Stimulation »von außen« unbedingt brauchen, damit unser Gehirn nicht »verrückt«, d. h. über-konstruktiv, wird.

Auch bei Ihnen fällt auf, daß offenbar Gehirnforscher ebenso wie Biologen bei allem, was sie zu verstehen suchen, eine Teleologie unterschieben, also daß beispielsweise ein Verhalten deswegen existiert, weil es für das Überleben des Organismus wichtig sei; man muß Reize ausdünnen, weil man sonst davon überflutet wird. Menschliches Erkennen und Verhalten scheinen doch in dieser Überlebensfunktion nicht aufzugehen. Hier käme dann auch die Ebene der Kunst ins Spiel. Wir wollen doch nicht nur an die Lebenswelten gebunden sein, in denen wir für unser Überleben sorgen müssen, sondern wir sind doch auch Wesen, die diesen Horizont überschreiten wollen, indem sie beispielsweise Bilder herstellen, die zumindest dem physischen Überleben des Organismus primär nicht dienen und vielleicht sogar der Wahrnehmung Fallen stellen. Wie erklärt man denn biologisch oder gehirntheoretisch das nicht primär in Überlebensstrategien eingepaßte Verhalten?

Es gibt den gängigen neodarwinistischen Standpunkt in der Biologie, der fordert, daß alles, was wir in einem Organismus finden, das Resultat einer unmittelbaren Anpassung an eine Umwelt sei. Dieser Standpunkt ist weitgehend falsch, insbesondere bezüglich des Gehirns. Es gibt weder bei Tieren noch bei Menschen einen Hinweis dafür, daß das, was Gehirne können, unmittelbar unter einem Selektionsdruck hinsichtlich der Umwelt steht. Das bedeutet, daß auch die Bedingungen der Evolution von Nervensystemen nicht direkt in einem Überlebenszusammenhang gestanden haben. Man muß sich also nicht wundern, daß unsere Gehirne sehr viel können, wo der Aspekt des Überlebens unklar oder gar nicht vorhanden ist. Beispielsweise hat unsere Fähigkeit, Mathematik zu betreiben, Musik zu hören oder Bilder zu sehen, keinen unmittelbaren Überlebenswert. Natürlich können diese Fähigkeiten mit solchen in einem Zusammenhang stehen, die für das Überleben relevant sind. Wir haben z. B. ein außerordentlich großes Gehirn, und niemand weiß genau, warum wir das haben.

Würden Sie denn sagen, daß so etwas wie ästhetische Empfindungen, die mit gewissen Bewertungen wie schön, interessant, erhaben, langweilig oder häßlich einhergehen, auf Menschen beschränkt sind? Könnte man sagen, daß auch Tiere bestimmte Wahrnehmungen als schön empfinden, was das auch immer näher heißen mag?

Das ist natürlich schwer herauszukriegen, aber es gibt Versuche dazu. Mein akademischer Lehrer Bernhard Rensch hat in Münster bereits vor mehreren Jahrzehnten Versuche mit Schimpansen gemacht, indem er sie malen ließ. Zumindest von Affen kann man annehmen, daß sie ein ähnliches ästhetisches Empfinden haben wir wir. Inwieweit das andere Tiere haben, ist nicht feststellbar, zumal man nicht zur Gänze weiß, wie visuelle Wahrnehmung funktioniert, geschweige denn eine solche im Kunstbereich. Es gibt aber das interessante Phänomen, daß Menschen interindividuell und interkulturell sehr weit in dem übereinstimmen, was sie schön finden. Das mag eine Auffassung sein, die ein Kunstästhet nicht teilt. Viele Menschen mögen im Bereich der Musik Harmonisches, Ausgeglichenes und Ruhiges oder im Bereich der bildenden Kunst klare Linien und saubere Konturen. Von diesen Strukturen weiß man auch, daß sie vom Wahrnehmungssystem im auditorischen oder visuellen Bereich stark bevorzugt werden. Hier ergibt sich zumindest ein Übergang vom allgemeinen zum ästhetischen Wahrnehmen. Das Problem dabei ist natürlich, daß der ausgedehnte Umgang mit solchen künstlerischen Strukturen sich sehr stark verfeinern kann. Man kann einfache Musik sehr schön, aber auch sehr langweilig finden. Man kann z. B. ein Freund von Händel oder einer von Schönberg oder Stockhausen sein. Hier wird ganz offensichtlich durch Erfahrung ein bestimmtes Wahrnehmungsmodell überformt. Aber wenn man fragt, was Völker auf dieser Erde und sogenannte ungebildete Menschen schön finden, dann ist das erstaunlich gleichförmig.

Würden Sie sagen, daß auch innerhalb der Wissenschaften ästhetische Kriterien eine erheblich größere Rolle spielen als die bislang meist zum Ausdruck gebrachte Orientierung an der Wahrheit oder einer objektiven Erkenntnis?

Mit Wahrheit hat das sicher nichts zu tun, schon eher mit der Tendenz unseres kognitiven Systems, Dinge möglichst einfach zu handhaben, also alles auf einfachste Gesetze und Prinzipien zu reduzieren. Vom Wahrnehmungssystem zumindest kann man dies sagen, weil das die Strategie ist, Freiheitsräume für das Verhalten zu erzeugen. Das mag eine der Wurzeln der naiven Freude an der Kunst, aber auch der naiven Freude eines Wissenschaftlers sein, wenn er komplizierte Sachverhalte auf möglichst einfache Prinzipien reduziert hat. Wir müssen aber dabei im Auge behalten, daß dies nur eine erste Stufe ist. Man kann auch Freude an sehr komplexen Dingen haben. Das ist die überwältigende Plastizität unseres kognitiven Apparats.

Es gibt also eine primäre Schicht ästhetischer Anmutungen, die für alle Menschen etwa gleich ist und die auch wesentlich in unser Verhalten und Wahrnehmen hineinwirkt. Weil aber Menschen Umwelten erzeugen können, die nach diesen ästhetischen Kriterien der Selektion aufgebaut sind, kommt es gewissermaßen zu einem rekursiven Prozeß, in dem die Dynamik zur Geltung kommt, die Sie vorher in bezug auf Neuigkeit herausgestellt haben.

Unser Wahrnehmungssystem befindet sich bezüglich des Wohlgefallens oder des Lustempfindens in einem Dilemma. Auf der einen Seite müssen Wahrnehmungsphänomene möglichst vereinfacht werden, damit sie handhabbar sind, auf der anderen Seite ist diese Vereinfachung aber langweilig, sie unterfordert unser Aufmerksamkeitssystem. Es gibt ja in uns das schon genannte Wahrnehmungs- und Aufmerksamkeitssystem, das immer nur durch Abweichendes, Neues und Unbekanntes aktiviert wird. Aufmerksamkeit und Neugierde sind auch etwas Lustvolles. Wir haben also das Dilemma, daß sehr einfache Strukturen als angenehm und andererseits als langweilig empfunden werden, während etwas Neues auch als lustvoll empfunden wird. Das ist unter anderem das Dilemma der Kunstempfindung. Wird etwas zu einfach, schlafen wir ein. Wird es zu kompliziert, wie etwa bei der modernen Musik, sind wir sensorisch und intellektuell oft überfordert. Dieser Bereich zwischen dem, was nicht zu einfach und was nicht zu kompliziert ist, ist offenbar die Variationsbreite, die der Kunstempfindung zugrunde liegt. Der Neuigkeitsgrad kann sich natürlich auch sehr stark verändern. Man kann ständig Neues erfahren, aber auch selbst das wird allmählich langweilig, weswegen man einen höheren Grad an Neuigkeit, an Unbekanntem erfahren muß. Das ist zum Beispiel der Fall, wenn man sich zuerst an Mozart und dann an Wagner »sattgehört« hat. Darauf möchte man vielleicht Schönberg oder Stockhausen hören. Aber Menschen sind in dieser Hinsicht sehr plastisch. Es ist immer die Frage der Einfachheit und der Interessantheit der Wahrnehmung, zwischen denen unser Bedürfnis nach lustvoller Erfahrung, worauf ja Kunst beruht, sich einstellen muß.

Wenn das so wäre, dann müßte sich doch eine Formel dafür angeben lassen, zumindest welche formalen Ordnungsstrukturen Menschen als schön empfinden müßten. Dem aber würde die von Ihnen angeführte Dynamik zwischen Wahrnehmungs- und Aufmerksamkeitsystem entgegenlaufen, die ja auch eine Geschichte beinhaltet. Wäre es also sinnvoll eine solche Formel zu suchen, auf deren Fährte bereits die Informationstheoretiker der fünfziger Jahre waren?

Nein. Einfachheit und Komplexität haben gleichermaßen Nachteile. Jeder Mensch ist ein Individuum, das nur vorübergehend zwischen diesen Polen seine Kunsteinstellung findet, die sich ja fortwährend verändert. Was man zuerst interessant fand, wird langweilig. Zuviel moderne Musik und Kunst wird einem vielleicht zu kompliziert. Man will einfache Strukturen. Das ist von Mensch zu Mensch, aber auch bei einem Menschen in den verschiedenen Lebensaltern sehr verschieden.

Nun gibt es seit der Moderne – Duchamp wäre für diese Position charakteristisch – den Versuch, Kunstwerke aus dem Kontext von ästhetischen Erfahrungen herauszulösen und mit ihnen meist paradoxe, jedenfalls reflexive Fragen an den Begriff der Kunst zu stellen. Damit wird einerseits der Bereich von Kunst immer größer, und andererseits wird damit auch der Unterschied etwa zwischen Kunst und Nicht-Kunst oder auch zwischen Bild und Wirklichkeit nivelliert. Wie würde man denn aus der Perspektive der Gehirntheorie sich solche Phänomene erschließen? Das Bildbewußtsein scheint bei Menschen ja sehr zentral zu sein, während Tiere nicht in der Lage sind, Bilder zu erkennen, also daß sie nicht nur Gegenstände sind, sondern auch etwas repräsentieren. Warum also könnte es für das Gehirn interessant sein, die Ausdifferenzierungen, die kulturell oder auch biologisch geleistet worden sind, wieder einzuziehen?

Dazu gehört natürlich die Eigenschaft unseres Wahrnehmungssystems, etwas zu tun, was nicht unmittelbar verhaltensrelevant ist, was für viele Tiere nicht unmittelbar zutrifft. Tiere können es sich, auch von ihrer Gehirnkapazität her, wohl nicht »leisten«, Kunst zu machen. Der Mensch mit seinem großen und komplizierten Gehirn kann sehr viel mehr tun, als für sein Überleben notwendig wäre. Das ist eine wesentliche Wurzel von Kunst, aber auch von Wissenschaft. Wenn man vom konstruktivistischen Standpunkt her erklären will, was Kunst ist, dann muß man scheinbar paradox sagen, daß Kunst all das ist, was bestimmte Leute für Kunst halten. Es gibt keine scharfe Trennlinie zwischen Kunst und Nicht-Kunst. Weil das Gehirn sich die Wirklichkeit konstruiert, muß es auch innerhalb dieser Wirklichkeit konstruieren, was überlebensrelevant ist und was nicht, was schön ist und was nicht. Insofern gibt es auch keinerlei Unterschied zwischen wissenschaftlich und nicht-wissenschaftlich. Diese Grenze ist historisch verschiebbar. Wenn man die Aussagen der Relativitätstheorie nimmt, so wären sie vor 150 Jahren noch als purer Mystizismus angesehen worden. Der Grund dafür liegt darin, daß solche Definitionen selbstreferentiell sind. Was Wissenschaft ist, definieren in jeder historischen Epoche Wissenschaftler, und diese wiederum definieren sich über Wissenschaft.

Darin läge ja auch eine Parallele zur Selbstreferentialität des Gehirns.

Ja, weil das Gehirn sich die Wirklichkeit selber konstruieren muß. Was es dann für wirklich hält, muß es in einem Selbstbewährungsprozeß herausbekommen.

In der Geschichte der Menschheit läßt sich ein starker Drang beobachten, Illusionstechnologien zu entwickeln, angefangen von Ritualen, Zeremonien und Bildern bis hin zum Theater, zum Panorama oder zur sogenannten Virtuellen Realität, wo man sich in einen »Taucheranzug« begibt und in ein computererzeugtes Bild einsteigen kann. Warum wollen wir Türen erfinden, um in eine illusionäre und selbsterzeugte Wirklichkeit eintreten zu können? Und ist es realistisch denkbar, daß wir irgendwann einmal durch die Gehirnforschung in der Lage sein werden, das Gehirn direkt an einen Computer zu koppeln, der bestimmte Stimulationen auslöst, ohne daß wir noch Bilder betrachten oder so einen Datenanzug anziehen müssen, also daß wir unser Sensorium überspringen können und dennoch eine Wahrnehmungswelt besitzen?

Wir müssen uns darüber klarwerden, daß wir diesen Zustand bereits erreicht haben. Die Welt, in der wir leben und von der wir ein Teil sind, ist eine konstruierte Welt. Die Frage ist nur, ob es in dieser konstruierten Welt noch eine weitere konstruierte Welt sozusagen zweiten Grades gibt. Man kann natürlich mit Hirnstimulationen heute schon eine Menge Effekte erzielen. Ob man allerdings das Nervensystem so spezifisch stimulieren kann, daß wir genau solche Wahrnehmungen haben wie mit unseren sensorischen Organen, ist eine offene Frage. Ich glaube das nicht. Eine Frage ist auch, warum man das überhaupt haben will, weil die Sinnesorgane genau diese exakten Stimulatoren sind.

Wir ergänzen sie doch auch dadurch, indem wir sie an technische Geräte wie ein Fernrohr anschließen, die uns dann auch sensorische Erfahrungen machen lassen, wie wir sie sonst nicht machen könnten.

Ihre erste Frage war ja, warum wir einen solchen Drang haben, der überall verbreitet ist. Schon ganz einfache Kulturen haben diesen Drang, die rauhe Wirklichkeit zu transzendieren. Dies scheint eine Wurzel darin zu haben, daß unser Gehirn pausenlos konstruktiv ist und durch die Sinnesdaten an dieser überbordenden Konstruktivität gehindert wird. Wir sind ständig dabei, Wirklichkeiten zu konstruieren. Und wir werden veranlaßt, eine davon auszuwählen, die mit den aktuellen Sinnesdaten am besten vereinbar ist. Wenn diese Kopplung wegfällt, dann träumen oder halluzinieren wir. Das ist eigentlich der Normalzustand. Es ist also eine elementare Freude unseres Gehirns als eines kognitiven Systems, Welten zu erzeugen. Vielleicht ist es für es eher unangenehm, genau diese Welt herauszusortieren, die mit den »harten« Sinnesdaten am besten übereinstimmt.

HORST PREHN

Die Manipulation von Erfahrungen ist Mikrochirugie am Gehirn

Es ist bekannt, daß man diejenigen Mechanismen, die man erklären, oft auch rekonstruieren und womöglich als Technik implementieren kann. Die Gehirnforschung hat in den letzten Jahren große Fortschritte erzielt. Ist es denn überhaupt denkbar, dieses äußerst komplexe System des Gehirns irgendwann einmal im ganzen verstehen und gezielt beeinflussen zu können?

Wir sind noch sehr weit davon entfernt, zu verstehen, auf welche Weise sich das Gehirn selbst erforscht. Hingegen ist inzwischen die gezielte partielle neurophysiologische Beeinflussung von einzelnen Prozessen im Gehirn durchaus realisierbar. Bislang ist das jedoch nur auf der reinen Reiz-Reaktions-Ebene möglich. Bei komplexeren Repräsentationen des Gehirns halte ich es eher für unwahrscheinlich, daß wir überhaupt spezifisch in die bedeutungsgenerierenden Mechanismen, also in die symbolischen Ebenen, einbrechen können. Wir versuchen inzwischen, mit neurophysiologischen Methoden, z. B. im Bereich des Kortex, bestimmte Wahrnehmungsmodalitäten zu stimulieren bzw. zu modulieren, wobei das auch sehr »faustkeilartige«, recht unspezifische und kaum bedeutsame Eingriffe sind. Im Hinblick auf die daraus entstehende Bedeutung unserer Simulationstechnik vertrauen wir im wesentlichen auf die mentale Kompetenz des Gehirns.

Man geht heute davon aus, daß das Gehirn als selbstorganisierendes System zu verstehen sei, das man möglicherweise mit chaostheoretischen Modellen beschreiben kann, und daß seine Informationsverarbeitung durch massive Parallelverarbeitung zu charakterisieren sei. Sind das Gründe, warum wir prinzipiell das Gehirn nicht spezifisch und vorhersagbar beeinflussen können?

Parallelverarbeitung bedeutet jedoch noch nicht, daß dies prinzipiell unmöglich ist. Wir wissen, daß das Gehirn dezentral organisiert ist, daß also Prozesse und Erregungsmuster über den gesamten »Hirnglobus« verteilt sind. Entscheidend sind hierbei die jeweiligen kohärenten Muster neuronaler Aktivitäten. Im Sinne der Netzwerktheorie entstehen im Gehirn bestimmte korrelierte Muster, wobei jeder inadäquate Eingriff möglicherweise das aktuelle Muster stören würde. Andererseits sind aber auch bestimmte inadäquate Reize und Reizkonfigurationen aufgrund ihrer Semiotik unter bestimmten Bedingungen dazu geeignet, bestimmte Muster im Gehirn auszulösen oder bestimmte Erregungsstrukturen zu modifizieren, denen dann Bedeutungen zugeschrieben werden. Auf diese Weise wird man also schon eingreifen können. Was jedoch die Spezifität der Stimulation betrifft, so reicht unsere Simulationskompetenz noch nicht aus, weil wir dazu die »Symphonie des Gehirns« im Detail verstehen müßten.

Die Metapher der Symphonie deutet schon an, daß das Gehirn sich über die rhythmische Synchronisierung von neuronalen Aktivitäten, die Muster bilden, auf einen Zustand, vielleicht auf eine Interpretation einzuschwingen scheint. Wahrnehmung und Erkenntnis sind also durch Zeit markiert. Was hat denn die Forschung bislang darüber herausgefunden?

Anhand von neuroelektrischen Ableitungen kann man beispielsweise zeigen, daß es bestimmte Erregungsaktivitäten gibt, die wahrnehmungsabhängige Details zeigen. Man kann z. B. evozierte Aktivitäten im Bereich des visuellen Systems ableiten. Daraus kann man schließen, wie bestimmte Eigenschaften des visuellen Reizes, z. B. Kontrast, Helligkeit, Farben oder andere Merkmale, dort repräsentiert und auch codiert sind. Mit Hilfe solcher Ableitungen kann man, was auch wir gemacht haben, beispielsweise Kontrastempfindlichkeiten des visuellen Systems objektiv messen. Die Systemeigenschaft des visuellen Kortex für einen einzigen Parameter ist somit der Messung zugänglich geworden. Umgekehrt lassen sich auch bestimmte Reizkonfigurationen simulieren, die zu entsprechenden Hirnerregungen führen, welche dann als Kontrast wahrgenommen werden. In diesem Fall ist eine Simulation möglich. Was die Markierung durch die Zeit angeht, so läßt sich heute sagen, daß unsere Assoziationen über zeitlich synchrone neuronale Aktivitäten verknüpft sind, d. h., es existieren exakt zeitlich korrelierte Aktivitäten für ganz spezifische Merkmale. Die Neuronen werden gleichsam durch die zeitliche Ordnung »zusammengebunden«.

Aber lassen sich auch bestimmte Empfindungen auslösen?

Hier möchte ich zunächst einmal auf die Empfindungsgrößen im Sinne der Psychophysik eingehen und das noch einmal am Beispiel der Empfindlichkeiten für den Kontrast veranschaulichen. Es sitzen z. B. drei Personen mit unterschiedlicher Kontrastempfindung vor einem Fernseher. Wenn man dann den Kontrast zurückdreht, wird derjenige mit einer geringeren Kontrastempfindlichkeit am Bild keine Strukturen mehr wahrnehmen können, während diejenigen mit einer ausreichenden Kontrastempfindlichkeit mehr oder weniger gut die Bildstrukturen erkennen. Der gleiche Reiz löst somit individuell ganz unterschiedliche Empfindungsgrößen aus. Wir haben hinsichtlich der Informationsverarbeitung die Vorstellung, daß bestimmte Kanäle existieren, die unabhängig voneinander verschiedene Sichtweisen verarbeiten. Das wären z. B. die Empfindungsgrößen Kontrast, Farbe, Helligkeit oder die zeitliche Dimension des Reizes. Aus dieser jeweils eindimensionalen, parameterspezifischen Sichtweise erscheint auch die gerade besprochene Kontrastverarbeitung als invariante Funktion, die von bestimmten neuronalen Netzwerken geleistet wird. Das ist ein moduläres System, das eine bestimmte Wahrnehmung der Welt auf der Basis des Kontrastes oder der Helligkeit leistet. Das kann man auch aus den elektrophysiologischen Daten erkennen. Wenn wir jedoch nun eher im herkömmlichen Sinne unsere vielschichtigen Empfindungen auf einen komplexen visuellen Reiz verstehen wollen, also wie diese einzelnen Kategorien, nach denen unser Nervensystem den visuellen Reiz beurteilt, so zusammengefaßt werden, daß wir ein einheitliches Bild sehen, dann wissen wir darüber noch recht wenig. Auf der Grundlage unseres psychophyischen Wissens lassen sich einige isolierte Empfindungen auslösen, aber wir kennen noch nicht die Schlüssel, die die entsprechenden Bedeutungssysteme zu eröffnen vermögen.

Findet denn dann die wesentliche Synthetisierung des Wahrnehmungsbildes im Gehirn statt, das dazu lediglich von den Sinnesorganen angestoßen wird? Hat also in der Wahrnehmung die Simulation eine größere Bedeutung als die Stimulation?

In welcher Weise sich Stimulation und Simulation wechselseitig bedingen, ist noch nicht allzulange in den Blickpunkt der Wahrnehmungsforschung geraten. Bis vor kurzem ist man von einem recht einfachen Reiz-Reaktions-Modell ausgegangen. Man hat ungefähr so gedacht: Ein visueller Reiz erzeugt ein Bild auf der Netzhaut, das Gehirn wertet dann die Bildinformation aus, und daraus entsteht dann eine objektive Erkenntnis von dieser Welt. Unser Begriff der Wahr-nehmung drückt diese Vorstellung recht gut aus. Diese naive Sichtweise ist inzwischen korrigiert worden. Unsere Wahrnehmung oder besser: unsere Perzeption ist nicht nur ein passiver Prozeß der Informationsverarbeitung, sondern vielmehr ein aktiver Vorgang, bei dem die Simulationskompetenz des Gehirns eine entscheidende Rolle spielt, also in dem Sinne, wie Popper sagt: »Hirn macht Sprache (Anmerkung: oder Bilder), und Sprache (Bilder) macht (machen) Hirn.« Es besteht somit eine wechselseitige Beziehung zwischen Wahrnehmungs- und Simulationskompetenz. Beide bedingen sich gegenseitig, wie dies auch die epigenetische Entwicklung des Hirns zeigt. Wir brauchen demnach nur relativ wenige spezifische Trigger, um unsere inneren Bilder und Bedeutungen zu erzeugen. Da unsere erlebte und verstandene Welt in irgendeiner Weise auch neuronal repräsentiert und codiert ist, bedarf es oftmals nur weniger Merkmale, um uns zu vergewissern, ob sich diese äußeren Bilder, gemessen an einer inneren Referenz, als richtig oder bedeutsam erweisen. So müssen wir uns nicht fortwährend unserer Umwelt vergewissern, wie das etwa bei Vögeln oder anderen geschieht, bei denen wir sehen können, wie diese unablässig den Kopf bewegen, um aktuelle Veränderungen sofort wahrzunehmen. Wir Menschen vertrauen vielmehr mehr den gelernten inneren Bildern, also unseren Modellen von der Welt. Diese Ökonomisierung der Wahrnehmung könnte man so beschreiben: Je mehr ich weiß, desto weniger brauche ich wahrzunehmen. Oder man könnte sie auch als Frage formulieren: Was muß ich wissen, und was muß ich wahrnehmen? Solange ich der Kontinuität der Welt vertraue, solange erscheint es nicht notwendig, einen permanenten Abgleich zwischen äußerer und innerer Welt auszuführen. Je größer die Vorstellungskompetenz ist, desto geringer wird die Notwendigkeit des ständigen Sichvergewisserns. Sicher ist hingegen, daß die Vorstellung, also die Simulation, eine antizipatorische Funktion für die Wahrnehmung besitzt. Als Konsequenz aus diesem wechselseitigen Bedingungszusammenhang zwischen Stimulation und Simulation ergibt sich die Erkenntnis, daß z. B. die Erweiterung bzw. Beschränkung unserer Wahrnehmungskompetenz wegen ihrer Rückwirkung auf unsere Vorstellungskompetenz diese bedingt und umgekehrt.

Offenbar ist das Wahrnehmungssystem zwar grob genetisch festgelegt, aber es ist doch auch noch sehr plastisch, so daß Wahrnehmung in der aktiven Erkundung der Umwelt erlernt wird. Würde denn, um die übliche Untersuchungsweise einmal umzukehren, das Netzwerk des Gehirns sich signifikant verändern, wenn Menschen einer anderen Umwelt ausgesetzt würden?

Das ist in der Tat der Fall, denn die epigenetische Entwicklung des Gehirns ist unmittelbar von der Wahrnehmung abhängig. Ein bekanntes literarisches Beispiel dafür ist Kaspar Hauser. Eine gestörte Wahrnehmung während der kritischen Reifungsphase führt zu irreversiblen Veränderungen. Was wir erfahren oder wie unsere Erfahrung manipuliert oder eingeschränkt wird, bestimmt den Zustand unseres Gehirnes. Wenn man entsprechende Versuche mit Menschen in einer künstlichen Welt, beispielsweise in einer Virtuellen Realität, machen würde, in der sie unter völlig veränderten Bedingungen während der kritischen Reifungsphase aufwachsen müßten, dann hätten diese Individuen tatsächlich andere Hirne. Diese Gehirne wären dann in ihrer Struktur und Funktion an diese Welt angepaßt. Die dramatische Konsequenz zeigt schon eine klinische Beobachtung an Schielkindern. Werden sie nicht rechtzeitig behandelt, dann wird die eine Hirnhälfte blind, und binokulares Sehen wird unmöglich. Die Manipulation oder die Ausblendung von Erfahrungen ist somit Mikrochirurgie am Gehirn. Auf eine drastische Formel gebracht, ist das die Konsequenz einer epigenetischen Manipulation.

Vermutlich ist der Mensch das einzige Lebewesen, das bewußt versucht, sein Gehirn zu verändern. Man könnte auch sagen, das Gehirn verändert sich selber, indem neue Umwelten konstruiert und neue Objekte in die Welt eingeführt werden. Das wären eben auch Kunstwerke, die bestimmte Wahrnehmungseffekte erzielen. Gibt es denn, um das einmal ganz spekulativ anzugehen, Umweltbedingungen, in denen sich das Gehirn im Sinne seiner Mechanismen der Selbstorganisation am wohlsten fühlt? Das wäre vielleicht auch eine Frage nach der Schönheit.

Die Frage zielt in die Richtung einer empirischen Ästhetik, wobei die anthropomorphe Formulierung, wann sich das Gehirn am wohlsten fühlt, hierfür durchaus sinnvoll ist. Auf der Ebene des Kortex reagieren wir auf Muster der Welt mit Mustern kohärenter Erregung, wobei sich die synaptischen Stärken verändern. Für neuronale Synapsen gilt so der beziehungsstiftende Zusammenhang, wer gewissermaßen mit wem und wie gerne interagiert. Dies drückt sich dann in unseren Modellen durch die Art der Verbindung und die Stärke der Kopplungen aus. Offensichtlich werden die Muster, die am häufigsten auftreten, am stärksten miteinander verkoppelt. Hier gibt es keine »Vorlieben«. Alle kortikalen Muster sind grundsätzlich möglich und gleichwertig. Die synaptische »Vorliebe« wächst also mit der Intensität und Häufigkeit der Erregung. Neben der akuten Sensibilisierung durch die Erregung selbst gibt es jedoch noch andere »Vorlieben«, nämlich die sogenannte Präsensibilisierung, die durch bestimmte Bewußtseinszustände wie Wachheit, Aufmerksamkeit, Fixation und die Emotionen bedingt wird. Mit unserem Zwischen- und Mittelhirn schaffen wir also die Bedingungen, unter denen sich die kortikalen Muster überhaupt ausprägen können. Das macht den Einfluß bestimmter Befindlichkeiten und emotionaler Zustände auf die Wahrnehmung deutlich. Es ist gleichsam eine präästhetische neuronale Disposition. Was nun die Ästhetik anbetrifft, so würde ich vermuten, daß dies mit der Suche nach Ordnungen zusammenhängt. Einerseits werden völlig determinierte, also repetitive Muster von uns nicht als schön eingeschätzt, sondern oft als maschinell und künstlich empfunden. Andererseits finden Muster, die wie visuelles Rauschen keine Information besitzen oder aber völlig irregulär sind, keine ästhetische Wertschätzung. Als ästhetisch bedeutungsvoller werden hingegen Mischungen aus determinierten und stochastischen Mustern empfunden. Dabei muß jedoch immer irgendeine Ordnung tatsächlich erkennbar sein. Manch einer wird z. B. bei einer Barockmusik die zugrundeliegende Ordnung noch nachvollziehen können, ist aber möglicherweise bei Debussy oder Stockhausen bereits überfordert. In der Malerei scheint dies ähnlich zu sein. Es gibt Menschen, die nur im dargestellten Objekt noch eine Ordnung erkennen und denen eine abstrakte Malerei nicht zugänglich ist, weil das eine erweiterte Kompetenz auch für weniger offensichtliche Ordnungen verlangt. Der unterschiedliche Zugang zum Schönen scheint somit wesentlich von den Erfahrungen und der mentalen Kompetenz des Rezipienten abzuhängen. Ich vermute, daß alle unsere subjektiven Wertempfindungen und Wertzuschreibungen, also auch unsere ästhetischen Urteile, immer die objektiven Gegebenheiten unserer eigenen mentalen Evolution ausdrücken. Kann ich in einem Werk irgendeine Ordnung mit subjektiver Signifikanz finden, dann mag vielleicht diese Form der Selbstbestätigung, diese affirmative Ästhetik, mein Wohlbefinden evozieren. Dabei kommt es auch auf die geeignete Mischung aus Chaos und Ordnung oder zwischen natürlicher und künstlicher Anmutung an, damit die Erscheinungen ästhetisch befriedigen, also unseren konstru- ierten Hypothesen entsprechen. Ich empfinde z. B. eine hochdetaillierte High-Key-Fotografie als technisch interessant und informativ, aber vielleicht ästhetisch weniger ansprechend als eine detailärmere Low-Key-Aufnahme, die mir genügend Raum für die eigene Imagination läßt, aber noch hinreichend Information enthält. Ein völlig determiniertes Weltbild erscheint uns, ganz allgemein gesagt, ziemlich langweilig. Im reinen Zufall gibt es keinen Sinn. Also streben wir nach soviel Ordnung, daß uns die Welt nicht sinnlos, und nach soviel Zufall, daß sie uns nicht langweilig erscheint.

Ist das denn neurowissenschaftlich belegbar? Friedrich Cramer etwa versucht, das ästhetisch Schöne quantitativ, also etwa durch die Struktur der Fibonacci-Reihe, zu erklären.

Das halte ich noch für spekulativ. Die neurowissenschaftliche Evidenz ist mir dafür auch nicht bekannt. Bei unseren neurophysiologischen und psychophysischen Experimenten mit optisch-akustischer Stimulation haben wir auch unterschiedliche Reizmuster nach verschiedenen Zahlenfolgen dargebracht. Bisher konnten wir aber daraus noch keine Systematik ableiten. Das Schöne läßt sich wohl kaum absolut und quantitativ dingfest machen. Ich spekuliere dabei eher auf relative Entitäten im Sinne einer qualitativen Theorie der Ästhetik. Nicht die strenge mathematische Regel ist a priori schön, sondern auch der Zufall sowie die Beziehungsrelationen. Auch die Natur leistet sich eher den Luxus des Nicht-Determinierten, während die Technik, der wir oft unser Leben anvertrauen, sich des Zufalls, des Drecks, des Abfalls, des Nicht-Determinierten entledigt, sofern sie auf reine Nützlichkeit, auf Eindeutigkeit und Verläßlichkeit ausgerichtet ist. Das Reine, Eindeutige oder Monotone löst auch hirnphysiologisch exakt immer die gleichen Erregungsmuster aus. Sie sind entweder langweilig oder pathologisch. Die regelmäßigen Muster treten überdies auch in der Pathologie auf. So zeichnen sich z. B. epileptische Anfälle durch sehr regelmäßige elektrische Hirnaktivitäten aus. Möglicherweise ist sowohl die Reduktion als auch das referenzlose Ausufern pathologisierend. Die Frage nach der Kunst wird also auch eine Frage nach der Balance. Die Kunst zu langweilen heißt eben, alles auszusprechen. Wenn man nun versucht, mit dem Modell des Netzwerk-Lernens und -Erkennens an die neuronale Ästhetik heranzuhinken, dann müßte man den Einzugsbereich eines erlernten neuronalen Attraktors betrachten, der durch synaptisches Lernen aktiviert wird. Netzwerk-Lernen bedeutet demnach die Rekonstruktion des gelernten Musters auf den Eingang. Auch ein unvollständiges, gestörtes, verrauschtes oder vermischtes Muster oder Bild wird dann noch erkannt, wenn es in den Sogbereich eines entsprechenden Attraktors gerät. Es wird hingegen anders aufgefaßt, wenn es in den Sogbereich eines benachbarten Attraktors kommt. Im Falle einer Ambivalenz oder einer Ambiguität sind wir solange hin- und hergerissen, bis wir diese zugunsten einer Bedeutung auflösen. Vermutlich übt das assoziativ attraktive und dynamische Spiel mit verschiedenen komplexen Bedeutungen einen besonderen ästhetischen Reiz aus, weil man sich dabei als Subjekt erlebt. Das Erlebnis des Schönen heißt so, auch in der Komplexität noch Subjekt zu sein.

Die Fähigkeit, komplexere Ordnungen zu erkennen, müßte doch in gewissen Grenzen erlernbar sein.

Ja, und zwar durch Erfahrungen.

Gibt es denn auch starre Grenzen, die nicht veränderbar sind, wo nur eine bestimmte Menge an Informationen in einer bestimmten Zeit rezipiert werden kann? Oder kann sich diesbezüglich das Gehirn auch in einer Evolution befinden, in der der von vielen beklagte Beschuß durch Informationsüberfülle dazu führt, daß das Gehirn sich anders organisiert, um sich daran anzupassen?

Es gibt im Nervensystem in der Tat eine Systemeigenschaft, die man als Refraktarität bezeichnet. Jeder einzelne periphere Nerv ist refraktär für eine Reizfolge mit einer zu hohen Frequenz, d. h., der Nerv leitet die Erregung ab einer bestimmten Frequenz nicht mehr weiter, und diese wird dann auch nicht mehr verarbeitet. Aus diesem Grund ist es nutzlos, eine noch höhere Reizfrequenz erzielen zu wollen. Das betrifft die zeitlichen Grenzen. Andererseits führt auch die Reizintensität nach einer gewissen Zeit zur Adaption. Die Antworten unserer Sinnesrezeptoren auf eine konstante Reizintensität werden also mit der Zeit schwächer. Diese beiden Eigenschaften des Nervensystems zeigen, daß es bei der Rezeption notwendig ist, entsprechende Sinnpausen einzulegen, d. h., die Informationsfülle zu verdünnen. Es gibt bisher keinen Hinweis darauf, daß die Refraktärzeiten auf irgendeine Weise verändert werden können. Hier scheinen wir an die neurophysiologischen Grenzen des Nervensystems zu stoßen. Das schnellste nervöse Ereignis ist das Nervenaktionspotential und dauert ca. eine Millisekunde. Die Refraktärzeiten für die Nervenzelle betragen etwa drei oder vier Millisekunden. Alle Phänomene, die sich schneller ereignen, können daher nicht einmal durch diese erste Rezeptionstür eintreten. Kognitive Prozesse sind noch um Größenordnungen langsamer. Durch entsprechende Erhöhung der Reizfolgefrequenz kann man daher auch jede Rezeption bzw. jedes Lernen verhindern. Bei Videoclips zeigt sich dann auch, daß man gar nicht weiß, was man gesehen hat, geschweige denn, welche Ordnungsstrukturen dahinterstecken.

Andererseits können solche Videoclips einen eigenen ästhetischen Reiz besitzen, der sich vielleicht als Rausch charakterisieren ließe und auch mit der Geschwindigkeit zu tun hat. Es scheint ja auch das Bedürfnis zu geben, sich solchen Rauschzuständen auszusetzen. Gibt es denn neurowissenschaftlich Hinweise darauf, warum solche Rausch- oder Schwindelzustände, durch die man ja Ordnungsstrukturen nicht mehr erkennen kann, unter bestimmten Bedingungen als lustvoll erlebt werden?

Die gibt es in der Tat, denn unter bestimmten Bedingungen koppeln wir uns gleichsam aus der Kausalität zwischen Stimulation und Simulation aus. Wir befreien uns aus den Zwangsläufigkeiten und Grenzen unserer Wahrnehmung. Wir versuchen, durch lustvoll erlebte Zerstreuung dem sensorischen Determinismus zu entkommen, was auch oft mit Freiheitsgefühlen verbunden sein kann. Das kann man entweder durch völligen Reizentzug oder aber durch totale Reizüberflutung erreichen. Auch stochastische oder höchst komplexe Stimulationsmuster können zu solchen rauschhaft erlebten Zuständen führen. Ich möchte versuchen, das Auftreten solcher Zustände anhand eines einfachen psychophysischen Komparatormodells der Perzeption zu erklären. Dabei gehe ich von der Vorstellung eines Abgleichs zwischen sensorischer Stimulation und mentaler Simulation aus. Wir bilden ständig Urteile über den Grad der Übereinstimmung zwischen der äußeren Bildwelt und dem inneren Weltbild, unseren konstruierten Hypothesen. Beim ersten Fall des Reizentzugs, einer sensorischen Deprivation z. B. in einem Isolationstank, ist ein Abgleich zwischen Stimulation und Simulation unmöglich. Es werden irgendwelche Zustände eingebildet, wir beginnen zu halluzinieren, weil es keine körperliche oder kausale Referenz mehr gibt. Im zweiten Fall, der Reizüberflutung, kann man zwischen stochastischer rhythmisch-periodischer oder komplexer Variabilität der Reize unterscheiden. Sind die Muster nach dem Zufallsprinzip oder aber aufgrund einer höchst komplexen Ordnung strukturiert, die uns dann genauso zufällig erscheint, dann versuchen wir ständig, unsere Deutungen und Vorstellungen mit diesen zufälligen und unerwarteten Mustern abzugleichen. Auch hier erleben wir außergewöhnliche Bewußtseinszustände mit vielfältigen episodenhaften situativen Alternanzen. Besteht schließlich der sensorische Reiz aus periodischen und auf verschiedene Art synchronisierten Rhythmen, so kann dies auch zu rhythmisch kohärenter Hirnaktivität führen, bisweilen mit Selbsterregung bestimmter neuronaler Ensembles. Dabei werden ganz spezifisch determinierte Erscheinungen und Muster ergotroper Erregung wahrgenommen. Wir begegnen solchen kaleidoskopisch wechselnden Formen z. B. als Wirkung halluzinogener Drogen, in den Mandalas des Tantrismus, in den Bildern Schizophrener oder in ekstatischen Ritualen des Sufismus, Voodoo oder Umbadakultes. Diese Selbsterregung, übrigens ein vieldeutiger Begriff, führt uns in zweckfreie, nicht determinierte und je nach Disposition auch lustvoll erlebte Zustände. Die ästhetische Dimension mag gerade in den Schwebezuständen zwischen Faktischem und Fiktivem, zwischen Selbsterfahrung und Selbstvergessen liegen, im ästhetischen Spiel mit selbsterzeugten Änderungen der Welt (Simulation) und externen Änderungen der Welt (Stimulation). Die ästhetische Qualität von Videoclips läßt sich dann auch aufgrund des Sinngehalts der hierbei evozierten Simulation unterscheiden.

Belohnt sich denn das Gehirn durch solche euphorischen oder ekstatischen Erlebnisse?

Die körpereigene »Belohnungsforschung« ist noch sehr am Anfang. Die körpereigenen »Belohnungssubstanzen«, die Neuropeptide, wie z. B. Endorphine, zeigen auch, wie wir nachgewiesen haben, eine bestimmte Frequenzabhängigkeit. Es gibt Hinweise, daß bestimmte Neuropeptide bei bestimmten Reizfrequenzen ausgeschüttet werden. Welche Bedeutung das für unser Hirn hat, weiß man noch nicht. Offensichtlich aber gibt es auch einen Zusammenhang zwischen der zeitlichen Codierung der Reize und der Ausschüttung von Neuropeptiden. Damit scheint es auch einen biochemischen Zusammenhang zwischen Lust und Rhythmus zu geben.

Mir fällt gerade Schopenhauer ein, der die Musik als die eigentliche Kunstform begreift, in der das Wesen der Welt – man könnte auch sagen: das Wesen des Gehirns – zum Ausdruck kommt. Die Augen setzen das visuelle Feld ja auch durch ihre Bewegungen in einen bestimmten Rhythmus. Nimmt das Gehirn also über seine Gehirnorgane die Welt rhythmisch wahr, auch wenn wir dies nicht bewußt bemerken?

Die zeitliche Ordnung der Information ist zunehmend ins wissenschaftliche Interesse geraten. Wir fragen, wie rhythmische Stimuli in unsere körpereigenen Rhythmen eingreifen, die uns meist nicht bewußt sind. So haben wir z. B. auch ein stabiles visuelles Bild von unserer Umwelt, obwohl dies auf der Basis von Sakkaden, also von dynamischen Augenbewegungen, und somit aufgrund von Rhythmen zustande kommt. Musik wird ja auch durch die Pausen bestimmt. Verschiedene Interpretationen von einer Klaviersonate, die sich durch ihre Pausen unterscheiden, können somit völlig verschiedene Anmutungen erzeugen, obwohl es sich um das gleiche Stück handelt. Wieweit die zeitliche Struktur der Darbietung eine Rolle in bezug auf unser Limbisches System spielt, ist bislang noch nicht hinreichend erforscht. Dabei besteht immer die Schwierigkeit, daß wir nur in reduktionistischer Weise überhaupt zu Ergebnissen kommen, die aber über die Perzeption einer Symphonie als ganzes nicht viel aussagen. Die Schönheit einer Symphonie wird vielleicht von unserem »Neuzeithirn«, dem Kortex, gewürdigt, unsere Ergriffenheit aber mag vielleicht von unserem »Steinzeithirn«, dem Limbischen System, herrühren. Beide werden auf unterschiedliche Weise von Rhythmen beeinflußt.

Aber deswegen ließe sich nicht sagen, daß uns etwa eine Symphonie von Mahler gefällt, weil sie mimetisch die Rhythmen des Gehirns zum Ausdruck bringt?

Nein, die mimetische Annäherung an bestimmte »Eigenresonanzen« des Hirns scheint mir nicht entscheidend zu sein. Ich denke dabei eher an eine Anpassung an vorherrschende Muster, die man auch als Moden – englisch: modes – bezeichnen könnte. In jeder kulturellen Entwicklung bilden sich entsprechende Moden aus. Ich möchte diesen Begriff nicht zu eng fassen, sondern ganz im Sinne der Netzwerktheorie denken, wobei ich die Moden aus ihrer Bedeutung für die Zeitkultur, eine Kultur des Wandels, definiere. In einer polykulturellen Dynamik könnte man die Moden als einen jeweils episodenhaft vorherrschenden kulturellen Attraktor bezeichnen. Diejenigen Muster, die überall und unter gewissen Bedingungen immer wieder auftauchen, werden letztlich zur Referenz und erscheinen uns entweder als wahr bzw. richtig oder als bedeutsam. Neben der Referentialität scheint mir noch ein weiterer Aspekt bedeutsam zu sein. Bei der Frage nach der Ästhetik taucht immer wieder ein holistisches Konzept auf, wonach wir die Integration verschiedener Aspekte versuchen. Dieses Ordnungsprinzip heißt, daß ich immer eine Vorstellung vom Ganzen habe, was immer auch dies sein mag, wenn ich Teile der Symphonie höre. Wir deduzieren das aktuell Gehörte aus einem vermeintlich Ganzen, obwohl wir das Ganze unmöglich begreifen können. Wenn ich z. B. Werke Mahlers in Beziehung setzen will, habe ich immer das gesamte Opus dieses Komponisten im Sinn. An dieser Opus-Referenz bewerte ich auch die anderen Werke. Möglicherweise stellt sich Akzeptanz dann ein, wenn ein Werk dieser transzendierten Referenz nahekommt. Diese Referenzen sind aber weder durchweg logisch begründet, noch genügen sie irgendwelchen quantitativen Gesetzen oder entspringen einer bevorzugten »neuronalen Architektur«, sondern es sind eher kulturell vorherrschende Muster, an die wir uns adaptiert haben.

Wir haben bereits von den Mind Machines gesprochen, als es um die optisch-akustische Stimulation ging. Bislang haben Menschen bestimmte Objekte oder Situationen erzeugt, um bestimmte Zustände des Gehirns hervorzurufen. Jetzt scheinen wir den Umweg über die Objekte langsam aufgeben zu können, weil wir direkter das Hirn stimulieren können.

Wenn wir das im Hinblick auf die Art der Mimesis sehen, dann ist man in der Tat von der Mimesis der Objekte nun zur Mimesis der Regeln, Funktionen und Gesetze übergegangen, was man natürlich auch in der Kunst sehen kann. Wenn wir die Gesetze, denen die Wahrnehmung unterliegt, operationalisieren können, dann lassen sich durch diese adäquate Simulation die gleichen Effekte direkt in unserem Gehirn auslösen. Ich will in diesem Zusammenhang die Mind Machines mit der funktionellen Elektrostimulation (FES) vergleichen. Durch

FES beispielsweise kann man schon heute bestimmte Organfunktionen mit Hilfe von elektrischen Reizen steuern und regeln. Bei verlorengegangenen Organfunktionen ist die FES zwar noch immer ein recht grober Ersatz, aber diese »neuroelektrischen Faustkeile« reichen in einigen Fällen aus, um das gleiche zu bewirken wie der adäquate natürliche Reiz. Die Mind Machines arbeiten hingegen im audiovisuellen Bereich. Man benutzt meist einen rhythmischen, periodischen Stimulus, dem dann die vielfältigsten Wirkungen zugeschrieben werden. Was dabei im Gehirn wirklich geschieht, ist bisher noch recht unklar. Die meisten Thesen muß man wohl verwerfen. Postuliert wird beispielsweise die sogenannte Frequenz-Folge-Reaktion des Gehirns. Dabei hat man die Vorstellung, daß das Gehirn eine Art neuronaler Resonator ist, der dann im Rhythmus des aufgeprägten Reizes schwingt. Ich hingegen glaube eher, daß solche optoakustischen Stimulationen einen recht einfachen rhythmischen Reiz darstellen, dessen Wirkungen man anhand meines bereits besprochenen Komparatormodells diskutieren könnte. Mit der Wahl einer geeigneten Reizkonfiguration werden dann bestimmte Eigenschaften des untersuchten Systems erkennbar und damit auch bestimmte Dispositionen freigelegt. Unter geeigneten Bedingungen kann man damit in verschiedene Entspannungszustände geraten oder je nach mentaler Kompetenz seine eigenen sinnfälligen Bedeutungen erzeugen. Bei Reizüberflutung kann es auch zu luziden Träumen, meditativen Trancen oder auch zu Halluzinationen kommen. Aber inwieweit diese Wirkungen kausal mit der Stimulation verknüpft sind, läßt sich nicht mehr sagen. Eine Unterscheidung zwischen Ursache und Wirkung in einem Regelkreis ist sinnlos. Auch mit geschlossenen Augen lassen sich bestimmte visuelle Muster erzeugen. Solche Muster ergotroper Erregung entstehen etwa, wenn man einen anhaltenden Druck auf beide Augäpfel ausübt (Druckphosphene). Je nachdem, auf welcher neuronalen Ebene die Stimulation wirksam ist, ob in der Netzhaut oder im visuellen Kortex, ergeben sich ganz unterschiedliche visuelle Muster. Anhand der Netzwerktheorie kann man über diese ergotropen Erregungsmuster wissenschaftlich nachdenken, um herauszufinden, aufgrund welcher Mechanismen diese zustande gekommen sind. Wir können dann bis zu einem gewissen Grad in den unterschiedlichen Mustern, z. B. in den Pigmenten von Schneckenschalen, Wanderdünen, Mandalas, in den Formkonstanten luzider Träume oder unter Einfluß von Drogen, lesen. Meist sind dies Prozesse mit Rückkopplung, wobei sowohl erregende wie hemmende Mechanismen wirksam sind. Man ist aber dennoch noch weit davon entfernt, bestimmte Muster gezielt steuern zu können, was ja der Begriff der Mind Machine suggerieren soll. Wir können zwar Netzwerkmodelle im Rechner simulieren. Wenn diese dann unter ähnlichen Bedingungen etwa die gleichen Muster generieren, dann ließe sich sagen, daß auch die hirneigenen Muster auf ähnliche Weise zustande gekommen sein könnten. Aber auch dann wissen wir immer noch nicht, was diese dann bedeuten.

Trotzdem scheint sich eine Tendenz anzudeuten von Objekten über optisch-akustische Stimulation bis hin zu elektrischen Stimulationen im Gehirn.

Hier sehe ich zwei Tendenzen. Die eine, eher medizinisch begründete, geht wohl dahin, die Substitution verlorengegangener oder behinderter Körper- bzw. Sinnesfunktionen zu verbessern. Die andere geht hingegen über die Nachahmung hinaus. Man betreibt – zunächst jedoch zur medizinisch-technischen Mimesis – die Erweiterung oder Veränderung unseres So-Seins als elektronische Aufrüstung unseres Ichs. Für blinde oder taube Patienten gibt es beispielsweise entsprechende FES des visuellen Kortex bzw. der Cochlea durch die elektrischen Reizmuster. Mit diesen Prothesen können Taube im bestimmten Umfang wieder hören und Blinde wieder sehen.

Könnte denn jemand, der taub geboren wurde, so wieder hören?

Mit den bis heute verfügbaren Methoden gelingt dies nicht. Entscheidend ist die noch vorhandene Simulationskompetenz des Hirns. Unsere neuroelektrischen »Faustkeile« der FES sind im Vergleich mit den natürlichen Leistungen noch denkbar primitiv und lassen sich nur aufgrund einer bereits entwickelten Hirnfunktion zum Hören oder Sehen gebrauchen. Dies ist nicht der Fall, wenn man von Geburt an blind oder taub war. Mit unserer Stimulationstechnik verwenden wir lediglich bestimmte Auslöser für eine »mentale Welt auf Abruf«.

Lassen sich denn im Prinzip durch direkte Beeinflussung von Hirnfrequenzen Musterbildungen steuern?

Durchaus, doch das hängt von den Stimulationsbedingungen ab. Wir können durch einfache rhythmische Reizmuster wie im Falle der Mind Machines zwar verschiedene ergotrope Hirnerregungen auslösen, aber wir können sie nicht direkt steuern. Im EEG kann man dabei bestimmte Frequenzänderungen (Alpha-Beta-Rhythmus etc.) beobachten. Andererseits gibt es z. B. durch die semiotische Mimesis bei der FES auch die Möglichkeit der spezifischen Beeinflussung. Hierzu brauchen wir eine validierte Theorie über die Hirnsyntax, das Wissen von den entsprechenden kortikalen Repräsentationen und die Kenntnis der neuroelektrischen Codes, um in die hirneigenen Deutungssysteme eindringen zu können. Um so erstaunlicher muß es jedoch erscheinen, daß wir trotz unserer noch bescheidenen neurosemiologischen Kompetenz eine funktionelle Elektrostimulation des Gehörs oder des visuellen Kortex zustande bringen, die aber einen Rezipienten mit Erfahrung voraussetzt, was auch nach unserem Komparatormodell verständlich wird. Nach unseren Kenntnissen hat bei der Stimulation nicht nur das Gleiche, sondern auch das Ähnliche eine Chance.

Dann wären also Mind- oder Brain-artists noch in weiter Ferne?

Nein, ganz nah, denn unser Gehirn ist selbst ein Brain-artist. Wir begegnen hier in dynamischen Prozessen Skulptur und Plastik, denn auch bei hirneigenen Prozessen werden ja Bedeutungen mittels hemmender Wechselwirkungen durch Wegnahme, Verdünnen oder Negation geschaffen. Auch die hirneigene Plastik ist neuro- nal angelegt. Bedeutung entsteht durch Hinzufügen, Verdichtung oder Verstärkung aufgrund der erregenden Wechselwirkung. Aber nun ein paar Worte zu den Hirnkünsten oder zur »neural art«. Sofern man diese hirnphysiologischen und psychophysischen Mittel nur in einer unmittelbaren und technischen Weise verwendet, um damit wie im Falle der FES eindeutige und spezifische Reaktionen auszulösen, dann möchte ich dieses Tun nicht primär der Kunst zurechnen. Dabei fehlt das Kunstspezifische, nämlich die Symbolisierung und Inszenierung unserer erlebten und verstandenen Welt. Was die Verwendung dieser neuroelektrischen Schnittstelle zwischen Neuron und Elektron oder die direkte Verkopplung von natürlicher und künstlicher Intelligenz betrifft, so scheint uns die augenblickliche Entwicklung eher von der künstlerischen Seite wegzuführen. Wenn ich einmal meine künstlerische Erfahrung z. B. im Malprozeß mit der Erfahrung vergleiche, die ich mit einer Mind Machine aus der verkürzten Sichtweise der neuronalen Netze mache, dann sollte ich daraus Hinweise erhalten, auf welcher Grundlage eine Neural art evolutionsfähig sein könnte. Beim Malprozeß als einem erlebten Malalgorithmus gehe ich zunächst von einem noch ungeordneten Fundus außerhalb des Begrifflichen, der Regeln, Symbole und Codes aus. Die dabei wahrgenommenen Ordnungen und ihre Bezugssysteme werden dann wieder in den Malprozeß zurückgekoppelt. Damit entstehen verschiedene Imaginationen und Bedeutungszonen von einer Wahrnehmungsmöglichkeit zur anderen. Das schafft Mehrdeutigkeit und Vielschichtigkeit. Mit dem Durchbrechen der Kausalketten stelle ich zuletzt die Autonomie des Bildes her, befreie das Bild von den festgelegten Bedeutungszuschreibungen. Mit den reduktionistisch verwendeten elektronischen Artefakten sind wir jedoch noch weit von der Erlebnisdimension eines künstlerischen Prozesses entfernt.

Wie man den Film mit Ton kombiniert, so könnte man sich doch vorstellen, daß man etwa die Virtuelle Realität mit ausgereifteren Mind Machines verbindet und so zu Effekten kommt, die zumindest ganz andere Intensitäten als mit herkömmlichen Medien erzeugen.

Sicherlich lassen sich schon jetzt diese elektronischen interaktiven Medien, die in beliebiger Weise zwischen die Sinne geschaltet und auch miteinander verschaltet werden können, zu neuen Hybridmedien verknüpfen. Wir sind gerade dabei, dies an einem konkreten Projekt zu versuchen. Damit soll jedoch keine reduzierte virtuelle Surrogatwelt entstehen, sondern wir möchten im Gegenteil über eine andere Form der Interaktion mehrerer Hirne eine direkte und unmittelbare psychophysische Kommunikation auf den Weg bringen. Die daraus entstehenden neuen Medien sind also Hybride einer Bild-, Sprach- und Erlebniskultur. Die neuen Bilder bedeuten dabei nicht mehr die Welt, sondern verschiedene Bedeutungen der Welt; sie sind somit eine weitere Reflexion der Mimesis in Technik und Kunst. Bei einer poetischen Verwendung der Mittel würde dies eine neuro-ästhetische Kunstform eröffnen. Wenn wir in diesem Zusammenhang z. B. über das Medium des Cyberspace die psychophysischen Zustände verschiedener Rezipienten auf unmittelbare Weise miteinander in Verbindung bringen, würde damit ein intersubjektiver Abgleich unserer unterschiedlichen Sichtweisen, ein Austausch unserer verschiedenen Täuschungen, ermöglicht. Dies wäre in der Tat eine neue Kultur durch elektronische Verdinglichung unserer Wahrnehmungen und Empfindungen. Einen ersten Schritt haben wir bereits mit der Realisierung eines psychophysischen Interface unternommen, mit dem wir einige psychophysisch relevante Parameter in die verschiedenen Intermedien, wie z. B. in den Cyberspace, zurückkoppeln. Damit entstehen neue intersubjektive und metapsychologische Instrumente zur immediaten Wahrnehmung von Differenz mit der Möglichkeit eines Abgleichs. Diese Intermedien können wir entweder zur Förderung von Toleranz und Verständigung oder aber zur Förderung einer postmodernen Gleichgültigkeit und Beliebigkeit einsetzen. Es hängt von der Art der Probenvorbereitung der Virtuellen Realität und von der Art der Verwendung der Mittel ab, ob mit der Einführung dieser intermedialen und intersubjektiven Technologie auch zukünftig noch oder wieder Kunst entstehen kann. Ich sehe hier zwei verschiedene Tendenzen. Im Fall des Cyberspace geschieht die Simulation der Realität vor unseren Augen; man simuliert Objekte und bedeutet die Wirklichkeit. Das geschieht in der Regel mit hoher Auflösung und Informationsdichte. Dieses heiße Medium kommt also detailreich und realistisch daher. Im Gegensatz dazu kann, wie im Fall der Mind Machines, die Simulation innerhalb unseres Wahrnehmungsapparates, vor unserem »inneren« Auge, erfolgen. Damit werden erst Bedeutungen geschaffen und vieldeutige Realitäten erzeugt. Mit einem solchen detailarmen kalten Medium schaffen wir somit einen Möglichkeitsraum der Simulation. Was die Eindringlichkeit der verschiedenen Mediengattungen betrifft, auf welche Weise und in welchem Ausmaß sie unsere Vorstellung erreichen, läßt sich jetzt schon grob abschätzen. Es gilt nämlich die empirische Regel: Je detailreicher die Wiedergabe ist, desto wirksamer wird die erinnerte Wirklichkeit gelöscht. Und umgekehrt gilt: Je detailärmer, je abstrakter die Wirklichkeit gezeichnet wird, desto besser kann sie erinnert werden. Für die Verwendung der neuro-elektronischen Intermedien in der Kunst würde ich aus diesen Gründen zunächst die letztere Mediengattung favorisieren. Zusammen mit W. Cee habe ich dies mit dem Projekt »Braindrops« in Form einer psychophysischen, interaktiven und audiovisuellen Installation versucht. Mit der Objektivierung subjektiver Befindlichkeiten als bild- und klanggewordener Erfahrungszonen werden die dynamischen Regeln sinnlichen und sinnhaften Erlebens bewußt gemacht. Während INTERFACE II bestand die Möglichkeit, sich in diesen psycho- und physikokybernetischen Regelkreis direkt einzuschalten. Der Perzipient wird unmittelbar einbezogen und selbst zum Bestandteil einer metasensorischen konstruktiven Poetik mit der Aussicht, dabei eine neue ästhetische Dimension zu erleben.

ERNST FLOREY

Vom Nervengeist zur Neuronen-Doktrin

Das Ziel der Neurobiologie ist nichts weniger als die physikalisch-chemische Erklärung der schon seit langem erkannten Grundfunktionen des Nervensystems: Die Vermittlung von Empfindung und Wahrnehmung, von Lernen und Gedächtnis, und von Bewegung und Verhalten.

Die heutige Neurobiologie ruht auf der Neuronen-Doktrin[1], die besagt, daß die Funktionen des Nervensystems, insbesondere die des Gehirns auf der Wechselwirkung von besonders strukturierten Zellen, den Neuronen, beruhen, eine Wechselwirkung, die ermöglicht wird durch den Zusammenschluß von Neuronen zu Netzwerken, den heute so viel diskutierten *neuralen Netzwerken.*

Gemessen an der jahrtausendelangen Geschichte der Naturwissenschaft ist diese Neuronen-Doktrin noch sehr jung; sie ist eben erst einhundert Jahre alt geworden. Es ist bezeichnend für ihre Jugend, daß sie es sich zutraut, tatsächlich nicht nur alle großen Fragen der Nerven- und Hirnfunktion zu beantworten, sondern auch die großen philosophischen Probleme zu lösen, die mit dem alten Terminus *Leib-Seele-Problem* und neuerdings mit dem noch deutlicheren Begriff *Gehirn-Seele-Problem* benannt wurden und werden.

Die auf der Neuronen-Doktrin aufbauende Neurobiologie ist nun tatsächlich etwas in der Geschichte der Biologie radikal Neues. Ich möchte dies dadurch verdeutlichen, daß ich Sie durch die Vorgeschichte dieser Doktrin führe. Am Ende dieses Spaziergangs steht dann die Erkenntnis, daß die Neuronen-Doktrin in ihrer selbstgewählten Beschränkung Gefahr läuft, der Fülle des wirklichen Lebens nicht mehr gerecht zu werden und damit das gesetzte Ziel zu verfehlen.

---

1 Obwohl man, besonders in der älteren Literatur, gewöhnlich den Ausdruck *Neuronentheorie* verwendet findet, handelt es sich ja nicht eigentlich um eine Theorie, sondern um eine Doktrin. GORDON SHEPHERD bringt dies deutlich zum Ausdruck in seinem lesenswerten Buch *Foundations of the Neuron Doctrine* (1991). Schon CAMILLO GOLGI hat diesen Begriff in seiner berühmten Nobel-Rede von 1906 verwendet (*The Neuron Doctrine – theory and facts*).

Antike Weltschau und das Nervensystem

Man kann die Geschichte der Neurobiologie nur verstehen, wenn man ihre in der Philosophie der Antike begründete Weltschau in Betracht zieht. Ich verwende diesen modernen Begriff *Neurobiologie* zur Bezeichnung jener Naturwissenschaft, die sich die zu Anfang erwähnte Aufklärung der Funktionen des Nervensystems zum Ziel gesetzt hat. Schon die in diesem Begriff verwendeten Silben und Worte ›Neuro‹, ›Bio‹, ›Logie‹ und das Wort ›Nervensystem‹ verraten eine lange Vorgeschichte, und zwar nicht nur, weil sie sämtlich griechischen Ursprungs sind, sondern auch weil ihre Bedeutung Vorstellungen implizieren mag, die der heutigen neurobiologischen Denk- und Sprechweise nicht so ohne weiteres entsprechen.

Verzichten wir auf die Analyse des Begriffs *Neurobiologie* und betrachten wir statt dessen den Begriff *Nervensystem.* Was ist damit gemeint? Sicherlich etwas anderes, als das Wort im alltagssprachlichen Sinn auszusagen scheint: Das *Nervensystem* ist ja nicht ein System *von Nerven*! Aber der Ausdruck stammt eben aus einer Zeit, in der auch die Neurowissenschaftler der Auffassung waren, daß *Nervensystem* die Gesamtheit der Nerven bedeutet. Das Gehirn des Menschen war demnach tatsächlich nichts anderes als Ausgangs- und Endstation von Nerven, bzw. Nervenfasern. Unter Neurologen blieb diese Auffassung bis zum Ende des neunzehnten Jahrhunderts dominierend. Die dann aufkommende Neuronenlehre blieb zunächst in der Hirnforschung ohne Konsequenz. Als typisches Beispiel zitiere ich eine Bemerkung des bekannten Hirnforschers und Psychiaters Paul Flechsig (1847-1919) aus seiner Abhandlung *Gehirn und Seele* von 1896: »Dass ich die moderne ›Neuronenlehre‹ im Text nicht erwähnt habe, beruht darauf, daß dieselbe für die dort erörterten psychologischen Fragen weniger in Betracht kommt.« Diese Einstellung lag auch den sinnesphysiologischen Überlegungen der großen Physiologen des letzten Jahrhunderts, JOHANNES MÜLLER (1801-1858), HERMANN VON HELMHOLTZ (1821-1894) oder EWALD HERING (1884-1918) zugrunde. Für sie lagen Wahrnehmung, Erkennen oder Denken außerhalb der Zuständigkeit der Neurowissenschaften, auch wenn sie die sinnesphysiologischen Bedingungen der Wahrnehmung untersuchten.

Der berühmte Göttinger Neuroanatom SAMUEL THOMAS SOEMMERING (1755-1830) war überzeugt, daß die Nerven Bündel von hohlen Nervenfasern darstellen, die im Gehirn zusammenlaufen und an den Wänden der Hirnventrikel, der großen Hirnhöhlen also, enden oder, umgekehrt, dort ihren Anfang haben[1]. Diese Interpretation der Struktur des Nervensystems erinnert uns mit Recht an die Darstellung des menschlichen Nervensystems durch den Begründer der neuzeitlichen Philosophie, RENÉ DESCARTES (1596-1650), der mit seinen Werken[2] *Traité de l'Homme* (erstmals veröffentlicht 1632) und *La Description du Corps Humain* (1648) die mechanistische Physiologie ins Leben rief. Man erkennt in seinen physiologischen Schemata (*siehe Abb. 1*) unschwer die antike Pneuma- oder Spirituslehre[3], wie sie von den griechischen Anatomen HEROPHILOS (335-280) und ERASISTRATOS (304-250), und später von GALEN (130-200) vertreten wurde[4]. Diese hat bis ins neunzehnte Jahrhundert ihre dominierende Stellung in der Neurobiologie bewahrt und wirkt sich bis heute aus – wovon noch zu reden sein wird. In der von diesen Naturforschern vertretenen Form war die Pneumalehre eine physiologische Theorie, die zunächst nur sehr entfernt an das religiöse und philosophische Pneumakonzept und die damit verbundene Seelenlehre erinnert. Trotzdem blieb aber gerade die antike Seelenlehre, insbesondere in der ihr von PLATON (427-347) und von ARISTOTELES (384-322) gegebenen Form, für die Neurobiologie von kaum zu übersehender Bedeutung. Die Entstehungsgeschichte und Bedeutung der Neuronen-Doktrin wird überhaupt erst verständlich, wenn man diese antike Seelenlehre kennt. Die Konzeption der dreistufigen Seele – *anima vagetativa*, *anima sensitiva* und *anima cognitiva* ist ja hinreichend bekannt[5], so daß an dieser Stelle nur das Pneuma- bzw. Spirituskonzept kurz skizziert sei.

Die Spirituslehre

Die bedeutendste Schule der antiken Naturwissenschaften war zweifellos die Schule von Alexandrien im ptolemäischen Ägypten. HEROPHILOS (um 335-280 v. Chr.) wie auch sein Schüler und jüngerer Kollege ERASISTRATOS (304-250 v.

---

1 Dies wird besonders deutlich in SOEMMERINGS Werk *Über das Organ der Seele* (1796).
2 Die zitierten Abhandlungen wurden 1969 von KARL E. ROTHSCHUH in einer komentierten deutschen Übersetzung veröffentlicht.
3 Dazu PUTSCHER 1974; GRÜSSER 1990; FLOREY 1990, 1993
4 Die Bedeutung der Lehren der griechischen Ärzte, insbesondere HEROPHILOS, ERASISTRATOS und GALENOS wird in verschiedenen medizinhistorischen Werken hervorragend dargestellt. Ich verweise besonders auf BRUYN 1982; CLARKE 1962, 1963; CLARKE and DEWHURST 1972; CLARKE and STANNARD 1963; GASK 1940; GOSS 1966; LEIBBRAND und LELBBRAND-WETTLEY 1964; LEYACKER 1927; MEYER-STEINEG 1912; NEUBURGER 1906, 1911; SPRENGEL 1800; und SUDHOFF 1913
5 Darüber ist in jeder besseren Darstellung der Philosophiegeschichte nachzulesen. Dem Biologen sei die neue kommentierte Übersetzung von ARISTOTELES' *De Anima* von H. LAWSON-TANCRED (1986) empfohlen.

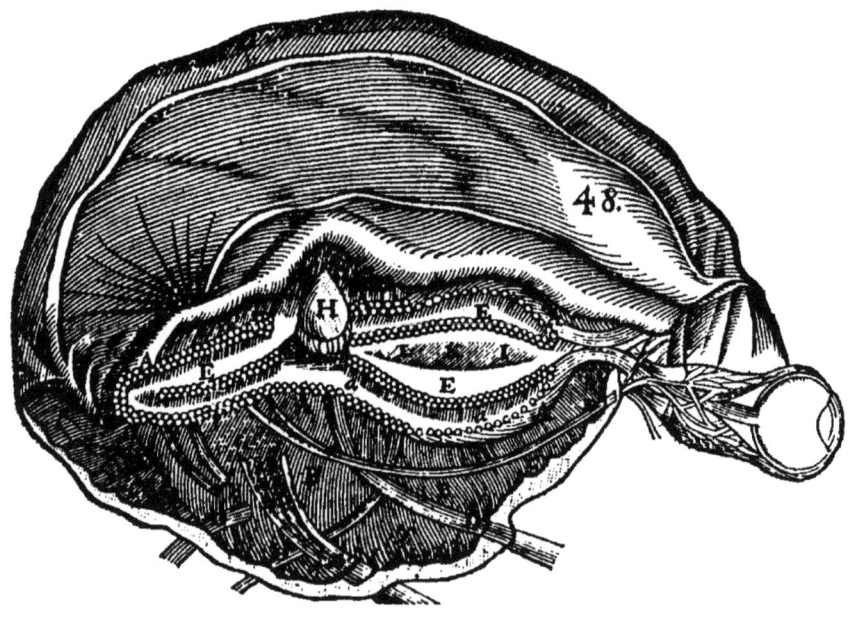

Abb. 1 Das menschliche Gehirn als Nerven-Gewebe, »dessen Maschen ebenso viele kleine Röhrchen sind, durch die die *spiritus animales* eintreten können.« So beschreibt Descartes seine Struktur. Die Röhrchen sind die zu den Hirnventrikeln (**E**) hin offenen Nervenfasern, von denen manche (**B**) kurz sind und sich nur innerhalb des Gehirns erstrecken, während andere lang sind und, zu Bündeln zusammengefaßt, als Nerven (**D**) aus dem Gehirn austreten, bzw. – von den Sinnesorganen kommend – in das Gehirn eintreten. **H** ist die Zirbeldrüse (Pinealorgan, Epiphyse). Die Ziffer *48* markiert die harte Hirnhaut (*dura mater*), darunter, ebenfalls schraffiert gezeichnet, ist vermutlich die weiche Hirnhaut (*pia mater*) angedeutet; möglicherweise ist aber damit das Dach der Hirnhöhlen gemeint. Die von Louis de la Force entworfene Abbildung ist der französischen Fassung von Descartes' ursprünglich lateinischem Werk *Tractatus de Homine et de Fortnatione Foetus. Quorum prior Notis perpetuis Ludovicis de la Forge, M. D. illustratur* (Elsevier, Amsterdam 1642) entnommen, die unter dem Titel *L'Homme de Rene Descartes et un Tractate de la Formation du Foetus du mesme Autheur* 1664 bei Girard in Paris erschienen ist. Dessen deutsche kommentierte Übersetzung besorgte Karl Edward Rothschuh 1969.

Chr.) befaßten sich dort eingehend mit der Anatomie des Nervensystems der Säugetiere und des Menschen. Sie schrieben insbesondere den Hirnhöhlen eine besondere Funktion zu. Ihrer Ansicht nach sind die Hirnhöhlen von einem subtilen Fluidum ausgefüllt, das sie mit dem Pneuma identifizierten, jenem universalen Medium, das, wie man annahm, das gesamte Weltall erfüllt, im Gehirnpneuma aber in einer besonderen, verdichteten Form vorliegt. Durch die hohlen Nerven soll sich dann dieses Pneuma als *spiritus animalis*, (Descartes sprach von dem *esprit animal*, in der deutschsprachigen Literatur war die Rede vom *Nervengeist*) bis in die entlegendsten Teile des Körpers erstrecken und sämtliche Körperfunktionen beherrschen. Der griechische, später römische Gelehrte GALENOS oder GALENUS, zu deutsch GALEN (130-200), hat diese Lehre zu einem System ausgebaut, das bis zum neunzehnten Jahrhundert die Medizin wie auch die Neurobiologie beherrscht hat.[1]

Das griechische Wort *Pneuma* wird also in der lateinischen Fassung zum Begriff *Spiritus*, der in all seiner Doppelbedeutung dem deutschen Wort *Geist* entspricht. Nach der Lehre GALENS entsteht aus den über den Magen-Darm-trakt aufgenommenen Nährstoffen in der Leber ein *spiritus naturalis*, der in das Pfortaderblut übergeht und zum Herzen transportiert wird, wo unter Wärmeentwicklung dieser *spiritus* in einen *spiritus vitalis* umgewandelt wird, der nun über die sich durch den Körper hindurch verzweigenden Blutgefäße allen Organen gleichsam als belebendes Prinzip zugeführt wird, als »Lebens-geist«. Die Hirnarterien bringen dann dieses vitalisierte Blut ins Gehirn, wo in einem besonderen Gefäßsystem, der *rete mirabilis*, ein erneuter Destillations-prozeß den *spiritus vitalis* umwandelt in einen noch subtileren »Seelengeist«, den *spiritus animalis* (der Ausdruck *animalis* leitet sich her von dem Wort *anima*, Seele). Dieser *spiritus animalis* tritt nun in die Hirnhöhlen ein, wo ihn die hohl gedachten Nerven aufnehmen. Die sich durch den ganzen Körper hindurch verzweigenden Nerven verteilen nun diesen spiritus auf alle Organe und steuern – vom Gehirn aus – deren Funktionen.

Wie lange sich diese Spirituslehre erhalten hat, bezeugt folgendes Zitat aus ZEDLERS *Universal Lexikon* von 1737, welches unter dem Stichwort »Lebens-Geister« die Ansicht der »Natur-Kündiger« (Naturkundigen, Naturforscher) darstellt: »Es sollen die Lebens-Geister die geistreichen, zarten, flüchtigen und höchst beweglichen Theilgen des lebendigen Leibes sein, welche... täglich

---

1 Das 22-bändige Werk wurde (im griechichen und lateinischen Originaltext) 1821-1833 von KUEHN neu herausgegeben. Inzwischen liegt eine medizinisch kompetente neue englische Über-setzung vor (SIEGEL 1968 bis 1976).

durch die Speisen ersetzet, in dem Hirn und Hirnlein[1], wie auch in dem Rückenmarcke von dem Puls-Ader-Blute abgesondert, durch die Nerven in alle Theile des Leibes geführet, und [...] endlich der Bewegung aller Sinne, Empfindung und aller *Functionen*, welche nur in denen belebten Leibern vorfallen, Urheber und würckende Ursache sind.«

In der von F. A. BROCKHAUS im Jahre 1824 herausgegebenen *Allgemeinen deutschen Real-Encyclopädie für Gebildete Stände* (*Conversations-Lexicon*) lesen wir im Abschnitt *Nerven, Nervensystem:* »Auch im Materiellen stellt das Nervensystem ein, abgesondertes, in den übrigen Organismus gleichsam eingeschobnes System dar, welches nur auf zwei Berührungsflächen mit jenem sich verbindet, einmal um die Blüthe desselben, die feinsten und zartesten Entfaltungen des Arteriensystems um sich zu versammmeln und den ätherischen Nahrungsstoff aus ihm zu saugen; und dann um seinen belebenden Geist über den ganzen Organimus wieder auszuhauchen, alle Verrichtungen desselben zu beherrschen, damit sie alle regelmäßig zu seinem höheren Dienste, dem Vermittlergeschäfte zwischen Geist und Welt, und im Dienste des Geistes wirken können.« Und weiter heißt es dann: »Selbst das sichtbare, als weißliches Mark[2] erscheinende Gewebe dieses Systems ist nur die Wohnung des ihm verwandten, zugeordneten, unsichtbaren Nervengeistes.«

Der noch fehlende Nachweis, daß die Nervenfasern – entsprechend der Doktrin der hohlen Nerven – tatsächlich hohl und mit *spiritus* gefüllt sind, war eine Herausforderung für Generationen von Anatomen und Histologen[3]. ANTON VAN LEEUWENHOEK (1632-1723) beschrieb 1717 seine mit Hilfe des von ihm erfundenen Mikroskops gemachte Beobachtung eines Querschnittes durch einen frischen Nerven[4], an dem er meinte, die Hohlräume der einzelnen Nervenfasern gesehen zu haben (*Abb. 2*). Mehr als hundert Jahre später beschrieb dann der Berliner Mikroskopiker JOHANN GOTTFRIED EHRENBERG (1795-1876) zum erstenmal die Nervenfasern des Gehirns: »Diese letzteren lassen deutlich eine äußere und eine innere Gränze der Wandung erkennen, wodurch klar hervortritt, daß sie innen hohl sind Das Innere... ist überall ganz wasserhell, so daß man sie für Dunst- oder Wasserführend halten könnte.«[5] Der

---

1 Gemeint ist das Kleinhirn (*Cerebellum*).
2 Die aus Nervenfasern bestehende »weiße Substanz«
3 Eine ausführliche Darstellung der Geschichte der »Doctrin of the hollow nerves« gibt CLARKE 1968.
4 *Epistolae physiologicae super compluribus naturae arcanis*, Nr. 32 (2. März 1717), A. Bernan, Delft 1719
5 EHRENBERG 1833, S. 452

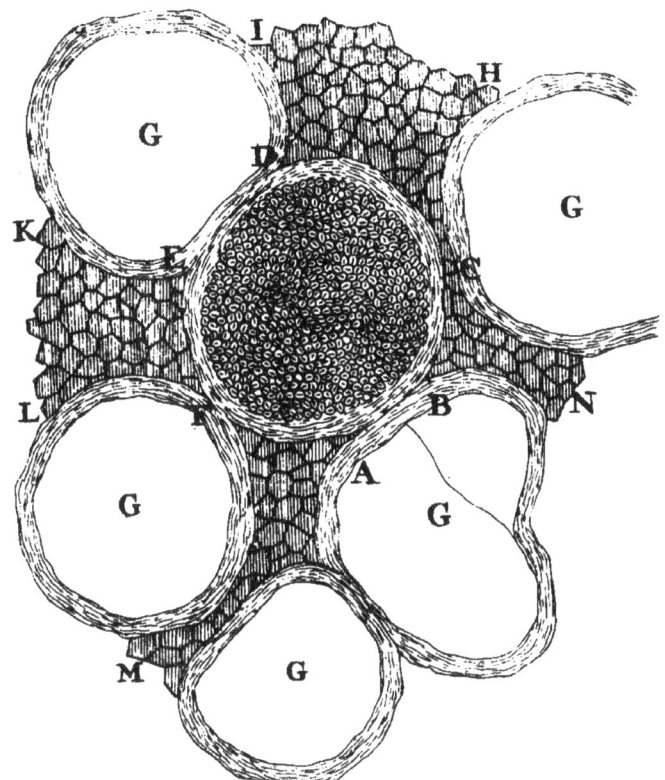

Abb. 2 Leeuwenhoeks Darstellung eines frischen Querschnitts durch einen Teil eines Spinalnerven (Rind oder Schaf) wie er ihn durch das von ihm erfundene Mikroskop gesehen zu haben glaubte. Dargestellt sind die Hüllen von fünf Nervenbündeln (**G**), und – vollständig ausgeführt – ein im Zentrum gelegenes Bündel (markiert durch die Buchstaben **A, B, C, D, E, F**) von Nervenfasern, in denen »*singulae lineolae singulorum vasculorum cavitatem indicant*«, kleine Striche also, welche die Profile der gesuchten Hohlräume der Nervenfasern markieren. Hier abgebildet ist die *fig: 2* der Tafel, welche dem Brief vom 2. März 1717 an den Delfter Arzt und Anatomen Abraham von Bleiswick beigegeben ist. (Leeuwenhoek 1719)

bekannte Physiologe JAN EVANGELISTA PURKINJE (1787-1869) veröffentlichte 1838 eine Abbildung (*siehe Abb. 3*) eines Nervenquerschnitts, der eine verblüffende Ähnlichkeit mit der bereits erwähnten Abbildung eines Nervenquerschnitts hat, die LEEUWENHOEK 1719 veröffentlicht hatte. PURKLNJE sah an frischen Querschnitten der Nervenfasern unbehandelter Nerven »im Centrum eine meist mehreckige vollkommen durchsichtige Stelle, die man als den inneren Kanal des Nervenmarks ansehen konnte.«

Bekanntlich hat kein geringerer als ISAAK NEWTON (1643-1727) die Ansicht geäußert, daß der Nervengeist, das Nervenfluidum, ätherischer[1] Natur sei und dem elektrischen Fluidum gleiche[2], eine These, die durch die Experimente des Bologneser Anatomen und Physiologen LUIGI GALVANI (1737-1798) eine Bestätigung erhielt und damit zur Begründung jener Richtung der Neurobiologie führte, die man als Elektrophysiologie bezeichnet[3]. In unserem Jahrhundert wurde bekanntlich das Nervenfluidum von den Physiologen als eine wässrige Lösung anorganischer Ionen erkannt und die elektrische Natur der Nerventätigkeit tatsächlich zum Dogma erhoben. Es ist bezeichnend, daß GALVANI seine neue Lehre von der animalischen Elektrizität ganz im Sinne der antiken Spirituslehre faßte. In seinem berühmt gewordenen *Cormmentarius* von 1791, in welchem er seine Entdeckung erstmals zur Darstellung brachte, schreibt er: »Wir glauben also, daß das elektrische Fluidum durch die Kraft des Gehirns bereitet und wahrscheinlich aus dem Blute entwickelt wird und in die Nerven geht und innen durch sie fließt, mögen sie hohl und leer sein, oder, was wahrscheinlicher ist, eine sehr flüchtige Lymphe oder ein anderes sehr flüchtiges Fluidum, welches, wie die meisten meinen, von der Rindensubstanz des Gehirns abgeschieden wird, enthalten.«[4]

Die Entdeckung der Ganglienkugeln

Die mit Beginn des neunzehnten Jahrhunderts zur Anerkennung kommende Mikroskopie führte nun zu überraschenden Befunden, welche den einfachen Aufbau des Nervensystems als ein System von Nervenfasern – hohl oder nicht

---

1 Das Konzept eines Weltäthers hat seinen Ursprung in der antiken Tradition des Welt-Pneuma.
2 In der zweiten Auflage der *Philosophiae naturalis Principia mathcmatica* von 1713 bezeichnet er das in den »Nervencapillamenten« operierende agens als *electric and elastic spirit*, bedauerte aber, daß noch nicht genügend Experimente vorlägen, welche die Gesetze demonstrieren würden, *by which this electric and elastic spirit operates*. Zu diesem Thema siehe auch HOME, 1970
3 dazu FLOREY 1988, 1992
4 GALVANI 1791 (dt. 1894)

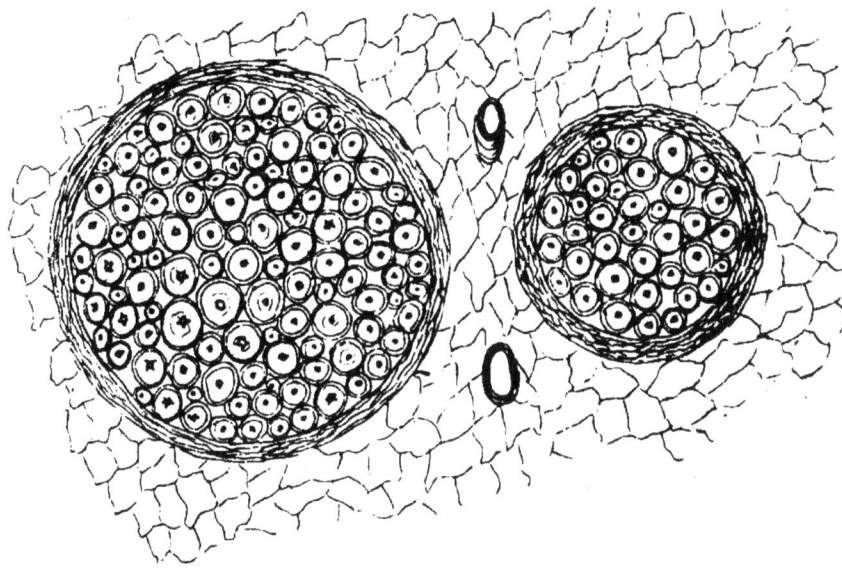

Abb. 3 PURKINJES Darstellung eines Querschnitts durch Nervenbündel eines »gehärteten« Nerven, welcher »die scheinbar *canaculiculöse* Beschaffenheit der elementaren Nervencylinder« zeigt. Man erkennt an der »äußersten Peripherie« der Nervenfasern »eine kreisförmige Doppellinie, entsprechend der umhüllenden Membran des Nervencylinders, welche gefäßartig das Nervenmark enthält; dann folgte nach innen zu ein dickerer Kreis, die Schichte des Nervenmarks, und im Centrum eine meistens mehreckige vollkommen durchsichtige Stelle, die man als den inneren Kanal des Nervenmarks ansehen konnte.« Diese Darstellung zeigt auffallende Ähnlichkeit mit der hier in *Abb. 2* reproduzierten entsprechenden Abbildung von LEEUWENHOEK, die im Jahre 1719, also hundertneunzehn Jahre früher, veröffentlicht wurde. (PURKINJE 1838, Fig. 9)

– in Frage zu stellen begann und zu neuen Spekulationen Anlaß gab. Besonderes Aufsehen errregte die Entdeckung der Ganglienkugeln. Man könnte es sich leicht machen und sagen, aus den Ganglienkugeln wären die Nervenzellen und aus den Nervenzellen dann die Neurone geworden. Aber so einfach war die Geschichte der Neurobiologie nicht!

Der Ausdruck »Ganglienkugel« hängt damit zusammen, daß die betreffenden Strukturen zunächst in Ganglien gefunden wurden. Der griechische Ausdruck *ganglion* bedeutet nichts anderes als ›Knoten‹. Es ist hier nicht möglich, auf die Geschichte der Erforschung des »Gangliensystems« näher einzugehen. So viel sei nur gesagt, daß der den Funktionen der vegetativen Seele zugeschriebene Teil des Nervensystems als Gangliensystem bezeichnet wurde, ein Nervensystem also, welches durch das Vorhandesein zahlreicher Ganglien charakterisiert ist. Ganz im Sinne der von PLATON vertretenen Lehre vom niederen Triebleben, das dem unteren Leibesbereich angehört, und dem höheren Seelenleben, das dem Gehirn zugeordnet ist, sprach der schon erwähnte Göttinger Anatom SOEMMERING[1] davon, daß der Mensch eigentlich zwei Nervensysteme habe: das von den inneren Organen beherrschte und sie beherrschende sympathische Nervensystem, das mit dem Gefühls- und Triebleben in Verbindung steht, und das vom (der Vernunft gehorchenden) Willen und von den höheren Sinnesorganen aktivierte Gehirn- und Rückenmarkssystem. Der Pariser Neurologe MARIE FRANÇOIS XAVIER BICHAT (1771-1802)[2] unterschied ein »organisches Leben« (*vie organique*), welches vom vegetativen Nervensystem dem »systeme des ganglions« (Gangliensystem) beherrscht wird, und ein animalisches Leben (*vie animale*), welches dem Gehirn und Rückenmark (cerebrospinales Nervensystem) unterstellt ist. Der Berliner Mediziner JOHANN CHRISTIAN REIL (1759-1813), der von den Lehren des animalischen Magnetismus beeinflußt war, sah im Gangliensystem ein Zentrum des normalerweise unbewußten Seelenbereichs, der unter gewissen abnormen Bedingungen – wie dem durch »magnetische« Behandlung induzierten Somnambulismus dem Bewußtsein – der mit dem Gehirn verbundenen Seele zugänglich wird[3]. Anatomen und Histologen hatten ein großes Interesse daran, die Besonderheiten dieses vegetativen Nervensystems zu erforsehen und dessen Unabhängigkeit vom cerebro-spinalen Nervensystem (Gehirn und Rückenmark) nachzuweisen.[4]

---

1 SOEMMERING 1788
2 BICHAT 1800
3 REIL 1807
4 LANGLEY 1903. Langley schrieb auch eine Geschichte der Erforschung des autonomen Nervensystem im achtzehnten Jahrhundert; sie wurde 1915/16 veröffentlicht.

Bekanntlich hat man später dem vegetativen Nerven- oder Gangliensystem den Namen *autonomes Nervensystem* gegeben, der noch heute in Gebrauch ist. Er wurde 1903 von dem englischen Physiologen JOHN NEWPORT LANCLEY (1852-1926) eingeführt.

Als 1833 der Meister der Mikroskopie, CHRISTIAN GOTTFRIED EHRENBERG von einer Reise mit ALEXANDER VON HUMBOLDT durch das östliche Rußland zurückkehrte, die bis zur chinesischen Grenze geführt hatte, widmete er sich dem Studium der Struktur des Nervensystems verschiedener Tiere. Er entdeckte in den Ganglien des vegetativen Nervensystems von Wirbeltieren, aber auch im Nervensystem von wirbellosen Tieren (dieses besteht ja in der Hauptsache aus Ganglien) eigenartige Gebilde, die er als »keulenförmige Körper« oder »Ganglienkugeln« bezeichnete. Er berichtete darüber in einer Rede vor der Berliner Akademie der Wissenschaften, die im Jahre 1833 in Kurzfassung in den Annalen der Physik und Chemie veröffentlicht wurde – eine Publikation, die viel zitiert wird, weil hier angeblich zum erstenmal die Nervenzellen der Hirnrinde gesehen wurden. Tatsächlich sah EHRENBERG in der Hirnrinde (S. 451) »eine unregelmäßige Schicht freier, farbloser, grösserer Kügelchen«, er hielt diese aber (S. 458) »mit einiger Bestimmtheit« für »Ablagerungen von Blutkügelchen«. In den Ganglien des »Sympathicus« von Vögeln fand EHRENBERG (S. 458) »fast kugelförmige, die eigentliche Anschwellung bildende, unregelmäßige Körper, die mehr einer Drüsensubstanz ähnlich sind, und die ich fast geneigt bin mit den Kalksäckchen der Frösche zu vergleichen.« Drei Jahre später entstand dann eine ausführliche Publikation[1], in der die drüsenartigen oder keulenförmigen Gebilde, die er in den verschiedenen Ganglien sah, beschrieben und abgebildet sind (*siehe Abb. 4*). Bezeichnend ist der Titel dieser Veröffentlichung: *Beobachtung einer auffallenden bisher unbekannten Struktur des Seelenorgans bei Menschen und Tieren.* Das Nervensystem war auch für EHRENBERG das »Seelenorgan« – so hatte es schon vor ihm SOEMMERING bezeichnet[2] –, und auch er war wie SOEMMERING geneigt, ein doppeltes Nervensystem anzunehmen: ein vegetatives und ein animalisches.

Was die Zweiteilung des Nervensystems anbetrifft, gab es noch eine – auch heute noch fortlebende – Kategorisierung, die in der Unterscheidung von »willkürlich« und »unwillkürlich« zum Ausdruck kommt. Sie geht auf den in Oxford lehrenden Arzt und Hirnanatomen THOMAS WILLIS (1622-1675) zu-

---

1 EHRENBERG 1836. EHRENBERGS Kollege und Vorgesetzter, der Berliner Anatom und Physiologe JOHANNES MÜLLER hat EHRENBERGS »Ganglienkugeln« in seinen Untersuchungen an *Myxine* (einem primitiven Fisch) ebenfalls nachweisen können (MÜLLER 1838).
2 SOEMMERING 1796

rück, welcher die unwillkürlichen, dem bewußten Willen nicht unterworfenen Bewegungen dem Kleinhirn (*Cerebellum*) zuschrieb, das wie das vegetative Nervensystem sozusagen automatisch agiert. Daß man also besonders im Kleinhirn nach den Ganglienkugeln suchte, ist gar nicht so verwunderlich. Tatsächlich hat JOHANN EVANGELISTA PURKINJE[1] (1787-1869) schon 1837 auf der Versammlung Deutscher Naturforscher und Ärzte in Prag über seine Entdeckung von »gangliösen Körperchen« im Kleinhirn und in der *substantia nigra* des Hirnstamms berichtet und ihre Funktion dahingehend erklärt, »dass sie wahrscheinlich Centralgebilde sind [...], die sich zu den elementaren Hirn- und Nervenfasern wie Kraftcentra zu Kraftleitungslinien, wie Ganglien zu Gangliennerven, wie Hirnmassen zum Rückenmark und Hirnnerven sich verhalten möchten. Sie wären Sammler, Erzeuger und Vertheiler des Nerven-organs.«[2]

Hinter diesen etwas unbestimmt klingenden Worten verbirgt sich die später von vielen Hirnforschern vertretene Ansicht, die Ganglienkugeln und die entsprechenden Gebilde des cerebro-spinalen Nervensystems könnten die wesentlichen Elemente des Nervensystems sein, welchen die psychischen Funktionen zuzuschreiben sind, während die Nervenfasern eben nur eine Rolle bei der Erregungsleitung spielen. Die nicht nur von EHRENBERG vermutete drüsige Natur der Ganglienkugeln ließ durchaus annehmen, daß in diesen Kugeln der Nervengeist, das Nervenfluidum gebildet wird. Es blieb aber noch rätselhaft, wie dieses in die hohlen Nervenfasern gelangen sollte.

Um diese Zeit, als PURKINJE seine ersten Befunde über gangliöse Körper-chen bekannt gab, arbeitete in Berlin ein aus dem seit 1815 preußischen, vorher polnischen Posen stammender jüdischer Student unter der Leitung des großen Anatomen und Physiologen JOHANNES MÜLLER (1801-1858) und machte eine bahnbrechende Entdeckung, die er in drei Publikationen veröffentlichte und die sein Lehrer MÜLLER 1838 in dem von ihm selbst herausgegebenen *Archiv für Anatomie und Physiologie* wie folgt referierte[3]: »Die organischen Fäden [= Nervenfasern] aber entspringen von den Ganglienkugeln selbst. Daher sind die Ganglien als die wahren Ursprünge der grauen oder organischen Nerven zu halten, so daß dieses System in den Ganglien des N. Sympathicus[4] und in

---

1 Als PURKINJE 1849 als Professor für Physiologie nach Prag zurückkehrte, wo er 1807-1809 drei Jahre lang Philosophie studiert hatte, schrieb er sich wieder JAN EVANGELISTA PURKYNÉ.
2 PURKINJE 1838, S. 180
3 Archiv für Anatomie und Physiologie 1838, cii
4 Der Ausdruck ›Nervus Sympathicus‹ bezeichnete damals das heute sogenannte vegetative Ner-vensystem, insbesondere auch den Grenzstrang.

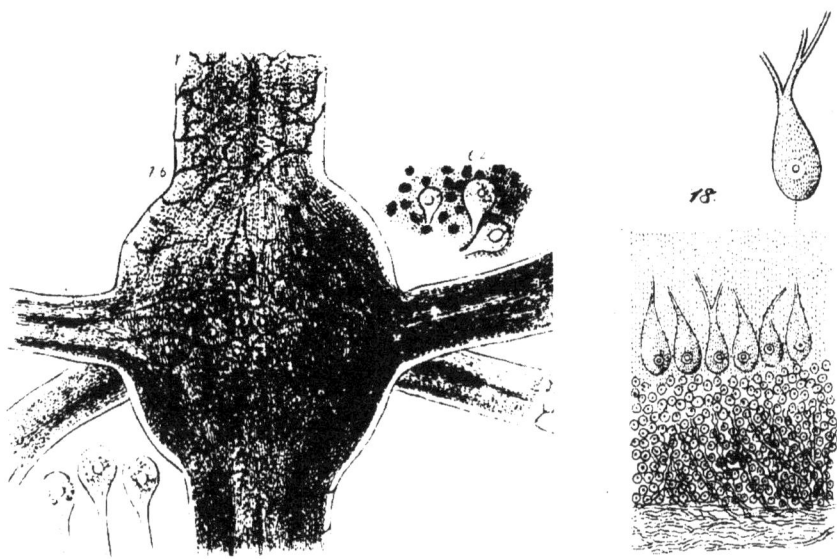

Abb. 4 Erste Darstellungen von Ganglienkugeln. **A:** »Keulenförmige Körper« in einem Ganglion des Bauchtnarks eines Blutegels (Hirudo); einige davon sind aus dem Ganglion herauspräpariert (aus EHRENBERG 1836). **B:** Purkinje's erste Darstellung der heute nach ihm benannten »gangliösen Körperchen« des Kleinhirns (PURKINJE-Zellen). »Jedes dieser Körperchen ist mit seinem rundlichen Ende nach Innen gegen die gelbe Substanz gekehrt, das andere schwanzförmige Ende ist nach aussen gerichtet, und verliert sich mit meist zwei Fortsätzen in der grauen Substanz bis nahe an die äussere Peripherie, wo diese mit der Gefäßhaut umsponnen ist.« (aus PURKINJE 1838)

den Ganglien der hinteren Wurzeln der Spinalartigen Nerven seine Centra hat.
Die Menge der Nervenmasse, die sich im peripherischen Theil des N. Sympathicus entwickelt, scheint zu gross um sie, wie bei den anderen Nerven auf die
Stammelemente von den Spinal- und Cerebralwurzeln zu reduziren [dies
waar ein wesentliches Argument für die Unabhängigkeit des vegetativen Nervensystems vom cerebro-spinalen Nervensystem]. Da nun aber die weissen
Fäden [gemeint sind die dem Cerebrospinalsystem entspringenden ›animalischen‹ Nervenfasern, die in die vegetativen Ganglien einmünden] durch die
Ganglien bloss hindurchgehen, so war es schwierig sich eine Vorstellung von
der Ursache einer solchen Vermehrung der Masse zu machen. Die Untersuchungen des Verfassers klären dieses Verhältnis auf.« JOHANNES MÜLLER
schloß sich aber dieser Ansicht nicht an; ihn befremdete auch die Konsequenz,
die ein solches Hervorgehen von Nervenfasern aus »Ganglienkugeln« für die
Funktionsweise des Gehirns haben würde, in welchem ja ebenfalls solche
Ganglienkugeln nachgewiesen wurden, denn ein solcher Befund hätte das
Denken über die Rolle dieses »Centralorgans« völlig revidiert. Der hier zitierte
Student hieß ROBERT REMAK (1815-1865); seine Promotion erfolgte 1838.
REMAKS Befunde wurden von dem seit 1836 als Professor für Physiologie und
Zootomie in Bern tätigen GABRIEL GUSTAV VALENTIN (1810-1883) heftig
angegriffen, eine Kontroverse, die sich durch Jahre hindurch fortsetzen sollte.
Auch MÜLLER und sein Prosektor JACOB HENLE (1809-1885) und eine Reihe
bedeutender Neuroanatomen argumententierten gegen REMAKS Ansichten.[1]

Von der Nervenzelle zum Neuron

Im Jahre 1839 erschien das die Zellenlehre begründende bahnbrechende Werk
von THEODOR SCHWANN (1810-1882), der damals noch Assistent bei JOHANNES
MÜLLER war. Aus den Ganglienkugeln, die man immer noch im hauptsächli-
chen Zusammenhang mit dem »organischen Leben«, dem vegetativen (sympathischen) oder auch unwillkürlichen Nervensystem sah, wurden nun Nervenzellen. Der Würzburger Anatom ALBERT KOELLIKER (1817-1905) übernahm
diese neue Doktrin. Und indem er die so kontroverse Entdeckung REMAKS,

---

1 Eine gute Darstellung von REMAKS Leben und Wirken sowie der Kontroverse um seine Befunde
  findet man in der ausführlichen Würdigung von KISCH 1954 und bei ACKERKNECHT 1974. Siehe
  aber auch die kritische Bewertung von HILDEBRAND 1988.

daß Nervenfasern aus Ganglienkugeln hervorgehen, ignorierte, konnte er den Nachweis des Ursprungs der Nervenfasern aus Nervenzellen für sich in Anspruch nehmen.[1]

Man sollte meinen, daß die Frage des Zusammenhangs zwischen Nervenfaser und Nervenzelle einfach zu entscheiden sei. Aber das war eben nicht so; um diese Frage wurde noch jahrzehntelang gerungen. Bei der mikroskopischen Beobachtung der Nervenfasern sah man ja oft in oder an diesen Fasern mehrere Zellkerne, und so entstand die sogenannte Kettentheorie, wonach Nervenfasern aus dem Zusammenschluß mehrerer Zellen entstehen sollen. Und auch wenn tatsächlich eine Verbindung zwischen Nervenfaser und Nervenzelle gesehen wurde, so konnte man ja nicht sicher sein, daß dies nicht das Resultat einer Fusion zweier Zellsysteme darstellt. Dazu kam, daß manche durchaus respektable Autoren die Ansicht vertraten, die Nervenzellen entstünden durch Umwandlung von ins Nervengewebe eingewanderten Blutzellen.[2] Darüber konnte nur eine Untersuchung der Embryonalentwicklung des Nervensystems Aufschluß geben. WILHELM HIS (1831-1904) hatte bereits 1883 die embryonalen Vorstufen der Nervenzellen, die Neuroblasten entdeckt. In den folgenden Jahren beschrieb er dann das Auswachsen der Nervenfasern aus den entstehenden Nervenzellen während der Embryonalentwicklung.[3]

Aber noch länger war die Frage umkämpft, ob im cerebrospinalen Nervensystem (Gehirn und Rückenmark) die Endzweige der einen (z. B. sensorischen) mit den Enden anderer (z. B. motorischen) Nervenzellen fusionieren, also ein Retikulum bilden, oder ob sie mit Dendriten oder Zellkörpern solcher anderen Nervenzellen nur durch Berührung Kontakt aufnehmen. Die streitenden Parteien nannte man die »Retikularisten« (ihr Hauptvertreter war CAMILLO GOLGI) und die »Neuronisten« (ihr Hauptvertreter war SANTIAGO RAMON Y CAJAL). Dieser Streit konnte im neunzehnten Jahrhundert nicht mehr entschieden werden[4]. Die Erkenntnis, daß Nervenfasern immer die Auswüchse oder Fortsätze von Nervenzellen sind, hat sich freilich durchgesetzt.

Im Jahre 1891 erschien in der *Deutschen Medicinischen Wochenschrift* der epochemachende Aufsatz des Berliner Anatomen WILHELM WALDEYER (1836-1921), in welchem dieser die Geschichte der Erforschung der zellulären Struktur des Nervensystems referierte und als Ergebnis eine neue Konzeption der

---

1 KOELLIKER 1844, 1849. Siehe dazu auch HILDEBRAND 1988
2 SO Z. B. STRICKER und UNGER 1879, und noch 1902 KRONTHAL
3 HIS 1886
4 Sowohl GOLGI wie CAJAL erhielten 1906 den Nobelpreis für Medizin; sie vertraten auch damals noch ihre gegensätzlichen Standpunkte.

Nervenzelle als funktionelle Einheit[1] des Nervensystems formulierte. Er nannte diese zelluläre Einheit das »Neuron«, wobei er schlicht das alte griechische Wort *neuron* verwendete, das schon HEROPHILOS im antiken Alexandrien zur Bezeichnung von Nerven verwendet hatte. Damit legte WALDEYER das Fundament für die Neuronen-Doktrin. Schon sechs Jahre später führte CHARLES SCOTT SHERRINGTON (1857-1952) den Begriff Synapse ein, und zwar in dem bekannten Lehrbuch des Physiologen MICHAEL FOSTER (1836-1907)[2]. Damit erhielt die emphatische Definition der Neurone als abgeschlossene zelluläre Einheiten, die kein Syncytium oder Ketikulum bilden, sondern durch spezialisierte Zellkontakte mit einander kommunizieren, ihre prägnante Ausformulierung.

Die Neuronen-Doktrin bedeutete das Ende der Spirituslehre. Neurone sind als Zellen geschlossene Systeme – und sie sind nicht offen mit den Hirnhöhlen verbunden. Vom *spiritus animalis,* dem Nervengeist, blieb nur noch ein Attribut übrig: die Elektrizität. Diese neue Lehre von den Neuronen wurde von den Physiologen – mit wenigen Ausnahmen – sofort akzeptiert. Die neu entstandene Elektrophysiologie hatte der morphologischen Einheit des Neurons die funktionelle Einheit des elektrischen Nervenimpulses beigesellt mit allen Konsequenzen einer elektrischen Erregungsübertragung an den Synapsen.

Der Wiener Physiologe SIGMUND EXNER (1864-1926) war der erste, der die Möglichkeiten einer funktionellen, quasi elektrischen Verschaltung der Neurone erkannte. In seinem bahnbrechenden Buch *Entwurf zu einer physiologischen Erklärung der psychischen Erscheinungen*, das 1894 erschien, demonstrierte er die Leistungsfähigkeit neuraler Schaltkreise und entwarf bereits die ersten Schemata von Nervennetzen unter Einbeziehung solcher Postulate wie ›reziproke Hemmung‹ oder ›Bahnung‹. Für EXNER werden durch die physiologisch gefaßte Neuronentheorie auch Vorstellen, Denken, Fühlen, Lernen und Gedächtnis, ja sogar das Bewußtsein »erklärbar«. Zur Illustration ist hier in *Abb. 5* eines der vielen Schemata, die EXNER 1894 veröffentlichte, wiedergegeben mit entsprechenden Erläuterungen. Erstaunlich, was EXNER auf Seite 278 seines Buches schreibt: »So löst sich, scheint mir, das Räthsel des Bewußtseins. Ich habe oben bei Gelegenheit der Lust- und Unlustgefühle von einer Puppe gesprochen, die ich theoretisch zu construiren im Begriffe bin und der wir so gegenüberstehen sollen, wie wir jedem Mitmenschen gegenüberstehen. Ich hatte damals diese Puppe mit der Fähigkeit ausgestattet, Schmerz und Lust zu

---

1 WALDEYER 1891
2 FOSTER 1897

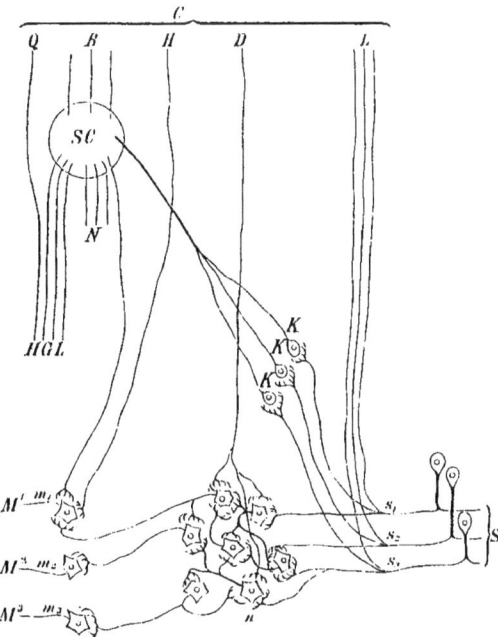

Abb. 5 Ein komplexes neuronales Netzwerk, welches erklären soll, wie bewußte und von Emotionen begleitete Wahrnehmung im menschlichen Gehirn zustandekommen. C bezeichnet den Cortex des Großhirns (das »Bewußtseinsorgan«), das von mehreren Bündeln von Nervenfasern (**B, D, H, L**) Nachrichten von subcortikalen Zentren erhält. Die Signale (Nervenimpulse) der sensorischen Neurone (**S**) verzweigen sich im Rükkenmark an den Stellen s_1 s_2 in jeweils (1) eine Bahn L, die direkt zum Cortex zieht, (2) in eine Bahn, die zu einem subcorticalen »Summationszentrumzentrum« K führt, und (3) eine Bahn, die ein Zentrum im Rückenmark, **n**, erreicht, in welchem eine Erregungsübertragung auf spinale Interneurone erfolgt, die ihrerseits motorische, bewegungssteuernde Neurone, M_1-M_3, erregt. Die Impulse dieser motorischen Neurone werden bei m_1 (1) von Neuronen (**H**) abgegriffen, deren Erregung zum Bewußtseinsorgan geht, und (2) von solchen, die zu einem subcorticalen Zentrum **SC** führen, das EXNER als *Unlustzentrum* bezeichnet: Wenn die von K kommende Bahn bei gleichzeitiger Aktivierung durch Bahnen von s_2-s_3 erregt wird, tritt (1) Erregung der Neurone N ein, welche Abwehrbewegungen bewirken, und (2) von Neuronen **B**, die dem Bewußtseinsorgan Nachricht geben. Außerdem werden (3) über weitere Neurone **H, G**, und **L** das Herz, die Gefäße und die Atmung (Lunge) aktiviert. Diese veränderten Zustände von Herz, Gefäßen und der Atmung werden über sensorische Bahnen, **Q**, dem Bewußtseinsorgan gemeldet. Diese Betrachtungsweise hat auch heute Gültigkeit – sie wird allerdings neueren Autoren zugeschrieben! (aus EXNER 1894)

äussern wie ein Mensch, und gesagt, es fehle noch, dass wir ihr Bewußtsein zusprechen. Vielleicht ist es mir gelungen, den Leser zu überzeugen, dass auch diese Schwierigkeit überwunden ist, dass in der Puppe ein Mechanismus angebracht wurde, der sie befähigt, alle jene Bewußtseinsvorgänge zu erleiden, die wir in uns voraussetzen.« Wer EXNERS Buch aufmerksam durchliest, stellt erstaunt fest, daß darin alle Paradigmen der modernen KI-Forschung[1] vorweggenommen sind.

Die Neuronen-Doktrin hat dazu verführt, alle Neurone als gleichartig anzusehen: »Ich betrachte es also als meine Aufgabe, die wichtigsten psychischen Erscheinungen auf die Abstufung von Erregungszuständen der Nerven und Nervencentren, demnach alles, was uns im Bewußtsein als Mannigfaltigkeit erscheint, auf quantitative Verhältnisse und auf die Verschiedenheit der centralen Verbindungen *von sonst wesentlich gleichartigen Nerven und Centren* [gemeint sind die Neurone] zurückzuführen.« So schrieb EXNER in der Einleitung zu seinem eben zitierten Werk. Die Fülle der morphologischen Verschiedenheiten der Fasern und Zellen des Nervensystems ist in dem auch heute grundlegenden, vereinheitlichenden Schema der Neuronen-Doktrin verloren gegangen.

Ausblick

Die auf der Neuronen-Doktrin basierende Neurobiologie hat längst philosophische Position bezogen. Nur eine Betrachtung ihrer Geschichte kann uns lehren, daß diese »Neurophilosophie«[2] noch sehr ungenügend ist. Die Neuronen-Doktrin hat in ihrer Fixierung auf das Neuron und in ihrem Anspruch, auch die geistigen, mentalen Fähigkeiten »neuronal« zu erklären, eine für eine Naturwissenschaft gefährliche Rolle angenommen. Nicht nur ignoriert sie die so wesentlichen nicht-neuronalen zellulären Elemente, die Gliazellen. In ihrer extremen gedanklichen Abstraktion ist sie geradezu unbiologisch geworden. Das menschliche Gehirn enthält zehnmal mehr Gliazellen als Neurone. Der nur wenige tausendstel Sekunden dauernde elektrische Nervenimpuls, der entlang den Nervenfasern fortgeleitet und an den Synapsen auf andere Nervenzellen übertragen wird, ist keineswegs das einzige Symptom des Erregungs-

---

1 KI = Künstliche Intelligenz
2 Ein für diese Denkart charakteristisches Werk ist PATTRICIA CHURCHLANDS *Neurophilosophy* (1986).

zustands von Neuronen – und es ist längst bekannt, daß Gliazellen empfindlich auf neuronale Aktivitäten reagieren – und in einem Zeitmaß, das den psychischen Prozessen viel eher entspricht, als das Staccato der Nervenimpulse. Am Vorhandensein neuraler Netzwerke kann man nicht mehr zweifeln. Aber in Zukunft wird die den Raum zwischen den Neuronen ausfüllende Glia mehr Beachtung finden und zu ganz neuen Hypothesen über die Funktionsweise des Gehirns führen.

Fundamentale Annahmen der Neuronen-Doktrin sind (1) die Gleichsetzung von »Erregung« mit elektrischen – »Alles oder Nichts« – Nervenimpulsen, (2) die Gleichsetzung von Nervenimpulsen – oder von raum-zeitlichen Mustern von Nervenimpulsen – mit Information, (3) die Gleichsetzung von synaptischer Bahnung mit Lernen und Gedächtnis, und (4) die Identität von Wahrnehmen, Erkennen, Denken und Fühlen mit neuronalen Erregungsmustern.

Der elektrische Nervenimpuls ist ein historisch gewachsenes Konzept, das aus der Identifizierung des antiken *spiritus* mit dem »elektrischen Fluidum« hervorging. Erregung konnte nun mit dem Aktionspotential, bzw. Aktionsstrom gleichgesetzt werden. Die Identifizierung der Ganglienkugeln (als Zentren »nervöser« Tätigkeit) mit Zellkörpern von Neuronen führte dazu, die Neurone als die wesentlichen Elemente des Nervensystems aufzufassen. Das Nervensystem, auch wenn es nun als System von Neuronen aufgefaßt wird, blieb wie in der alten Spirituslehre ein dem übrigen Zellverband des Organismus, ja selbst dem System von Gliazellen des Gehirns, übergeordnetes, funktionell abgeschlossenes System, dessen Leistungen sich durch künstliche Nervennetze – neuronale Netzwerke – simulieren lassen.

Die alte These von den zwei Nervensystemen lebt – es ist erstaunlich – immer noch fort: Die vegetativen Funktionen bleiben aus dem Gehirn verbannt, dessen Rolle man primär in den kognitiven Leistungen, in der Verhaltenssteuerung und Handlungsplanung sieht. Es gilt als absurd, im cerebralen Cortex nach neuralen Repräsentationen des Darmes, der Nieren oder des Herzens zu suchen. Die Dimension des eigentlich Geistigen, des Mentalen, wie es heute heißt, ist aber für die Neurobiologie irrelevant, die das Psychische als »Epiphänomen« auffaßt und sich einer neuen Form des Materialismus verschrieben hat.

Die Neurobiologie befindet sich in dieser Hinsicht in einer Entwicklungsphase, die peinlich an die Zeit des Behaviorismus in der Geschichte der Psychologie erinnert. Die Psychologen haben diese Phase überwunden. Wenn die Neurobiologie den Anspruch stellt, auch das Gehirn- Seele-Problem zu lösen, dann wird sie gut tun, sich ihrer Geschichte, die ja zugleich auch Philosophiegeschichte ist, zu besinnen.

Dieser Beitrag entstand im Rahmen eines Projekts »Ideengeschichte der Neurobiologie«, das von der Deutschen Forschungsgemeinschaft (Fl 8/8-1) und von der Universität Konstanz (Projekt 3/73) gefördert wird.

Literatur

Im Interesse biographischer Genauigkeit werden die Vornamen (soweit bekannt) der Autoren ausgeschrieben, auch wenn die Vornamen in der Originalpublikation nur mit Anfangsbuchstaben angegeben sind.

ACKERKNECHT, ERWIN H., The history of the discovery of the vegetative (autonomic) nervous system, Medical History 18 (1974) S. 3-8

BICHAT, MARIE FRANÇOIS XAVIER, Recherches physiologiques sur la vie et la mort, Paris, S. 800

BRUYN, G. W., The seat of the soul; in: Historical Aspects of the Neurosciences – A Festschrift for MacDonald Critchley, F. Clifford Rose and W. F. Bynum, New York 1982, S. 55-82

CAJAL, SANTIAGO RAMON, Die histogenetischen Beweise der Neuronentheorie von His und Forel, Anat. Anz. 30 (1907), S. 113-144

CHURCHLAND, PATRICIA SMITH, Neurophilosophy – Toward a Unified Science of the Mind/Brain, Cambridge (Mass.)/London 1986

CLARKE, EDWIN, The early history of the cerebral ventricles, College of Physicians of Philadelphia, Transactions and Studies 30 (1962), S. 85-89

CLARKE, EDWIN, Aristotelian concepts of the form and function of the brain, Bulletin of the History of Medicine 37 (1963), S. 1-14

CLARKE, EDWIN, The doctrin of the hollow nerve in the seventeenth and eighteenth centuries; in: Medicine, Science and Culture – Historical Essays in Honor of Owsei Temkin, Lloyd G. Stevenin and Robert P. Multhauf, eds. Johns Hopkins Press, Baltimore 1968, S. 123-141

CLARKE, EDWIN, and KENNETH DEWHURST, An illustrated History of Brain Funcion, Sandford Publications, Oxford 1972

CLARKE, EDWIN, and JERRY STANNARD, Aristotle on the anatomy of the brain, in: Journal of the History of Medicine 18 (1963), S. 130-148

EHRENBERG, CHRISTIAN GOTTFRIED, I. Nothwendigkeit einer feineren mechanischen Zerlegung des Gehirns und der Nerven vor der chemischen, dargestellt aus Beobachtungen von C. G. Ehrenberg; in: Annalen der Physik und Chemie 7 (1833), S. 449-473

EHRENBERC, CHRISTIAN GOTTFRIED, Beobachtung einer auffallenden bisher unbekannten Struktur des Seelenorgans bei Menschen und Tieren. Vor der Akademie der Wissenschaften zu Berlin im Oktober 1833 gehaltener Vortrag, Berlin 1836, 56 S. mit 6 Kupfertafeln

EXNER, SIGMUND, Entwurf zu einer physiologischen Erklärung der psychischen Erscheinungen, Leipzig und Wien 1894

FLECHSIG, PAUL, Gehirn und Seele, 2. verb. mit Anmerkungen und fünf Tafeln versehene Ausgabe, Leipzig 1896

FLOREY, ERNST, Magnetismus, Elektrizität und das Nervensystem. Eine Ideengeschichte; in: B. Wilhelmi (Hrsg.), Theoretische Grundlagen und Probleme der Biologie, Veröffentlichungen der Friedrich Schiller Universität, Jena 1988, S. 141-163

FLOREY, ERNST, Mind and brain. A history of ideas in neurobiology; in: N. Elsner und G. Roth (Eds.), Brain – Perception – Cognition, Proceedings of the 18th Göttingen Neurobiology Conference, Stuttgart/New York 1990, S. 60-72

FLOREY, ERNST, Geschichte der Neurophysiologie; in: Lexikon der Biologie, Bd. 10, Freiburg i. Br. 1992, S. 358-370

FLOREY, ERNST, Memoria. Geschichte der Konzepte über die Natur des Gedächtnisses; in: E. Florey und O. Breidbach (Hrsg.), Das Gehirn – Organ der Seele?, Berlin 1993, S. 151-215

FLOREY, ERNST, Franz Anton Mesmer und die Geschichte des Animalischen Magnetismus; in: Jahrbuch der Deutschen Gesellschaft für Geschichte und Theorie der Biologie, 2 (1994); *im Druck*

FOSTER, MICHAEL, A Text-Book of Physiology, London 1897

GALVANI, ALOYSIUS, De viribus electricitatis in motu musculari commentarius, Bononiensi scientiarum et artium instituto atque academia commentarii 7 (1791), S. 364-415

GALVANI, ALOISIUS, Abhandlung über die Kräfte der Electricität bei der Muskelbewegung (Oswald's Klassiker der exakten Wissenschaften, Bd. 52, hrsg. von A. J. v. Oettingen), Leipzig 1894

GASK, GEORGE E., Early medical schools, III. The school of Alexandria. Annals of medical History 3 (1940), S. 383-392

GOLGI, CAMILLO, The neuron doctrin – theory and facts, Nobel Lecture December 11th 1906; in: Nobel Lectures including Presentation Speeches and Laureates' Biographies, Physiology and Medicine 1901-1921, New York 1921, S. 190-217

GOSS, CHARLES MAYO, On anatomy of nerves by Galen of Pergamon, American Journal of Anatomy 118 (1966), S. 327-335

GRÜSSER, OTTO-JOACHIM, Vom Ort der Seele. Cerebrale Lokalisationstheorien in der Zeit zwischen Albertus Magnus und Paul Broca; in: Aus Forschung und Medizin 5 (1990), S. 75-96

HILDEBRAND, REINHARD, Albert Von Koelliker (1817-1905) – Anatom an den Wendepunkten zu einer modernen Neurohistologie; in: Gehirn – Nerven – Seele. Anatomie und Physiologie im Umfeld S. Th. Soemmerings, Soemmering-Forschungen III, hrsg. von Gunter Mann, Jost Benedum und Werner F. Kümmel, Stuttgart/New York 1988, S. 358-380

HIS, WILHELM, Ueber das Auftreten der weissen Substanz in den Wurzelfasern am Rückenmark menschlicher Embryonen, His-Archiv (1883), S. 168

HIS, WILHELM, Zur Geschichte des menschlichen Rückenmarkes und der Nervenwurzeln, Abhandlungen der mathematisch-physikalischen Classe der Königl. Sächsischen Gesellschaft der Wissenschaften 6 (1886), S. 479-514

HOME, RODERICK W., Electricity and the nervous fluid, Journal of Hist. Biology 3 (1970), S. 235-251

KISCH, BRUNO, Forgotten leaders in modern medicine – Valentln, Gruby, Remak, Auerbach, Transactions of the American Philosophical Society, New Series 44 (1954), S. 139-317

KOELLIKER, ALBERT, Die Selbstständigkeit und Abhängigkeit des sympathischen Nervensystems, durch anatomische Beobachtungen bewiesen, Zürich 1844

KOELLIKER, ALBERT, Neurologische Bemerkungen; in: Zeitschrift für wissenschaftliche Zoologie 1 (1849), S. 135

KRONTHAL, PAUL, Von der Nervenzelle und der Zelle im Allgemeinen, Jena 1902

KUEHN, CAROLUS GOTTLIEB (Hrsg.), Galenii Claudii: opera omnia, 22 Bde, Lipsiae 1821-1833

LANGLEY, JOHN NEWPORT, Das sympathische und verwandte nervöse Systeme der Wirbeltiere (autonomes Nervensystem); in: Ergebnisse der Physiologie 2 (1903), S. 812-872

LANGLEY, JOHN NEWPORT, Sketch of the progress of discovery in the eighteenth century as regards the autonomic nervous system; in: Journal of Physiology 50 (1915/16), S. 225-258

LAWSON-TANCRED, HUCH, Aristotle: De Anima (On the Soul) translated, with an introduction and notes, London 1986

LEEUWENHOEK, ANTONIUS, Epistolae physiologicae super compluribus naturae arcanis etc., Delphis 1719

LEIBBRAND, WERNER und ANNEMARIE LEIBBRAND-WETTLEY, Kompendium der Medizingeschichte, München-Gräfelfing 1964

LEYACKER, JOSEF, Zur Entstehung der Lehre von den Hirnventrikeln als Sitz psychischer Vermögen; in: Archiv für Geschichte der Medizin 19 (1927), S. 253-286

MEYER-STEINEG, THEODOR, Studien zur Physiologie des Galenos; in: Archiv für Gescheschichte der Medizin 5 (1912), S. 172-224

MÜLLER, JOHANNES, Über das Nervensystem der Myxinoiden. Bericht über die zur Bekanntmachung geeigneten Verhandlungen der Königlich Preußischen Akademie der Wissenschaften zu Berlin, 15. Februar 1838, S. 59-63

NEUBURGER, MAX, Geschichte der Medizin, Bd. 1, Stuttgart 1906

NEUBURCER, MAX, Geschichte der Medizin, Bd. 2, Stuttgart 1911

PURKINJE, JOHANN EVANGELISTA, ohne Titel. Bericht über die Versammlung deutscher Naturforscher und Aerzte in Prag im September 1837 von Grafen Kaspar Sternberg und Professor J. V. Edl. v. Krombholz, Prag 1838, S. 177-180

PUTSCHER, MARIELENE, Pneuma Spiritus Geist – Vorstellungen vom Lebensantrieb in ihren geschichtlichen Wandlungen, Wiesbaden 1974

REIL, JOHANN CHRISTIAN, Ueber die Eigenschaften des Ganglien-Systems und sein Verhältnis zum Cerebral-System; in: Archiv für die Physiologie 7 (1807), S. 189-243

ROTHSCHUH, KARL E., René Descartes: *Über den Menschen (1632)* sowie *Beschreibung des menschlichen Körpers (1648)* nach der ersten französischen Ausgabe von 1664 übersetzt und mit einer historischen Einleitung und Anmerkungen versehen, Heidelberg 1969

SCHWANN, THEODOR, Mikroskopische Untersuchungen über die Übereinstimmung in der Struktur und im Wachstum der Thiere und Pflanzen, Berlin 1839

SHEPHERD, GORDON M., Foundations of the Neuron Doctrine, New York/Oxford 1991

SIEGEL, RUDOLPH E., Galen's System of Physiology and Medicine. An Analysis of his Doctrines on Bloodflow, Respiration, Humors and Internal Diseases, Basel 1968

SIEGEL, RUDOLPH E., Galen on Sense Perception. His Doctrines, Observations and Experiments on Vision, Hearing, Smell, Taste, Touch and Pain, and their Historical Sources, Basel 1970

SIEGEL, RUDOLPH E., Galen on Psychology, Psychopathology, and Function and Diseases of the Nervous System. An Analysis of his Doctrines, Observations and Experments, Basel 1973

SIEGEL, RUDOLPH E., Galen on the Affected Parts, Translation from the Greek Text with Explanatory Notes, Basel 1976

SOEMMERING, SAMUEL THOMAS, Vom Hirn und Rückenmark, Mainz 1788

SOEMMERING, SAMUEL THOMAS, Über das Organ der Seele. Königsberg 1796, Reprint, E. J. Bonset, Amsterdam 1966

SPRENGEL, KURT, Versuch einer pragmatischen Geschichte der Arzneikunde, Erster Theil, 2. umgearb. Aufl., Halle 1800

STRICKER, S. und L. UNGER, Untersuchungen über den Bau der Grosshirnrinde, Sitzungsberichte der Akademie der Wissenschaften (Wien), MathematischNaturwissenschaftliche Klasse, Abt. 3, 80 (1879) S. 17-157

SUDHOFF, WALTHER, Die Lehre von den Hirnventrikeln in textlicher und graphischer Tradition des Altertums und Mittelalters; in: Archiv für Geschichte der Medizin 7 (1913), S. 149-205

WALDEYER, WILHELM, Ueber einige neuere Forschungen im Gebiete der Anatomie des Centralnervensystems; in: Deutsche Medicinische Wochenschrift 44 (1891) S. 1-64

WILLIS, THOMAS, Cerebri Anatome, Cui Accessit Nervorum Descriptio et Usus, London 1664; Engl.: The Anatomy of the Brain and Nerves; transl. by Samuel Portage, 1681, Facsimile Ausgabe hrsg. von William Feindel, Montreal 1965

GÜNTHER PALM

Natürliche und künstliche Intelligenz – natürliche und künstliche neuronale Netze

Künstliche Intelligenz (KI) ist heute ein eingeführter Begriff, eine Art Terminus technicus zur Beschreibung eines Forschungszweiges. Er ist eine direkte Übersetzung des englischen *Artifical Intelligence*. Künstliche neuronale Netze sind ein vereinfachtes Modell der natürlichen neuronalen Netze, also der kleinen grauen Zellen in unserem Gehirn, die intelligentes Verhalten möglich machen. Was ist das Forschungsziel der künstlichen Intelligenz? Auf der einen Seite, die existierenden Maschinen intelligenter, also schlauer, aber auch umgänglicher zu machen. Auf der anderen Seite, die natürliche menschliche Intelligenz besser zu verstehen. In beiden Fällen wird man sich auch intensiv mit der Informationsverarbeitung in künstlichen neuronalen Netzen beschäftigen müssen. Für mich steht das zweite Motiv im Vordergrund; ich möchte verstehen, wie das menschliche Gehirn funktioniert.

Wie kann die Entwicklung von intelligenten Maschinen und Programmen zum Verständnis des menschlichen Gehirns beitragen? Darauf möchte ich im folgenden eingehen, und zwar in drei Durchgängen, die sich auf verschiedene Problemkreise von fortschreitender Detailliertheit beziehen: (1) Das philosophische Leib-Seele-Problem. (2) Das Problem der verschiedenen Beschreibungsebenen, die in Einklang zu bringen sind. (3) Die Problematik des Vergleichs von Computer und Gehirn auf den verschiedenen Ebenen.

1. *Das philosophische Leib-Seele-Problem*

Dies ist ein uraltes Problem, besonders für ungläubige Menschen. Für einen gläubigen Menschen ist die Sache klar: wir haben eine Seele und die ist unsichtbar. Sie ist allen unseren Sinnen nicht zugänglich und auch mit verfeinerten physikalischen Meßmethoden nicht zu entdecken. Sie ist unsere ganz persönliche Verbindung zu Gott, den man ja genausowenig meßtechnisch erfassen kann. Dadurch, daß wir beseelt sind, unterscheiden wir uns sicherlich von toten Gegenständen, wie Steinen, Tischen, Uhren und Robotern.

Für einen ungläubigen Menschen stellt sich zunächst einmal die Frage, ob man Konzepte, die von vornherein als nicht sinnlich erfahrbar und auch nicht meßbar erklärt werden, nicht einfach ohne weiteres aus seinem Weltbild streichen kann. Wenn man diese Konzepte aber streicht, hat man Schwierigkeiten, etwa die Frage zu beantworten »Was unterscheidet uns Menschen denn nun von Robotern?«

Man könnte ja sagen: »Gar nichts«, aber irgendwie ist das doch unbefriedigend, denn wir sind doch anders als diese kalten, leblosen Dinger – außerdem macht man sich mit dieser Antwort sicher keine Freunde, spricht aus ihr doch Menschenverachtung, Herzlosigkeit und vielleicht sogar tiefe Unmoral, denn wenn Menschen Automaten sind, kann man mit ihnen ja alles machen. Bei temperamentvollen Gesprächspartnern wird dieser Schluß gelegentlich in einer Art Kurzschluß umgekehrt auf den angewendet, der den Unterschied zwischen Menschen und Robotern bestreitet. Man sollte also bei solchen Äußerungen am besten einen gewissen Sicherheitsabstand zu dem Gesprächspartner halten. Es gibt auch eine etwas vorsichtigere und gleichzeitig gründlichere Art zu antworten, die nebenbei oft den Effekt hat, den physischen Sicherheitsabstand durch einen quasi geistigen überflüssig zu machen.

Es ist unfruchtbar, Konzepte wie Beseeltheit oder Bewußtsein als Eigenschaften von Dingen aufzufassen, weil man dann das Problem hat, alle Dinge in beseelte und unbeseelte einteilen zu müssen. Man denke nur an das Problem, welche Tierarten eine Seele oder ein Bewußtsein haben; etwa Schimpansen, Delphine, Hunde, Katzen, Ratten, Papageien, Frösche, Maikäfer, Mücken, Zecken. Es ist vielleicht besser, Unterschiede, wie den zwischen »beseelt« und »unbeseelt«, nicht »ontologisch« sondern »methodologisch« zu fassen: Es gibt nicht zwei verschiedene Sorten von Dingen, sondern zwei verschiedene Betrachtungsweisen oder Erklärungsmethoden, und manche Phänomene, beziehungsweise die Bewegungen mancher Dinge, lassen sich eben besser in mentalen Termini beschreiben, vorhersagen, behandeln, andere besser in physikalischen Termini. Grundsätzlich können wir aber sehr wohl über dasselbe Ding einmal mentalistisch, und ein anderes Mal physikalistisch argumentieren.

Ich glaube, daß wir es hier mit zwei grundverschiedenen Ur-Erklärungsweisen zu tun haben, die schon kleine Kinder im Umgang mit belebten, d. h. sich »von selbst« bewegenden oder aber unbelebten Dingen entwickeln. Wie »alt« diese beiden grundverschiedenen Erklärungsweisen tatsächlich sind, und wie sehr sie ursprünglich an eine ontologische Unterteilung der Dinge, inetwa »lebendige« und »tote«, gebunden sind, kann man schon daran erkennen, daß unsere Sprache keinen einfachen gemeinsamen Oberbegriff für Lebewesen und (tote) Gegenstände kennt. Ich gebrauche hierfür das Wort »Ding«, das aber eigentlich in unserem Sprachgebrauch auch die Konnotation des »toten« hat.

Diese Unterscheidung zwischen der mentalistischen und der physikalistischen Erklärungsweise hat sicher auch mit der Unterscheidung zwischen teleologischen und kausalen Erklärungen zu tun. In der Tat suchen wir bei einem Lebewesen gewöhnlich nach inneren Gründen für seine Bewegungen (Beweggründen), wir versuchen zum Beispiel, uns zu überlegen, was es wohl will, während wir bei einem toten Ding gewöhnlich nach äußeren Gründen für seine Bewegungen suchen, wir fragen uns zum Beispiel, wodurch oder durch wen das Ding in Bewegung gesetzt wurde. Eine solche naive Unterscheidung zwischen lebendigen und toten Dingen führt natürlich schnell zu Schwierigkeiten. Man denke etwa an die Verwunderung, die kleine Kinder im Umgang mit mechanischem Spielzeug erleben, das sich durch Aufziehen – oder gar durch elektrischen Antrieb – von selbst bewegt. Solches Spielzeug hat einen inneren Antrieb, wäre also insofern naiv als belebt einzuordnen, aber, wenn man das Ding einmal auf (bzw. kaputt-) gemacht hat, wird einem die mechanisch-physikalische Art dieses inneren Antriebs deutlich. Man kann diese kindliche Erfahrung auch so interpretieren, daß dieses Spielzeug eben nun dem Bereich der toten Gegenstände zugeordnet wird. Dann scheint allerdings die naturwissenschaftliche Forschung dazu zu führen, daß der Bereich des Toten immer weiter ausgedehnt wird. Dies kann geradezu zu Angst vor Erkenntnis führen und zu dem gelegentlich erhobenen Vorwurf der Nekrophilie gegenüber den Naturwissenschaften.

Die intelligenten Maschinen, die bisher bereits im Bereich der künstlichen Intelligenz entwickelt und tatsächlich gebaut worden sind, wie etwa die Schachcomputer, liefern durch ihre Ambivalenz zwischen mechanischem Gerät und intelligentem Gesprächspartner sozusagen »Propagandamaterial« für meine These, daß es unfruchtbar ist, an einem grundsätzlichen Unterschied zwischen beseelten und unbeseelten oder lebendigen und toten Dingen festzuhalten. Man sollte eher zwischen einer mentalistischen und einer physikalistischen Betrachtungsweise (u. U. desselben Dinges) unterscheiden, wobei im Alltag für die meisten, aber eben nicht für alle Dinge, jeweils eine der beiden Betrachtungsweisen die weitaus praktischere ist. Im Prinzip sollten also bei jedem Ding beide Betrachtungsweisen möglich sein (übrigens können auch beide zu Theorien führen und zur Verwendung von Mathematik), nur wird man sich bei manchen Dingen, nämlich den »toten«, normalerweise ganz auf die physikalische Betrachtungsweise verlassen, während man sich bei »lebendigen« Dingen oft eher der mentalistischen Betrachtungsweise bedient.

Bei den in der künstlichen Intelligenz entwickelten Maschinen sieht man, daß es oft nützlich ist, zwischen den beiden Betrachtungsweisen zu wechseln. Dies geschieht etwa dann, wenn man gegen einen Schachcomputer spielt und gerade über die möglichen Kombinationen nachdenkt, die er jetzt wahrscheinlich durchprobiert, und sich fragt, woran er wohl so lange überlegt, bis man plötzlich auf die Idee kommt, den Stecker in der Steckdose zu überprüfen, weil man die lange Bedenkzeit des Computers jetzt auf einen Stromausfall zurückführt. Man sieht also, daß sich die beiden Betrachtungsweisen nicht widersprechen, sondern oft eher ergänzen.

Mit dieser Überlegung ist nun allerdings noch nicht so viel gewonnen. Selbst wenn man einsieht, daß man insbesondere von Computern und von Gehirnen sowohl in physikalischen als auch in mentalistischen Termini reden kann, und daß beide Betrachtungsweisen sich gegenseitig sinnvoll ergänzen, so bleibt doch das Gefühl, daß es ganz verschiedene Zusammenhänge sind, in denen die eine oder die andere Betrachtungsweise adäquat ist. Man kann hier von verschiedenen Beschreibungs-, Betrachtungs- oder Organisationsebenen sprechen, wobei sich auf sehr »hohen« Beschreibungsebenen die mentalistische, auf sehr »niedrigen« die physikalistische Sprechweise anbietet. Nun kann man sicherlich denselben Vorgang (im Gehirn oder im Computer) sowohl auf einer sehr hohen Ebene in mentalistischen Termini als auch auf einer sehr niedrigen in physikalistischen Termini beschreiben, aber die Beschreibungsebenen sind gewöhnlich so weit voneinander entfernt, daß sich ein Bezug der beiden Beschreibungen zueinander nicht wirklich herstellen läßt.

Damit stellt sich jetzt also das Problem, sehr hohe und sehr niedrige Beschreibungsebenen zu verbinden. Die Schwierigkeit dieses Problems hängt mit der Komplexität des zu beschreibenden Dinges zusammen: zum Beispiel wird man bei komplexeren Dingen wahrscheinlich mehr verschiedene Beschreibungsebenen brauchen. Die verschiedenen Beschreibungsebenen des menschlichen Gehirns zu verbinden, heißt für mich, das Gehirn zu verstehen.

2. Das Problem der verschiedenen Beschreibungsebenen

Die verschiedenen Beschreibungsebenen des Computers oder des Gehirns sind natürlich nicht vorgegeben, sondern ihre Einführung ist letzlich eine Frage der Praktikabilität. Gewöhnlich betrachtet man eine »untere« physikalische Ebene, auf der z. B. die physikalischen Eigenschaften der Bauelemente beschrieben werden, und eine »obere«, »intentionale« Ebene, auf der z. B. Ziele und Strategien beschrieben werden. Dazwischen kann man nun verschiedene Zwischenebenen einführen, wodurch man das Problem, die obere und die untere Ebene zu verbinden, in eine Reihe von Teilproblemen auflöst, nämlich die verschiedenen benachbarten Zwischenebenen zu verbinden.

Forschungsprogramme, die auf dieser Idee basieren, müssen also erst einmal versuchen, bestimmte Zwischenebenen zu definieren, und dann schrittweise die Beziehungen nach oben und unten herstellen. Allerdings besteht zwischen verschiedenen Forschungsprogrammen oft gerade Uneinigkeit darüber, welche Zwischenebenen für diesen Prozeß sinnvoll sind. In jedem Fall sprechen die Entwicklungen im Bereich der künstlichen Intelligenz für die grundlegende Idee solcher Forschungsprogramme, nämlich nach passenden Zwischenebenen zu suchen, durch die man die Komplexität des Problems, eine Beziehung zwischen der intentionalen und der physikalischen Betrachtungsebene herzustellen, reduzieren kann. Etwa beim Schachcomputer sind nämlich alle Zwischenebenen tatsächlich vorhanden. Sie ergeben sich – sozusagen von selbst – bei der Entwicklung von typischen KI-Programmen.

Die unterste Ebene ist die Hardwareebene der verfügbaren elektrischen, bzw. elektronischen Bauteile. Als nächstes läßt sich eine Ebene der Schaltungslogik abtrennen. Hier spricht man von logischen Verknüpfungen elektrischer Impulse im Sinne der Boole'schen Schaltalgebra, die von elektronischen Schaltungen, sogenannten »logischen Gattern«, durchgeführt werden. Auf dieser Ebene ist bereits das Maschinenprogramm als Inhalt des Programmspeichers beschreibbar, in dem einzelne Wahrheitswerte 0 oder 1 (entspricht »falsch« oder »wahr«) als Zustände von Flip-Flops gespeichert sind.

Die nächste Ebene ist vielleicht schon die Auflistung des Maschinenprogramms in der sehr »niedrigen« Maschinensprache oder im »Assembler«. Immerhin haben wir es hier bereits nicht mehr direkt mit einer physikalischen Struktur, sondern mit einer sprachlichen Formulierung des Programms zu tun, die aber noch im Detail den Ablauf der physikalischen Vorgänge im arbeitenden Computer vorschreibt.

Als nächstes folgt noch mindestens eine Beschreibungsebene des Programms in einer »höheren« Programmiersprache, in der ganze Gruppen von Detailvorschriften der Assemblersprache in Einzelbefehlen zusammengefaßt werden, die dann schon eher den Charakter von Anweisungen in englischer Sprache haben. Es gibt hier auf verschiedene Anwendungsbereiche ausgerichtete höhere Sprachen. Wichtig ist, daß bei diesem Übergang die Beziehung zur Assembler-Ebene immer noch völlig klar ist, sie ist sogar durch automatische Übersetzungsprogramme von der höheren Sprache in die Assemblersprache gewährleistet.

Über die »fast englische« Beschreibungsebene in einer hohen Programmiersprache ist allenfalls noch die umgangssprachliche Dokumentation des Programms zu stellen. Sie ist allerdings in vielen Fällen äußerst wichtig für das Verständnis eines Programms, besonders wenn man es nicht selbst geschrieben hat. Auf dieser Ebene können die Strategien und Bewertungskriterien zum Beispiel eines Schachcomputers praktisch genauso mitgeteilt werden wie unter Schachspielern.

Ich glaube, daß aus dieser kurzen Darstellung verschiedener Beschreibungsebenen der Abläufe in einem Computer schon deutlich wird, wie hier in kleinen Schritten von unten nach oben die mentalistische Betrachtungsweise adäquater und die physikalistische inadäquater wird.

Wenn man jetzt versucht, in einem analogen Forschungsprogramm menschliche oder tierische Gehirne zu verstehen, d. h. »hohe«, eher mentalistische und »tiefe«, eher physikalistische Beschreibungsebenen in Einklang zu bringen, so stellt sich die Frage, inwieweit es sinnvoll ist, beim Gehirn Zwischenebenen zu konstruieren, die den eben beschriebenen analog sind, d. h. ob sich auch im Detail eine Art Analogie zwischen Computer und Gehirn herstellen läßt.

3. Vergleich von Computer und Gehirn auf verschiedenen Ebenen

Fangen wir mit der physikalischen Ebene an. Beim Computer sehen wir verschiedene »Zentren«, die durch Drähte miteinander verbunden sind. Die Drähte führen elektrische Spannungen. Durch die Art der Spannungen können wir den Stromversorgungteil relativ leicht vom eigentlichen *Rechen*teil unterscheiden. In den einzelnen Verbindungsdrähten zwischen verschiedenen Zentren des Rechenteils laufen einigermaßen einheitliche kurze Spannungsimpulse. In den Zentren werden alle möglichen komplizierten Querverbindungen zwischen den Anschlußdrähten hergestellt. Der Aufbau dieser Schaltungen ist bis ins mikroskopische Detail kompliziert. Gehen wir etwas über die rein physikalische Beschreibung hinaus und interpretieren die Spannungsimpulse auf den Verbindungsdrähten als »Signale«, so können wir zwischen Zentren der Signalverarbeitung und Verbindungskabeln zur Signalübertragung unterscheiden. Die Signale auf den einzelnen Drähten in den Kabeln sind normierte Spannungsimpulse, so daß man sich als Einheit der Informationsübertragung die Entscheidung zwischen Auftreten oder Nichtauftreten eines Impulses in einem Draht in einem zeitlichen Moment vorstellen kann. Dann erscheint es sinnvoll, die Informationsverarbeitung in den Zentren in Termini der Booleschen Schaltalgebra zu beschreiben. Und wir sind bereits auf der zweituntersten Ebene angelangt.

Sehen wir uns jetzt das Gehirn näher an, so können wir wieder eine Unterscheidung zwischen Informationsverarbeitungszentren und Verbindungskabeln machen (weiße und graue Substanz). Die Verbindungskabel bestehen aus vielen Nervenfasern oder »Axonen«. Wieder sind die Signale, die auf den Nervenfasern wandern, mehr oder weniger gut normierte Spannungsimpulse, genannt »Spikes«. Man könnte also wieder geneigt sein, die Informationsverarbeitung in den Zentren in Termini von Boole'scher Schaltungsalgebra zu beschreiben. Im Prinzip ist dies auch möglich (*McCulloch & Pitts* 1943), nur stößt man hier auf eine praktische Schwierigkeit und zugleich auf einen ersten deutlichen Unterschied zur Computeranalogie. Die Bausteine in der Booleschen Schaltalgebra sind sogenannte UND-, ODER-, oder ähnliche »Gatter«. Sie haben gewöhnlich zwei Eingänge und einen Ausgang, der sich dann allerdings wieder auf verschiedene Eingänge verzweigen kann. Sieht man sich die elektrischen Schaltzentren im Detail an, so kann man oft Bausteine isolieren, die dann auch mit nur wenigen Ein- und Ausgangsdrähten zu anderen Bausteinen verbunden sind.

Im Gehirn kann man auch solche Bausteine finden, die Neuronen (zig Milliarden im menschlichen Gehirn). Bei ihnen kann man sogar leicht ihre Ein-und Ausgangsdrähte unterscheiden (Dendriten und Axone). Aber jedes einzelne Neuron macht Tausende von Verbindungen zu anderen Neuronen. Man kann nun in Analogie zu logischen Gattern einen vereinfachten neuronalen Grundbaustein konstruieren, das sogenannte Schwellen-Neuron, und es läßt sich nachweisen, daß man mit diesem Baustein alles das machen kann, was auch mit logischen Gattern geht. Trotzdem macht der Unterschied in der Zahl der Ein- und Ausgänge doch sehr viel aus. Man kann viele Schaltaufgaben bedeutend einfacher mit Schwellen-Neuronen realisieren als mit logischen Gattern, besonders auch in dem Sinne, daß der Weg von der Eingangkonfiguration bis zum Endresultat kürzer wird, d. h. über weniger Bauelemente führt. Dieser Gedanke ist eng verwandt mit der Idee, daß in unserem Gehirn viel parallele Informationsverarbeitung vor sich geht, während im Computer (bis heute) vorwiegend seriell verarbeitet wird. Es ist natürlich klar, daß nicht alle Aufgaben ihrer Natur nach parallelisierbar sind. Wenn eine parallele Verarbeitung aber möglich und sinnvoll ist, wird sie immer zu einer Beschleunigung des Verarbeitungsprozesses führen.

Angesichts der aufgezeigten Probleme, insbesondere der hohen Parallelität der Informationsverarbeitung im Gehirn, mit der man wohl rechnen muß, ist es nicht klar, wie man von hier zur nächst höheren Beschreibungsebene in Analogie zum Computer aufsteigen soll.

Versuchen wir also einmal, von der obersten Betrachtungsebene herunterzusteigen, also von einer Beschreibung des Tuns von Personen oder auch Tieren in mentalen Termini, zu einer Programmbeschreibung in einer »sehr hohen Programmiersprache«. Wir brauchen uns also zunächst nicht um die detaillierte Ausführung von Programmschritten zu kümmern, solange uns ihre Programmierbarkeit – etwa in Form von Unterprogrammen – einigermaßen plausibel erscheint.

Können wir uns vorstellen, daß wir nach einem generellen Programm funktionieren, und wie könnte dieses aussehen? Eine Idee hierzu, die zumindestens Populationsgenetikern nicht völlig fremd sein dürfte, ist, daß unser Verhalten von der Geburt bis zum Tode von einem generellen Überlebens- und Fortpflanzungsprogramm gesteuert ist (vgl. *Dawkins* 1976). Diese Idee hat den Vorteil, sozusagen auf natürliche, biologische Weise die Herkunft von gewissen Grundbedürfnissen oder Trieben und von Lust- und Schmerzempfindungen als grundlegenden Bewertungskriterien für Situationen zu erklären, nach denen wir dann z. B. durch Lernen im Laufe unseres Lebens eine Art Verhaltensoptimierung durchführen können. Ich muß sagen, daß mir diese Betrachtungsweise (sicher im Gegensatz zu vielen) nicht unsympathisch ist. Zwar werden damit auch die Grundlagen unserer Moralvorstellungen auf die Biologie zurückgespielt, aber immerhin verschwinden sie nicht völlig. Die naturwissenschaftliche Betrachtungsweise des Menschen muß ihn also nicht zu einem ziel- und verantwortungslos umherirrenden Objekt machen. Diese biologische Betrachtungsweise liefert nun in etwa eine zweitoberste, sehr generelle Programmebene. Eine weitere Detaillierung der Strategien, nach denen zum Beispiel Verhaltensoptimierung durchgeführt wird, könnte dann allmählich einen Abstieg zu tieferliegenden Betrachtungsebenen ermöglichen, aber es ist wohl auch deutlich, wie wenig wir über die Richtung sagen können, in der uns über fortschreitende Detaillierung der Abstieg bis etwa zu den beschriebenen unteren Ebenen gelingen könnte. Trotz der großen Unterschiede, die sich beim detaillierten Vergleich von Computer und Gehirn auf verschiedenen Ebenen zeigen, gibt die Entwicklung der künstlichen Intelligenz und der Theorie neuronaler Netze mir doch die Hoffnung, daß sich das im zweiten Abschnitt dargestellte generelle Forschungsprogramm auch für das menschliche Gehirn durchführen läßt. Es sollte vielleicht doch möglich sein, eine »obere mentalistische« und eine »untere physikalistische« Beschreibungsebene über geeignete »Zwischenebenen« zu verbinden. Nur werden beim Gehirn wahrscheinlich andere Zwischenebenen konstruiert werden müssen als beim Computer. In meinem eigenen Forschungsprogramm (vgl. *Palm* 1982) versuche ich, sozusagen in einem Teilbereich, nämlich dem des Gedächtnisses, für das Gehirn eine ungefähr drittunterste Beschreibungsebene zu konstruieren, die ganz anders aussieht als die im zweiten Abschnitt für den Computer angegebene. Dabei ist die Beziehung zu den unteren Ebenen relativ klar (vgl. *Palm* 1984, 1988, 1990), während der Abstand zu den höheren Ebenen noch so groß ist, daß man bestenfalls von einem »Blick nach oben« sprechen kann, mit dem ich meine Theorie aufzubauen versuche. Ich versuche also, mich in Richtung auf solche psychologischen Theorien (etwa der Wissensdarstellung) zu orientieren, die ihrerseits mit »Blick nach unten« aufgebaut werden oder wurden (z. B. *Wilson* 1980). Dabei habe ich die Hoffnung, daß es letztlich einmal gelingen wird, über viele kleine Schritte eine Verbindung zu diesen hohen Beschreibungsebenen herzustellen.

Literatur

R. Dawkins (1976), The Selfish Gene, Oxford 1976

W. S. McCulloch, G. W. Pitts (1943), A Logical Calculus of the Ideas Immanent in Nervous Activity; in: Bull. Math. Biophys. 5, S. 115

G. Palm (1982), Neural Assemblies. An Alternative Approach to Artificial Intelligence, Berlin, Heidelberg, New York 1982

G. Palm (1984), Local Synaptic Modification Can Lead to Organized Connectivity Patterns in Associative Memory; in: Synergetics. From Microscopic to Macroscopic Order, ed. E. Frehland, Berlin, Heidelberg, New York 1984

G. Palm (1988), Assoziatives Gedächtnis und Gehirntheorie; in: Spektrum der Wissenschaft, 1988, S. 54-64

G. Palm (1990), Cell Assemblies as a Guideline for Brain Research; in: Concepts in Neuroscience 1, 1990, S. 133-148

K. V. Wilson (1980), From Associations to Structure, Amsterdam, New York, Oxford 1980

RUDOLF KAPELLNER

Mind Machines

*»Mind Machines« sind mittlerweile populär geworden, umstritten jedoch bleibt,
was sie können, möglicherweise auch, welchen Schaden sie zufügen können.
Was ist denn das Prinzip einer Mind Machine?*

Die Mind Machines sind aus den USA zu uns gekommen. Ihr gemeinsamer
Nenner ist, daß sie auf verschiedene Weise versuchen, das Gehirn zu stimulieren, und manche darüber hinaus auch versuchen, das Bewußtsein anzusprechen.

*Liegt der Ursprung der Mind Machines eigentlich im psychedelischen Trend,
der Ende der sechziger Jahre mit den Drogen begann?*

Das ist sicher eine Wurzel. Weitere Wurzeln sind die amerikanische Technik-
freundlichkeit, das New Age und einfach die Neugier. Die amerikanischen
Modelle benutzen die Elektrostimulation, die optisch-akustische Stimulation
und auch den Isolationstank (auch John-Lilly-Tank, Samadhi-Tank und Flo-
tarium genannt). In Europa hat man sich mit Recht, wie ich glaube, vorwiegend
auf die audiovisuelle Stimulation konzentriert, während die Elektrostimulation
in den Bereich der Medizin abwanderte, wo sie meines Erachtens auch hinge-
hört. Bis auf zwei Ausnahmen wurden in Europa die amerikanischen Modelle
übernommen. Sie wurden zwar technisch verbessert, aber nicht inhaltlich
weiterentwickelt. Nur Cousteau in der Schweiz (mit seinen Planetenschwin-
gungs-Oktavierungen) und wir mit FOCUS 101 haben neue und eigenständige
Konzepte entwickelt.

*Das Konzept der Mind Machines besteht wohl darin, durch bestimmte Muster
das Gehirn auf eine bestimmte Weise zu stimulieren. Was gibt denn die Mind
Machine FOCUS 101 vor, und was soll damit erreicht werden?*

Über die Sinne wird das Gehirn durch die Mind Machines stimuliert. Dabei ist
das Gehirn für uns eigentlich zweitrangig. Wenn ich Musik mache, schaue ich

mir auch nicht immer nur den Flügel an, auf dem ich spiele, sondern es geht um die Musik, die ich auf dem Instrument spielen will. Das Gehirn kann lediglich als das dazugehörige »umsetzende Rechenzentrum« betrachtet werden. Ich würde es nicht einmal als Sitz des Bewußtseins bezeichnen. Heute sind alle »gehirngeil«, weil der amerikanische Kongreß verlauten ließ, daß die 90er Jahre das Jahrzehnt des Gehirns seien. Zudem geht es in einer materiezentrierten, geistlosen Welt immer nur um das Instrument und nicht um die Musik, es geht immer nur um die Farbe und nicht um die Kunst, nicht um das Erleben. Wir haben auch zunächst das Gehirn thematisiert, in der Folge konzentrierten wir uns jedoch auf den Geist und das Bewußtsein. Wir sind jetzt wieder dabei, neuerlich Brücken zum Gehirn zu schlagen, weil in der Wissenschaft gerade in Wien die Erforschung von »veränderten Bewußtseinszuständen« zum Gegenstand geworden ist. Daß mit Mind Machines das Gehirn größer wird, daß man in 10 Minuten klüger wird oder 150 Mal besser lernt, sind allerdings nur schlechte Werbeversprechen aus einem grundlegenden Unverständnis des Gehirns heraus.

Trotzdem versucht man doch mit den optisch-akustischen Reizen, die von unseren Sinnesorganen als den peripheren Organen unseres Gehirns rezipiert werden, die materielle Organisation des Bewußtseins zu beeinflussen. Das macht schließlich auch jede Kunst.

Ich glaube, daß das eine falsche Richtung der Aufmerksamkeit zum Verständnis von Mind Machines ist – wie für Kunst überhaupt. Wenn ich Sie jetzt betrachte, dann gibt es von der Netzhaut bis zu meinem Gehirn Kaskaden von Nervenimpulsen. Man kann aber mit keiner und auch nicht mit allen zusammen erklären, warum ich Sie sehe, warum mir das bewußt ist, wie ich das Sehen von Ihnen verändern und wie ich auf Meta-Ebenen damit spiele oder umgehen kann. Ein Durchatmen oder ein Augenzwinkern verändert schon alles. Weil man dauernd die Aufmerksamkeit auf das Gehirn konzentriert, schaut man weg von dem, um das es wirklich geht. Ich will ein Beispiel aus der Gehirnforschung nennen. Es scheint so zu sein, daß die Neuronen, von denen soviel geredet wird und denen die gesamte Durchführung der Gehirntätgkeit zugeschrieben wird, nicht diese bedeutsame Rolle spielen. Das ist so wie beim Computer, wo es auf die Software ankommt. Es gibt andere Zellen, nämlich die Glia-Zellen, die man bislang als Versorgungszellen deklassiert hat, die aber möglicherweise eine viel wichtigere Funktion haben. Wahrscheinlich schauen wir aufgrund der wissenschaftlichen Orientierung an Empirismus und Positivismus die ganze Zeit das Verkehrte an. Es gibt noch kein vernünftiges und plausibles Modell, das erklären könnte, wie Mind Machines funktionieren. Das kann es auch grundsätzlich noch nicht geben, weil es kein vernünftiges Modell dafür gibt, wie das Gehirn funktioniert. Was wir in Wien entwickelt haben, sind Teilmodelle, welche in manchen Fällen sogar grundlegende wissenschafts-theoretische Veränderungen implizieren. Wir müssen daher mit allen Aussagen über das Gehirn sehr vorsichtig sein. Was die sogenannten Brain Machines, die es heute auf dem Markt gibt, zu bewirken behaupten, hat mit fundiertem Wissen über das Gehirn nicht viel zu tun.

Aber mit was hat es denn dann für Sie zu tun?

Mit Wahrnehmung, mit der Verarbeitung von Wahrnehmung, mit dem Spiel von Stimulus und Simulus, mit Perzeption und Rezeption, mit verschiedensten Bewußtseinslagen, also mit ganz anderen Kategorien. Jedes Erleben mit den Mind Machines ist ein kreativer, künstlerischer Akt des Selbst-Formens des Erlebens. Damit wird das eigene Erleben zum Gegenstand der Gestaltung. Das, was wir als Wirklichkeit bezeichnen, wird mit der Hilfe dieser Technologie zum Gegenstand einer Dekonstruktion. Man erhält bedeutungslose oder in-haltsleere Stimuli, deren einzige Kriterien »Ein-Aus« und »Bewegung« sind. Mit Ein-Aus hat man Kontrast, mit Bewegung ohne Inhalt hat man eine selbstorganisierende Kinetik im Kopf.

Durch die bedeutungslosen, sich bewegenden optisch-akustischen Muster wird also das dem Gehirn oder dem Geist eigene Simulationspotential angestoßen, um die äußere Leere gewissermaßen zu kompensieren.

Durchaus. Der Ablauf könnte folgendermaßen beschrieben werden: Die Sti-mulations-Impulse sind ohne Inhalt. Die neuronalen Erregungsbahnen gehen von den Sinnesorganen ins Zwischenhirn, wo sie verschaltet werden. Von dort gibt es einen »absteigenden Ast«, der in den Körper, in das vegetative Nerven-system geht. Durch die monotone, gleichförmige und inhaltslose Wiederho-lung der Stimuli wird dem vegetativen Nervensystem gemeldet: »Das kennen wir schon, das ist nichts Neues – wir können uns entspannen, loslassen.« Dieses Prinzip kennen wir etwa, wenn wir am Strand liegen und das Meer rauschen hören. Der zweite beobachtbare Erregungsast geht in den Kortex über ein erregendes, aktivierendes Steuerzentrum. Das meldet dem Kortex: Ein-Aus, Ein-Aus, also Action, Action, Action etc. Der Kortex wird hochaktiviert, und es kommt zu dem, was wir »paradox arousal« nennen, nämlich: »body asleep, mind awake« – der Körper schläft, und der Geist ist wach. Der Kortex beginnt dann, die bedeutungslosen, aber hochaktivierenden Impulse mit Bedeutung zu versehen. Der Stimulus ist leer, und der Simulus ist frei. Jedes Erlebnis mit Mind Machines ist deswegen ein kreatives Gestalten aus und an mir selbst. Da die Mind Machines keinen Inhalt haben ...

Also die von den Mind Machines ausgesendeten Impulse?

Richtig, danke. Weil die Stimuli selbst keinen Inhalt haben, hängt es vom Kontext ab, in den man sie setzt, um ihnen Bedeutung zu verleihen. Das Spiel Stimulation – Simulation ist abhängig von der internen Bedeutungsregie, eben was man zuspielt. Nun ist ein Instrument, dessen Töne oder Klänge kontextabhängig sind, wohl auch selbst kontextabhängig. Was geschieht, ist völlig abhängig davon, in welchen Kontext man eine Mind Machine setzt. Deswegen gibt es Anwendungsmöglichkeiten für Leistungssportler, für physikalische Rehabilitation, für Manager, Künstler, Kreative etc. Die Mind Machine FOCUS 101 ist die erste »Maschine« mit einem selbsterzeugenden Kontext. Über die Maske sowie über das Medium Licht und Ton in seiner reduziertesten Form hat die Mind Machine die Funktion eines Interface zwischen natürlicher und künstlicher Intelligenz. Deswegen sind die Mind-Machine-Stimuli als Durchtrittsweg zur inneren Erfahrung völlig offen, kontextabhängig und frei gestaltbar. Im deutschsprachigen Raum werden die Mind Machines vorwiegend in den Kontext der Entspannung gesetzt. In den USA ist es ein »fast high-tech meditation«-Kontext und bei uns in Wien ein Bewußtseinskontext. Je nachdem, welcher Herkunft der Mind-Machine-Produzent ist – einer war Möbelhändler, ein anderer Softwaregestalter und ein dritter Werbetexter beim Rundfunk –, wurden verschiedene Kontexte rund um das Entspannen gelegt, aber es wurde kein anderer Kontext geschaffen, weil man Angst hatte, in ein Neuland vorzustoßen, wo man noch weniger versteht als von Mind Machines selbst. Aus diesem Grund ist es wichtig zu betonen, daß die Impulse der Mind Machine von meinem inneren Kontext abhängen und daß man verschiedene Kontexte, Settings und Programme für Leistungssportler, Manager oder Künstler entwickeln kann.

Die Stimuli-Muster werden doch auch von Ihnen nach einem Konzept gestaltet, denn bedeutungslos können ja viele Muster bis hin zum chaotischen Rauschen sein. Welche Muster werden also aus welchen Gründen von FOCUS gestaltet?

Ja, die Muster sind bedeutungs-, aber nicht strukturlos und auf der Ebene der Struktur sehr wohl mit Bedeutung versehen. Wir wollen mit unserer Mind Machine FOCUS 101 den Bereich des menschlichen Geistes, das Bewußtsein, ansprechen.

Ein Prinzip ist auf jeden Fall, daß die äußere audiovisuelle Wahrnehmung ausgeblendet und gewissermaßen durch die Imagination ersetzt wird.

Genau. Wenn ich das Außen und generell alles reduziere, was reduzierbar ist, dann bleiben zuletzt die Grundelemente der Wahrnehmung übrig, bevor man zum Nullpunkt kommt. Die Vorsokratiker im alten Griechenland haben diese Grundelemente der Wahrnehmung in Raum und Zeit als Geometrie und Arithmetik dargestellt. In der Geometrie sind das die drei Formen Kreis, Quadrat und Dreieck, in der Arithmetik sind es die neun natürlichen Zahlen von 1 bis 9. Reduziert man die natürlichen Zahlen und die geometrischen Formen noch um nur einen einzigen Schritt weiter, dann erreicht man den Punkt und das Nullhafte, das Nichts. Wenn man also – und das ist unsere Absicht – das Bewußtsein auf seiner elementarsten Ebene ansprechen will, lange bevor die Alltagsprogramme wirken, dann muß man dem Gehirn dementsprechend strukturierte Impulse geben. Werden die Impulse habituiert, d. h., benutzt man einen entsprechenden Mechanismus der Wahrnehmungsverarbeitung des Gehirns, dann bleiben Erregungsmuster übrig, die auf dieser tiefsten Ebene wirken. Durch die äußerste Reduktion der Impulse kommt man zu Erregungsmustern, die der Geist als geistig erkennt. Nach dem Prinzip der Resonanz gehe ich nun davon aus, daß Geist oder Bewußtsein mit den Bewußtseinselementen 1 bis 9 oder mit den geometrischen Formen in Resonanz tritt. Man schafft also gewissermaßen ein Resonanzfeld, mit dem sich Bewußtsein ansprechen lassen kann.

Diese Elemente müssen aber nun in rhythmischen Strukturen angeordnet werden. Nach welchem Konzept geschieht dies?

Die natürlichen Zahlen stellen die Zeit und die geometrischen Formen den Raum dar. Die natürlichen Zahlen werden zu ganzzahligen Verhältnissen kombiniert.

Warum der Nachdruck auf ganzzahlige Verhältnisse?

Die erste mögliche Verknüpfung der einzelnen natürlichen Zahlen führt zu dem, was als »harmonikale Strukturen« bezeichnet wird, also ganzzahlige Verhältnisse dieser natürlichen Zahlen zueinander. Unsere gesamte Natur ist in ihren Schwingungen grundsätzlich harmonikal strukturiert; das kann ich bei Blütenblättern, dem Schwingen einer Saite, bei den Elektronenladungen im Atommodell oder bei den Planetenbahnen erkennen. Dieses Wissen taucht in allen Kulturen der Erde zu allen Zeiten auf, ob bei den Vorsokratikern wie

Pythagoras, bei Keplers »Gesetz der kleinen Zahlen«, bei der Zwölftonmusik von Hauer, in der Musikwissenschaft bei Haase, beim I-Ging. Alle Zahlenkombinationen, die in der Geschichte gefunden wurden, zeichnen sich durch ganzzahlige Verhältnisse, also durch harmonikale Strukturen, aus. Bei harmonikalen Strukturen steht jedes Element in einem ganzzahligen Verhältnis zum anderen, jedes Ereignis steht in einem ganzzahligen Verhältnis zu einem anderen, jede Wiederholung ist ein ganzzahliges Verhältnis. Aufbauend auf diesen harmonikalen Strukturen kann man dann darüber individuelle kompositorische Strukturen legen, was zu verschiedenen ethnisch abhängigen, also kulturell geprägten Harmonien führte. Damit erreicht man schließlich das Feld der Musik. Dasselbe ist selbstverständlich auch mit räumlichen Abfolgen und den Bewegungen im Raum möglich. Wir gehen also von den Grundstrukturen menschlichen Verständnisses von Zeit und Raum aus. Zur Veranschaulichung beginne ich mit den Elementen der Zeit, den natürlichen Zahlen von 1 bis 9. Das ist der Anfang. Dann stelle ich als ersten Grundschritt eine Beziehung zwischen diesen natürlichen Zahlen her; diese Beziehung ist ein Verhältnis. Man sagt ja »eins zu zwei« oder »vier zu fünf«. Diese ganzzahligen Grundverhältnisse bilden die Basis der »harmonikalen Strukturen«. Der zweite Strukturschritt ist dann die Gestaltung nach spezifischen Verhältnismustern. Jeder Kulturkreis auf unserem Planeten hat im Laufe seiner Geschichte aus den vielen verschiedenen Möglichkeiten der Kombination der natürlichen Zahlen die für ihn spezifischen Verhältnisse ausgewählt und diese zur Grundlage der musikalischen Kultur gemacht. Man könnte es auch als musikalische Vorlieben oder kulturelle Gewohnheiten bezeichnen.

Diese kulturelle Auswahl wurde in der Folge für die weitere musikalische Entwicklung bestimmend. Ein Beispiel mag das veranschaulichen: Das erste mögliche ganzzahlige Verhältnis ist jenes zwischen 1 und 2, sichtbar in der Oktave als Beziehung von zwei Tönen zueinander im Verhältnis eins zu zwei. Sehr vereinfacht dargestellt, hat nun der europäische Kulturkreis dieses Grundverhältnis der Oktave von eins zu zwei in zwölf gleiche Abschnitte geteilt, was letztlich die Basis für unsere gesamte Musik geworden ist. Der indische Kulturkreis hingegen hat das Grundverhältnis der Oktave in fünf bzw. sieben gleiche Abschnitte geteilt. Nach diesem Grundmuster werden Musikinstrumente wie die Sitar gestimmt, was zu einem für unsere Ohren sehr fremdartigen und faszinierenden Klangerleben führt. Diese ethnisch-kulturelle Auswahl führte zu unterschiedlichen harmonischen Ton- und Klangfolgen, was man als den Schritt von den harmonikalen Strukturen zur Musik bezeichnen kann. Die Musikwissenschaften zeigen uns, wie einzelne musikalische Richtungen diese

Grundentscheidungen weiterführen. Unsere Renaissance- und Barockmusik ist beispielsweise nach den 1 : 4 : 5 : 1-Kadenzen aufgebaut sowie weiter nach komplexeren Verhältnissen von Wiederholungen (welche wiederum ganzzahlig strukturiert sind), sichtbar in Kompositions- und Harmonielehre.

Solche ganzzahligen harmonikalen Strukturen stehen dann in Resonanz mit Strukturen des Bewußtseins?

Unbedingt. Ich folge dem Weg der Wahrnehmung nun in der anderen Richtung, um es zu verdeutlichen. Mit unserem Alltagsbewußtsein sind wir nahezu die ganze Zeit draußen, also außerhalb von uns: Ich bin beim Mikrofon, beim Kaffee, bei dem Bild, bei der Pflanze, beim Interview. Wenn ich nun der Richtung meines Erlebens nach innen folge, also meine Aufmerksamkeit in meinen Innenraum richte, dann löse ich mich zumindest teilweise von der Außenwelt, von den Stimuli. Diesen Weg kann ich nun mit einem geeigneten Instrument gehen, also etwa mit FOCUS 101. Die Muster der Stimuli, also die Programme von FOCUS 101, sind so abgefaßt, daß weder aktuelle Bedeutung noch sonstiger Inhalt übermittelt wird. Aufgrund der monotonen rhythmischen Gestaltung der Stimuli werden diese nach einiger Zeit nicht mehr als einzelne Stimuli wahrgenommen, sondern ausgeblendet, habituiert. Was übrigbleibt, sind die Strukturen dieser Stimuli, welche eben ohne jegliche musikalische, kulturelle Färbung so strukturiert sind, daß sich schließlich die elementarsten Grundbausteine unseres Bewußtseins herausschälen: die harmonikalen Strukturen. Mit diesen tritt unsere momentane Bewußtheit auf seiner ersten, elementarsten Aus-prägungsebene in Resonanz, auf einer Ebene, die dem nullhaften Punkt, dem NICHTS, dem Bewußtsein im eigentlichen Sinne, unmittelbar benachbart ist.

Das ist jetzt bestenfalls eine glaubwürdige phänomenale Beschreibung, aber keine Erklärung. Was wird im Gehirn oder im Bewußtsein durch die harmonikalen Verhältnisse aufgerufen oder bewirkt?

Das ist sehr wohl ein Erklärungs- und nicht nur ein Beschreibungsmodell. Denn mit der Einsicht, daß in der Natur, im Kosmos, alle Schwingungen ganzzahlige Verhältnisse beinhalten, lassen sich viele Erscheinungen erklären und auch in der täglichen Praxis überprüfen. Insofern kann dieses Modell sogar als wissenschftliches Modell bezeichnet werden, wie dies die Musikwissenschaften vor Augen führen. Es gibt in der Natur nichts anderes als Maß, Zahl und Schwingung. Alles andere sind daraus hervorgegangene Teilungen und Verbindungen. Der Goldene Schnitt oder die Harmonielehre der Renaissance-

Musik sind Beispiele dafür. Auch die Fibonacci-Reihe ist eine Reihe von ganzzahligen Verhältnissen, beginnend mit 1 : 2 : 3 : 5 : 8 : 13 : 21 : ... – der gesamte Jazz baut auf der Fibonacci-Reihe auf. Jeder natürliche Tannenzapfen hat zwei gegenläufigen Spiralen von einzelnen Zapfenteilen im Verhältnis von 5 zu 8. Wie das einzelne Tannenzapfenblättchen aussieht, ist dessen Individualität, seine subjektive Ausprägung, aber die Zapfenblättchen selbst sind immer in ihrem Verhältnis von 5 : 8 organisiert. Alle Reihen und Folgen von Zahlen, die in der Natur vorkommen können, sind von Pythagoras in seinem »Chi und Lamba« beschrieben worden. Im Chi kommt eine Zahlenreihe vor, welche Pythagoras noch nicht zuordnen konnte: die Reihe mit der Abfolge 2 : 8 : 18 : 32. Die Bedeutung dieser Reihe ist erst von Niels Bohr in seinem Atommodell entschlüsselt worden: Dies sind die Ladungszahlen der Elektronenschalen im Atom. Auf dieser sehr abstrakten Ebene verbinden sich harmonikale Strukturen und Kernphysik. Eine weitere, noch spannendere Verbindung tritt in der Anordnung der Elementarteilchen zutage, welche in zwei großen Gruppen auftreten, die sich wiederem in zwei Untergruppen mit jeweils drei Teilchenbesetzungen gliedern. Es sind eben genau 12 Teilchen, und nicht 13 oder 11. Nachdem von den Kernphysikern Ende der 70er Jahre insgesamt 11 Elementarteilchen beschrieben worden waren, gab es auf der Suche nach dem letzten »immediate vector bosone« die Frage, ob es eines, zwei oder drei seien. Nachdem das letzte Teilchen, das Z, entdeckt und eingegliedert worden war, zeigte sich die symmetrische Vierfelderstruktur der genau 12 Elementarteilchen. Oder einfacher gesagt: Es ist ja immer ein ganzes Atom, nicht ein halbes oder ein drittel Atom. Unser Bewußtsein ist auf diese Ganzzahligkeit orientiert. Wenn ich also das Bewußtsein auf seiner elementarsten Ebene ansprechen will, muß das auf der Ebene der Ganzzahligkeit und der harmonikalen Strukturen geschehen.

Meinen Sie damit, daß das Bewußtsein selbst so organisiert sei?

Nein, das Bewußtsein selbst ist nullhaft, das NICHTS, das das ETWAS hervorbringt. Tritt jedoch das Bewußtsein mit der Materie in Beziehung, in Wechselwirkung, dann entstehen als erste Manifestation die harmonikalen Strukturen. Nicht das Bewußtsein ist so strukturiert, sondern die Materie, die Natur. Wenn ich von dem konkreten Ereignis, vom ETWAS, absehe, verbleibt die mathematische, immaterielle, geistige Struktur. Was ist der mathematische Geist vom Tannenzapfen? 5:8. Alles andere ist die konkrete, ganz subjektive Erscheinung des Tannenzapfens. Wir gehen davon aus, daß der Geist, wenn wir das Gehirn einmal weglassen, in Resonanz zu solchen Zahlenverhältnissen steht, die in Mustern und Rhythmen ausgedrückt werden können. Man könnte dann mit solchen in Raum und Zeit umgesetzten Zahlenverhältnissen im Geist bestimmte Zustände, noch nicht aber bestimmte Inhalte evozieren. Bei den Ebenen des Bewußtseins gibt es zunächst das Wachbewußtsein. Wenn man sich der Stimulation durch die Mindmachine FOCUS 101 unterzieht, dann kommt als nächstes ein individuelles Unterbewußtsein, das unter der Schwelle des Wachbewußtseins liegt. Im ersten Schritt wird also diese Schwelle perforiert, es tauchen subjektive Bilder, Erinnerungen etc. auf. Das ist wie ein Traum, der nahe an der Aufwachschwelle liegt. Wenn ich weiter gehe, wird der Traum abstrakter, es dekonstruiert sich mein physikalisches Wirklichkeitsverständnis. Geht man noch weiter in dieser Dekonstruktion meines momentanen Alltagsbewußtseins, dann kommt man zu den Archetypen, die bereits einen sehr starken Symbolcharakter besitzen, die kollektiv sind. Als letzte Elemente erscheinen dann die harmonikalen Strukturen, bevor der Schritt ins NICHTS, ins Gewahrsein, geschehen kann.

Ist das eine Theorie, oder kommt das aus den wiederholten Erfahrungen von denjenigen, die sich an eine Mind Machine angeschlossen haben?

Das habe ich selbst erlebt, und das ist gleichzeitig ein Modell für das, was viele Menschen berichtet haben, wenn sie sich nachher noch erinnern können oder wollen. Man gelangt zu einer unter den Symbolen liegenden Ebene, die eine ausschließlich abstrakt und geometrisch strukturierte Zahlenebene ist, die nicht nur für alle Menschen, sondern auch dem ganzen Kosmos gemeinsam ist, wenn ich Pythagoras oder Kepler glauben mag. Man kommt in Resonanz mit dem, was als Geist oder Bewußtsein unseres Universums beschrieben werden kann. Läßt man schließlich diese abstrakte Ebene sich auflösen, dann löst sie sich ins NICHTS auf, man erlangt den Zustand des Nicht-Ich. Man kann also vom ichhaftesten Zustand unseres Alltagsbewußtseins hin zum ichlosen Zustand kommen, von dem die Buddhisten sagen, daß dies die wahre Existenz der Dinge sei, nämlich die Nicht-Existenz der Dinge. Mit dieser Struktur von Impulsen kann man das gesamte uns bekannte Spektrum von der höchsten Ich-Ausprägung bis zur tiefsten ichlosen Wirklichkeit durchlaufen.

Wenn man sich an so eine Mind Machine hängt, wie lange kann man denn in so einem ichlosen Zustand bleiben?

Nun, das kommt erstmal auf die Mind Machine selbst an, auf die zugrunde liegende Struktur der Programme. Sind die Stimulationsprogramme nur monoton rhythmisch, kommt man vorwiegend in eine angenehme Entspannung.

Sind die Stimulationsprogramme jedoch darüber hinaus wohlausgewogen und harmonikal strukturiert, kann man in diesen ichlosen Zustand gelangen. Wie lange man dort verweilt, hängt dann selbstverständlich von der Erfahrung und Übung des einzelnen Anwenders ab.

Wie erlangt man diese Übung, wie oft ist eine Mind Machine anzuwenden?

Das ist jetzt eine sehr profane Frage. Es gibt hier zwei Regeln. Die erste Regel heißt: Für die, die eine Regel brauchen, maximal einmal täglich, anfangs besser nur einmal in der Woche. Oder man ritualisiert die Anwendung. Das bedeutet, daß die Mind-Machine-Erfahrung in ein persönliches Ritual eingebettet ist, etwa die Verwendung desselben Programms während einer Woche täglich zur gleichen Tageszeit im selben Setting mit derselben intentionalen Ausrichtung. Zweitens für die, die keine Regel brauchen: Anwendung nach Lust und Bedürfnis. Die situative, bedarfsorientierte Anwendung wird jedoch weniger vertiefte Ergebnisse mit sich bringen als die ritualisierte, mental vorstrukturierte Stimulation. Meistens hat man nach einem Programm ohnehin genug. Ich höre mir selten dasselbe Konzert gleich zweimal hintereinander an. Wenn sich jemand nach einem Stimulationsprogramm sofort noch einmal ein Programm startet, hat er offensichtlich nicht viel mitbekommen. Ich weiß von zwei Leuten, die sich über zwanzigmal hintereinander ein Programm gedrückt haben. Die beiden berichteten dann, daß es langweilig wird, sie haben aber trotzdem herausbekommen wollten, was passiert, wenn man die Dosis steigert. Aber dann passiert nichts mehr.

Man adaptiert sich?

In gewisser Weise. Dazu habe ich eine Hypothese. Es gibt so etwas wie einen kortikalen Selbstregulationsmechanismus für solche Erfahrungen. Das ist vergleichbar dem Schlafen und Träumen – irgendwann bin ich ausgeschlafen, ist ausgeträumt. Die optimale Zeit für eine Stimulation liegt derzeit zwischen ¼ und ¾ Stunde.

Wenn man nun verschiedene harmonikale Strukturen nimmt, tritt dann der gleiche Ablauf ein, oder ergeben sich hier Veränderungen der »Reise«?

Je nach gewählter Zahlenstruktur ergeben sich natürlicherweise unterschiedlich Verläufe der »Reise«. Grundsätzlich haben wir mit jedem Programm einen Bogen komponiert. Wenn der durchlaufen ist, ist es fertig. Um in den wahren Genuß zu kommen, bräuchte man nachher erst eine Pause, wo das »Nachsprudeln« vom Gehirn noch beobachtet oder das Auftauchen durch die einzelnen Schichten bewußt erlebt werden kann.

Man könnte ja auch nicht-harmonikale Muster erzeugen. Was passiert dann? Könnte man sich also auch in einer anderen Weise als der von Ihnen beschriebenen stimulieren?

Die Erfahrungen mit nicht-harmonikal strukturierten Stimulationsprogrammen sind häufig einförmig und flach. Sie werden wie irgendetwas Zweidimensionales erlebt, ihnen fehlt etwas, ohne daß man genau sagen könnte, was dies ist. Diese Programme werden auch rasch uninteressant. Die dabei ablaufenden Gehirnprozesse sind jedoch nicht bekannt. Wie das etwa genau gekoppelt ist mit den supramodalen Rindenfeldern in der Verarbeitung oder mit dem aufsteigenden retikulären System, weiß niemand. Eine andere Möglichkeit, die Licht- und Tonmuster zu strukturieren, wäre fraktal. Dabei gilt die Tatsache, daß die ganzzahligen Verhältnisse und einfachen geometrischen Formen (Kreis, Quadrat und Dreieck) als Momentan-Muster in fraktalen Abläufen immer wieder erscheinen, quasi ein Sonderfall der fraktalen Geometrie sind. Eine fraktale Struktur mit Lichtern und Tönen ist in der heutigen Form jedoch wesentlich schwieriger zu programmieren. Für uns ist ein nächster Entwicklungsschritt das Hineinnehmen von fraktalen Bildungsgesetzen. Das erfordert allerdings eine ganz andere mathematische Hintergrundstruktur.

Dahinter steht dann wieder ein anderes Verständnis des Bewußtseins?

Dahinter steht die Absicht, daß das Bewußtsein mit einem anderen Aspekt in Resonanz treten könnte, sollte oder müßte, vor allem mit den nicht-linearen Erregungsprozessen im Gehirn unmittelbarer zusammenkommen sollte. Da die harmonikalen Strukturen in Fraktalen vorkommen, besteht ja keine Ausschließlichkeit, vielmehr bedeutet die Verwendung von fraktalen Bildungsgesetzen nichts anderes, als eine erweiterte Mathematik zugrunde zu legen. Das grundlegende Problem dabei ist – wie bei unserem ganzen Forschungsprojekt – die Tatsache, daß Bewußtsein in der Psychologie und Physiologie kein Thema ist, das gleiche gilt für die Wissenschaftstheorie selbst. Es bräuchte daher eine »fraktale Psychologie«, bevor wir hier systematisch vorgehen könnten. Die Vorstellung wäre auch falsch, daß es bei den elektronisch erzeugten harmonikal strukturierten Mustern keine winzigen Abweichungen gibt. Es gibt in jeder Technik immer geringfügige Abweichungen, selbst bei einer Technik mit höchster Präzision. Strenggenommen könnte man auch sagen, wir haben bereits harmonikal strukturierte Programme auf fraktaler Basis. Trotzdem könnte man das Fraktale noch stärker herausarbeiten. Auch dabei gilt unsere grundsätzliche Haltung: Ich schaue erst einmal, wie es wirkt, wenn es uns herzustellen gelungen ist. Und erst dann überlege ich mir, warum es gerade auf diese Weise wirkt. Ziel ist, zu einem offenen Prozeß zu kommen.

Was bedeutet das – »offener Prozeß«?

Für mich dekonstruieren die Mind Machines die gewohnte Wirklichkeit, weil wir jedes Auge und jedes Ohr als separaten Input betrachten. Unsere Wirklichkeit, so wie wir sie sehen und hören, wird erst im kortikalen Rindenfeld zusammengeschaltet. Wenn man jedes Auge und jedes Ohr separat stimuliert, so wird das übliche, gewohnte Realitäts-Gestaltungsprogramm dekonstruiert. Dann kommt man zu jenen kognitiven Verarbeitungsmechanismen, die in der neuronalen Verarbeitung vor der Konstruktion unserer »Standardwirklichkeit« liegen, also zu jenem Verarbeitungsmodus, welcher unserem Standardmodus der Realitätserkennung und Realitätsbildung vorgelagert ist. Aus diesem »prä-realen« Zustand wird normalerweise diejenige Realität konstruiert, auf die wir uns in unserem kulturellen Konsens geeinigt haben. Genausogut könnte man aber aus diesem »prä-realen Zustand« heraus auch andere als die alltäglichen Zusammenfügungen konstruieren. Gerade dieser De- und Rekonstruktionsprozeß stellt uns völlig neuartige mentale Optionen und Freiheitsgrade zur Verfügung, welche heutzutage so dringend notwendig sind. Ich glaube, es ist wichtig, diese Möglichkeit zur Neugewinnung mentaler Freiheitsgrade auch politisch zu sehen. Denn die gewohnten Wirklichkeitskonstrukte haben uns in all diejenigen politischen, sozialen, ethischen etc. Probleme geführt, die uns jetzt umgeben. Insofern haben die Mind Machines auch einen kulturellen und politischen Anspruch, weil sie Chaotisierungs- und Dekonstruktionsinstrumente sind.

Der Intention nach werden also alte Mechanismen abgebaut, um Platz zu machen für andere Modelle? Oder werden durch die Stimuli andere Modelle vorgeschlagen?

Eigentlich weder noch. Die alten Mechanismen werden nicht abgebaut, es wird nur die Wahlmöglichkeit immens erhöht. Die strenge Kopplung Stimulus-Simulus wird bewußt auseinandergenommen. Ich gebe bewußt einen Stimulus, der den Simulus freisetzt. Daher wird man in seiner internen Bedeutungsregie mit seinen eigenen Vorstellungen, Wünschen, letztlich mit seinem Willen in Kontakt kommen. Daher werden nicht andere Modelle vorgeschlagen, sondern das eigene innere Potential wird erweitert.

Die Künste haben ja auch immer die gewohnte Verzahnung aufgebrochen, indem sie mit ihren Werken neue Stimuli angeboten haben, die zu neuen Wahrnehmungsverarbeitungen anregen. Auf der anderen Seite stehen natürlich die Drogen, die recht holzhammerartig auf die Wirklichkeitskonstruktion einwirken. Wenn jemand eine Mind Machine benutzt, kann er die Wirkungen dann eigentlich aktiver gestalten, oder ist er nur deswegen etwas freier, weil er immer die Möglichkeit hat, die Maschine auszuschalten, was bei Drogen ja nicht so einfach ist?

Ein sicherlich ganz wichtiger Aspekt des Unterschieds von Mind Machines und Drogen ist die jederzeitige Abschaltbarkeit; wenn ich die Stimulation beende, verflüchtigt sich die Wirkung viel rascher als bei jeder Droge. Ein für mich noch wichtigerer Aspekt sind die Freiwilligkeit und die freie Steuerbarkeit der Beeinflussung und des Erlebens. Drogen geben ein Wirklichkeitskonstrukt vor, auch wenn dieses außerhalb unseres alltäglichen liegt. Drogen setzen sich derart in die Synapsen, daß sie bestimmte und beschreibbare Veränderungen bewirken. Bei den Mind Machines haben wir das Problem, daß wir keine spezifischen Veränderungen beschreiben können, weil wir sie noch nicht aus der Domäne des Subjektiven herausholen konnten. Was wir bisher als Spezifikum im Erleben klassifizieren konnten, waren formale Aspekte in ätiologie-unabhängigen Strukturen von veränderten Bewußtseinszuständen, bei denen es Grundstrukturen gibt, die immer dann auftauchen, wenn ich den alltäglichen Bewußtseinszustand verlasse. Den Umgang mit diesen spezifischen Strukturen erzeugt, anders als bei Drogen, jeder selber. Damit geben Mind Machines einen Freiheitsgrad, der sonst, mit Ausnahme der klassischen buddhistischen Meditationstechnik, bei keiner bewußtseinserweiternden oder -verändernden Methode zur Verfügung steht.

Sie haben jetzt den Schwerpunkt auf die Dekonstruktion gelegt. Was aber ist denn das Kreative daran, wovon Sie auch gesprochen haben, mal abgesehen davon, daß jeder, gewissermaßen nach der Devise: Alle sind Künstler, nach der Destruktion womöglich andere Weltkonstruktionen erfinden könnte?

Der erste Schritt bei der Anwendung von FOCUS 101 löst die Aufmerksamkeit vom Außen ab und wendet sie nach innen. Dort findet sie meinen Fluß von Simuli, meine von Alltagsprogrammen losgelöste Fähigkeit zur Assoziation vor. Das wird im allgemeinen als Kreativität bezeichnet. Also fördert unsere Maschine im klassisch-psychologischen Sinne die Kreativität. Selbstverständlich ist der auf die Dekonstruktion folgende erfinderische Umgang mit neuen Weltkonstruktionen ein weiterer Akt von Kreativität, wie Sie es nennen. Das »Erfinden von Zukünften« ist ja nicht nur ein Zeitgeist-Phänomen, es berührt auch unsere Fähigkeit, alte Programme zu ent-lernen und neue Programme zu erfinden. Darüber hinaus geschieht ein weiterführender mentaler Entwicklungsschritt, der von der operativen Logik zur paradoxen Logik führt, also im weitesten Sinn über das transrationale Erleben ein Transzendieren der bisherigen logischen Gesetze erlaubt. Man lernt nämlich in diesen Zuständen das Paradoxon zu erleben, daß man mittendrin, mimetisch mit dem Prozeß verschmolzen und gleichzeitig außenstehender Beobachter ist. Dieses zuerst rasche Wechseln von Teilnehmer und Beobachter, dieses Oszillieren von Wahrnehmung und Reflexion, verschmilzt dann zu einer neuen Erlebensqualität. Es gibt also den Schritt hin zur paradoxen Logik, wo ich mir selber bei dem zuschaue, was ich gerade mache, obgleich ich mittendrin bin. Dieser paradoxe Zustand ist für mich eine Metakreativität, weil ich erkennen kann, wie ich meine Kreativität in ihrem Fluß gestalte. Das ist ein Akt, die Phantasie zu steigern, wie gleichermaßen die Einsicht in das, wie ich es mache.

Kreativität heißt letztlich auch, andere Wirklichkeiten erfassen und gestalten zu können. Werden durch die Mind Machines also neue Rahmen geschaffen, um die Wirklichkeit mental und materiell umzubauen? Werden denn wirklich neue Rahmen ausgebildet, oder findet doch in aller Regel nach der Benutzung der Mind Machine ein Rückgang in die alten Strukturen statt?

Bei Menschen, mit denen ich länger Kontakt hatte, mich eingeschlossen, gibt es solche Veränderungen. Die wichtigste Veränderung besteht in der Erkenntnis, daß unser Bewußtseinszustand, in dem wir die meiste Zeit verharren, nicht der einzige ist. Man kann erkennen, daß in diesen nicht-alltäglichen Zuständen andere Fähigkeiten beheimatet sind, über die sonst keine Verfügbarkeit besteht. Es verändert sich also der Rahmen, und in der Folge können sich durchaus die mentalen Grundlagen unserer Realitätsformung erweitern. Dieses virtuelle Durchlaufen verschiedener Wirklichkeitsebenen und -bereiche kann durchaus auch unübliche Methoden wie etwa das »Zoomen« verwenden. Das Zoomen von Bildern ist mit dem FOCUS 101 relativ leicht erlernbar. Jedenfalls wird man beginnen, die monodimensionale Wirklichkeit unseres Alltags zu relativieren. Es passiert also etwas Vergleichbares wie das, was jeder erfahren hat, der einmal LSD genommen hat, mit dem Unterschied der klaren Bewußtheit über die Verursachung. Jeder, der das einmal erlebt hat, ist nicht mehr derselbe wie zuvor.

Gibt es denn kulturübergreifende Versuche, die zeigen, ob Menschen immer gleich auf das Programm der Mind Machine reagieren? Oder herrschen bei Menschen, die in verschiedenen kulturellen Umwelten aufwachsen, auch andere Muster vor?

Darüber gibt es noch keine systematischen wissenschaftlichen Untersuchungen, weil man erst die wissenschaftstheoretischen Grundlagen schaffen muß. Von Japanern, den wenigen Schwarzen, die mit uns in Kontakt standen, und Amerikanern wird ein transkulturelles Erlebnisfeld bestätigt. Die Phänomene sind gleich phantastisch, bizarr und unvorhersagbar. Sie unterscheiden sich in ihrer Tiefenstruktur nicht wirklich voneinander. Wir haben offenbar ein Kompositionsgesetz in Zeit und Raum gefunden, das wirklich transkulturell arbeitet. Der Grund dafür scheint eben die Verwendung der harmonikalen Grundstruktur zu liegen. Jede ethnische Gruppe hat eine eigene Musik. Die chinesische Oper hört sich anders an als die Königstrommler von Burundi oder unsere Volksmusik, aber allen gemeinsam sind die harmonikalen Strukturen. Weil wir uns auf die ganzzahligen Verhältnisse reduziert und focussiert haben, können wir den japanischen und afrikanischen Geist genauso ansprechen wie den europäischen.

Mit den Mind Machines wird der Geist, wie Sie sagen, nur schwach stimuliert und zur eigenen Aktivität angestoßen. Sie haben am Anfang von der Verbindung mit Elektrostimulation gesprochen. Man könnte sich doch auch vorstellen, mit solchen Maschinen den Geist oder das Gehirn in eine Richtung zu drängen und dadurch bestimmte Effekte auszulösen, die nichts mehr mit einer eher meditativen Selbsterfahrung zu tun haben?

Die optisch-akustische Stimulation, wie sie wir machen, wird im allgemeinen als sehr wohltuend, entspannend, erheiternd, angstlösend, aber auch aktivierend erlebt.

Die Kunst ist ja auch nicht nur schön, sondern vermittelt auch Bilder des Schrecklichen, Angsteinflößenden oder Verwirrenden. Man hat hier also auch andere Stimuli als nur die wohltuenden und positiven entwickelt.

Ich kann mir vorstellen, daß eine Reihe unangenehmer Erlebnisse stimulierbar sind. Aber erstens ist das nicht unsere Absicht, und daher arbeiten wir nicht in diese Richtung, und zweitens müßte man diese angsterregenden Stimuli wohl mit Zwang applizieren. Ich müßte einen völlig anderen Kontext erschaffen, bei dem der Anwender dieses Erleben freiwillig auf sich nimmt. Man müßte ihm also irgendeine Bedeutungszuordnung unterschieben, die von dem bisherigen Mind-Machine-Kontext grundsätzlich verschieden ist.

Manche Menschen sitzen auch vor den Horrorvideos, und niemand zwingt sie dazu, sich das anzuschauen.

Nun gehen Horrorvideos in ein gänzlich anderes Erlebnisfeld, als wir beabsichtigen. Der mentale Zustand beim Betrachten von Horrorvideos ist ein gewaltvolles, angsterregendes Phantasiefeld, welches sinnvollerweise psychologisch interpretiert werden soll. Bei den Horrorvideos schütten die Betrachter sehr viel Adrenalin und andere Streßhormone aus, was ein ganz spezifischer Erregungszustand nahe der Fluchtpanik und weit entfernt von einer tatsächlich anstrebenswerten Lebensqualität ist. Ich habe keineswegs die Absicht, den vielen Horrorvideos, einschließlich der Tagesnachrichten, noch weitere Horrors hinzuzufügen. Es kann aber auch vorkommen, daß mit wohlbalancierter Stimulation auch so manche schwierigen und kritischen Ereignisse oder Erinnerungen hochkommen, da die Schicht zum Unterbewußtsein viel durchlässiger, perforiert ist. Diese Perforation erlebt man aber nur dann, wenn bereits ein gewisser Grad der Entspannung da ist. Entspannung und Angst schließen sich gegenseitig aus – darauf baut ja seit 70 Jahren die Verhaltenstherapie erfolgreich auf. Es scheint also, als hätten wir einen Mechanismus, der nur in eine Richtung funktioniert. Wir können nicht Angst erzeugen, weil das hieße, etwas ohne Entspannung aus dem Unterbewußtsein hochsteigen zu lassen – Inhalte steigen jedoch nur bei Entspannung aus dem Unterbewußtsein hoch. Es gelingt uns auch nicht, Aggressionen herbeizurufen. Es gelingt uns eigentlich nur, friedliche Leute zu machen. Dennoch muß ich auch sagen, daß wir nicht versucht haben auszuloten, welche störenden oder destruktiven Eingriffe mit einer solchen Maschine möglich sein könnten. Auf jeden Fall sind diese Eigriffe weit davon entfernt, wo wir agieren. Weil wir viel lieber hedonistisch dekonstruieren als destruieren, sind wir ganz woanders gelandet. Das einzige, das entstehen kann, ist psychischer Widerstand gegen die Entspannung und eventuell eine kurzzeitige Verwirrung.

Über Verwirrung kann doch auch Angst entstehen?

Durch sehr starke, grobe, plötzliche, unerwartete Raumbewegungen kann man wohl heftig erschrecken. Fast alle billigen Mind Machines produzieren katastrophale Sprünge von rechts nach links, ohne daß das nach der Vorstellung der Hemisphären-Synchronisation ausbalanciert wäre, und Sprünge in den Sequenzfolgen, auf die man schwindlig und irritiert wird. Ich nenne diese Geräte dann »Achterbahn-Mind-Machines mit Übelkeitserzeugung«. Gerade um diese Sprünge und Brüche unter allen Umständen zu vermeiden, haben wir den sehr hohen technischen Aufwand im FOCUS 101 getrieben, was sich natürlich auch im Preis niederschlägt, doch gleichzeitig die Garantie für innere Sicherheit bietet. Von Legasthenikern haben wir beispielsweise gelernt, daß die Lenkung der Aufmerksamkeit bei den Augenbewegungen von links unten nach rechts oben gestört ist. Worte wie Liebe oder Leid sind für den Legastheniker, weil die Richtung der visuellen Aufmerksamkeit immer schwankt, nicht differenzierbar. Daher versuchen wir immer, die Aufmerksamkeitsrichtung in der Mitte balanciert zu halten und nicht eine Seite zu bevorzugen, um nicht künstlich Legastheniker zu schaffen. Wir haben schon viel über das, was wir machen, nachgedacht, aber nicht wirklich darüber, Grauenhaftes oder Erschreckendes zu produzieren.

Sie haben ja vor, die Mind Machine auch mit einem Biofeedback zu koppeln. Durch die Rückkopplung an den Hautwiderstand, das EKG oder das EEG werden die Muster verändert. Was erwarten Sie sich davon?

Diese Kopplung von Mind Machine und Biofeedback ist uns bereits erfolgreich gelungen, wir nennen diese umfangreiche Weiterentwicklung jetzt BIOSTIM, von BIOfeedbackgesteuerter audiovisueller STIMulation. Was jetzt folgt, ist eine längere Phase des Experimentierens, um herauszubekommen, wie Stimulations- und Korrelationsparameter zusammenhängen. Das Problem liegt nämlich im Verständnis davon, wie das, was oben im Kopf stimuliert wird, in der Folge in mehreren Schritten in den Körper transferiert wird. Die Schwierigkeit und auch die Kunst liegen in der technischen und softwaremäßigen Umsetzung der komplexen Verknüpfung von vielschichtigen Stimulations- und Parametermustern. Eine weitere Absicht von BIOSTIM besteht darin, individuelle Programme zu erlauben. Im Zeitalter der Vermassung und der Vernetzung tritt das Individuelle in den Hintergrund. Wenn ich fernsehe, dann glaube ich, es ist mein Programm, und mir ist nicht bewußt, daß 20 Millionen andere dasselbe sehen. Wenn solche Phänomene wie bei uns stark überhandnehmen, dann tritt der Wunsch nach Individualität stark in den Vordergrund. Daher ist es sinnvoll, etwas anzubieten, was sich dem individuellen Kontext anpassen kann. Dies ist natürlich eine interdisziplinäre Angelegenheit. Man braucht dazu das High-Tech-Instrumentarium mit einer entsprechenden Online-Software, die flink genug etwa auf Transputerebene oder mit Fuzzy-Logik arbeitet. Dann braucht man das Wissen aus der Psychologie, aus der Physiologie und aus der Kunst. Das sind die vier Gebiete, die es notwendig zu verknüpfen gilt und wofür BIOSTIM geschaffen wurde. Das BIOSTIM-Projekt beinhaltet dann noch eine ganz wesentliche Perspektive für zukünftige Entwicklungen. Das System, das wir gerade in Entwicklung haben, umfaßt eine umfangreiche Software von Verknüpfungsmatrizen, also ein komplexes Expertensystem. Dieses System kann nun mit jeder weiteren computergestützen Datenverarbeitung gekoppelt und gesteuert werden, seien es nun Daten biologischer Prozesse im Körper oder von erfahrenen Anwendern abgenommene Erregungsmuster. Eine Integration von Fuzzy-Logic ist ebenso möglich wie die Vernetzung mit selbstlernenden Systemen, also dem, was heute unter Künstlicher Intelligenz läuft. In diesem Sinne versorgt uns unser Projekt BIOSTIM erstmals mit einer echten Schnittstelle zwischen Mensch und Maschine, zwischen natürlicher und künstlicher Intelligenz.

ONNO ONNEN

Roboter: Verhalten und Bewegung

Bei der Robotik herrscht, wie bei allem, was mit dem Computer zu tun hat, eine Euphorie über das, was hier an Entwicklungen bald möglich sein soll. Man will uns glauben machen, daß es vielleicht bald Roboter geben könnte, die sich ähnlich wie wir in der Welt orientieren können. Hans Moravac hat bereits ein »postbiologisches Zeitalter« ab etwa 2050 verkündet. Wie beurteilen Sie denn solche Erwartungen? Bislang jedenfalls sind die existierenden Roboter nur sehr eingeschränkte und sehr bescheidene Automaten.

Ich denke, daß diese überschießenden Erwartungen ganz unberechtigt sind. In der Robotik gibt es zwei Arbeitsrichtungen. Die eine besteht darin, daß man sich menschenähnlich denkende und reagierende Roboter ausdenkt und baut. Sie werden von einem zentralen Gehirn gesteuert. In ihnen werden »Weltbilder« entworfen, die das Abbild der Umgebung darstellen als Voraussetzung dafür, daß sie sich in dieser bewegen können. Jeder Stuhl, der verrückt wird, erfordert eine Korrektur dieses »Weltbildes«. Diese Maschinen haben sich zu einer Komplexität und zu einer Schwerfälligkeit entwickelt, so daß sie meines Erachtens für kaum eine Aufgabe eingesetzt werden können – es sei denn zur prahlerischen Demonstration. Der Versuch beispielsweise, durch sie an Fertigungsstraßen fehlende Arbeiter zu ersetzen, ist eine Illusion. Die zweite Richtung geht dahin, wieder ganz klein anzufangen, also nicht ein zentrales Gehirn einzusetzen, sondern schlichte Vorgänge Etappe für Etappe zu realisieren. Sie werden durch einfache Computerebenen realisiert, die überschaubar bleiben, und im Laufe der Entwicklung mit anderen einfachen Tätigkeiten koordiniert. Laufen, Hindernisse erkennen, Hindernissen ausweichen usw. sind Tätigkeiten, die erst in ihrer Gesamtheit Komplexität ergeben. Man geht über auf das Vorbild Insekt und verläßt das Vorbild Mensch. Im MIT gibt es eine Gruppe, die so etwas macht. Ich verfolge deren Arbeit mit großem Interesse. Diese Wissenschaftler sind aber so bescheiden zu sagen, daß man weit gekommen sei, wenn man einen Roboter mit der Intelligenz einer Mücke realisiert hat. Von dem Gedanken, Menschen nachzubauen, müssen wir endgültig Abschied nehmen, was auch der Abschied ist von einer Hybris.

Howard Gardner hat in bezug auf Künstliche Intelligenz vom Paradox der Computerwissenschaft gesprochen. Erst aus dem Einsatz von Computermodellen und -simulationen, die auf mathematischen und logischen Verfahren basieren, bemerkt man den Unterschied der menschlichen Intelligenz von Computersimulationen, bemerkt man erst, wie komplex offenbar gerade einfachste Wahrnehmungsvorgänge sind. So lassen sich gerade die in der europäischen Tradition für Menschen als rationales Tier so hoch geschätzten Formalismen viel besser simulieren als ein ganz gewöhnliches Sich-Orientieren in der alltäglichen Welt. Sind Sie denn der Überzeugung, daß Roboter mit ihrer Künstlichen Intelligenz immer beschränkt sein werden auf eine einfache, von der gewöhnlichen Welt isolierte Umgebung?

Wir sollten nicht darüber enttäuscht sein, daß menschliche Intelligenz komplexer ist, als man anfänglich glaubte. Der Mensch ist eben nicht nur eine Hebel-Maschine, eine hydraulische Maschine (wofür man ihn euphorisch in der Neuzeit erklärte) und auch nicht nur eine lernende oder informationsverarbeitende Maschine. Das sind alles Teilaspekte engster Sichtweisen, so nützlich der Ansatz auch jeweils sein mag, wenn die Vermehrung von Wissen das Anliegen ist. Eben weil unser Reaktionsvermögen auf unsere Umwelt so vielfältig ist, wird auch in Zukunft ein Roboter mit seiner Beschränktheit nicht in unserer natürlichen Umwelt leben können. Der Abstand zwischen dem, was wir wissend realisieren, und dem, was wir ahnend von der Komplexität des Lebens begreifen, wird größer werden und nicht kleiner. Das Ergebnis sollte dann eher Bescheidenheit als Besserwisserei sein, und ich stehe fassungslos der Formulierung einiger KI-Forscher gegenüber, die den Menschen als »meat-machine« bezeichnen und ihren »silicon machines« Fähigkeiten verleihen wollen, die den Menschen als »Fehlkonstruktion« entlarven sollen.

Es war ja schon lange ein Traum der Menschen, Lebewesen oder Maschinen bauen zu können, die so oder möglichst noch besser sind als wir selber. Vor allem seit der Neuzeit setzte denn auch die technische Imagination ein, die zuerst zu Maschinen und jetzt zu Robotern mit Computerintelligenz geführt hat. Auch die Entwickler solchen künstlichen Lebens scheinen davon fasziniert zu sein, nicht allein davon, nun Maschinen zum Einsatz für ganz bestimmte Aufgaben etwa in der Fertigung zu realisieren.

Das Hauptgeld wird dort investiert, wo man mit Robotern fertigen will. Ich glaube kaum, daß die einzelnen Ingenieure oder Wissenschaftler, die die Entwicklung vorantreiben, gleichzeitig zwei Dinge im Kopf haben, also auf der einen Seite diese Maschine in kleinen Stufen zum Funktionieren zu bringen und auf der anderen einen Menschheitstraum vom künstlichen Leben damit zu realisieren. Wenn man diese Maschinen sieht, so erinnern sie in keiner Weise an diesen Traum. Wenn man damit Träume realisieren will, dann muß man sich wahrscheinlich von Anwendungszwängen befreien, um andere Linien verfolgen zu können. Man muß außer der praktisch verwertbaren Funktion andere Anliegen erkennen: ästhetische Wirkungen in dem Sinne, daß unsere Sinnesorgane von der Maschine Informationen empfangen, die wir in sehr komplexer Weise zu Eindrücken verarbeiten. Unsere Befindlichkeit mit und neben den Robotern müssen wir thematisieren, also nicht unsere ganze Kraft aufwenden, um uns von uns selbst ab- und den Utopien zuzuwenden.

Man könnte doch dann auch davon sprechen, daß die Realisierung eines Traums zu unerwarteten Ergebnissen führt, also daß man in diesem Fall intelligente Automaten baut, die sowohl vom Erscheinungsbild wie von der Art ihres Verhaltens nur sehr wenig Ähnlichkeit mit dem Menschen besitzen. Man setzt eher technisch eine neue Mutante, eine neue Spezies des Lebens frei, wie mückenhaft sie auch immer sein mag.

Ja, das stimmt. Wenn Menschenähnlichkeit gewollt wäre, so müßte man etwa auf zwei Arme und zwei Beine achten. Die meisten Roboter haben nur einen Arm mit zwei oder drei Fingern. Vielleicht haben sie Gelenke, die man dann auch Hüft-, Schulter- oder Armgelenke nennt. In diesem Zusammenhang ist wichtig, daß nicht nur die Kenntnis über unseren Leib, sondern auch die zunehmenden Kenntnisse über die Kybernetik unser Verständnis von Leben wesentlich erweitern. Man lernt begreifen, wie die Sensorik und Motorik im Lebewesen funktioniert und wie Reaktionen und Entscheidungen zustande kommen. Diese Kenntnisse verleiten dazu, Simulationen von Lebensvorgängen aufzubauen, die sich dann schnell zu »wesenhaften« Eigenschaften verkomplizieren und in der Tat Erinnerungen an Lebendiges wecken – selbst dann, wenn die Erscheinungsform, das Äußere der Maschine, nicht an ein Lebewesen erinnert.

Wissenschaftler wie Marvin Minsky prophezeien denn auch seit den 50er Jahren immer wieder, daß demnächst eine Computerintelligenz realisiert werden würde, die der unseren vergleichbar, in einigen Hinsichten natürlich auch, wie bereits jetzt, wenn es um Rechenvorgänge geht, überlegen sein wird. Man will natürlich dadurch den Menschen besser verstehen, kommt dann aber dazu, sich bislang selbst nach dem Modell als bloß komplexere Maschinerie zu erklären. Wie erklärt sich eigentlich für einen Techniker dieses Bedürfnis, daß die Menschen sich selber simulieren oder übertreffen wollen, wenn es doch eher wahrscheinlich ist, daß wir eine andere Intelligenz entwerfen werden, die wir vielleicht jetzt noch gar nicht erkennen können?

Joseph Weizenbaum interpretiert die Intentionen Minskys ja als eine Art Selbstmordprogramm. Wir bauen etwas, das uns ablösen soll. Das ist natürlich die Verlängerung der cartesianischen Maschinenvorstellung vom Menschen. Ich halte sie für überlebt, weil in dieser einseitigen Form nur Teileinsichten über den Menschen angesprochen werden.

Der Philosoph Lyotard stellt die Vermutung an, daß unsere ganze technische Entwicklung darauf angelegt sei, nicht mehr von den Bedingungen des Lebens auf der Erde abhängig zu sein. Wir bereiten uns auf eine Flucht zu einem anderen Planeten vor, da unsere Erde irgendwann ruiniert sein wird, spätestens mit dem Wärmetod, was ja noch reichlich entfernt wäre. Deswegen müßte auch ein Denken ohne Körper, also in einer anderen Hardware als einem Organismus, entwickelt werden. Ist es denn wirklich denkbar, daß man, wie dies Moravac auch behauptet, Roboter entwickelt, die nicht nur auf anderen Planeten existieren können, sondern in die man auch unsere Identität kopieren könnte?

Das ist für mich ein völlig uninteressanter Gedanke, da die Jahre, die ich hier noch leben könnte, viel interessanter sind als die derart hypothetisch vor uns liegenden. Das ist ein Theatergedanke, den ich weder für meinen noch für den Antrieb der Leute halte, die Roboter bauen. Eine Interpretation von Cyberspace besagt, daß diese künstliche Wirklichkeit inszeniert würde, um die Müllhalden von New York nicht mehr sehen zu müssen und dafür eine heile (leere und aufgeräumte) Welt zu haben, die den Reiz eines nächtlichen Parkhauses hat. Diese Tendenz, wenn sie denn wahr wäre, ist eine böse Tendenz. Sie besagt, daß die Gestaltung der heutigen Welt gar nicht mehr in Angriff genommen werden soll, weil man darin keinen Sinn mehr sieht. Ich überlasse Herrn Lyotard die Flucht zu anderen Planeten und bleibe hier. Es ist überhaupt erstaunlich, warum postmoderne Medienphilosophen und KI-Propheten sofort ihr Publikum finden. Je abenteuerlicher deren aufgeschäumte Szenarien sind, desto mehr gefallen sie. Es gibt inzwischen ehemalige KI-Avantgardisten, die im Gegensatz dazu ihre Einstellung derart geändert haben, daß sie Computer und Roboter nicht mehr als Gegenentwurf zum Menschen sehen, sondern als Werkzeug zur Kooperation. Der Informatiker Petri hat dies sinngemäß so formuliert: Der menschenähnliche Computer oder Roboter ist ein Unding, denn als Nicht-Mitglied der menschlichen Gesellschaft kann man ihn nicht zur Verantwortung ziehen. Genau diese Verantwortungslosigkeit war oft Gegenstand literarischer Abhandlungen.

Man überläßt die Welt sich selbst ...

Ja, und stiehlt sich aus der Verantwortung. Was da in Afrika und anderswo geschieht, überläßt man sich selbst. Der Kollaps ist gar nicht mehr interessant, weil schon erwartet.

Weil Sie gerade von Cyberspace gesprochen haben, so gibt es hier die Möglichkeit, daß man die Roboter über Telepräsenz und Telemotorik steuern kann. Die würden dann vielleicht doch dem Menschen entsprechend gebaut sein, aber sie würden nicht direkt von einem implementierten Computer, sondern vom Menschen gesteuert werden, der mit den Augen des Roboters sehen und diesen mit seinen eigenen Bewegungen mittels eines Datenanzugs agieren lassen kann. Man könnte so etwa auf dem Mond spaziergehen, indem man sich von einem Roboter vertreten läßt. Man könnte sich so auch ungefährdet in ein verseuchtes AKW begeben oder von einem Bunker aus einen Roboter in einem Kampfflugzeug oder in einem Panzer steuern.

Es gibt ja auch bereits Roboter, die etwa in Tschernobyl eingesetzt wurden (dort aber offensichtlich nicht funktioniert haben, weil gleich die Elektronik zusammengebrochen ist). Viel interessanter und viel weniger spektakulär ist doch die Aufgabe, solche Verseuchungen erst gar nicht aufkommen zu lassen und dafür zu forschen, zu investieren, zu arbeiten.

Nun werden aber doch Roboter gebaut, es wird Geld investiert, um sie weiterzuentwickeln, und auch Sie sind daran in irgendeiner Form beteiligt. In welchen Bereichen wäre es denn sinnvoll, Roboter zu entwickeln und auch einzusetzen?

In der Fertigung ist das wunderbar, aber dort müssen sie ganz schlicht sein. Sie müssen z.T. nur rechtwinkelige Bewegungen ausführen, sie greifen nur und plazieren usw. In reinen Räumen, wo kein Staub entstehen darf und Menschen nicht hineingehen sollten, sind Roboter auch phantastisch am Platz. In den Automobilfabriken sind sie geeignet, diese abscheulichen Schweißarbeiten oder Lackierungen vorzunehmen. An diesen Stellen wird man sicher den

Einsatz der Roboter erweitern. Aber von der Euphorie, die es vor 20 Jahren einmal gab, ist heute nicht mehr die Rede.

Es wird ja heute überdies noch eine weitere Neuerung besonders von Eric Drexler propagiert, die man Nano- oder Mikrotechnologie nennt. Man will also – und kann dies bereits in gewisser Hinsicht – winzige Maschinen bauen, die auf der molekularen Ebene arbeiten. Mit solchen Kleinstrobotern in der Größenordnung von einem millionstel Millimeter könnte man beispielsweise einzelne Atome synthetisieren, Giftmüll beseitigen oder medizinisch ganz gezielte Eingriffe in den Körper vornehmen, wie Viren vernichten oder Tumorzellen zerstören. Das wären doch durchaus positive Anwendungsbereiche.

In den letzten 400 Jahren der Wissenschaftsgeschichte ist dies ja immer der Fall gewesen, daß man geforscht hat und vorab nicht wußte, wofür das gut ist oder ob man damit zu Rande kommen wird. Man könnte aber doch auch wissenschaftliche und technologische Forschung einsetzen, nicht um mögliche Zukunftsvisionen zu realisieren, sondern um bestehende Anliegen zu erledigen. Ich selbst bin fasziniert von der Mikrotechnik, teile allerdings nicht die Presse-Euphorie. Wir werden sicherlich Sensoren bekommen, die, in großer Vielfalt eingesetzt, auch die Aktionsfähigkeit von Robotern erweitern. Ob allerdings die winzigen Motoren, die man vorstellt, Nutzen stiften, bleibt abzuwarten.

Die Computer waren zu Beginn reine Rechenmaschinen. Man konnte noch nicht erahnen, daß man damit, verkoppelt mit dem Monitor, auch Bilder aus Zahlen, um es einmal primitiv auszudrücken, erzeugen kann. Damit hat man sich eine neue Welt eröffnet, an die man sicher noch nicht dachte, als man die ersten Computer entwickelte.

Ich stimme zu. Mir ist noch deutlich in Erinnerung, wie das Prinzip »Laser« entdeckt und mitgeteilt wurde. Staunende Hilflosigkeit und Erwartungen. Es hat dann etwa zwei Jahrzehnte gedauert, bis breite Anwendungen möglich waren. Mich stört aber diese einseitige Hinwendung zum spektakulär Neuen. Es gibt sehr viel dringendere, uns näherliegendere Themenkreise: Die Häßlichkeit unserer modernen Welt ist beispielsweise ein schlimmes Thema für mich. Unsere Befindlichkeit in dieser Häßlichkeit ist doch mindestens so interessant wie der Entwurf künftiger Kleinstmaschinen. Mir scheint dabei durchzuklingen, daß man neue Technik braucht, um alte Mißstände abzubauen.

Minsky bezeichnet unsere Realität als dumm und spricht davon, daß etwa die virtuelle Realität deswegen intelligent sei, weil wir sie so bauen können, wie wir sie haben wollen. Der Traum, eine neue Wirklichkeit zu konstruieren, die völlig beherrschbar ist und alle Wünsche befriedigt, hat die Menschen wohl auch schon immer bewegt, zunächst in mythischen, religiösen oder künstlerischen Bildern, heute in Vorstellungen technischer Machbarkeit. Erst durch zunehmende technische Realisierung entdecken wir, daß die uns gegebene Welt als solche ästhetisch besetzbar ist und sie als solche schön wird. Das ist ein neues Phänomen, das man wohl als Reaktion auf die künstlichen Wirklichkeiten begreifen muß.

Minsky könnte doch in Europa genauso Traum- und Scheinwelten entdecken, die in der vergangenen Zeit realisiert wurden. Wenn man durch einen barocken Garten oder durch die Szene eines Schlosses geht, so befindet man sich in einer Traumwelt. Wir haben wie im Roman unsere Traumwelten immer schon konstruiert.

Aber Sie haben es doch gerade selber gesagt, daß es hier eine Kontinuität der Konstruktion von künstlichen Wirklichkeiten gibt, die nur immer mit anderen Techniken durchgeführt werden. Nicht erst mit der Fotografie und dem Film, sondern bereits mit der Erfindung der Perspektive in der Malerei scheint die Faszination deutlich zu werden, möglichst realistische Bildwelten zu realisieren, die genauso dicht sind wie die gewöhnliche Welt und die wir wie diese mit unseren Sinnesorganen wahrnehmen können.

In diesen Welten könnten wir uns gar nicht orientieren, wenn wir dort nicht bestimmte Verhaltensweisen oder Sehnsüchte wiederfinden würden. Warum sollte ich mich im Cyberspace aufhalten, wenn ich dort nicht Wunschträume realisieren könnte, die ich hier schon entwickelt habe.

Natürlich erwächst dies aus Bedürfnissen; gleichwohl erlaubt Cyberspace einen neuartigen Eintritt in die Bilder, deren äußere Beobachter wir bislang nur waren. Jetzt lassen sich die künstlichen Bildwelten durchwandern, man kann in ihnen sich treffen, auch wenn der eine in Tokio und der andere in Karlsruhe ist, was offenbar eine große Faszination mit sich bringt und beim Telefon schon selbstverständlich wurde. Noch sind diese virtuellen Realitäten äußerst bescheiden, aber in ihnen stecken auch neue ästhetische Qualitäten etwa im Bereich der Interaktion, der Kommunikation oder Dramaturgie, die wir so bislang nicht gekannt haben. Darin überschneiden sich alle Kunstgattungen vom Theater oder Happening über die Architektur oder die Malerei bis hin zum Film oder zur Computeranimation. Auch ausgehend von den Künsten ist doch dieser Traum nach einem Gesamtkunstwerk zu konstatieren.

Was sollen Menschen in der virtuellen Realität kommunizieren, wenn sie sich nichts zu sagen haben? Die Gelegenheit, sich zu treffen, ist eine schöne Sache; wenn sie sich aber nichts Wesentliches mitzuteilen haben, dann sind doch alle Telefon- und Satellitenverbindungen sinnlos. Wenn mit solchen Techniken kein Inhalt mitgeteilt wird, dann brauchen wir sie doch eigentlich gar nicht.

Sie sind selber nicht nur Techniker, sondern bauen auch kleine Roboter, die natürlichen Lebewesen nicht ähnlich sind. Schon mit dem Namen »Mechatron« deuten Sie an, daß Sie nicht unmittelbar Vergleiche erzeugen wollen. Was ist denn Ihre Faszination daran, solche Roboter zu bauen, die eigentlich zu nichts zu gebrauchen sind, mit deren Konstruktion Sie aber gleichzeitig an all diesen Problemen teilhaben, über die wir vorher gesprochen haben?

Vielleicht ist das Wort Roboter für meine Dinge nicht recht geeignet. Ich mache keine Arbeitsmaschinen (Roboter = Fronarbeiter), sondern Lauf- oder Gehmaschinen. Ich komme aus der Industrie, und auch die Arbeit, die ich jetzt mit den Studenten an der Fachhochschule mache, ist von der Industrie vorgegeben. Die Industrie ist daran orientiert, daß Produkte entworfen werden, die irgendwann einmal auf dem Markt verkäuflich sind. Alle Überlegungen laufen darauf hinaus, daß die Produkte kostengünstig und funktional sind. Wenn ich meine Maschinen baue, dann weiche ich genau diesem Zwang aus. Ich will nichts bauen, was eine ganz bestimmte Funktion in irgendeinem Fertigungsprozeß erfüllt, sondern ich versuche, mit derselben Technik andere Zielsetzungen zu erreichen. Die sind eher spielerischer Natur. Ich lasse diese kleinen Maschinen Bewegungen ausführen, die mich an etwas anderes erinnern. Das ist so, wie Charlie Chaplin in dem Film »Goldrausch« mit großer Gekonntheit seine Löffel tanzen läßt und so den Eindruck von tanzenden Balletteusen erweckt. Wenn sich die Stelzfüße meiner Roboter in irgendeinem Rhythmus bewegen, dann kommen auch Assoziationen auf, wobei es völlig gleichgültig ist, ob die Stelzfüße mit Motoren besetzt sind oder ob ich sie mit den Händen bewege. Ich erlebe immer mit Vergnügen, wie Bewegungen an sich Gefühlsinhalte suggerieren können. Derzeit arbeite ich daran, meine »Mechatrons« mit schlichtem »Verhalten« zu versehen. Sie schleichen an Wänden entlang, laufen ins Licht oder meiden es, reagieren auf Rufe oder auf ihren Energiespeicher Akku so, daß bei Mangel Freßlust entsteht und sie dann zur Steckdose eilen.

Maschinen, die irgendeine Art von Lebendigkeit suggerieren, sind einerseits faszinierend und andererseits unheimlich.

Wenn ich diese Maschinen mit Peilapparaturen, z. B. mit Ultraschall, versehe, deren Funktion der Zuschauer nicht abschätzen kann, so entsteht bei ihm Unsicherheit, Unlust und wohl auch ein Gefühl von Unheimlichkeit. Man kann Ursache und Wirkung nicht in Einklang bringen, künftige Reaktionen der Maschine bleiben unberechenbar. Ich hasse Maschinen, die durch Zufallsgeneratoren gesteuert werden, und möchte erreichen, daß der Betrachter mitverfolgen kann, was geschieht. Deswegen ging ich von Sensoren ab, die Licht detektieren, und lasse Fühler tasten. Wenn ein Fühler eine Wand oder einen anderen Roboter berührt, weiß ich, warum und wie er reagiert. Dann habe ich eher eine gute Erinnerung als ein beängstigendes Gefühl. Ich habe festgestellt, wenn ich diese Maschinen mit Sensoren wie einem Ultraschallstrahl oder mit akustischen Apparaturen zur Peilung versehe, deren Funktion ich als Zuschauer nicht abschätzen kann, dann ergibt das keine sinnfälligen Reaktionen. Nicht nachvollziehbare Reaktionen der Maschinen auf ihre Umgebung würden wohl Angstgefühle erwecken, weil ich nicht weiß, was dieses Ding im nächsten Augenblick machen könnte. Ich hingegen möchte Reaktionen erzeugen, die ich mitverfolgen kann. Deshalb bin ich von Sensoren weggegangen, die Licht detektieren, und zu solchen gekommen, die tasten. Wenn ich sehe, wie ein Fühler einer solchen Maschine eine Wand berührt, dann kann ich sofort erkennen, warum sie jetzt reagiert. Dann habe ich eher eine liebevolle Erinnerung an Bekanntes als ein unangenehmes oder beängstigendes Gefühl. Die Bewegungen sind unerwartet, aber bekannt.

Dann aber würde man wegen dieser Ähnlichkeit nicht mehr bemerken, daß es eine Maschine und kein Lebewesen ist.

Ja, das vergißt man dabei. Plötzlich ist es völlig uninteressant, ob das aus Motoren, Kondensatoren und Leiterplatten aufgebaut ist. Man geht weg vom Erscheinungsbild auf die Bewegung als solche. Das ist ein eigenartiger Vorgang.

Aber solche Phänomene benutzt man doch sehr häufig auch, um die Interaktion etwa mit dem Computer gewissermaßen zu vermenschlichen, wenn auf dem Monitor der Computer durch einen Text sagt: Sie haben dies oder jenes falsch gemacht, oder: Ich kann diese Datei nicht finden. Man simuliert also ein Gegenüber, das ähnlich wie der Mensch reagiert.

Bei mir ist das allerdings eine dreidimensionale Welt, die mich weitaus mehr beeindruckt. Diese Reaktionen auf die Umwelt lassen sich erweitern, was ich sicher auch tun werde. Die Maschine flieht beispielsweise vor dem Besucher und verkriecht sich in die Dunkelheit. Da könnte man sicher auch Aggressives hineinlegen, also daß die Maschine den Besucher bedroht. Aber das ist nicht mein Naturell. Man könnte natürlich nicht nur ein, sondern mehrere solcher Wesen bauen, wobei ich versuchen kann, die Verhaltensweisen dieser Wesen untereinander zu gestalten. Das wird ein weites Gestaltungsfeld für mich sein.

Das konnte man früher auch bereits durch einen Mechanismus machen, der allerdings beschränkt war. Was durch die Computertechnologie jetzt möglich wird, ist, ein »intelligentes«, vielleicht sich selbst organisierendes Verhalten mit Such- und Lernvorgängen zu entwickeln, das vielleicht auch für den Erbauer nicht mehr ganz vorhersehbar ist. Was ist hier wiederum das Faszinierende daran, beispielsweise eine solche Robotergruppe zu entwickeln, die sich in einer bestimmten Umwelt bewegt und aufeinander reagiert? Ist es auch über eine wissenschaftliche Perspektive hinaus interessant zu beobachten, was die dann machen werden?

Zunächst ist es so, daß man schon fasziniert ist, wenn das Schlichte, was man möchte, dann auch funktioniert. Die zweite Stufe ist dann die, daß die Reaktionen vielfältiger werden, auch wenn alles noch nahezu determiniert abläuft. Wenn der Besucher bereits einen Einfluß hat, ist die Determiniertheit schon ein wenig gestört, weil dann unbekannte Veränderungen dazukommen. Ich könnte mir vorstellen, wenn viele Eigenschaften in eine oder gar in zwei Maschinen implementiert werden, daß wir dann Verhaltensweisen beobachten können, die wir nicht mehr im einzelnen voraussagen können und die uns nicht mehr determiniert erscheinen. Dann kann man gespannt zuschauen, was die nun so machen. Das daraus entstehende Verhalten kann sicher Gegenstand einer wissenschaftlichen Simulation sein. Aber das steht abseits meines Interesses. Ich will vielmehr den Eindruck gestalten und ihn dem Zuschauer zugänglich machen. Das hat mit Forschung nichts zu tun.

Obwohl sie unausweichlich, trotz aller Spielerei, darin impliziert ist. Sie sprachen vorher von dem Erstaunen, wenn eine Ihrer Maschinen nun immer an der Wand entlangläuft, also von einem Bedürfnis getrieben zu sein scheint. Deutlich ist mir noch nicht Ihr Interesse an der Ähnlichkeit zwischen den Bewegungen einer Maschine und eines Lebewesens geworden.

Wenn ich früher gemalt habe, so war das die Entstehung einer Zweitwelt auf der Leinwand. Als solche Zweitweltschaffer orientieren wir uns an dem, was wir und unsere Vorgänger der Natur im Laufe der Jahrhunderte abgefragt haben. Auf diesem Wissen wird dann etwas aufgebaut. Das ist ein Prozeß des Nachbaus oder der Nachschöpfung, der faszinierend ist. Ein Bildhauer oder ein Maler wird wohl ähnlich empfinden.

Maler und Bildhauer können sich ja ganz frei in ihrer Phantasie bewegen. Wenn man aber Roboter baut, dann muß dies auf dem gegenwärtigen Stand der Technik auch funktionieren.

Auch ein Bildhauer muß ganz bestimmten Gesetzmäßigkeiten folgen. Wenn man etwas aus Ton oder Bronzeguß baut, dann muß dies so geschehen, daß es nicht zusammenbricht. Hier muß man also auch Techniken beherrschen; bestimmte Feinheiten lassen sich nicht erzeugen, oder man kommt zu bestimmten Oberflächeneffekten, mit denen man fertig werden muß. Die Materie schreibt ganz streng Verhaltensweisen vor. Das ist beim Bau von Robotern nicht anders. Für mich ist eben nicht das Erscheinungsbild als solches vorrangig interessant, sondern das Verhalten und die Bewegung. Ich bin eigentlich immer erstaunt, wie wenig Leute sich mit der Gestaltung von Bewegung befassen. Im Ballett wird das mit Menschen gemacht.

In der Computeranimation wird das auch gemacht.

Aber da ist alles zweidimensional.

Wie steht es mit der 3D-Computeranimation?

Die ist auch nur zweidimensional. Das hat der Film alles schon geleistet. Ich kann nicht sehen, daß hier wesentlich neue künstlerische Dimensionen entstünden.

Ich weiß nicht, ob Sie den Anspruch erheben, daß Ihre Roboter als Kunstwerke gesehen werden sollen. Zumindest stellen Sie Ihre Arbeit in diesen Kontext. Welche künstlerische Dimensionen schließen sich für Sie mit Robotern und ihren Bewegungen im realen Raum auf?

Für mich hat Technik nicht nur die Bedeutung von Funktionalität, Wirtschaftlichkeit oder Fortschritt. Technisch ist auch, wie ich in einem alten Lexikon fand, das Mittel, um Kunstwerke zu machen. Die neue Technik der Computer und Mikrocontroller ermöglicht, neue Felder zu gestalten – für mich das Feld »Bewegung« von Körpern. Hier existiert eine lange Tradition, die mit der

Spätantike begann und Höhepunkte im 17. und 18. Jahrhundert hatte. Die neue Technik gibt uns ganz neue Möglichkeiten, mit denen wir diese Androiden-Tradition fortsetzen und nicht wiederholen, wie manche Computerbilder und -animationen Malerei und Film lediglich mit anderen Mitteln wiederholen.

Wenn man eine Mitteilung machen will, die Bedeutung haben soll, dann müßte man doch für solche Robotergruppen, von denen wir vorhin sprachen, choreographisch Szenen und Handlungsabläufe ausarbeiten.

Ja, wollten wir nämlich nur abwarten, was geschieht, so wäre das eher die »Gestaltung« des Zufalls. Aber wie könnten geplante Handlungsabläufe aussehen? Im Augenblick habe ich darüber keine rechte Vorstellung, ahne nur soviel, daß sie mit historischen Vorstellungen über solche Abläufe nicht viel zu tun haben werden.

Nun haben solche Maschinen und Roboter immer so etwas von einer Jahrmarktstechnik oder von einer Zirkusattraktion. Das Spektakel liegt bei der Verwendung von High-Tech immer nahe und wird wohl auch meist erwartet. Wir stellen Sie sich denn vor, sich zwischen den Erwartungen der Massenmedien und denen der Kunst, auch wenn sie sich ja auch oft diesen andient, bewegen zu können?

Jahrmarktsmäßig wäre das Anpreisen von Talenten solcher Maschinen, das wäre das Herausspielen der Neuigkeit einer solchen Technik. Dagegen könnte man beispielsweise eine Maschine setzen, die sich unendlich langsam und zäh bewegt. Dann wäre man diesem Jahrmarktspektakel schon ein wenig entflohen. Wenn man überhaupt ein gewisses Verhalten und nicht diese hektische Aggressivität, die wir normalerweise in Robotern vermuten, zum Ausdruck bringt, dann werden wir in eine Gefühlswelt hineingebracht, in der diese Gefahr nicht besteht.

Das klingt aber doch sehr einfach. Kunst ist das, was karg ist, was zurückgenommen ist, nicht alle Effekte ausspielt. Nehmen wir beispielsweise Jeffrey Shaws Fahrradinstallation. Man könnte sagen, er hätte dies spannender machen können. Hier aber sitzt man auf einem Fahrrad vor einem großen projizierten Bild, das sich gemäß den Pedal- und Lenkerbewegungen verändert. Man fährt also durch eine virtuelle Stadt, wobei Shaw den Realismus vermieden hat, indem er die Häuser durch Buchstaben ersetzte. Man kann durch die Wände fahren. Ist diese Rücknahme schon ein Zeichen von Kunst, während man die gleiche Situation etwa für ein Computerspiel natürlich viel spannender und sensationeller machen müßte? Das Unterbieten des möglichen Spektakels kann doch nicht schon ein Kunstwerk ausmachen, auch wenn dies etwa in der bildenden Kunst eine durchaus gängige Strategie zu sein scheint?

Sie sagen, daß Reduziertheit im Ausdruck eine gängige Strategie in der bildenden Kunst sei. Ich glaube es Ihnen, muß aber sagen, daß es zweitrangig für mich ist, ob das, was ich mache, als Kunst betrachtet wird. »Jahrmarktstechnik« war Ihr Begriff. Was will sie? Doch Aufmerksamkeit erregen über alles Spektakel hinaus, Superlative, Rekorde, was man noch nie gesehen hat. Schon in den 30er Jahren gab es ein Vehikel, das wie meines zur Tankstelle (Steckdose) laufen konnte. Aber damals war es die Realisierbarkeit, die faszinierte, für mich hingegen ist die Realisierbarkeit die Conditio sine qua non.

Roboter sind gleichwohl immer Produkte einer in Technik umgesetzten Wissenschaft. Seit der Renaissance zumindest und vor allem seit der Moderne ist innerhalb der Kunst auch eine ästhetische Faszination an Technik und Maschinen entstanden, die heute vielleicht nicht mehr futuristisch oder funktionalistisch zum Ausdruck gebracht, sondern durch den direkten Einsatz von neuen Techniken umgesetzt wird. Es gibt doch für jeden diese unmittelbare Ästhetik von technischen Objekten. Würden Sie denn sagen, daß die Technik und die technischen Effekte, zu welchem Zweck sie auch immer eingesetzt werden sollen, bereits eine immanente ästhetische Dimension besitzen?

Eine immanente ästhetische Dimension? Das ist eine tolle Wortfolge, denn innewohnend hieße ja »ohne Zutun«, und ästhetisch meint hier wohl eine »sinnesbeeindruckende Wirkung«. Ja, das gibt es. Nur muß ich unterscheiden zwischen einer gewollten, gestalteten Wirkung und einer zufälligen, ungestalteten. Wenn nur die Funktion richtig realisiert sei, folge auch die gute ästhetische Wirkung: Form follows function – so sagen einige. Ich denke, das stimmt nicht oder höchst selten. Überhaupt müßten wir klären, was eine ästhetische Dimension ausmacht.

Aber ist nicht das Objekt selbst ästhetisch besetzbar?

Ästhetisch besetzen verstehe ich so, daß Sie fragen, ob man das Objekt so gestalten könne, daß gezielt Sinneseindrücke angesprochen werden können. Zuerst war diese Frage sehr schwierig für mich, weil ich gewohnt bin, der Funktion und Herstellbarkeit vorrangige Aufmerksamkeit zu schenken. Nach und nach lerne und begreife ich, daß trotz enger technischer Zwänge ein immer breiter werdendes Feld sich auftut, wo ich mich um Eindrücklichkeit, um

Einsehbarkeit, also um ästhetische Wirkung, bemühen kann. Es gibt Formen, die sich selber erklären, Fühler, Taster, Beine suggerieren Vielfältiges. All das zu einem stimmigen Ganzen zusammenzufügen, ist eine sehr interessante Aufgabe, die ich mir gestellt habe. Abgesehen davon geht, wie wir vorhin besprochen haben, von Bewegungen an sich eine ästhetische Wirkung aus, die besonders durch die Software gestaltet wird. Darin liegen wesentliche Chancen gegenüber rein mechanisch gesteuerten Abläufen.

Die Vorgänge im Computer entziehen sich aber dem Nachvollzug im Medium der Sinneswahrnehmung. Man kann nicht mehr nachvollziehen, was sich da in der Black Box abspielt. Man ist allein auf die Oberflächenphänomene angewiesen. Ist das Überschreiten des sinnlich Wahrnehmbaren und auch Vorstellbaren nicht auch die Konstruktion eines Erhabenen oder eines Geheimnisses, das der Technik paradoxerweise eigen ist und das eben auch dazu führt, ein postbiologisches oder nanotechnologisches Zeitalter anzuvisieren, dessen Maschinen jenseits unserer Vorstellungskraft liegen, auch und gerade wenn Menschen sie erfunden haben?

Mein Anliegen ist jedenfalls bescheidener. Ich implementiere zwar einen kleinen Computer in meine Maschine, aber die Bewegungen, die diese Maschine ausführt, soll nicht Erstaunen oder Faszination auslösen, nicht erhaben oder geheimnisvoll sein, sondern sie soll erinnern. Die an sich nicht verfolgbare Auswirkung meiner Programmierung kann wieder geordnet und begreifbar gemacht werden, weil ich sie ähnlich wie mir bekannte Bewegungen oder Handlungsabläufen empfinden kann. Mich fasziniert die Idee, daß Software zu einem Ausdruck führt, zu einer ästhetischen Gestaltung. Ich möchte das schon verglichen wissen mit irgendetwas, was uns vertraut ist. Die Gestaltung hingegen eines »postbiologischen« oder »nanotechnologischen« Zeitalters überlasse ich anderen. Das sind für mich Schlagworte, die nichts sagen.

HEINZ TRAUBOTH

Symbiose von Technik, Kunst und Natur

*Die Technologie der Virtuellen Realität ist, auch wenn sie sich noch im Anfangs-
stadium befindet, für viele faszinierend. Sie haben, gerade im Kontext des
Kernforschungszentrums, also der Sicherung und Handhabung von nuklearem
Material, schon lange Vorstöße in diese Richtung gemacht. Auf welchen Gebieten ist denn der Einsatz von VR-Technik interessant?*

Sie ist in den Bereichen wichtig, zu denen der Mensch nicht Zutritt haben darf,
weil er sonst durch chemische Schadstoffe oder Radioaktivität geschädigt
würde, aber wo trotzdem Arbeiten etwa der Instandhaltung verrichtet werden
müssen. Hier spielt die Telepräsenz eine wichtige Rolle. Für die Wiederaufbe-
reitungsanlage Wackersdorf, aber auch für andere kerntechnische Anlagen
haben wir solche Telepräsenzsysteme entwickelt: Ein Arbeitsarm oder ein
Arbeitsgerät in einem verseuchten Raum wird von einem weiter entfernten
Bediener gesteuert, der sich in einem geschützten Raum aufhält. Die Information über die Situation im Arbeitsraum wird ihm über Stereokameras, die wir
entwickelt haben, um ein plastisches Bild zu erhalten, und eine spezielle,
schnell schaltende Brille zugespielt, so daß er den Eindruck hat, er würde sich
in diesem Raum befinden. Über Sprachein- und -ausgabe können Steuerkom-
mandos an die Geräte im Arbeitsraum gegeben werden. Er kann sich die Arbeit
auch durch das sogenannte Indexing erleichtern, also daß er Bewegungen am
Arbeitsarm durchführt, die näher an seinem Körper sind, als wenn er sich
wirklich im Arbeitsraum befinden würde. Über eine spezielle Steuerung, die
wir Kraftreflexion nennen, können wir auch die Kraft übermitteln, die von dem
Objekt, an dem gearbeitet wird, ausgeht. Wenn man beispielsweise eine verro-
stete Schraube öffnen muß, so spürt man auch den entsprechenden Widerstand
im eigenen Handgelenk. Das ist eine über viele Jahre hinweg erprobte Technik
und keine Vision. Wir sehen neue Einsatzmöglichkeiten der Virtuellen Realität
durch Techniken, die jüngst entwickelt wurden. So muß man nicht mehr auf
einen Bildschirm schauen, sondern man kann jetzt einen speziellen Helm mit

zwei kleinen Monitoren für räumliches Sehen aufsetzen. Dadurch hat man das Gefühl, sich wirklich nur noch in der virtuellen Welt zu befinden, weil man den Raum nicht mehr wahrnimmt, in dem man sich tatsächlich befindet. Über computergesteuerte Bilder lassen sich auch Räume darstellen, die man nicht betreten kann oder die nicht existieren. Architekten können damit ihre Entwürfe aus verschiedenen Winkeln, mit unterschiedlicher Beleuchtung oder aus variabler Entfernung so sehen, als würden sie durch die fertigen Gebäude schreiten. Das gibt es schon länger, auch wenn die Auflösung der Bilder, d. h. ihre Präzision, noch recht schlecht ist. Je kleiner der Bildschirm ist, desto schwieriger ist es, die vielen Pixels dort unterzubringen. In der Medizin wird ein ähnliches Verfahren zur Ausbildung von Chirurgen erprobt. Man kann Phantome von Menschen oder sogar richtige Menschenbilder stereoskopisch darstellen, so daß in der virtuellen Welt komplizierte Operationen geübt werden können. Vor allem also in all den Bereichen, die für Menschen nicht zugänglich sind oder in denen Maschinen für ihn arbeiten, wird es künftig weitere Anwendungen dieser Technologie geben.

Gibt es denn prinzipielle Grenzen der Bildauflösung für Telepräsenzsysteme? Läßt sich also eine wirklichkeitsgetreue Darstellung, wie wir sie etwa von der Fotografie, vom Film oder vom Video kennen, gar nicht erzeugen?

Die Auflösung wird laufend weiter gesteigert, so daß bald die Qualität von Videos erreicht werden wird.

Was bedeutet denn das seltsame Wort »virtuell« eigentlich? Wenn wir eine Robotersteuerung mit zusätzlicher Telepräsenz nehmen, dann befindet sich offenbar der bedienende Mensch in der virtuellen, der Roboter aber in der wirklichen Realität.

Wir versetzen uns damit in den Roboter, der in einer unwirtlichen Umgebung arbeitet, und tun so, als würden wir uns direkt vor Ort befinden. Die Welt um den Roboter herum wird dem bedienenden Menschen suggeriert. In dem Testreaktor für Kernfusion haben wir beispielsweise einen sehr verschlungenen geometrischen Innenraum, der in manchen Bereichen gar nicht mit einer Kamera ausgeleuchtet und beobachtet werden kann. Mit der Hilfe von CAD wird hier eine solche Umgebung erzeugt, wie sie in der Wirklichkeit realisiert sein sollte. Wir nehmen also den Entwurf eines solchen Reaktors, beschreiben ihn mit einem dreidimensionalen CAD-Modell und projizieren das in die virtuelle Welt hinein, so daß Dinge, die wir mit der Kamera nicht beobachten können, dann über den Computer – ähnlich wie in einer Animation – künstlich erzeugt werden. Dadurch können wir Arbeitsmaschinen nicht nur über Video-kamerabilder, sondern auch über künstliche Bilder führen. Solche Manipula-toren haben beispielsweise die Aufgabe, stark bestrahlte Wände auszutau-schen.

Sie sprachen davon, daß wir mit Computerbildern eben auch das visualisieren können, was wir, auch mit Kameras, nicht sehen können. Nun ist unser Wahr-nehmungsvermögen sowieso ziemlich beschränkt. Wäre es nicht auch interes-sant, visuelle oder auditive Darstellungsmöglichkeiten von Phänomenen zu finden, die wir wie die Radioaktivität nur mit Instrumenten messen können?

Natürlich kann das Ergebnis jeder Messung bildlich, grafisch oder akustisch präsentiert werden.

Wird denn von Ihrem Institut auch der Datenhandschuh verwendet?

Ein FUG-Institut der Produktionstechnik hat vor kurzem die Programmie-rung eines Roboters mit Hilfe eines Datenhandschuhs und eines Eyephones vorgestellt. Das ist alles sehr effektvoll, aber der Datenhandschuh ist noch sehr ungenau in der Programmierung, und die Bilder, die man über diese Brille erhält, sind noch recht unscharf. Vielleicht geht der Weg weiter in diese Richtung. Aber wir haben beispielsweise ein Universalbediengerät für be-stimmte Klassen von Robotern entwickelt, wo man ein einfaches, mehrgelen-kiges Gerät mit einem Griff in der Hand hat, mit dem man auch Kraftreflexion übertragen kann. Das scheint mit dem Datenhandschuh, dem Joystick und auch mit der sogenannten Hirzinger-Kugel nicht möglich zu sein. Damit kann man zwar etwas auf dem Bildschirm dirigieren, was auch auf das Arbeitsgerät übertragen wird, aber man hat keine oder keine gute Rückkopplung über die Kräfte, die dort ausgeübt werden. Dazu benötigt man ein komplexeres Bedien-gerät.

Mit einem solchen mechanischen Bediengerät können zwar Widerstand oder Gewicht simuliert werden, wohl aber nicht die Textur eines Objekts.

Sie meinen durch Tasten? Jetzt noch nicht, aber es gibt Entwicklungen, bei denen man über eine sehr kleine Sensorik das simulieren kann. Das wird eine Aufgabe der Mikrosystemtechnik sein, solche kleinen Sensoren zu entwickeln, die druckempfindlich sind, so daß man aufgrund der Stärke des Drucks ein entsprechendes Signal erzeugt, das durch einen im Handschuh eingebauten Aktor den Druck auf die Hand zurückgibt. Der Tastsinn hat übrigens eine sehr wichtige Funktion beim Chirurgen, wenn er durch Berührung von Gefäßen beispielsweise feststellen muß, ob es Verhärtungen gibt, ob die Oberfläche rauh, feucht oder trocken ist. Wenn man in die minimale invasive Chirurgie hineingeht, wie wir dies über die Endoskopie schon tun, dann ist die Hand außerhalb des Körpers. Deswegen muß der Tastsinn dann durch Sensorik substituiert werden.

Mit der Endoskopie kann man in den Körper hineinsehen. Aber wie operiert man von außen?

Endoskopie erfolgt über kleine Kameras oder Linsen. Wir haben das auch über 3D-Bilder realisiert. Die Beobachtung stellt kein grundsätzliches Problem dar. Wenn man den Tastsinn nachbilden will, so ist das schon wesentlich schwieriger, denn man muß nachbilden, was wir mit unseren Fingern machen können. Die Fingerkuppe hat sehr viele biologische Sensoren und ist deswegen sehr feinfühlig. Das merkt man daran, daß man sofort weiß, wenn man eine Schraube verdreht, in welche Richtung man dies tun muß, wo sie abgerundet oder wo sie kantig ist. Zur Nachbildung braucht man also sehr viele und sehr kleine Sensoren. Das wird durch die Mikrotechnik bald machbar sein. Aber wie man das Mechanische in den Innenraum hineinbringt, ist noch schwieriger, denn man müßte beispielsweise reiben können, um Rauhigkeit oder Glattheit feststellen zu können. Man muß also – ähnlich wie bei einem Finger – einen Aktor vorne haben, der sich bewegen kann, um diese Signale zu erzeugen. Der Tastsinn kann aber auch durch eine Sensorik ergänzt werden, die es beim Menschen nicht gibt. So kann z. B. mit einer Ultraschall-Sensorik das Gewebe auf Verhärtungen (Geschwulst, Tumor) abgetastet werden, wobei ein Dichteprofil optisch sichtbar gemacht wird. Das gibt es schon.

Helm, Handschuhe oder Datenanzug sind, auch wenn sie leichter und präziser werden, doch neben anderen Nachteilen auch recht unbequem. Welche alternativen Entwicklungen sind hier denn denkbar, die auch das Gefühl vermitteln, sich im Bild wie in einer gewohnten materiellen Umwelt zu befinden?

Es ist etwa denkbar, über 3D-Großprojektion den virtuellen Raum wirklichkeitsnäher ohne Kopfmonitore, aber mit Spezialbrillen zu gestalten. Die Bewegung in diesem Raum wird über Datenhandschuhe oder 3D-Joystick und zur Orientierung über ein elektronisches Zielverfolgungssystem, dem ein künstliches Magnetfeld zugrunde liegt, gesteuert. Die NASA hat statt des Helms auch ein bewegliches Gestell zur Gewichtskompensation entwickelt.

Sie erwähnten vorhin die Einbeziehung des Tastsinnes, was für manche Arbeitsvorgänge notwendig ist. Etwas begreifen zu können, den Widerstand oder das

Gewicht von etwas fühlen zu können, trägt sicherlich erheblich zu einem größeren Wirklichkeitseindruck der virtuellen Welt bei. Gibt es denn vielleicht auch bald die Möglichkeit, andere Sinne, wie den des Geruchs, zu simulieren?

Die Japaner haben das probiert. Wie gut das geht, weiß ich nicht.

Auf welchem Stand befindet sich denn die Entwicklung von virtuellen Arbeitssituationen, in denen Menschen, die weit voneinander entfernt sind, gemeinsam arbeiten können?

Die Universität Washington, DC, und die Universität Tokio in Japan haben beeindruckend demonstriert, wie man über Satellitenübertragung von den USA trotz merklicher Signallaufzeit Roboter zur Fertigung von Teilen präzise fernsteuern kann.

Wenn man sich die VR-Systeme ansieht, dann ließe sich ein Trend bei der Entwicklung von Computersystemen sehen, der weggeht von der Vollautomatisierung. Steht die Symbiose Maschine-Mensch und das dem gewohnten Umgang mit der Wirklichkeit angepaßte Interface heute deswegen so im Vordergrund, weil die Automatisierung vieler Prozesse eben nicht möglich oder viel zu aufwendig ist?

Wir haben sowieso nie vollautomatisierte Systeme entwickelt. Aufgrund der hohen Sicherheits- und Zuverlässigkeitsanforderungen in der Kerntechnik waren wir immer gezwungen, den Menschen mit einzubinden. Gerade bei komplexen Anlagen werden Routineabläufe, die man gut strukturieren kann, automatisiert. Da man hier aber immer mit unerwarteten Ereignissen rechnen muß, die der Mensch am besten beherrscht, weil man sie nicht vorplanen kann, ist es wichtig, die Routineabläufe zu automatisieren, damit der Mensch sich auf die strategischen Fehler konzentrieren kann. Es gibt natürlich auch Abläufe, die immer wieder trainiert werden müssen. Deswegen werden hier Simulationsdurchläufe durchgeführt, d. h., es werden Zustände einer Anlage auf dem simulierenden Rechner erzeugt, und der Operateur muß dann so wie in einem richtigen Kraftwerk reagieren, wenn eine Störung auftritt. Das dient nicht nur der Schulung, sondern auch dazu, den Operateur wachzuhalten, denn kritische Störungen sind normalerweise immer selten. Wenn man solche Simulationen etwa mit der VR-Technik darstellt, wo der Operateur das Gefühl hat, wirklich dort zu sein, wird er auch in Ernstfällen realistischer reagieren können.

Wir haben bislang von technischen Anforderungen gesprochen, die möglichst realistisch einen Sachverhalt simulieren sollen. Realistische Bilderzeugungen sind, wie Foto, Film und Video zeigen, natürlich auch Medien für Unterhaltung und Kunst. Wo sehen Sie denn für VR-Systeme sowie für Telepräsenz interessante Anwendungsbereiche, die auch realisierbar wären?

Wir, also das Institut für Angewandte Informatik im Kernforschungszentrum Karlsruhe, das ich leite, und das Institut für Bildmedien des ZKM unter der Leitung von Jeffrey Shaw haben etwa das gemeinsame Projekt EVE (Extended Virtual Environment) für die Multimediale '93 in Karlsruhe entworfen. Diese interaktive Roboter-3D-Projektionsinstallation läßt den Besucher eigene Bewegungen in physikalischen, technischen und biologischen Räumen illusionistisch erleben. So kann man sich durch Molekülräume, durch die Innereien von Maschinen, Gebäuden, menschlichen Organen und Pflanzen selbstgesteuert fliegend bewegen und aus verschiedenen Blickwinkeln diese künstliche Welt bzw. nachgeahmte Mikrowelt erleben. 3D-Rasterelektronen- oder Rastertunnel-Mikroskop-Aufnahmen können als Grundlage für die künstlich erzeugte Mikrowelt dienen, was an der Universität Tokio bereits gezeigt wurde. Dabei sehen wir die Welt wie einen Mikroorganismus, z. B. aus der Perspektive einer Bakterie. Diese Rauminstallation soll später ein fester Bestandteil des Medienmuseums des ZKM werden. Die VR-Technik erlaubt dem Menschen, sich in Umgebungen sowohl des Mikro- wie auch des Makrokosmos zu versetzen, in die er selbst durch seine physikalische Begrenztheit nicht gelangen kann. Er kann z. B. die Welt eines Insekts oder eines »Marsmenschen« erleben, wobei dessen Sinnesorgane (wie Facettenauge, Ohren) und physikalische Phänomene wie Schallwellenausbreitung vom Computer simuliert werden. Über mikrotechnische Tastaktorik kann er diese Räume auch »streicheln« und ertasten. Der Mensch kann im wahrsten Sinne des Wortes seine Grenzen sprengen.

Gibt es denn darüber hinaus auch eine Ästhetik von solchen virtuellen Welten, die für Künstler interessant sein würde, oder bleibt das bei Unterhaltungsspektakeln in der Art von Jahrmärkten und Disneyworlds stecken?

Die durch VR-Technik erzeugte künstliche Welt kann eine künstlerisch gestaltete Welt mit der unbegrenzten Vielfalt der Formen-, Farb- und Tongestaltung sein. Zudem könnte diese künstliche Welt in vielfältiger Art auf das Einwirken des »Erlebers«, statt nur des Beobachters, interaktiv reagieren. Gegenüber dem normalen künstlerischen Film stehen dem Künstler also zwei weitere Dimensionen zu seiner Gestaltung zur Verfügung: die dritte Raumdimension und die interaktive Dynamik. Hier ist also ein breites neuartiges Feld für das »Ausleben« der Phantasie eines kreativen Künstlers! In der Geschichte der Kunst hat es ja viele solcher Einflüsse der Technik auf neue Kunstformen gegeben, wie z. B. die Geometrie der Perspektive, die Metall-Ätz- und Drucktechnik, der Film. Die VR-Technik scheint mir aber ein besonders großer Techniksprung zu sein, der Künstler zu mannigfaltigen neuartigen Kreationen reizen sollte.

Sehen Sie denn, da Sie ja viel mit der VR-Technik arbeiten, mögliche Reaktionen, die eintreten können, wenn wir vermehrt nicht nur virtuelle Szenen sehen, sondern sie auch betreten können?

Jede Technik hat ihre positiven und negativen Seiten. Die positiven habe ich schon versucht anzudeuten. Die negativen können wir bereits durch die Erfahrungen mit der künstlichen TV-Welt voraussehen. Der die VR-Welt Erlebende muß sich immer bewußt bleiben, daß er sich in einer künstlichen, d. h. einer manipulierbaren Welt befindet. Heute können ja bereits Videobilder so manipuliert werden, daß die geschönten Bilder für »wahr« genommen werden. Wenn der Unterschied zwischen Schein und Wirklichkeit verwischt, läuft der Mensch Gefahr, Entscheidungen auf Illusionen zu gründen. Er verhält sich dann wie im Rausch oder bei Halluzinationen durch Drogen. Menschen können sich auch in eine Traumwelt flüchten. Wir erleben bereits heute, was durch Umfragen bestätigt wurde, daß viele Menschen die allgemeine Umweltsituation als katastrophal ansehen und verängstigt sind, obwohl ihre persönliche Erfahrung dagegen spricht. Die laufenden negativen Fernsehbilder prägen die Katastrophenvorstellung ins Bewußtsein.

Darüber kann man sicher geteilter Meinung sein. Interessanter scheint mir in unserem Zusammenhang aber zu sein, wie man denn die künstlichen Welten gegenüber der Möglichkeit, sich darüber in die Illusion einzuschließen, gewissermaßen gegen sich selbst wenden könnte? Das Potential, dem Menschen unzugängliche Erfahrungswelten zu öffnen, haben Sie ja bereits beschrieben.

Das sinnliche Erleben der Wirklichkeit muß stärker bewußt gemacht und trainiert werden, die Beobachtung der Natur in ihrer Vielfalt bezüglich Struktur, Farbe, Bewegung und Stofflichkeit sowie die Wahrnehmung ihrer Lebenszyklen geschärft und zur bewußten Empfindung umgesetzt werden. Die Kunst kann dazu auch beitragen, wenn sie das Spektrum ihrer Gestaltungsmöglichkeiten erweitert. Einfache physikalische, chemische und technische Vorgänge sollten als Elemente künstlerischer Gestaltung verwendet werden. Solche physikalischen Vorgänge gehorchen etwa der Optik, Elektrizität, Gravitation und dem Magnetismus. Naturelemente wie Wind, Wasser, Licht, Fluoreszenz und Mineralien könnten einbezogen werden, so daß alle Sinne des Menschen zur

Wahrnehmung der Kombination von Bewegung, Formgebung, Farbigkeit, Textur oder Akustik angeregt werden. Der »Konsument« solcher Kunstwerke sollte in spielerischer Weise in diese aktiv »eingreifen« oder sie »begreifen« können. Dabei könnte er auch physikalische oder technische Vorgänge sinnlich erleben, im Spiel die Naturgesetze neu entdecken oder die Angst vor der »unbegreiflichen« Technik verlieren. Hugo Kükelhaus hat hierzu viele praktische Anregungen gegeben, ebenso die Züricher »Phänomena«. Das »Exploratorium« in San Francisco, das vom Bruder des berühmten Atomphysikers Oppenheimer gegründet wurde, ist solch ein Werkstattmuseum mit spielerischen physikalischen Experimenten. Persönlich habe ich mir als Ziel für eine private Stiftung »Kunst und Technik« vorgenommen, physikalische Phänomene in Kunstobjekte umzusetzen. Die Stiftung wird in meinem von mir sanierten denkmalgeschützten Bauernhof beheimatet sein. Treuhänder dieser Stiftung ist das Kernforschungszentrum Karlsruhe, und über die künstlerische Qualität wird ein Beirat wachen, in dem u.a. das ZKM, die HfG und die Musikhochschule vertreten sind. Studenten sollen hier auch die Möglichkeit haben zu experimentieren, während erfahrene, anerkannte Künstler dieser Kunstform mit ihren Veranstaltungen Maßstäbe setzen sollen. In der künstlerischen Gestaltung wird eine Symbiose von Kunst, Technik und Natur angestrebt.

Hat diese Symbiose von Kunst und Technik mit dem Schwerpunkt Kunst denn auch Rückwirkungen auf die Technik oder auf das Design der Technik? Wenn man Ästhetik als die natürliche und gestaltete Schnittstelle zwischen dem Menschen und seiner wahrnehmbaren Umwelt versteht, dann wäre sie doch auch eminent wichtig für das Interface zwischen Mensch und Maschine?

In der Informationstechnik sprechen wir von der Mensch-Maschine-Schnittstelle oder der Bedieneroberfläche. Bei einem Videorecorder beispielsweise erfolgt die Bedienung über Tasten, die zu drücken sind, und über Leuchtanzeigen für den Gerätezustand. Wehe, wenn diese Tasten einmal falsch oder in falscher Reihenfolge gedrückt werden! Dann kann es passieren, daß das Gerät fehlerhaft oder gar nicht mehr funktioniert. Die Bedienungsanleitung klärt über die Behebung des Problems meist nicht auf. Weil die Technik des Videorecorders bei allen Fabrikaten bereits ausgereizt ist, werden sich künftig neue nur durch eine intelligente menschenfreundliche Bedienungs- und Wartungsanleitung verkaufen lassen, die als Software im Mikroprozessor des Geräts eingebaut ist. In unserem Institut werden komplexe Informationssysteme für den Umweltschutz entwickelt, u. a. sogenannte Expertensysteme mit »Künstlicher Intelligenz« zur Entscheidungs-, Planungs- und Diagnose-Unterstützung. Solche Systeme erfordern eine stärkere Interaktivität des Menschen mit dem Computer, wobei jetzt ergonomische Gesichtspunkte in den Vordergrund treten. Das bedeutet, daß didaktische, psychologische und ästhetische Elemente, wie Symbolik, Farbkomposition oder Symmetrie, in die Gestaltung von Bedienoberflächen einzubeziehen sind. Moderne Multimediasysteme bieten heute weitaus umfassendere Gestaltungsmöglichkeiten für eine sinnvolle und menschengerechte Integration von Grafik, Film, Animation, Text und Ton in einem computergesteuerten Gerät. Wir haben deswegen begonnen, mit der Hochschule für Gestaltung und dem Fachbereich Mediendidaktik der Pädagogischen Hochschule in gemeinsamen FuE-Vorhaben zusammenzuarbeiten. Durch diese Einbindung von Pädagogen und Künstlern in neue technologische Entwicklungen erhoffen wir uns eine menschenfreundlichere Informationstechnik und auch neue Berufsbilder, die helfen, Kunst und Technik einander anzunähern.

SCOTT FISHER

Virtuelle Welt und Selbsterfahrung

Gegenwärtig wird viel über Virtuelle Realität und virtuelle Welten gesprochen. Virtualität wurde zu einem Modebegriff. Könnten Sie in wenigen Worten den technischen Begriff der Virtualität erklären?

Der Begriff ist ein Problem. Wir verstehen normalerweise unter virtueller Realität, virtueller Umwelt oder Telepräsenz eine technische Konfiguration, durch die man einen hinreichenden sensorischen Input erhält, um einen Eindruck der Präsenz in einer räumlich entfernten Situation oder in einer völlig synthetischen Umwelt zu erzeugen. Wir unterscheiden Telepräsenz, wo wir ferngesteuerte Kamerasysteme verwenden, und virtuelle Umwelten, wo wir einen Computer verwenden, um eine grafische Umwelt zu erzeugen, in der man herumgehen und mit virtuellen Objekten interagieren kann. Die verbreitetste technische Konfiguration ist zur Zeit wahrscheinlich ein am Kopf befestigtes Display mit LCD-Monitoren für stereoskopische Bilder und ein Bildgenerator, also etwa eine Silicon Graphics Reality Engine, um eine dreidimensionale Umwelt mit ungefähr 30 Bildern in der Sekunde zu erzeu- gen.

Virtualität heißt also ein Raum, der physikalisch nicht dort ist, wo der Beobachter sich befindet?

Er ist der Wahrnehmung visuell, auditiv und in manchen Fällen auch taktil präsent, indem man ein sehr einfaches Kraft-Feedback oder eine sehr einfache Oberflächenrepräsentation hat. Entscheidend ist, daß die Objekte nicht da sind, wo man sie wahrnimmt. Das ist so, wie man ein Bild in einem Spiegel sieht, nur daß man nicht in den Spiegel hineingehen und mit dem Objekt interagieren kann. Wir sind eigentlich noch dabei zu definieren, was Virtualität ist und was die Grenzen der entsprechenden Technik sind.

Sie sprachen von der taktilen Simulation, die derzeit noch ziemlich einfach ist. Gibt es denn realistische Möglichkeiten, auch andere Sinne in die Virtuelle Realität einzubeziehen?

Es gibt einige Gruppen, die versuchen, den Geruch zu repräsentieren, aber die Schwierigkeit liegt darin, geeignete Geräte zu finden. Die Katalogisierung der chemischen Repräsentation von verschiedenen Gerüchen wird seit mindestens 20 Jahren wissenschaftlich untersucht. Wir werden dem Ziel näherkommen, Geruchswahrnehmungen in einer sinnvollen Weise zu erzeugen. Auf der anderen Seite ist der Geruchssinn so stark, daß er leicht überwältigend und evozierend sein kann. Über Geschmack wird auch bereits nachgedacht, aber das ist sicher noch eine sehr frühe Phase der Forschung. Gegenwärtig wird am meisten am Kraft-Feedback für den ganzen Körper gearbeitet, aber das ist vielleicht ein Problem, das wir nicht werden lösen können.

Das Hauptanliegen bei der Virtuellen Realität ist wohl der möglichst realistische Eindruck, der erzielt werden soll. Bislang ist die computergenerierte 3D-Grafik in diesem Bereich noch recht schlecht. Gibt es denn eine Möglichkeit, hier etwa Videobilder zu verwenden? Oder stößt das schon deswegen an Grenzen, weil man ja alles aus jeder möglichen Perspektive aufzeichnen muß?

Die Idee, eine fotorealistische Umwelt zu erzeugen, haben wir alle seit den ersten Tagen dieser Technik verfolgt. Aber das ist noch immer ein schwieriges Problem. Wir kommen der Auflösung und den Details im Sinne des Texture Mapping immer näher. Mit der Reality Machine ist Textur fast frei einsetzbar, wir können sehr gute fotografische Bilder an Gebäudefassaden oder in Echtzeit auf Gesichtern von Menschen während einer Telekonferenz in einer virtuellen Umwelt anbringen. Schwierige Probleme haben es mit Bildern von Objekten oder Menschen zu tun, die in Lebensgröße erscheinen, oder mit Bildern, die man so kalibrieren muß, daß z. B. der Boden, wenn man hinunterschaut, dort wirklich flach ist, wo er es sein sollte. Daran arbeiten wir bereits seit vielen Jahren. Die virtuelle Kamera in einer virtuellen Umwelt unterscheidet sich sehr von einer wirklichen Kamera, die wiederum große Unterschiede zur Arbeitsweise der Augen aufweist. Wir probieren also alle Möglichkeiten aus, um die Bilder realistisch erscheinen zu lassen. Das geht wieder auf die Idee der Präsenz zurück. Präsenz ist mehr als die Auflösung, die Anzahl der Pixel und der Details, denn sie hängt vom Sehfeld oder der Möglichkeit ab, die Größe von Objekten wahrzunehmen. Auf der anderen Seite würde ich sagen, daß wir zuviel Zeit auf den Fotorealismus verwendet haben. Wir müssen über andere Weisen der Weltrepräsentation nachdenken, wie wir das auch in der Malerei gemacht haben, wo wir über Impressionismus, Surrealismus, Expressionismus und andere Weisen der Repräsentation dessen sprechen, was um uns herum ist. Das ist wahrscheinlich das Gebiet, wo wir künftig am meisten forschen werden.

Das Prinzip der Virtuellen Realität besteht darin, gleichzeitig in zwei Welten zu sein. Man bewegt sich mit seinem physischen Körper in der wirklichen Welt und zur gleichen Zeit mit seinem virtuellen Körper in der virtuellen Welt oder mit einem ferngesteuerten System, etwa einem Roboter, in einer räumlich entfernten Situation. Viele Beschränkungen der Virtuellen Realität haben wohl mit dieser paradoxen Situation zu tun.

Die Art, wie wir Dinge wahrnehmen, ist sehr flexibel. Wenn meine wirkliche Hand aus Fleisch nicht mit meiner virtuellen Hand übereinstimmt, dann stört das zunächst, aber nach einer Weile gewöhnt man sich daran. Das ist kein so großes Problem. Wir haben überdies so stark den Wunsch danach, daß die virtuelle Umwelt kohärent ist, daß sogar sehr schlechte Umwelten ganz gut funktionieren. Man projiziert sich unmittelbar hinein und läßt seinen Körper gewissermaßen zurück. Die Frage, inwieweit man seinen wirklichen Körper in die virtuelle Welt mitnehmen will, ist ein Schlüsselmoment. Das ist wahrscheinlich der größte Vorteil der Virtuellen Realität. In Büchern hat man beispielsweise beschreibende Texte. Auch sie erzeugen eine virtuelle Welt, in die man sich hineinprojiziert, aber man nimmt seinen Körper nicht mit, man kann keine Gesten verwenden oder mit den beschriebenen Objekten interagieren.

Gibt es eine Lösung des Problems, daß in einem VR-Netzwerk mehrere Personen sich treffen oder gleichzeitig durch die virtuelle Welt navigieren können?

Jetzt können sich von verschiedenen Orten aus bis zu sechs Personen in einer ziemlich komplexen Welt mit ziemlich einfachen Interaktionen bewegen. In Japan beispielsweise gibt es ein System, wo sich wiederum sechs Personen mit einem PC und über die Telefonleitung in eine ziemlich einfache virtuelle Welt, Habitat genannt, einloggen können. Dort sieht man eine einfache Landschaft, eine Maske, die einen repräsentiert, und Masken von allen anderen, die sich zur selben Zeit darin befinden. Man kann miteinander interagieren, indem man etwas schreibt, was in Sprechblasen auf dem Schirm auftaucht, man kann Dokumente austauschen etc. Wir haben jetzt auch bereits weltweit diese Mehrbenutzersysteme. Sie sind noch textbasiert, aber sehr interaktive soziale Räume, die über die Zeit hinweg gebaut worden sind und in denen allmählich Bilder erscheinen. Das kommt also von einer anderen Richtung und vermischt sich mit den Entwicklungen in der VR-Technik.

Sie haben mir in einem Video eine virtuelle Welt gezeigt, in der sich animierte Tiere bewegen. Gibt es denn bereits Entwicklungen, die virtuelle Welten mit virtuellen Lebewesen bevölkern, die auch »intelligent« sind?

Auch hier muß ich wieder auf die Mehrbenutzersysteme verweisen, wo bereits Aktoren mit KI das Programm steuern. Weil das ein textbasiertes System ist, kann man damit bereits eine Konversation über kurze Zeit hinweg haben. Die Idee, mit einem künstlichen Prozeß zu interagieren, geht überein mit derjenigen, mit einer Art Persönlichkeit mit eigenem Verhalten zu interagieren. Wir beginnen daran zu denken, wie wir virtuelle Räume mit KI-Programmen und mit Puppen bevölkern können, die durch Telepräsenz von Menschen ferngesteuert sind. Das ist interessant, weil diese Menschen die Gestalt designen können, in der sie anderen erscheinen wollen. Mit der VR-Installation im Centre Pompidou wollten wir einige Verhaltenseigenschaften von Lebewesen zeigen, die jetzt dort leben können. Das ist visuell sehr einfach, aber wir haben lange an den Bewegungen und an den Weisen gearbeitet, wie sie auf einen reagieren. Wenn man diesen Tieren nahe kommt, rennen die meisten davon. Einige können hinter einem herumschnüffeln, was man mit einem 3D-Sound hört. Wenn man sich dann umdreht, sieht man auch sie wegrennen. Solche Verhaltensweisen können ziemlich schnell weiterentwickelt werden. Wenn man so etwas einmal im virtuellen Raum hat, dann will man auch einen autonomen Prozeß entwickeln, der sich oder die Umwelt verändern, der mehr über mich oder die anderen Benutzer lernen und sich daran anpassen kann. Das Interessante daran ist, solche Prozesse sich evolvieren zu lassen. Was als nächstes entwickelt werden könnte, ist ein virtueller Raum, der jedesmal, wenn man ihn betritt, sich wieder weiterentwickelt hat.

VR wird wohl eine für die Unterhaltungsindustrie sehr interessante Technik werden, in der man neue Formen der Computerspiele erfinden wird. Wird an solchen VR-Spielen bereits gearbeitet?

Es gibt eine ganze Reihe von Entwicklungen in diesem Bereich. Unglücklicherweise sind das Leute, die nicht über das sprechen dürfen, was sie tun, bis das fertige Produkt da ist. Man entwickelt Spiele für den PC oder Systeme für Spielhallen sowie für Netzwerke, wie z. B. von W-Industries.

Die Phantasie scheint allerdings auf Schieß- und Kampfspiele beschränkt zu sein.

Das Netzwerkspiel ist beispielsweise ein Rollenspiel mit Drachen, wo Menschen zusammenarbeiten, um irgendwelche virtuellen Lebewesen zu bekämpfen. Das wird schon interessanter werden. Paramount hat ein sehr interessantes Spiel angekündigt, das auf Gestalten aus »Star Trek« basiert und auch Rollenspiele ermöglicht. Es gibt aber auch eine sehr interessante Verbindung mit

Lernsituationen. Wir arbeiten beispielsweise im Augenblick viel an Installationen für Museen. Zumindest in den USA wollen viele Menschen Lernwelten, die sehr unterhaltend sind. Sie werden also ähnlich wie Spiele sein, in die man hineintaucht. Einige dieser interaktiven Installationen werden ziemlich spannend sein.

Was wird sich dann in solchen VR-Lernspielen ereignen können?

Bei einer interaktiven VR-Installation in einem Wissenschaftsmuseum kann man beispielsweise ein Ökosystem erfahren, also eine ziemlich komplex strukturierte Welt mit vielen Regeln, wie etwas wächst. Das kann man von verschiedenen Größenordnungen her erleben: aus der Perspektive von Mikroorganismen über diejenige von Säugetieren bis hin zu einem Überblick über das Ökosystem, wodurch man sehen kann, wie es sich seit dem Mittelalter verändert hat. Die Möglichkeit, durch diese verschiedenen Perspektiven durchwandern zu können, ist für Lernzwecke sehr interessant.

Kommen wir noch einmal auf VR-Systeme als Telekommunikationsmittel zurück, durch die man sich in einem virtuellen Raum treffen kann. Man braucht gute und realistische Masken ...

Vielleicht nicht. Das hängt davon ab, was man dort machen will. Wenn verschiedene Wissenschaftler an weit entfernten Orten dort zusammen Aspekte der Flüssigkeitsdynamik analysieren wollen, dann würde es keinen Sinn haben, wenn einer ein Stein und ein anderer ein Baum sein will. Manchmal kann es aber spannend sein, irgendein anorganisches Objekt zu sein.

Aber wie ist es denn, ein Baum zu sein und sich nicht bewegen zu können?

Ich weiß nicht einmal, was es heißt, ein bestimmtes Tier zu sein und aus dessen Perspektive die Welt wahrzunehmen. Aber es ist ein interessantes Problem, das zu modellieren. Wir wissen beispielsweise von verschiedenen visuellen Systemen. Der Unterschied zwischen der menschlichen visuellen Wahrnehmung und dem, wie ein Pferd und wie eine Fliege oder eine Spinne sieht, ist groß. Diese Unterschiede zu repräsentieren, ist ein interessantes Problem. Was die Masken anbelangt, von denen Sie vorhin gesprochen haben, so wird es das spannendste Problem sein herauszukriegen, was geschieht, wenn Menschen verschiedene Körperformen ausprobieren und sehen, wie andere Menschen darauf reagieren. Wie fühlt man sich, wenn man zum Objekt des Rassismus oder anderer Weisen sehr negativer Interaktionen wird? Das könnte eine sehr beeindruckende Erfahrung sein.

Das geht natürlich auch andersherum, denn die Möglichkeit, bessere »thrills« zu erzeugen, wie man sie aus Horrorvideos, Pornographie oder Gewaltdarstellungen kennt, ist darin auch eingeschlossen.

Sicher ist das ein mögliches Szenario. Aber das stimmt für jedes Medium, in dem man einen großen Bereich möglicher Erfahrungen darbieten kann.

Aus künstlerischer Perspektive gibt es ein Problem. Man kann mit VR-Systemen einen gestalteten Raum erkunden, man kann in ihm andere Menschen oder künstliche Lebewesen treffen, und man kann Spiele machen. Bewegte Bilder erzählen meist eine Geschichte, sie sind dramatisch linear organisiert. Spiele haben eine ähnliche Struktur. Aber was machen wir, wenn wir nicht arbeiten oder mit anderen Informationen austauschen, in den virtuellen Räumen?

Es ist noch ein so junges und reichhaltiges Gebiet der Forschung auch hinsichtlich der künstlerischen Erkundung, so daß wir bislang nur imitieren, was wir mit anderen Spielen und Medien bereits machen, bis wir herausfinden, was hier die interessantesten Erfahrungen sein werden. Wir haben alle eine Vorstellung davon, wohin das zielt, aber wir sind noch nicht weit genug, das formulieren zu können. Ich mag die Vorstellung, verschiedene Personen auszuprobieren und die Wahl zu besitzen, wie man erscheint. Das weist für mich in eine andere Richtung der Kommunikation, wo man sich in einer Umwelt befindet, in der die Kommunikation mehr Kontext zur Verfügung hat: Die Dinge, über die ich in der Vergangenheit gesprochen habe, die Filme, die ich gesehen habe, die Kunstwerke, die ich hergestellt habe, die Art der Wissenschaft, in die ich verwickelt bin – all das kann man der Kommunikation hinzufügen. Ich weiß noch nicht, wie man die Präsentation dieser Dinge programmieren soll, und auch nicht, wie die Rezeption ablaufen wird, aber trotzdem finde ich diese Möglichkeiten sehr spannend. Das geht auch in die Richtung, die bereits eine kritische Masse erreicht hat und die wir erweiterte Realität nennen. Mit Displays, durch die man hindurchschauen kann, lassen sich computergenerierte Bilder oder Informationen über die wirkliche Welt legen. So kann man an einen virtuellen Agenten denken, der mit mir reist und zu einem Führer in unbekannten Umwelten wird, gleich, ob diese wirklich oder datenbasiert sind. Vielleicht kann man so Texte über die Szene zur Verfügung stellen, die ich mir gerade anschaue. Oder man könnte mir zeigen, was hier beispielsweise vor 50 Jahren geschehen ist oder wie die Gebäude damals ausgesehen haben.

Manche sprechen von künftigen Entwicklungen, für die VR-Systeme nur Zwischenschritte auf dem Weg sind, das Gehirn direkt zu stimulieren, also die

Informationen ohne den Umweg über akustisch-visuelle Medien gleich ins Gehirn einzuspeisen. Man kann natürlich bereits etwa über ein EEG-Feedback die Wahrnehmung einer VR-Szene beeinflussen.

Wir arbeiten mit einer Gruppe an der Stanford Medical School zusammen, die besonders Mikrochips entwickelt hat, die man zur Nervenregeneration einpflanzen kann. Wenn durch einen Unfall ein Nerv abgetrennt worden ist, dann wollte man in diesem Chip sehr kleine Löcher haben, so daß die Nerven durch diesen Chip und in die entsprechenden Axonbündel wachsen können, wenn auch nicht in dieselbe Verbindung, die sie vorher hatten. Der Chip würde dabei eine Art Schaltinstrument sein. Die Idee war, dies zur Verkürzung der Rehabilitationszeit zu nutzen. Bei der NASA begannen wir darüber nachzudenken, daß ein solcher Chip auch zur Kontrolle von Robotern dienen könnte oder daß man durch solch einen Chip auch das sensorische System ansprechen könnte.

Das wäre also der Weg von der Simulation zur Stimulation?

Ja, genau. Dieser Chip wurde bereits in Laborversuchen bei Tieren benutzt, aber es wird noch eine lange Zeit dauern, bis man solche Chips in Menschen einpflanzt, wenn man dies überhaupt tun wird. Hier wird jedenfalls interessante Forschung betrieben. Es gibt eine Menge von billigen, nicht-invasiven Möglichkeiten, um die metabolischen Prozesse des Körpers, den Hautwiderstand etc. zu messen und so zu erkunden, wie der Körper auf Situationen reagiert.

Man wird auf jeden Fall versuchen, den Kopfhelm oder die Eyephones zu verändern, denn bislang sind dies höchst unkomfortable Geräte.

Viele Leute haben etwas dagegen, den Helm und den Datenanzug anzuziehen. Es gibt viele Möglichkeiten, jemanden in ein Bild hineinzubringen. Man kann ihn mit einem Projektionsraum umgeben, man kann einen Helm oder eine Brille aufsetzen, man kann einen schwachen Laserstrahl verwenden, der direkt auf die Retina zeichnet. Diese Technologien verbessern sich sehr schnell.

JÜRGEN BRICKMANN

Wahrnehmung und Neue Medien

Heute scheint es immer mehr Wissenschaften zu geben, die sich zwischen den herkömmlichen Wissenschaften ansiedeln. Gehört denn die physikalische Chemie auch zu diesen grenzüberschreitenden Wissenschaften wie etwa die Biophysik oder die Neuropsychologie?

Die eigentlichen Zwischenbereiche liegen ganz woanders. Die physikalische Chemie ist bereits ein sehr traditionsreiches Grundfach, in dem einfach physikalische Methodik auf chemische Systeme angewendet wird. In erster Linie sind dies Meßmethodiken, d. h., man versucht mit allen möglichen neuen elektronischen oder mechanischen Verfahren, den Geheimnissen der Natur auf die Schliche zu kommen. Die Methodik der physikalischen Chemie wie der Physik ganz generell durchzieht eigentlich die gesamte experimentelle Naturwissenschaft.

Sie sprachen gerade von elektronischen Verfahren. Läßt sich denn bereits sagen, in welchem Ausmaß die Verwendung des Computers die Wissenschaften verändert und ihr ganz neue Dimensionen erschlossen hat? Die nicht-linearen Gleichungen, wie sie etwa der Chaostheorie zugrunde liegen, konnten ohne Computer wohl gar nicht gelöst werden, weil einfach der Aufwand viel zu groß war und man die Mathematik auch nicht so visualisieren konnte.

Ich werde Ihnen ein Beispiel erzählen, das aus meinem eigenen wissenschaftlichen Werdegang stammt. Ich habe 1974 in Konstanz angefangen, eine Apparatur zu bauen, die es mir gestattete, Simulationsrechnungen zu visualisieren, d. h., die Bewegungen von molekularen Bewegungen auf einem Bildschirm zumindest rudimentär so darzustellen, daß man sich davon ein »Bild« machen konnte. Die damals verfolgte Strategie basierte auf meiner Überzeugung, daß man sich als Mensch durch die Visualisierung intuitiv über ein solches Szenario ein Bild machen kann, was man meist nicht erreicht, wenn man die Ergebnisse nur als Zahlenkolonnen oder in Form von gezeichneten Kurven sieht. Mit

Standardauswertungsverfahren kann man Strukturen in Ereignisdaten nicht erkennen, wenn man nach ihnen systematisch sucht. Wenn man hingegen ein Bild anschaut, dann sieht man oft viele Dinge, die man gar nicht gesucht hat. Insofern ist die Visualisierung, die der Computer ermöglicht, eine wichtige Sache. 1978 bin ich dann nach Darmstadt gekommen und konnte meine Anlage aus rein finanziellen Gründen nicht mitbringen. Ich habe dann bei der Forschungsgemeinschaft einen Antrag gestellt, um mir wieder so ein Gerät oder etwas Äquivalentes beschaffen zu können. Die Gutachter vor allem aus dem Bereich der Physik haben dabei sehr herablassende Kommentare verfaßt. Man bescheinigte mir mehr oder weniger Scharlatanerie. Es sei, so hieß es damals sinngemäß, die Aufgabe der Wissenschaft, reproduzierbare Daten zu erzeugen und nicht Bilder, die man dann intuitiv irgendwie bewerten würde. Das war das Weltbild der meisten Wissenschaftler Anfang der 80er Jahre. Die Intuition bei der Bewertung hat man als Kriterium für Wissenschaftlichkeit außer acht gelassen. Diese Situation hat sich grundlegend geändert, wobei die Mathematik mit der Visualisierung von fraktalen Lösungsmannigfaltigkeiten von nicht-linearen Gleichungen daran einen großen Anteil hatte. Heute akzeptiert man allgemein diese intuitive Bewertung – zumindest als ersten Schritt bei der Analyse. Insofern hat sich die Strategie in vielen Bereichen, die mit dem Computer zu tun haben, substantiell verändert. Ich glaube auch, daß sie sich in den nächsten Jahren oder Jahrzehnten noch einmal substantiell ändern wird. Man wird systematisch Mensch und Maschine im Verbund arbeiten lassen, d. h. die kreative Intuition des Menschen mit dem dummen Bienenfleiß von Rechenanlagen in Realzeit koppeln.

Mir ist noch nicht deutlich, was Sie mit Intuition meinen. Wenn man mit dem Computer beispielsweise eine molekular-dynamische Struktur visualisiert, also diese simuliert, dann muß man doch bereits wissen, von welchen Gesetzen sie bestimmt wird. Ist also diese Umsetzung von Daten oder Gleichungen in eine visuelle Szene mehr als ein pädagogisches Hilfsmittel? Wo liegt denn dabei der Erkenntnisgewinn?

Die Visualisierung von numerisch korrekten Ergebnissen durch ein Bild kann auf viele Weisen erfolgen. Trotzdem wird sich dort etwas strukturell zeigen, wenn es strukturell außergewöhnlich ist. Die Strukturbildung im Rahmen der nicht-linearen Dynamik ist ein ganz typisches Beispiel dafür. Man suchte hier gar nicht nach irgendeiner Struktur, sondern man hat eine Simulation gemacht, die zu Ergebnissen führt. Diese wurden visualisiert, wodurch ein Muster entstand, das einmal grün, weiß oder blau sein mochte, aber es wurde zunächst einmal überhaupt gesehen. Wenn man einmal eine Struktur erkannt hat, dann ist es relativ einfach, dafür Algorithmen zu schreiben, um diese systematisch zu analysieren.

Könnten Sie ein Beispiel dafür aus Ihren Forschungen geben?

Wir machen Simulationen molekularer Szenarien, wir simulieren also die Bewegung und Wechselwirkung von Molekülen gegeneinander und untereinander. Beispielsweise untersuchen wir die Wechselwirkung von pharmazeutisch wirksamen Molekülen mit den Proteinen, den großen Bausteinen der Bioorganismen. Diese Wechselwirkung ist sehr vielschichtig, so daß man von vornherein nicht sagen kann, was dabei das Wichtige ist. Wir versetzen uns mit der Technologie, die heute zur Verfügung steht, sozusagen in die Situation eines pharmazeutisch wirksamen Moleküls, das auf ein Protein losgelassen wird. An dieser Stelle sei angemerkt, daß ein und dasselbe Protein aus der Sicht verschiedener Wirkmoleküle durchaus sehr verschieden aussehen kann. Das Manövrieren mit Molekülen ist vergleichbar mit der Situation, die ein Weltraumshuttle hat, wenn es sich einer Weltraumstation nähert. In diesem Fall kann die Wechselwirkung relativ einfach simuliert werden, aber in unserem Fall ist die Situation viel komplizierter, weil wir das Objekt, an das wir andocken, und die ihm eigenen Eigenschaften nur unvollständig kennen.

Wenn man nun beispielsweise Moleküle und Proteine als virtuelle Objekte im Computer baut, dann muß man doch die Stellen, an denen sie andocken können, bereits vorher konstruiert haben. Was bringt dann die Simulation, um es noch einmal zu fragen, eigentlich, wenn man nicht in diesem Szenario aufgrund des bestehenden, aber unvollständigen Wissens Möglichkeiten ausprobieren kann, die man anders nicht untersuchen kann?

Das ist nicht so fürchterlich kompliziert zu verstehen. Wenn man die Modelle, die all diesen Simulationsrechnungen zugrunde liegen, einmal akzeptiert hat, dann bewegt man sich in einem sehr sauberen Szenario. Man hat eine große Menge von Atomen und deren Wechselwirkungen, die alle durch mathematische Ausdrücke wohldefiniert sind, aber man kann dies nicht dem Computer in systematischer Weise überlassen, weil die Komplexität zu groß ist. Sie ist ungefähr die eines Raumes, der einhunderttausend Dimensionen besitzt. Um überhaupt effektiv agieren zu können, muß man diese Komplexität beispielsweise auf drei Dimensionen reduzieren. Wir stellen solch ein Molekül deswegen wie eine zerklüftete Kartoffel dar, indem wir diesem einfach eine aufgrund einer mathematischen Operation berechnete Oberfläche zuordnen, die wir als

Referenz betrachten, wo das Molekül anfängt. Nun können wir alle Eigenschaften, die wir aus den Modellszenarien berechnen können, auf diese Oberfläche abbilden. Wir können also auf dieser Oberfläche einen Atlas von Eigenschaften erstellen. Farbcodiert können interessante Stellen abgebildet werden, die beispielsweise eine besonders starke Affinität für eine Wasserstoffbrückenbindung oder für eine polare Gruppe haben. Wenn man Eigenschaften so auf der Oberfläche darstellt und dann dieses dreidimensionale Objekt auf dem Bildschirm von allen seinen Seiten untersuchen kann, dann sieht das zunächst relativ kompliziert aus, aber man kann mit der Mustererkennungseigenschaft, die Menschen haben, sofort die Topologie überschauen. Man kann das Objekt drehen und sofort sagen, daß es an dieser oder jener Stelle aus diesen oder jenen Gründen interessant aussieht. Das Ganze hat etwas mit der Wiedererkennung von Gesichtern zu tun. Auch Gesichter stellen sehr komplexe Muster dar, die man mit den Fähigkeiten des Menschen sehr gut identifizieren kann. Mit einem Automatismus ließe sich etwas nur dann identifizieren, wenn man sämtliche Kriterien in einem Algorithmus fassen kann, was häufig nicht möglich ist. Die Problematik des Erkennens und dessen Automatisierung wird Ihnen sofort klar, wenn Sie einem Dritten erklären sollten, warum Sie mich am Bahnhof, wo ich Sie abgeholt habe, erkannt haben.

Sie sagten, Sie bilden ein Molekül in einer 3D-Darstellung ab. Entspricht dies denn der wirklichen Form des Moleküls, oder ist dies nur eine dem menschlichen Wahrnehmungsvermögen angepaßte Darstellungsform?

Es gibt das Molekül im Sinne eines Teilchens eigentlich nicht. Das Objekt »Molekül« setzt sich, vereinfachend gesprochen, aus fast punktförmigen Massen zusammen, zwischen denen mikroskopische Felder wirksam sind. Von einem Molekül kann man sich kein Bild im Sinne eines dreidimensionalen fotografischen Bildes machen. Davon gibt es nur Visualisierungen im Sinne eines Modellszenarios. Natürlich kann man sich jetzt darüber streiten, ob dieser oder jener Visualisierungsalgorithmus vernünftig ist oder nicht. Es kommt auch gar nicht so sehr darauf an, ob dies Realität ist oder nicht, sondern wichtig daran ist, in einer möglichst effektiven Weise eine Brücke zwischen den Fähigkeiten des Menschen, der damit umgeht, und der Mathematik zu schaffen, die dahintersteht. Ob man die Moleküle grün, blau oder gestreift einfärbt oder ob man ihnen irgendeine Textur verpaßt, ist völlig nebensächlich.

Trotzdem müssen Wissenschaftler, die solche visuellen Simulationen machen, sich damit beschäftigen, wie sie diese gestalten, damit die Menschen sie auch gut erkennen können. Das ist letztlich auch eine ästhetische Aufgabe. Ich denke dabei etwa an die Visualisierungen der Fraktale, die, obgleich für ihre Schönheit geworben wurde, doch in ihren Farbwerten oft recht kitschig geraten. Offensichtlich weisen die Wissenschaftler der ästhetischen Gestaltung keinen Wert zu, weil dies, wie Sie eben auch sagten, nebensächlich ist.

Sie haben sicherlich recht, daß die meisten Visualisierungen und auch das, was unter dem Namen der wissenschaftlichen Visualisierung in Amerika bereits einen großen Raum einnimmt und von vielen Firmen kommerziell angeboten wird, sich damit überhaupt nicht auseinandersetzen. Es wird nicht berücksichtigt, daß die Leute, die vor irgendeiner Visualisierungsmimik sitzen, nicht irgendwelche Farbdetektoren, sondern Menschen sind. Das liegt daran, daß diese Programme meist von Informatikern oder Naturwissenschaftlern geschrieben werden, denen es darum geht, etwas zu differenzieren. Man möchte etwa in der militärischen Anwendung zwei sehr nah beieinanderliegende Grautöne in einem Luftbild scharf voneinander differenzieren, um möglicherweise einen Panzer, der unter einer grünen Tarndecke liegt, von einem danebenstehenden grünen Baum zu unterscheiden. Weil diese Differenzierung wichtig ist, muß man Farben wählen, die möglichst verschieden sind. Es geht nur darum, daß man irgend etwas identifizieren kann, was man sonst nicht erkennen würde. Wenn man aber den ganzen Tag mit solchen Szenarien kommuniziert und sich diese Szenarien auf dem Bildschirm schaurig darstellen, dann wird es einem unwohl. Die Leute, die diese Visualisierungsprogramme oft in guter Absicht über Fraktale gemacht haben, haben sich wohl überhaupt nicht mit deren Rezeption beschäftigt. Über Farbharmonie wird überhaupt nicht nachgedacht, wobei man dies vielleicht nicht kann, sondern fühlen muß. Wenn Sie das Fernsehen anschauen, so ist das meist auch nicht besser. Diese schimmernden, grauslichen Dinge, die abends auf einen zuschweben, sind künstlerisch einfach katastrophal. Bei den Wissenschaftlern sagt man sich natürlich, daß das ja nicht so schön aussehen muß, Hauptsache, es ist bunt und man kann es unterscheiden. Das ist nicht meine Meinung. Ich bin der Leiter einer Arbeitsgruppe, die ein großes Visualisierungsprogramm MOLCAD entwickelt hat, das inzwischen weltweit im Einsatz ist und einen gewissen Visualisierungsstandard darstellt. Die Leute können aufgrund der Farbzusammensetzungen und -harmonien erkennen, daß eine Moleküldarstellung ein MOLCAD-Bild ist, wenn sie es sehen. Ich achte sehr streng darauf, daß nichts aus meiner Arbeitsgruppe herauskommt, was in der Farbharmonie große Macken aufweist. Niemand arbeitet gern mit einem Arbeitsgerät, das ihm überhaupt nicht behagt.

*Dem Computer ist die visuelle Darstellung ja vollkommen egal. Er rechnet
einzig mit den eingegebenen Zahlenfolgen. Wenn es aber einmal wirklich
intelligente Computer geben sollte, wäre es denn dann für die auch wichtig,
Bit-Folgen komplexer Art zu visuellen oder anderen Mustern zusammenzu-
packen, um Strukturen besser erkennen zu können?*

In der Mensch-Maschine-Kommunikation wird es immer wichtiger werden,
daß die Aufbereitung der Daten in einer dem Menschen angemessenen Weise
erfolgt. Die Kommunikation zwischen Computern hingegen wird immer com-
putergerecht bleiben, weil jede andere Form eine hinausgeschmissene Investi-
tion wäre, denn das würde bedeuten, daß man einen Computer erzeugt, der
Gefühl hat. Bei mir sträubt sich dagegen meine menschliche Grundhaltung.
Auch wenn manche meinen, daß sich Künstliche Intelligenz mit menschlicher
vergleichen lasse, so hat das doch mit Gefühlen nichts zu tun. Verstehen Sie
mich aber mit der Hervorhebung des Gefühls nicht falsch. Gefühl ist einfach
etwas, was den Umgang mit dem Medium Computer erleichtert. Ein gutes
Gefühl bei der Arbeit erhöht die Effizienz und ist motivierend. Menschen, die
Computer immer abgelehnt haben, haben sich beispielsweise bei uns die Bilder
angeschaut, sie fanden darüber den Zugang zu den Computersimulationen und
saßen dann fast süchtig vor diesen Szenarien. Darin mag eine gewisse Gefahr
liegen. Man unterschätzt häufig etwas, das zu schön aussieht. Eine häßliche
Grafik wird eher als wissenschaftlich akzeptiert als eine schöne.

*Zur Zeit wird viel und fasziniert von der Technik der Virtuellen Realität auch
im Bereich der physikalischen oder chemischen Simulation gesprochen, wo man
mit Datenhelm und Datenhand diese 3D-Szenarien betreten kann, sie nicht
mehr nur als Bild auf einem Bildschirm vor sich hat. Man kann durch entsprechende Mechanismen, beispielsweise Anziehungs- oder Abstoßungskräfte in
der Hand erfahren, wenn man ein Molekül einem anderen nahebringt. Würden
Sie sagen, daß diese noch im Realismus weitergehende Darstellungsart, die den
Beobachter in das Bild hineinholt, einen erkenntnistheoretischen Gewinn mit
sich bringt, oder ist das wissenschaftlich gar nicht weiter bedeutsam für das
Bauen von Szenarien?*

Da bin ich geteilter Meinung. Vor zwei Jahren war ich in Chapel Hill in North
Carolina zu einem Plenarvortrag eingeladen und habe dort das Visualisierungs-
labor von Fred Brooks besucht, der wohl eine der modernsten Anlagen in
dieser Richtung besitzt. Unter anderem gibt es dort solche Hände, in die man
hineingreifen kann und mit denen man früher radioaktive Substanzen gesteuert

hat. Diese Hände haben auch alle Techniken des Rückdrucks. Wenn man mit dem Computerarm eine Tasse anfaßt und gegen sie drückt, dann spürt man an der Steuerung diesen Gegendruck. Man hat also in der Tat ein nur virtuell existierendes Objekt in der Hand. Das ist sehr wichtig. Wenn das technisch ausgereifter ist, hat das eine Zukunft. Im Augenblick sehen diese Dinge aber noch menschenunwürdig aus. Wenn Sie es fünf Minuten aushalten, in so einem Sturzhelm mit Augenbrillen und so einem Handschuh zu bleiben, dann sind Sie ein guter Testkandidat für jede Folterkammer. Das Einsetzen des Tastgefühls für die Erkundung irgendeines dreidimensionalen Objekts, auch wenn es vom Computer erfunden wurde, wird eine große Bedeutung haben. Ich glaube auch, daß man über die Textur einer Oberfläche zusätzliche Informationen einbringen kann. Heute bilden wir ein Molekül als eine kartoffelartige Oberfläche ab, die man verschieden färbt, so daß diese Farben als verschiedene Qualitäten zu sehen sind. Vorstellen läßt sich, daß diese Oberfläche auch noch verschiedene Rauhheiten haben kann, wodurch man neben der Farbe noch weitere Qualitäten auf ihr unterbringen und beispielsweise zwei Qualitäten gleichzeitig erkennen kann. Häufig ist die Koinzidenz zweier Qualitäten am selben Punkt eine sehr aussagefähige Information. Alle diese Dinge sind aber nur dann vernünftig, wenn sie den Menschen nicht zu einem in ein Gestell geschnallten Beiwerk einer großen Folterkammer macht. In diesem Stadium befindet sich gegenwärtig noch die Virtuelle Realität.

Die Wissenschaften unternehmen immer mehr ihre Experimente in Simulationen oder in solchen virtuellen Szenarien. Was man früher als Gedankenexperiment durchgeführt hat, läßt sich nun als visuelle Simulation in der virtuellen Welt inszenieren. Wie aussagekräftig sind denn solche Experimente? Und wie ist der Schritt von der Virtualität zurück zur physikalischen oder chemischen Realität?

Die Denkweise der Naturwissenschaftler, die mit Simulationen arbeiten, unterscheidet sich eigentlich gar nicht von denen, die früher mit Gedankenexperimenten vorgingen. Ein Gedankenexperiment ist nichts anderes als eine Modellwelt. Man stellt sich ein System mit bestimmten Bestandteilen vor, die in bestimmter Weise miteinander wechselwirken. Auf der Basis dieser axiomatisch festgelegten Grundregeln macht man dann ein Gedankenexperiment. Der Computer macht nichts anderes. Man gibt ihm Regeln, Formeln oder Zahlen vor, und dann läßt man ihn das ausführen, was früher mit einem Bleistift und Papier gemacht werden konnte und was heute wegen der Komplexität vieler Dinge nicht mehr so machbar wäre. Wieweit das anwendbar ist, hängt von dem

Modellszenario ab. Ich möchte Ihnen das an einem Beispiel beschreiben, das ich für sehr aussagekräftig halte. Wenn Sie heute in der Pharmaforschung arbeiten, dann hat man vor 50 Jahren alles, was die Chemiker synthetisiert haben, zumindest auf Bakterien und dann auf höhere Organismen losgelassen, um etwas über die Wirkungsweise auf den Menschen herauszubekommen. Das Ziel bestand darin, durch Zufall dadurch ein Medikament für irgend etwas zu finden. Bei einem solchen Vorgehen muß man etwa damit rechnen, daß man zwischen 10 000 oder 20 000 Substanzen synthetisieren und erproben muß, bevor man ein einziges Medikament, das den Durchbruch auf dem Markt schafft, gefunden hat. Man mußte also eine große Zahl von Tierversuchen billigend in Kauf nehmen. Wenn man weiß, wie die Wechselwirkungen von Medikamenten mit den Proteinen funktionieren, wenn man die Kräfte zwischen diesen Molekülen kennt und wenn man sich daraus ein Modellszenario basteln kann, dann lassen sich diese Experimente im Computer vorspielen. Man kann beispielsweise herausfinden, daß von 10 000 Substanzen 9500 überhaupt gar nicht für ein bestimmtes Biomolekül in Frage kommen, weil sie Eigenschaften aufweisen, die nicht passen. Wenn man dies mit weiteren Modellen verfeinert, was in der pharmazeutischen Industrie bereits durchgängig so gemacht wird, dann lassen sich die Substanzen noch weiter reduzieren. Man muß also die Experimente, die teuer und aus humanitären Gründen zum Teil fragwürdig sind, gar nicht erst machen, um herauszufinden, daß etwas für diesen oder jenen Zweck nichts taugt. Die Experimente können reduziert werden, indem man die Ergebnisse von Modellszenarien auf die Realität bei der Entscheidungsfindung heranzieht. Natürlich können einem dabei möglicherweise irgendwelche wichtigen Erkenntnisse durch die Lappen gehen, weil das Modellszenario vielleicht nicht genau zutrifft und so etwas, was in der Realität wichtig ist, nicht beschreiben kann. Dieses Risiko aber muß man eingehen, weil die Alternative untragbar ist. Die Modelle werden auch immer zutreffender und realitätsnäher, weil die Erkenntnisse über die Wechselwirkungen anwachsen. Bislang kann man mit großer Sicherheit mit Computersimulationen prädikativ bei vielen Substanzen ausschließen, daß sie in Frage kommen; den umgekehrten Schluß kann man aber in den meisten Fällen nur eingeschränkt machen, daß etwas in Frage kommt, wenn der Computer dies sagt. Hier müssen dann noch intensivere Untersuchungen auch in der Realität durchgeführt werden.

Heute spricht man davon, daß durch den Computer eine neue Kultur am Entstehen sei, in der Wissenschaften, Techniken und Künste wieder eine größere

Gemeinsamkeit haben werden. Vorbild dafür ist die Renaissance und vor allem Leonardo. Sie selber sind nicht nur Wissenschaftler, sondern versuchen auch, mit dem Computer künstlerisch zu arbeiten. Findet denn durch die Universalmaschine Computer, die von allen zu den verschiedensten Zwecken benutzt werden kann, tatsächlich eine Konvergenz statt, die für alle drei Bereiche auch produktiv ist?

Ich bin davon überzeugt, daß dies zumindest in Teilbereichen so sein wird. Dabei haben weder die Kunst noch die Naturwissenschaft oder die Philosophie etwas zu verlieren. Seit Leonardo haben sich Disziplinen und Denkweisen auseinanderentwickelt, und wir sind noch weit davon entfernt, daß hier wieder etwas zusammenwächst. Aber es ist doch beispielsweise heute schon eine erfreuliche Tatsache, daß Sie als Philosoph hier sitzen und sich mit Technik sowie mit den Ideen, die dahinterstecken, befassen. Ich kann mich an Kollegen erinnern, mit denen ich an der Philosophischen Fakultät studiert habe, die sich damit brüsteten, daß sie von Computern überhaupt nichts verstehen. Das war nicht ein selbst zur Schau getragenes Armutszeugnis, sondern darin kam eine gewisse Borniertheit zum Ausdruck, weil hier anklang, daß die Leute, die etwas von Computern verstehen, eigentlich eher Untermenschen seien. Ich bin der Überzeugung, daß das Medium Computer, wie dies auch in der Gesellschaft der Fall ist, sowohl in der Kunst als auch in der Literatur oder in der Musik eine Rolle spielen wird. Dem sehe ich eigentlich mit Gelassenheit entgegen.

THOMAS CHRISTALLER

Künstliche und natürliche Intelligenz[1]

Zunächst möchte ich einige Worte zu meiner Profession sagen, damit meine späteren Ausführungen im richtigen Kontext verstanden werden können. Ich bin KI-Wissenschaftler, wobei KI die Abkürzung für *Künstliche Intelligenz* ist. Künstliche Intelligenz ist ein Begriff, der von einem sehr provokativen Wissenschaftler, John McCarthy, 1958 geprägt wurde. Die hinter der KI stehende Idee beruht darauf, einerseits Computersysteme zu entwickeln, die gegenüber rein deskriptiven Verfahren, die man üblicherweise in den geisteswissenschaftlichen Disziplinen findet, als prozessorientierte und dynamische Erklärungsmodelle für die Intelligenz des Menschen dienen können. Das ist die kognitionsorientierte Richtung in der KI. Andererseits benutzt man Kenntnisse über kognitive Prozesse, um sich für die Konstruktion von Computersystemen Anregungen geben zu lassen. Das ist die ingenieurorientierte Richtung in der KI-Forschung.

Es gibt nun traditionell innerhalb der KI – und erst recht außerhalb von ihr – heftige Diskussionen darüber, wie weit man damit eigentlich kommen kann. Für alle, die Spaß daran haben, kann ich nur empfehlen, sich den Film Terminator II anzuschauen, wo man kommerziell dargestellt sieht, was ein künstlich intelligentes System in der Fiktion von Nicht-Wissenschaftlern bedeuten könnte. Das hat übrigens viel mit Gefühlen zu tun, weil der »gute« Terminator natürlich irgendwann lernt, warum Menschen weinen müssen, und sogar am Ende, was es bedeutet, das Leben freiwillig aufzugeben (ironischerweise damit das Konstruktionswissen von Systemen seiner Art sicher verloren geht). Das ist ein Punkt, der in der Wissenschaft keine Bedeutung besitzt. KI hat für mich nicht den Zweck, Menschen zu simulieren. Ich werde später ein paar Gründe dafür nennen, warum das prinzipiell auch gar nicht möglich ist – unabhängig

1 Dies ist eine Überarbeitung meines Vortrages anläßlich des wissenschaftlichen Symposiums im Programm des Steirischen Herbstes »Große Gefühle« in Graz. Ich bin Florian Rötzer sehr dankbar für die Erstellung der Transkription dieses Vortrages. Vielen Dank auch an meine Mitarbeiterinnen Angi Voß und Kerstin Dautenhahn für ihre kritischen Anmerkungen.

davon, ob dies wünschenswert wäre oder nicht. Für mich geht es in der KI um die beiden Richtungen: Erklärungsmodelle unserer kognitiven Fähigkeiten in Form von Informationsverarbeitungsprozessen und intelligent konstruierte Computersysteme, die eine andere Funktionalität besitzen als jene, die wir normalerweise gewohnt sind.

Ich selbst habe mich vor allem mit sogenannten Systemarchitekturen beschäftigt. Bei einem Gebäude überzeugt sich ein Architekt erst anhand eines Planes davon, ob das gewünschte Bauwerk machbar ist und wie es gebaut werden kann. Analog ist eine Systemarchitektur für ein Computersystem, Hardware oder Software, der Plan, nach dem die verschiedenen Teile programmiert und zusammengefügt werden.

Es gibt verschiedene Tricks in der Informatik und der KI-Wissenschaft, mit denen sich Systemarchitekturen entwerfen lassen, die immer noch mit einem Digitalrechner realisiert werden können aber wichtige Aspekte von unserem Verständnis von (menschlicher) Intelligenz ermöglichen.

Zuerst deshalb die Frage, wie wir mit einem digitalen Computersystem, das nur mit Nullen und Einsen umgehen kann, etwas Komplexeres machen können, als eine duale Arithmetik. Ein Blick in die Natur lehrt uns, daß wir mehr erwarten können: Ein großer Teil unseres Nervennetzes besteht aus Neuronen, die entweder feuern oder nicht feuern, also wie digitale Bauteile funktionieren. Sie sind offensichtlich anders miteinander verschaltet als die elektronischen Bauteile in einem Computer, aber informationstechnisch gesehen können sie auch nicht mehr, als zwischen zwei Zuständen unterscheiden. Der Trick bei den Computern basiert auf folgendem mathematischen Satz: Jedes endliche Alphabet, also jede endliche Ansammlung von Zeichen, kann man auf entsprechende Wörter über einem zwei-elementigen Alphabet reduzieren. Wenn ich das Alphabet der deutschen Sprache nehme, das aus 27 Zeichen besteht, dann kann ich dieses 27-elementige Alphabet auf geeignete Kombinationen eines 2-elementigen Alphabets zurückführen, das z.B. aus 0 und 1, Strom an und Strom aus, Impuls und kein Impuls besteht. Das wohl bekannteste Beispiel dafür ist das Morse-Verfahren, bei dem für jeden Buchstaben unseres üblichen lateinischen Alphabets Kombinationen von kurzen und langen Tönen bzw. Strichen eingesetzt werden. Bei den Computern werden andere Kodierungen vorgenommen, das Prinzip ist aber dasselbe. Jeder Text, der sich aus Wörtern zusammensetzt, deren Buchstaben aus einem endlichen Alphabet stammen, läßt sich systematisch in einen solchen übersetzen, dessen Wörter nur noch aus zwei verschiedenen Buchstaben oder Zeichen bestehen. Zumindest war dies die grundsätzliche Überlegung, warum man schon zu Beginn der Computerwissenschaft auf die Idee gekommen ist, digitale Rechner zu benutzen, um das menschliche Denken besser verstehen zu können. Ein beliebtes Beispiel ist die menschliche Sprache, die wir benutzen, um unsere Gedanken, die irgendwie in uns entstehen, anderen mitzuteilen. Unsere Sprachen basieren auf endlichen Alphabeten und erfüllen damit eine wichtige Voraussetzung dafür, überhaupt auf die Idee zu kommen, Rechner könnten »sprachfähig« gemacht werden.

Der zweite Trick basiert auf der Geschichte von Münchhausen, nach der man sich an den eigenen Haaren aus dem Sumpf ziehen kann. Es gibt beispielsweise sogenannte höhere Programmiersprachen, mit denen man angenehmer programmieren kann, als direkt mit den Nullen und Einsen. Man muß auf irgendeine Weise, basierend auf dem vorherigen mathematischen Satz, ein solches Programm herunterführen auf Sequenzen von Nullen und Einsen. Das macht man folgendermaßen: Man schreibt ein Programm, also selber wieder einen Text, der die Übersetzung von dem Programm in einer höheren Programmiersprache auf diese Sequenzen von Nullen und Einsen liefert. Weil dieses Übersetzungsprogramm natürlich auch ein Programm ist, muß es selbst wieder in einer Programmiersprache geschrieben werden, da man nicht gerne mit Nullen und Einsen schreiben möchte. Jetzt schreibt man aber gerade dieses Übersetzungsprogramm für eine Programmiersprache, deren Sequenzen auf einem digitalen Computer ablaufen sollen. Was liegt nun näher, als genau dieses Übersetzungsprogramm exakt in der höheren Programmiersprache zu schreiben, für die man das Übersetzungsprogramm schreibt. Das erste, was dieses Programm übersetzt, ist dann das Übersetzungsprogramm. Wenn das geschehen ist, dann hat man ein ablauffähiges Programm in Sequenzen von Nullen und Einsen im digitalen Rechner vorliegen und kann jedes Programm, das in der höheren Programmiersprache geschrieben ist, auf eine Sequenz von Nullen und Einsen übersetzen. Das ist der Münchhausentrick. Man formuliert also auf einer sehr hohen, abstrakten Ebene eine formale Sprache und schafft einen Abbildungsprozeß von dieser formalen Sprache auf eine digitale Sprache, die sehr primitiv aussehen kann, die aber letzten Endes auf kompliziertere Art und Weise das tut, was man auf der höheren Ebene sehr viel einfacher formulieren kann.

Der dritte Trick, der in der KI eine wichtige Rolle spielt, ist noch etwas komplizierter. Die Idee ist, Programme zu schreiben, die über andere Programme räsonnieren, die andere Programme inspizieren und versuchen herauszufinden, wie sich diese anderen Programme verhalten. Das braucht man schon aus ganz einfachen Gründen für das normale Programmieren. Wenn man nämlich ein Programm OP realisiert, dann wird es einem selten gelingen, dieses von Anfang an richtig zu schreiben. Mit der Hilfe des Rechners muß man versuchen herauszufinden, wo die Fehler in dem Programm OP stecken. Es liegt natürlich auf der Hand, dazu selbst wieder ein Programm MP zu schreiben, das es einem ermöglicht, ein ablaufendes Programm zu beobachten und interaktiv gezielt in den Ablauf einzugreifen und ggf. es zu verändern während es läuft. Man nimmt, um es anders auszudrücken, eine Metaebene mit der Hilfe von MP (für MetaProgramm) bzgl. OP (für ObjektProgramm) ein. Das ist sehr einfach zu realisieren und inzwischen Teil der meisten Programmentwicklungssystemen. Wenn man diese drei Überlegungen zusammennimmt und versucht, sie für KI-Systeme anzuwenden, dann hat dies drei Konsequenzen.

Es ist erstens möglich, ein Computersystem in Ebenen zu entwickeln. Man legt in Form von Programmiersprachen Schicht auf Schicht, von sehr einfachen zu immer reichhaltigeren, ausdrucksstärkeren Programmiersprachen aufsteigend, und entfernt sich damit von der konkret vorgegebenen Hardware immer weiter weg. Dabei wird der Münchhausentrick angewendet, um Programme, die in der jeweils höheren Sprache geschrieben wurden, auf solche der nächst tieferen Sprache abzubilden, bis man irgendwann auf der Hardware-Ebene landet. Dort läuft alles in Strom-ein/Strom-aus-Sequenzen ab und ermöglicht so überhaupt erst die Ausführung eines Programmes. Diese Aufeinanderschichtung von Abstraktionen macht es aber schwierig, ein Computersystem zu beherrschen. Wenn irgendein Fehler auftritt, muß man rekonstruieren können, auf welchem Abstraktionsniveau man einen Denkfehler gemacht hat. Die Strom-ein/Strom-aus-Sequenzen der Hardware-Ebene geben aber darüber keinerlei Auskunft.

Piekt man bei einem PC mit einer Elektrode in den Hauptspeicher, kann man das an einer bestimmten Stelle vorliegende Bitmuster lesen. Dieses verrät einem aber nicht, ob gerade ein Chemiewerk gesteuert, ein Differentialgleichungssystem gelöst oder ein Text ausgedruckt wird. Auf dieser Ebene erfahren wir nichts über den Sinn und Zweck dieses Bitmusters, dessen formaliserbarer Teil in dem Programm auf der obersten Abstraktionsebene hineingeschrieben wurde. Für Sie als Menschen gibt es keine kausale Verbindung mehr zwischen dem, was auf der Hardware-Ebene läuft, und dem, was Sie auf der abstrakten Ebene intendiert und aufgeschrieben haben. Das ist eine Form von Undurchsichtigkeit in Computersystemen, die nicht zu beseitigen ist.

Bezogen auf menschliche Systeme gibt es eine Idee von Marvin Minsky, die zunächst sehr platt klingt, aber vor dem Hintergrund, den ich gerade genannt habe, könnte man doch beginnen, sie sehr viel ernster zu nehmen. Auch beim Menschen, so Minsky, gibt es solche Schichten von Ebenen. Es gibt also eine neuronale, hardwareorientierte Ebene, worüber jeweils übereinander Informationsverarbeitungsprozesse geschichtet sind, die zwar durch geeignete Übersetzungsmechanismen irgendwann einmal auf die neuronale Ebene abgebildet werden, wobei aber das, was auf den höchsten Ebenen abläuft, für uns als Beobachter keine Korrespondenz mehr mit dem besitzt, was auf der neuronalen Ebene geschieht. Unter Umständen macht es auch gar keinen Sinn zu versuchen, diese höheren Ebenen direkt mit den neuronalen Prozessen zu verknüpfen, um die direkte Lokalisierung der Erregung von einzelnen Neuronen mit dem, was ich jetzt beispielsweise sage, herzustellen. Das liegt genau an dem bei den technischen Systemen beoachtbaren Undurchsichtigkeit. Es stehen eben diese ganzen Übersetzungsprozesse dazwischen, die einfach nur garantieren, daß das, was auf der obersten Ebene beschrieben wurde, auf angemessene Weise äquivalent auf die Hardware-Ebene heruntergedrückt wird. Marvin Minsky hat, bezogen auf die Psychoanalyse, gesagt, daß wir normalerweise unsere bewußten Prozesse irgendwann in unbewußte Prozesse überführen. Das aber ist nichts anderes als der Übersetzungsprozeß von einem abstrakten, mir zugänglichen oder inspizierbaren Programm in ein Programm, das nicht mehr inspizierbar ist oder, metaphorisch gesagt, das unbewußt ist. Wenn es sich nun im späteren Verhalten herausstellt, daß in diesen so übersetzten oder, technisch gesagt, kompilierten Programmen ein Fehler auftritt, dann muß ich die entsprechenden Programme dekompilieren, um diese Prozesse der Introspektion wieder zugänglich zu machen.

Auch die Diskussion über den Verarbeitungsmodus, parallel oder sequentiell, im Gehirn kann man anhand dieser Überlegungen differenzierter führen. Es spricht überhaupt nichts dagegen, sequentielle Programme der einen Ebene in (semantisch äquivalente) parallele Programme einer anderen Ebene abzubilden. Die Parallelität auf einer Hardware-näheren Ebene erzwingt eben nicht die Parallelität auf anderen Ebenen und umgekehrt verhindert die Sequentialität auf Hardware-ferneren Ebenen nicht die Parallelität woanders. Ich bin aber davon überzeugt, daß das Bild noch etwas komplizierter ist.

Die gerade dargestellte Möglichkeit, sequentielle Programme auch parallel abarbeiten zu können, bezeichne ich als implizite Parallelität. In der Regel wird diese Möglichkeit genutzt, wenn eine sequentielle Problemlösung im Prinzip ausreicht aber nicht praktisch und aus Effizienzgründen eine parallele Abarbeitung notwenig erscheint. Die Übersetzung eines sequentiellen Programms in ein paralleles wird dann automatisiert in Form eines Programmes, das ein beliebiges Programm einer »sequentiellen« Programmiersprache in ein gleichbedeutendes einer »parallelen« Sprache abbildet. Der Programmier des sequentiellen Programmes will hierbei überhaupt nicht wissen, wie die parallele Variante seines Programmes aussieht. Ein Beispiel dafür sind die künstlichen neuronalen Netze. Sie stellen ein Modell für Approximationsverfahren dar für Aufgaben, die global in Form von mathematischen Funktionen beschrieben werden. Die Approximation wird mithilfe eines parallelen Programmes geleistet, das auf ein sequentielles Programm abgebildet wird (dies ist üblicherweise das Simulationssystem für die künstlichen neuronalen Netze), das wiederum auf ein allerdings ganz anderes paralleles Programm und schließlich die Hardware-Prozesse eines Computers abgebildet wird.

Das Bild ändert sich sofort, wenn der Programmierer explizit eine parallele Abarbeitung in seinem Programm gezielt verlangen will. Dann reicht ein automatisches Übersetzungsverfahren nicht aus, da es selbst entscheidet, was und wie parallel verarbeitet wird. Im Zusammenhang mit einem Erklärungsmodell für die menschliche Sprachverarbeitung werde ich diesen Punkt an einem Beispiel später erläutern.

Nun zur zweiten Konsequenz. Wenn wir versuchen wollen, Kognition zu erklären, dann sollten wir von folgender Metapher ausgehen, die ich einmal Torbogenmetapher genannt habe. Wenn man einen klassischen Torbogen aus Bausteinen bauen will, dann muß man zuerst fragen, wie ein solcher Torbogen halten kann. Normalerweise bricht der Torbogen ein, bevor man in der Lage ist, den Schlußstein zu setzen. Erst wenn dieser oben gesetzt ist, sieht man, daß das Tor ein selbsttragendes Gebilde ist. Die Bauleute verwenden ein Gerüst genau in der Form des Bogens. Dann bauen sie die Steine darum herum, setzen den Schlußstein ein und nehmen das Gerüst weg. In der metaphorischen Übertragung auf menschliche Kognition stelle ich die Hypothese auf, daß diese möglicherweise nach einem ähnlichen Verfahren phylo- und ontogenetisch aufgebaut wird. Es gibt Prozesse, die das Gerüst des Torbogens der Kognition darstellen und ihn aufbauen. Sobald der Torbogen steht, verschwindet das Gerüst. Es ist dann nicht mehr vorhanden und darf dies auch nicht mehr sein, denn wenn in einem Torbogen das Gerüst erhalten bleibt, kann man das Tor nicht benutzen. Es macht m.E. Sinn, nach genau solchen Entwicklungsprozessen sowohl im Individuum als auch in der Evolution über die Arten hinweg Ausschau zu halten.

Die wichtigste Konsequenz ist drittens, daß man Geist oder Bewußtsein aus der Sicht eines Technikers als eine Form von Monitorprogramm interpretieren kann, das in der Lage ist, mehrere Modelle des Verarbeitungsprozesses, den das Gehirn auf der neuronalen Ebene darstellt, aufzubauen und zu benutzen. Ich habe bewußt von Modellen gesprochen, weil man schon bei der Fehlersuche in den einfachen technischen, d.h. von uns explizit konstruierten, Computer-systemen ohne Modellbildung in große Schwierigkeiten kommt. Angesichts der Komplexität des menschlichen Gehirns ist es aber dort, denke ich, erst recht unmöglich, die Fehlersuche ohne Hilfe eines Modells über den zu analysieren-den Prozeß zu betreiben. Wir selber wissen auch, daß wir dauernd solche Selbstmodelle aufbauen und manipulieren, daß wir glauben, unsere eigenen Fähigkeiten einschätzen zu können, und von dieser Selbsteinschätzung basie-rend auf Selbstmodellen hängt sehr viel ab, ob wir tatsächlich etwas tun und wie gut wir es tun. Prinzipiell sind wir in der Lage, über einen zwei Meter breiten Graben zu springen. Ob wir aber tatsächlich springen, hängt nicht nur von den objektiv gegebenen physiologischen und motorischen Voraussetzun-gen ab. Unser Mut sinkt erfahrungsgemäß im selben Maße wie der Graben tiefer wird.

Hier nun mein angekündigtes Beispiel für explizite Parallelität in einem Erklärungsmodell für menschliche (gesprochene) Sprache. Bis in die 80er Jahre hinein existierten vorwiegend sequentielle und hierarchische Architekturkon-zepte. Man nahm einfach an, daß es nach sprachwissenschaftlichen Kriterien unterscheidbare, hierarchisch angeordnete Teilsysteme oder Module gibt, mit denen Sprache verarbeitet oder generiert werden kann. Man hat z.B. unter-schieden zwischen der Morphologie, also wie man Wörter aufbaut, der Syntax, also der grammatischen Struktur von Sätzen, und der Semantik, also der Zuschreibung von Bedeutung für syntaktisch wohlgeformte Sätze. Bei der Analyse einer Äußerung ging man davon aus, daß diese Ebenen der Reihe nach durchlaufen werden. Stellen Sie sich vor, Sie hätten in Ihrem Gehirn ein solches Sprachverarbeitungssystem realisiert. Sie würden also versuchen herauszufin-den, welche Wörter ich benutze, welche Flexion diese haben und ob sie in Ihrem Lexikon enthalten sind. Erst wenn Sie die morphologische Analyse einer ganzen Äußerung durchgeführt haben, übergeben Sie das Ihrem Grammatik-modul, das nachprüft, ob dieser Satz syntaktisch wohlgeformt ist. Dann geht der Satz in die Semantik, wo dann versucht wird, die Bedeutungszuweisung zu realisieren. Weil diese Module hintereinander geschaltet sind, kommt jeder erst zum Zuge, wenn der vorausgehende seine Analyse abgeschlossen hat.

Allen Konstrukteuren war klar, daß eine naive Implementierung dieses Modells nicht die benötigte Verarbeitungsgeschwindigkeit erreichen kann. Die Hoffnung bestand darin, diese durch implizite Parallelität zu erreichen. Doch den größten und entscheidenden Geschwindigkeitsgewinn bekommt man durch die explizite Steuerung der verschiedenen Module, so daß sie so früh wie möglich ihre Zwischenergebnisse untereinander austauschen und nicht erst damit beginnen, wenn sie jeweils am Ende einer Äußerung angelangt sind. Dann können auch die Module schon sehr früh parallel zueinander arbeiten. Die implizite Parallelität hilft nur, um die Vielzahl unterschiedlicher Analysen auf einer Ebene schneller zu erhalten. Die explizite Parallelität kann dafür eingesetzt werden, daß viel weniger Analysealternativen entstehen, sondern so schnell wie möglich nur noch eine.

Warum hat man so lange sich vor der expliziten Parallelität gescheut und tut dies auch heute wieder bei den neuronalen Netzen? Dafür gibt es zwei Gründe. Es gab erstens wenig Erfahrung mit Systemen, die parallel arbeiten. Auch heute ist das noch ein ganz offenes Feld in der Informatik, auch in der Neuroinformatik. Man ist zweitens so vorgegangen, daß man die Komplexität der menschlichen Sprachverarbeitung dadurch in den Griff zu bekommen versuchte, indem man möglichst unabhängig voneinander arbeitende Module zugrundegelegt hat. Die Hoffnung bestand darin, die einzeln untersuchten Module später einfach miteinander verbinden zu können und die fehlende Verarbeitungsgeschwindigkeit durch implizite Parallelität nachzuholen.

Ein Vorschlag von mir besteht seit etlichen Jahren darin, eine Reihe von Phänomenen der menschlichen Sprache als Resultat explizit parallel zueinander laufender Teilprozesse zu erklären. Dazu gehören insbesondere Selbstabbrüche und Selbstkorrekturen beim Sprechen und die Fähigkeit beim Hören, sehr genaue Erwartungen über den noch nicht gehörten Teil einer Äußerung aufzubauen. Die Metapher für eine Systemarchitektur ist die einer Wasserkaskade. Bei ihr läuft oben in ein Becken Wasser hinein. Wenn das voll ist, läuft das Wasser in das nächste Becken und nach einer Weile fließt aus allen Becken gleichzeitig Wasser. Übertragen auf ein Sprachverarbeitungssystem stellen die Becken die einzelnen Verarbeitungsmodule dar und das Wasser ihre Ergebnisse. Sobald der erste Modul ein Stück einer Äußerung analysiert hat, gibt er dieses zusammen mit seiner »Interpretation« an den nächsten. Alle Module können dann, kurz nachdem die Äußerung zu Ende ist, ebenfalls fertig sein, im Bild der Metapher: leerlaufen.

So läßt sich ein Sprachverarbeitungssystem realisieren, das auf einmal viele Dinge kann, die typisch für die menschliche Sprache sind. Wenn Sie sich einen Vortrag wie den meinen anhören, ihn auf Tonband aufnehmen und dann versuchen, ihn in Schriftsprache umzusetzen, dann werden Sie feststellen, daß die allermeisten Äußerungen grammatisch nicht korrekt sind. Es gibt oft gar keine vollständigen Sätze. Der formale Satzbegriff, den die Sprachwissenschaftler und auch die KI-Wissenschaftler entwickelt haben, trägt hier gar nicht. Wir sprechen nicht wie gedruckt und alle Modelle, denen eine zu enge

Vorstellung von korrekter Sprache zugrundeliegt, werden unserer Sprache nicht gerecht. Mit einem Sprachverarbeitungssystem, wie ich es kurz skizziert habe, ist es nun möglich, grammatisch unvollständige oder falsche Sätze zu akzeptieren: Was die Syntax, d. h. Grammatik, nicht akzeptieren kann, ist oft mithilfe der Semantik oder Pragmatik zu verstehen. Warum sollte die Syntax also einen grammatisch nicht korrekten Teil als prinzipiell unverstehbar ablehnen?

Die Moral aus dieser Geschichte ist folgende: Wenn man sich menschliche Sprachverarbeitung ansieht, dann genügt es nicht, sich nur die Phänomene herauszusuchen, mit denen man sich gerade am besten beschäftigen kann. Man konnte z.B. technisch die formale Grammatik, die syntakische Struktur oder den Aufbau von Wörterbüchern gut beschreiben, weswegen man sich darauf konzentriert und sowohl Sprachverarbeitungssysteme als auch Erklärungsmodelle daran orientiert hat. Man muß aber im Gegensatz zu solch einem Vorgehen für die natürlich auftretenden Phänomene gute Erklärungsmodelle finden. Wenn also in der normal gesprochenen Sprache Selbstabbrüche und Selbstkorrekturen vorkommen, dann muß ein Sprachverarbeitungssystem oder ein Erklärungsmodell genau mit diesen Phänomenen umgehen oder sie erklären können.

Es gibt in der menschlichen Sprache noch ein Phänomen, das bei den meisten Erklärungsmodellen nicht berücksichtigt wird. Wenn ich rede, muß ich meine Äußerung nicht ganz zu Ende führen, damit der andere versteht, was ich sage. Wir Menschen sind beim Hören offensichtlich in der Lage, vorwegzunehmen, zu wissen, was als nächstes Wort kommen wird. Das merkt man besonders bei einem langsamen Sprecher. Man weiß dann schon, was als nächstes kommen wird, und denkt sich; »Nun sag dieses Wort schon, damit es weitergeht.« Genau dieses Phänomen kann durch ein serielles Modell nicht erklärt werden. Erklärt wird es aber auch nicht durch das Kaskadenmodell, da hier das letzte Becken erst leerlaufen kann, wenn alle vorangegangenen leer sind. Das Phänomen ist aber nur erklärbar, wenn die Module beim Verstehen schneller arbeiten als das Generierungssystem beim Sprechen. Im Bild der Kaskadenmetapher können wir uns vorstellen, daß in jedem Becken eine eigene Quelle fließt und so das Becken schneller füllt.

Vor einigen Jahren haben wir in Bielefeld Experimente mit Versuchspersonen gemacht, denen wir Äußerungen aus Wegauskunftsdialogen, Wort für Wort aufdeckend, vorgelegt haben. Wir haben sie raten lassen, was wohl als nächstes kommen wird. Darüber hinaus sollten sie aber auch ihre Erwartungen mitteilen, wie die syntaktische Struktur aussehen wird, wie die Bedeutungsstruktur sein wird und in welchem Dialogzusammenhang sich das Wort befindet. Wir haben dabei festgestellt, daß in der Regel nach den ersten drei Worten einer Äußerung die Erwartungshaltung der Hörer extrem sicher ist und weitgehend stimmt. Sie wird gewissermaßen durch die nachfolgenden Teile einer Äußerung nur noch bestätigt.

Zum Schluß möchte ich kurz auf Metaphern bzw. metaphorischen Sprachgebrauch zu sprechen kommen. Auch das ist ein Gebiet, das in der Sprachverarbeitungs- und KI-Forschung extrem vernachlässigt wurde. Ich werde mich auf ein Beispiel beschränken, um daran das Prinzip klarzumachen. Ich werde dazu einige Sätze vorstellen, in denen das Wort »gehen« vorkommt, um dadurch verständlich zu machen, warum man Metaphern als grundlegenden Mechanismus für die Art und Weise, wie Menschen Sprache benutzen, behandeln sollte. Beim Wort »gehen« fallen einem als erstes solche Sätze ein wie: »Ich gehe auf der Straße«. Wir bringen mit einem solchen Satz unsere normale physische Bewegung zum Ausdruck. Es gibt aber auch Sätze wie »Ich gehe zur Arbeit« oder »Ich gehe arbeiten«. Damit meint man, daß man sich an einen Ort begibt, der sowohl ein physikalischer als auch ein gedachter Ort sein kann, an dem man eine bestimmte Tätigkeit durchführt. Wir haben aber auch solche Verwendungen für »gehen« wie »Die Finger gehen über die Tasten« oder »Der Mond geht auf«. Hier ist nicht mehr die physikalische Bewegung mit den Beinen gemeint. Im Englischen gibt es Sätze wie »He goes by train« oder »He goes by plane«, wo wir das Gehen auf die Fortbewegungsmittel übertragen.

Die zweite Klasse der Verwendung des Verbs »gehen« behandelt Zeit in dem Sinne, daß sie eine Richtung besitzt, daß sie von irgendwoher kommt und irgendwo hingeht: »Die Stunden gehen dahin«, »Nun geht es los«, »In eine gemeinsame Zukunft gehen« oder »Die Uhr geht«. Die dritte Klasse setzt voraus, daß wir sprachliche und gedankliche Argumente wie in einem Raum anordnen: »Ins Detail gehen«, »Mir gehen die Gedanken durch den Kopf« oder »Das geht mir nicht in den Kopf«. Das sind alles Äußerungen, bei denen das physische Gehen im metaphorischen Sinne für Gedanken benutzt wird, von denen wir annehmen, daß sie eine Lokalität besitzen. Heutzutage sieht unser Alltagsmodell für unser Denken ja auch so aus, daß wir sagen, das Denken finde im Kopf statt.

Es gibt noch eine ganze Reihe anderer Verwendungen des Wortes »gehen«, die nicht so ohne weiteres kategorisierbar sind. Sie reichen in den emotionalen und zwischenmenschlichen Bereich hinein: »Die Wände hochgehen«, »Das geht mir gegen den Strich«, »Am Stock gehen«, »Auf die Nerven gehen«, »Das geht dich nichts an«, »Das geht mir nahe« usw. Diese Metaphern basieren auch wieder auf der Vorstellung, daß Emotionen eine räumliche Ausdehnung und eine räumliche Richtung haben. In der Regel stellen wir uns so etwas wie »gut gehen« oder »schlecht gehen« so vor, daß wir hier eine Richtung des Gehens einschlagen. Bei »Das geht mir gegen den Strich« stellen wir uns vor, daß wir mit unserem Willen oder mit unseren Gefühlen eine bestimmte Kraft benutzen, um in eine Richtung zu gehen, und daß ein Argument oder ein Verhalten von einem anderen dem entgegensteht.

Für mich ist es kein Zufall, daß wir Menschen in der Sprache solche metaphorischen Redewendungen benutzen. In der Sprachwissenschaft und in der KI werden die Metaphern deswegen konsequent ausgeblendet, weil in den herkömmlichen Modellen jede Äußerung ein einzelner, unabhängiger Ausnahmefall wäre. Für uns selbst haben diese Redewendungen jedoch ein gemeinsames Muster. Daraus läßt sich nach Marc Johnson, der darüber ein Buch mit dem Titel »The Body in the Mind« geschrieben hat, ein Prinzip formulieren: Die Modelle, die wir von unserem Körper und von unserem körperlichen Verhalten in unserer Kognition haben, sind Basismodelle dafür, wie wir die Welt und unser Verhalten in ihr interpretieren können. Die Erfahrungen oder Emotionen, die wir mit unserem Körper und unseren Bewegungsmöglichkeiten machen, beinhalten, möglicherweise angeboren, bestimmte Prinzipien, die uns befähigen, solche metaphorischen Grundmuster zu erzeugen.

Daraus läßt sich die Konsequenz ziehen, daß Sprache in erster Linie metaphorisch ist und nicht durch eine isolierte formale Semantik beschrieben werden kann. Daher muß man zuerst verstehen, wie wir Menschen eigene Körpermodelle realisieren, natürlich basierend auf neuronalen Funktionen, und wir müssen verstehen, nach welchen Prinzipien dies vor sich geht, um es gegebenenfalls in technischen Systemen auf andere Weise und vielleicht auch für andere Zwecke einzusetzen. Das erfordert, was auch lange Jahre aus Komplexitätsgründen verdrängt worden ist, die Herstellung eines Zusammenhangs zwischen Selbstbeobachtung, Selbstwahrnehmung, Selbstmodellen, Sprache und Bewegungsabläufen. Man muß also das Zusammenspiel zwischen Körper und Geist wahrnehmen.

Die allgemeinere Konseqenz ist aber aus der Tatsache zu ziehen, daß jedes sprachfähige biologische oder künstliche System über artspezifische unterschiedliche Erfahrungen im sensomotorischen Umgang mit der Welt verfügt, zwangsläufig verfügen muß. Deshalb ist es unmöglich, ein künstliches System mit menschlicher Sprachfähigkeit zu konstruieren. Wir werden aber mit größerem Verständnis für die eigenen Sprachverarbeitungsprozesse künstliche Systeme realisieren können, die unsere Eigenheiten berücksichtigen.

ERICH KIEFER

Perspektiven der künstliche Intelligenz

Die KI-Forschung setzte bereits in den 50er Jahren mit großen Erwartungen ein. Man glaubte, daß es nun schon bald Systeme geben wird, die der menschlichen Kognition gleichen oder sie gar übertreffen. Solche überschwenglichen Naherwartungen wie etwa beim Fall des »Allgemeinen Problemlösers« haben im Laufe der Zeit einen Dämpfer erlitten, was auch damit zu tun hat, daß die damals einzig verfügbaren von-Neumann-Computer, die linear arbeiten, keine Möglichkeit darstellten, um die Komplexität von Denkvorgängen zu erfassen. Wo setzt denn heute die KI-Forschung an, und welches sind ihre wesentlichen Probleme?

Die Gründergeneration der KI hatte die Komplexität menschlicher Kognition um einige Dimensionen unterschätzt. Geht man beispielsweise von der phylogenetischen Perspektive aus, so ist evident, daß das menschliche Gehirn das Ergebnis eines mehrere Milliarden Jahre dauernden evolutionären Prozesses ist und in diesem Zeitraum evolutionärer Optimierungen eine Vielzahl von Mechanismen akkumuliert hat, die erst in ihrer Gesamtheit Intelligenz ausmachen. Evolution ist ein durch und durch blinder opportunistischer Prozeß, eine Art genialer Flickschusterei. Bewährte Mechanismen werden in diesem Prozeß beibehalten, manchmal werden sie auch umgebaut und dann oft zu etwas ganz anderem genutzt. So haben wir genaugenommen nicht ein Gehirn im Kopf, sondern mehrere. Wir haben auch nicht nur ein visuelles System, sondern mehrere, deren Gesamtfunktion erst das ist, was wir als Sehen bezeichnen. Eines dieser visuellen Systeme stammt beispielsweise aus der Zeit, als unsere biologischen Vorfahren noch Fische waren, und es verarbeitet auch bei uns noch visuelle Information mit den damals entwickelten Methoden. Aus diesen Gründen geht es in der heutigen KI-Forschung nicht mehr darum, der Illusion eines universellen Verfahrens hinterherzulaufen, das Intelligenz ausmachen soll, egal, ob das der General-Problem-Solver, das nicht-monotone Schließen, die subsymbolische Informationsverarbeitung oder etwas anderes ist, sondern es geht primär um die Integration einer Vielzahl von Verfahren und deren Interaktion.

Wie lassen sich die wesentlichen Etappen der KI-Forschung charakterisieren?

Vor der Dartmouth-Konferenz, die 1956 stattfand, gab es eine Art Vorbereitungsetappe der KI-Forschung, die mindestens bis zu dem von den Nazis ermordeten Psychologen Otto Selz zurückgeht, der am Anfang dieses Jahrhunderts die erste moderne Theorie mentaler Prozesse entwickelte. Selz leitete einen ontologischen Paradigmenwechsel ein, weil er erkannte, daß mentale Prozesse weder die Transformation einer mentalen Substanz noch die einer mentalen Energie sind, sondern abstrakte berechnende Prozesse. Später wurde das als Paradigma der Informationsverarbeitung formuliert. Er verband als erster die genaue Analyse der Inhalte von mentalen Prozessen, speziell von Denkprozessen, mit der Analyse des »Wie«, d. h. der algorithmischen Abfolge einzelner Denkoperationen. Neben Selz waren es viele andere Wissenschaftler, die das Unternehmen KI in Gang brachten, hierzu gehören Turing, Piaget, von Neumann oder Wiener. Der »offizielle« Beginn der KI-Forschung war dann die besagte Dartmouth-Konferenz. Die erste Etappe der Forschung war dominiert von der Philosophie des General-Problem-Solver, also von der Idee, daß es ein universelles Verfahren gibt, mit dem sich alle Probleme lösen lassen. In den 70er Jahren setzte sich dann die Erkenntnis durch, daß intelligente Leistungen wissensbasiert sind, d. h. daß zu ihrer Realisierung viel spezifisches Wissen und allgemeines Weltwissen benötigt wird. Ausgehend von diesem Ansatz wurden in den verschiedenen Forschungsfeldern der KI (Expertensysteme, Visionsysteme, natürlich-sprachliche Systeme, Robotik etc.) immer neue Architekturen wissensbasierter Systeme entwickelt, z. B. bei den Expertensystemen zuerst solche ohne Tiefenwissen und mit schwachen Problemlösungsverfahren wie die regelbasierten Expertensysteme. Später entstanden modell- und fallbasierte Expertensysteme. In den 80er Jahren kamen dann neue Ansätze hinzu: die massiv-parallele und subsymbolische Informationsverarbeitung, die sogenannten Meta-Level- oder Mehr-Ebenen-Architekturen und reflexive Systemarchitekturen. Neben der Weiterentwicklung dieser Ansätze ist heute, wie gesagt, deren Integration und die von Systemen aus verschiedenen Gebieten ein zentrales Thema in allen Gebieten der KI.

Bleiben wir zunächst einmal bei der Parallelverarbeitung. Man behauptet heute, daß damit eine angemessenere Simulation der neuronalen Prozesse möglich sei, weil das den im Gehirn verteilten und parallel ablaufenden Prozessen besser entsprechen soll. Ist das denn der Fall?

Das ist sicherlich biologisch realistischer. An der visuellen Wahrnehmung läßt sich das ganz gut sehen. Mittlerweile kennen wir die Verschaltung in der Netzhaut ganz gut. Die Retina ist eigentlich ein ausgelagerter Teil des Gehirns. Sie ist also nicht nur ein reines Sensorsystem, sondern in ihr gibt es bereits mehrere Schichten von Nervenzellen, die Berechnungen ausführen. Wir wissen recht gut, mit welchen Algorithmen hier Bewegung oder Farbe voranalysiert und eine Vorverarbeitung für eine Konturanalyse geleistet wird. Wenn man das mit einer herkömmlichen von-Neumann-Computerarchitektur und mit herkömmlicher Programmierung simulieren bzw. emulieren will, dann ist das bereits ein gigantisch rechenaufwendiges Programm. Eine Alternative dazu ist, diese Algorithmen direkt in Silizium nachzubauen, was unter dem Namen einer Siliziumretina bereits ein paarmal gemacht wurde. Dieses sehr kleine System ist massiv parallel, weil an jedem künstlichen Rezeptor ein paar künstlich nachgebaute Neuronen hängen, aber dieses System hat eine mehrfache Rechenleistung als ein Supercomputer. An solchen Vergleichen kann man sich klarmachen, daß Parallelverarbeitung, wie es in biologischen neuronalen Netzen geschieht, enorm viele Vorteile besitzt.

Ist Parallelverarbeitung nicht einfach eine Nebeneinanderschaltung von mehreren von-Neumann-Computern? Und was ist eigentlich eine massive Parallelverarbeitung?

Die Grundidee massiver Parallelverarbeitung ist, daß nicht nur zur selben Zeit an einer Stelle gerechnet wird, wie in von-Neumann-Computern, sondern an sehr vielen, an Tausenden, Millionen und Milliarden Stellen. Es macht halt einen Unterschied, ob z. B. eine Milliarde Rechenoperationen zeitlich nacheinander oder ob diese von einer entsprechend großen Zahl von Schaltelementen zur selben Zeit berechnet werden. Die Schaltelemente können dabei sehr unterschiedlich sein. In einem Extrem können es Elemente sein, die nur einfache Operationen durchführen, im anderen Extrem kann jedes Element ein hochintegrierter Logik-Chip sein. Deswegen gibt es sehr unterschiedliche Formen massiver Parallelverarbeitung. In der KI sind alle Formen Forschungsthema. Das Spektrum reicht von der direkten Nachkonstruktion biologischneuronaler Netze bis hin zu Formen der Parallelverarbeitung, die sich nur noch metaphorisch am biologischen Vorbild orientieren. Die durch massive Parallelverarbeitung realisierbare Rechenpower ist aber nur eine, wenn auch wichtige Voraussetzung für die Realisierung intelligenter Leistungen. Genauso wichtig ist das Vorhandensein von umfangreichem Wissen. Intelligente Systeme lassen sich abstrakt als Hierarchien virtueller Maschinen betrachten, die Informationen auf vielen Ebenen verarbeiten. Einige dieser Ebenen verarbeiten regelartiges, sprachnahes oder konzeptuelles Wissen, andere Wissen in Form von Vorstellungen oder Imaginationen und generell Common-Sense-Wissen. Sowohl aus der empirischen Psychologie als auch aus ein paar Jahrzehnten KI-Forschung wissen wir, daß Weltwissen oder Common-sense-Wissen ganz wesentlich zu intelligenten Leistungen beiträgt. Intelligenz ist eigentlich Wissen in Aktion. Deswegen ist das Common-sense-Wissen primär, das jeder in seiner Kindheit lernt. Wenn man einmal versucht abzuschätzen, wie umfangreich dieses Wissen ist, so merkt man schnell, daß es ungeheuer groß ist, daß also jeder von uns eine Common-sense-Physik, eine Common-sense-Biologie, eine Common-sense-Psychologie und viele weitere Arten von Common-sense-Theorien erworben hat, was dann wieder den Interpretationshintergrund für spezialisiertes Wissen bildet. Allerdings war die Bedeutung der Common-sense-Theorien bereits den Gründervätern der KI bekannt. Nicht umsonst haben McCarthy, Simon oder Minsky schon 1956 das Problem, den Common-sense zu verstehen und zu modellieren, als zentral für die KI beschrieben. Interessant ist auch, daß wir heute wissen, daß ein beachtlicher Teil des Common-mon-sense-Wissens in imaginativer Form repräsentiert ist und in dieser Form auch verarbeitet wird, daß allgemein Imaginationen, speziell visuelle Imaginationen, eine wichtige Rolle in der mentalen Architektur spielen.

Du hast zu Beginn von der nicht-monotonen Logik im Kontext der Erweiterung der Von-Neumann-Architektur gesprochen. Was kennzeichnet eine solche Logik, und wäre dann vielleicht die Fuzzy-Logik ein Ausweg, um den eher intuitiv und nicht regelgeleitet vorgehenden Common sense auf dem Computer besser simulieren zu können?

Die Fuzzy-Logik gehört wie die nicht-monotone Logik zu den vielen Logiken, die in der KI zur Modellierung von Inferenzprozessen, von Prozessen des Schlußfolgerns, benutzt werden. In der Fuzzy-Logik werden ungesicherte, vage Schlüsse und Prädikate modelliert. Ein Beispiel ist das Prädikat »groß«. Ein 100 Meter hoher Baum ist sicher groß, während das bei einem nur 30 Meter hohen Baum nur eingeschränkt der Fall ist. Im Unterschied zur Modellierung von Vagheit und Unsicherheit modellieren nicht-monotone Logiken eine andere Eigenschaft »natürlicher« Schlußfolgerungsprozesse, wie wir sie beim Menschen beobachten. »Normale« Logiken nennt man monoton, weil bei ihnen die Menge wahrer Aussagen bei Schlußketten nicht wächst, selbst wenn neues Wissen hinzukommt. Bei nicht-monotonen Logiken können vorher als »wahr« berechnete Schlußketten sich durch die Hinzunahme neuen Wissens als falsch erweisen oder als »falsch« berechnet werden. Allein seligmachend ist aber weder die Fuzzy-Logik noch die nicht-monotone Logik, da alle Logiken nur einen eingeschränkten Anwendungs- und Gültigkeitsbereich besitzen. Biologische Gehirne sind ganz allgemein keine Logik-Maschinen.

Die KI-Forschung war immer geteilt. Auf der einen Seite hoffte man, die menschliche Kognition imitieren und so besser verstehen zu können, auf der anderen Seite gab es immer bestimmte Probleme, die KI-Systeme anstatt des Menschen bearbeiten sollten. Das ist der Unterschied zwischen einer reinen Forschung und deren Anwendung, die darauf abzielt, den Menschen etwa in Fertigungsprozessen zu ersetzen. Wird denn das Projekt, die menschliche Kognition zu simulieren, heute überhaupt noch intensiv verfolgt?

Beide Richtungen werden heute weltweit intensiver verfolgt und auch klarer getrennt, als das früher der Fall war. Wenn man beispielsweise ein Diagnoseverfahren für einen technischen Anwendungsbereich erstellen will, dann ist es natürlich sinnvoll, dafür effiziente Methoden zu entwickeln, die auch im Preis-Leistungs-Verhältnis optimal sind. In der grundlagenorientierten KI, in der das bestehende kognitive Modell des Menschen simuliert werden soll, spielen hingegen im Prinzip solche ingenieurmäßigen oder ökonomischen Aspekte keine Rolle, weil man das menschliche Gehirn erst einmal als biologisches System verstehen will. Da muß man dann ganz unten bei Prozessen anfangen, die in Synapsen ablaufen, um sie besser zu verstehen. Hier betreibt man dann Neuropsychologie aus der KI-Perspektive, weil man das entweder als Software nachmodellieren oder direkt als Hardware reimplemtieren will. Dann kann man die ganze Hierarchie der Verarbeitungsebenen des Nervensystems hochgehen – bis zu den Ebenen der Wissensverarbeitung, wo regelhaftes und konzeptuelles Wissen verarbeitet wird. Die meisten KI-Systeme aus der Grundlagenforschung – Expertensysteme, Natürlich-sprachliche oder Bildverstehende Systeme – modellieren Prozesse auf diesen Verarbeitungsebenen. In bezug auf das mentale System des Menschen modellieren diese KI-Systeme relativ kleine Ausschnitte seiner mentalen Architektur. Beim Menschen gibt es darüber hinaus die Ebenen sogenannter metakognitiver Prozesse, wozu reflexive Denkprozesse gehören, deren Gegenstand andere Denkprozesse sind. Die Funktion solcher reflexiver Denkprozesse sind z. B. die Steuerung und Kontrolle von Denkprozessen auf der Objektebene.

Was versteht man unter Objektebene?

Denkprozesse auf der Objektebene lösen Probleme »draußen« in der Welt und im eigenen Körper, während reflexive Denkprozesse Probleme in der eigenen mentalen Innenwelt lösen. Ein Denkprozeß auf der Objektebene kann beispielsweise damit beschäftigt sein, die Diagnose eines defekten Autos oder eines kranken Körpers zu lösen. Das kann aber in eine Sackgasse geraten, wenn die Problemlösungsstrategie ineffizient und unangemessen ist. Dies festzustellen ist etwa die Aufgabe eines reflexiven Denkprozesses. Aufgabe eines anderen könnte es dann sein, auf der Objektebene die Problemlösungsstrategie zu ändern. Aktualgenetisch haben reflexive Denkprozesse also eine Art Managementfunktion.

Läßt sich das denn als Programm realisieren?

Metakognition war in den letzten zwölf Jahren mein Hauptforschungsgebiet. Im ESPRIT-Grundlagenforschungsprojekt REFLECT haben wir gezeigt, daß es möglich ist, KI-Systeme mit reflexiver Architektur zu entwickeln, die über Problemlöser sowohl auf der Objekt- wie auch auf der Metaebene verfügen. Solche Problemlöser sind mit heutigen Expertensystemen vergleichbar. Daraus können wir lernen, daß selbstreflexive Denkprozesse kein metaphysischer Unsinn sind, wie die meisten analytischen Philosophen immer noch glauben, sondern psychologische Realität, und daß es sich bei ihnen, wie bei anderen mentalen Prozessen, um – wenn auch komplexe – Informations- und Wissenverarbeitungsprozesse handelt. Das gilt übrigens auch für die Introspektion, das Schreckgespenst der Berufsphilosophen. In einer Arbeit habe ich zeigen können, daß sie als innerer Selbstwahrnehmungsprozeß von eigenen mentalen Ereignissen und deren Inhalten modellierbar ist.

Manche besonders biologisch orientierten Kognitionsforscher sagen, daß wirklich intelligente Maschinen sich ähnlich wie biologische Organismen verhalten müßten, d. h., sie müßten über Sensoren und über eigene Bewegung in der Welt einen Weltbezug nicht nur haben, sondern ihn auch erlernen. Das hieße ja, daß man keinen Computer, sondern einen Roboter bauen müßte.

Darauf läuft das hinaus. Ich weiß, daß es sehr schwierig ist, diese theoretische Einsicht in die Praxis schon allein deswegen umzusetzen, weil das sehr viel Geld kostet, was in der deutschen KI-Forschung bekanntlich äußerst knapp ist. Einen Roboter zu bauen, ist halt sehr viel aufwendiger, als konventionelle KI-Programme zu stricken. Es gibt viele Gründe, warum dieser Weltbezug so wichtig ist. Aktionsplanung ohne Weltbezug ist z. B. nicht sinnvoll modellierbar. Planen ist die Generierung, Steuerung und Kontrolle von Handlungen, d. h. von Verhaltensweisen von Systemen, die in eine Welt eingebettet sind. Nur eine solche Sicht des Planens ist ökologisch valide. Planen ist wesentlich mehr als das formale Manipulieren von Operatoren, von Vor- und Nachbedingungen. Genauso verhält es sich beim Lernen, z. B. beim Lernen konzeptuellen Wissens. Hier gibt es das sogenannte Merkmalbildungsproblem, und das ist nur über einen aktiven Zugang zur Welt lösbar. Begriffsbildungsprozesse müssen umweltverankert sein.

Was meinst du mit den Merkmalen?

Mit Merkmalen sind die perzeptuellen Primitiva gemeint, die in den sensorischen Projektionsbereichen unseres Neokortex von hochspezialisierten Neuronen analysiert werden. Im visuellen Kontext sind das u. a. Kanten, Kanten, die sich in eine bestimmte Richtung bewegen, Flächenelemente, Farbelemente, Disparitäten. Die Merkmalsanalysatoren sind in ihrer Grundfunktionalität angeboren, also das Ergebnis phylogenetischen Lernens. Damit sie aber funktionieren, angepaßt und eventuell erweitert werden, ist aktives Handeln notwendig.

Schwierig war ja auch immer, was besonders die Philosophen anmerkten, wie die Symbolverarbeitung überhaupt in Bezug zu dem steht, was die Symbole repräsentieren, also zur semantischen Ebene der Sprache. Die subsymbolische und parallele Informationsverarbeitung ändert daran wohl im Prinzip nichts?

Richtig, nur ist diese Thematik von KI-Wissenschaftlern, Psychologen, Biologen und Linguisten gründlicher analysiert, erforscht und diskutiert worden als von den sogenannten Philosophen. Es hat sich z. B. bei der Konstruktion Natürlich-sprachlicher Systeme gezeigt, daß es nicht ausreichend ist, nur eine extensionale und intensionale Semantik von Konzepten zu haben, sondern daß darüber hinaus eine explizite Referenzsemantik notwendig ist. Nur eine solche Semantik ermöglicht einen expliziten Bezug auf die Objekte, über die gesprochen wird.

Ist das die Ebene, die du vorhin als die der Imagination angesprochen hast?

Mit »Imagination« ist verschiedenes gemeint. Zum einen sind Imaginationen eigene Formen der Wissensrepräsentation bzw. eine Klasse von Wissensrepräsentationsformen, zum anderen sind sie mentale Prozesse auf der Basis dieser Wissensrepräsentationsformen. Ein Beispiel sind hierfür visuelle Denkprozesse. Ein Architekt entwirft und konstruiert ein Gebäude überwiegend im Medium visueller Vorstellungen. Er fängt mit einer oft vagen visuellen Vorstellung an, die er dann sukzessive überarbeitet und differenziert. Auch viele Wissenschaftler haben vorwiegend visuell gedacht: Leonardo, Faraday, Kerkule oder Einstein. In bezug auf die Thematik des Weltbezugs stellt sich auch für Imaginationen das Referenzproblem, d. h., auch Imaginationen müssen zumindest partiell über Wahrnehmung und Aktion in der Welt verankert sein. Andererseits können sie ihrerseits Referenzobjekte für Natürlichsprachliche Prozesse sein. Wir können ja beispielsweise über unsere visuellen Vorstellungen im Medium der natürlichen Sprache kommunizieren. Damit ein mentales System aber mehr ist als eine autistische Maschinerie, braucht es einen aktiven Weltbezug. Das gilt für Imaginationen ebenso wie für Natürlichsprachliche Prozesse.

Ist dieser Umweltbezug bei biologischen Organismen nicht immer auch davon gefärbt, daß diese auch etwas wollen, also daß etwas in der äußeren Welt bewirkt werden muß, damit das Überleben des Organismus gesichert ist? Müssen die Informationen nicht auch so durch Emotionen geschnürt werden, daß sie aus der Sicht des einzelnen Organismus bewertet werden können? Müßte man also dann nicht nur kognitive und rational vorgehende Roboter bauen, sondern auch solche, die Bedürfnisse haben?

In der Tat denke ich, daß ein wichtiger Aspekt von Intelligenz das »Wollen« oder allgemein die Eigenaktivität von handelnden Systemen ist. Bisherige KI-Systeme waren oft passiv, also nur bessere Reflexmaschinen. Mittlerweile wissen wir, daß für die Eigenaktivität Planungsprogramme wesentlich sind, die unterschiedliche Arten von Handlungen planen, ausführen, deren Ausführung überwachen und das Ergebnis bewerten. Emotionen sind eine phylogenetisch alte Form von Bewertungsprozessen, sie sind aber für intelligentes Handeln nicht unbedingt erforderlich. Das ändert aber nichts daran, daß sie im mentalen System des Menschen faktisch eine wichtige Rolle spielen. Bedürfnisse, Motivation ganz allgemein, sind notwendig für intelligentes Handeln, also vor allem für die Fähigkeit, in einer hochkomplexen, nur partiell durchschaubaren Umwelt komplexe Handlungen realisieren zu können.

Versieht man Roboter mit Bedürfnissen, so scheint man sich doch eigentlich von der Imitation des Menschen abzulösen. Man setzt eine neue, künstliche Evolution in Gang, denn es wäre doch absurd, dem Computer menschliche Bedürfnisse einzupflanzen.

Prinzipiell halte ich es für machbar, Roboter mit unserer emotional-motivationalen Struktur zu bauen. Schließlich sind wir der Beweis dafür, daß solche Systeme konstruierbar sind. Unsere emotional-motivationale Struktur ist die eines hochaggressiven Raubaffen. Das nachzubauen, halte ich nicht für klug.

Mit dem Computer als Universalmaschine scheinen alle Techniken zu konvergieren. Du selber versuchst ja, CAD-Systeme mit KI-Systemen zu verschränken. Was ist denn der Gewinn davon?

Die Kopplung von CAD- und KI- oder Expertensystemen verspricht einen großen Gewinn. CAD-Systeme sind eigentlich nur ein Substitut des Zeichenbrettes, während Expertensysteme für Konstruktion Substitute des Konstruktionsprozesses sind. Füge ich beide Systeme zusammen, so habe ich ein mächtigeres System, das die Defizite beider ausgleicht. Das Defizit der CAD-Systeme ist, daß sie nicht selbständig konstruieren können, das der Konstruktions-Expertensysteme ist, daß sie zwar konstruieren können, das Ergebnis aber nur abstrakt symbolisch und nicht als Geometriemodell darstellen. So sind viele andere Kopplungen denkbar und werden auch bereits realisiert.

Du warst zuerst an der Akademie der Bildenden Künste und bist erst später zur KI übergewechselt. Wo liegt denn für dich das Gemeinsame von Kunst als einer ästhetischen Gestaltung und von KI als einer Simulation von Kognition? Die KI-Forschung selber ist höchst interdisziplinär. Könntest du dir vorstellen, daß zwischen Kunst und KI wirklich produktive Wechselwirkungen entstehen können?

Ich bin mehr oder weniger automatisch von der Kunst zur KI gekommen. Zunächst habe ich im Umfeld von Dadaismus, Surrealismus, Concept-art und psychedelischer Kunst gearbeitet. Parallel dazu habe ich mich damals intensiv mit Naturwissenschaften auseinandergesetzt. Für mich wurde immer wichtiger, daß in der Moderne der Sehprozeß des Betrachters, also dessen visuelles System, nicht nur thematisiert, sondern auch interaktiv mit einbezogen wird. Seit Cézanne, Mondrian, Albers u. a. ist ja das visuelle Bewußtsein das eigentliche Thema der Bilder. Mir wurde klar, daß ich den Sehprozeß möglichst gut verstehen will, wenn ich mit ihm arbeite, und vor allem, wenn ich an ihm arbeite. Ich habe dann angefangen, eine Informationsverarbeitungstheorie des Sehens zu entwickeln – und dann war ich schon in der KI, was ich allerdings erst später merkte. Für mich war das ein kontinuierlicher Übergang, kein großer Schritt. An der Universität Frankfurt war ich dann der erste, der KI-Systeme programmierte, während mir die Professoren erzählten, daß man damit nie etwas Vernünftiges anfangen kann. Heute sehe ich, daß es zwischen Kunst und KI sehr viele Gemeinsamkeiten, viele produktive Wechselwirkungen und einen immer größer werdenden Überschneidungsbereich gibt. Zu den Gemeinsamkeiten gehört schon die primäre Methodik der KI, mentale Prozesse dadurch zu verstehen, indem man sie nachkonstruiert, weil man erst das wirklich begriffen hat, was man auch nachbauen kann. Etwas zu verstehen, indem man es tätig wieder verkörpert, war auch immer schon die Methode der Kunst gewesen. Eine andere Gemeinsamkeit liegt in der Medienthematik. KI-Systeme wie ein Expertensystem sind aktive Medien, sie sind ein neues Medium. Die Erfindung von Medien ist aber traditioneller Teil des Unternehmens Kunst, denn die Geschichte der Kunst war immer auch eine Geschichte der Erfindung und Verwendung neuer Medien. In der Entwicklung neuer intelligenter und individueller Medien treffen sich KI und Kunst direkt. Hier kommt es zu produktiven Wechselwirkungen und darüber hinaus zur Konvergenz von Kunst und KI. Inhaltlich geht es darum, klassische Medien wie Bild, Film, Fernsehen, Bücher etc. mit KI-Systemen zu koppeln, die verschiedene intelligente Leistungen realisieren, wie das Erkennen von Intentionen, das Planen und Ausführen von verschiedenen Handlungsarten, die Modellierung von Akteuren etc.

Was würde denn so ein intelligentes Medium in der Zukunft realistisch leisten können?

Beim intelligenten Fernsehen könnte das KI-System ein Programm zusammenstellen, das den aktuellen Interessen seines Benutzers entspricht. Dazu muß es natürlich viel über seinen Benutzer wissen und dieses Wissen ständig aktualisieren. Es muß etwa das leisten, was gute persönliche Assistenten, Referenten oder Sekretärinnen können. Ein wirklich intelligentes und individuelles Fernsehen muß seinem Benutzer z. B. sagen können: »Du, ich habe da ein paar Filme aufgezeichnet, die dich bestimmt interessieren. Ein Film beschäftigt sich genau mit dem, worüber du zur Zeit nachdenkst.«

Worin geht das aber über die Perfektionierung der bestehenden Medien hinaus?

Mittel- und langfristig werden diese neuen intelligenten und individuellen Medien die bisherigen weitgehend ablösen. Sie werden völlig neue Formen der Kommunikation, der Kooperation und des Lernens ermöglichen. Daneben aber gibt es viele andere produktive Wechselwirkungen und Konvergenzen von Kunst und KI, wie die Verwendung von KI-Verfahren und KI-Systemen als Werkzeugen zur Produktion von Kunstwerken. Beispielsweise kann man genetische Algorithmen oder konnektionistische Lernalgorithmen verwenden, um mit ihnen Bilder herzustellen. Ein KI-Verfahren kann genauso ein Werkzeug zur Produktion von Kunstwerken wie früher ein Pinsel, ein Bleistift, die Finger oder eine Videokamera sein. Aus anwendungsorientierter Perspektive wird dieser Entwicklung eine große Bedeutung zukommen, auch wenn das einigen philosophischen Blubberblasenproduzenten sicherlich nicht in den Kram paßt. Doch die akademische Philosophie hat ja sowieso fast alles verpennt, was in der neueren Kunstgeschichte so passiert ist, und, was noch schlimmer ist, sie versteht es einfach nicht. Nicht umsonst ist die bildende Kunst reflexiv geworden, sind Künstler ihre eigenen Metatheoretiker. Ein interessantes Forschungsthema der Zukunft werden z. B. KI-Systeme sein, die mentale Prozesse des Menschen beim Produzieren und Verstehen von Kunstwerken modellieren. Das ist schon allein deswegen hochinteressant, weil hierzu die Modellierung kreativer Denk- und komplexer Verstehensprozesse gehört, wenn beispielsweise ein KI-System ein Bild oder einen Film sehen und verstehen soll, wie das bislang nur Menschen konnten. Das alles wird auch dazu führen, daß die KI-Systeme selbst die soziale Rolle des Künstlers übernehmen. Die Roboter, die vor einigen Jahren in Japan gebaut wurden und einfache Portraits zeichnen können, sind eine embryonale Vorform solcher Künstler. Visualisierung und Imagination stehen für eine weitere Entwicklung, wo KI und Kunst sich produktiv beeinflussen und konvergieren werden. Die Modelle in den Naturwissenschaften wurden so komplex, daß die Erkenntnis jetzt visualisiert, in Bildern dargestellt werden muß. Damit macht die Naturwissenschaft genau das, was Künstler schon immer gemacht haben. Mit der wachsenden Bedeutung der Bilder werden auch Imaginationen immer wichtiger. Aus KI-Systemen werden Imaginationsmaschinen, die nicht nur komplexe Erkenntnisse in einer intelligenten Weise visualisieren und als Bilder oder Animationen darstellen, sondern auch Maschinen, die an Imaginationen gebundene intelligente Leistungen, z. B. bei der Gestaltung komplexer Systeme, effizient unterstützen. In bezug auf den Menschen sind solche Systeme Imaginationstrigger, sie unterstützen und erweitern deren imaginative Fähigkeiten. Begreift man die Geschichte der Kunst als visuelle Erkenntnisgeschichte, so erhält die Erkenntnisfunktion der Kunst durch diese Entwicklung wieder einen zentralen Stellenwert, der ihr in den Jahren harter Kommerzialisierung schon weitgehend abhanden gekommen ist.

Eine Attraktion auf dem Gebiet der computerunterstützten Systeme ist der Cyberspace oder die Virtuelle Realität, wo man eine simulierte 3D-Umwelt betreten kann. Man könnte sich vorstellen, daß man diese virtuellen Welten nicht nur als skulpturale oder architektonische Umgebung gestaltet, sondern daß man für sie auch virtuelle Lebewesen entwirft, die mit KI-Systemen ausgestattet sind, die also relativ autonom diese virtuellen Welten erkunden können. Die virtuellen Welten können auch ganz anderen Gesetzen unterstehen als unsere physikalische Welt. Ist für die Gestaltung solcher virtuellen Welten nicht auch die Ästhetik besonders wichtig?

Ich denke, daß die Gestaltung solcher virtuellen Welten eine höchst interessante künstlerische Aufgabe ist. Genaugenommen haben das Künstler ja schon immer gemacht, schließlich ist auch die VR-Technologie zum großen Teil von Künstlern erfunden worden. Künstler waren schon immer Schöpfer virtueller Welten. Durch Kombination und Integration von VR- und KI-Technologie ist es prinzipiell möglich, die gestaltbaren Bereiche in einer ungeheuren Weise zu erweitern. Das fängt beim Gestalten von den Körpern an, in denen man in virtuellen Welten agiert, und geht hin bis zum Gestalten intelligenter Akteure, neuer Weisen sozialer Interaktion und ganz allgemein neuer Welten. Die Künstler der Zukunft werden also nicht nur Objekte ohne Eigenintelligenz gestalten, wie z. B. virtuelle Architekturen oder komplexe dreidimensionale Gebilde aus Tönen, sie werden auch Kognition und mentale Prozesse, soziale Systeme, evolutionäre Prozesse, alle Arten von selbstorganisierenden Systemen und allgemein alles gestalten, was Bestandteil einer Welt sein kann. In der Kunst hat das als Idee eigentlich eine lange Tradition. Ich möchte hier nur auf Daidalos und Leonardo verweisen. Künstler der Zukunft werden neue Welten erschaffen und gestalten. Sie werden nicht mehr den Unterschied zwischen Kunst und Wissenschaft machen, weil es den nicht mehr gibt bzw. weil es keinen Sinn mehr macht, eine solche Unterscheidung zu treffen. Schwachsinnig wäre es, wollte man Künstler darauf reduzieren, sozusagen als Fachidioten für die Behübschung virtueller Welten zuständig zu sein. Es ist schon schlimm genug, daß sich viele Künstler in dieser Welt auf eine solche Funktion reduzieren lassen.

DETLEF B. LINKE

Neurologie des Fernsehens

Die Metaphern der Optik, mit denen sich das neuzeitliche Subjekt einen perspektivischen Ruhepunkt zuzuschreiben versuchte, werden von den Medientheoretikern und von den Medien selber auf vielfältige Weise durchquert, verdoppelt, übersteigert, beschleunigt und aufgelöst. Das 17. Jahrhundert stellte der Perspektive des Subjekts den Spiegel vor und ermöglichte damit die mächtige Metapher der Reflexion, der Rückkehr des Subjekts in sich selbst. Diese Spiegelung schien sicherer als jene des Narziß in der Quelle, dem die Folie hinter dem Glas den Absturz in die Tiefen verhindern sollte. Die Metaphern der Medienwelt gehen über eine Aufhebung dieser Spiegelung weit hinaus. Sie können auch nicht mehr ohne weiteres als ein Spiegelspiel aufgefaßt werden, in dem alle Momente sich einander zufügen. Die Grundversuche der Optik sind verlassen worden und die Metaphern steigen selbst aus dem Unanschaulichen.

Entscheidend ist, daß das Subjekt nicht nur einer Bilderflut gegenübersteht, sondern nun bei der Deutung seiner selbst sich auf eine Mannigfaltigkeit optischer Metaphern einläßt. Es deutet sich nicht mehr vom Auge her, das einer einfachen Optik zugänglich ist, sondern vom Gehirn her, für das nur höchst komplexe optische Metaphern brauchbar sind. Goethe müßte heute den Satz »Wär nicht das Auge sonnenhaft, wie sollt es denn die Sonn' erkennen!« umformen in »Wär das Hirn nicht sonnenhaft, wie sollt es denn die Sonn' erkennen!« Bis vor kurzem hat das Subjekt sein Gehirn nicht betrachtet. Es erfuhr sich als außerhalb der vielfältigen, z. B. sensomotorischen, Regelkreise stehend. Handlungen wurden als der Biologie entgegenstehend gedeutet. Dem Organismus wollte man häufig nur die Rezeptionsseite zugestehen, die man mit der Physiologie der peripheren Sinnesorgane zu erfassen glaubte. Mal abgesehen von der Maschinistik eines de la Mettrie, war in der französischen Tradition wie etwa bei Main de Biran und anders als in der deutschen die motorische Seite des Organismus deutlich in den Vordergrund gehoben worden. Es ist trivial, daß, was man dem Organismus lange Zeit vorenthalten wollte, nämlich die aktive Leistung beim Umgang mit der Umwelt, nun als ein besonderes Kennzeichen des Organismus herausstellen zu wollen. Das Gehirn ist weder allein ein sensorisches, noch allein ein motorisches, noch allein ein sensomotorisches System. Auch wenn man es als geschlossenes System betrachten möchte, muß man erkennen, daß es beim Menschen aufgrund der Fähigkeit der Sprache zu den vielfältigsten Inbeziehungsetzungen in der Lage ist, die ein einfaches sensomotorisches Schema bei weitem übersteigen. Wahrnehmung als Tätigkeit zu interpretieren, ist daher trival. Gerade wenn man die Prozesse des Geistes als Hirnprozesse deutet, muß man erfahren, welche unglaublichen Leistungen dem Hirn zuzuschreiben sind und nicht umgekehrt, in welcher sensomotorischer Minimalität sich der Geist wiederzufinden hätte. Bereits die Aphasieforschung des 19. Jahrhunderts krankte und krankt auch heute noch daran, daß sie die Sprachleistungen in die vorherrschende Dualität von Sensorik und Motorik einzuordnen versuchte. Für den Black-Box-Zugang an das Gehirn, der nur Input- oder Output-Relationen thematisiert, könnte dies noch umgehbar sein. Der Deckel der Black-Box wird mit den bildgebenden Verfahren der Nuklearmedizin und der Neurowissenschaften jedoch geöffnet und das ehedem Unsichtbare wird in Sichtbarkeit verwandelt. Wer stellt sich hinter der Stirn der Freundin oder des Freundes schon ein Gehirn vor? Wir begegnen dem Anderen mit Offenheit oder einem Schema, nicht aber mit der Vorstellung, daß hinter seiner Stirn sich ein konkretes Gehirn befindet. Inzwischen breitet sich dieses bisher eher nur dem Neurochirurgen zugängliche Bewußtsein unter dem Eindruck der explosionsartig sich entwickelnden Neurowissenschaften immer weiter aus. Der Mensch erscheint vielen nun nicht nur nach außen, sondern auch nach innen hin als ein vernetztes System.

Unsere ethischen Grundbegriffe entstammen dem Zeitalter der Subjekts- und Spiegelungsoptik. Der Physik ist es gelungen, die Newtonschen und Galileischen Positionen in ihre erweiterten Vorstellungen als Sonderfall zu integrieren. Für die Ethik scheinen entsprechende Anstrengungen noch erforderlich zu sein. Die weltanschaulichen Auswirkungen der Entdeckung des Gehirns für das allgemeine Bewußtsein sind erheblich. In der bisherigen Schädelleere ließ sich der Subjektpunkt genausogut unterbringen wie in dem Brennpunkt der Augenkammer. Nun wird alles anders. Hermann Cohen, der jüdische Religionsphilosoph und Begründer der Marburger Schule der Transzendentalphilosophie, meinte noch, daß der Mensch insofern Ebenbild Gottes sei, als er Urbild, also Erzeuger von Bildern sei. In dieser Urbildhaftigkeit sei er Gott ebenbildlich, insofern sei er kein wirkliches Bild. Unter den Positronen-Emissions-Tomographen scheint das Anschauungsvermögen jedoch selber anschaulich gemacht zu werden. Es wird erkennbar, in welchem Maß das Denken sich der Mitarbeit bildtragender Zentren bedient. Auf diese Weise könnte sogar das bildlose Denken zu einer Art Bild werden. Die vielfältigen Rückbezüglichkeiten und Rekursivitäten von Denken, Verbildlichen und Darübernachdenken und Wiederverbildlichen machen ein Nachdenken über die Neurologie der Bildlichkeit dringlich, auch wenn diese selber wieder einer »Bildgebung« unterzogen werden könnte.

Aus dem großen Gebiet der neuronalen Ästhetik wollen wir hier nur das kleine Kapitel der Neurologie des Fernsehens etwas eingehender betrachten. Dabei sei aus den Modellen des Gehirns ein solches ausgewählt, das noch einen deutlichen Bezug zur Organisation des Auges aufweist, nämlich die Akzentuierung der Zuordnung peripherer Sehfelder zum Stammhirn und des zentralen Sehens zum Großhirn. Unser Sehen weist in der Mitte die größte Schärfe auf, während das Detailauflösungsvermögen zum Rande des Sehfelds hin geringer ist. Dem entspricht die Aufgliederung der Netzhaut in die Fovea, also die Grube, und den übrigen Teil. Die Fovea kann als die Stelle angesehen werden, die das Ojekt-Sehen ermöglicht. Es ist die Grube, in die der Gegner hineinfällt. Das Gehirn besitzt Aufmerksamkeitsmechanismen, die es gestatten, die höchste Aufmerksamkeit durchaus auch auf andere Sehbereiche als jene der zentralen Fovea zu lenken. Gewöhnlich werden die Augen jedoch so ausgerichtet, daß der Gegenstand mit dem Mechanismus des besten Auflösungsvermögens, der Fovea, fixiert wird. Die Fasern des Sehsystems leiten die in der Netzhaut umcodierten Impulse in die Sehzentren des Großhirns und des Stammhirns. Im Stammhirn, in der Vierhügelplatte des Mittelhirns, erfolgt eine Verschaltung der Sehinformation für orientierende Kopf- und Augenbewegungen. Besonders an den Rändern, in der Peripherie des Sehfeldes, liegen die Informationen, die für orientierende Körperbewegungen verarbeitet werden. Die bevorzugte Umschaltung der in den Außenrändern des Sehfeldes ihren Ursprung nehmenden Fasern in das Stammhirn ist evolutionär von großer Bedeutung. Von der Seite kommt der unerwartete Feind, das unerwartete Ereignis, dem mit Fluchtreaktionen oder zumindest mit schneller Kopfzuwendung und Fixierung begegnet werden muß. Die Sehfeldränder ziehen Aufmerksamkeit im Falle von plötzlicher Bewegung auf sich. Die Aneignung einer plötzlich bedeutsamen oder gefährlichen Situation erfolgt von den Seitenräumen unserer Erfahrung her. In der Mitte liegt das, aus dem nicht das Unerwartete kommt. Beim Fernsehen ist es anders geworden. Hier ist mein Blick schon auf die Stelle gerichtet, aus der die »Gefahr« kommt, die plötzlich und unerwartet sein soll. Die Überraschung ist keine mehr. Die Plötzlichkeit erfaßt das Stammhirn höchstens im Nebenschluß, nach dem das Detail-Analysesystem des Großhirns schon längst darauf ausgerichtet ist. Die Reihenfolge der Apperzeption ist geändert. Eine Aneignung der Situation oder, umgekehrt, eine Übereignung in die Situation ist nicht möglich, da das Stammhirn-Eigene nur auf Umwegen ins Spiel kommt. Anders als bei Breitwandfilmen und im Theater sind sogar kleine Kopf- und Augenbewegungen überflüssig.

Es reicht nicht aus, diese Situation als eine bloße Verdoppelung der Realität, als deren Simulation, als Schein, zu beschreiben. Auch die Auflösung der Unterscheidung von Sein und Schein, von Wirklichkeit und Virtualität erfaßt das Geschehen nicht ausreichend. Bezieht man sich auf das Abbildungsmodell der Wahrheit, so kann man, wenn man das Gehirn ins Spiel bringt, grob vereinfachend zumindest zwei Systeme, das des Großhirns und das des Stammhirns, unterscheiden. Das Fernsehen stellt nun nicht einfach eine Verdoppelung der Wirklichkeit dar oder eine zusätzliche Möglichkeit, sondern es erscheint in der Gestalt der alten Wirklichkeit, allerdings in Umkehrung der Zuordnung zu den beiden »Hirnschubladen«. Die plötzlich in das Sehfeld tretende Bewegung ist nicht verschwunden, aber sie entspringt in der Mitte. Am Rande hingegen geschieht gar nichts. Es sei denn der Lebenspartner reicht einem Chips oder die Bierflasche ins Sehfeld. Die Zentren, welche für die Wahrnehmung von Gefahr von der Evolution an uns überkommen sind, registrieren den Partner auf dem Sofasitz neben uns. Wir sitzen einander nicht mehr gegenüber. Angesichts des Fernsehens sind die »wirklichen« Menschen höchstens Nebenmenschen. Was aber aus der Mitte entspringt, ist gefahrlos geworden. In Umberto Ecos *Der Name der Rose* war das Eindringen in die Mitte noch verwehrt. Beim Schritt in die Mitte des Mandalas, in den innersten Turm des Kastells, brach das Feuer aus. Heute findet der Dauerblick in die Mitte des Vulkans im Wohnzimmer statt. Das Feuer ist gezähmt, die Energie des Seelenkerns der zivilen Nutzung zugeführt.

Television ist eine Inversion. Das, was im Alltag die Orientierungsbewegung erzeugen würde, gelangt in die Zentren der Detailanalyse. Das laterale Sehfeld hingegen bleibt beruhigt, es sei denn mehrere sitzen vor dem gleichen Fernseher. Dies aber muß alte Flucht- und Abwehrinstinkte wachrufen. Das Ergebnis ist, daß jeder am liebsten mit seiner eigenen Kiste auf sein Zimmer geht. Großhirn und Stammhirn sind keine symmetrischen Schubladen. Entsprechend ist auch die Inversion asymmetrisch. Die Beschreibungen der Auswirkungen des Fernsehens verblieben zumeist in den Dichiotomien der alten Metaphysik. An die Stelle des Seins ist aber nicht einfach die Bewegung getreten, denn die Bewegung tritt als eine nichtbewegende, ja, nahezu bewegungslose auf. Das Fernsehen suggeriert, daß es so leicht sei, die alte Ontologie des Seins zugunsten größerer Bewegtheit zu verlassen. Stattdessen übertrumpft es jeden Aristotelismus mit der Präsenz des unbewegten Bewegers in einem jeden Wohn- und Studierzimmer. Nein, nicht der Fernseher ist der unbewegte Beweger, nein, auch nicht der fälschlich sogenannte »Zuschauer«, auch nicht das Nichts, das sich über eine Videokamera im Fernseher selbst betrachtet. Das geschlossene System von Mensch und Maschine gibt eine Ahnung von dem, zu was der unbewegte Beweger wirklich geworden ist: zu der zum weiten Regelkreis entleerten *causa sui*, allerdings mit einem infiniten Inversionsschritt zwischen Bewegtem und Unbewegtem, zwischen Plötzlichkeit und Erwartetheit, der damit unaufhörlichen Erzeugung des »Neuen«.

Und wo bleibt die Wirklichkeit? Wirklichkeit ist dort, wo ich sterben kann. Aber eben dies fasziniert uns ja an den virtuellen Welten, daß wir aus ihnen wieder lebend heraussteigen. Den Tod sehen, ohne sterben zu müssen, Fernsehen ohne Leib, ist das nicht schon eine kleine Unsterblichkeit, eine Transformation des Todes? Vielleicht. Solange man nicht zur Seite blickt. Bis dahin bleibt er im »Neuen« ungesehen oder *»umgesehen«*, also ungeschehen.

Konturen einer Medienwissenschaft

*Du hast nach Paul Virilio den vom ZKMverliehenen Medientheoriepreis 1993
erhalten, der ja nicht nur auf die Ästhetik und die Theorie der Medienkünste
ausgelegt ist, sondern auch Denkern verliehen wird, die Grundlagen oder
wichtige Akzente der allmählich erst entstehenden Medientheorie setzen. Du
hattest bis vor kurzem eine Professur für Literaturwissenschaft inne, bezeich-
nest dich aber eher als Medienwissenschaftler. Warum sollte man denn aus
deiner Perspektive die herkömmlichen Geisteswissenschaften mehr auf der
Basis einer Medienwissenschaft fundieren? Recht provokant hast du ja im Sinne
dieser Programmatik einmal ein Buch mit dem Titel »Austreibung des Geistes
aus den Geisteswissenschaften« herausgegeben.*

Biographisch war schon die Literaturwissenschaft ein Versuch, die Füße auf
den Boden zu kriegen. Ich hatte zunächst Philosophie studiert, und just in dem
Moment, als mich der Auftrag ereilte, über Hegels Ästhetik zu promovieren,
kam mir der entsetzliche Gedanke, daß es vielleicht gar keine Gedanken gibt,
sondern nur Wörter. Der Schritt aus der Philosophie in die Literaturwissenschaft war also schon der Abschied vom idealistischen Traum, sich selbst beim
Denken beobachten zu können, und der Versuch, Wörter als ein Medium zu
begreifen, das es gibt und das positive Effekte ausübt. Damals gab es ja bereits
Leute wie Gregory Bateson, die zur Begründung einer Kommunikationstheo-
rie des Sprechens und Schreibens auch materielle Wirkungen einbezogen. Es
gab Jacques Lacan, der den Signifikanten in seiner Materialität beschrieben und
das Operieren des einzelnen Wortes, der einzelnen Silbe oder auch des einzelnen Buchstabens mit der Anordnung der Schreibmaschinentasten oder der
Buchstaben im Setzerkasten verglichen hat. In Frankreich und in den USA
bestanden also schon Theorien, die sich der Materialität, der Verankertheit von
Texten zugewandt hatten. Biographisch war nur noch Kalifornien notwendig,
um diese Literaturwissenschaft angesichts der Konfrontation mit Silicon Valley
dann versuchsweise auf eine Medienwissenschaft zu erweitern, die noch nicht

gleich Computerwissenschaft war. Insgeheim habe ich damals zwar Transistoren und integrierte Chips zusammengelötet, was sich aber nur schwer mit der Literaturwissenschaft verbinden ließ, die mir vorschwebte. Dagegen war das pure Faktum, daß ich damals alles auf der Schreibmaschine schrieb und daß viele interessante Texte seit 1890, beginnend bei Nietzsche, auf der Schreibmaschine entstanden, der Ausgangspunkt meiner Mediengeschichte und -theorie.

Der Übergang von der Philosophie und auch noch der von einer Literaturwissenschaft zu einer Medienwissenschaft besteht wohl auch darin, nicht mehr primär davon auszugehen, daß der Sinn gewissermaßen die Buchstaben und Wörter bedingt, sondern daß man eher von den Strukturen und den materiellen Bedingungen eines Mediums ausgehend versucht, die Sinneffekte zu beschreiben. Das ist ein völlig anderer Ansatz, als wenn man nur Texte interpretiert. Man geht von der Semantik zur Syntax.

Meine wissenschaftlichen Hilfskräfte wollen ja ans Bochumer Büro immer schreiben: semantikfreier Raum. Die pädagogische Zumutung der damals üblichen Hermeneutik, nämlich daß man Texte immer als Sinntransportpotentiale für angehende deutsche Untertanen, Bürger und Beamte benutzte, war natürlich die Front, gegen die »Austreibung des Geistes aus den Geisteswissenschaften« geschrieben wurde. Sobald die Semantik eingeklammert ist – ganz eliminieren kann man sie ja weder methodisch noch theoretisch –, und man sich statt dessen fragt, was denn beschreibbar ist, kommt man selbstverständlich zur Syntax im Sinn von Materialität. Wahrscheinlich gibt es keine Syntax, die nicht irgendwo als Maschine funktioniert. In der Syntax von Computern schreit das zum Himmel, weswegen man diese Frage reluzent an das Funktionieren von Sprachen und damit an die Geschichte zurückstellen kann. Die Technikentwicklung ist deshalb keine Ablösung oder Ermordung alter Medien durch neuere, sondern eine Akzentverschiebung. Vom Drinsein in der Semantik, das man als Interpret noch verstärkt, um schließlich zum Prediger zu werden und sie lauter als andere allen vorzubeten, geht man zu einer Syntaxbeschreibung von außen über. Hier eröffnen gerade die technischen Medien in ihrer avancierten Form, in der die Syntax auf der Hand liegt, die Chance, sie als Modelle zur Beschreibung für vorhergehende Medien zu benutzen, die bislang weitgehend nur auf ihre Inhalte hin gelesen wurden. So wie die Dekonstruktion, wie Derrida sagt, ohne Computer nicht denkbar ist, so hängt die Medientheorie davon ab, daß uns die Medientechniken und ihr ingenieursmäßiger Entwurf genauere Begriffe zur Verfügung stellen. Damit entsteht eine Theorie nicht wie eine philosophische Theorie im luftleeren Raum, wenn sie sich angeblich selbst durch einen Akt vom Typ der kopernikanischen Wende begründet. Die Medientheorie ist eine abhängige Variable von dem, was sich in den Ingenieurswissenschaften tut, seit die Ingenieure nicht nur Dampfmaschinen bauen, sondern auch Geräte zur Kommunikation, zum Rechnen und letztlich auch zur Künstlichen Intelligenz. Wenn man diese Dankesschuld gegenüber den Informatikern oder Hardware-Entwicklern einräumt, also etwa einen Begriff wie Rauschen oder Rauschabstand als gute Beschreibungsmöglichkeit für alle möglichen Sinn- und Kommunikationseffekte benutzt, stellt sich natürlich die Frage, warum man noch eine Mediengeschichte und -theorie im Unterschied zu den Ingenieurswissenschaften von denselben Gegenständen betreiben kann. Man könnte ja sagen, daß wir eben zu Ingenieuren werden und alles so beschreiben sollen, wie sie es beschreiben. Ich wünsche mir dagegen, daß es eine Geschichte und auch eine Theorie des Computers geben kann, die nicht selber Computerwissenschaft wäre, oder auch eine Geschichte und Theorie des Radios, die selber nicht einfach Radioengineering wäre. Wozu aber braucht man das eigentlich? Wahrscheinlich, um den furchtbaren Abstand auszufüllen, der sich zwischen der stummen und auch geschichtslosen Technologie auf der einen Seite und den Benutzern auf der anderen Seite auftut.

Die Medienwissenschaft wird im Augenblick erst in den Universitäten etabliert, und sie hat, wie immer, die Schwierigkeit, ihren Gegenstandsbereich zu definieren, also das, was ein Medium ist. Wenn man allgemein sagt, ein Medium sei etwas, womit Information übertragen, gespeichert und/oder verarbeitet werden kann, dann wäre bereits unser neuronales Netz im Gehirn ein Medium. Wo setzt man denn sinnvollerweise den Begriff des Mediums an? Sollte eine Medienwissenschaft sich streng auf die technische Medien beschränken, was dann ja auch die verbale Sprache ausschließen würde?

Ich habe nie große psychologische oder physiologische Interessen gehabt, weswegen ich sowohl das Nervensystem als auch die sensorischen und motorischen Apparate ausschließen würde. Als guter Hegelianer und Foucaultianer schlägt man sich nicht mit Einzelwesen, sondern immer mit Kulturen und deren Systemen herum. Das Basismedium von Kulturen ist zwar die natürliche Sprache. Nur fällt es schwer, sie als Medium zu begreifen, wenn sie wie in der philosophischen Tradition als Trübung oder Abschwächung einer sprachlosen Erkenntnis verstanden wird. Der älteste Medienbegriff, den Thomas von Aquin in Paraphrase des Apostels Paulus gebraucht hat, lautet ja, daß wir Gott jetzt, nämlich auf Erden, durch ein Medium sehen und dann, nämlich als Auferstandene, von Angesicht zu Angesicht. Dagegen muß ein nicht philosophischer Begriff von Sprache davon ausgehen, daß gesprochene Sprache ohne das Hinterlassen von Spuren, also ohne Aufzeichnungstechniken – von Kritzeleien bis hin zum Alphabet – nicht das wäre, was sie ist, daß sie also selber wie eine Technik prozediert. Sprache würde wahrscheinlich sofort vergessen, wenn sie auf der Welt nicht in Materien repräsentiert wäre.

Was verstehst du unter der Materie der Sprache oder von anderen Zeichensystemen? Ist Materie das, worauf und womit man Zeichen notiert? Man könnte ja auch sagen, daß Sprache und Schrift sich ins Gehirn eintragen und dort zu Veränderungen der materiellen Architektur des neuronalen Netzes führen. Du würdest aber wohl meinen, wie ich dich verstanden habe, daß die Medienwissenschaft eigentlich mit der Schrift einsetzt, die die mündliche Sprache notiert und speichert, wodurch sie sich aber auch wieder rückwirkend transformiert?

Wenn man Medium nicht hirnwissenschaftlich begreift, dann scheint mir das der redlichste Ansatz zu sein. Man kann dann auch wirklich darüber staunen, daß die Alphabetzeichen keine Notation der Phoneme sind, aber auch darüber, daß die Griechen dasselbe Wort stocheion für Buchstabe und Element benutzten. Das ist die Stelle, wo jede Form notwendig als materialisiert gedacht werden muß, also anders herum als im alten aristotelischen Beispiel von dem vorgängigen Eidos oder Telos, von dem her erst eine formlose Materie geprägt wird. Seit Saussure haben wir diesen Denkansatz wohl endgültig hinter uns gelassen. Es gibt keine Form, die sich nicht in der Materie realisieren würde, und es gibt keine Materie, die nicht eine ihr zugeordnete Form hätte. Insofern ist der griechische Begriff stocheion, der gleichermaßen Buchstabe und Element bedeutet, sehr gut, denn damit könnte man aus dem alten Dilemma von idealistischen und materialistischen Reduktionismen herauskommen.

Du hattest vorher auf die Schreibmaschine hingewiesen, auf der viele Texte bis vor kurzem produziert wurden. Wäre denn die Überwindung des Dualismus in deinem Sinne so zu verstehen, daß neue Techniken wie die Schreibmaschine oder der Computer auch unmittelbar zu neuen Textformen und überdies zu neuen semantischen Effekten führen? Wie hat sich beispielsweise die Schreibmaschine auf die Literatur ausgewirkt?

Das könnte man schön anekdotisch beschreiben. Es entsteht eine ganz andere Ordnung auf dem Papier. Sie ist zwar nicht ganz neu, weil sie bereits in der Druckerpresse seit Gutenberg hergestellt wurde, aber doch von anderen Leuten als denjenigen, die das Manuskript lieferten. Durch das Keyboard der Schreibmaschine wird schon der Akt des Schreibens anders zerhackt und anders analysierbar für den, der schreibt, als wenn man mit Tinte die fließenden Kringel und Girlanden einer Handschrift malt. Sobald die Schreibmaschine da ist, schreiben auch die Philosophen mit ihr und explizit über sie, und sofort entstehen auch die berühmten Worte mit Bindestrichen, die bei Nietzsche beginnen und bei Heidegger ihren Paroxysmus finden. Es gibt keine Analyse, die man nur im Kopf machen kann, alle Analysen setzen die Unterfläche einer Materie voraus, auf der getrennt werden kann. So wie William Burroughs die Technik des Cut-up im Material des Tonbands finden mußte, so ist die Zerlegbarkeit von Sprache in Elemente immer das Ergebnis einer materiellen Operation mit ihr. Die Schreibmaschine hat vermutlich nicht sehr viel am Duktus der hohen Literatur verändert, aber sie hatte etwa diesen sozialen Seiteneffekt, daß sie die Frauen, die vorher in Deutschland bestenfalls anonym geschrieben hatten, als Sekretärinnen und später Schriftstellerinnen in das Produktionssystem von Literatur hineingespült hat. Ich wollte in meinem Buch die Schreibmaschine auch nicht als eine Basiserfindung einführen, sondern sie in den Kontext der beiden Konkurrenzerfindungen Film und Grammophon stellen, die der Schrift nur diesen Raum schreibmaschineller Aktivität übriggelassen hatten. Sowohl die optischen als auch die akustischen Suggestionen von fiktionaler Sprache, also daß man das, was man liest, auch sehen oder hören könnte, wurden durch technisch-materielle Realisierung dieser optischen und akustischen Datenströme überflüssig. Deshalb habe ich versucht, eine Triade von Techniken zu beschreiben, die einander bedingen und verändern. Bei Basistechnologien wie dem Computer ist der Bruch deutlich zu bemerken, bei Techniken wie der Schreibmaschine sollte man sehen, daß sie im Kontext anderer Technologien eine neue reduziertere und strengere Form der Schrift mit sich brachte. Die Analogmedien haben im 19. Jahrhundert uns all das zugänglich gemacht, was vorher nur die Wirklichkeit war, aber nicht prozedierbar gewesen ist.

Der digitale Computer vermag ja nun, die Analogmedien in einen Medienverbund auf der Basis des digitalen Codes zusammenzuführen, der früher nicht möglich war. Die herkömmliche Ausdifferenzierung der Medien und damit auch der Kunstgattungen bricht damit zusammen. Beim Film etwa blieben Ton- und Bildspur getrennt, während man jetzt ursprünglich optische Signale auch in auditive und umgekehrt verwandeln könnte.

Die analogen Medien haben auch enorme Probleme der Standardisierung geschaffen. Die Entstehung des Tonfilmes hat sehr lange gedauert und nur gezeigt, daß eine einfache Kopplung von Grammophon und Film, wie sie schon

Edison erträumt hatte, wegen praktischer Probleme vor die Hunde ging. Es mußten erst lauter einzelne Standards, deren Inbegriff natürlich der digitale gewesen sein wird, definiert werden, um mühsamst einen analogen Medienverbund aufzubauen.

Der Computer mit seinem digitalen Code und seinen Schaltkreisen integriert also alle bisherigen Analogmedien. Du behauptest gelegentlich, daß dadurch der alphabetische Code vom numerischen Code unterhöhlt würde, daß Schrift und Sprache nicht mehr ausreichten, um die Wirklichkeit des digitalen Zeitalters zu erfassen.

Ja, das haben wir von Vilém Flusser gelernt.

Welche Konsequenzen hat das? Müssen wir nun alle auch zu Mathematikern und Ingenieuren werden, um auf der Höhe unserer Zeit zu stehen, um als Philosophen oder Kunstwissenschaftler überhaupt noch Sinnvolles sagen zu können?

Es spricht viel dafür, daß man die Dinge nicht mehr nur von der Programmoberfläche beschreiben kann. Man kann wohl als Fernsehkritiker sich nicht nur das Programm intensiver als andere anschauen. Diese Art Medienkritik kennen wir und ihren ebenso moralischen Anspruch wie das klägliche empirische Scheitern, diesen erhobenen Anspruch, spätestens bei RTL, dann auch einzuklagen. Das heißt wohl auch, daß mit dem guten Zureden, wozu diese Beschreibungen neigten, nicht viel gesagt ist. Allerdings muß ich betonen, daß ich innerhalb der Mediengeschichte und -theorie ein wenig einseitig den technologischen Unterbau betone. Daher bin ich natürlich froh, wenn andere wirklich gute Programmanalysen machen. Dennoch wünsche ich mir, daß eine Medientheorie aller möglichen Codes geschaffen würde, nicht nur des alphabetischen und alltagssprachlichen Codes, weil solche Grundprobleme wie die Frage, was es heißt, etwas aufzuschreiben, sich für die mathematischen Codes genauso stellen. Dazu kann man aus der historischen Perspektive viel sagen, was den Mathematikern erst ganz langsam dämmert. Turing hat das Programm David Hilberts, auch und gerade weil er eine seiner wesentlichen Hypothesen widerlegte, ernstgenommen. Aus dieser Widerlegung im Geist Hilberts ist dann erst der Computer als technisches Gerät entstanden. Schon Hilbert hatte den Geist aus der Mathematik herausgetrieben, wenn er sagte, daß die Mathematik aus formalen Zeichen besteht, die auf Papier von Menschen und/oder Maschinen nach strengen Regeln hin- und hergeschoben werden. Die Frage war dann eben, ob wir alle mathematischen Regeln auf diese mechanische Weise begründen können. Plötzlich also verwandelte sich die spirituellste Wissenschaft, deren Platonismus tief verwurzelt war, bei Hilbert in einen schieren Anti-Platonismus. Dann muß es möglich sein, über historische Abfolgen der Zeichenartigkeit von mathematischen Gebilden zu reden, aber auch davon, wie sie durch die Abkopplung von jeder Sprechbarkeit ihre Macht so entwickelt haben, daß die Dichter und Alltagssprachler dagegen leicht beschränkt aussehen. Übrigens – um auf deine Frage zurückzukommen – forderte bereits die platonische Akademie, daß keiner in sie eintreten durfte, der nicht Geometrie beherrschte. Das ist also kein neuer Konflikt. Ein Punkt, den Flusser allerdings nie beschreibt, ist die mathematische Lust an Zeichen in allen Farben und Lebenslagen. Flusser sagt ja, daß zu Beginn in jeder Schrift Alphabet und Ziffernsysteme beieinanderliegen, daß aber seit der Renaissance sich die Ziffern als mächtiger erwiesen haben als die Buchstaben einer sprechbaren Sprache. In Europa war es aber dann so, daß unsere Mathematik nicht mehr eine der Ziffern, sondern eine der algebraischen Zeichen ist, die Vieta eingeführt hat. Hier werden bekanntlich anstelle der Ziffern wieder die Buchstaben des Alphabets eingesetzt. Dieser Zugriff auf ein Repertoire, das man seiner traditionellen Funktion völlig enteignet und nur noch als mapping für das Zahlenmedium benutzt hat, ist ein geschichtlicher Riß in der Mathematik, der die griechische von der modernen so radikal trennt, daß man sich foucaultanisch und medienhistorisch fragen muß, was eigentlich Vieta zu dieser Ersetzung gebracht hat. Es deuten einige Spuren darauf hin, daß er im Postsystem und damit im Geheimdienst seines Königs engagiert war, daß er also eine Stelle innehatte, wo Kryptographie, Macht, Mathematik und Post vielleicht doch so zusammengehen, daß die Frage der Mediengeschichte eigentlich die Frage nach Machtsystemen ist. Die Frage der Medientheorie bestünde eher in der nach allgemeinen Eigenschaften von Sytaxen und deren Implementierung in Zeichensystemen.

Ich will jetzt aber doch noch auf die Frage nach einer Medienästhetik zu sprechen kommen, da der Preis ja nicht im Kontext der Post, sondern in dem der Kunst verliehen wird. Wenn man von Techniken der Speicherung und Prozessierung von Zeichen auf einer materiellen Basis ausgeht und versucht, dies machtgenealogisch zu beschreiben, wie ließen sich dann daraus Kriterien für künstlerische Produktionen ableiten? Was könnte man davon haben, die Künste auf der Basis der von dir umrissenen Medientheorie und -geschichte zu analysieren? Nehmen wir vielleicht als Beispiel irgendein Programm, das auf dem Computer läuft.

Die vorherrschende Meinung im Moment ist ja, daß alles durch Softwareemulationen gemacht werden kann. Im Prinzip ist das auch wahr, nur setzt man dann eine unendlich lange Lebenszeit von Technikern, Wissenschaftlern oder Künstlern voraus. In einer Welt von begrenzten Ressourcen, wie die Physiker sich neuerdings so charmant ausdrücken, sind auch alle Maschinen solche mit begrenzten Ressourcen. Wir können uns genausowenig eine ideale Turingmaschine wie eine ideale Tafelbildmalerei ausdenken. Der Übergang zu den Ölfarben etwa hat die Inhalte der Malerei revolutioniert. Von der Hardware hing ab, welche Typen von Bildern gemacht werden konnten. Wenn man die Projektionsgeometrie, die der Perspektive zugrundeliegt, als durchgerechnete Hardware der Renaissance versteht, dann ist es das Modell, in das seitdem alle Bilder eingingen. Alle Bilder gewannen dadurch eine Qualität, die zur Frage führt, warum die Ägypter und Griechen sie nicht hatten. Selbst wenn in Pompeij perspektivische Fakten berücksichtigt wurden, so hatte man doch keine Perspektive konstruiert, bevor man das Bild malte. Das gilt jetzt alles natürlich nur für die Stills. In der Perspektive der Computergrafik würde sich der Computer dann nur zu den vorhergehenden Bildern als deren Technisierung und Radikalisierung verhalten, ähnlich wie die Renaissancemalerei zur Malerei vorher. Der Film hatte dann die Bewegung auf der zweidimensionalen Fläche ermöglicht, die zuvor von keiner Kunst erreicht werden konnte. Aber der Film blieb der passiven Rolle der Abbildung verhaftet, während die computergenerierte Graphik, die in der Zeit abläuft, nur von einer phantastischen Hardware produziert werden kann, die imstande ist, das Gefilmte in Echtzeit zu simulieren. Das ist der Salto, vor dem wir atemberaubt stehen.

Bei meinen bescheidenen Raytracern zuhause wird zwei Millionen Mal pro Pixel auf dem Bildschirm eine Rekursion angesetzt, damit das farbige Ergebnis dann z.B. einigermaßen wie eine Meereswelle aussieht. Zwei Millionen Berechnungen mit 19 Dezimalstellen hinter dem Komma, das mache man einmal als Maler für jeden einzelnen Bildpunkt – und das Ganze noch einmal alle 24stel Sekunden, um Echtzeit zu erreichen! Hier sind die Hardwarestandards so unfaßlich klar. Ästhetische Phantasie spielt dann schon hinein, wie man derartige Rechenkapazitäten benutzt. Die Naturwissenschaftler machen das, um etwa Wasserwellen so genau wie möglich zu simulieren und dadurch herauszubekommen, wie die Erosion an Küsten abläuft. Künstler können fiktive Wässer erzeugen. Die Spielräume sind immens, wobei die Sache immer nur spannend als Prozeß wird, denn als Standbild ist das trostlos und gemahnt an die schlechteren Varianten, die Magritte im Lauf seines Lebens aufs Bild gebracht hat.

Man hat oft den Eindruck, daß viele Computerkünstler vor allem Demonstra-tionen machen. Sie dürfen an die teuren Geräte heran und führen dann die möglichen Effekte vor, die man dann noch schnell in eine Geschichte einpackt. Oft jedenfalls benutzen Künstler nur Hardware und Software, die für andere Zwecke produziert wurden. Bei uns aber kreist noch immer der Mythos, der sich auch in der Geschichte nur selten demonstrieren läßt, daß Künstler Pioniere seien, die neue Wahrnehmungsweisen und neue Techniken erfinden. Bricht denn dieser Mythos, auf dem schließlich auch der Kunstmarkt noch beruht, mit den digitalen Techniken zusammen?

Ich glaube auch nicht, daß es die Autonomie der Künste je gegeben hat. Wenn man daran denkt, daß es die Physiologen waren, die erst einmal klargestellt haben, daß jede mögliche Farbe aus drei Grundfarben zusammengesetzt wer-den kann, und man sich den Impressionismus und Pointilismus anschaut, dann ist die Abhängigkeit der neuzeitlichen Künste von ihr zuvorgehenden Wissen-schaften eigentlich immer schon gegeben gewesen. Seitdem die Wissenschaften selber computergestützt, also Wissenschaft und Technik in einem Atemzug sind, verhalten sich die Technokünstler von heute zu den Computern, an die sie gelegentlich im Namen der Konzerne heran dürfen, genauso wie Impres-sionisten oder raffinierte Soundsucher am Ende des letzten Jahrhunderts zu den Laboratorien, in denen die Meßergebnisse für Farben und Klänge hergestellt wurden. Es ist selber halt wieder ein historisches Faktum, daß der Mythos von der Autonomie der Kunst mit der faktischen Herrschaft von Wissenschaften zusammenfällt, die eben auf dem neuen Code der algebraischen Ausdrücke und mathematischen Verfahren basieren. Früher hat man sich immer verpflichtet gesehen, die Griechen als den höchsten Gipfel der Kunst zu bezeichnen. Auch hier gab es Theorien darüber, was etwa ein Winkel ist, und auch ein Tempel konnte nicht ohne das Wissen von rechten Winkeln gebaut werden, aber die Macht der Tempel diente nicht der Wissenschaft, sondern einer Religion. Daß Kunst in ihrem Innersten etwas mit dem Erscheinen von Macht und ihrem Blenden zu tun hat, ist durch die Zeitläufte hindurch einigermaßen durchhalt-bar. Das wäre deswegen auch gar kein Einwand gegen die Computer- oder Technokünstler von heute. Über den Abgrund zwischen dem, was verborge-nerweise herrscht, und dem, was pädagogisch und moralisch als Alltagssprache zirkuliert, muß wohl eine Brücke geschlagen werden, und es sei als Identifika-tion mit dem Aggressor.

Bösartig könnte man sagen, die Künstler erzeugen die Akzeptanz von neuen Techniken im Alltag oder in der Lebenswelt.

Ich fürchte schon, daß es so ist. Trivialmedien funktionieren auch nicht wesentlich anders. Ich habe manchmal den Verdacht, daß Film und Fernsehen eigentlich nur Handlungsanweisungen für die Benutzung von Medien vermitteln. Viele Amerikaner werden im Film oder Fernsehen gelernt haben, wie man zum Telefonhörer greift, wie man das System Telefonhörer mit dem System Auto-Starten und dem System Vor-der-Ampel-Stehenbleiben koordiniert. Das Fernsehen ist nicht umsonst die materielle Realität des melting pot USA. Amerika entstand als Schmelze solcher gemeinsamen Bilder, die nicht bloß Stereotypen von Menschen sind, worauf sich viele immer kaprizieren. Das läuft viel elementarer, denn alle Techniken und Wissenschaften benötigen Gebrauchsanweisungen. In diesem Bereich zwischen Trivialmedien und Künsten mit all ihren Qualitätsunterschieden spielt sich die Einübung in etwas ab, was das nicht festgestellte Tier Mensch nicht schon an der Wiege mitbekommt.

Du neigst dazu, die technische, wissenschaftliche und kulturelle Entwicklung im Sinne einer Machtverschiebung zu untersuchen. Aus welchen Ursachen entstehen denn solche Verschiebungen, die auch zu neuen Techniken führen? Bei dir scheint wie bei Paul Virilio der Gedanke zu überwiegen, daß Techniken vornehmlich aus strategischen und militärischen Gründen erfunden oder weiter entwickelt werden. Ist das denn tatsächlich ein wesentlicher Ansatz, um die kulturelle und technische Entwicklung überhaupt zu verstehen?

Man weiß, daß ich darin mit Paul Virilio einig bin. Ich weiß zwar nicht sicher, wie weit man dies in die Vorgeschichte und in die alte Geschichte hineinprojizieren kann, weil sich bei Sklavenhaltergesellschaften manche technische Probleme auch militärtechnisch nicht gestellt haben. Mir macht es dagegen überhaupt keine Mühe, seit Napoleon eine Geschichte zu konstruieren, in der zunächst einmal das Telegraphenkabel die Schrift als Befehlsmedium abgelöst hat. Das Handikap des Telegraphenkabels, nämlich daß Feinde es durchschneiden können, führte dann am Beginn dieses Jahrhunderts zur Einführung des Radios und zur Hochfrequenztechnologie überhaupt als neuer Leittechnologie. Auf dieser Basis wurde WK I geführt. Die Verletzlichkeit des Radios, nämlich abgefangen werden zu können, weil es kaum je korrekten Richtfunk gibt und Radio immer ausstrahlt – heißt: der Feind hört mit –, führte dann im WK II zu Turings Entwicklung des Computers, um die radiogesteuerte Wehrmacht zu Boden zu werfen, was ihm auch gelungen ist, indem er alle ihre geheimen Radiobotschaften vom Computer hat entziffern lassen. Die Sequenz Kabeltelegraph-Funktelegraph-Funktelefon-Radio-Computer wäre ein schönes Modell für die modernen Technologien, für das man kein so seltsames

Gattungssubjekt namens Mensch benötigt, das laut Freud oder McLuhan zunächst seine Muskeln, dann seine Sinne und schließlich seine Intelligenz unbegreiflicherweise an Maschinen veräußert hätte. Man hat vielmehr eine klare Eskalationsbewegung, bei der eine Technologie bei einem Feind eine bessere beim Gegner hervorruft. Die Frage ist nur, ob nicht mit den Computern und ihrer technischen Universalität diese Eskalationsgeschichte zu Ende gekommen ist. Manches spricht schon jetzt dagegen, daß der Digitalcomputer das Ende von Geschichte überhaupt einläutet. Im Moment fasziniert mich der Umstand, daß die Physiker mit dem digitalen Computer nicht mehr zufrieden sind. In Los Alamos, also in den amerikanischen Waffenschmieden, gibt es inzwischen Papers, die beschreiben, wie Analogcomputer aussehen könnten, die die Beschränkungen digitaler Computer nicht hätten, wenn man sie bereits bauen könnte. Sie wären der Natur, um deren Berechnung es ja schließlich geht, einfach ähnlicher. Niemand weiß, wie solche Analogcomputer aussehen könnten, aber die Wissenschaftler sprechen von den prinzipiell begrenzten Rechnungs- und Rechnungssteigerungsleistungen jeder digitalen Technologie. Unser heutiger Glaube, daß der digitale Computer der historischen Weisheit allerletztes Wort gewesen sei, trifft vielleicht gar nicht zu. Und die Macht, die als erste über solche Analogcomputer verfügte, würde einen riesigen Vorsprung besitzen.

Eine Frage an einen solchen Ansatz, die bei Foucault ja auch immer erhoben wurde, ist ja die, wie man aus einer Geschichte von Machtformationen, die du gerade als Eskalation beschrieben hast, auch eine kritische Perspektive entwickeln kann, jedenfalls eine, die nicht nur einen Prozeß wie einen Vorgang der Natur beschreibt. Die Geschichte der neuen Medien ist beispielsweise auch umgeben von Utopien, also etwa daß die Massenmedien sich mehr und mehr individualisieren und so einer zentralistischen Macht entgleiten, woraus man beispielsweise den Zusammenbruch der kommunistischen Staaten herleiten wollte. Können aus einer Medienwissenschaft nach deinem Verständnis auch Ansätze für eine veränderte Politik und vielleicht für eine Technologie entstehen, die sich solch einer Eskalationsdynamik entziehen?

Das ist die eigentliche Frage. Als Europäer fällt es einem schwer, eine gute Antwort zu geben, weil die europäische Industrie wenig Anstrengungen macht, um irgendwelche alternativen Modelle zur weltweiten Vorherrschaft amerikanischer Chip-Schmieden zu entwickeln. Ich beschränke mich jetzt einmal darauf, obgleich natürlich etwa die Frage, ob sich das japanische oder amerikanische High-Definition-TV durchsetzt, auch weltweit explosiv ist.

Jeder Standard, der heute in der Unterhaltungstechnik eingeführt wird, ist immer weltweit und hat dadurch auch einen globalen Effekt von Macht für das jeweilige Land mit seinem MITI oder seinem Pentagon. Unter der Voraussetzung, daß alles im Großen und Ganzen digital bleibt – die neuronalen Netzwerke lassen wir jetzt einmal beiseite –, ist auf der untersten Ebene der Computerarchitektur überhaupt nichts, zu rütteln, weil alles optimiert ist. Sobald man dagegen, wie Intel das heute macht, um wieder die PC-Herrschaft zu erringen, 3 Millionen Transistoren auf einem Chip konzentriert, kann nicht einmal mehr der größte der Computer der Welt sagen, ob das nun die vernünftigste, zeitsparendste und eleganteste Lösung des Problems ist. Es können durchaus andere Lösungen möglich sein, deren Realisierung aber viele Millionen kostet, so daß nicht jeder kleine Künstler von uns zum alternativen Chip-Entwerfer werden kann. Man kann zwar als Benutzer zum Hacker werden, aber nicht mehr auf dieser basalen Ebene, von der die Hacker letztlich auch abhängen. Intel beherrscht 90% des PC-Marktes. Wir sind einfach in das Schema dieser bestimmten Architektur als Benutzer hineingespannt, auch wenn es andere Architekturen gibt. Hier könnte man problemlos mit dem Instrumentarium der Medientheorie ganz ruhig und kalt demokratische, bürokratische und totalitäre Entwürfe selbst auf dieser basalen Ebene von Silizium-Entwürfen unterscheiden.

Was sind denn, um ein Beispiel zu besprechen, die Beschränkungen bei einem Intel-Chip?

Es war Intels genialer Streich, die ersten Modelle, die keinen Markterfolg hatten, wieder von 16-Bit-Befehlen auf 8-Bit-Befehle abzuspecken, weil damals, unter der Vorherrschaft des amerikanischen Alphabets, Intel an eine Maschine dachte, die schnell Textverarbeitung machen kann. Es wurden eben damals nur 128 Buchstaben oder 7 Bit codiert, was bekanntlich schon bei *ü*, *ö* und *ä* Probleme gibt. Für den Zweck, auch Textverarbeitung und nicht nur Mathematik zu erlauben, war der Chip ganz ideal. Inzwischen werden aber selbst die Buchstaben umcodiert: ein sehr neuer Code mit dem stolzen Namen Unicode will und wird die Buchstaben aller Sprachen auf der Basis von 65536 Zeichen codieren. Demgegenüber sieht der Intel-Chip alt aus, weil seine 8-Bit-Befehle zur Buchstabenmanipulation im Vergleich zum übrigen Befehlssatz ziemlich dysfunktional sind. Einer von den Intel-Entwicklern schrieb neulich, daß in der ersten Generation der Mikroprozessoren etwa 80% der Rechenleistung dienten, während es heute nur noch 8% sind. Der Rest ist Simulation von Geschwindigkeit und Anpassung der Hardware an existierende Software. Die bereits verkaufte Anzahl von Computern zwingt dazu, den Konservatismus der verkauften Produkte in die neuen Produkte hinein zu integrieren, damit der Flaschenhals und der Zeitverlust nicht gar zu groß werden. Aber ein Mikroprozessor, bei dem nur noch 8% rechnen und 92% die Firmenhierarchien und Distributionsprobleme von Intel auf dem Weltmarkt abbilden, erhält die Dimension eines Dinosauriers. Irgendwann kippt das Monopol von Intel, und es setzt sich eine abgespeckte Chip-Version durch, die mit dieser Bürokratie aufräumt. Denn die Bürokratie geht so weit, daß auf Intel-Prozessoren historische Blinddärme, Erinnerungen an die alte Zeit eingebaut sind, um weiterhin mit Computern kompatibel zu bleiben, die tausendmal langsamer liefen. In einer Technologie, von der wir dachten, sie würde die Geschichte selbst abschaffen, weil sie rein formal ist, taucht also die Geschichte wieder auf und damit der babylonische Turm. Je komplexer und etablierter die Sachen werden, desto mehr verlieren sie die Eleganz, mit der das Konzept seit Hilbert und Turing inthronisiert wurde, und um so mehr Optionen wird es geben. In den letzten Jahren ist ein Kampf um die Zukunft entbrannt, in der vielleicht eine größere Transparenz geschaffen wird.

Software wird ja normalerweise auf die sogenannte Benutzerfreundlichkeit ausgerichtet, was letztlich heißt, den Benutzer von dem, was ganz unten passiert, abzuschirmen. Man arbeitet nur noch mit graphischen Symbolen und braucht keine Ahnung mehr vom Programmieren zu haben. Das ist so ähnlich, wie wenn man elektrisches Licht einschalten kann, ohne das Geringste über Elektrizität wissen zu müssen. Hat das auch mit deinem Wunsch nach Transparenz zu tun?

Für den Alltagsbenutzer, der nur Texte verarbeitet, werden sich bessere Computerarchitekturen nicht unbedingt auswirken. Aber schon bei sehr landläufigen Anwendungen zahlen sich ihre Vorteile aus. Beispielsweise hat die Bundespost auf dem momentan führenden Intel-Chip versucht, die alten Postleitzahlen in neue umzurechnen. Dafür hat sie 48 Stunden gebraucht. Doch bereits in der Zeit Maggie Thatchers hatte eine kleine englische Firma das klassische Computerkonzept verlassen, wo es nur eine zentrale Recheneinheit gibt und rundherum die Sklaven von Speichern und Bediengeräten. Sie baute statt dessen eine zentrale Recheneinheit, die in freundschaftlicher und schneller Beziehung zu ihren vier Nachbarn steht, so daß man die Zentralität aufgeben und ein Schachbrett von miteinander sprechenden Computern aufbauen kann. Solche Computer heißen deswegen Transputer, weil sie zugleich kommunizieren oder eben transferieren. Auf solch einem Transputernetz hat dieselbe

Umstellung der Postleitzahlen vier Stunden gebraucht. Da merkt auch der Endbenutzer, ob eine Chiparchitektur Sinn macht.

Da höre ich heraus, daß du neben der Machtgenealogie vor allem auf die technische Perfektion schaust, die sich eben leicht in einen Prozeß der Eskalation einordnen läßt.

Der Transputer ist nicht bloß perfekter, er ist ein anderes Modell. Wenn er sich als kommunizierendes Wesen mit anderen gleichberechtigten Wesen darstellt, dann ist hier auf der Siliziumebene etwas gebaut, was Flusser in Anlehnung an Hegel als dialogische Anerkennung des Anderen bezeichnet hat, wohingegen die zentrale Recheneinheit bei traditionellen Rechnern sich wie der Herrgott über seine Sklaven erhebt. Deswegen heißt das auch *master-slave-architecture*. Die Herren Ingenieure sind da explizit und zitieren das Sklavenzeitalter.

Viele sagen ja, daß uns die Maschinen bald überholen werden, da wir mit den Datenprozessierungen in Computern nicht mehr Schritt halten können. Wie könnte denn etwa durch Transputer ein anderer Dialog zwischen Mensch und Maschine eintreten, der nicht mehr durch das Verhältnis von Herr und Knecht geprägt ist, gleich ob nun der Mensch der Herr und der Computer der Knecht oder umgekehrt ist?

Das hängt von der Schnittstelle ab, die zwischen Benutzern und Computern geschaltet ist. Wenn Intel dachte, daß es reicht, auf dem Bildschirm 128 verschiedene Buchstaben anzuzeigen, dann war das für Textverarbeitung damals gut genug. Apple versucht jetzt, mit einem Erkennungsmechanismus von handschriftlichen Zeichen ihren Newton so auszustatten, daß man nicht mehr tippen muß, sondern wieder Handschriften eingibt. Der Benutzer kann dann wieder in archaischere Stadien des Schreibens vor der Schreibmaschine regredieren. Was Sinneswahrnehmungen angeht, sind unsere Träume von dem, was Computer können sollten, noch weit dem voraus, was sie faktisch leisten. Was heute als Multimedia angeboten wird, erfüllt nicht die geringsten Anforderungen an optische Qualität. Da ist das alte Fernsehen noch richtig hochauflösend. Wenn man sich Oberflächen wie in Virtual Realities interaktiv vorstellt, dann sind die Träume hier noch längst nicht ausgereift. Es gibt noch unendlich viel zu entwickeln. In Transputern kann man Teile der virtuellen Welten jeweils einem Prozessor zuordnen, was mir sympathischer ist, als wenn das von einem Zentralprozessor simuliert würde. Eine Logik des Konflikts und des Austausches ist einfach spannender als eine der Dominanz. Foucault bekommt offenbar in unserem Gespräch langsam einen langen Bart. Der Machtbegriff, wie er ihn in seiner juridisch-politischen Härte noch privilegierte, reicht nicht mehr aus, weil er immer an die Guillotine erinnert, während es hier darum geht, wie Komplexität so repräsentiert werden kann, daß sie selbst wieder repräsentierbar ist. Einerseits sind Computer die komplexesten Dinge, die es gibt, abgesehen vom Gehirn und anderen Kleinigkeiten, andererseits geht es darum, daß die Komplexität in einer zugänglichen Form wieder beim Benutzer ankommt. Die vernünftigen unter den Schnittstellenentwicklern behaupten, daß im Maß, in dem die Architekturen komplizierter und dezentralisierter werden, mehr Sinne in der Kommunikation mit der Maschine beteiligt werden müssen.

Du hattest zuvor den Psychoanalytiker Lacan als Bezugspunkt der Medienwissenschaft erwähnt. Wie lassen sich mit Lacans Theorie Medien analysieren?

Lacan hat schon zu Beginn der 50er Jahre über Psychoanalyse und Kybernetik gesprochen und sich mit Schaltungstechnik auseinandergesetzt, als man in Deutschland noch von Menschen und Völkerverständigung träumte. Er hat versucht, die Psychoanalyse so formal wie eine Syntax zu fassen, die am besten von Maschinen wie Computern ohne Intervention des Subjekts realisiert wird. Er hat also versucht, eine Menschen- oder Kulturwissenschaft in direktem Bezug zur Computertheorie zu entwickeln. Der Hauptimpetus dieser Überlegungen ist heideggerianisch, nämlich das Master-slave-Modell zwischen Mensch und Maschine loszuwerden, also nicht nur das bei Prozessoren. Natürlich besteht die Tendenz, das einfach umzudrehen und zu sagen, daß Maschinen, nach Turings Formulierung, die Herren und die Menschen die Sklaven sein werden. Das gängige computerhervorbringende Vorurteil will dagegen, daß wir die Herren sind, während die Computer als tools definiert werden. Wenn die Computertechnik aber eine formale Sprache in materiell existierender Gestalt ist, dann kann niemand das mehr wie unser Verhältnis zu einem Lichtschalter verstehen. Das würde man auch nicht in unserem Verhältnis zur Sprache machen, in der wir uns bewegen oder in der wir wohnen. Auf der Frage, wer im Verhältnis von Sprache und Mensch der Herr und wer der Knecht ist, insistiert zu haben, war Lacans Anliegen. Und das ins Verhältnis zwischen Grundtechnologien und Menschen, menschlichen Lebens-, Arbeits- und Liebesbedingungen, fortzuschreiben, könnte in medienhistorischer und -theoretischer Verallgemeinerung von Lacan übernommen werden.

HARALD ATMANSPACHER

Zufall und Welterklärung

Man sagt, daß sich in den Naturwissenschaften mit der Chaosforschung oder der Theorie nicht-linearer Systeme eine Art der Paradigmenrevolution ereignet habe, die ähnlich tiefreichend sei, wie dies durch die Relativitäts- und Quantentheorie geschehen ist. Hier hatte der Beobachter, von dem die klassische Physik abstrahierte, eine neue Bedeutung gewonnen. Sind die Erkenntnisse der Chaosforschung auch in dieser Hinsicht wirklich ein Bruch, oder sind sie eher als Verlängerung der Relativitäts- und Quantentheorie zu verstehen?

In gewissem Sinne kann die Theorie nicht-linearer Systeme als Verlängerung dessen verstanden werden, was in Gestalt der Quantentheorie passiert ist – die Relativitätstheorie lasse ich zunächst einmal beiseite. Das läßt sich auch ganz formal erkennen. Aus der Quantentheorie wurde in den 30er Jahren die Quantenlogik entwickelt, die gezeigt hat, daß man mit der klassischen zweiwertigen Ja/Nein-Logik die wichtigen Phänomene der Quantentheorie nicht mehr beschreiben kann. In ähnlicher Weise kann man eine mathematische Formulierung finden, die Entsprechendes für die Theorie nicht-linearer Systeme leistet. Dann sieht man streng mathematisch, daß diese beiden Typen mehrwertiger Logik zueinander dual oder komplementär sind. In diesem Sinne ist die Theorie nicht-linearer Systeme nicht nur eine Verlängerung der Quantentheorie, sondern sogar eine logische Ergänzung. Die Quantentheorie hat eine Logik entwickelt, von der beim damaligen Stand des Wissens noch nicht bemerkt worden war, daß ihr das duale Gegenstück fehlt. Wenn man sie entsprechend interpretiert, hat die Theorie nicht-linearer Systeme dieses Gegenstück geliefert.

Meines Wissens ist in der Quantentheorie die Beschreibung eines Teilchens als Partikel oder als Welle komplementär. Was meinen Sie jetzt mit dem Gegenstück zur Quantenlogik?

Die mathematische Theorie, innerhalb deren man dies formulieren kann, heißt Verbandstheorie. Ein wesentliches Moment dieser Theorie ist, daß jede Relation auch in einer dazu dualen Form existiert. Das drückt sich in bestimmter Weise formal aus. Inhaltlich heißt dies, daß das Komplementaritätsprinzip der Quantentheorie auch in der Theorie nicht-linearer Systeme existiert. In der Quantentheorie bedeutet dieses Prinzip, daß das Ergebnis, wenn man zwei Variable, die nicht kommensurabel sind, wie der Ort und der Impuls, in einer bestimmten Reihenfolge mißt, anders ist, als wenn man die Reihenfolge umkehrt. Was man in der Quantentheorie als die Unschärfe von Ort und Impuls auf der Ebene der Fakten bezeichnet, das kann man auf der Ebene der Theorie von nicht-linearen Systemen als eine Inkommensurabilität von Modellen finden. Verschiedene Beschreibungsweisen von Systemen können demzufolge nicht mehr mit dem gleichen Resultat angewendet werden. Man könnte sagen, daß es auf die Perspektive ankommt, unter der man ein Problem betrachtet. Ganz wesentlich tritt hier die Rolle der Zeit in Erscheinung. Wenn man das als Frage formulieren will, so könnte man sagen: Ist innerhalb der physikalischen Beschreibungsweise die Zeit reversibel, d.h., sind Prozesse umkehrbar, oder ist sie irreversibel, d.h., laufen sie nur in eine Richtung ab, nämlich von der Vergangenheit in die Zukunft? Diese beiden Beschreibungsweisen sind auf der Ebene der Theorie nicht-linearer Systeme inkommensurabel.

Ich dachte immer, daß nicht-lineare Systeme an sich irreversibel sind. Das scheint aber nach Ihrer Auskunft nicht so zu sein.

Das genau ist mit dem Perspektivenproblem gemeint. Man kann diese Systeme so verstehen, daß sie reversibel oder daß sie irreversibel sind. Das hängt von der Vorstellung ab, die man sich vom Zustand eines solchen Systems macht.

Ich denke, es wäre hilfreich, wenn Sie an einem Beispiel zeigen würden, wie diese komplementären Beschreibungen eines Systems möglich sind.

Der Sachverhalt ist eigentlich ziemlich einfach. Die beiden Perspektiven unterscheiden sich dadurch, daß man im einen Fall so tut, als ob man den Zustand eines Systems ganz genau kennt, also daß man etwa die Position eines Teilchens bis auf sämtliche Stellen nach dem Komma angeben kann. Davon ist man jahrhundertelang ausgegangen, aber das ist natürlich unrealistisch. Wenn man eine Unschärfe aufgrund der Unkenntnis über den genauen Zustand des Systems zuläßt, dann wird die Dynamik nicht-linearer Systeme in einer Weise beschreibbar, die dann den Effekt der Irreversibilität erzeugt. Es ist interessant, daß sich dieses Perspektivenproblem auch in einer gewissen Weise darauf abbilden läßt, ob man das System von außen oder von innen betrachtet.

Ist das nicht, metaphorisch gesprochen, eine Frage der Auflösung?

Ganz sicher, nur kann die Auflösung eben nicht unendlich klein werden. Der Grad an Irreversibilität hängt neben der nicht-linearen Dynamik auch von der Auflösung ab. Wenn man zugesteht, daß sich der Zustand eines Systems nicht mit beliebiger Präzision charakterisieren läßt, dann wird man in nicht-linearen dynamischen Systemen im allgemeinen keine reversible Entwicklung finden. Die klassischen Theorien in der Physik haben immer so getan, als ob die Zustände eines Systems genau bekannt wären, gewissermaßen als Punkte, die in bestimmten abstrakten Räumen darstellbar sind. Die Theorie nicht-linearer Systeme beschäftigt sich, soweit deren Irreversibilität betroffen ist, nicht mehr mit der Dynamik von Punkten in diesen Räumen, sondern mit der von Mini-Volumina, wodurch der begrenzten Auflösung Rechnung getragen wird.

Jetzt habe ich eine Frage, die ein wenig von unserem Thema wegführt und mit der Sie vielleicht auch gar nichts anfangen können. Die klassische Physik ist in der Zeit entstanden, in der auch der Maschinenbau sich entwickelte. Eine Maschine aber ist Ausdruck einer reversiblen Mechanik, die immer wieder gleiche Zustände produziert oder zumindest produzieren soll. Wenn man heute glaubt, daß in der Natur überwiegend nicht-lineare Systeme existieren, könnten dann daraus auch andere Maschinenmodelle hervorgehen, oder ist der Begriff der Maschine an Reversibilität gebunden?

Das hängt davon ab, was man unter dem Begriff der Maschine verstehen möchte. Wenn man eine Maschine, wie lange Zeit üblich, als ein Gerät versteht, das genau das tut, was derjenige, der es gebaut hat, will, also wenn dem Gerät keine Autonomie zugestanden werden soll, dann muß man sich darüber Gedanken machen, das, was das Gerät in Zukunft tun wird, genau zu determinieren. Hier stößt man natürlich auf das Problem des Determinismus, dessen Position u. a. durch die Theorie der nicht-linearen Systeme erschüttert wird. Wenn man solche Systeme frei evolvieren läßt, dann kann man sie nicht mehr beliebig genau vorhersagen. Solche Systeme wären nach dem herkömmlichen Verständnis keine Maschinen mehr, weil sie eine gewisse Autonomie besitzen und nicht verläßlich, d.h. vorhersagbar reliabel sind.

Zu Maschinenmodellen, die der Theorie nicht-linearer Systeme entsprechen könnten, fallen mir beispielsweise KI-Systeme oder Lebewesen ein, die man mit Hilfe der Gentechnologie designt und dann losläßt, also biologische Systeme.

Ich habe dieselbe Assoziation bei Ihrer letzten Frage gehabt. Was Kognitions-wissenschaftler mit Künstlicher Intelligenz (KI) tun wollen, widerspricht sich oft selbst, weil man auf der einen Seite reliable Systeme bauen will, die machen, was man will, und man ihnen auf der anderen Seite jedoch Autonomie zuge-stehen müßte, wenn man wirklich von Intelligenz sprechen will.

Sie sprachen vorhin davon, daß in der Theorie nicht-linearer Systeme nicht mehr die Beobachtung von Fakten primär sei, sondern der Vergleich von Modellen. Wie werden denn die Modelle in der Wirklichkeit verankert?

Das ist ein schwieriges Problem, das viele Facetten hat. Ich finde es zunächst auch in der Physik sehr wichtig, daß man deutlich zwischen der Fakten- oder Systemebene und der Theorie- oder Modellebene unterscheidet. Modelle sind natürlich systemabhängig. Auf der Systemebene, also auf der Ebene, auf die sich die Physik traditionellerweise bezieht, geht es im wesentlichen darum, universelle Gesetze für die Struktur und Dynamik von Systemen zu finden. Auf der Modellebene scheint dieser Universalitätsanspruch, der die Physik getragen hat, zumindest teilweise ins Wanken zu geraten. Hier muß etwas berücksichtigt werden, was man in manchen Ansätzen der modernen Physik als Kontextualität im Gegensatz zur Universalität bezeichnet. Der Aspekt der Kontextualität drückt sich auch in der formalen Dualität zwischen den Logiken aus, die ich vorhin erwähnt habe.

Warum aber muß man in der Theorie der nicht-linearen Systeme eher auf der Ebene der Modelle sprechen? Lassen sich denn System- und Modellebene wirklich klar unterscheiden? Schließlich ist ja auch die Definition von Systemen abhängig von Modellen oder Theorien.

Natürlich ist die Theorie nicht-linearer Systeme nicht nur auf der Modellebene wichtig. Wenn es um die vorhin angesprochene Ergänzung zur Quantentheorie geht, dann greift im Bereich der Theorie nicht-linearer Systeme der Modella-spekt. Davon bleibt die Bedeutung der Systemeigenschaften als solcher aller-dings unbeeinflußt. Die begrenzte Vorhersagbarkeit chaotischer Systeme ist beispielsweise ein Modellaspekt, den man nur falsifizieren oder verifizieren kann, indem man vergleicht, was das System tut.

Mit dem Computer kann man viele Systeme simulieren und dann Gesetzmäß-igkeiten oder Übergänge in andere Ordnungszustände beobachten. Wahr-scheinlich ist die Theorie nicht-linearer Systeme ohne den Computer gar nicht denkbar. Was sagen denn Simulationen physikalischer Systeme wirklich aus, weil doch in der Natur alle Systeme miteinander verbunden sind? Sind solche Simulationen in Ihrem Sinne als Modelle zu verstehen?

Sie haben recht, denn in der Praxis sind System und Modell oft nicht klar trennbar. Im Sinne inhaltlicher Genauigkeit ist es aber dennoch nützlich, eine solche Unterscheidung zu treffen, solange man sich dieser Probleme bewußt bleibt. Vom gedanklichen Aufwand aus gesehen, ist das einfachste Modell das System selbst. Wenn ein System eine bestimmte Datenserie erzeugt, dann ist das einfachste Modell, um diese Datenserie zu beschreiben, ihre Wiederholung. Auf dieser Grundlage kann man eine Hierarchie von immer abstrakteren Modellen aufbauen. Man kann nach Gemeinsamkeiten in der Datenserie suchen, um ein Gesetz zu finden, das algorithmisch kürzer ist und sie reproduziert. Die ganze Astronomie der Babylonier ist ein immenser Wust von Daten, während ein ganz kompaktes Modell davon das Newtonsche Gravitationsgesetz ist.

Das Modell ist also ein Generierungsalgorithmus oder -mechanismus?

Ja, wenn man vom Modell zu den Daten geht; wenn man umgekehrt vorgeht, dann ist es ein Abstraktionsmechanismus. Bei der Wechselwirkung zwischen System und Modell, also zwischen der externen Realität der Systeme und der internen Realität, in der die Modelle existieren, gibt es nicht nur die Abbildung von außen nach innen, sondern auch die von innen nach außen. Das ist im Detail von der philosophischen Richtung des Konstruktivismus verfolgt worden. Die Abbildung von außen nach innen wird von anderen modernen Richtungen der Philosophie betont, z. B. von der evolutionären Erkenntnistheorie.

Der sogenannte radikale Konstruktivismus geht davon aus, daß wir die Ebene der Wirklichkeit nicht erreichen können, daß wir uns notwendig in Modellen bewegen, die wir kraft biologischer Mechanismen, theoretischer Bilder oder technischer Verfahren konstruieren. Wir können aber niemals Modelle verifizieren, wir können nur sagen, daß sie offenbar irgendwie passen, während Wirklichkeit einzig aufscheint, wenn sie scheitern. Für einen Wissenschaftler ist eine solche Theorie, das haben Sie bereits angedeutet, wegen Ihrer Einseitigkeit wohl überzogen?

Ich persönlich finde sie überzogen. Als Wissenschaftler würde ich fragen, woran wir denn sehen, daß Modelle scheitern. Das sehen wir doch daran, daß es in unserer Umgebung Dinge gibt, die nicht so ablaufen, wie wir uns dies vorgestellt haben. Wir messen das Scheitern also an dem Test der zirkulären Schleife, die von außen nach innen geht. Das ist aber die Komponente, die der radikale Konstruktivismus eigentlich unberücksichtigt läßt.

Ähnlich ist der Fall bei biologischen Erkenntnistheorien, wie sie etwa Maturana vorträgt. Erkenntnis ist elementar beobachterabhängig, weswegen es nur plurale Formen des Zugangs zur Wirklichkeit gibt.

Im Kern geht es dabei um die Grenze zwischen der kontextuellen und der universellen Beschreibung der Wirklichkeit. Dieses Problem ist heute noch keineswegs gelöst. Die harten Naturwissenschaften wie die Physik haben sich bislang nur mit dem Auffinden von universellen Gesetzmäßigkeiten beschäftigt. Dadurch haben sie sich die Möglichkeit genommen, andere Aspekte, z. B. Fragen der Bedeutsamkeit und der Kontextualität, zu untersuchen. Es gibt aber heute Tendenzen, z. B. in der Endophysik, vormals Außerphysikalisches in die Physik zu integrieren, um diese Grenze besser definieren zu können. Genaueres kann man beim heutigen Stand dazu aber noch nicht sagen.

Was heißt denn Endophysik?

Den Begriff Endophysik gibt es seit ungefähr zehn Jahren. Er ist aus den Arbeiten von drei oder vier Protagonisten hervorgegangen: David Finkelstein in Atlanta, Otto Rössler in Tübingen, Hans Primas in Zürich und vielleicht noch John Wheeler, der sich mit diesen Problemen implizit seit längerem beschäftigt hat. Heute gibt es noch keine klare Definition dessen, was man unter Endophysik verstehen sollte. Um zu einer klaren Definition zu kommen, ist es wichtig, daß nicht nur die Innen-Außen-Dichotomie, sondern eben auch die von Systemen und Modellen thematisiert wird. Dann hätten wir eine vierfache Gliederung, denn wir hätten Endo- und Exosysteme sowie Endo- und Exomodelle. Wenn wir die Physik als theoretisches Gedankengebäude betrachten, das Modelle entwirft, dann hätten wir beispielsweise Exomodelle von Endosystemen und von Exosystemen. Wenn ich von Endophysik spreche, dann meine ich damit eine Physik, die Exomodelle von Endosystemen macht.

Was sind denn Exomodelle und -systeme im Vergleich zu Endomodellen und -systemen? Was verändert sich, wenn man die Perspektive von außen, die wohl die der klassischen Physik ist, durch die von innen ersetzt? Was ist also der Erkenntnisgewinn dieser Differenz?

Ich will zunächst an einem einfachen Beispiel ein Endosystem von einem Exosystem unterscheiden. Wenn ich ein System unter dem Aspekt eines Exosystems betrachte, dann ist das System für mich wie ein schwarzer Kasten. Ich beobachte, was in das System hineingeht, den Input, und was herausgeht, den Output, und vergleiche dann die Ergebnisse, um zu irgendwelchen Gesetzen zu kommen.

Untersucht beispielsweise die herkömmliche Quantentheorie ein solches Exo-system?

Systeme, wie sie von der Quantentheorie untersucht werden, haben viele Züge eines solchen Exosystems. Das in ihr wurzelnde Problem der Interpretation scheint mir aber subtiler zu sein, denn hier sind unbemerkt Aspekte von beiden vermengt worden, z. B. Aspekte einer individuellen und einer statistischen Interpretation. Hinsichtlich des ersten Aspekts ist die Quantentheorie ein Gebiet der Endophysik, hinsichtlich des zweiten eines der Exophysik. Viele Quantenphänomene lassen sich nur als statistische Mittelwerte betrachten und sind daher quantenendophysikalisch nicht zugänglich. Die Vermischung von Endo- und Exobeschreibung ist, weil die Quantentheorie in vielen Zügen sehr abstrakt und unserer Alltagserfahrung so wenig ähnlich ist, nicht ganz leicht einzusehen. Wenn man sich jedoch die Endo-/ Exo-Dichotomie zusammen mit der dazu gehörigen Modell-/System-Dichotomie bewußt macht, dann läßt sich die Hybridisierung von Innen- und Außenperspektive in der Quantentheorie wieder entwirren. Aber zurück zur vorherigen Frage. Wenn man ein System unter dem Gesichtspunkt des Endo-Systems betrachtet, dann ist die wesentliche Frage, was in dem System passiert, also wie der Input in den Output umgewandelt wird. Sie ist meist deswegen schwierig zu beantworten, weil es in vielen Fällen keinen direkten Zugang in das System hinein gibt. Man muß sich zunächst einmal ein Modell des Exo-Systems machen, dann müssen Überlegungen zur internen Dynamik des Systems folgen, schließlich müssen aufgrund des Modells Vorhersagen über diese interne Dynamik aufgestellt werden, also wie bestimmte Sorten von Input unter bestimmten Randbedingungen in bestimmte Sorten von Output unter bestimmten Randbedingungen verwandelt werden. Wenn man dann die Vorhersagen überprüft, gewinnt man einen indirekten Zugang zu dem, was im System passiert. Diese indirekte Möglichkeit der Falsifizierung von Hypothesen hängt damit zusammen, daß manche Systeme eben der Innenperspektive nicht direkt zugänglich sind. Man kann sie nicht von innen sehen; so wie man – das ist allerdings eine sehr, sehr lockere Analogie – aus dem äußeren Lebensalter eines Menschen oft wenig über seinen inneren Alterungszustand sagen kann, etwa, wie alt sich jemand fühlt.

Wenn man das verallgemeinert, so müßte man doch sagen, daß auch jedes Exo-System nur das Modell einer Endo-Perspektive ist, denn der Mensch ist als System ja immer ein Teil der Welt und bewirkt durch seine Beobachtung notwendig Verzerrungen, so daß er keinen direkten Zugang zu ihr hat. Dann bliebe also doch nur die bescheidene Leistung der Falsifikation, die nur zeigt, daß Modelle passen, aber nicht objektiv richtig sein müssen. Wäre die Exo-Perspektive so nicht nur eine Abstraktionsleistung aus der zugrundeliegenden Endo-Perspektive?

Wenn wir auf der Systemebene bleiben und beispielsweise ein System nehmen, das aus kleinen Menschen besteht, die darin herumlaufen, miteinander interagieren und irgendeinen Input, den ich eingebe, prozessieren, was wir vielleicht einmal auf dem Computer simulieren könnten, dann ginge es darum, daß wir die Aktionen der einzelnen Teilnehmer dieser Endo-Welt verfolgen, um deren interne Dynamik zu eruieren. Wir hätten dann ein Universum von »Endo«-Lebewesen von außen gesehen, uns also ein Exomodell gebildet.

Und daraus könnte man möglicherweise Aufschlüsse darüber erhalten, wie man Aspekte der Exo-Welt entdecken könnte, indem man sieht, was solche simulierten Lebewesen unter vollständig bekannten Weltbedingungen nicht erkennen können.

Ja, so denkt sich das beispielsweise Otto Rössler. Es ist in diesem Zusammenhang bemerkenswert, daß wir als Beobachter in unserem Universum notwendigerweise Teilnehmer sind. Als Beobachter können wir aus dem Universum nicht heraus. Wenn wir als Beobachter daran gebunden sind, im Universum zu beobachten, dann können wir z. B. seine Ausdehnung nur von innen beobachten. Wir formulieren aber eine Theorie über das Universum, etwa die Relativitätstheorie, so, als ob wir es von außen sehen würden. Wenn man sich das klargemacht hat, so muß man immer den Transfer von der internen Beobachtung zur externen Modellierung leisten. Das erfordert, wenn man es mathematisch durchführen will, Transformationen, von denen ich befürchte, daß sie nicht in allen Fällen bekannt sind. Es gibt beispielsweise den sogenannten kosmologischen Zeitpfeil als einen der phänomenologischen Ansätze zur Irreversibilität der Zeit. Die Entwicklung des Universums, so heißt es hier, geht nur in eine Richtung, sozusagen: vorwärts. Auf der anderen Seite ist es aber so, daß alle Theorien, die das Universum als Ganzes beschreiben, eben z. B. die allgemeine Relativitätstheorie als deren erfolgreichste, das Moment der Irreversibilität nicht inkorporiert haben. Diese Theorien arbeiten auf der Basis einer völlig reversibel verstreichenden Zeit. Die Dichotomie, von der ich vorhin sprach, tritt hier ganz deutlich zutage. Wenn wir uns mit der Metrik der Universums zusammen ausdehnen, dann dehnen sich auch die Maßstäbe, die wir zur Messung verwenden und die wir brauchen, um Messungen zu verschiedenen Zeiten zu vergleichen, mit dem Universum aus. Sie kennen sicher das Beispiel des Luftballons, anhand dessen man sich das ganz gut vorstellen kann. Wenn man auf einen Luftballon Punkte aufmalt, die Abstände zwischen den Punkten mißt und schließlich den Luftballon aufbläst, dann werden die Punkte ebenso größer wie die Abstände zwischen ihnen. Relativ zueinander bleibt alles gleich, nur von außen läßt sich sehen, daß sich der Luftballon, gemessen an seiner Umgebung, ausdehnt und damit auch die Längenmaßstäbe auf ihm.

Der Unterschied zwischen Endo- und Exoperspektive scheint in den Geisteswissenschaften oder in der Philosophie nicht neu zu sein. Man hat diesen Unterschied auch so gedeutet, daß im einen Fall Verstehen und im anderen Erklären die geeignete Vorgehensweise sei. Hat dadurch die Physik nur einen Reflexionsstand wieder erreicht, den sie zu Beginn der Neuzeit gerade durch die Ausrichtung auf Objektivität untergraben wollte? Ist diese Unterscheidung für sie erkenntnistheoretisch verallgemeinerbar?

Ich hatte vorher erwähnt, daß sich die Endo-Physik mit Exo-Modellen von Endo-Systemen beschäftigt. Ich habe aber noch nicht gesagt, was Endo-Modelle sind. Aus meiner Sicht unterscheiden sich Exo-Modelle von Endo-Modellen dadurch, daß Exo-Modelle sich immer mit rationalen Rekonstruktionen, d. h. mit Theorienbildung im Popperschen Sinne, beschäftigen. Dabei wird eine Theorie retrospektiv beurteilt und gegebenenfalls mit ihren Konkurrenten verglichen. Die Endo-Modelle hingegen enthalten durchaus auch nichtrationale Inhalte. Wenn wir den Endo-Modellbereich betreten, kann z. B. der Entstehungskontext von Theorien (à la Kuhn) wichtig werden, also wie wir überhaupt dazu kommen, Hypothesen zu formulieren. Das sind natürlich außerphysikalische Prozesse, beispielsweise psychologische. Auf diese Weise kommt man, wie ich gar nicht befürchte, sondern schlicht vermute, in Bereiche, die nicht mehr auf die Physik, wie sie sich traditionell formiert hat, beschränkt bleiben.

Würde die Physik dann subjektiv werden, also vielleicht schlichtweg eine Weise, eine Welt zu erzeugen, weswegen Feyerabend und andere sie dann auch mit Kunststilen vergleichen wollen?

Ich meine, die Physik sollte schon anstreben, ihre traditionellen Grenzen besser zu erkennen, und darüber hinaus akzeptieren, daß sie in gewissen Punkten einfach nicht abgeschlossen ist, sondern offen, auch gegenüber der Psychologie. Sie wird trotz allem ihren objektiven Grundanspruch behalten, aber sogenannte subjekte Problemkreise, z. B. in Form von Kontextabhängigkeit, müssen sicher berücksichtigt werden. Der minimale Realismus der Naturwissenschaften muß dadurch nicht verlorengehen, noch weniger braucht er in einen radikalen Relativismus mit »anything goes« umzuschlagen. Ich sehe Feyerabends Position im Grunde eher als Versuch, einen radikalen Realismus, wie er z. B. im Positivismus in Erscheinung getreten ist, in Frage zu stellen, als einen radikalen Relativismus zu installieren. Der Vergleich von Kunst und Wissenschaft bezieht sich dann darauf, daß beide etwas von beidem haben, die Wissenschaft etwas relativistisch Subjektives und die Kunst etwas realistisch Objektives. So finde ich es auch nachvollziehbar.

Physik gilt ja als die elementare Wissenschaft auch in dem Sinne, daß man vielleicht eines Tages alles aus ihr ableiten können wird. Der Universalitätsgedanke geht ja einher mit dem Glauben, eine Weltformel finden zu können. Sie sagten vorhin, daß die Physik unter der Endo-Perspektive etwa auch in den Bereich der Psychologie hineinkommen würde. Wäre das denn dann wirklich ein Bruch mit der universalistischen Ausrichtung, denn die Physik müßte als Basiswissenschaft ja eigentlich so sein, daß die Psychologie in ihr Platz findet; schließlich sind die Menschen, die Physiker eingeschlossen, physikalische Systeme? Heute neigt man gerade in den Chaostheorien dazu, von einer Kontinuität zwischen physikalischen, chemischen, biologischen und psychischen Systemen auszugehen. Oder gibt es zwischen diesen Systemen oder Ebenen doch Brüche, die gewissermaßen plurale Erkenntniszugänge notwendig machen?

Wenn Sie von einer grundsätzlichen Ableitbarkeit der ganzen Welt aus der Physik sprechen, dann ist das die Fragestellung des Reduktionismus. Nicht nur im Rahmen der Theorien über nicht-lineare Systeme ist dieser absolute Reduktionismus als Programm gescheitert.

Aber das Modell der Synergetik legt doch wieder eine solche Kontinuität nahe?

Auch hier werden Abstriche am Reduktionismus im traditionellen Sinne gemacht. Man unterscheidet beispielsweise heute schon zwischen starkem und schwachem Reduktionismus. Der starke Reduktionismus behauptet, wenn man von einer Ebene zur nächsthöheren Ebene, also z. B. von der Physik zur Chemie, geht, daß die jeweils niedrigere Ebene für die höhere die notwendigen und hinreichenden Bedingungen liefert. Die Chemie wäre nach der Sicht des starken Reduktionismus völlig aus der Physik ableitbar. Der schwache Reduktionsimus behauptet, daß die Physik zwar die notwendigen Bedingungen für die Chemie, nicht aber die hinreichenden liefert. Die Chemie muß dann zwar mit den Grundgesetzen der Physik kompatibel sein, aber man kann, selbst wenn man die Physik vollständig kennen würde, nicht aus ihr die Chemie herleiten. Man kann sich das bildlich vorstellen. Wenn man eine Kugel auf die Spitze einer Kuppe rollt, dann kann sie auf allen Seiten wieder hinunterrollen. Die notwendige Voraussetzung dafür, daß sich der dementprechende Sprung auf die nächste Ebene ergibt, meinetwegen von der Physik zur Chemie oder von der Biologie zur Psychologie, ist, daß die Kugel nach oben gebracht wird. Wo sie dann hinrollt, kann man nicht vorhersagen. Deswegen lassen sich keine hinreichenden Bedingungen formulieren, die genau ein Ergebnis vor anderen favorisieren. Im Rahmen der Theorienhierarchie heißt das, daß wir nicht die Phänomene der nächsthöheren Theorieebene im Detail vorhersagen können, nur weil wir die Gesetze der unteren Ebene kennen. Dieser schwache Reduktionismus wird heute von vielen Wissenschaftlern für realistisch gehalten. Die Synergetik Hakens beinhaltet diese Vorstellungen.

Andererseits müßte der starke Reduktionismus auch sagen, daß biologische und psychische Systeme wie die Menschen eine Theorie wie die Mathematik hervorbringen, die die Grundlagen für die Physik bildet. Die wissenschaftlichen Modelle sind Produkte von letztlich physikalischen Systemen, weswegen jeder Theoriehierarchie eine Zirkularität zugrunde liegt. Aus diesem Grund wenden sich wohl Physiker wie Penrose der Psychologie zu. Gibt es denn schon Erkenntnisse darüber, wie man Psychologie und Physik verbinden könnte?

Ich glaube, daß das hierarchische Bild der Wissenschaften von der Physik bis zur Psychologie oder Philosophie zunächst ein lineares Bild ist. In dieses Bild muß aber die zirkuläre Selbstbezüglichkeit integriert werden. Physik und Psychologie ergänzen sich hier. Diese Ergänzung ist formal ganz ähnlich jener geartet, von der wir zu Beginn bereits gesprochen haben. Die Dualität kann man sowohl zwischen Logiken als auch zwischen Struktur und Dynamik formulieren, also zwischen den Eigenschaften eines Systems, bezogen auf Raum, und den Eigenschaften eines Systems, bezogen auf ihre Entwicklung in der Zeit. Diese Dualität zwischen Struktur und Dynamik finden wir interessanterweise in den Gebieten Physik und Psychologie wieder, wo sie in wechselseitiger Weise ineinander verkoppelt sind. Man kann in der Physik von Strukturen sprechen, die man im externen Raum untersucht. Diese Strukturen können wir mit einer bestimmten Dynamik beschreiben, die abstrakt ist, weil sie einem Modell entspricht. Bei der Psychologie sitzen die Strukturen nicht im externen Raum. Die Dynamik, die auf der psychologischen Ebene komplementär zu den Strukturen ist, ist jene, die im Gehirn tatsächlich abläuft. Vielleicht ist es sinnvoll, die Strukturen beispielsweise in den Jungschen Archetypen zu sehen. Die Struktur-Dynamik-Komplementarität führt, wenn man die Innen-Außen-Dichotomie sinnvoll mitverwendet, ziemlich direkt zu einer Ergänzung von Physik und Psychologie. Es gibt Entwürfe jüngeren Datums von Mathematikern und Physikern, die sich mit diesen Beziehungen zwischen Physik und Psychologie beschäftigen. Es wird dabei untersucht, was ein Prozeß, der psychologisch Angst oder Hoffnung darstellt, auf der Ebene der Physik bedeutet oder ob er hier überhaupt etwas bedeuten kann. Oder es wird untersucht, was etwas, das in der Physik als Gravitationsenergie beschrieben wird, in Begriffen psychischer Energie bedeuten kann.

Könnten Sie ein Beispiel ausführen?

Diese Entwürfe sind formal noch nicht weit entwickelt; daher sind Beispiele mit Vorsicht zu genießen. Wenn man in der Physik etwa die potentielle Energie irgendeines Gegenstandes hat, die er verliert, wenn er herunterfällt, dann könnte man diese Energie einer psychischen Energie gegenüberstellen, die durch die Konstellation einer Komplexsituation konstituiert ist, die ständig durch Handeln bearbeitet wird, dadurch in irgendeiner Form Energie verliert und damit wiederum die Handlung speist. Die Analogie besteht darin, daß der konstellierte psychologische Komplex Energie beinhaltet, die dadurch freigesetzt werden kann, daß man den Komplex durch Handlung abbaut. Solche Analogien sind allerdings nie perfekt, denn in der Psychologie muß man tatsächlich auch immer Handlung investieren, um an die Energie heranzukommen, während man in der Physik einfach einen Körper fallen lassen kann.

Aus der Theorie nicht-linearer Systeme und aus dem Zeitpfeil wird häufig in populärwissenschaftlichen Darstellungen abgeleitet, daß die Natur eine kreative Maschine ist, die man beispielsweise mit kreativen Prozessen eines Wissenschaftlers oder eines Künstlers vergleichen könnte.

Dazu haben sich viele bemerkenswerte Herren geäußert, die meinen, daß auch Wissenschaft und Kunst keine großen Unterschiede aufweisen. Ich glaube nicht, daß Kreativität durch die Theorie irreversibler Systeme gewissermaßen erschlagen werden kann. All das, womit wir uns als theoretische Naturwissenschaftler beschäftigen, liegt auf der Modellebene. Wir machen Modelle, die wir natürlich an Systemen, wie sie in der Natur existieren, testen, aber trotzdem sind wir immer im abstrakten Bereich. Abstraktion erfordert, daß wir den Teil der Welt, den wir beschreiben wollen, abtrennen von seiner Umgebung und so tun, als ob das System keine oder vernachlässigbare Wechselwirkungen mit seiner Umgebung hat. Wir präparieren es sogar so, daß es möglichst keine Wechselwirkungen hat. Die Natur in ihrer Totalität ist natürlich nicht so, denn sie wechselwirkt in allen ihren Teilen. Die Dichotomien Innen-Außen, Modell-System, Exo-Modell von Endo-Systemen usw. helfen uns dabei, die Dinge zu verstehen, aber dabei arbeiten wir immer mit vereinfachenden Näherungen. Fragestellungen, die mit dem Begriff der Kreativität zusammenhängen, können auf diese Art und Weise nicht behandelt werden. Wenn wir Kreativität so beschreiben würden, dann müßten wir annehmen, daß sie ein abstrakter Vorgang ist, was sie offenbar nicht ist. Es gibt viele Zeugnisse von bekannten Wissenschaftlern oder Künstlern, nach denen immer, wenn es um kreative Prozesse oder neue Einsichten geht, berichtet wird, daß dabei ganz konkrete Vorgänge, körperliche oder psychologische, abgelaufen sind. Kreativität ist ein integraler Modus des Erkenntnisgewinns als der, den wir mit einer abstrakten und rationalen Betrachtungsweise leisten können.

Wenn man aber ein System untersucht, das nicht nur in sich komplex ist, sondern sich auch durch große Wechselwirkung auszeichnet, dann ließe sich doch auch von einer abstrakten Perspektive versuchen, den Sprung von einer Wiederholung zur Produktion eines Neuen zu beschreiben?

Das ist teilweise möglich. Ich habe das vorhin unter der Perspektive des schwachen Reduktionismus angesprochen. Man kann durchaus notwendige Bedingungen dafür angeben, daß Kreativität eintritt, aber man kann nie sicherstellen, daß dies passiert. Es wird uns beispielsweise keine große physikalische Idee einfallen, wenn wir nicht Physik gelernt haben. Das ist eine notwendige Voraussetzung. Hinreichend ist sie nicht.

Kreativität wird derzeit verherrlicht. Das mag nicht nur den Einsichten der Chaostheorie zu verdanken sein, sondern vielleicht auch dem Umstand, daß der Kapitalismus alternativenlos geworden zu sein scheint oder daß uns eben diese Kreativität abgeht. Aber die Entstehung des Neuen ist nicht nur positiv, sondern sie bedeutet ja auch immer, daß etwas zerstört wird. Stanislaw Lem hat dies ganz schön einmal so beschrieben, daß die Evolution der Welt aus einer langen Kette von Katastrophen besteht und daß das, was da ist, nur dasjenige ist, was diese Katastrophen überlebt hat. Warum wird auch in den naturwissenschaftlichen Darstellungen diese Kehrseite der Kreation so wenig behandelt?

Es gibt ja mittlerweile einen Zweig der Mathematik, der sich dieses Thema auf seine Fahnen geschrieben hat: die Katastrophentheorie von René Thom. Auch in verschiedenen Bereichen der Physik taucht der Aspekt der Vernichtung explizit auf, z. B. im Gebrauch von Erzeugungs- und Vernichtungsoperatoren in der Quantentheorie. Dort werden sie natürlich ohne die affektive Komponente behandelt, die Vernichtung und Destruktion für uns Menschen immer mit ansprechen. Das »sogenannte Böse« in der Verhaltensforschung geht schon eher in diese Richtung. Hier zeigt sich auch, wie sehr in der Geschichte der Wissenschaften gewisse weltanschauliche Einflüsse in der Lage waren, gewisse Themenkreise förmlich zu unterdrücken. Das Böse, die Aggression, die Vernichtung gehören zweifelsohne dazu, und es zeigt sich ja immer wieder, wohin eine solche Verdrängung führt. Auf der anderen Seite gab es diese Themen schon lange vor der heutigen Wissenschaft – nehmen Sie etwa den ägyptischen Mythos des Phönix aus der Asche. Hier ist es gerade nicht so, daß es nur ums Überleben geht, sondern der Phönix symbolisiert, daß auch tatsächlich etwas Neues entsteht. Das kann sich im übrigen sowohl auf die konkrete Systemebene als auch auf die abstrakte Modellebene beziehen.

Man hat ja auch oft gesagt, daß der Zufall dort hereinspielt, wo der Funken springt und etwas Neues geschieht. Zufall könnte ja nur der Name für Prozesse sein, die wir nicht verstehen. In der modernen Kunst wurde der Zufall als wichtiges Moment der Produktion aufgegriffen, auch in Computerprogrammen wird der Zufall simuliert, um immer wieder neue Variationen zu erzeugen. Gibt es für die Chaostheorie denn eigentlich den Zufall?

Die Mehrheit der Naturwissenschaftler würde sich wahrscheinlich so äußern, daß Zufall das ist, was übrigbleibt, wenn man versucht, die Welt kausal-deterministisch zu erklären. Wissenschaftstheoretisch hat sich der Kausalitätsbegriff, wie ihn die Wissenschaften verwenden, natürlich auch in der Geschichte entwickelt. Heute beinhaltet er nur noch einen Teil dessen, was etwa Aristoteles darunter verstanden hat, nämlich die causa efficiens. Die aristotelische causa finalis kann man der causa efficiens direkt gegenüberstellen. Hier fragt man, wozu das gut ist, was das System macht, während man bei der causa efficiens fragt, warum das System etwas macht. Die causa efficiens fragt immer nach einer zeitlich in der Vergangenheit liegenden Ursache, während man mit der causa finalis gewissermaßen nach einer Ursache in der Zukunft fragt. Es hat berühmte Naturwissenschaftler wie Wolfgang Pauli gegeben, die in Kenntnis dieses wissenschaftshistorischen Sachverhalts schon in den fünfziger Jahren vermutet haben, daß der Begriff des Zufalls dadurch entstanden ist, daß die causa finalis psychologisch verdrängt worden ist. Ich hielte es für interessant, mit dem Konzept der causa finalis, das allerdings sehr viel spezifischer formuliert werden müßte, dem Begriffs des Zufalls näher zu Leibe zu rücken.

Wenn man nach all dem Gesagten davon ausgehen kann, daß die Physik Modelle von Systemen entwirft und oft nur einen indirekten Zugang zu deren interner Dynamik besitzt, dann könnte man auch sagen, daß hinsichtlich des Entstehungskontextes von Theorien auch ästhetische Vorstellungen von Ordnung bzw. Chaos eine wesentliche Rolle spielen. Könnte man so auch die Physik als ästhetischen Entwurf untersuchen und möglicherweise daraus Folgerungen ziehen, die physikalisch von Belang sind? Der Kosmos, so war ja die Hypothese der antiken Philosophie, ist nach Kriterien der Schönheit organisiert. Wenn denn ästhetische Gesichtspunkte, wie dies etwa Roger Penrose glaubt, nicht unerheblich für die Entstehung und die Akzeptanz von physikalischen Theorien sein sollten, wo würden Sie dann die Unterschiede zwischen einer wissenschaftlichen und einer auf die Kunst bezogenen Ästhetik ansetzen?

Nicht nur Penrose glaubt das, sondern die Bedeutung des ästhetischen Moments in der Theorienbildung ist oft betont worden. Insbesondere sind es Symmetrieaspekte, die dabei eine große Rolle spielen. Dazu gehört u. a. auch die Symmetrie zwischen System und Modell, Innen und Außen etc., über die wir vorhin gesprochen haben. Obwohl das ästhetische Moment also in Wissenschaft und Kunst unverzichtbar ist, gibt es in der Tat wesentliche Unterschiede. Sie liegen gar nicht so sehr in der Ästhetik als solcher als in ihrer Anwendung. So ist z. B. im Prozeß der Theorienbildung das ästhetische Moment wichtig, bevor die Theorie im Experiment überprüft wird. Diese Überprüfung ist aber auch ein Teil von Wissenschaft. Sie dient dazu, unter verschiedenen Theorien, die alle ästhetischen Momenten genügen können, diejenigen auszuwählen, die mit der »äußeren Wirklichkeit« vereinbar sind. Ein solches einschränkendes Kriterium ist für die Kunst nicht vorhanden, jedenfalls nicht in so strenger Form. Im Extremfall, wie im Surrealismus, wird ein solches Kriterium sogar ganz gezielt ausgeblendet. Damit wird die wirklichkeitserzeugende konstruktivistische Komponente maximal betont, was mit einem radikalen Wissenschaftsrelativismus korrespondieren würde. Man sieht, es gibt Parallelen, aber im Detail eben auch Unterschiede. Es gibt ja auch nicht *die* Wissenschaft und *die* Kunst, sondern von beiden, gerade was ihre Praxis betrifft, viele Schattierungen.

OTTO E. RÖSSLER

Endophysik – eine neue kopernikanische Revolution?

Sie haben in einigen Aufsätzen eine neue Perspektive erwähnt, die die Natur-wissenschaften einnehmen könnten. Sie nennen sie Endophysik. Könnten Sie erläutern, was Sie unter diesem Begriff verstehen und warum Sie diese Perspek-tive für so bedeutsam halten, insofern Sie glauben, daß dadurch eine neue kopernikanische Revolution in Gang käme?

Das ist eine viel zu schöne Frage, als daß ich darauf eine ebenso schöne Antwort geben könnte. Für mich ist das etwas, was gewachsen ist und wohin ich langsam gekommen bin. Andererseits ist es doch wieder so anschaulich, daß es Spaß macht, es einfach als Wort hinzuschmettern. Wir leben alle in der Welt, und im ersten Augenblick wundert man sich nicht darüber. Man hat sich nur als Kind darüber gewundert. Wenn die Wissenschaft daran wieder erinnert, dann merkt man, daß das, was man auf mühsamen Umwegen als möglich entdeckt hat, wieder zu solchen kindlichen Vorstellungen paßt.

Was wäre diese kindliche Vorstellung? Daß wir in einer Welt leben, die wir nicht überschreiten können?

Als kleiner Mensch ist man doch zunächst ganz hilflos. Man ist angewiesen auf das Vertrauen zu den Erwachsenen. Man erlebt die Sonne als ganz wichtige Kraft. Diese Schutzlosigkeit vergißt man später. Man gewöhnt sich daran, daß die Welt so ist, wie man es in der Gesellschaft gesagt bekommt und welchen Platz man in ihr hat. Man vergißt dadurch auch, sich zu fragen, ob dieses »Drinsein« Konsequenzen hat, die man sogar für die ernstzunehmenden Na-turwissenschaften ausnutzen kann. Das aber war für mich nicht der Weg, durch den ich das entdeckt habe, sondern das stellt sich für mich nachträglich so dar.

Heute wird in vielen Disziplinen erkenntnistheoretisch die unhintergehbare Rolle des Beobachters herausgestellt. Das hat natürlich naturwissenschaftlich mit der Quantentheorie zu tun, in der erstmals offenbar wurde, daß zumindest in diesem mikroskopischen Bereich die Beobachtung von Objektivität davon abhängig ist, wie der Beobachter mißt.

Ja, wie er sich zu messen entscheidet.

Hat die Endophysik als neue Perspektive damit etwas zu tun, oder geht dies eher in die Richtung, die der philosophische Idealismus ausgeprägt hat, nämlich daß die Erkenntnis der Wirklichkeit vom Menschen abhängig ist, also daß er, radikal gesagt, nur sieht, was er selbst konstruiert hat?

Vorhin habe ich, wenn Sie so wollen, eher eine idealistische Position eingenommen. Jetzt haben Sie die Quantenmechanik ins Spiel gebracht, die eine naturwissenschaftliche Frage aufwirft. Niels Bohr und Heisenberg haben bemerkt, daß hier ganz gefährliche neue Möglichkeiten sich auftun. Es ist jetzt ja schon über 60 Jahre her, daß diese Revolution stattgefunden hat, an der sich sehr viele Leute vergeblich die Zähne ausgebissen haben, um zu verstehen, welche Rolle der Beobachter da spielt. Man weiß nur, daß man ihn nicht aus dem Formalismus herausbekommt, aber man kann trotzdem nichts mit dieser Erkenntnis anfangen. Ich komme ja aus der Chaosforschung, und wenn man diese rationale Theorie der Chaosforschung ernst nimmt, gibt es ein ganz kleines Fensterchen, wo man auf einmal sieht, daß man damit vielleicht die Quantenmechanik knacken kann. Das wäre gewissermaßen die Gegenposition. Vorher habe ich den Ansatz aus den Augen des Kindes geschildert, jetzt tue ich dies mit den Augen des aggressiven Naturwissenschaftlers, aber im Grunde ist es dieselbe Idee.

Nun hat doch erst einmal Chaostheorie, wenn ich mich nicht irre als Laie, nicht soviel mit der Rolle des Beobachters zu tun.

Vollkommen richtig.

Könnten Sie denn den Zusammenhang von Endophysik und Chaostheorie deutlicher machen?

Ich bin darauf gekommen, weil ich einmal in einer kalifornischen Buchhandlung ein Buch entdeckt habe. Es ist 1957 erschienen, die Autoren sind Kirk und Raven. Es ist eine schöne Ausgabe der Fragmente der Vorsokratiker. Beim Blättern fiel mir darin Anaxagoras auf, der eine Theorie der Welt entwickelt hat, die auf dem Chaos basiert und dualistisch ist. Er glaubt, daß der Geist, der Nous, stark genug ist, das Chaos der Welt zu steuern und zu entmischen und sogar nach unendlich langer Zeit es wieder zu entmischen. Das ist von der

Mathematik her äußerst faszinierend. In ihr gibt es zwei Strömungen, nämlich die finiten und die transfiniten Mathematiker. Nur letztere sind in der Lage, das nachzuvollziehen.

Könnten Sie erklären, was »transfinite Mathematik« ist?

Das ist die Mathematik, in der man innerhalb des unendlich Kleinen der Null noch immer Differenzierungen vornimmt. Anaxagoras sagt, daß der Geist, auch wenn man sich etwas noch so Kleines vorstellt, »ähnlich« zu allem sei, weil er es aufblasen kann und es dann wieder groß genug würde, um es handhaben zu können. Wenn man so eine Hoffnung besitzt, daß man die Welt bis hinein ins Allerkleinste und immer weiter im Prinzip verstehen kann, dann wird man der Chaostheorie gerecht. Der arme Georg Cantor, der im letzten Jahrhundert die Mengenlehre erfunden hat, also die transfiniten oder überabzählbaren Zahlen, hat sich nicht träumen lassen, daß man eines Tages etwa beim tropfenden Wasserhahn oder bei jedem Motor eines Autos, das an der Ampel steht und bei dem das Lenkrad immer so merkwürdig wackelt, das Chaos entdeckt. Man hätte im letzten Jahrhundert auch nicht gedacht, daß diese einfachen Chaosphänomene nur einer unendlich, überzählbar unendlich genauen Analyse standhalten. Von daher wird auf einmal der Anaxagoras wieder aktuell, der das schon gewußt hat. Anaxagoras hat ein Bild von der Welt besessen, das von außen gesehen wird. Der Geist steuert von außen, was im Inneren der Welt abläuft. Wenn man daran glaubt, daß die Welt so genau konstruiert ist, dann würde man natürlich auch annehmen, daß die Dynamik, die beispielsweise im Inneren eines Gehirns abläuft, auch berücksichtigt werden muß, wenn dieses Gehirn die Welt verstehen will. Damit kommt man zur Idee, daß die Welt mitsamt dem Gehirn vielleicht eine eigene und ganz genaue Ablaufweise besitzt. Wenn man diesen Beobachter explizit hat, d. h., wenn man eine Welt hat, wo man sowohl den Beobachter wie sein Objekt drin hat, was man vielleicht erst seit der Chaostheorie wagt zu machen oder dies für nötig hält, dann findet man merkwürdige Dinge. Man findet ein Interface zwischen dem Beobachter und dem Objekt, das alles ist, was er hat, das aber nicht identisch mit dem ist, was man von außen sieht, wenn man in den Fischkasten hineinguckt, sofern ich den Beobachter als Fisch bezeichnen darf.

Zunächst noch eine Verständnisfrage: Chaostheorie hat doch, was man so aus populären Schriften auflesen kann, mit komplexen Systemen zu tun, die unvorhersagbar in andere Ordnungszustände durch Rekursion oder andere Prozesse umkippen. Warum verbinden Sie nun ausgerechnet die Chaostheorie mit einer absoluten Konsistenz? Das überrascht mich.

Das Chaos wird mit der Bifurkationstheorie, die hier auch anwendbar ist, zusammengebracht. Ich neige zu ungewöhnlich anschaulichen Bildern, die ich im Kopf ablaufen lasse. Ich habe einmal eine Maschine gesehen, die Karamelmasse auf zwei rotierenden Armen immer wieder in die Länge zieht und aufeinanderlegt. Das sieht sehr hübsch aus und ist zufällig eine der besten Illustrationen von Chaos. Man kann diese ganze Maschine, bei der sich die Arme drehen, noch zusätzlich auf eine rotierende Plattform stellen. Dann kann man einen kleinen Kristall in diese Masse hineinstecken, der fluoresziert. Wenn man dann das Licht aus- und eine UV-Lampe anschaltet, sieht man einen Lichtpunkt im Raum wandern. Das ist das schönste Beispiel von Chaos. Im übrigen ist dieses Bild noch nie realisiert worden.

Was hieße dann Chaos? Daß die Bewegung des Lichtpunktes nicht voraussagbar ist?

Richtig, denn wenn ich ihn in eine ganz geringfügig verschiedene Anfangslage bringe, dann würde er nach kurzer Zeit eine ganz andere Bewegung über der Plattform ausführen. Dieses Bündel kann man ebenso fotografieren wie Autos bei offener Blende in der Nacht auf einer Straße. Das wunderschöne Lichtgebilde, das dabei entstehen würde, illustriert das Chaos. Es ist so durcheinander, wie Anaxagoras sich das vorgestellt hatte. Es ist auf der einen Seite wie die perfekte Mischung des Universums, auf der anderen Seite sind die Bewegungen, wenn man sie sich genau anschaut, lokal parallel. Die Lichtbahnen sind wie Nudeln, die parallel liegen, und der Geist kann tatsächlich einer einzigen solchen Bahn mit transfiniter Genauigkeit und über beliebig lange Zeit folgen, wenn man daran glaubt, daß unsere Welt so genau aufgebaut wäre. Diese Karamelmischmaschine ist für mich eine Metapher dafür, daß man glauben darf, die Welt sei tatsächlich sorgfältig konstruiert, und zwar so sorgfältig oder mit soviel Liebe, daß sie sogar transfinit genau ist. Von dieser, wenn Sie wollen, metaphysischen Vorstellung her kann man den Mut kriegen, auch daran zu glauben, daß das, was angeblich in unserer Welt nicht verständlich ist, aus Gründen, die man nicht verstehen kann, doch verständlich ist. Es wäre also vielleicht möglich, Gründe dafür anzugeben, warum man, wenn man im Inneren einer im Prinzip verständlichen Welt sich befindet, auf Schranken stößt, die nicht überschritten werden können, diese Welt aber dann doch, wenn man sich in eine äußere Perspektive stellt und das Ganze wie einen Kasten ansieht, in dem das alles abläuft, im Prinzip verständlich werden könnte. Wir haben diesen Superbeobachter nicht, wir sind selbst nicht in dieser Situation, die einem Programmierer ähnlich ist, wo wir die Welt in einem Kasten vor uns haben: Wir sind nicht draußen. Aber wir können uns immerhin vorstellen, wir wären draußen. Dann könnten wir sehen, welche Konsequenzen es hätte, wenn wir in einem so unendlich feinen Aquarium wären. Und dann könnte man überlegen, ob diese Konsequenzen in unserer Welt zutreffen.

Wäre dies denn wirklich eine andere Perspektive als beispielsweise die der klassischen Physik, die von der Möglichkeit eines externen Beobachters ausging, der nicht auf das Geschehen, das er beobachtet, einwirkt? Die Experimente zielten ja darauf, das Subjekt auszuschalten. Bestünde die neue Perspektive im Denken des Potentialis?

Sie sprechen in gewisser Weise den Laplaceschen Dämon an. In der klassischen Physik meinte man, es wäre so, daß jeder Beobachter in der Position des Dämons sei, also daß er von vornherein draußen ist. Das ist nicht wahr. Wenn man annimmt, daß die klassische Physik auf unsere Welt zutrifft und daß auch wir Teil der klassischen Physik wären, dann könnte man nicht so privilegiert sein wie der Superbeobachter, sondern man wäre in der Welt. Dann würde sich genau solch ein eigentümliches Interface bilden, durch das das wirklich Objektive verzerrt wäre. Daher würde für den klassischen Beobachter in einer klassischen Welt nur eine Interface-Objektivität übrigbleiben. Wenn Sie sich die Schnittstelle wie einen kleinen Bildschirm vorstellen, in den alles hineinprojiziert ist, dann hat der Beobachter in diesem Fenster eine Objektivität zur Verfügung. Das ist seine beobachter-objektive Realität, die aber nicht mit der identisch ist, die ein Superbeobachter zur Verfügung hätte. Man hat naiv gedacht: klassisch heißt verständlich, verständlich heißt privilegiert, also gibt es keinen Unterschied zwischen dem In-der-Welt-Sein und dem Außerhalb-der-Welt-Sein. Das ist falsch.

Gehen wir einmal davon aus, daß jeder Mensch sich in der Welt befindet und ein bestimmtes Interface hat. Er sitzt gewissermaßen auf einem Interface, das er nicht überschreiten kann. Wie kann er dann zur Konstruktion einer Welt kommen, die höherstufig ist? Wenn man davon ausgeht, daß dieses jeweilige Interface nicht überschreitbar ist, dann wäre dieser potentielle Blick von außen auf sich doch gar nicht denkmöglich.

Richtig. Aber das ist doch das Nette daran: daß man einsehen kann, daß es sich nicht überschreiten läßt und daß es existiert, so daß man es durch diese Einsicht doch auf einer Metaebene überschreitet, indem man sich einfach als Fisch in einem Aquarium sieht. Das kann man. Man kann zwar nicht das Wasser verlassen. Chuangtse hat, glaube ich, gesagt, daß für die Fische das Wasser eine unbekannte Größe ist, weil sie es immer um sich haben. So ist es mit uns auch. Trotzdem kann man es sich als Fisch vorstellen, daß man herauskönnte – so wie man in der menschlichen Gesellschaft diese Exteriorität gegenüber einem anderen Individuum hat: man kann sich in ihn hineinversetzen oder auch nicht. Das ist der Anfang oder sogar die Essenz der Moral. Diese Möglichkeit der externen Position ist nicht nur ein soziologisches Phänomen, sondern man kann es auch auf die Welt übertragen. Vielleicht gibt man dabei der Welt einen Rang, den sie gar nicht verdient, nämlich fast den Rang einer Person. Man tritt in einen Dialog mit der Welt als ganzer.

Wenn man einmal sagt, daß die Naturwissenschaften darauf abzielen, Objektivität festzustellen und dies experimentell zu überprüfen, d. h. zu wiederholen, dann müßten Sie ja sagen, daß das, was dort festgestellt werden kann, ein bestimmtes Interface, eine bestimmte Erscheinung von Welt ist. Wie kann man nun aber Experimente machen, die das als überschreitbar angenommene Interface belegen, also daß es vielleicht noch eine andere Welt, vielleicht mit anderen Gesetzen gibt? Läßt sich das naturwissenschaftlich-empirisch beweisen?

Das ist genau die Idee, warum man so fremdartige Vorstellungen überhaupt entwickelt. Man hofft, daß man den kleinen Unterschied tatsächlich durch Experimente festnageln kann. Diese Experimente müßten anders als alle bisherigen sein. Die bisherigen Experimente versuchen ja nur, eine Vorstellung über die Welt, die im Inneren der Welt gemacht wurde, zu verifizieren. Das ist eine relativ einfache Aufgabe, obwohl jeder Experimentator mir hier sofort mit Recht widersprechen muß. Es gibt nichts Schwierigeres, als ein gutes Experiment zu machen. Trotzdem ist die Philosophie irgendwie einfach. Die Experimente, von denen wir hier sprechen, wären von einem ganz anderen Typ, denn wir haben ja gegenüber unserer Welt gerade nicht die exteriore Position, die wir annehmen. Wie wir mit diesem Problem umgehen können, ist z. B. so, daß wir uns im Computer eine Kunstwelt bauen, für die wir diesen privilegierten Zugang von außen besitzen. Dann können wir sehen, wie die Leute in dieser Kunstwelt ihre Welt sehen und worin dies sich von unserer Sicht unterscheidet. Das geht, weil das eine moderne Computerspielerei ist, die im Prinzip machbar ist, wobei es ja gar nicht darauf ankommt, ob man es wirklich schon machen kann. Es geht viel besser, wenn man es noch nicht wirklich machen kann, weil man dann noch nicht weiß, welche Schwierigkeiten man auf dem Weg dorthin noch überwinden muß. Angenommen, man versetzt sich in so eine Identitätseinheit, wie das in Faßbinders Film »Welt am Draht« heißt, der auf Daniel F. Galouyes Buch »Simulacron 3« von 1964 basiert.

Darf ich Sie kurz unterbrechen, um dies ein wenig plastischer zu machen. Man baut also eine Welt mit bestimmten Gegenständen und Leuten, die in dieser Welt interagieren. Das ist eine Virtuelle Realität ...

Ja, wobei man aber ein bißchen darauf achten muß – um mit unserer Welt parallel zu bleiben -, daß dies reversibel ist. Das erscheint mir sehr wichtig. Wir hatten das Chaos erwähnt, ich hätte dort vom »reversiblen« Chaos sprechen müssen. Das ist der Karamelmischer. Die Welt muß so genau gebaut sein, daß nichts verlorengeht, wenn man von einem Zustand zum nächsten geht. Das ist etwas Technisches.

Könnten Sie dafür ein Beispiel geben?

Man kann beispielsweise mit einem Computer ein Gehirn modellieren. Aber das ist nicht das, was ich verlange. Der Computer ist kein dissipatives System, d. h., er ist nicht sehr fein konstruiert, er hat einige grobe Zustände wie ein Neuron. In unserer Welt aber ist das Neuron selbst wieder aus einer riesigen Zahl sehr kleiner Teilchen aufgebaut. Es ist eine dissipative Struktur. Ich meine, man braucht eine molekulardynamische oder eine molekulardynamisch simulierte Welt. In Los Alamos ist 1957 diese Technik der Virtuellen Realität erfunden worden, durch die man kleine Billardkügelchen interagieren lassen kann, wobei man 100 Millionen benötigt, um letztendlich ein kleines Stück Nervenmembran zu simulieren. Im Computer ist das recht aufwendig. Wenn es Chaos in dieser transfiniten Akkuratheit gibt, von der wir vorhin sprachen, dann würde sich das auf diese Mikrowelt beziehen, und nur für einen Beobachter, der so genau aus ganz vielen, ganz kleinen Teilchen und mit einer reversiblen Dynamik aufgebaut ist, gelten diese merkwürdigen Interface-Verzerrungen, von denen wir gesprochen haben. Das gilt nicht, wenn wir eine Simulation eines Gehirnmodells machen, das genauso grob ist wie unsere makroskopischen Vorstellungen vom Gehirn.

Es gibt derzeit, um uns von einer anderen Seite der Endophysik anzunähern, die Position des sogenannten radikalen Konstruktivismus. Ganz grob gesagt wird hier davon ausgegangen, daß die Wirklichkeit von uns erfunden wird, d. h., wir haben ein biologisches Fundament, etwa unsere neuronalen Netze, die auf eine bestimmte Weise arbeiten, die also die Informationen, die aufgenommen werden, auf einem großem Bildschirm zum Bild unserer Welt komputieren. Wir wissen nicht, was die Welt – da draußen – ist, wir können Objektivität nicht feststellen. Die einzige Orientierung besteht darin, ob unsere Konstruktionen in dieser uns entzogenen Welt scheitern oder ob sie funktionieren. Das ist eine Perspektive, die von einer Seite des Interface ausgeht, d. h., Erkenntnis wird abhängig vom Menschen mit seinen neuronalen Netzen gemacht. Nicht Objektivität ist primär, sondern der Erkenntnisapparat des Menschen. Was Sie hingegen unter der Perspektive einer Endophysik thematisieren wollen, ist doch wohl, daß Sie beide Seiten gleichzeitig in den Griff bekommen wollen, also nicht dieses in der Geschichte der philosophischen Erkenntnistheorie wohlbekannte Abwechslungsspiel weiterführen wollen?

Richtig. Das ist ja auch ein sehr interessantes Thema, das mit der Künstlichen Intelligenz zusammenhängt. Man möchte verstehen, wie unser Gehirn funktioniert, und das wird eines Tages auch gelingen. Im Normalfall wäre es dabei ein Fehler, auf diese Mikroebene, die ich vorhin angesprochen habe, zurückzugehen. Das sollte man ruhig makroskopisch mit künstlichen Gehirnmodellen probieren, die etwa aus Chips von Computern bestehen. Dann kann man vielleicht die Entstehung des Ich aus einem künstlichen Optimierer – wenn zwei, frei nach Hegel, interagieren – verstehen. Aber auch das ist ein Versuch, das Aquarium von außen zu betrachten und zu verstehen. Doch es wäre eine sehr viel gröbere und oberflächlichere Methode. Der radikale Konstruktivismus oder das Problem, wie die Welt für ein Gehirn entsteht, das bereits eine gewisse makroskopische Struktur besitzt, ist analog zum Problem der Endophysik. Aber es ist nur ein verkleinertes Modell, etwas viel, viel Einfacheres, weil man hier mit dem gesunden Menschenverstand auskommt. Der gefährliche Unterschied zwischen der Exorealität, zu der wir nicht hinkommen, und unserer beobachter-objektiven Endorealität liegt viel tiefer, als wenn man sich etwa mit der konstruktivistischen Frage beschäftigt, wie eine bestimmte Weltstruktur bei kleinen Äffchen entsteht, die man dazu bringt, zu glauben, sie wären ein Mensch. Das ist ein sehr interessantes und für die Moral sehr wichtiges Problem, aber diese Äffchen könnten dann wieder fragen, woher denn die Quantenmechanik kommt. Dies ist ein Problem, das erst ein Stück weiter hinten beginnt. Die Endophysik würde dieses schwierigere Problem anschneiden, wobei solche Vordergrundsprobleme nicht unterschätzt würden und gerade die Parallelität zwischen beiden ausgenutzt werden könnte.

Noch einmal zurück zu der Szene. Wir haben im Computer eine virtuelle Welt gebaut. Wir sind deren Programmierer, die beobachten, was die virtuellen Menschen da drin machen. Wir können sehen, sie haben Erkenntnisse aufgrund eines bestimmten Interface. Dadurch haben sie für uns eine von ihnen erzeugte Welt. Aber welche Schlüsse können wir daraus für unsere Welt ziehen? Es ist ja doch auch wieder eine andere Welt, in der wir nicht sind, auch wenn wir sie von außen beobachten können.

Wir haben dadurch die Möglichkeit, zu verstehen, wie sich für diese Endo-Wesen die objektive Welt verzerrt.

Objektiv heißt hier die von uns, den Programmierern, erzeugte Welt, in der diese Menschen wie wir in unserer Welt sind.

Wir haben den Exo-Zugang, und wir können gleichzeitig ihren Endo-Zugang verstehen, weil das eine Kunstwelt ist. Wir können während der Beobachtung auf einmal sehen, wie diese Menschen an Grenzen stoßen. Wenn wir nett sind und das Bedürfnis empfinden, können wir ihnen Tips geben. Wir könnten ihnen beispielsweise sagen, wenn du da drin an dieser Stelle nach dem gucken würdest, dann würdest du eine Überraschung erleben. Das würde dir beweisen, daß die Realität, die du zu haben glaubst, nicht die wirkliche Realität ist, von der wir wissen, daß sie dahintersteht. Dieser Tip, den man den Leuten geben kann, läßt sich analog auf unsere Welt übertragen. Man kann sich fragen, was wäre, wenn ich so einen Tip bekäme. Leider kann man allerdings sehr viele solcher Kunstwelten bauen, wobei man jeweils andere Tips braucht.

Das erinnert mich an Däniken, der für die Menschheitsgeschichte ja auch überall Tips findet, die von außerhalb der Welt kommen, wodurch die Menschen erst bestimmte Dinge entdecken. Wie würden Sie denn diese doch etwas irrationale Perspektive vermeiden?

Man braucht sie gar nicht zu vermeiden, denn in dem Beispiel haben wir sie ja unter Kontrolle. Wenn Sie wollen, ist das Ganze: die Paranoia zur Methode gemacht. Salvador Dalí hat von der paranoisch-kritischen Methode gesprochen. Wenn man selber dummerweise in der Welt ist, muß man leider ein wenig verrücktspielen, um sie voll ausschöpfen zu können. Wenn man die Kritik hingegen auf eine Kunstwelt anwendet, dann ist das eine ganz normale naturwissenschaftliche Methode. Lediglich die armen Leute im Computer sind paranoid. Man kann ihnen durch Tips helfen, aus ihrer Paranoia herauszukommen. Wenn man genügend viele Kunstwelten durchgecheckt hat, wird man merken, daß es bestimmte Typen von Tips gibt, die für alle Kunstwelten zutreffen und die dann, wenn unsere Welt in ihrer Grundstruktur irgendwie verwandt ist, auch in unserer Welt ein Tip wären. Diesen »Tips« könnte man dann nachgehen. Das wären die neuen Experimente, von denen wir zuvor gesprochen haben. Sie würden radikal anders aussehen; ich habe sie einmal nach einer Krankheit Blindsichtexperimente genannt. Wenn eine isolierte Störung der Sehrinde vorliegt, dann ist man blind, aber man kann beispielsweise noch einen großen, langsam fliegenden Ball fangen oder ihm ausweichen. Danach fragt man den Blinden, warum er sich zur Seite gebeugt habe, worauf der Blindsichtige sagt: »Ich weiß es nicht. Ich hatte das Gefühl, da wäre etwas.« Diese neuartigen Experimente wären auch so. Sie wären auf den ersten Blick so irrational, daß sie schon fast wieder an parapsychologische Experimente erinnern. Der Unterschied aber wäre, daß die Paranoia in diesem Fall kontrolliert wäre.

Das erinnert natürlich an das cartesianische Experiment, sich Gott als einen Betrüger zu denken ...

Ja, rein hypothetisch in der Hoffnung, es widerlegen zu können. Es gehört sehr viel Vertrauen dazu, selbst diese Hiob-artige Frage zu stellen. Ich meine, daß Descartes nur deshalb der radikalste aller Zweifler gewesen ist, weil er glaubte, daß der Boden sogar dafür tragfähig genug ist.

Sie sind aber doch der Überzeugung, die Descartes auch teilte, daß gerade dadurch die Vorstellung einer Welt, innerhalb deren wir Gefangene sind, die von einem Programmierer betrogen werden, möglich wird?

Ja, dann wäre er ein Sadist, aber ...

Die Hoffnung von Descartes aber war ja, etwas innerhalb auch dieser möglicherweise illusionären Welt zu finden, was Gesetzen folgt, konsistent ist und klar und deutlich erkannt werden kann. Sofern so etwas gegeben ist, können wir uns zumindest auf Teile der Welt verlassen, wobei es egal ist, ob wir beispielsweise träumen oder wach sind, weil wir uns auf diese Konsistenz verlassen können. Sie sprachen zuvor davon, daß wir, wenn wir etwas finden, das in allen möglichen Kunstwelten gleich wäre, eine Einsicht in die Exowelt gewonnen haben. Entspricht diese Einsicht nicht doch wieder einer Objektivität? Wie würden Sie denn dieses Sich-Durchhaltende aus der Endophysik charakterisieren? Welchen ontologischen Status hätte es?

Wir sollten das vielleicht die kleine Objektivität nennen. Zu einer wirklich großen Objektivität im ontologischen Sinne würde das nicht vorstoßen. Bei Kant ist das alles schon vorformuliert worden. Er spricht von der Welt der Dinge an sich, also, wie sie an sich selbst sind, und der Welt der Dinge, wie sie für uns erscheinen. Zunächst hat er das »An-Sich« sehr philosophisch gemeint. Später, im Opus postumum, wenn ich mich richtig informiert habe, hat er davon noch eine kleinere Version angegeben, wo beides sich auf die Welt der Erscheinungen bezieht, aber wo es immer noch den Unterschied zwischen einer wirklicheren Welt gibt, die nicht zugänglich ist, und einer mehr oberflächlichen Erscheinungswelt. Er nennt das die kopernikanische Wende, daß man sogar innerhalb der Welt der Erscheinungen noch zwischen dem unterscheiden kann, was dahinter ist, was durch die Erscheinungen gewissermaßen verdeckt wird, und den direkten Phänomenen. Wie kamen wir jetzt darauf?

Wir kamen deswegen darauf, weil ich sagte, daß Descartes in seiner Simulation, wie man heute dies nennen könnte, bestimmte Konsistenzen fand, die diesseits aller Ontologie für die Menschen zumindest beweisen, daß sie sich auf bestimmte Gesetze verlassen können.

Das ist diese Exo-Objektivität, wie ich sie nenne.

Wenn es über alle möglichen Welten hinweg etwas Gemeinsames gäbe, dann wäre damit wieder eine Art von Objektivität erreicht.

Selbstverständlich. Diese Exo-Objektivität, von der ich wie Anaxagoras vermute, daß sie hinter unserer Welt existiert, ist dem steuernden Geist zugänglich, der dafür sorgt, daß man als Endo-Wesen vielleicht trotzdem nicht unfair behandelt wird. Ich würde bei Descartes den Begriff der Fairneß in den Mittelpunkt stellen. Die Konsistenzhypothese, die er gemacht hat, geht davon aus, daß man, wenn man jetzt als Werkzeug in einer künstlichen Welt einer Instanz ausgeliefert ist, die das Ganze im Griff hat, daraus Hinweise dafür gewinnen kann, ob das Ganze wirklich so unfair ist, wie es auf den ersten Blick angelegt zu sein scheint. Es ist ja eine ganz gefährliche Vorstellung, die man eigentlich gar nicht akzeptieren kann, daß man so einer anderen Macht ausgeliefert wäre. Descartes hat gewissermaßen Kriterien für den Umgang mit Göttern – heute würde man sagen: mit Programmierern auf der nächsthöheren Ebene – entwickelt. Wie kann man damit leben, daß man vielleicht so fürchterlich klein ist? Der Ausweg bestand darin, nachzugucken, ob diese Virtuelle Realität, in die man als kleines Versuchskaninchen hineingesteckt ist, wenigstens konsistent, also sauber konstruiert, ist. Wenn sich diese Sauberkeit der Konstruktion durchgehend feststellen läßt und solange dies der Fall ist, kann man noch nicht böse werden. Man kann die Hypothese noch nicht widerlegen, daß das Ganze vielleicht doch entschuldbar wäre. Man kann, solange alles konsistent ist, d. h. mit Hilfe der Mathematik beschreibbar, der Meinung sein, daß auch andere Wesen, vielleicht andere Menschen, die einem in dieser Welt begegnen, konsistent beschreibbar sind, bis hinunter zu den Atomen in ihrem

Kopf. Dann kann ich sie als Außenstehender als »Maschinen« verstehen, so wie die ganze Welt vielleicht eine Maschine ist, die von außen kontrolliert wird. Wenn ich in dieser Welt die Konsistenzhypothese noch beibehalten darf, dann ist auch mir als einem gegenüber diesem Nachbarn exterioren Wesen eine ähnlich unfaire Allmacht in die Hand gegeben, wie ich befürchte, daß sie mir gegenüber von außen besteht. Und dann kann ich mich jetzt rächen oder auch nicht. Ich habe jetzt eine vergleichbare Position wie die, die man mir gegenüber hat und die ich kaum ertrage. Auch die Idee der Kunstwelt, von der wir vorhin sprachen, die ganze Endophysik beruht ja auf diesem Gedanken, in einer verkleinerten Form eine Allmacht zu besitzen. Wenn ich dieses vielleicht vorhandene, mir vielleicht auch nur einprogrammierte Gefühl von Allmacht nicht mißbrauche, dann habe ich, falls die Sache ein »schlechter Scherz« (Descartes) ist, demjenigen, der den Scherz eingefädelt hat, den Spaß verdorben. Die ultimative Grausamkeit dem Sadisten gegenüber, der sich das alles anguckt, wäre, nicht grausam zu sein. Das würde ihm den Spaß verderben. In der Theorie des Bösen wird ja behauptet, daß sich das Böse gerne fortpflanzt. Das nennt man dann das »Gerechtigkeitsprinzip«: Wenn einer schlecht behandelt wird, ist es nur gerecht, daß es einem anderen genauso geht. Diese Möglichkeit des Bösen verdirbt man der höheren Instanz, wenn man mit Levinas das nackte Gesicht des anderen erkennt und nicht mit dem Fuß hineintritt.

Es ist ja erstaunlich, daß Sie nun die naturwissenschaftliche Theorie, wie sie beispielsweise von Descartes unter rationalistischen Kriterien entworfen wurde, auf einer Frage der Fairneß, also auf einer ethischen Frage, begründen wollen. Wie würde denn das in bezug auf die Endophysik aussehen? Wie geht etwa die Anforderung, daß wir uns fair verhalten sollen, in physikalische Theorien ein? Ist das überhaupt denkbar? Modern zumindest ist die Trennung der Werte von den Tatsachenfeststellungen. Sie hingegen wollen dies offenbar nun wieder zusammendenken.

Ja, so verstehe ich Descartes, der dabei die Priorität hat. Er ist rein von dieser moralischen Fairneßfrage hergekommen. Weil er so mutig war, hier eine Chance zu entdecken, kurbelte er überhaupt erst dieses ganze Programm moderner Naturwissenschaft an. Descartes existiert ja in zwei Lagern. Er ist auf der einen Seite der Erfinder des bösen modernen Mechanizismus, auf der anderen ist er der Erfinder des Bewußtseinsbegriffs. Neulich war hier in Tübingen ein Vortrag von einem Heidelberger Philosophen mit dem wunderschönen Titel »Nachcartesische Meditationen über den Abgrund des Bewußtseins«. Man sieht, daß Descartes in den Geisteswissenschaften auch ein Heiliger ist. Er ist es zwar nicht als Erfinder des naturwissenschaftlichen, »grausamen« und unbegrenzten Fortschritts, sondern ein Heiliger der Reflexion über das Bewußtsein. Für Descartes war das eines. Nur weil er vor dem Problem stand, wo das Bewußtsein herkommt, entstand seine Philosophie. Er hatte 1619, als er 23 Jahre alt war, diesen schrecklichen Traum, wo ihm die Traumartigkeit des Wachzustandes so eingehämmert wurde, daß er verrückt zu werden drohte, wenn er nicht einen Ausweg fände. Dieser Ausweg war die Chance, die er der Welt gegeben hat: daß sie vielleicht konsistent ist. Denn dann wäre sie kein böser Traum. Solange sie konsistent erscheint, könnte man jedenfalls glauben, daß sie kein böser Traum ist. Solange sie konsistent ist, kann man selbst fair sein und glauben, daß der, der vielleicht diesen Traum in Gang gesetzt hat, keine Angst davor hat, daß man im Kleinen fairer ist als er selbst.

Jetzt aber wieder zurück zur Endophysik. Ich frage mich natürlich, wie man Descartes mit Ihrer Perspektive verbinden kann.

Das ist eine ganz wichtige Verbindung. Es gibt einen berühmten Satz von Einstein, daß, wenn Gott würfeln würde, er lieber ein Angestellter in einer Spielbank wäre als ein Physiker. Einstein hat dies direkt auf die Quantenmechanik angewendet und sprach vom »freien Entschluß« der Teilchen. Das Würfeln bezieht sich nicht auf das Würfeln in der Welt, also auf das Chaos, sondern es bezieht sich auf das Würfeln hinter dem Rücken der Welt, sofern auf einmal unerklärbare, geradezu psychische Phänomene in die Welt einbrechen und so deren Konsistenz zerstören. Das darf nicht sein. Auch Niels Bohr, der das Komplementaritätsprinzip erfunden hat, hat es nur erfunden, weil dies ihm als der einzige Ausweg erschien, wie man die Sache doch noch erklären und akzeptieren kann. Er sagte, wenn das Komplementaritätsprinzip als Erklärung nicht ausreicht, dann wäre die Physik ein schlechter Traum. Er hat also nur an einer anderen Stelle als Einstein, aber sonst gleich reagiert. Dies haben beide instinktiv getan, denn ich glaube nicht, daß sie Descartes in seiner Vorhersage dieser Katastrophe gekannt haben. Descartes hatte ja dazu aufgefordert, nachzusehen, ob irgendwo eine Unsauberkeit passiert, wie z. B. eine »primäre Wahrscheinlichkeit« im Sinne Paulis, d. h. etwas, das man nur noch mit Magie beeinflussen könnte, auf jeden Fall aber nicht mehr mit Wissenschaft. In dem Moment, in dem so etwas gefunden würde, wäre die moderne Naturwissenschaft an ihrem Ende angekommen.

Bei der Quantenmechanik handelt es sich aber doch nicht um Magie, sondern höchstens um Zufall?

Doch, das ist das gleiche. Natürlich gibt es Phänomene wie das Wetter, die nicht kontrolliert werden können, aber man weiß, daß das Chaos daran schuld ist und wir selbst Teil der Welt sind. Wenn man das Wetter im Computer hätte, wäre alles vollkommen klar. Nur weil wir die Anfangsbedingungen der Welt nicht genau genug messen können, müssen wir mit dem Wetter leben, das wir nicht vorhersehen können. Wenn wir hingegen annehmen, daß es einen primären Zufall gibt, der auch nicht durch das Chaos erklärbar ist, sondern der wirklich irgendwoanders herkommt, und wenn die Naturwissenschaft sagt, daß sie dafür nicht zuständig ist, dann heißt das, daß die Naturwissenschaft die Hoffnung, die sie einige Jahrhunderte lang übernommen hatte, wieder abgibt. Sie müßte dann den Menschen sagen, daß sie schauen sollen, wie sie zurechtkommen, denn wir, die Naturwissenschaftler, sind nicht zuständig für ganz wichtige Teile der Erfahrung. Vielleicht ist es doch so, daß die Magie, z. B. die vornehme moderne Magie im Sinne des Don José von Castañeda, der Schlüssel ist, um mit der Welt fertig zu werden. Wir sind nicht mehr zuständig. Wir können nur noch Bomben bauen, aber helfen, die Welt zu verstehen und moralisch zu sein, können wir euch nicht. Die Naturwissenschaftler sind heute der Meinung, daß die Quantensache unverständlich ist, daß also die Virtuelle Realität, in der wir uns alle befinden, nicht sauber ist. In dem Moment, wo sie nicht sauber ist, müssen wir schauen, ob nicht die Pallas Athene oder eine bestimmte andere Magie helfen kann.

Darf ich kurz unterbrechen. Der cartesianische Dualismus, von dem Sie vorhin ausgingen, durchzieht uns ja noch immer. Beispielsweise steht die Frage ja in der KI-Forschung an, ob es möglich ist, eine Intelligenz zu bauen, die nicht organisch ist. Würden Sie denn den Geist oder das Bewußtsein auf die Ebene der Magie setzen, sofern sich da vielleicht etwas der Erklärung und der Rekonstruktion entzieht?

Keinesfalls. Wir haben eben nur von Physik und von Relationen in der Welt gesprochen. Die Idee von Descartes ist natürlich nicht, daß die Welt eine Maschine ist, obwohl er das erfunden hat. Seine Idee ist, daß man träumen muß. Sein Traum war ja, daß er gezwungen wird, zu träumen. Der Traum ist in sich eine psychische Realität. Nach Descartes ist die Substanz der Welt eigentlich ein Traum. Man übersetzt das »Cogito ergo sum« immer mit »Ich denke, also bin ich«. Das stimmt nicht. Cogitare heißt bei ihm empfinden oder träumen. Und auch im Traum kann man »Cogito ergo sum« sagen. Wenn das einer im Traum sagt, dann heißt das, er ist, aber es heißt natürlich nicht, daß die Realität, die für den Träumer existiert, im Sinne der Physik real ist. Descartes war keineswegs ein Dualist, sondern ein Monist, ein Idealist vom reinsten Wasser und vielleicht der einzig konsequente. Ich nenne ihn auch den westlichen Buddhisten, weil er in seinem Denken so verwandt ist mit Chuangtse, der allerdings kein richtiger Buddhist ist.

Wenn man diese Perspektive der Endophysik einnimmt, dann taucht doch gleich das philosophische Schreckgespenst des völligen Relativismus auf. Wenn die Welt der Traum des Menschen ist, dann tritt möglicherweise eine Beliebigkeit ein. Alles ist vorstellbar. Es gibt viele Welten. Wo ist nun die objektive Welt? Ist das Interface beliebig verschiebbar oder manipulierbar?

Das ist wieder diese Konsistenzfrage. Wenn wir uns in einem Traum befinden, dann ist das so wie bei Chuangtse: Ich träumte, ich wäre ein Schmetterling. Jetzt bin ich aufgewacht und weiß nicht, ob ich ein Mensch bin, der gerade geträumt hat, er sei ein Schmetterling, oder bin ich ein Schmetterling, der gerade träumt, daß er ein Mensch ist. Zunächst verschwimmt einem alles vor Augen. Dann hilft einem die cartesianische Frage, von der ich nicht weiß, ob Chuangtse sie hatte: Schauen wir uns die Feinstruktur des Traumes an. Der Traum besteht aus Schmerzen, aus Freuden, aus Farben, aus Tönen, aus Geschmäckern, aus Gerüchen und aus einer weniger aufallenden Sache, nämlich den Beziehungen zwischen diesen allen. Descartes fragte, ob diese Relationen nicht den Anker bilden. Wir könnten vielleicht sehen, ob sie passen oder nicht. Wenn sie überall schön passen, dann können wir die Aufoktroyierung des gesamten schönen oder blutigen Gebildes akzeptieren, weil wir von den Relationen aus selbst allmächtig gegenüber unseren Nachbarn werden, die im Traum vorkommen. Das aber ändert nichts daran, daß das Ganze eine rein psychische Struktur im Sinne von geisterhaft ist. Weil es aber eine solche ist, darf es in ihr keine weiteren psychischen Strukturen geben, da dies die Sauberkeit des Ganzen verderben und der Magie Tor und Tür öffnen würde. Wenn aber diese psychische Struktur konsistent und sauber ist, dann hat die Magie keine Chance. Das nennt man dann Aufklärung, die verlorengeht, wenn man hier einen Einbruch zuläßt. Ich habe es durch die Chaosforschung gemerkt, daß sie hier noch einmal ein Türchen öffnet, das vielleicht diesen Einbruch, der weitgehend akzeptiert ist, wieder zurückweisen kann.

Nehmen wir einmal an, das Paradigma der Endophysik wäre akzeptiert ...

Das wäre fast schade ...

Weil dann der Reiz weg wäre?

Ja.

Wie würde denn für Sie genau die endophysikalische Forschung ausschauen? Der Computer scheint ja doch sehr wichtig zu sein, um solche möglichen Welten zu konstruieren, die früher nur als Gedankenexperimente realisierbar waren. Würden die Physiker künftig nicht mehr die äußere Welt beobachten, sondern lediglich mögliche Welten bauen, um sie dann zu beobachten?

Sie wären dann sicher ungefährlicher, als sie es bisher in diesem Jahrhundert gewesen sind. Die Chaosforschung würde nicht so viel Spaß machen, wenn man nicht diese kleinen Helferchen hätte, die einem wenigstens ganz langsam irgendwelche Kurven auf das Papier zeichnen. Die kann man dann verbessern und so verstehen, wie eine Gleichung funktioniert, die solche Kurven erzeugt. Ob man die simulierten Welten der Virtuellen Realität für die Forschung unbedingt benötigt, würde ich bezweifeln. Der große eingebaute Simulator wird noch für einige Zeit wichtiger sein als der, den man kaufen und benutzen kann. Aber durch diese Spielsachen wird natürlich die Lust gefördert, sich etwas vorzustellen.

Noch einmal eine Frage, die vielleicht den Kontakt zur Philosophie herstellt. Gegenwärtig wird durch den radikalen Konstruktivismus, aber auch von anderer Seite her, der Relativismus propagiert, was auch über die Postmoderne als Pluralität gefeiert wurde. Man scheint sich einig zu sein, daß Ontologie zu verabschieden ist, daß es verschiedene Weisen der Welterzeugung gibt, die wie auch immer abhängig sind von biologischen oder kulturellen Gegebenheiten, in denen wir uns vorfinden. Würden Sie denn behaupten, daß es eine gemeinsame Schnittmenge aller möglichen Interfaces gibt, die Menschen einnehmen können? Oder würden Sie auch einräumen, daß es Interfaces gibt, die miteinander gar nicht kompatibel sind, so daß man von der einen Welt gar nicht zu einer anderen hinüber kann? Der Grundgedanke der Endophysik scheint dahin zu deuten. Wenn wir uns ganz in einer Welt befinden, dann können wir nicht gleichzeitig in einer anderen Welt sein.

Das beinhaltet schon der Begriff der Welt. Man kann nicht in mehr als einer Welt sein, sonst wäre sie keine Welt, sondern nur eine Halbwelt oder so etwas ähnliches. Das ist wieder eine ganz komplexe Frage. Der Pluralismus, den Sie mit Recht in der Geisteswelt erwähnt haben, wird durch diesen endophysikalischen Traum eingeschränkt, was die Physik angeht. Andererseits wird dann in der Physik ein ähnlicher Pluralismus erzeugt, wie er heute in der Philosophie empirisch gegeben und durch Leid erkauft ist. Das ist der Bubbleboy, ein

Begriff, auf den ich einmal mit Peter Weibel gekommen bin. Der Bubbleboy war ein Kind in Amerika, das ein nicht recht funktionierendes Immunsystem hatte. Er mußte in einer Blase aus Kunststoff leben, damit an ihn keine Bakterien herankamen. Alles, was man ihm gab, mußte durch Schleusen hereingebracht werden und keimfrei sein. Nach dieser physikalischen Theorie hätte jeder Beobachter ganz ähnlich dieser Situation sein eigenes Interface. Dieses Interface würde eine Welt bedeuten, d. h., alle anderen kämen in ihm vor. Insofern gäbe es Intersubjektivität und Interaktion. Aber das bedeutet nicht, daß nicht der andere auch sein Interface hat und daß die Weise, wie ich in seinem Interface vorkomme, nicht notwendig identisch mit der Weise sein muß, wie er in meinem vorkommt. Der Pluralismus, der für das Zusammenleben mit anderen Menschen so wichtig ist, würde in die Physik hineingezogen werden. Dort würde es ein Analogon zu der pluralistischen Gesellschaftsstruktur, wie sie beispielsweise zum Teil in Amerika herrscht, geben.

Gerade in der Physik glaubte man ja daran, eine Urformel finden und alle Wissenschaften auf eine Wissenschaft, eben die Physik, gründen zu können. Jetzt ist dazu die Biologie als Konkurrenz aufgetreten. Würde die Pluralität in der Physik bedeuten, daß es eine solche Einheitsformel nicht gibt, sondern nur regionale Rationalitäten?

Nein, ganz im Gegenteil. Es gäbe sozusagen den Konsens derer, die Konsistenz suchen. Diese würden etwa in der Endophysik eine Theorie entwickeln, über die Konsens bestünde, soweit wir in unserer naiven Alltagswelt miteinander überhaupt kommunizieren können. Dieser Konsens bestünde darin, daß die neue objektive Theorie, die man Weltformel nennen könnte, sofern sie sich in eine kleine Formel pressen lassen sollte, wie das Penrose in seinem neuen Buch hofft, akzeptiert würde. Aber das wird vermutlich keine Formel sein, die man hinschreiben kann, sondern das ist die Einsicht in eine Zwei-Ebenen-Theorie der Physik, die vielleicht für einige Zeit wieder kanonisch in dem Sinne sein würde, daß alles, was man weiß, mit ihr kompatibel wäre, und man dann versuchen würde, das Ganze, so gut es geht, immer weiter zu vereinheitlichen. Dieser Trieb würde bleiben, also auch die Konsistenzforderung von Descartes. Aber gleichzeitig würde vielleicht eine neue Toleranz entstehen, weil wir erkennen würden, daß die Welten, die uns erscheinen, wie beispielsweise die Everett-Welten in der Quantenphysik, gleichwertig sind. Ich habe das einmal mit dem Paradies verglichen. Dieselbe Exo-Welt würde ganz viele Endo-Welten enthalten. Man könnte damit vielleicht sogar das Jetzt erklären, denn mein Jetzt von vorhin ist ja nicht mein jetziges. Und auch, wie ich mir mein Jetzt von vorhin vorstelle, muß keine wahre Vorstellung von dem damaligen Jetzt sein. Wir leben also sowieso in jedem Augenblick in verschiedenen Welten. Ich habe einmal einen Satz von Marc Aurel gelesen: Man soll vor dem Tod keine Angst haben, weil man sowieso nur das Jetzt hat. Die Vergangenheit existiert nur im Jetzt, die Zukunft existiert nur im Jetzt, und das Jetzt ist nach allgemeiner Meinung etwas sehr, sehr Kurzes. Wenn so ein bißchen verschwindet, was macht das schon? Die pluralen Endo-Welten wären alle nur Reflexionen ein und derselben Exo-Welt. Nun wissen wir aber aus der Quantenmechanik, daß die Schrödingersche Katze manchmal tot und manchmal lebendig ist. Und wenn sie lebendig ist, ist das viel schöner, als wenn sie tot ist, d. h., es gibt Wertungen. Die vielen Endo-Welten, die da entstehen, sind nicht gleich schön. In dem Moment, wo wir wissen, daß sie alle aus derselben Exo-Welt kommen, könnten wir nach Verfahren suchen, wie wir die schönste Endo-Welt vielleicht für eine maximale Anzahl von Menschen realisieren könnten. Wenn man dafür wirklich eine Technologie entwickeln würde, dann würde das die Realisierung der Wunschmaschine bedeuten. Das Paradies würde auf einmal mit der Hilfe eines ursprünglich naturwissenschaftlichen Instrumentariums zugänglich werden. Man könnte den Engel, der mit dem Flammenschwert vor dem Paradies steht, zum ersten Mal ein bißchen beiseite schieben. Ich bin mir nicht ganz sicher, ob das wirklich ernst gemeint war, was ich eben gesagt habe.

Das aber ist der alte Traum, den Wissenschaft in Verbindung mit Technik schon immer hatte, nämlich die beste aller möglichen Welten herzustellen.

Ja, die Humanität zu vergrößern.

Das wäre also die Fortsetzung dieses Traumes auch innerhalb Ihrer Perspektive. Gleichzeitig aber hatten Sie auch erwähnt, daß das Selektionskriterium zwischen möglichen und gleichberechtigten Welten vielleicht ästhetisch wäre. Sie sagten »schön« ...

Ja, oder Mangel an Leid oder, als positiver Begriff, das Paradiesisch-Sein. Dieser Begriff ist nie definiert worden, aber jeder weiß, was er bedeutet.

Wie hinge dann die Konsistenzforderung mit der Schönheit oder auch mit der Gutheit der zu wählenden Welt zusammen? Wissenschaftliche Theorien scheinen ja immer nicht nur auf Wahrheit oder Objektivität ausgerichtet zu sein, sondern auch auf ästhetische Kriterien wie Eleganz oder Präzision. Aber auch die können nicht maßgebend für einen umfassenden Begriff des Schönen sein.

Jetzt sehe ich erst, auf welches Glatteis ich mich eingelassen habe. Ich ziehe mich ganz kurz auf Descartes zurück. Er hat anscheinend, wenn er den Bewußtseinsbegriff anerkannt hat, auch anerkannt, daß eigentlich alles subjektiv ist. Dieser große Bildschirm, den er sich vorstellt, enthält vor allem Farben, Formen, Bewertungen, Schönes, Gutes, Rührendes. Diese Dimensionen der eigentlichen Realität, die nicht naturwissenschaftlicher, sondern geisteswissenschaftlicher Natur sind, würden nicht gestört, wenn wir die eine der vielen Realitäten, nämlich die quantifizierbare Struktur der Beziehungen zwischen den Farben oder deren Intensitäten, so überbewerten, wie wir es seit Descartes tun. Das ist ungefährlich, weil es eine Methode ist, das Ganze zu retten. Die Schönheit aber folgt natürlich nicht aus dem Relationalen. Das Ganze ist in sich vielleicht schön, hat vielleicht einen wirklichen Blauton von einer ganz eigentümlichen Art, der nicht verlorengehen darf, obwohl man ihn leider nicht beschreiben kann. Hier wäre die Naturwissenschaft nur eine »ancilla philosophiae«, eine Magd der Philosophie. Die Naturwissenschaft hat sich als Herrscherin aufgeschwungen, was ein wenig dadurch reduziert werden könnte.

Auch philosophisch wird etwa von Nelson Goodman von den Weisen der Welterzeugung gesprochen, was vielleicht auch eine Affinität zur endophysikalischen Position besitzt. Wenn wir davon ausgehen, daß Physiker virtuelle Welten bauen, also in diesem Sinne Welten erzeugen, dann spielen die bislang vorherrschenden Kriterien wie Objektivität oder Wahrheit keine so große Rolle mehr. Übrig bleibt die Forderung nach Konsistenz.

Das ist schon schwer genug.

Auch die Frage nach einer Ontologie wäre ausgeblendet. Dann entsteht die Frage – wir hatten dies schon gestreift -, wie wir denn unsere Welten bauen wollen, wenn wir sie denn bauen können, welche wollen wir denn als konsistente konstruieren? Sie arbeiten ja auch mit dem Medienkünstler Peter Weibel zusammen. Manchmal kann man in Ihren Texten, wenn auch ganz am Ende, lesen, daß irgendwie für Sie die Künste doch auch bedeutsam sind. Die Kunst war ja auch schon immer die Erzeugerin von virtuellen Welten; ob sie nun schön oder häßlich sind, sei dahingestellt. Wenn man also von Welterzeugungen spricht, hätten dann die Wissenschaften nicht auch mehr das Künstlerisch-Ästhetische für sich zu entdecken? Und wenn sie dies täten, was würde daraus folgen?

Wenn Sie wollen, folgt ja dieser Traum von Descartes, daß man das Relationale genauer unter die Lupe nehmen sollte, einem ästhetischen Kriterium. Das ist von ihm sogar eine moralische Idee. Ich hatte vorhin zwischen Geisteswissenschaften und Naturwissenschaften unterschieden und gesagt, daß die Naturwissenschaft hier auf einmal wieder zur Magd der Geisteswissenschaften avancieren könnte. Die Geisteswissenschaft hat in sich dieses wunderschöne Spektrum, so daß es in ihr auch die Kunst gibt. Wenn Sie wollen, ist das bißchen Naturwissenschaft, was ich im Verlauf des Gesprächs geschildert habe, Kunst. Es paßt da hinein. Es ist ein kleiner Spezialfall. Es gibt da eines dieser Metaexperimente, von denen wir vorher gesprochen haben, bei dem Peter Weibel und ich kooperieren wollen. Er interessiert sich dafür von der künstlerischen Seite und ich von der naturwissenschaftlichen. Wir sind beide der Meinung, daß dies nicht nur kompatibel ist, sondern im Tieferen sogar identisch.

OTTO E. RÖSSLER · REIMARA RÖSSLER · PETER WEIBEL

Die Welt als Schnittstelle

1. Einleitung

Die Stellung des Menschen im Kosmos (Max Scheler) ist immer noch eine Frage wert. Statt »Kosmos« sollte es heute allerdings eher »Medium« heißen, da man sich nie in der Welt selbst befindet, sondern immer nur ihrem Abbild begegnet, wie es sich auf dem Bildschirm des subjektiven Erlebens abzeichnet. Letzterer Film ist das primäre und strenggenommen einzige Medium (frei nach Descartes).

Die rekursive Beziehung zwischen Medium und Beobachter ist eine mathematische Herausforderung, die noch nicht gelöst ist. Die Lösung wird möglicherweise mit dem »Buckingham-Pi-Theorem« zusammenhängen, also der Theorie der dimensionslosen Darstellung in der Physik [1]. Wenn man an mehreren Knöpfen der Welt gleichzeitig dreht, kann es passieren, daß sich die Welt nur für den Benutzer nicht ändert, obwohl von außen gesehen alles radikal transformiert erscheint [2].

Diese Innen/Außen- (oder Endo-Exo-) Unterscheidung ist zugleich die Grundidee der Relativitätstheorie. Jeder makroskopische Bewegungszustand in der Welt erzeugt seine eigene Version der Welt. Wie bei der Perspektive gehen die verschiedenen Versionen der Welt kontinuierlich ineinander über, wenn man den »Frame« (statt den »Ort«) verändert. Anders jedoch als bei der Perspektive sind bei der Relativität auch nicht-räumliche Eigenschaften der Welt von der Veränderung mitbetroffen, wie die meßbare Masse eines Körpers, oder die Gleichzeitigkeit zu anderen in der Welt stattfindenden Ereignissen (wie Einstein herausfand). »Seid doch so nett und meßt bitte alles noch einmal« war seine Botschaft – denn die Ergebnisse von Messungen verlieren ihren objektiven (frame-invarianten) Charakter. Wenn er dies allerdings gleich so überdeutlich ausgesprochen hätte, hätte ihm vermutlich niemand geglaubt.

Der Minkowski-Schnitt durch eine dahinterstehende, objektivere Welt – die »absolute Welt« der Raumzeit [3] – ist bis heute die überzeugendste Illustration des Schnittstellenprinzips. Die Welt »ist« Schnittstelle. Das verschleierte Bild zu Sais (Schiller) wartet noch immer auf die nicht-frevlerische Hand, die es enthüllt.

Im folgenden wird versucht, der herkömmlichen (makroskopischen) Relativität eine neue »Mikro-Relativität« gegenüberzustellen. Der Ausgangspunkt ist eine Idee des Virtual-Reality-Pioniers Scott Fisher [4], der die naiv anmutende Frage stellte: »Wie sieht die Welt aus für ein Elektron, das um einen Atomkern kreist?«

2. *Mikro-Relativität*

Mikro-Relativität wird es in ihrer einfachsten Version vielleicht bald als Computerspiel zu kaufen geben: Wie fühlt sich ein Wassertropfen an, wenn er sich um die Beine einer Fliege wickelt? Ganz neue physikalische Erfahrungen können in der Virtuellen Realität durchgespielt werden – allein mit Hilfe des Faktors »Verkleinerung«.

Bei einer zweiten Version der Mikro-Relativität – der, die uns hier interessiert – kommt es weniger auf die Verkleinerung selbst an oder die mit ihr verbundene ungleichmäßige Veränderung der Kräfte, sondern vielmehr auf die im Grenzfall zu erwartende Reibungsfreiheit. Die Welt, in die man so eintaucht, ist – wie die von Newton und Boscovich [5] – »mikroskopisch reversibel«. Überraschenderweise gibt es auch in diesem Bereich bereits Computer-Programme (sogar schon seit 1956). Sie heißen »molekular-dynamische Simulationen« und erlauben es beispielsweise, gut gerührte chemische Reaktionen in mikroskopischem Detail – als Interaktionen vieler klassischer Billard-Kugeln, die ihre Farbe gesetzmäßig ändern, wenn zwei kraftvoll genug zusammemstoßen – im Computer ablaufen zu lassen und zu visualisieren. Die Physik glaubt ja bis heute, daß sich hinter den »makroskopischen« Vorgängen in der Welt und in unserem Gehirn eine reibungsfreie (reversible) Mikro-Realität abspielt. Diese reversible Mikro-Ebene wird allerdings als nur mit Hilfe der Quantenmechanik – der für mikroskopische Vorgänge zuständigen Theorie – korrekt beschreibbar angesehen. Die nicht-klassische Beschreibung der Quantenmechanik ist jedoch im Gegensatz zu der klassischen mit Billardkugeln nur unvollständig verstehbar (mit »primärem Zufall« und »Nichtlokalität«, um nur die berühmtesten Schlagworte zu nennen). Molekulardynamische Simulationen gelten daher, soweit sie nicht als erfolgreiche Approximationsverfahren beim »Drug Design« eingesetzt werden, ein bißchen als Spielerei.

Die Idee der Mikro-Relativität ist, daß es vielleicht nicht nötig ist, sich mit den Ungereimtheiten der Quantenmechanik als der »bestmöglichen« Beschreibung der Mikrorealität abzufinden, da das »Schnittstellenprinzip« (die Relativität) noch als Erklärungsmöglichkeit zur Verfügung steht. Um diese neue Denkmöglichkeit zu überprüfen, würde man mit einer »falschen« (klassischen) Mikro-Beschreibung der Welt im Computer anfangen, mitsamt mikroskopisch simuliertem Beobachter, Meßgerät und Mikro-Objekt. Dann würde man die »harmlose« Frage stellen: Wie erscheint einem solchen mikroskopisch simulierten, makroskopischen Teilsystem (zum Beispiel einem »fluiden Neuron« als Karikatur eines Gehirns) der »Rest« seiner klassischen Welt? Bis zur endgültigen Beantwortung dieser Frage könnte noch einige Zeit vergehen [5]. Im Folgenden wird daher ein »Abkürzungsweg« vorgeschlagen, der die Chance bietet, sofort zu einer nachprüfbaren Voraussage vorzustoßen.

3. *Das Jetzt als Schnittstelle*

Während die (Makro-) Relativität durch den makroskopischen Bewegungszustand des Beobachters bestimmt ist, entsteht die Mikro-Relativität durch die mikroskopischen Bewegungen im Beobachter. Hierbei kommt ein neuartiges Prinzip zum Tragen. Dieses Differenz-Prinzip, wie man es nennen könnte, läßt sich am besten an Hand eines vereinfachten Beispiels verdeutlichen. Angenommen, alle mikroskopischen Bewegungen im Beobachter wären periodisch (wie ein Pendel), mit jeweils derselben Frequenz, Energie und sogar Phase – bis auf das Vorzeichen der letzteren, das zufällig verteilt sein soll. Dann hätten sich nach einer halben Periode alle Mikrobewegungen im Beobachter in ihrer Richtung umgekehrt (und so weiter nach der nächsten Halbperiode, und so fort). Es verwundert vielleicht nicht, daß für solch einen »pendelnden« Beobachter bestimmte (genau entgegengesetzte) Bewegungseigenschaften der Umwelt unfeststellbar wären – da für diese die Differenz zu den internen Bewegungen exakt verschwände. Eine solche »prinzipiell unerkennbare« Eigenschaft der Umwelt läge vor, wenn alle Vorgänge in der Umwelt mit derselben Periode und Energie ihre Zeitrichtung umkehren würden, wie dies für die Vorgänge im Beobachter der Fall ist. Die Relation (Differenz) zwischen Beobachter und Umwelt wäre in beiden Arten von Zeitscheiben, die es dann gäbe, dieselbe. Dies ist vielleicht nicht verwunderlich, da es sich hier um ein »künstliches« Beispiel handelt. Das Beispiel macht es jedoch vielleicht glaubhaft, daß auch beim Fehlen einer solchen »genau kompensierenden« Eigenschaft der

Umwelt nichtkorrigierbare Verzerrungen für den Beobachter entstehen können – und daß auch bei weniger idealisierten Annahmen über den Beobachter immer nur die »Differenz« zwischen dem eigenen inneren Bewegungszustand und dem äußeren Bewegungszustand vom Beobachter wahrgenommen werden kann.

In diesem Sinn existiert für jeden mikroskopisch exakt beschriebenen Beobachter ein irreduzibles »Wackeln« der Umwelt [5]. Die für den Beobachter »objektive« Struktur seiner Welt ist nicht mit der extern (für den Operator am Keyboard) feststellbaren objektiven Struktur derselben Welt identisch. Das heißt, eine beobachter-relative objektive Realität (»Schnittstellenrealität«) muß von der extern-objektiven Realität (»absolute Realität«) unterschieden werden. Diese Begriffsbildung erinnert an die von Minkowski [3]. Es ist daher vielleicht erlaubt, von »Mikrorelativität« zu sprechen. Es gibt jedoch einen wichtigen Unterschied zur Makro-Relativität. Während die Schnittstelle der Makro-Relativität in ihren Eigenschaften jeweils über einen mehr oder minder langen Zeitraum konstant zu sein pflegt (oder sich nur wenig ändert), ist die Mikro-Schnittstelle notwendig extrem zeitabhängig auf einer sehr feinen Zeitskala; denn der innere Bewegungszustand des Beobachters ändert sich von Moment zu Moment. Dasselbe gilt natürlich für die in der Schnittstelle erscheinende objektive Realität (»Welt«). Das heißt, in jedem Moment gibt die Mikro-Schnittstelle eine andere objektive Welt wieder. Das Jetzt wird zum einzigen Ort. Das Jetzt ist die Schnittstelle.

4. Jetzt-Verzerrung

Von der (Makro-) Relativitätstheorie ist bekannt, daß die Simultaneität – die Übereinstimmung der Jetzte – aufgehört hat, in eindeutiger Weise (und damit überhaupt [6]) zu existieren. Nur im Spezialfall eines völligen Fehlens einer (makroskopischen) Relativgeschwindigkeit zwischen Beobachter und Umwelt stimmt die Frame-spezifische Simultaneität mit der klassischen Gleichzeitigkeit überein. Bei der Mikro-Relativität liegt jedoch immer eine Relativbewegung vor.

Die von Gödel [6] betonte Katastrophe wäre damit nicht mehr vermeidbar, wenn sich erneut Probleme mit der Gleichzeitigkeit ergeben sollten. In der Mikrorelativität geht die Verzerrung der Realität über eine bloße Verschiebung der Gleichzeitigkeit sogar noch hinaus. Die Meßergebnisse werden nicht nur zeitlich versetzt (wie bei der Makrorelativität), sondern darüberhinaus auch inhaltlich verzerrt. Es ist, als ob die Welt einer raschen »Störung« unterworfen wäre. Diese Störung hat (wie in dem obigen Spezialfall des aus gleichen Pendeln bestehenden Beobachters) die Dimension eines Produktes aus einem Zeitintervall und einer Energie, also einer Wirkung. Die Schnittstelle enthält daher eine zu der der Quantenmechanik analoge Unschärfe [5]. Das ist jedoch noch nicht das Wichtigste; vor allem ist sie von Moment zu Moment (von Jetzt zu Jetzt) eine andere.

Die Gleichsetzung »Quantenmechanik = Mikrorelativität« wäre daher verfrüht. Die Verzerrung der Welt geht – zumindest auf den ersten Blick – viel weiter als dies in der Quantenmechanik der Fall ist. Denn nicht nur ungemessene Mikroereignisse werden verrauscht. Ebenso erhalten auch die gemessenen und durch makroskopische Zeiger registrierten Mikro-Ereignisse (die ansonsten den »Eigenzuständen« der Quantenmechanik vergleichbar wären) einen »ephemeren« – sich von Jetzt zu Jetzt ändernden –Charakter. Neben die zeitlich konstante Objektivität (bei der Messung von gewöhnlichen Makro-Objekten) tritt also eine zweite, »veränderliche Objektivität«.

Die letztere wäre allerdings – in einem gegebenen Jetzt – nicht als von der des voraufgehenden Jetzt verschieden zu erkennen. Denn zu jedem Jetzt gehört eine vollständige Schnittstelle, also eine vollständige Welt mitsamt Vergangenheit, Erinnerungen und anderen Dokumenten. Wie bei George Orwell wäre eine dauernde »Geschichtsklitterung« wirksam, die für den nichtsahnenden Bewohner der betreffenden Welt – auf der für ihn gültigen Benutzeroberfläche – gar nicht zu bemerken wäre. Dieser unerwartete Befund erinnert an eine der wenigen »zulässigen« Interpretationen der Quantenmechanik. Der Formalismus von Everett und Bell [7] kennt ebenfalls ein rasches Springen zwischen verschiedenen Quanten-Welten, ohne daß die Veränderung für den Benutzer erkennbar wäre. Die hier angetroffene »Jetzt-Verzerrung« hat genau dieselbe Struktur. Die obige Gleichsetzung gewinnt damit unerwarteterweise wieder an Plausibilität. Dennoch sollten wir nicht vergessen, daß wir uns lediglich auf dem Boden einer klassischen Kunstwelt befinden. Alle Ähnlichkeiten mit wirklichen Vorgängen wären rein zufällig. Oder darf man den (viel zu einfachen) Modellansatz trotzdem als »Orakel« verwenden? Diese Frage ist nicht geklärt. Dennoch könnte man sagen: Was spricht eigentlich dagegen, daß wir für den Fall, daß für die Bewohner der Kunstwelt testbare Konsequenzen angegeben werden können, dieselben Tests einfach zum Rang eines »Happenings« in der wirklichen Welt erheben – ohne jeden Anspruch auf einen notwendigen Erfolg?

5. *Ein möglicher Test*

Die Existenz einer beobachter-relativen objektiven Realität hat als solche noch nichts Erschreckendes an sich. Wir kennen dies aus der (Makro-) Relativitätstheorie. Alle Freunde des Beobachters, die seinen Bewegungszustand (Frame) teilen, sitzen mit ihm im selben Boot, was die meßbare Struktur der Welt betrifft. Darüberhinaus kann er mit den Insassen der anderen Boote telefonieren. Dieser noch verbleibende Freiraum wird bei der Mikro-Relativität deutlich enger. Zwar ist auch hier die objektive Welt ko-determiniert durch den Bewegungszustand des Beobachters. Dieser Bewegungszustand ist aber – wie wir sahen – nicht mehr »konstant«. Er ist daher auch nicht von mehr als einem Beobachter gemeinsam besitzbar. Das geht soweit, daß auch die Möglichkeit des »Telefonierens« (zu der man den Frame des anderen kennen müßte) diesmal wegfällt. An dieser Stelle drängt sich der Verdacht auf, daß die Mikro-Relativität vielleicht grundsätzlich nicht testbar sein könnte. Sie würde, falls dies zuträfe, zu einer zwar nicht widerlegbaren, aber auch nicht beweisbaren Kuriosität, vergleichbar etwa dem Solipsismus der Philosophie.

Es gibt jedoch zum Glück einen Spezialfall von Mikro-Bewegungen im Beobachter, bei dem dieser Einwand nicht zutrifft (so daß die Bewohner einer Billardkugelwelt in der Tat nicht zu verzweifeln bräuchen). Der Beobachter kann eine wichtige Eigenschaft seiner Schnittstelle mit anderen Beobachtern gemeinsam besitzen. Es handelt sich um den Fall, daß die mikroskopischen Feinbewegungen in mehreren Beobachtern eine bestimmte Bewegungskomponente gemeinsam haben, weil sie alle an demselben makroskopischen Rotationszustand teilhaben.

6. *Rotierende Frames*

Einstein hatte die Idee, daß man auch in geschlossenen Aufzügen Physik treiben könne, um so »von innen« festzustellen, ob man sich in Ruhe auf der Erde oder in einem (ganz gleichmäßig beschleunigten) Raumschiff befindet. Das Gedankenexperiment läßt sich von konstanten Beschleunigungen auf konstante Drehungen erweitern. In dieser Form kann es sogar auf eine noch längere Geschichte zurückblicken. Schon Newton dachte an das Männchen, das auf dem Rand eines rotierenden wassergefüllten Eimers sitzt und nichts bemerkt – außer dieser eigentümlichen Krümmung der Wasseroberfläche. So sollte Leibniz' Einwand gegen Newtons absoluten Raum widerlegt werden.

Es ist sinnvoll, diese Newton-Mach-Einsteinsche »Von-innen-Frage« noch einmal aufzugreifen – mit der Auflage, daß das zu beobachtende Objekt nicht makroskopischer, sondern mikroskopischer Natur sein soll. Das heißt, wir wollen vom Inneren des Containers ein »Quantenphänomen« beobachten, das mit Rotation zu tun hat. Wenn Quantenphänomene eine mikro-relativistische Erklärung haben sollten – in einer Kunstwelt oder in unserer eigenen Welt –, dann ergäbe sich hier eine mögliche Gelegenheit, die Nicht-Objektivität der Schnittstellenwelt zu entlarven. Die Idee ist, daß sowohl der Beobachter als auch alle Meßinstrumente und das Objekt gemeinsam so langsam rotieren können, daß sich die Schnittstelle nicht ändert. Wenn die Quanteneffekte »nur« schnittstellenobjektiv sein sollten, dann müßten sie unter dieser Bedingung invariant bleiben. Die Frage ist nur: Gibt es ein Quantenphänomen, das nach heutigem Wissen in dieser Situation eine Ausnahme macht?

7. Fairbank-Hess

Tatsächlich gibt es ein Quantenexperiment, das der soeben gemachten Voraussage widersprechen könnte. Es wurde sogar schon mit Erfolg ausgeführt. Allerdings müßte seine Genauigkeit um den Faktor 104 verbessert werden, wenn es so schwache Rotationen wie die gemeinsame (Erd-) Rotation aller Beobachter ebenfalls registrieren sollte [8]. Nicht lange, nachdem dieser Endo-Vorschlag gemacht wurde, wurde unabhängig von einer experimentellen Gruppe der verwandte Vorschlag gemacht, das in Rede stehende Experiment sogar um den Faktor 107 zu verbessern [9]. Man verspricht sich von einem derartigen »Quantengyroskop« praktische Anwendungen bei der Erdölbohrung und Erdbebenvorhersage.

Die Grundform des Experiments wurde von Fairbank und Hess [10] durchgeführt und geht auf eine Anregung von Fritz London zurück. Obwohl das Hess-Fairbank-Experiment hier nicht in allen Einzelheiten vorgestellt werden kann, sollte vielleicht nicht verschwiegen werden, daß es sich bei ihm um das vielleicht erstaunlichste Experiment der Geschichte handelt. Bevor es ausgeführt wurde, sagten alle Kollegen zu Fairbank, daß es mit Sicherheit ein großer Fehler wäre, die Londonschen Formeln so »wörtlich« zu nehmen. Da der negative Ausgang des Experiments auf Grund des gesunden Menschenverstandes unbezweifelbar sei, wäre das einzige mögliche Ergebnis die Aufdeckung der beschränkten theoretischen Fähigkeiten des Experimentators. Nach dem Erfolg fanden alle Kollegen das Ergebnis selbstverständlich, da es ja »nur« die

Quantenmechanik bestätigt hatte. Was das Experiment selbst zeigte, war plötzlich uninteressant geworden. Was zeigte es? Es zeigte, daß das in einem rotierenden Gefäß befindliche superflüssige Helium »sich weigerte«, den Rotationszustand seines Gefäßes (das sich einmal in 5,6 Sekunden um seine Achse drehte) mitzumachen. Das – zunächst – im Gefäß enthaltene und sich normal mitdrehende (normal-) flüssige Helium »beschloß« bei der weiterer Abkühlung unter den Lambdapunkt (der wenige Grade über dem absoluten Nullpunkt den Übergang vom normalflüssigen zum supra-flüssigen Zustand markiert) plötzlich, von jetzt ab nicht mehr mitzurotieren, sondern stattdessen stehenzubleiben. Dieser neu eingenommene Zustand »absoluter Nichtrotation« wurde dann (beim anschließenden sprunghaften Aufwärmen mit Hilfe eines das Glasgefäß durchdringenden Laserstrahls) dadurch nachgewiesen, daß die freilaufende Drehung des Gefäßes sich plötzlich (durch die Drehimpulsaufnahme des plötzlich nur noch normalflüssigen Heliums) um genau den zu erwartenden Wert verlangsamte [10].

Die oben erwähnte Frage, ob die Quantenmechanik dieses Ergebnis wirklich für beliebig kleine Drehgeschwindigkeiten voraussagt, ist anscheinend noch nicht vollständig geklärt. Es handelt sich nämlich bei diesem Quantengyroskop um ein »Foucaultsches Pendel« vollkommen neuer Art – ohne Pendeln. Es würde daher wirklich einen »externen Punkt« im mystischen Sinn Umberto Ecos bilden. Im Gegensatz zu dem 1851 von Jean Bernard Lon Foucault erbauten Pendel käme es ohne jegliche eigene Bewegung aus. Dazuhin fehlten ihm aber auch alle »Zweipunkteigenschaften«. Das heißt, es könnte – im Gegensatz zu dem genannten Newtonschen Eimergyroskop (das außerdem nicht ohne Eigendrehung auskommt), aber auch im Gegensatz zu dem (mit Lichtinterferenz arbeitenden) Sagnac-Gyroskop – im Prinzip beliebig klein gemacht werden, ohne dabei an Genauigkeit der Anzeige zu verlieren. Das ist deshalb erstaunlich, weil dieses Gyroskop (wie jedes) darauf angewiesen ist, eine »Fernmeldung« aus den Tiefen des Machschen Zentrums des Universums zu empfangen und diese ins Makroskopische hochzuverstärken. Trotzdem zweifelt heute niemand an der beschriebenen magischen Eigenschaft des superflüssigen Heliums. Und dies, obwohl bei der Beschreibung desselben lediglich die gewöhnliche (nichtrelativistische) Quantenmechanik benutzt wird. Der Grund ist einsehbar. Es handelt sich hier »nur« um eine Anwendung des bekannten quantenmechanischen Axioms der »Quantisierung des Drehimpulses«. An diesem Axiom zu zweifeln hieße, an die Fundamente des Gebäudes rühren. Diese natürliche Quantisierung besitzt ungeniert den Wert »Null« als Spezialfall – ein bei Atomen im Grundzustand häufig anzutreffender

Wert (s-Zustand). Dieser mikroskopische (und daher im Normalfall nicht nachprüfbare) Quantenzustand wird hier durch »Bose-Kondensation« einfach ins Makroskopische hochverstärkt [11].

Ein Grund zum Zweifeln könnte noch darin gesehen werden, daß hier – zum ersten Mal – das Bohrsche »Korrespondenzprinzip« zwischen klassischer Mechanik und Quantenmechanik verletzt zu sein scheint. Denn das Potentialminimum der Quantenmechanik (bei »absolut Null«) liegt hier über dem klassischen Minimum (bei Mitrotation). Der Quantenzustand muß daher aktiv Energie aufnehmen entgegen einem klassischen Potentialgefälle (fast wie bei einem Perpetuum mobile). Alle diese rätselhaft-schönen Eigenschaften des Fairbank-Experiments hätten es verdient, unabhängig von dem hier interessierenden Zusammenhang gewürdigt zu werden.

8. Die Voraussage

Die Voraussage der Mikro-Relativität ist eine andere als die der nichtrelativistischen Quantenmechanik. Die Mikrorelativität nimmt wie geschildert an, daß alle Quantenphänomene mikro-relativistischen Ursprungs sind, das heißt, durch die »Differenz« der Bewegungen im Beobachter und des Rests der Welt zustandekommen. Falls dies zutrifft, dürfte die »absolute Nichtrotation« des superflüssigen Heliums in einem Ring (oder –wie bisher – einem Zylinder) nicht wirklich »absolut« absolut sein, sondern müßte »relativ« absolut sein. Denn ein langsam mit der Erde mitrotierender klassischer Beobachter besäße eine so gut wie unveränderte Schnittstelle gegenüber dem rotationsfreien Fall. Es müßte daher – falls die Welt im Innersten klassisch wäre – die makroskopische Bewegung des superflüssigen Heliums relativ zum Rotationszustand der Erde (auf der sich alle Beobachter in Ruhe befinden) den Rotationszustand Null annehmen (statt, wie die nichtrelativistische Quantenmechanik zu verlangen scheint, relativ zum Machschen Zentrum des Universums).

Wenn das Experiment bei geeigneter Erhöhung seiner Empfindlichkeit die Voraussage der Mikrorelativität bestätigen würde, gäbe es ein zweites »Frame-spezifisches« absolutes Phänomen in der Natur, diesmal bei »Rotations-Frames«. Es wäre zu dem ersten Frame-spezifischen absoluten Phänomen (der Konstanz der Lichtgeschwindigkeit) bei »Translations-Frames« analog. Selbstverständlich darf eine so schwerwiegende Voraussage nicht »ernsthaft« gemacht werden. Tatsächlich bezieht sie sich nur auf eine Kunstwelt. Nur in der Kunstwelt würde sie es den Bewohnern gestatten, den Vorhang ein wenig zu lüften. Nichts spricht bisher dafür, daß unsere eigene Welt klassisch wäre (oder durch ähnlich einfach lösbare Probleme ausgezeichnet wäre wie das obige). Unerwarteterweise ist die obige Voraussage dennoch auch in unserer eigenen Welt zulässig. Sie stellt nämlich eine Möglichkeit dar, die Hypothese der Anwendbarkeit des klassischen Schnittstellenprinzips auf die Quantenmechanik zu falsifizieren (im Popperschen Sinn). Das bedeutet nicht, daß mit einem positiven Ausgang des Experiments ernsthaft zu rechnen wäre.

9. *Diskussion*

Das Schnittstellenprinzip ist historisch gesehen ein relativ altes Prinzip. Es geht methodologisch auf Kant zurück, der behauptete, daß die Voraussetzungen der Wahrnehmung das Wahrgenommene selbst beeinflussen (»kopernikanische Wendung«) [12]. In seinem Opus postumum hält er eine Anwendung auf die Physik für möglich [13]. Nach Kant ist das Schnittstellenprinzip zwar erkennbar, aber nicht überwindbar. Die enge Beziehung zwischen Kants Philosophie und Einsteins Relativitätstheorie wurde zuerst von Ilse Rosenthal-Schneider gesehen [14]. Die Beziehung zwischen Quantenmechanik und Kant ist noch weniger ausgearbeitet, obwohl der Beobachter in der Quantenmechanik eine ebenso prominente Rolle spielt wie in der Relativitätstheorie. Zwei einschlägige Zitate belegen diese Affinität: »Insofern haben die Unbestimmtheits-Relationen keinen skeptischen, sondern einen kritischen Sinn« [15]; und: »Von der Quantentheorie aus liegt es nahe, das, was an sich selbst sein mag, als das nicht in Objekte zerspaltene Ganze zu deuten« [16]. Die behauptete »Nichterklärbarkeit« der Quantenmechanik fordert eine rationalistische Deutung im Sinne Kants geradezu heraus (wobei ein wenig bekannter und sehr kurzer Aufsatz von Heisenberg aus dem Jahre 1943 [17] als Bestätigung dienen kann).

Oben wurde ein derartiger Versuch gewagt. Durch das Phänomen der Virtuellen Realität ist uns heute der Schnittstellengedanke viel zugänglicher, als dies für frühere Generationen der Fall war. Mikrorelativität ist heute eine naheliegende Denkschablone. Selbst die beiden befremdlichsten Implikationen einer mikroskopisch-kausalen Schnittstelle – »Jetzt-Gebundenheit« und »Jetzt-Verzerrung« – haben im Zeitalter der einbettenden Medien nichts Unvorstellbares an sich. Neu an dem obigen Ansatz ist aber das aus ihm herleitbare Experiment. Es wurde dabei angenommen, daß Resultate, die für eine verstehbare, deterministische Modellwelt Gültigkeit haben, auf unsere eigene – viel kompliziertere und unverstandene – Welt übertragbar sein könnten. Die so gewonnene Frage – Gibt es eine neue Relativitätstheorie für Rotations-Frames? – ist daher außerordentlich gewagt. Die Folgen einer positiven Antwort wären denen der Relativitätstheorie selbst vergleichbar. Die neue »Bevorzugung des Beobachters« würde in ihrer Bedeutung sogar über die vor 100 Jahren von Michelson und Morley entdeckte erste solche Bevorzugung hinausgehen. Damals konnte die gefundene Auszeichnung des Beobachters durch die Naturgesetze (ein »absoluter« Wert der Lichtgeschwindigkeit nur für ihn und seine Freunde neben sich) durch die von Einstein gefundene »Symmetrisierung« (Kovarianzprinzip) zum Verschwinden gebracht werden. Diesmal wäre die Reparatur schwieriger. (Diese Tatsache allein stellt übrigens bereits ein schwerwiegendes Gegenargument dar.) Zwar läge auch diesmal eine vollständige Symmetrie zwischen allen Frames vor. Das Kovarianzprinzip wäre also erneut wirksam. Andererseits wäre die Symmetrie aber auf die zu diesen Frames gehörenden »Welten« beschränkt (vgl. [18]). Eine Kommunikation zwischen den verschiedenen (welterzeugenden) Frames wäre zwar möglich, würde aber nicht bis zu den für diese Frames spezifischen anderen Welten vorstoßen können. Auch bei der (Makro-) Relativität können ja die Kapitäne der anderen Raumschiffe die Meßergebnisse des ersten Raumschiffes nur bestätigen, wenn sie sich wie verlangt an die ihnen von dort (in der dort gültigen Gleichzeitigkeit) gegebenen Anweisungen halten. Sie können jedoch außerdem über die Tatsache kommunizieren, daß sie, wenn sie sich nicht an diese Anweisungen halten, sondern stattdessen nach ihren eigenen Erfahrungsmaßstäben »analog« vorgehen, etwas ganz anderes bei ihren Messungen herausbekommen. Nur dieser zweite (korrigierende) Kommunikationskanal wäre bei den »neuen« Frames verstopft. Denn die Frame-spezifischen Schnittstellen sind diesmal – wegen ihrer jeweils anderen Mikro-Zeitabhängigkeit – vom Innern eines anderen Frames unzugänglich. Es ist nicht ganz leicht, sich die Folgen einer derartigen »erschwerten« Relativität plastisch vor Augen zu führen. Auf jeden Fall würde die »Schnittstellennatur der objektiven Realität« auf einmal sehr viel »hautnäher« erscheinen, als dies bei der »einfachen« Relativität der Fall ist. Es muß daher mit Recht erneut gefragt werden, ob ein so extremes experimentelles Resultat wie das vorgeschlagene im Ernst erhofft werden kann.

Alles, was sicher gesagt werden kann, ist: Wenn unsere Welt Schnittstellencharakter hat (bis hinein in das durch die inneren Feinbewegungen erzeugte Mikro-Interface), dann ist die Hoffnung erlaubt, daß eines Tages ein Experiment von einer ähnlichen logischen Struktur wie das oben vorgeschlagene die Schnittstellen-Natur (Differenznatur) der »objektiven« Realität enthüllen wird.

Das klingt so, als ob mit einem positiven Ausgang des obigen Experiments nicht zu rechnen wäre. Es kann eigentlich nicht ernsthaft erwartet werden, daß die zum Beweis einer Beobachter-zentrierten Objektivität benötigte »Asymmetrie« so leicht zu finden sein sollte, wie dies oben vorgeschlagen wurde. Obwohl also ein positiver Ausgang ein unwahrscheinlicher »Glückstreffer« wäre, ist es aber natürlich erlaubt, »zur Sicherheit« doch einmal nachzuschauen. Das Experiment wird also vor allem benötigt, um auszuschließen, daß die Lösung so einfach ist. Mit anderen Worten, das Scheitern dieses Versuchs ist ein notwendiger Schritt auf dem Weg zu einer »weniger naiven« Fragestellung, die dann – vielleicht – zum Erfolg führt.

Wir kommen zum Schluß. Die Schnittstellentheorie wurde durch ein bisher noch nicht durchgeführtes Experiment illustriert. Vom Standpunkt des Designers einer Kunstwelt im Computer ist das Experiment sehr einfach zu verstehen. Die Einwohner der Kunstwelt könnten es selbst durchführen. In unserer eigenen Welt ist jedoch zu berücksichtigen, daß das Experiment zu viele stark vereinfachende Annahmen macht (»strahlungslose Billardkugelwelt«), um mit einiger Aussicht auf Erfolg ernstgenommen werden zu können. Dennoch ist die Logik des Experiments interessant genug, daß es hier zum Gegenstand eines eigenen Experiments gemacht werden mußte: Ist es möglich, das obige Experiment in seiner ganzen Fremdartigkeit zum Leuchten zu bringen?

Wir danken Florian Rötzer und Eric Romer für Anregung. Diskussionen mit Bob Rosen, Hanns Ruder und Alwyn van der Merwe waren hilfreich. Für J.O.R.

Literatur

[1] E. Buckingham, On similar systems. Physical Review, Bd. 4 (1915), S. 345-370
[2] R. Rosen, Fundamentals of Measurement and Representation of Natural Systems, New York 1978
[3] H. Minkowski, Raum und Zeit; Physikalische Zeitschrift, Bd. 10 (1909), S. 104-111
[4] S. S. Fisher, Virtual-interface environments; in: The Art of Human-Computer Interface Design (Hrsg. B. Laurel), Menlo Park 1990, S. 423-439
[5] O. E. Rössler, Endophysik – Die Welt des inneren Beobachters (Hrsg. P. Weibel), Berlin 1992
[6] K. Gödel, A remark about the relationship between relativity theory and idealistic philosophy; in: Albert Einstein, Philosopher-Scientist (P. A. Schilpp, Hrsg.), LaSalle (Ill.) 1949, S. 555-562
[7] J. S. Bell, Quantum mechanics for cosmologists; in: Quantum Gravity 2 (Hrsg. C. Isham, R. Penrose und D. Sciama), Oxford 1981, S. 611-637
[8] O. E. Rössler, R. Rössler und P. Weibel, ›Absolute‹ superfluid nonrotation: Is it observer-frame specific? Manuskript September 1991 (zur Veröffentlichung eingereicht)
[9] R. E. Packard and S. Vitale, Principles of superfluid helium gyroscopes, Preprint, Berkeley 1992

[10] G. B. Hess und W. M. Fairbank, Rotation of superfluid helium, Physical Review Letters, Bd. 19 (1967), S. 216-220

[11] A. Leggett, Low-temperature physics, superconductivity, superfluidity; in: The New Physics (Hrsg. P. Davies), Cambridge 1989, S. 268-288

[12] P. Weibel, Das Ich und die Dinge: Kommentare zu einem philosophischen Text von Anna und Bernhard Blume in Form inszenierter Fotografien, Frankfurt a. M. 1991

[13] I. Kant, Opus Postumum, Konvolute X und XI; in: E. Addickes, Kants Opus Postumum, Berlin 1920; siehe auch W. del Negro (Hrsg.), Kant Ausgewählte Schriften, Die Grundlagen des kritischen Denkens, Gütersloh 1958, S. 398-399

[14] I. Schneider, Das Raum-Zeit-Problem bei Kant und Einstein. Berlin 1921; vgl. auch I. Rosenthal-Schneider, Begegnungen mit Einstein, von Laue und Planck: Realität und wissenschaftliche Wahrheit, Braunschweig 1988

[15] E. Cassirer, Zur Modernen Physik. Darmstadt 1987, S. 353. (1. Aufl. Göteborg 1937)

[16] C. F. von Weizsäcker, Zeit und Wissen, München 1992, S. 1115

[17] W. Heisenberg, Die Veränderung des Wirklichkeitsbegriffs der exakten Naturwissenschaft; in: »Die Mittwochsgesellschaft« (Hrsg. K. Scholder), Berlin 1982, S. 332-333

[18] O. E. Rössler, Bell's symmetry. Manuskript September 1990, Symmetry in Culture and Science (eingereicht)

NIKLAS LUHMANN

Die Evolution des Kunstsystems

I.

Wir wissen viel über die Geschichte der Kunst. Seitdem die aus der Tradition überkommenen Kunstformen und Kunstwerke ihre Verbindlichkeit verloren haben und nicht mehr als Vorbilder dienen, seit dem 18. Jahrhundert also, ist in der Form von Kunstgeschichtsschreibung viel Wissen angesammelt worden. Es besteht teils in der Interpretation einzelner Kunstwerke oder einzelner Meister aus ihren zeitgeschichtlichen Horizonten heraus, teils in der Rekonstruktion von Einflußverhältnissen, also im Nachzeichnen vermuteter Kausalitäten, teils schließlich in der Analyse von Entwicklungstrends mit oder ohne Fortschrittsannahmen. Für die Sammlung und Vermehrung solchen Wissens sind »Quellen« von Bedeutung. Dieser Mäusefraß der Quellen[1] zählt nur, aber dann immer, wenn sie dem kunsthistorischen Wissen als authentische Quellen erscheinen. Authentizität legitimiert fast schon Beachtlichkeit. Wer über Veronese arbeitet, kann es sich nicht leisten, einzelne Werke dieses Malers außer acht zu lassen. Veronese ist Veronese. Aber wer wird sich noch für die Krümel interessieren, die die mühselige Arbeit ganzer Generationen von Historikern, Philologen und Exegeten hinterläßt? Doch wohl nicht die Kunst!

Vielfach sieht man im Anschluß an Dilthey die Aufgabe darin, Ganzheiten als Individualgestalten sichtbar zu machen und Details dadurch zu kontextieren. Das rechtfertigt einen selektiven Umgang mit den Angeboten der Quellen, vor allem natürlich ein Unberücksichtigtlassen dessen, was später kommt und deshalb bei der Entstehung der Werke noch nicht bekannt sein konnte. Und natürlich ist der Historiker befugt, auch zu prüfen, was als Vergangenheit in der Gegenwart bekannt war, in der die Kunstwerke, die ihn interessieren,

---

1 Von »old mouse-eaten records« spricht anläßlich eines Vergleichs von Geschichtsschreibung und Poesie: Philip Sidney, The Defense of Poesy (1595), Neudruck Lincoln (Nebr.) 1970, S. 13

geschaffen wurden. Die Ganzheiten der Geisteswissenschaften werden daher gerne (oder gar zwingend?) als geschichtliche Ganzheiten gesehen, deren Zeithorizonte mit ihnen vergangen, aber in unserer Vergangenheit als unsere Vergangenheit zu finden sind. Insofern kombiniert die Geschichtsschreibung und mit ihr die Kunstgeschichtsschreibung Herkunftsunverbindlichkeit mit (nur noch) geschichtlicher Relevanz. Sie präsentiert Zeitgestalten in einem reflexiven, Zeithorizonte in der Zeit und mit der Zeit variierenden Zeithorizont – unserem Zeithorizont. Man kann dann zusätzlich Alltagswelten entdecken, gegen die Hochkulturen als esoterische Ausnahmen sich profilieren oder auch mit rein quantitativen oder gar statistischen Analysen »latente Strukturen« nachweisen, die zugleich deutlich machen, wie das Wissen auf einem Meer von Nichtwissen schwimmt.

Das alles ist wohlbekannt und liegt als heutiges Wissen verführerisch nahe. Beachtlichkeit drängt sich auf. Um so mehr muß den folgenden Analysen eine Klarstellung vorausgeschickt werden: Eine evolutionstheoretische Analyse der Geschichte verfolgt ganz andere Ziele und ordnet ihr Material auf ganz andere Weise. Ihr liegt eine bestimmte theoretische Fragestellung zugrunde. Die Fragestellung lautet für die Biologie zum Beispiel: Wie kommt es auf Grund der biochemischen Einmalerfindung des sich selbst reproduzierenden Lebens zu einer so hohen Artenvielfalt? Oder für die Theorie der Gesellschaft: Wie kommt es, wenn einmal kontinuierliche, nicht nur gelegentliche und dann wieder abreißende Kommunikation sichergestellt ist, zu so hoher struktureller Komplexität – sei es vieler historischer Gesellschaften, sei es der modernen Weltgesellschaft? Entsprechend beeindruckt innerhalb des Gesellschaftssystems die Vielfalt der Funktionssysteme und in ihnen die Entstehung von Medien, die reiche, wenngleich instabile Formenbildungen ermöglichen – etwa ständig neue Transaktionen in der Wirtschaft mit darauf bezogenen Produktionssystemen oder eine laufende Variation des gleichwohl stabilen positiven Rechts. Das theoretische Interesse, das den Namen Evolutionstheorie angenommen hat, richtet sich mithin auf Bedingungen der Möglichkeit von Strukturänderung und, dadurch eingeschränkt, auf die Erklärung des Entstehens struktureller Komplexität. Es setzt dabei Systembildungen, in unserem Falle also: die Bildung eines Sozialsystems der Kunst, voraus.

Zwar ist die wissenschaftsübliche Verwendung des Wortes »Evolution« nicht unbedingt auf diesen präzisen Sinn festgelegt. Vor allem in den Sozialwissenschaften kontinuieren prädarwinistische Vorstellungen. Oft werden rein deskriptive Phasenmodelle gesellschaftlicher Entwicklung, wie sie seit dem 18. Jahrhundert (also: längst vor Comte) üblich sind, als Theorie der Evolution angeboten. Dafür mag es Erklärungen geben, zum Beispiel die, daß der »Sozialdarwinismus« in den Sozialwissenschaften nie wirklich befriedigt hat, oder die, daß Prozeßmodelle der Geschichte gefragt sind, die erklären, daß es heute nicht mehr so ist wie früher. Mit Recht hat man daher die Evolutionstheorie im Bereich der Sozialwissenschaften als »untried theory« bezeichnet.[1] Und weil dies so ist, ist es auch gut so – oder jeden- falls glauben dies viele Sozialwissenschaftler, die evolutionstheoretische Konzepte als biologische Metaphorik oder als unerlaubte Analogie zur Welt der Organismen ablehnen.

Die Präzisierung einer Fragestellung, deren Ausführung dann Evolutionstheorie heißen kann (aber natürlich auch andere Namen annehmen könnte), ist unerläßlich für den Beginn, sagt aber noch nicht viel über das Forschungsprogramm. Die Fragestellung zielt nicht auf einen Prozeß, sie versucht erst recht nicht, geschichtlich oder gar kausal zu erklären, weshalb es so gekommen ist, wie es gekommen ist. Die Fragestellung ergibt sich vielmehr aus systemtheoretischen Überlegungen. Wenn soziale Systeme so eingerichtet sind, daß sie ihre eigenen Strukturen nur mit ihren eigenen Operationen erzeugen, variieren und vergessen bzw. beseitigen können, und wenn dies die Verknüpfbarkeit von Operation mit Operation, also Struktur, immer schon voraussetzt: wie ist dann der Aufbau von struktureller Komplexität möglich? Er ist zunächst unwahrscheinlich. Was macht ihn wahrscheinlich? Und wie kann schließlich die Unwahrscheinlichkeit selbst, daß trotzdem noch bestimmte Sätze gesprochen, bestimmte Waren gekauft, bestimmte Formen als Kunst neu geschaffen und bewundert werden können, so wahrscheinlich werden, daß man damit fest rechnen kann? Wie kann also die Gesellschaft ihre eigenen Unwahrscheinlichkeiten (daß immer etwas Bestimmtes in Auswahl aus ungezählten anderen Möglichkeiten geschehen kann) so fest etablieren, daß sie aneinander Halt finden und der Ausfall wichtiger Errungenschaften (zum Beispiel der Geldwirtschaft oder der Polizei) sich als eine Katastrophe mit nicht mehr begrenzbaren Folgen auswirken müßte?

Die Evolutionstheorie befaßt sich mit der Entfaltung eines Paradoxes,[2] nämlich der Paradoxie der Wahrscheinlichkeit des Unwahrscheinlichen. Das

---

1 So Marion Blute, Sociocultural Evolutionism. An Untried Theory, Behavioral Science 24 (1979), S. 46-59. Es gibt aber auch Gegenbeispiele, vor allem dank der zahlreichen Beiträge von Donald T. Campbell.
2 Von »Entfaltung« eines selbstreferentiellen Paradoxes im Sinne seiner Ersetzung durch stabile Identitäten bzw. Unterscheidungen (zum Beispiel mehrerer »Ebenen«) spricht man in der Logik. Siehe Lars Löfgren, Unfoldement of Self-reference in Logic and Computer Science, Proceedings of the 5th Scandinavian Logic Symposium, Aalborg 1979, S. 205-225

Paradox muß freilich in einer Weise formuliert werden, die Statistiker nicht anerkennen werden; denn für die Statistik ist es trivial, daß die Realität in jeder ihrer Ausprägungen extrem unwahrscheinlich und zugleich ganz normal vorhanden ist. Daß die Statistiker ihr Paradox nicht bemerken können, weil sie dessen Entfaltung voraussetzen, muß uns jedoch nicht überraschen. Dasselbe gilt für die Evolutionstheorie auch. Gerade dieser Vergleich zeigt jedoch, daß der Rückgang auf das Paradox, sowenig er methodologisch nützt und sosehr er sogar methodologisch verboten sein muß, theoretisch die Frage erlaubt, welche Identifikationen im einen bzw. anderen Falle die Entfaltung (= Invisibilisierung) des Paradoxes erlauben, des Paradoxes, dessen Paradoxie letztlich in der Selbstimplikation besteht, nämlich darin, daß sie die Unterscheidung (hier: wahrscheinlich/unwahrscheinlich), deren Einheit nur paradox bezeichnet werden kann, als Unterschied immer schon voraussetzt. Logiker werden hier einwenden: Die Theorie gibt sich ein Rätsel auf, um es gleich selber zu lösen. Gewiß. Die Frage ist, welche Möglichkeiten des Vergleichs auf diese Weise sichtbar gemacht werden können.

II.

Die Unterscheidung, mit der die Evolutionstheorie die Paradoxie der Wahrscheinlichkeit des Unwahrscheinlichen auflöst, ersetzt, verdrängt, invisibilisiert, ist die Unterscheidung von *Variation* und *Selektion*. Also eine *andere* Unterscheidung. Damit kann man neu anfangen, wenn man (was keineswegs selbstverständlich ist) voraussetzen kann, daß Variation und Selektion sich in der Realität trennen und daraufhin durch einen Beobachter unterscheiden lassen.

Wenn man in dieser Weise Variation und Selektion als getrennte Vorgänge unterscheidet, schließt das die Zurechnung des evolutionären Fortschritts auf »große Männer und Frauen«[1] aus. »Genies« sind Produkte, nicht Ursachen der Evolution. Mit einem besonderen Trick kann die Evolutionstheorie aber trotzdem die Einheit dieser Unterscheidung von Variation und Selektion behandeln.

---

1 Zu dieser Üblichkeit am Ende des vorigen Jahrhunderts siehe William James, Great Man, Great Thought and the Environment, The Atlantic Monthly 46 (1880), S. 441-459 (gegen Spencer); und dagegen (mit einem anderen Gegner im Visier): Herbert Spencer, What is Social Evolution?, The Nineteenth Century 44 (1898), S. 348-358 (356f.); vgl. auch aus dem Kreis der Prager Strukturalisten: Jan Mukarowski, Das Individuum und die literarische Evolution, in: ders., Kunst, Poetik, Semiotik, Frankfurt a. M. 1989, S. 213-237

Die Einheit nimmt einen dritten Namen an, nämlich *Stabilisierung* bzw. *Restabilisierung*. Wenn nämlich Variation erfolgt und dadurch positive bzw. negative Selektion als Berücksichtigung oder Nichtberücksichtigung der Variante in der Reproduktion der Systeme möglich wird, stellt sich die Frage nach den strukturellen Bedingungen der Reproduktion der Systeme. Wie kann ein System seine Reproduktion fortsetzen, wenn es eine Variation akzeptiert? Aber auch: Wie kann es seine Reproduktion fortsetzen, wenn es eine Möglichkeit, die sich angeboten hatte, nicht nutzt (obwohl andere sie vielleicht nutzen)? Stabilisierungsprobleme sind aber nicht nur Folgeprobleme der Evolution, sie stellen sich nicht nur, nachdem es passiert ist. Vielmehr muß ein System schon stabil sein, wenn es überhaupt Gelegenheiten zur Variation bieten soll. Stabilität ist mithin Anfang und Ende der Evolution, die zugleich als Modus der Strukturänderung auf Instabilität hinausläuft. Im zeitabstrakten Modell beschreibt die Evolutionstheorie mithin ein zirkuläres Verhältnis von Variation, Selektion und (Re-)Stabilisierung. Zur Entfaltung des Paradoxes wird Zeit in Anspruch genommen, und das erklärt, weshalb in oberflächlichen Beschreibungen die Evolutionstheorie als Prozeßtheorie dargestellt wird. Die Systemtheorie hat dafür den Begriff der *dynamischen Stabilität.*

Die Überführung dieses sehr abstrakten theoretischen Konzepts in Empirie gelingt, wenn gezeigt werden kann, wie in der Realität Variation, Selektion und (Re-)Stabilisierung von unterschiedlichen Bedingungen abhängen, also getrennt vorkommen. Oft sagt man auch, daß die Evolutionstheorie eine Zufallskoordination (im Unterschied zu: systembedingter Integration) ihrer Mechanismen voraussetze. Der Theorie organischer Evolution ist es gelungen, diese Trennungen zu belegen mit Begriffen wie Mutation, bisexuelle Reproduktion, »natural selection« oder Auslese von Organismen für Reproduktion und ökologische Stabilisierung von Populationen. Auf Streitfragen innerhalb dieser (mehr oder weniger »neodarwinistischen«) Theorie, etwa was »Anpassung« an die Umwelt, also »natural selection«, betrifft, brauchen wir uns hier nicht einzulassen. Ohnehin ist dieser ganze Apparat der Beschreibung biologischer Trennfunktionen nicht auf die Theorie soziokultureller bzw. gesellschaftlicher Evolution übertragbar. Das heißt zwar keineswegs, daß für die Gesellschaft keine Evolutionstheorie formuliert werden könne, wohl aber, daß die Trennfunktionen hier anders beschrieben werden müssen.[1]

---

1 Hierzu und zum Folgenden: Niklas Luhmann/Raffaele De Giorgi, Teoria della società, Milano 1992, S. 187ff.

Innerhalb der Systemtheorie kann man unterscheiden zwischen Operationen (Elementen), Strukturen und dem System, das heißt der Differenz von System und Umwelt. Das ermöglicht es, die evolutionären Mechanismen entsprechend zuzuordnen. Von *Variation* kann man sprechen, wenn unerwartete (neue!) Operationen auftauchen. Die *Selektion* betrifft den Strukturwert der Neuerung: Sie wird als wiederholenswert akzeptiert oder als Einmalereignis auf sich selbst isoliert und zurückgewiesen. *Stabilitäts*probleme kann es in beiden Fällen geben, weil neue Strukturen eingepaßt bzw. abgelehnte Innovationen erinnert und gegebenenfalls bedauert werden müssen.[1] Die Massenhaftigkeit der Operationen erlaubt Bagatellvariationen riesigen Umfangs, die normalerweise sofort wieder verschwinden. Gelegentlich wird ihr Strukturwert erkannt. Dann stellt sich die Selektionsfrage. Und wenn diese sich stellt, kann dies ein Anlaß sein, das System zu gefährden, es dauerhaftem Irritationsdruck auszusetzen und es so zu zwingen, sich internen Problemen intern anzupassen.[2]

Dieses Theorieschema setzt ein hinreichend komplexes System voraus. Man muß, anders ließen sich die evolutionären Mechanismen nicht als trennbar denken, davon ausgehen können, daß ein »loose coupling« einer Vielzahl von gleichzeitigen Operationen gegeben ist, so daß Variationen normalerweise sogleich wieder vernichtet werden können; denn anderenfalls wäre der Variationsdruck auf Strukturen zu groß.[3] Außerdem muß ein evolutionsfähiges System Strukturänderungen verkraften können, also im Sinne der älteren Kybernetik »ultrastabil« organisiert sein. Und nicht zuletzt ist Evolution nur möglich, wenn im System, das vorher und nachher stabil bleibt, Operationen und Strukturen, also auch Variationen und Selektionen, unterschieden werden können. Das alles schließt es aus, Interaktionssysteme unter Anwesenden für evolutionsfähig zu halten, und es läßt zunächst einmal an das Gesellschaftssystem als Träger soziokultureller Evolution denken. Das führt auf die hier allein

---

1 Günter Ellscheid spricht von der hermeneutischen Bedeutung des zurückgesetzten Interesses in: Günter Ellscheid/Winfried Hassemer (Hrsg.), Interessenjurisprudenz, Darmstadt 1971, Einleitung, S. 5
2 Wir formulieren bewußt unter Ausschluß der Frage, ob dies auch auf eine bessere oder eine schlechtere Anpassung des Systems an seine Umwelt hinausläuft; denn diese Frage hat nicht die Bedeutung, die ihr die ältere darwinistische Theorie beigemessen hatte. Es kommt ja nur auf die Fortsetzbarkeit der Reproduktion des Systems an – mit welchen Strukturen auch immer.
3 Dies gilt, wie man heute weiß, in besonderem Maße für lebende Organismen. Vgl. nur: Robert B. Glassmann, Persistence and Loose Coupling in Living Systems, Behavioral Science 18 (1973), S. 83-98. Von dort her ist der Begriff des »loose coupling« dann auch in die Sozialwissenschaften eingedrungen als eine Formel für die Notwendigkeit von Interdependenzunterbrechungen.

interessierende Frage, ob man auch bei Teilsystemen des Gesellschaftssystems, in unserem Falle also für das Kunstsystem, von Evolution sprechen kann.

Anders als im Bereich der evolutionären Erkenntnis bzw. Wissenschaftstheorie gibt es dafür kaum Vorarbeiten. Bisher haben sich denn auch Evolutionstheorien für gesellschaftliche Teilbereiche typisch dort entwickelt, wo im Selbstverständnis dieser Bereiche Rationalitätsprobleme aufgetreten waren – für die Wissenschaft angesichts der transzendentaltheoretischen und heute der konstruktivistischen Revolution; für die Wirtschaft angesichts von Zweifeln am Orientierungswert des Modells der perfekten Konkurrenz; in der Rechtstheorie mit dem Verzicht auf das Naturrecht und der Notwendigkeit, andere Erklärungen für die Selektion des geltenden Rechts zu finden. Offenbar sind also Evolutions-theorien selber Gegenstand von Evolution, und sie bilden sich dort, wo Rationalitätszweifel anders nicht zu beheben sind. Aber die Kunst hatte immer schon von Imagination gelebt, so daß hier dieser typische Anlaß für evolutionäre Erklärungsmodelle gar nicht gegeben war. Es mag aber auch sein, daß die theoretischen Vorgaben für eine Anwendung von Evolutionstheorie nicht ausgereicht hatten. Wie immer, die oben skizzierte Verbindung von Systemtheorie und Evolutionstheorie könnte ein Anlaß sein, es mit neuen Instrumentierungen zu versuchen.

III.

Will man den vorstehend skizzierten Theorieansatz anwenden, muß man zunächst (wie in der Systemtheorie auch) die Operation bestimmen, die den Angriffspunkt für Variationen bietet. Es muß dabei um diejenige Operation gehen, die das Kunstgeschehen trägt und die nicht mit andersartigen Operationen verwechselt werden kann. Denn anderenfalls käme vielleicht Evolution, nicht aber Evolution eines Systems der Kunst zustande.

Die basale Operation, die sowohl der Herstellung als auch der Betrachtung von Kunstwerken zugrunde liegt, kann man als *Beobachtung* bezeichnen. Dieser Begriff wird hier im Anschluß an George Spencer Brown[1] extrem formal definiert, nämlich als Verwendung einer Unterscheidung zur Bezeichnung der einen im Unterschied zur anderen Seite. Es kommt nicht darauf an, ob dies durch bewußte Zuwendung von Aufmerksamkeit geschieht oder durch Kommunikation. Sowohl psychische als auch soziale Systeme können beobachten. Es kommt auch nicht darauf an, ob die Beobachtung zur Steuerung des

---

1 Laws of Form (1969), Neudruck New York 1979

Handelns oder als bloßes Erleben eingesetzt wird. Sowohl der Künstler als auch der Betrachter beobachten beim Herstellen wie beim späteren Erleben. Entscheidend ist, daß immer eine andere, nichtbezeichnete Seite mitläuft, daß alles Fokussieren etwas anderes voraussetzt, aber für den Moment neutralisiert. Unterscheiden ist mithin die Primäroperation, die aber immer nur eine Seite der Unterscheidung und nicht die andere, also auch nicht die Einheit der Unterscheidung selbst, operativ verwendet. Insofern bleibt dann auch der Beobachter selbst in seinem Operieren unbeobachtbar – obwohl er mit einer anderen Operation (für die dann aber dasselbe gilt) auch sich selbst im Unterschied zu allen anderen Beobachtern beobachten kann.

Beobachtung ist die nicht mehr unterbietbare Kleinsteinheit des Kunstgeschehens. Sie verwendet eine spezifische Unterscheidung. Sie ist als Operation immer einmalig, kommt immer zum ersten und zugleich zum letzten Male vor, verschwindet also von selbst wieder. Sie fokussiert eine bestimmte Körperhaltung im Tanz (oder im Laokoon), eine Einzelfarbe mit bestimmter Intensität und Ausdehnung im Bild, eine Handlung in einer Erzählung im Hinblick auf das Fortschreiten der Geschichte (im Unterschied zum vorher und nachher) oder ein bestimmtes Motiv im Hinblick auf das, was es über den zu erschließenden Charakter erkennen läßt.

Für jedes Herstellen und für jedes sorgfältige Betrachten von Kunstwerken sind ungezählte Beobachtungsoperationen erforderlich. Es handelt sich mithin, wie für evolutionäre Variation typisch, um ein massenhaftes, im Normalfalle folgenloses Bagatellgeschehen. Fehldispositionen können im weiteren Verlauf der Arbeit korrigiert werden. Oder: Was man zunächst nicht eingesehen hatte, sieht man bei genauerem Hinsehen dann doch ein. Wie bei den Mutationen der Biologie findet also auch hier schon im Variationsbereich eine Art Stabilitätstest statt mit der Frage: Lassen sich Entscheidungen bzw. Meinungen über die Komponenten des Kunstwerks im Kunstwerk halten?

Gerade diese Bagatellhaftigkeit der variationsempfindlichen Operationen macht deutlich, daß dies noch nicht evolutionäre Selektion sein kann. Eine evolutionär folgenreiche Strukturselektion beginnt erst, wenn Kunstwerke als solche Eindruck machen und andere Kunstwerke zu beeinflussen beginnen. Die Evolution der Kunst findet, was die Selektion betrifft, auf der Ebene dessen statt, was wir heute »Stil« nennen.[1] Zunächst, und ohne Anwendung des

---

1 Näheres hierzu: Niklas Luhmann, Das Kunstwerk und die Selbstreproduktion der Kunst, in: Hans Ulrich Gumbrecht/K. Ludwig Pfeiffer (Hrsg.), Stil. Geschichten und Funktionen eines kulturwissenschaftlichen Diskurselements, Frankfurt a. M. 1986, S. 620-672

Stilbegriffs, geht es dabei vor allem um Nachahmung erfolgreicher künstlerischer Erfindungen. Einzelne Kunstwerke werden als Muster verwendet, werden in Varianten kopiert. Es gibt dann mehr als einen »sterbenden Krieger«. Aber auch Trends setzen sich durch, etwa der zum realistischen Porträt. Außerdem spaltet sich die Kunst innerhalb ihrer durch unterschiedliche Wahrnehmungsmedien bedingten Arten (Textkunst, Musik, Malerei, Skulptur) in verschiedene Kunstgattungen auf. Vor allem die Textkunst beeindruckt durch ihre Vielfalt vom Epos zum Epigramm, vom Roman zur Kurzgeschichte, ganz zu schweigen von den vielfältigen Formen der Lyrik. Es geht also ganz darwinistisch zu mit Tendenz zur Formenvielfalt. Das muß nicht als »Kampf ums Dasein« zwischen Epen und Oden verstanden werden, sondern eher als Insulation von Neuerungen, die, durch spezifische »frames«[1] angeregt, nicht gleich das gesamte Kunstsystem umstellen müssen.

Vom Kunstsystem her gesehen entspricht die so entstehende interne Differenzierung in keiner Weise mehr den Differenzierungen, die sich in der innergesellschaftlichen Umwelt des Kunstsystems finden – also nicht der Differenzierung von politischen Parteien, von Banken und Sparkassen, von Hauptschulen und Gymnasien. Das Kunstsystem koppelt sich ab. Die außergesellschaftliche Umwelt gibt unterschiedliche Wahrnehmungsmedien[2] vor, und dadurch ist, bei allen möglichen Kombinationen (etwa in der Form der Oper für Auge *und* Ohr), auch die Evolution des Kunstsystems vorstrukturiert. Diese »natürlichen Schranken«, die im übrigen nicht physikalischer Natur sind, sondern auf Eigenarten der Informationsverarbeitung im menschlichen Organismus abgestimmt sind, greifen auf die Evolution der Kunst vor. Aber wie leicht zu sehen, hindert das weder im Bereich des Sehens noch im Bereich des Hörens die Differenzierung der Gattungen und der Muster. Das menschliche Wahrnehmungsvermögen und die dadurch gegebenen Medien für Formbildungen sind plastisch genug, um Differenzierung nach innen zu ermöglichen.

Diese Nichtübereinstimmung von interner und externer Differenzierung klinkt das Kunstsystem aus der allgemeinen gesellschaftlichen Evolution aus. Das heißt nicht, daß die Evolution der Gesellschaft für die Evolution der Kunst keine Bedeutung mehr hätte. Im Gegenteil! Aber eben: für die *eigene* Evolution der Kunst. Die Nichtübereinstimmung der Differenzierungen hat zur Folge, daß die Kunst für die Beurteilung der Kunstwerke eigene Kriterien entwickeln

---

1 »frames« im Sinne von: Erving Goffman, Frame Analysis. An Essay on the Organization of Experience, New York 1974
2 Im Sinne von: Fritz Heider, Ding und Medium, Symposion 1 (1926), S. 109-127

muß. Im Banne der aristotelischen Tradition spricht man zwar noch bis ins 18. Jahrhundert von »Imitation« der Natur durch die Kunst, aber dem liegt schon in der Frühmoderne ein korrigierendes Naturverständnis zugrunde.[1] Noch das 17. Jahrhundert wendet das Konzept des »schönen Scheins« gleichermaßen auf öffentliche Moral (im Unterschied zu religiöser Innerlichkeit), passionierte Liebe und künstlerische Gestaltungen an. Noch am Beginn der philosophischen Ästhetik im 18. Jahrhundert sucht man nach einem übergreifenden Begriff für Naturschönes und Kunstschönes.[2] Aber schon diese Erinnerungen zeigen, daß der Trend zur Abkopplung geht. Unterscheidungen reizen zur Abgrenzung. Die Ursache aber für das immer weiter getriebene Unterscheiden dürfte in jener Nicht- übereinstimmung von interner und externer Differenzierung liegen, die bereits die Proportionenlehre der Renaissance mit ihrer pythagoräischen Zahlenmystik (Alberti, aber auch noch Palladio) zu Fall gebracht hatte.[3] Die »harmonia mundi« ließ sich nicht in die Kunst übertragen, die Zahlenmusik war in der Architektur nicht zu sehen.

Wenn aber, auf welchen Wegen immer, ein solches »mismatching« interner und externer Differenzierungen entstanden ist, lenkt das die Aufmerksamkeit auf interne Zusammenhänge des Kunstsystems, also auf Strukturen. Dann wird erkennbar, daß und wie das Kunstsystem in seinen Vorbildern (exempla), seinen Macharten, seinen Stilen auf innovative Werke reagiert; und ebenso: wie umgekehrt Stilbrüche, etwa die des »Manierismus«, dazu verhelfen können, Kunstwerke als neu und als innovativ erscheinen zu lassen. Die evolutionären Funktionen der Variation und der Selektion sind jetzt unterschiedlich besetzt. Die Evolution des Systems wird weniger zufallsabhängig, sondern kann sich auch selbst inspirieren. Und jetzt kann man auch Neuheit fordern und ihr Gelingen den »Genies« zurechnen.

---

1 Hier lohnt ein etwas ausführlicheres Zitat: »Only the poet, disdaining to be tied to any such subjection (unter die Natur, N. L.), lifted up with the vigor of his own invention, does grow in effect into another nature in making things either better than nature brings forth or, quite anew, forms such as never were in nature as the heroes, demigods, cyclops, chimeras, furies, and such like.« Philip Sidney, The Defense of Poesy (1595), Neudruck Lincoln (Nebr.) 1970, S. 9

2 Man denkt hier natürlich an Alexander Gottlieb Baumgarten (Aesthetica Bd. I, Frankfurt/Oder 1750)

3 siehe Robert Klein, La forme de l'intelligible, in: Umanesiomo e simbolismo, Archivio di Filosofia 1958, S. 103-121

IV.

Die Differenzierung von Variation und Selektion setzt eine evolutionäre Dynamik in Gang, die sich jeder Gesamtplanung und jeder Steuerung im Hinblick auf ein Fernziel der idealen Perfektion entzieht. Wenn davon im deutschen Idealismus und in der Romantik noch die Rede ist, dann im Sinne einer Reflexion der Differenz von Kunstwerk und Ideal – einer Differenz, die zu reflektieren der Kunstkritik obliegt. Die Perfektion des Kunstwerks ist die Differenz zur Perfektion der Kunst, zu ihrer quasi eschatologischen Bestimmung. Ein merkwürdiges Licht des »nicht Verzichten- und nicht Glaubenkönnens« liegt über jener Zeit.

Seit Winckelmann wird jedoch der Begriff des Stils historisch gefaßt. Der Mechanismus des Sichtbarwerdens evolutionärer Selektion wird selbst historisiert. Das Kunstsystem wird damit als eine geschichtliche Einheit begriffen. Aber was garantiert ihm dann die Stabilität? Der endlose(?) Fortschritt zu immer neuen Formen?

Die Evolutionstheorie selbst enthält keine Zukunftsgarantien. Aber sie führt vor die Frage, wie das System selbst auf Probleme der eigenen Autonomie reagiert. Wir müssen uns daher die Selbstbeschreibungen des Kunstsystems ansehen: die Formen, in denen Selbstreferenz und Fremdreferenz zum Ausgleich gebracht werden, die Darstellungen der Funktion und der Einheit des Systems. Die Differenzierung von Variation und Selektion und die dadurch ausgelöste Eigendynamik des Systems werfen Sinnfragen auf, wie sie heute an der Moderne/Postmoderne-Diskussion greifbar werden. Die Differenz von System und Umwelt wird in das System selbst hineinkopiert.[1] Wenn es um den dritten evolutionären Mechanismus, die laufende Restabilisierung des Systems, geht, müssen wir daher untersuchen, wie das Kunstsystem in seiner Selbstbeschreibung auf die Herausforderungen der eigenen Evolution reagiert und damit jeweils in einen stabilen Zustand zurückfindet.

Literatur über Kunst gibt es seit der Antike. Die Einteilungen innerhalb des allgemeinen Begriffs der Herstellung von Werken (téchne, ars) treffen aber nicht das, was man seit dem 17. Jahrhundert mit dem Begriff der schönen Künste zu fassen sucht. Den Anstoß zu einer in diesem Sinne kunstspezifischen

---

1 Formal gesehen handelt es sich, in der Terminologie von George Spencer Brown (siehe: Laws of Form, op. cit. 1969/1979) um ein re-entry der Form in die Form, der Unterscheidung in das durch sie Unterschiedene.

Reflexion scheint der Zusammenbruch der Großkonzeption einer auf Rationalität und Schönheit bezogenen Wissenschaft der Renaissance gegeben zu haben. Das Scheitern der Proportionenlehre hatten wir schon erwähnt. Auch andere Bemühungen um Erreichen von Einheit unter Führung durch Kunst, etwa auf der Basis der »ars magna et ultima« des Ramon Lull, werden im Laufe des 16. Jahrhunderts aufgegeben. In derselben Zeit, am Ende des 16. Jahrhunderts, kommt die unübersehbare Distanz zu neuen Bemühungen um eine experimentelle, mathematisch formulierbare Naturwissenschaft hinzu. Die Kunstreflexion war darauf durch die Unterscheidung von Dichtung und Geschichtsschreibung bzw. Dichtung und Philosophie vorbereitet. Sie wird auf der Suche nach einem eigenen Terrain, in dem sie souverän reagieren kann, fündig; und dies ist das Reich des schönen Scheins, der durchschauten Täuschung, der »ich weiß nicht wie« zustande gekommenen Neuheit, das Reich des Gefallens, des Genusses.[1] Auch wenn das nicht so formuliert wird: soziologisch gesehen liegt der Anstoß zur Reflexion der Systemautonomie im Übergang der Gesellschaft zu einer an Funktionen orientierten Differenzierungsform.[2] Dabei kann im Falle der Kunst die Ablösung von der Religion und der Politik aus verständlichen Gründen nur vorsichtig und in eher thematischen Fragen erfolgen, die Unterscheidung von wissenschaftlicher Rationalität dagegen scharf und prinzipiell. Die Kunstreflexion des 17. Jahrhunderts orientiert sich daher an dieser Frontlinie und trägt damit auf ihre Weise zur Aufsprengung des alteuropäischen Rationalitätskontinuums bei.[3] Nachdem es hierfür nun einmal Formulierungen gibt und sie im Buchdruck verbreitet, also als bekannt unterstellt werden können, kommt es zu laufenden Reaktionen auf Reaktionen. Dabei bedient man sich zunächst, vor allem seit Gracián, der Begrifflichkeit des Geschmacks (gusto, goût, taste) als eines Kriteriums, das die Angabe von Kriterien ablehnt (also paradox gebaut ist ähnlich wie der politische Begriff der Souveränität) und sich statt dessen auf die Evidenz binärer

---

1 siehe hierzu: Gerhart Schröder, Logos und List. Zur Entwicklung der Ästhetik in der frühen Neuzeit, Königstein/Ts. 1985
2 Dies läßt sich auch im Falle anderer Funktionssysteme zeigen. Siehe: Niklas Luhmann/Karl Eberhard Schorr, Reflexionsprobleme im Erziehungssystem, 2. Aufl., Frankfurt a. M. 1988; Niklas Luhmann, Liebe als Passion: Die Codierung der Intimität, Frankfurt a. M. 1982; ders., Die Wissenschaft der Gesellschaft, Frankfurt a. M. 1990, S. 469ff., und, zusammenfassend, Luhmann/De Giorgi, op. cit, 1992, S. 360 ff.
3 Hierzu auch: Niklas Luhmann, Europäische Rationalität, in: ders., Beobachtungen der Moderne, Opladen (im Druck).

Codierung beruft.[1] Diese Lösung findet ihre letzte Absicherung (und damit den Punkt ihrer evolutionären Gefährdung) in sozialen Schranken der Geselligkeit, also in einem stratifikatorischen, wenngleich schon lange nicht mehr allein durch den Geburtsadel bestimmten Aufbau des Gesellschaftssystems.

Im 18. Jahrhundert entfällt die Berufung auf Stratifikation. Die liberale Theorie proklamiert Freiheit und Gleichheit. Das heißt soziologisch: Jedes Funktionssystem muß jetzt selbst zwischen Inklusion und Exklusion entscheiden. Nur so erscheinen Ausnahmen vom allgemeinen gesellschaftlichen Status aller Individuen akzeptabel.[2] Kant sucht noch nach transzendentalen Bedingungen für die Begründung von Geschmacksurteilen – aber eben das sagt, daß der Geschmack selbst eine solche Begründung nicht mehr hergibt.

Bei sehr formaler Betrachtungsweise kann man nun beobachten, daß sich auch auf dieser Ebene der Reflexion ein Verfahren des Hineinkopierens der Form in die Form, der Unterscheidung in das durch sie Unterschiedene einbürgert. Die Differenz des Allgemeinen und des Besonderen erscheint im Besonderen, die Differenz von Sinnlichkeit und Geist in der Sinnlichkeit.[3] Das ist ein auffälliger, eine genauere Analyse lohnender Sachverhalt. Offenbar wird das primäre »re-entry« der Differenz von System und Umwelt ins System durch weitere semantische »re-entries« abgesichert. Wichtige Leitunterscheidungen werden gewählt unter dem Gesichtspunkt, daß sie diese logische Paradoxie des Wiedereintritts vollziehen und in neue Unterscheidungen auflösen können.

Während Systemdifferenzierung heißen würde, daß ein System in sich selbst die Form der Systembildung (das heißt: die Differenzierung von System und Umwelt) wiederholt, geht es hier um ein Wiederholungsprinzip anderer Art, nämlich um die Mehrfachverwendung von Zwei-Seiten-Formen, also von Unterscheidungen, die jeweils sich selber enthalten. Mit einer Reflexionstheorie, die diese Anforderung erfüllt, wird nicht nur die Identität des Systems (im

---

1 Bei aller Kritik von Kriterien, die als Regeln aufgestellt sind, und aller emphatischen Betonung der Intuition des Kunsturteils ist man sich jedenfalls darin einig, daß es einen Unterschied gibt zwischen gutem und schlechtem Geschmack. Siehe z. B. (Jean Baptiste Morvan) Abbé de Bellegarde, Reflexions sur le ridicule et sur les moyens de l'éviter, 4. Aufl., Paris 1699, S. 160ff.; Roger de Piles, Diverses conversations sur la Peinture, Paris 1727, S. 37

2 Hierzu auch: Niklas Luhmann, Die Homogenisierung des Anfangs. Zur Ausdifferenzierung der Schulerziehung, in: Niklas Luhmann/Karl Eberhard Schorr (Hrsg.), Frankfurt a. M. 1990, S. 73-111; ders., Der Gleichheitssatz als Form und als Norm, Archiv für Rechts- und Sozialphilosophie 77 (1991), S. 435-445

3 So mindestens bis in Hegels Vorlesungen über die Ästhetik; und dies kann man ganz unabhängig von den Besonderheiten der Hegelschen Theoriearchitektur festhalten.

Unterschied zu anderem) *bezeichnet* und auf sein Wesen oder seine Funktion reduziert; sondern intern wird außerdem die Garantie des Sich-selber-Enthaltens der Unterscheidungen wiederholt und damit jener imaginäre Raum rekonstruiert, in dem das System selbst sich von seiner Umwelt unterscheidet.[1] Und dieser imaginäre Raum ist die Welt, die in jeder durch eine Unterscheidung etablierten Beobachtung sich als Einheit der Beobachtung entzieht.[2] Thema der Kunst ist die Beobachtung der Unbeobachtbarkeit der Welt.[3]

V.

Unsere Darstellung der evolutionären Unterscheidung Variation/Selektion/Restabilisierung erweckt den Eindruck, als ob damit ein Prozeß, zumindest eine lineare Sequenz, beschrieben sei. Das hat den prozeßgeschichtlichen Deutungen der Evolutionstheorie Vorschub geleistet. Man könnte aber die Aufzählung ebensogut – und vielleicht realistischer – mit Stabilität beginnen lassen; denn schließlich setzt die Variation voraus, daß etwas vorhanden ist, an dem Variation sich ereignen kann. Bei zeitabstrakter Darstellung – und nur Zeit erzwingt Sequenzierungen – handelt es sich denn auch um eine zirkulär gebaute Theorie, die sich selbst in jedem ihrer Elemente voraussetzt. Es muß daher nicht verwundern, wenn wir feststellen können, daß die Form der Selbstbeschreibung des Systems wiederkehrt als Variationsanregung in der herstellenden Beobachtung einzelner Kunstwerke. Diese Überlegung macht einige Produktionen des Kunstbetriebs verständlich, die anderenfalls eher als marginale Absonderlichkeiten erscheinen könnten. Ich meine die Faszination durch Paradoxien (im weitesten Sinne).

---

1 Oft wird dies auch als Notwendigkeit eines sich selbst voraussetzenden Anfangs formuliert, etwa als Gründung aller Mathematik in der Einheit von Selbstreferenz und Beobachtung (als Unterscheidung der Selbstreferenz von anderem) bei: Louis H. Kauffman, Self-Reference and Recursive Forms, Journal of Social and Biological Structures 10 (1987), S. 53-72; vgl. auch Ranulph Glanville/Francisco Varela, Your Inside is Out and Your Outside is In (Beatles 1968), in: George E. Lasker (Hrsg.), Applied Systems and Cybernetics, Bd. 2, New York 1981, S. 638-641; Jacques Miermont, Les conditions formelles de l'état autonome, Revue internationale de systémique 3 (1989), S. 295-314

2 David Roberts, The Paradox of Form: Literature and Self-reference, Ms. 1991, verfolgt denselben Sachverhalt am Fall des Beobachtens von Beobachtern, des Beobachtens zweiter Ordnung, beginnend mit dem Theater und dem Roman der Zeit von Shakespeare und Cervantes und bringt dies auf die Formel: »The form within the form frames the enclosing form.«

3 Hierzu: Niklas Luhmann, Weltkunst, in: Niklas Luhmann/Frederick D. Bunsen/Dirk Baecker, Unbeobachtbare Welt: Über Kunst und Architektur, Bielefeld 1990, S. 7-45

In einer rückblickend etwas kruden, fast spaßhaften Form treten sie bereits in der Renaissance-Rhetorik und in den von ihr abhängigen Dichtungen auf – etwa in der Paradoxie des Flohs, der Liebe symbolisiert, weil sich in ihm das Blut beider Liebenden mischt.[1] Damit soll gewiß nicht gesagt werden, daß es so sei, aber ebensowenig ein Scherz gemacht werden. Vielmehr richtet sich die destruktive Intention gegen die in der Philosophie üblichen Analogiebildungen und gegen die ideegesteuerten Abstraktionen der Arten und Gattungen.[2] Gezeigt wird, daß über Liebe in dieser Weise nicht gesprochen werden kann und vielleicht überhaupt nicht gesprochen werden kann, denn die Demonstration des Paradoxes vermeidet es gerade, einen Ausweg zu zeigen.

Weitere Beispiele bietet die Romantik mit ihrer Technik des Verdoppelns (Spiegel, Maske, Zwillinge, Doppelgänger, Namentausch) und mit ihrer Verwendung von Unglaubwürdigkeiten in Zentralpositionen des Kunstwerks. Das zwingt den Beobachter zu der Einsicht, daß das, was dargestellt ist, nicht gemeint ist, und das, was gemeint ist, nicht dargestellt ist; und daß dies, wie der Aufbau des Kunstwerks zeigt, nicht eine Beiläufigkeit, eine Verlegenheitsüberbrückung oder gar ein Fehler ist, sondern daß gerade dies für die Beobachtung, also im Modus der Beobachtung zweiter Ordnung, produziert ist. Autonomie des Werks heißt nun und seitdem: Einbau der Negation der Aussage in die Aussage. Und auch das symbolisiert die Autonomie des Systems der Kunst am prägnanten Fall der (herstellenden und betrachtenden) Beobachtung des Kunstwerks.[3]

Schließlich lassen sich auch die avantgardistischen Abenteuer unseres Jahrhunderts hier einbauen. Hier geht es nun offenkundig darum, mit dem Kunstbegriff zu experimentieren und ihn durch Überschreiten früherer Schranken an die Grenze des nicht mehr als Kunst Erkennbaren zu treiben. Man kann die

---

1 John Donne, The Flea, zit. nach: The Complete English Poems, Harmondsworth, Middlesex, England 1971, S. 58f. Siehe auch: John Donne, Paradoxes und Problems (ed. Helen Peters), Oxford 1980. Dazu viel Sekundärliteratur, etwa: A. E. Malloch, The Techniques and Function of the Renaissance Paradox, Studies in Philology 53 (1956), S. 191-203, und: Michael Mc Canles, Paradox in Donne, Studies in the Renaissance 13 (1966), S. 266-287

2 Daß der Theologe Donne damit auch auf den Verfall der scholastischen Quaestionentechnik reagiert, die das Paradox in These und Gegenthese auseinandergezogen hatte, kann unterstellt werden (siehe Malloch, op. cit., 1956). Und das hat sicher damit zu tun, daß der Buchdruck die mündliche Disputation erübrigt und die Autorität für die Entscheidung der Kontroverse untergraben hat.

3 Wer immer an einen »höheren Sinn« der Kunst glaubt, kann dem natürlich nicht folgen. Hegels mißglückte Kritik der Romantik ist dafür ein Beispiel, Goethes Kritik ein anderes. Wer aber in *dieser* Zeit *so* kritisiert, muß für sich selbst eine nichtnegierbare Abschlußposition in Anspruch nehmen und wird damit, ganz unabhängig vom Niveau der philosophischen bzw. künstlerischen Leistung, selbst unglaubwürdig.dies wird dann wieder zum Thema der Kunst: Lotte in Weimar.

strukturlose Leere inszenieren oder auch den Augenblick, der nichts Dauerhaftes voraussetzt oder hinterläßt. Man kann Beobachter auf diese Weise dazu
bringen, zu reflektieren, was sie von Kunst erwartet hatten und warum. Die
Festlegung auf Formideen, die von Nichtkunst zu unterscheiden sind, kann
ersetzt werden durch die Universalität der Kunst, die dann jeden Weltsachver-
halt als Kunst anbieten kann, sofern eben dies gelingt. Aber wie kann es
gelingen, wenn es nur darum geht, zu zeigen, daß es gelingen kann? Kann man
Kunst dadurch unterscheiden, daß man auf Nichtunterscheidbarkeit setzt, daß
man sorgfältig alle Spuren verwischt, die darauf hindeuten, daß ein Kunstwerk
beabsichtigt war? Und liegt der Beweis, daß es Kunst ist, dann in der Schwierigkeit, zu verbergen, daß es Kunst ist?

Am Ernst dieser Problemstellung sollte nicht gezweifelt werden. Offenbar
hat denn auch kein anderes Funktionssystem diesen Grad an Freiheit, die
eigene Unterscheidbarkeit auf Spiel zu setzen. Wie kein anderes Funktionssystem reflektiert das Kunstsystem die Autonomie, die ihm durch das gesellschaftliche Regime funktionaler Differenzierung zugefallen ist. Das bedeutet
aber auch, daß ein weiteres Überbieten schwer vorstellbar ist. Die Avantgarde
löscht die Grenze zwischen Reflexion und Werk. Aber ohne eine solche Grenze
gibt es keine Selbstbeobachtung; denn jede Beobachtung setzt die Unterscheidung zwischen dem Beobachter und dem Beobachteten voraus. Man kann die
Einheit dieser Unterscheidung nicht beobachten; man kann sie eben deshalb
aber auch nicht negieren, ohne sie an anderer Stelle neu zu invisibilisieren.

In streng evolutionstheoretischer Betrachtungsweise bleibt hier die Trennung von Variation und Selektion erhalten, also das System in Betrieb. Nur
scheint man jetzt die Trennung von Restabilisierung und Variation aufgeben
zu wollen, wenn man die Reflexion, und sei es die Negation der Unterscheidung von Selbstreferenz und Fremdreferenz, zur Werksidee macht. Das muß
jedoch nicht heißen, daß ein Ende erreicht ist. Paradoxierungen aller Art sind
ja operativ durchaus möglich, sie lassen sich kommunizieren. Aber seit John
Donne hatte das immer bedeutet: nicht gezeigte Auswege zu suchen. Wenn das
so ist und so bleibt, müßte die Entfaltung der Paradoxie der Form zum Thema
der Reflexion des Kunstsystems werden. Und daran könnte dann auch die
nichtlogische Kreativität der Kunst einen Rückhalt finden oder zumindest
einen Hinweis darauf, daß dies eine neue Ernsthaftigkeit und Strenge der
Formsuche erfordern würde. Und sei es nur: um zu zeigen, daß und wie die
Kunst jede Art von Kontingenz in die Notwendigkeiten einer eigenen Ordnung transformieren kann.

HERBERT W. FRANKE

Informationstheorie und Ästhetik

Um Kunst zu produzieren oder zu konsumieren, bedarf es keiner Theorie. Andererseits hat die Kunst einen hervorragenden Stellenwert in der Kultur, und somit ist die Forderung nach einer theoretischen Basis, die Fragen nach ihrem Ursprung, ihrer Methode und ihrer Wirkung beantworten hilft, verständlich und legitim. Dabei ist als Theorie nicht etwa ein von Künstlern und Künstlergruppen für die eigene Arbeit entworfenes Regelsystem gemeint, sondern eine Theorie im wissenschaftlichen Sinn, die allgemeine und prüfbare Aussagen über den Gegenstand, in diesem Fall über das Phänomen der Kunst, zu machen imstande ist.

Selbst wenn noch keine Definition der Kunst verfügbar ist, steht außer Zweifel, daß es sich um einen Begriff mit vielen Facetten handelt. Demgemäß sind auch viele verschiedene auf Kunst bezogene Fragestellungen denkbar, und eben diesen können verschiedene Theorien angemessen sein. Solche Fragen mögen sich etwa auf die historische Entwicklung beziehen oder auch auf den sozialen Kontext, und daraus ergeben sich Wissenschaftsbereiche wie die Kunstgeschichte und die Kunstsoziologie. Eine andere Betrachtensebene betrifft die Persönlichkeit des Künstlers, z. B. die Erklärung seiner Arbeitsweise und seiner Inhalte aus seiner Lebensgeschichte und aus seinen psychologischen Eigenschaften heraus. Im Gegensatz dazu kann sich das Interesse auch auf den Benutzer richten, auf die Art und Weise, wie er ein Kunstwerk aufnimmt, sich mit ihm auseinandersetzt; daraus ergibt sich eine Wirkungsästhetik, die beispielsweise unter dem Blickwinkel der Gestaltpsychologie stehen kann.

Für die Philosophie ist es sicher kein befriedigendes Verfahren, wenn man ein Phänomen, um es zu erklären, in Teilbereiche zerlegen muß. Der klassischen Denkweise entspricht eher der Wunsch nach einer umfassenden Erklärung aus allgemeinen Prinzipien heraus. Die Verbindung des herkömmlichen Schönheitsbegriffs mit harmonikalen Beziehungen wie in der Musik und – wenn auch nicht so überzeugend – in der Farbenlehre schien ein Hinweis darauf zu sein, daß die angestrebte Erklärung der Kunst mit den Mitteln der Physik und der Mathematik zu erreichen sei. Doch dieser Weg hat sich nicht als gangbar erwiesen: Kunst ist keine physikalische Erscheinung, kein physikalischer Prozeß. Inzwischen hat man auch in der Naturwissenschaft eingesehen, daß sich die Welt und die in ihr auftretenden Lebenserscheinungen nicht allein mit physikalischen Mitteln, also unter dem Aspekt der Energie, erklären lassen. Als zweite wesentliche Größe, von der das Weltgeschehen abhängt, hat sich die Information erwiesen, die für die Beschreibung von Ordnungszuständen maßgebend ist. Besonders Lebenserscheinungen sind erst unter dem Aspekt des Informationsumsatzes verständlich. Es ist gewiß eine kühne, aber keine abwegige Idee, eine ästhetische Theorie auf den Informationsbegriff zu stützen.

Ein Versuch in dieser Richtung war die Informationsästhetik von Max Bense, die heute von vielen als gescheitert bezeichnet wird. Doch so pauschal und oberflächlich sollte man das Urteil nicht fällen – wenn er auch mit einigen Hypothesen zu ästhetischen Qualitäten in eine Sackgasse geriet, so hat er doch einen Weg aufgezeigt, der zu neuen Einsichten über Kunst, ihren Ursprung und ihre Wirkung führt.

Ganz im Sinn der Tradition versuchte Max Bense, durch Verallgemeinerung einer von Birkhoff angegebenen Formel ein allgemein gültiges »ästhetisches Maß« zu postulieren, mit dem sich Kunstwerke jeder Art messen und bewerten lassen sollten. An einfachen Beispielen ließ sich aber leicht beweisen, daß die so definierte maximale ästhetische Information keine für die Wirkung von Kunst maßgebliche Größe sein kann. Damit war die von Max Bense selbst vertretene Variante der Informationsästhetik nicht mehr haltbar, doch bedurfte es nur eines geringfügigen Wechsels in den Grundannahmen, um den gangbaren Weg zu finden. Zu dieser Lösung kamen schon einige der Schüler von Max Bense, die sichtlich Mühe hatten, ihre Alternative in den von ihrem Lehrer angeregten Dissertationen unterzubringen. Die entscheidende Arbeit wurde von Helmar Frank geleistet, und es kann fast als tragisch bezeichnet werden, daß seine Ergebnisse lediglich als Anhang in einer Abhandlung über die kaum bekannte *mime pure* versteckt waren. Auch einige weitere Publikationen, beispielsweise von Raul Gunzenhäuser und Felix von Cube, hatten ebenfalls kaum eine Chance, mit dem Bekanntheitsgrad der Benseschen Werke mitzuhalten. Wie sich herausstellt, wird Informationsästhetik auch heute noch lediglich mit Bense assoziiert und damit auch mit jenen Postulaten, die sich als Fehlgriff erwiesen. Daß die Ansätze einer »kybernetischen Ästhetik«, wie man die realistischere Version der Informationsästhetik wohl besser bezeichnen sollte, kaum im englischen Sprachraum erschienen sind, hat ein weiteres dazu beigetragen, daß sie weitgehend aus dem Blickfeld verschwunden ist.

Kunst und Wahrnehmung

Es spricht einiges dafür, weiterhin auf den Begriff der Information zur Beschreibung von Kunstwerken zu setzen. Schon lange ist bekannt, daß diese etwas mit Ordnung zu tun haben – in der klassischen Ästhetik ist von Harmonie, Einheitlichkeit, Proportionalität usw. die Rede, und somit könnte man versucht sein, maximale Ordnung als ästhetisch wünschenswert zu sehen. Daß diese Annahme nicht haltbar ist, geht schon aus der Tatsache hervor, daß vollständige Ordnung auch höchstmögliche Eintönigkeit bedeutet.

Diese Erkenntnis war ein Grund für eine andere ästhetische Schule, die der russischen Formalisten, die als für die Kunst kennzeichnende Größe genau das Gegenteil der Ordnung, nämlich die Abweichung und die Durchbrechung, annahm. Auch hierfür gibt es Argumente, beispielsweise die Tatsache, daß ein wichtiger Akzent der Kunst die Originalität ist, also genau das, was über das bisher Bekannte hinausgeht. Aber auch eine Maximierung dieser Größe kann sicher nicht zu ästhetisch hochwertigen Gebilden führen, denn in ihrer letzten Konsequenz mündet sie im gleichmäßigen Chaos.

Aus diesen Tatsachen folgt der Schluß, daß der optimale Wert auf der Skala Ordnung-Unordnung irgendwo in der Mitte liegen muß; man benötigt also eine quantifizierbare Größe, die auch dazwischenliegende Werte anzugeben gestattet. Woraus aber lassen sich für Kunstwerke relevante Werte ableiten? Wie schon aus den harmonischen Tönen und Farben hervorgeht, mit denen sich die klassische Ästhetik beschäftigt hat, spielt dabei die Wahrnehmung eine Rolle. (Die Annahme liegt nahe, daß das empfundene Schöne nicht in den Objekten selbst steckt, sondern erst durch Wahrnehmen und Denken zugeordnet wird.) Diesen Fragen, vor denen die Schüler von Max Bense standen, war die Situation insofern angemessen, als es erst kurze Zeit vorher gelungen war, für Wahrnehmungs- und Denkprozesse bestimmende Werte für Informationskapazitäten und Informationsflüsse anzugeben. Die dafür verantwortliche Informationspsychologie war eine Konsequenz einer verbesserten Durchdringung der informationellen Situation in Nachrichtenkanälen und der weiterführenden Frage, wieweit sich die dafür brauchbare Beschreibung auch zur Erfassung des Informationsumsatzes in Lebewesen und im Gehirn eignet. Es war daher konsequent, als Alternative zum Maximierungsprinzip von Bense ein Optimierungsprinzip einzusetzen und für Kunstwerke jene Werte zu fordern, bei denen Wahrnehmungs- und Denkprozesse am besten gelingen.

Überraschenderweise ergibt sich damit auch ein Zusammenhang mit emotionalen Reaktionen, die beim Erlebnis ästhetischer Qualitäten wichtig sind, bisher aber unerklärt blieben. Aus der Verhaltenspsychologie geht hervor, daß bei Abweichungen von der optimalen Auslastung bei Informationsaufnahme und -verarbeitung unangenehme Gefühle auftreten, beispielsweise solche der Langeweile bei Unterforderung und der Irritation bei Überforderung. Entsprechen die informationellen Werte dagegen den vorhandenen Kapazitäten, dann wird die gelungene Verarbeitung emotional belohnt, etwa durch das Aha-Erlebnis.

Dieses Funktionsschema gilt für jede Art bewußter Wahrnehmung, die normalerweise zweckorientiert ist und dann beispielsweise das Erkennen von Situationen, das Verstehen übermittelter Nachrichten, die Lösung gestellter Probleme betrifft. Das positive emotionale Empfinden stellt sich aber auch bei der Konfrontation mit nicht unmittelbar zweckbezogenen Wahrnehmungsmustern ein. Man kann diese Wirkung als ästhetisches Erlebnis bezeichnen und den beschriebenen Wahrnehmungsmustern ästhetische Eigenschaften zuschreiben. Es ist auch möglich, gezielt Objekte anzufertigen, deren Wahrnehmung ästhetische Erlebnisse auslöst; man könnte solche – zunächst hypothetisch – als Kunstgegenstände definieren.

Damit ist noch keine ästhetische Theorie gewonnen, aber immerhin ein Funktionsmodell im Sinn der Kybernetik, das sich mit der Realität vergleichen und an ihr prüfen läßt. Das Ergebnis ist vielversprechend: Wie es scheint, erfaßt das Modell nicht nur den klassischen Schönheitsbegriff, sondern auch die vom Kunstwerk geforderte Originalität.

Das kybernetische Modell, bei dem die Rezeption von Kunst als besondere Art der Wahrnehmung aufgefaßt wird, erweist sich als generell anwendbar, also bei klassischen Künsten wie Malerei und Grafik, Musik, Literatur, Tanz usw. ebenso wie bei modernen Kunstformen wie Film, Video, interaktiver Computergrafik usw. Da die im Schema auftretenden Größen den Charakter von Informationsflüssen haben, ist die Verifizierung bei zeitabhängig vermittelten Kunstformen am einfachsten. Ist der Rezipient mit einem statischen Kunstgegenstand konfrontiert, dann laufen die Wahrnehmungsprozesse natürlich ebenso als Zeitreihen ab, wobei die Informationsflüsse jedoch durch die aufnehmende Person selbst bestimmt werden. Im Sinne eines Modells sind die angegebenen Werte nicht als absolute Konstante aufzufassen. Bei der so wichtigen Angabe über die Zuflußgeschwindigkeit ins Bewußtsein beispielsweise findet man in der Literatur Werte, die etwa im Bereich zwischen 10 und 40 Bit pro Sekunde liegen. Die Anwendbarkeit des Modells ist davon nicht betroffen – worauf es ankommt, ist die außerordentlich starke Reduktion der Informationszuflüsse über die Sinnesorgane auf dem Weg zum Bewußtsein, die durch eine höchst effiziente Datenverarbeitung erfolgt. Dabei werden die Reizmuster auf verschiedene Arten von Ordnungen untersucht und – etwa durch Gestaltbildungsprozesse – günstiger (d. h. mit weniger Aufwand an Information) codiert.

In einer ersten Näherung weist das Modell aber sicher auch Mängel auf, beispielsweise dadurch, daß es der oft recht hohen Komplexität der Kunstwerke nicht gerecht wird. So dürfte beispielsweise eine Musikdarbietung nicht mehr als 16 bit/sec. aufweisen. Sie wird dann von den Zuhörern bei der ersten Vermittlung konsumiert, womit der Prozeß beendet ist: Eine weitere Präsentation bietet dann keine Innovation mehr, die Informationsflüsse, die subjektiv auf den Rezipienten bezogen werden müssen, sind auf Null reduziert, und allenfalls bei Wiederholungen in gewissem zeitlichen Abstand ergibt sich infolge der Vergessensprozesse ein sich in Grenzen haltender erneuter Anstieg der Information.

Soll das Kunstwerk als Quelle von Information beständig bleiben, dann muß man höhere Komplexität einbeziehen, woraus sich ein scheinbarer Widerspruch mit dem Schema ergibt. Wie läßt sich dieses Dilemma lösen? Wie wir aus der Erfahrung wissen, hat der Mensch verschiedene Methoden entwickelt, um auch ein komplexes Informationsangebot, sofern es strukturiert ist, zu entschlüsseln. Es gelingt, sich auf einzelne Bedeutungsebenen zu konzentrieren, diese aus dem Untergrund herauszulösen und somit einen gelingenden Wahrnehmungsfluß zu erreichen. Bekannt ist etwa der Partyeffekt – man horcht in diese und jene Richtung, um schließlich jenem Gespräch, das einen am ehesten interessiert, zu folgen. Eine Selbstbeobachtung bei der Aufnahme von Kunst zeigt, daß man sich auch hierbei auf wechselnde Bedeutungsebenen konzentriert, so daß selbst bei mehrfacher Wiederholung Innovation vermittelt wird. Dabei ist der Begriff der Bedeutungsebenen sehr weit zu fassen: Es geht dabei nicht nur um Sinnzusammenhänge, sondern auch um als zusammenhängend erkennbare Gestalten; so kann man beispielsweise einzelne, durch verschiedene Instrumente oder Tonlagen gekennzeichnete Stimmen in konzertanter Musik verfolgen.

Damit läßt sich die für die Anfertigung ästhetischer Gegenstände gültige Regel ergänzen und erweitern: Es ist möglich, gezielt Wahrnehmungsmuster anzufertigen, die so strukturiert sind, daß sie in verschiedenen, unterscheidbaren Ebenen wirksam sind; die Optimierungsregel für den Informationsfluß gilt dann für jede Ebene gesondert. Aus diesem Ansatz ergibt sich ein Mehrebenenmodell der Kunst, das schon bemerkenswerte Übereinstimmung mit der Realität aufweist. Das Hauptgewicht liegt nun auf der Besetzung verschiedener

Ebenen, die untereinander Bezüge aufweisen können (was im quantitativen Modell durch die Information zweiter Ordnung beschreibbar ist).

Das kybernetische Mehrebenenmodell erweist sich als brauchbar und aufschlußreich. Es entspricht nicht so sehr einer physikalischen Theorie, die eine exakte Beschreibung der Erscheinungen liefert und die für die Kunst nicht möglich ist. Vielmehr erweist es sich als ein Entwicklungsstadium in einer Reihe von Modellen, mit denen eine Näherung an die Realität angestrebt wird. Seine Brauchbarkeit bestätigt sich auch dadurch, daß ihm Angaben darüber zu entnehmen sind, welche Teilprozesse zu untersuchen sind, um genaueren Aufschluß über diese oder jene offene Frage zu bekommen.

Sicherlich entspricht es nicht jeder Art von Kunstäußerung gleich gut, und insbesondere bei modernen künstlerischen Aktivitäten – beispielsweise Happenings, bei denen manchmal auch die Langeweile als Wirkungsfaktor einbezogen wird – ergibt sich ein beachtlicher Unterschied zwischen Modell und Wirklichkeit. Damit wird es aber auch für solche Kunstformen nicht unbrauchbar; aus dem Aspekt der informationell besetzten Ebenen heraus läßt sich durch die Abweichungen eine genaue Beschreibung der künstlerischen Aktion ableiten – gerade diese liefern schlüssige Erklärungen für die ausgelösten, nichtklassischen ästhetischen Wirkungen.

Die semiotische Näherung

In den Arbeiten von Max Bense spielt nicht nur der Informationsbegriff eine hervorragende Rolle, sondern auch jener des Zeichens. Diese Auffassung geht auf die Konzepte von Charles Saunders Peirce und die auf deren Grundlage entwickelte Semiotik von Charles Morris zurück. Nach der heute in Kreisen von Kunsttheoretikern üblichen Auffassung hat die Semiotik im Gegensatz zur Benseschen Informationsästhetik ihre Bedeutung bis heute erhalten. In Wirklichkeit handelt es sich aber um einander ergänzende, sich in ihren Anwendungsbereichen zum Teil auch überschneidende Theorien. Schon die Auffassung des Kunstwerks als Zeichen oder Zeichenaggregat (Superzeichen) macht klar, daß der Schwerpunkt der Semiotik auf den Sinnzusammenhängen liegt. Dem Zeichen, mit Hilfe eines »Zeichenträgers« manifestiert, wird die Bedeutung eines Objekts zugeordnet, so daß Sinnzusammenhänge zwischen Objekten stellvertretend durch Sinnzusammenhänge zwischen Zeichen ausdrückbar sind. Schon durch diesen Sachverhalt ergibt sich eine enge Beziehung zur Informationstheorie. Auch Information bedarf eines energetischen oder materiellen Trägers und kann als Code für einen Begriff dienen. Schon an diesem Beispiel zeigt sich, daß dort, wo sich informationstheoretische Aussagen über semiotische Beziehungen machen lassen, eine genauere Erfassung der Situation im Sinn einer naturwissenschaftlichtechnischen Beschreibung möglich ist. Für den erwähnten Fall ist die Codierungstheorie maßgebend, die – über die Zusammenhänge zwischen den Zeichen und ihren Bedeutungen hinaus – auch die Messung relevanter quantitativer Größen erlaubt, so beispielsweise die Komplexität einer Nachricht, die ein Maß für den Schwierigkeitsgrad der Beschreibung ist. Abgesehen vom Sinn, den die Nachricht ausdrücken soll, ergeben sich daraus Folgen für die Art der Datenverarbeitung, die das Gehirn nach dem Empfang des Reizmusters zur Entschlüsselung vornimmt. Sie münden in den schon erwähnten Gestaltbildungsprozessen und sind von emotionalen Momenten begleitet, die im Gegensatz zu jenen stehen, die als Assoziationen durch den ausgedrückten Sinn angeregt werden. Auch die Assoziation selbst hat ihre Entsprechung in der Semiotik, handelt es sich doch um die Zuordnung bestimmter Inhalte, die man als Zeichen (hier: Signale) auffassen kann, zu anderen.

Bense selbst hat die von der Semiotik vorgenommene Unterteilung in Syntaktik, Semantik und Pragmatik auch in seine Informationsästhetik übernommen; dabei ist mit Syntaktik jener Fachbereich gemeint, der sich der gegenseitigen Beziehungen von Zeichen annimmt, während die Semantik speziell den Sinnbeziehungen, der Relation zwischen den Zeichen und ihren Bedeutungen, gewidmet ist. Oft hört man die Ansicht, daß eine auf dem Informationsbegriff beruhende Ästhetik lediglich die Ebene der Syntaktik erfassen könne, wobei meist hinzugefügt wird, daß auf diese Weise gerade die für die Kunst einzig relevanten Sinnzusammenhänge unberücksichtigt blieben. Gerade die recht genauen Einsichten der kybernetischen Ästhetik, die auf der Basis von Wahrnehmungs- und Denkprozessen operiert, zeigen, daß sich Kunst nur aus dem Zusammenwirken zwischen Syntax und Semantik erklären läßt. In manchen hoch eingeschätzten Kunstäußerungen, beispielsweise vielen Bereichen der Musik oder der abstrakten Malerei, ist ein Vorherrschen der syntaktischen Wirkung festzustellen. Man gelangt zu einer weitaus besseren Wirkungsbeschreibung eines Kunstwerks, wenn man im Mehrebenenmodell zwischen syntaktischen und semantischen Ebenen unterscheidet und angibt, welche davon stark und welche schwach besetzt sind.

Wie manchmal übersehen wird, ist die Informationstheorie für bedeutungstragende Zeichenaggregate ebenso gültig wie für rein syntaktische Strukturen. Vom theoretischen Ansatz her – aus der Definition des von Claude Shannon geprägten Informationsbegriffs – kann man auch den bedeutungstragenden Einheiten als Zeichen in einem semantisch orientierten Repertoire bestimmte Informationswerte zuordnen. In zahlreichen psychologischen Tests, beispielsweise im Hinblick auf Lernprozesse, wurde die Gültigkeit dieser Angaben auch für Wahrnehmen und Denken bewiesen. Der wichtigste Grund dafür, daß sich die Anwendbarkeit informationell orientierter Theorien auf semantische Probleme, speziell jene der Kunst, in Grenzen hält, liegt in der Tatsache, daß semantische Information relativ schwer zu messen ist. Das liegt nicht zuletzt daran, daß sich allgemein gültige Informationswerte etwa aus dem Bereich der Sprache nur als Näherungs- und Schätzwerte geben lassen. In Wirklichkeit ist beim Rezipienten von Kunstwerken dessen eigenes Wissen als Basis der Informationsangaben zu nehmen – es handelt sich um »subjektive Information«. Die Forderung, aus einer ästhetischen Theorie sollten sich etwa exakte Angaben für die Qualität von Kunstwerken, die Intensität der Wirkung auf einzelne Personen und dergleichen angeben lassen, ist nicht einlösbar, sofern sie überhaupt Sinn hätte. Dagegen ist das kybernetische Modell durchaus in der Lage, Erklärungen für viele Wirkungsarten von Kunstwerken zu geben. Die Tatsache, daß nicht jedes Problem quantitativ lösbar ist, gilt ebenso für physikalische Theorien – selbst die Newtonsche Mechanik versagt bereits beim Dreikörperproblem, und doch geht aus ihr das Verständnis über sämtliche klassisch-mechanischen Vorgänge hervor.

Mit nicht quantitativen Lösungen muß ja auch die Semiotik auskommen, und dort, wo künstlerische Äußerungen vorwiegend über semantische Momente wirken, ist sie ein gutes Mittel zum besseren Verständnis der Effektivität – indem sie Beziehungen zwischen den sehr verschiedenen in Kunstwerken auftretenden Zeichen aufdeckt.

Ausblick

Kunst ist eine der komplexesten Erscheinungen unserer Welt, sie enthält zeitlos (im Hinblick auf die Existenz der Menschheit) gültige Elemente, aber auch solche, die geschichtlich, sozial, psychologisch und subjektiv verschieden wirken. Die von vielen erhoffte genaue Beschreibung und Bewertung ist also nicht möglich, dagegen lassen sich sehr wohl Erklärungen für verschiedenste Arten der Wirkung geben. Das kybernetische Mehrebenenmodell reicht dabei über frühere Konzepte hinaus, beispielsweise dadurch, daß es auch quantitative Beziehungen als relevant herausstellt – unabhängig davon, ob sich diese im

einzelnen messen lassen. Die vielfachen im Gehirn verlaufenden Verarbei-
tungsakte vom Empfang des Reizmusters an der Peripherie der Sinnesorgane
bis zum Eintreten ins Bewußtsein laufen im Sinn einer Datenreduktion, und
zwar nicht einer beliebigen, sondern einer Beschränkung auf das Wesentliche.
Genau dieselben Prozesse aber sind es, die bei der Kunst auftreten. Wenn die
ursprünglichen Thesen von Max Bense auch im einzelnen nicht richtig sind, so
hat er doch den Weg zu einem besseren Verständnis des Phänomens Kunst
gewiesen. Das Unverständnis, das ihm von vielen entgegengebracht wurde und
noch wird, liegt wohl nicht zuletzt daran, daß er mit seinen Anschauungen und
Zielen seiner Zeit weit voraus war.

Gerade jetzt, zwanzig bis dreißig Jahre nachdem Max Bense mit seinen Ideen
an die Öffentlichkeit trat, erweist sich ihre Aktualität. Schon Bense, obgleich
kein Naturwissenschaftler, hat das Experiment als ein wesentliches Gegenstück
zur Theorie benutzt. Als ein Mittel dazu erschien ihm der Computer, und es
ist kein Zufall, daß zwei der Persönlichkeiten, die als Begründer der Computerkunst gelten, nämlich Frieder Nake und Georg Nees, zu seinen Schülern
gehörten. Auch damals schon, um das Jahr 1965, war abzusehen, welche
Konsequenzen ein generell anwendbares Hilfsmittel der Erarbeitung künstlerischer Ordnungen, wie es der Computer ist, haben kann, und trotzdem
brauchte diese Art der ästhetischen Gestaltung zwei Jahrzehnte, um Eingang
in die Szene zu finden. Leider war es auch nicht etwa eine verspätete Zustim-
mung zu den von den Pionieren vertretenen Thesen, sondern ein Nachziehen
gegenüber der Praxis – denn inzwischen war die Methode in Technik, später
auch in Werbung und Film längst eingebürgert. Erst jetzt zieht man in Akade-
mien und ähnlichen Kunstinstituten die Konsequenz aus der Verfügbarkeit der
neuen Medien und richtet entsprechende Lehrgänge und Laboratorien ein.
Gerade dadurch aber, daß damit auch eine akademische Anerkennung der
Methode erfolgt, wird die Forderung nach einer brauchbaren Theorie wieder
laut. Es muß eine Theorie sein, die sich auf die mit Computern verwendete
Arbeitsweise bezieht, also eine solche, die Hinweise auf die strukturellen
Eigenschaften der nunmehr immateriell manifestierten Kunstwerke gibt. Die
junge Generation, die sich den elektronischen Medien und der programmierten
Kunst zuwendet, macht dieselbe Feststellung wie die ersten Computergrafiker
der sechziger Jahre: daß die bekannten, meist historisch oder psychologisch
orientierten Theorien für die computerunterstützte Gestaltungsweise wenig
brauchbar sind. Die auf den Informationsbegriff gestützte kybernetische
Kunsttheorie – um den untrennbar mit Bense verbundenen Ausdruck Informationsästhetik zu vermeiden – bietet dagegen die erwünschten Voraussetzun-

gen: Die mit Hilfe des Informationsbegriffs ausgedrückten Zusammenhänge lassen sich direkt in Programmen anwenden. So ergibt sich die merkwürdige und einzigartige Situation, daß die Grundlage einer ästhetischen Theorie dieselbe ist wie jene des Mediums, des Computers, der sich mehr und mehr als universell anwendbares Kunstinstrument erweist. Es deutet also alles darauf hin, daß die lange Zeit vergessenen Gedanken von Max Bense und seinen Schülern wieder aufgegriffen werden und diesmal einen festen Platz in der Praxis finden. Wenn der Anlaß dazu auch eindeutig in den jungen Aktivitäten der Medienkunst liegt, so besagt das nichts über den Gültigkeitsbereich: Eine auf dem Informationsbegriff aufbauende, Wahrnehmung und Verhalten miteinbeziehende kybernetische Kunsttheorie gilt nicht nur für Computerkunst, sondern für jede künstlerische Aktivität.

Literatur

H. Frank, Grundlagenprobleme der Informationsästhetik und erste Anwendung auf die Mime Pure, Diss., Stuttgart 1959

Informationspsychologie, in: H. Frank (Hrsg.), Kybernetik – Brücke zwischen den Wissenschaften, 5. Aufl., Frankfurt a. M. 1965

H. W. Franke, Phänomen Kunst, München 1967; ergänzte Taschenbuchausgabe, Köln 1974

R. Gunzenhäuser, Ästhetisches Maß und ästhetische Information, Quickborn 1962

A. Moles, Théorie de l'information et perception esthétique, Paris 1958; dt.: Informationstheorie und ästhetische Wahrnehmung, Köln 1971

C. Morris, Foundation of the Theory of Signs, in: International Encyclopedia of Unified Science, Bd. 1, Nr. 2, Chicago 1938

Grundlagen der Zeichentheorie, 2. Aufl., München 1975

F. Nake, Ästhetik als Informationsverarbeitung, Berlin/Heidelberg 1974

G. Nees, Generative Computergraphik, Berlin/München 1969

C. E. Shannon, W. Weaver, The mathematical theory of communication, Urbana (Ill.) 1949

Harald Atmanspacher, geb. 1955, studierte Physik und promovierte 1985 über ein Thema aus dem Grenzgebiet zwischen Laserphysik und nicht-linearer Dynamik. Seit 1988 wissenschaftlicher Mitarbeiter in der Theoriegruppe des Max-Planck-Instituts für Extraterrestrische Physik in Garching (bei München). Seine Hauptarbeitsgebiete sind nicht-lineare Dynamik, Bedeutung und Komplexität, spezielle wissenschaftshistorische und -theoretische Fragen sowie Probleme der Endophysik. Buchveröffentlichung: Die Vernunft der Metis. Wolfgang Pauli und die Alchemie, Stuttgart 1993.

Jürgen Brickmann, geb. 1939, studierte Physik und ist Professor für Physikalische Chemie an der TH Darmstadt. Forschungsschwerpunkte sind die Simulation chemischer Elementarprozesse und der Einsatz von Molekülmodellierungsverfahren in der Pharmaforschung, der Materialforschung und der Biotechnologie. Künstlerisch arbeitet Brickmann an der Realzeitvisualisierung von dynamischen Prozessen und setzt Musik in bewegte Computergrafik um.

Wolfgang Coy, geb. 1947. Studium der Elektrotechnik, Mathematik and Philosophie an der TH Darmstadt. Diplomingenieur der Mathematik 1972. Promotion über die Komplexität von Hardwaretests 1975. Wissenschafliche Tätigkeiten an der TH Darmstadt, den Universitäten Dortmund, Kaiserslautern and Paris VI. Seit 1979 Professor für Informatik an der Universität Bremen. Die Arbeitsgebiete reichen von Rechnerstrukturen and Bildverarbeitung bis zu den theoretischen Grundlagen der Informatik. Einen Schwerpunkt bildet in den letzten Jahren der Bereich »Computer als technisches Medium«. Sprecher des Fachbereichs »Informatik und Gesellschaft« der *Gesellschaft für Informatik.* Buchveröffentlichungen: Industrieroboter – Zur Archäologie der Zweiten Schöpfung, Berlin 1985; Aufbau and Arbeitsweise von Rechenanlagen, Braunschweig/ Wiesbaden 1991; als Hrsg. (zus. mit Lena Bonsiepen): Erfahrung und Berechnung – Zur Kritik der Expertensystemtechnik, Berlin 1989); Sichtweisen der Informatik, Braunschweig/Wiesbaden 1992.

Thomas Christaller studierte Mathematik, Physik und Informazik. Seit 1990 hat er eine Professur für Künstliche Intelligenz an der Universität Bielefeld und ist Institutsleiter des Forschungsbereichs Künstliche Intelligenz der Gesellschaft für Methematik und Datenverarbeitung in Sankt Augustin bei Bonn. Seit vielen Jahren ist er Herausgeber der Zeitschrift »Künstliche Intelligenz«.

Friedrich Cramer, geb. 1923, ist Chemiker und war von 1963 bis 1991 Direktor des Max-Planck-Instituts für Experimentelle Chemie in Göttingen. Schwerpunkt seiner Forschungen war die Chemie der Nukleinsäure, die Struktur der RNA und die Proteinbiosynthese. Seit den 70er Jahren beschäftigt er sich mit der Verantwortung der Naturwissenschaft sowie mit Themen der Naturphilosophie und der Erkenntnistheorie. Neuerdings setzt er sich mit den Konsequenzen der Chaostheorie auseinander. Zusammen mit W. Kaempfer hat er ein Buch über die *Schönheit der Natur*, Frankfurt a. M. 1992, geschrieben, das ästhetische Phänomene auf dem Hintergrund von Chaos-Ordnungs-Übergängen zu klären sucht und das Ausgangspunkt des Gesprächs war. Buchveröffentlichungen u. a.: Fortschritt durch Verzicht – Ist das biologische Wesen Mensch seiner Zukunft gewachsen?, München 1975; Chaos und Ordnung – die komplexe Struktur des Lebendigen, Stuttgart 1988, Frankfurt a. M. 1993; Amazonas, Frankfurt a. M. 1991; Der Zeitbaum. Grundlegung einer allgemeinen Zeittheorie, Frankfurt a. M. 1993.

Scott Fisher besuchte das MIT, wo er von 1974-76 ein Forschungsstipendium als Fellow am Center for Advanced Visual Studies hatte und von 1978-82 Mitglied der Architecture Machine Group war. Dort arbeitete er mit an der Entwicklung des Videoplattenprojekts für Surrogatreisen (Aspen Movie Map) und an mehreren stereoskopischen Bildschirmsystemen für Telekonferenz- und Telepräsenzanwendungen. 1981 wurde er am MIT Master of Science in Medientechnologie. Fisher war Gründer und Leiter des Virtual Environment Workstation Project am Ames-Forschungszentrum der NASA, bei dem es um die Entwicklung einer multisensoriellen Arbeitsstation in virtueller Umgebung für den Einsatz von Teleoperation und Telepräsenz in einer Raumstation ging. Vor einigen Jahren gründete er zusammen mit Brenda Laurel »Telepresence Research«, Kalifornien, um die Entwicklung stereoskopischer Bildtechnologien und interaktiver Medien zur Darstellung der Sinneserfahrungen aus der Perspektive der ersten Person weiter zu verfolgen.

Ernst Florey, geb. 1929, ist Professor emeritus für Neurophysiologie und Geschichte der Naturwissenschaften an der Universität Konstanz. Buchveröffentlichungen: Nervous Inhibition, 1961; Introduction to General and Comparative Animal Physiology, 1966; Lehrbuch der Tierpsychologie, 1971; Comparative Aspects of Neuropeptide Function (mit G. B. Steffano), 1991; Das Gehirn - Organ der Seele? (Hrsg. mit O. Breidbach), 1993.

Herbert W. Franke, geb. 1927, ist nach dem Studium der Physik, Mathematik und Philosophie als freier Schriftsteller tätig. Er ist als Autor von Science-Fiction-Romanen bekannt geworden und einer der Pioniere der Computerkunst. Seit 1973 lehrt er Kybernetische Ästhetik und Computerkunst an der Universität München. Veröffentlichungen u. a.: Kunst und Konstruktion, München 1957; Magie der Moleküle, Brockhaus 1958; Phänomen Technik, Brockhaus 1962; Der manipulierte Mensch, Brockhaus 1964; Phänomen Kunst, München 1967; Computergrafik – Computerkunst, Bruckmann 1971; Kunst kontra Technik, Frankfurt a. M. 1978; Siliziumwelt, IBM Deutschland GmbH, Stuttgart 1985; Die Welt der Mathematik, VDI-Verlag, Düsseldorf 1988; Digitale Visionen, IBM Deutschland GmbH, Stuttgart 1989.

Hermann Haken, geb. 1927, studierte Mathematik und Physik. Seit 1960 lehrt er als Ordinarius Theoretische Physik an der Universität Stuttgart. Haken ist einer der Begründer der Lasertheorie und vor allem der Synergetik, also der Lehre vom Zusammenwirken vieler Elemente und der Selbstorganisation von Systemen. Die Synergetik deckt sich in vielen Bereichen mit der erst später entwickelten Chaostheorie. Weitere Forschungsschwerpunkte: Festkörperphysik, statistische Physik, Plasma-Physik, Bifurkations-Theorie, Modelle chemischer Reaktionen und der biologischen Morphogenese. Buchveröffentlichungen u. a.: Laser Theory, Berlin 1970; Quantenfeldtheorie des Festkörpers, Heidelberg 1973; Synergetik. Eine Einführung, Berlin 1982; Advanced Synergetics, Berlin 1983; Information and Self-organization, Berlin 1988; Synergetic Computers and Cognition, Berlin 1991; Die Selbststrukturierung der Materie. Synergetik in der unbelebten Natur, Wiesbaden 1991. Populärwissenschaftliche Bücher: Erfolgsgeheimnisse der Natur. Synergetik – die Lehre vom Zusammenwirken, Stuttgart 1981; Entstehung von biologischer Information und Ordnung (mit M. Haken-Krell), Darmstadt 1989; Erfolgsgeheimnisse der Wahrnehmung. Synergetik als Schlüssel zum Gehirn, Stuttgart 1992.

Rudolf Kapellner, geb. 1954, studierte Psychologie, Physiologie und Philosophie und promovierte in Psychologie. 1975-83 Ausbildung zum Elektroniker. 1985 Gründung von FOCUS, seither Geschäftsführer. 1987-90 Mitarbeiter an verschiedenen universitären Forschungsprojekten über Gehirn und Bewußt-sein. 1988 Beginn des Projekts *Mind Machines*, 1989 Mitbegründer von FO-CUS electronics, seither Geschäftsführer. Sein persönliches Anliegen ist das Finden und Erarbeiten praktischer Verbindungen von Technik/Wissenschaft mit Psychologie/Philosophie und Wirtschaft.

Erich Kiefer, geb. 1951, studierte bildende Kunst an der Städelschule, später Psychologie, Philosophie, Biologie, KI und Linguistik. Promotion über Meta-kognition und Introspektion. 1988-91 Leitung der Schulung und Entwicklung bei einer Frankfurter, seit 1992 bei einer Duisburger CAD/CAM-Firma. Zu-sammen mit anderen derzeit Konzeptionierung und Entwicklung eines For-schungsprogramms zur Integration von VR- und KI-Medien- und Telekom-munikationstechnologien für die Gesellschaft für Mathematik und Datenver-arbeitung unter dem Titel *Imagination at work*. Zur Zeit entwickelt er im Rahmen eines Verbundprogramms des BMFT »FABEL«, eine integrierte Wis-sensrepräsentation für Semantik, Geometrie, Topologie und visuelle Oberflä-cheneigenschaften.

Friedrich Kittler, geb. 1943 in Sachsen, Studium der Germanistik, Romanistik und Philosophie an der Universität Freiburg i. Br.; seit 1987 Professor der Neugermanistik an der Ruhr-Universität Bochum. Wichtigste Veröffentli-chungen: Der Traum und die Rede. Eine Analyse der Kommunikationssitua-tion C. F. Meyers, Bern/München 1977; Dichtung als Sozialisationsspiel. Stu-dien zu Goethe und G. Keller (zusammen mit G. Kaiser), Göttingen 1979; Aufschreibesysteme 1800-1900, München 1985, 2. Aufl. 1987; Grammophon – Film – Typewriter, Berlin 1986; Dichter – Mutter – Kind, München 1991; Herausgeber von: Urszenen. Literaturwissenschaft als Diskursanalyse und Diskurskritik (zusammen mit H. Turk), Frankfurt (Main) 1977; Austreibung des Geistes aus den Geisteswissenschaften, Paderborn 1980; Jean Starobinski – Embleme der Vernunft, Paderborn 1981; Diskursanalysen 1: Medien (zusam-men mit M. Schneider und S. Weber), Opladen 1986; Diskursanalysen 2: Institution Universität 1990; Alan Turing, Intelligence Service (zusammen mit B. Dotzler), Berlin 1987; Arsenale der Seele. Literatur und Medienanalyse seit 1870 (zusammen mit G. C. Tholen) München 1989; in Vorbereitung: Playback. Weltkriegsgeschichte des Hörspiels.

Bernhard Korte, geb. 1938, studierte Mathematik und ist seit 1971 Professor und Direktor des Instituts für Operations Research der Universität Bonn, seit

1987 auch Direktor des Forschungsinstituts für Diskrete Mathematik, das sich u. a. mit deren Anwendung beim Chip-Design beschäftigt. Vom Forschungsinstitut wird z. B. das Layout von sogenannten höchstintegrierten Logik-Chips entworfen, die auf einem Quadratzentimeter mehr als eine Million Transistoren enthalten. Sie sind also eines der komplexesten Gebilde, die je von Menschen konstruiert wurden. Bernhard Korte hat 1991 eine Wanderausstellung organisiert, in der Werke konstruktivistischer Kunst in Analogie zum Chip-Design und damit zur Diskreten Mathematik gerückt wurden. Der Katalog hat den Titel *Mathematik, Realität und Ästhetik*.

Bernd-Olaf Küppers. geb. 1944, studierte Physik und Philosophie. Promotion in Biophysikalischer Chemie und Habilitation in Philosophie. Von 1971-92 war Küppers am Max-Planck-Institut für Biophysikalische Chemie in Göttingen und arbeitete über die Physik der Selbstorganisation im Hinblick auf eine Theorie der Lebensentstehung und eine biologische Informationstheorie. Seit 1991 ist er Privatdozent für Philosophie an der Universität Heidelberg mit den Forschungsschwerpunkten Wissenschaftstheorie und Naturphilosophie. Buchveröffentlichungen u. a.: Molecular Theory of Evolution, Heidelberg 1983; Der Ursprung biologischer Information, München 1986; Ordnung aus dem Chaos? (Hrsg.), München 1987; Natur als Organismus, Frankfurt a. M. 1992.

Detlef B. Linke, geb. 1945, studierte Medizin, Philosophie und Phonetik. Promotion über psychomotorische Epilepsie; Habilitation über die Sprachzentren des Gehirns. Seit 1982 Leiter der Abteilung für Neurophysiologie und Neurochirurgische Rehabilitation der Universität Bonn. Forschungsschwerpunkte sind die funktionellen Beziehungen zwischen den beiden Hirnhälften und zwischen Sprache und Bildlichkeit. Mitherausgeber der Zeitschrift »Ethica. Wissenschaft und Verantwortung«. Buchveröffentlichungen u. a.: Parallelität von Gehirn und Seele (mit M. Kurten), Stuttgart 1988; Hirnverpflanzung. Die erste Unsterblichkeit auf Erden, Reinbek bei Hamburg 1993.

Niklas Luhmann, geb. 1927 in Lüneburg, hat Rechtswissenschaft studiert, war zunächst mehrere Jahre in der öffentlichen Verwaltung tätig; 1966 Promotion und Habilitation für Soziologie an der Universität Münster; seit 1968 Professor für Soziologie an der Universität Bielefeld, Seine letzten Veröffentlichungen: Die Wirtschaft der Gesellschaft, Frankfurt a. M. 1988; Erkenntnis als Konstruktion, Bern 1988; Soziologische Aufklärung 5. Konstruktivistische Per-

spektiven, Opladen 1990; Die Wissenschaft der Gesellschaft, Frankfurt a. M.
1990; Soziologie des Risikos, Berlin 1991; Beobachtungen der Moderne, Opladen 1992.

Onno Onnen, geb. 1930, studierte Maschinenbau und arbeitete von 1956 bis
1972 im Bereich Maß- und Regelungstechnik in der Industrie. Seit 1972 ist er
Professor für Feinwerktechnik an der Fachhochschule Karlsruhe. Arbeitsgebiete sind Dehnungsmeßstreifen, Windtechnik und Fragen der Beziehung von
Kunst, Technik und ästhetischer Bildung. Nach der Malerei und Objektkunst
baut Onnen jetzt kleine Roboter, die er unter dem Namen Mechatron auch im
Rahmen von Kunstausstellungen vorführt. Seit einigen Jahren Zusammenar-
beit mit dem Zentrum für Kunst und Medientechnologie.

Günther Palm, geb. 1949, ist Professor für Theoretische Hirnforschung und
Leiter der Abteilung Neuroinformatik an der Universität Ulm. Buchveröffent-
lichungen: Theoretical Approaches to Complex Systems, Hrsg. mit R. Heim,
Berlin etc. 1978; Neural Assemblies. An Alternative Approach to Artificial
Intelligence, Berlin etc. 1982; Brain Theory, Hrsg. mit A. Aertens, Berlin etc.
1986; Brain Theory, Reprint Volume, Hrsg. mit G. L. Shaw, Singapore etc. 1988.

Heinz-Otto Peitgen, geb. 1945, studierte Mathematik, Physik und Ökonomie.
Seit 1977 ist er Professor für Mathematik an der Universität Bremen, wo er
maßgebend am Aufbau des Instituts für Dynamische Systeme beteiligt war. In
dessen Rahmen gründete er 1982 ein Computergrafiklabor für mathematische
Experimente, das mit den Visualisierungen von Fraktalen weltweit bekannt
wurde. Forschung auf den Gebieten Topologie, nichtlineare Analysis, dynamische Systeme, Chaostheorie und fraktale Geometrie. Zusammen mit H. Jürgens und D. Saupe hat er die Ausstellung *Schönheit im Chaos* konzipiert, die
seit 1985 vom Goethe-Institut weltweit gezeigt wurde. Buchveröffentlichungen u. a.: The Beauty of Fractals (mit P. H. Richter), Berlin 1985; Bausteine des
Chaos: Fraktale (mit H. Jürgens und D. Saupe), Heidelberg 1992.

Ernst Pöppel, geb. 1940, hat Psychologie und Zoophysiologie studiert und ist
Professor und Vorstand des Instituts für Medizinische Psychologie an der
Universität München sowie derzeit Vorstandsmitglied des Forschungszen-
trums Jülich. Forschungsgebiete sind zeitliche Organisation von Hirnprozessen und mentalen Vorgängen, Restitution von Funktionen nach Hirnverlet-
zungen, Psychophysik der Wahrnehmung, Tagesperiodik psychologischer und

physiologischer Funktionen und interdisziplinäre Studien über die Anwendung psychologischer und wissenschaftlicher Sachverhalte auf Informatik, Physik, Philosophie und Ästhetik. Buchveröffentlichungen u. a.: Lust und Schmerz, Berlin 1982, 1993; Grenzen des Bewußtseins, Stuttgart 1985, München 1988.

Horst Prehn, geb. 1944, studierte Physik, Philosophie, Medizin und Kunst. Er ist Professor und Leiter des Instituts für Biomedizinische Technik an der Universität Gießen. Forschungsgebiete sind Systemtheorie, neuronale Netze, komplexe Dynamik, medizinische Informatik, Bio- und Psychophysik, Sinnesphysiologie und Elektromedizin. Künstlerisch arbeitet Prehn im Bereich der Malerei, Installation, Performance und Medienkunst; überdies leitet er eine kleine Galerie. Auch theoretisch und experimentell beschäftigt er sich mit Fragen der Perzeption, der Semiotik, der empirischen Ästhetik und der Medientheorie.

Ingo Rentschler, geb. 1940, studierte Physik und medizinische Optik. Habilitation in Psychophyik. Seit 1982 Professor für Medizinische Psychologie an der Universität München, seit 1992 kommissarischer Vorstand des Instituts. Forschungsschwerpunkte sind visuelle Psychophysik, biologische Kybernetik, medizinische Optik, Wahrnehmungspsychologie, Neuropsychologie, Mustererkennung, Bildverstehen und Ästhetik. Veröffentlichungen u. a.: Laterale Summationseigenschaften des Gesichtssinnes beim Farbensehen, München 1971; Das Bild als Schein der Wirklichkeit. Optische Täuschungen in Wissenschaft und Kunst (mit H. Schober), München 1972; Beauty and the Brain – Biological Aspects of Aesthetics (Hrsg. mit B. Herzberger und D. Epstein), Basel 1988.

Reimara Rössler, Studium der Medizin, 1973 Habilitation, Laborleiterin der Medizinischen Poliklinik Tübingen. Zahlreiche Veröffentlichungen zur Virologie, Hämatologie und Endokrinologie.

Otto E. Rössler, geb. 1940, studierte Medizin und hat anschließend am Max-Planck-Institut für Verhaltensphysiologie in Seewiesen und am Center for Theoretical Biology in Buffalo gearbeitet. Seit 1977 ist er Professor für Theoretische Chemie an der Universität Tübingen. Forschungsschwerpunkte sind deduktive Biologie, chemische Automaten, chaotische Attraktoren, Hyperchaos und Endophysik, eine Fragestellung, die er wesentlich in die Diskussion eingebracht hat. Er war an der Herausbildung der Chaosforschung beteiligt und hat den nach ihm benannten Rössler-Attraktor entdeckt. Seit einigen Jahren arbeitet er mit Peter Weibel vom Institut für neue Medien in Frankfurt zusammen und hat auf der *ars electronica* 1992 ein Symposium über Endophysik organisiert. Buchveröffentlichung: Endophysik. Die Welt des inneren Beobachters, Berlin 1992.

Florian Rötzer, geb. 1953, lebt als freier Autor in München. Veröffentlichungen (als Hrsg.) u. a.: Französische Philosophen im Gespräch, München 1986; Bildwelten – Denkbilder (mit Otto van de Loo und Hans Matthäus Bachmayer), München 1987; Denken, das an der Zeit ist, Frankfurt/Main 1987; Ästhetik des Immateriellen. Kunst und Neue Technologien, Kunstforum Bd. 97 (1988) und Bd. 98 (1989); Kunst und Philosophie, Kunstforum Bd. 100 (1989); Kunst machen? Gespräche und Essays (mit Sara Rogenhofer), München 1990; Digitaler Schein, Frankfurt/Main 1991; Strategien des Scheins. Kunst – Computer – Medien (mit Peter Weibel), München 1991; Künstlergruppen: ein Phänomen moderner Kunst, Kunstforum Bd. (1991); Philosophen-Gespräche zur Kunst, München 1991; Nach der Destruktion des ästhetischen Scheins. Van Gogh – Malewitsch – Duchamp (mit Hans M. Bachmayer und Dietmar Kamper), München 1992; Cyberspace. Zum medialen Gesamtkunstwerk (mit Peter Weibel), München 1993; Künstliche Spiele (mit Georg Hartwagner, Stefan Iglhaut), München 1993.

Gerhard Roth, geb. 1942, studierte zunächst Philosophie, Germanistik und Musikwissenschaft, promovierte über Gramsci und wandte sich dann dem Studium der Biologie zu. Seit 1976 Professor für Biologie mit dem Schwerpunkt Verhaltensphysiologie und seit 1989 Direktor des neugegründeten Instituts für Hirnforschung an der Universität Bremen. Forschungsschwerpunkte sind vergleichende Neurobiologie, Evolution und Ontogenese komplexer funktioneller Systeme, kognitionstheoretische Untersuchungen und Netzwerkmodellierungen zur visuellen Wahrnehmung, Theorie und Philosophie der Biologie.

Wolf Singer, geb. 1943, studierte Medizin und anschließend Neurophysiologie. Seit 1981 ist Singer Direktor des Max-Planck-Instituts für Hirnforschung in Frankfurt. Forschungsschwerpunkte: Großhirnrinde, Wahrnehmungsprozesse, Entwicklungsneurobiologie und neuronale Plastizität. Er entdeckte mit seinen Mitarbeitern, daß bei bestimmten visuellen Reizen bestimmte Neuronennetze sich rhythmisch einschwingen. Buchveröffentlichungen: Neurobiology of Neurocortex (Hrsg. mit P. Rakic), John Willy and Sons, Chichester 1988; Gehirn und Kognition (Hrsg.), Heidelberg 1990.

Heinz Trauboth hat Elektrotechnik studiert und am MIT promoviert. Seit 1965 hat er sich mit digitalen Simulationssystemen beschäftigt und bei der NASA gearbeitet. Seit 1974 ist er Direktor des Instituts für Datenverarbeitung in der Technik am Kernforschungszentrum Karlsruhe und unterrichtet Computerwissenschaft an der Universität Karlsruhe. Am Institut werden computergesteuerte Automations- und Informationssysteme und die dazu gehörigen Softwaremodelle und Geräte entwickelt. Trauboth ist überdies Berater des Zentrums für Kunst und Medientechnologie und gründet gegenwärtig eine Stiftung »Kunst und Technik«, in der neue Verbindungen zwischen modernen Techniken und künstlerischer Gestaltung unterstützt, ausgearbeitet und vorgestellt werden sollen.

Peter Weibel, geb. 1945, Medienkünstler und -theoretiker, Direktor des Instituts für Neue Medien an der Städelschule in Frankfurt/Main. Veröffentlichungen u. a.: Bildkompendium Wiener Aktionismus und Film (mit Valie Export), Frankfurt/Main 1970; Kritik der Kunst – Kunst der Kritik, Wien 1973; Studien zur Theorie der Automaten (mit F. Kaltenbeck), München 1974; Fotopolitik (mit G. Rambow), Frankfurt/Main 1979; Mediendichtung, Wien 1982; Im Bauch des Biestes: Logokultur, Wien 1987; Die Beschleunigung der Bilder, Bern 1987; Im Netz der Systeme (Hrsg. mit G. J. Lischka), Kunstforum Bd. 103, 1989; Virtuelle Welten (Hrsg. mit G. Hattinger), Linz 1990; Strategien des Scheins. Kunst – Computer – Medien (Hrsg. mit F. Rötzer), München 1991; Das Bild nach dem letzten Bild (mit Chr. Meier), Köln 1991; Bildlicht (mit W. Drechsler), Wien 1991; Cyberspace. Zum medialen Gesamtkunstwerk (mit Florian Rötzer), München 1993.

Die meisten der hier versammelten Gespräche sind erstmalig im *Kunstforum International* Bd. 124 (1993) erschienen. Für die Buchveröffentlichung wurden sie leicht überarbeitet. Allen Beteiligten sei für den Wiederabdruck gedankt.